现代化硫酸装置新建与老厂改造技术手册

高庆华　徐开明　刘少武　编著

化学工业出版社

·北京·

内容简介

本书基于当前硫酸行业绿色发展需求，在介绍我国硫酸工业发展现状的基础上，系统介绍了现代化硫酸装置新建与老厂技术改造涉及的设计、制造、安装、验收、运行和维护方面的技术和经验，具体包括：硫酸设计常用的物化数据、材料的种类和性能、工程参数和规范；硫酸工程设计程序、硫铁矿制酸和硫黄制酸工艺设备设计计算实例、设备选型与采购、制图设计与操作流程编制、给排水和储运设计；硫酸设备设计、制造、安装工程以及耐酸防腐工程的技术细节、实施与验收；老厂改造宜采用的科学方法、可靠工艺和设备，生产运行操作和设备维护检修的科学管理等。

本书融合作者团队在硫酸生产和设计制造领域多年的技术经验，内容实用，可供硫酸行业的技术人员阅读参考，同时也可作为化工、环保、热工等领域技术人员的参考用书。

图书在版编目（CIP）数据

现代化硫酸装置新建与老厂改造技术手册/高庆华，徐开明，刘少武编著.—北京：化学工业出版社，2021.10（2023.8重印）
ISBN 978-7-122-39806-2

Ⅰ.①现…　Ⅱ.①高…②徐…③刘…　Ⅲ.①硫酸生产-生产工艺②硫酸生产-技术改造　Ⅳ.①TQ111.1

中国版本图书馆CIP数据核字（2021）第173061号

责任编辑：傅聪智　　装帧设计：王晓宇
责任校对：边　涛

出版发行：化学工业出版社（北京市东城区青年湖南街13号　邮政编码100011）
印　　装：北京盛通数码印刷有限公司
710mm×1000mm　1/16　印张30　字数708千字　2023年8月北京第1版第3次印刷

购书咨询：010-64518888　　售后服务：010-64518899
网　　址：http://www.cip.com.cn
凡购买本书，如有缺损质量问题，本社销售中心负责调换。

定　　价：150.00元

版权所有　违者必究

前 言

硫酸工业是化学工业的重要组成部分，在国民经济中占有重要地位。截至 2019 年年底，我国硫酸产能达 1.24 亿吨/年，产量达 9736.3 万吨，稳居世界第一位。“十三五”期间，我国硫酸原料结构发生较大变化，冶炼烟气制酸占比提升明显；新旧产能高效置换，工艺落后、污染严重的装置加速淘汰。

“十四五”我国硫酸工业将由扩产能型发展转向节能减排效能型高质量发展（又称绿色发展）。为推进全面达新国标、早日实现硫酸工业现代化和世界领先水平的战略目标，同时为新建硫酸装置和老厂改造提供技术和经验支撑，“硫酸工业现代化团队”（江苏庆峰工程集团国际环保公司全面达新国标实现硫酸工业现代化和世界领先水平攻关组）编写了这部《现代化硫酸装置新建与老厂改造技术手册》。

本书是在作者团队过去十多年来做了大量试验研究工作的前提下，在新建和对老厂实施技术改造后的一批硫酸装置实际运行情况验证和总结的基础上编写而成。本书系统介绍了现代化硫酸装置新建与老厂技术改造涉及的设计、制造、安装、验收、运行和维护方面的技术和经验，具体包括：硫酸设计常用的物化数据、材料的种类和性能、工程参数和规范；硫酸工程设计程序、硫铁矿制酸和硫黄制酸工艺设备设计计算实例、设备选型与采购、制图设计与操作流程编制、给排水和储运设计；硫酸设备设计、制造、安装工程以及耐酸防腐工程的技术细节、实施与验收；老厂改造宜采用的科学方法、可靠工艺和设备，生产运行操作和设备维护检修的科学管理等。本书是硫酸工业新技术、新经验的荟萃，可为硫酸行业的专家、学者、工程技术人员、企业领导等提供系统的技术借鉴和工作上的方便，也有助于硫酸企业精准做好各个技术细节，使组织排放和效能指标优于新标准，使非组织排放大大减少，实现清洁生产。

本书由中国硫酸工业协会专家委员会副主任、江苏庆峰工程集团终身名誉总工程师、硫酸行业知名专家刘少武组织并参与执笔，由高庆华负责起草主要部分，其余部分由徐开明和刘少武分工负责，统一商定内容，统一审定。编写过程中，参考了以下技术资料： 2008 年以来新建硫酸装置设计、制造（选购）、安装、生产运行等关键性技术资料；经过老厂技术改造达新国标验收、运行的硫酸装置的转型升级方案、设计、现场施工、生产运行的全套关键性技术资料；国内外企业新创造的部分技术资料；硫酸行业的标准、规范、期刊、会议文集、专著、设计手册等。在此，对参考资料的原作者表示衷心的感谢！

本书编撰过程中得到了齐焉、武雪梅、李崇、廖康程、张元庆、张元松、鲁一丽、吴美香、张雪梅、张明朗、余山川、邱红侠、沈粹卿、谈正奎、钱永宽、徐为清、闫光年、盛赵平、陆志秀、居官兵、江华、王国年、姚明华、袁宁卫、夏青、郭鸿斌、张青竹、刘东、沈玉红、吴思、刘蕾等同志和有关单位的大力支持和帮助，在此深表感谢！

本书是为硫酸工业全面达新国标、实现硫酸行业现代化和世界领先水平的抛砖引玉之作。限于编者的时间、精力和水平等，书中定有不妥之处，敬请读者批评指正！

编著者

2021 年 8 月

目 录

第一篇　当今硫酸工业概况/ 1

第二篇　硫酸工作者常用物化数据、材料和规范 / 14

第三篇 精当设计工艺、设备，高效能现代化 / 247

第五篇　用先进可靠技术改造老厂　全面达新国标　实现全行业现代化 / 420

第一篇

当今硫酸工业概况

第一章

硫酸工业现代化标志

普通硫酸装置与现代化硫酸装置的主要差别，概括起来主要有三大方面，即习称的“三低表象”：

① 装备起点水平低、配置失当，不能全面达新国际，效能低；

②“跑、冒、滴、漏”多，轻污染屡见不鲜，硫酸装置颜值低；

③ 操作和设备维护管理科学化程度差，开停车次数多，开车率低。

究其原因，主要是设计、制造、安装、运行四个方面的人员在思想认识、责任心、技术水平和财力等方面存在不足。本书只着重从工程技术和管理两个层面，对系统性、关键性、迫切性的问题加以研讨。现代化硫酸装置新建和老厂技术改造就是要消除“三低表象”，做到更优。那该怎么做，达到什么标准才算现代化呢？编者从建设和运行两个方面，在多次实践、调查研讨的基础上提出了以下硫酸工业现代化标志性的参考意见和本书所述全程的做法。

第一节　现代化硫酸装置设计、制造、安装标志

一套高质量、先进并经长周期运行考验过的硫酸装置，一般都被同行们视为实现现

代化的基础，是现代化的主要象征。许多从事生产工作的同志们说“装备好坏是实现硫酸生产现代化的先决条件”。实质是说“有现代化装备才能实现硫酸工业现代化”。

(1) 设计的工艺、设备和制造安装要科学，要现代化。硫酸装置应布局美观、占地少，方便操作和检修，确保安全运行中的环保、各项技术经济指标等全面达到新国标要求，处于现代化水平，部分指标达世界领先水平。

(2) 设备制造、安装、选购，要高质量、严要求。按规范办事，各换热设备先胀后焊，并经热处理和试压，全部焊接设备X形坡口双面焊接、100%检验探伤，转化全系统进行密闭性试压，各阀门试压检查，各转动设备拆装检查试运转等；全套装置不留缺陷和应力后患，100%符合设计要求，确保装置达到3～5年的长周期经济运行和开车率≥90.8%。

(3) 全系统的仪器、仪表、变频器，要经久耐用、灵敏可靠、齐全。如显示、记录转化温度，干吸各塔的酸温、酸浓、液位，沸腾炉或焚硫炉的炉温、加料量、风量，电除尘器、电除雾器的电压、电流，全系统安全控制等的仪表，都需灵敏可靠。本身开机率（完好使用率）≥99.0%，不流于形式。

(4) 设计单位按时向甲方提交设计全套资料。设计计算书、说明书、施工图、竣工图、操作规程、人员配置定额和培训计划书等各两套，每张施工图要写明制造、安装、选购的技术要求。提供近五年来设计并运行的实绩表。

(5) 制造安装单位按时向甲方提交所用材料、设备检验单和质保书、施工单位和施工人员资格证书、近五年施工业绩表和施工记录、验收单据等资料。

(6) 各台设备能耗低、效率高、经久耐用、噪声小、无“跑、冒、滴、漏”。环境清洁美观，颜值高。各设备和管线外表油漆颜色符合国标并质量完好。

(7) 单体设备试车≤两次，全装置联动试车一次，全系统一次开车成功，168h内(7天)全面达设计指标。若有任何一项不达标（含设计的各产品规模），设计等单位应无偿负责进行改造，并承担直接损失。

(8) 开车运行的第一年，各设备不得出任何质量事故（非人为的）。如出了事故，除无偿保修保换外，还要赔偿直接经济损失。终身保修，随邀随到。

第二节 现代化硫酸装置生产运行标志

硫酸工业生产运行能够达到现代化水平，是设计制造安装与生产运行两大方面的工作水平和工作质量的集中体现。有了先进、高质量的设计和现代化装备后，关键是生产方式方法的现代化，即生产运行的操作和设备维护检修等方面要科学管理。生产管理水平越高，改革创新越多，那现代化水平就越高，也使我国现有过剩的硫酸装备制造业走向国际，融入市场竞争。再总结改进、再设计改造、再制造安装、再生产运行，全面形成我国硫酸工业现代化不断提高的良性循环，逐步坚实地跨入硫酸生产技术水平快速提升的时代。

(1) 正确、科学地进行操作和维护检修，生产方式方法要现代化。使各项安全、环保、技术经济指标等全面达到2010～2012年间国家颁布的三项新国标水平，少数指标达到国际先进水平，产能达到设计规模。

(2) 认真执行设备维护的“预见性综合计划维护检修法”，简称“计划检修法”，实现 3～5 年的长周期经济运行。用计划检修消除或减少非计划抢修，提高开车率，减少或消除污染，保证产品硫酸质量恒定在优等品范围。综合计划检修，按多家企业的历史经验，每月安排一次，每次 5h（含系统开停车），全年 60h；操作、设备故障的非计划抢修或外界因素导致的停车，一般平均每月 1 次，每次 2h，全年 24h；两者合计 84h，折为 3.5 天，每年天数以 365 天计，年开车率达 99%，比现在一般厂提高 20%左右。大修年度开车率（大修期按工作量历史上最大、最长时间 30 天计）≥90.9%（比一般设计指标 330 天、90.4%，略高 0.5%）。不可抗拒因素和产能过剩导致的停车时间不计。

（3）全年不发生一次严重污染事故（引起系统停车、熏坏植物、呛跑人等）。车间内年发生局部的一般性污染≤12 次，各处闻不到 SO_2、SO_3、H_2SO_4 等的异味，不冒粉尘、不冒蒸汽、不漏水，没有任何“跑、冒、滴、漏”现象。随机采样分析，空气中 SO_2 含量＜10mg/m^3、SO_3 或硫酸气含量＜2mg/m^3、矿尘或矿灰含量＜10mg/m^3，实现清洁生产。

（4）所有设备（转动＋非转动＋辅助设施）保养到位。阀门外露丝杆上用黄油保护，非常动阀门每个月至少要开关活动一次；保温层和外油漆无破损；管线、电线电缆等横平竖直；设备颜色分明，清洁无污。

（5）设备维护保养好，各操作室和检修工作间、道路和工作场地清洁卫生，适宜工作。操作间室内噪声≤50dB，18℃≤温度≤28℃，自然光照度≥50lx，采光照度（Ⅱ级）≥200lx。

（6）车间区域无杂物、整齐、干净。照度 30～40lx，物品（如灭火器材等）摆放合理，方便使用。

（7）生产所需各项规章制度齐全、适用。重点是各级人员责任制、操作规程或操作法、设备维护检修规程或检修法、原始记录制度、劳动工资奖励制度、计划统计制度、技术改革创新制度等，应认真执行和适时修改完善。

（8）文件资料齐全、完好。重点要有设计计算书、设计说明书、全套竣工图、各岗位操作记录、各主要设备检修记录、工艺和设备改进记录等，并有妥善的管理制度和借阅办法。

以上关于“先天装备”和“后天运行”两个方面各总结出的八条标志，是编者们的建议性意见，不是标准，仅供创建现代化硫酸装置的广大同仁们参考，一旦有了国家或地方性的正式标准，以标准为准。

第二章

我国硫酸工业现状

第一节　硫酸工业发展历程

1. 硫酸工业发展阶段

硫酸工业大体分成以下四大发展阶段

（1）1867～1917年，天津机械局、江苏药水厂、上海江南制造局、湖北汉阳兵工厂四家采用铅室法制酸，单套设备年产酸最大规模2000t，最小规模400t/a。1917年硫酸产量总计3460t。该阶段是硫酸工业的初创阶段。

（2）1918～1949年，河南巩县兵工厂、广西梧州厂、南京永利铔厂、大连化工厂、葫芦岛锌厂等，相继建成塔式法和接触法硫酸装置，最大装置能力40kt/a，全国总计装置能力300kt/a。该阶段是硫酸工业的艰难奋进阶段。

（3）1950～1979年，“土洋结合，大小并举”“大跃进”式发展阶段。装置规模最大80kt/a，最小2kt/a，总计约1200kt/a。生产方法以接触法为主，株洲有色冶炼厂和铜陵有色冶炼厂两家以塔式法制酸。

（4）1980～2017年，改革开放时期，硫酸工业进入快速大型化发展阶段。以发展国产大型化装置为主，相继进口多台大型的硫黄制酸、冶炼烟气制酸设备，最大装置年产酸≥100万吨，最小装置年产酸4万吨，都是接触法、两转两吸新工艺，企业以中小型厂居多，大中型厂占到总产量60%以上。特别是自20世纪90年代开始，建设了一大批大型的硫黄和冶炼烟气制酸装置，许多老硫酸厂进行了扩能技术改造。2012年及以前，硫酸产能每年都以大于7%的增幅在快速增长。2017年，全国硫酸厂总计有850家左右（不含台湾省）；国外生产硫酸的工艺技术、设备类型等，我国都有；世界上其他国家没有的工艺技术和设备，我们也有。但行业总体水平未达新国标、未达现代化。

当今，中国硫酸工业正进入转型升级、节能减排、全面达新国标、高效能化、高质量发展、全面实现现代化和世界领先水平的新阶段。

2. 硫酸产量、质量

现今我国硫酸产能已有约1.3亿吨，2017年据中国硫酸工业协会对401家重点硫酸厂统计，产酸9612万吨，再加上全国400多家中小型硫酸厂的产量2000多万吨，全国实产酸＞11500万吨，占世界总产量约30%[1]，产酸量和企业数都是世界第一。硫酸产品齐全，多为优等品和工业品。各种特质硫酸，如电子级酸、试剂酸、食品酸、医药

---

[1] 李崇，廖康程．2017年度硫酸行业生产运行情况及2018年展望//2018年硫酸行业年会报告和论文集．2018．

酸、电池酸、发烟酸等，多为吸收法直接制取，少数为蒸发冷凝法制取，年产量约1500万吨，多为中小型厂生产，近距离对口供应，市场供需基本平衡，并有少量出口。

第二节　硫酸产品结构分布、装置规模

一、硫酸产品结构与产业分布

1. 产品结构

以中国硫酸工业协会2017年对全国401家重点硫酸厂统计的数据，硫酸实产9612万吨（折100% H_2SO_4，后同），同比增长0.5%。其产品结构如图1-2-1所示。

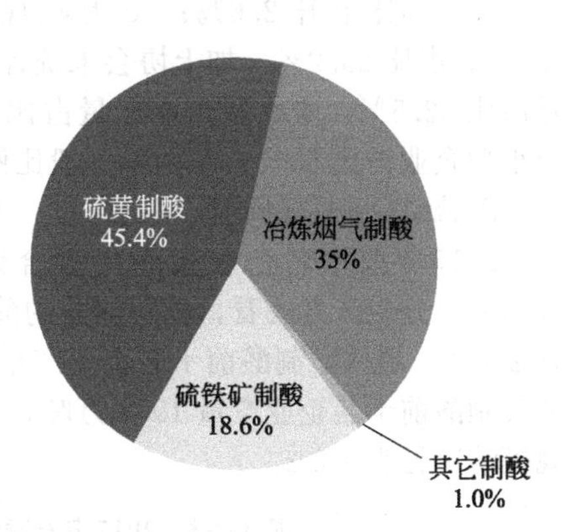

图1-2-1　2017年硫酸产品结构

2. 产业分布

我国硫酸产业主要分布在产磷地区和主要化工地区，见表1-2-1、表1-2-2。2017年产磷四省云、贵、川、鄂的硫酸产量4422万吨，占比46.0%；华东地区硫酸产量2488万吨，占比25.9%。

表1-2-1　2017年我国硫酸产业分布

	产量/万吨	同比增幅/%	占比/%
产磷四省(云、贵、川、鄂)	4422	4.0	46.0
华东	2488	−2.6	25.9
华南及重庆	1439	−4.7	15.0
东北和华北	682	3.0	7.1
西北	581	−0.3	6.0
总产量	9612	0.5	100

表1-2-2　2017年我国硫酸产量排名前十的省份　　单位：万吨

硫酸总产量		硫黄制酸		冶炼烟气制酸		硫铁矿制酸	
湖北	1530	湖北	1166	安徽	455	湖北	257
云南	1448	云南	925	云南	367	广东	219
贵州	863	贵州	814	河南	320	四川	208
安徽	721	江苏	364	山东	320	云南	156
四川	573	四川	286	甘肃	304	安徽	154
山东	507	浙江	177	广西	252	江西	140
河南	434	安徽	112	内蒙古	240	河北	87
江苏	407	山东	111	江西	225	福建	84
广西	385	重庆	105	湖南	145	山东	76
江西	365	河南	78	湖北	107	广西	61

二、硫酸生产装置规模、制酸方法

1. 硫酸产业大型化进一步提高

据中国硫酸工业协会统计数据，2017年我国硫酸行业的总体产业大型化是明显提高的。30万吨规模以上的企业产量总计7191万吨，同比增长4.1%；占总产量比例为74.8%，同比上升2.6%；30万吨规模以下的企业产量总计2422万吨，同比下降8.7%，占比25.2%。加上协会未统计的中小型硫酸企业，30万吨规模以上企业产量实际占比62.5%，中小型企业产量占比37.5%。企业数量方面，大型企业占比约47%，中小型企业占比53%，与国际一般比例关系基本相当。

2. 硫酸企业规模情况

2017年前十名企业硫酸产量合计3608万吨，同比上升6.1%，占硫酸总量的37.5%。分生产方法看，硫黄制酸的前十名企业产量2680万吨，占比61.4%，同比上升2.5%；硫铁矿制酸前十名企业产量575万吨，占比32.1%，同比上升1.9%；冶炼烟气制酸前十名企业产量1957万吨，占比58.2%，同比上升0.6%。2017年硫酸企业规模情况见表1-2-3。

表1-2-3 2017年硫酸企业规模情况（只含协会统计数）

企业规模(含两套或以上)	企业数/个	同比增加或减少/个	产量/万吨	同比增幅/%	占比/%
100万吨以上	20	−2	384	−2.9	40.4
30万～100万吨	61	+6	3307	613.6	34.4
10万～30万吨	101	−9	1776	−8.9	18.4
10万吨以下	219	−14	649	−8.2	6.8
其中未开工企业	95	+20	0	—	0

注：本表未含各集团子公司产量。

3. 硫酸企业产量排名

2017年硫酸总产量和三大制酸方法产量的企业排名见表1-2-4。

表1-2-4 2017年硫酸总产量和三大制酸方法产量的企业排名（单位：万吨）

企业硫酸总产量		硫黄制酸		烟气制酸		硫铁矿制酸	
云天化	717	云天化	717	铜陵有色	424	龙蟒佰利联	103
贵州开磷	537	贵州开磷	537	金川集团	352	江铜集团	95
铜陵有色	464	湖北宜化	256	江铜集团	301	湖北鄂中	64
江铜集团	396	新洋丰	209	紫金集团	171	铜化集团	57
金川集团	352	威顿公司	203	云铜集团	157	司尔特	57
湖北宜化	256	云南祥丰	188	山东祥光	153	新洋丰	45
新洋丰	254	张家港双狮	168	大冶有色	106	铜陵有色	40
龙蟒佰利联	243	湖北三宁	156	中原黄金	99	韶关广宝	40
威顿公司	203	龙蟒佰利联	140	豫光金铅	98	金堆城钼业	38
云南祥丰	188	湖北祥丰	106	恒邦集团	96	湖北黄麦岭	36
合计	3610	合计	2680	合计	1957	合计	575

注：本表未合并各集团子公司产量。

第三节　硫酸进出口情况

1. 硫酸进口情况（国际贸易需求）[1]

2017 年我国累计进口硫酸 121.3 万吨，同比下降 15.4%，剔除高价硫酸后，平均进口价格 19.2 美元/吨，同比上升 25.2%（图 1-2-2）。

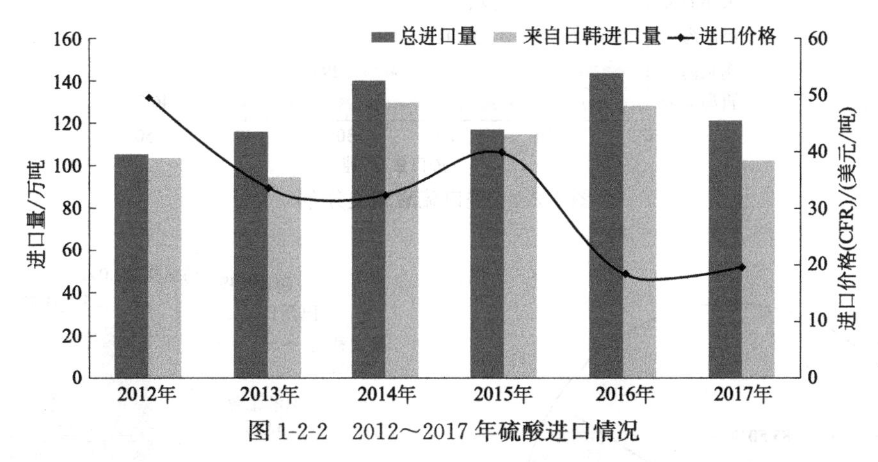

图 1-2-2　2012～2017 年硫酸进口情况

从进口硫酸来源（图 1-2-3）来看，韩国是我国最大的进口硫酸来源国，占比达到 73.6%；其次是菲律宾，占比 13.9%；再次是日本，占比 10.1%。从进口硫酸去向（图 1-2-4）来看，山东和广东是我国最大的两个进口硫酸市场，38.5%的进口酸通过青岛海关直接流入山东，19.1%的进口酸通过湛江和黄埔海关流入广东。另外还有 24.4%的进口酸从南京海关进入国内。

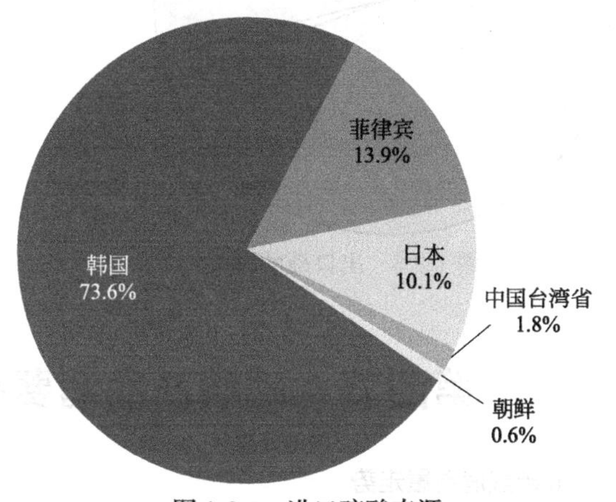

图 1-2-3　进口硫酸来源

2. 硫酸出口情况

据海关统计，2017 年我国累计出口硫酸 69.3 万吨，同比上升 990.2%；剔除高价非一般工业用酸后，平均出口价格在 36.3 美元/吨。江苏和广西是我国主要的出口硫酸产地，全年从南京海关出口的硫酸占总出口量的 85.5%，从南宁海关出口的硫酸占比 13.0%（图 1-2-5）。张家港双狮和广西金川是我国主要的硫酸出口企业。

从出口硫酸去向来看，摩洛哥、智利、印度、菲律宾是我国硫酸最大的出口地，四个国家分别占比为 28.9%、21.7%、15.4%和 9.6%（图 1-2-6）。

---

[1] 李崇，等. 2018 年中国硫酸行业生产运行情况. 硫酸工业，2019（5）：13-14.

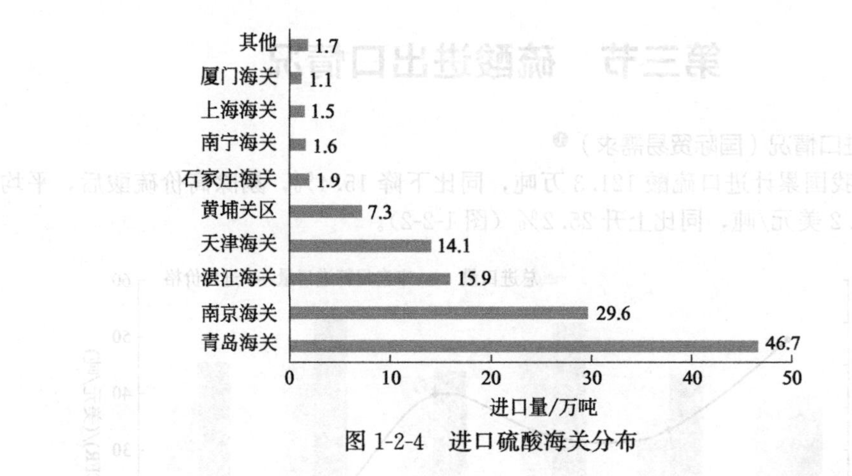

图 1-2-4 进口硫酸海关分布

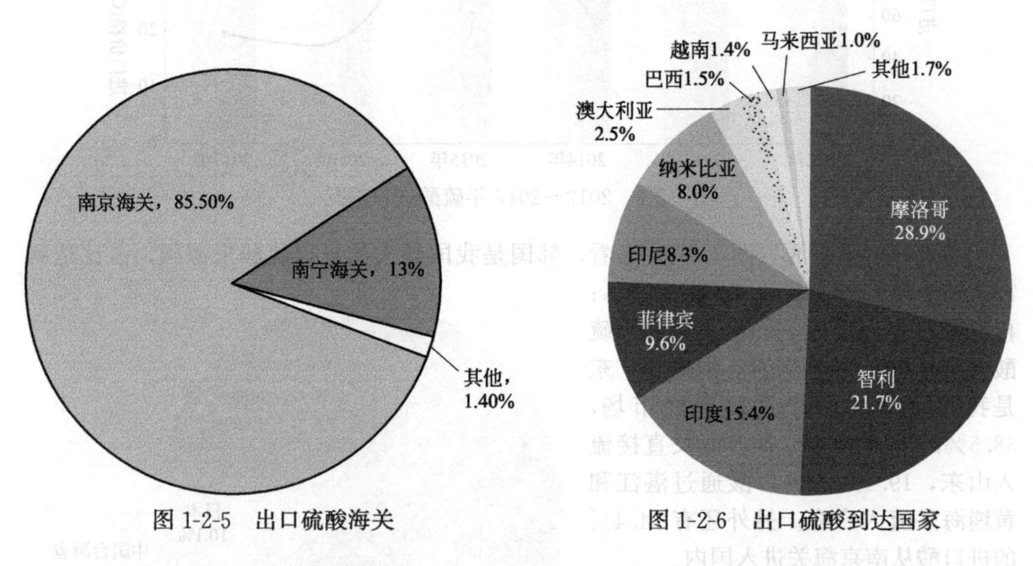

图 1-2-5 出口硫酸海关　　图 1-2-6 出口硫酸到达国家

第四节 硫酸产品消费组成、价格变化❶

1. 硫酸消费量走势

2017 年我国硫酸消费量 9665 万吨，同比下降 0.36%，连续两年出现下降走势（图 1-2-7）。

从消费组成来看，2017 年我国化肥用酸占比 56.7%，同比下降 0.4%；工业用酸占比 43.3%，同比上升 0.4%。

2. 硫酸消费组成（不包括小磷肥、小化工等用酸）

硫酸消费组成及高浓度磷复肥耗酸占比见图 1-2-8。

❶ 李崇，等. 2018 年中国硫酸行业生产运行情况. 硫酸工业，2019（5）：13-14.

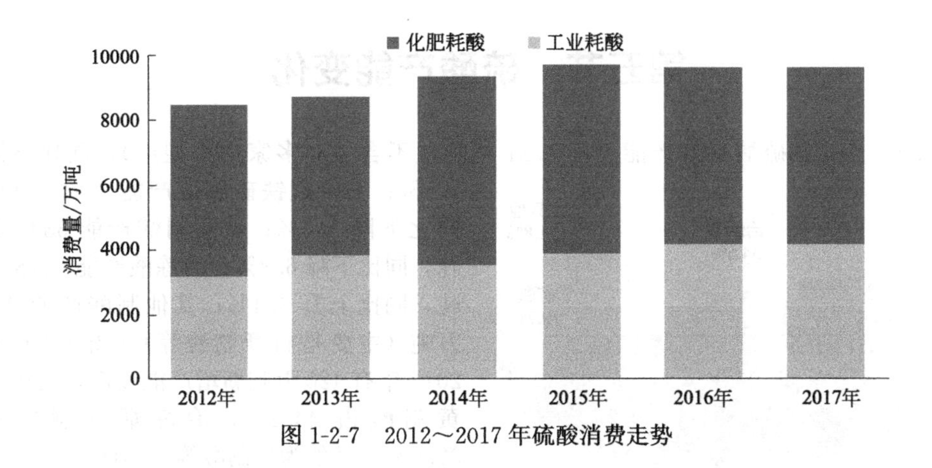

图 1-2-7　2012～2017 年硫酸消费走势

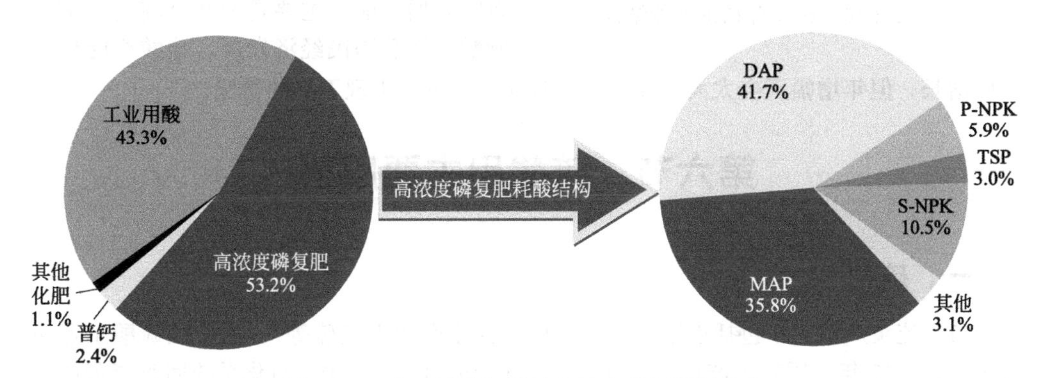

图 1-2-8　硫酸消费组成及高浓度磷复肥耗酸比

3. 各地硫酸市场价格变化

如图 1-2-9，2017 年全年硫酸价格先跌后涨，年初全国硫酸均价 250 元/吨，一直弱势下行，8 月最低价格为 200 元/吨；至年底，价格回升至 360 元/吨，价格变化偏大。

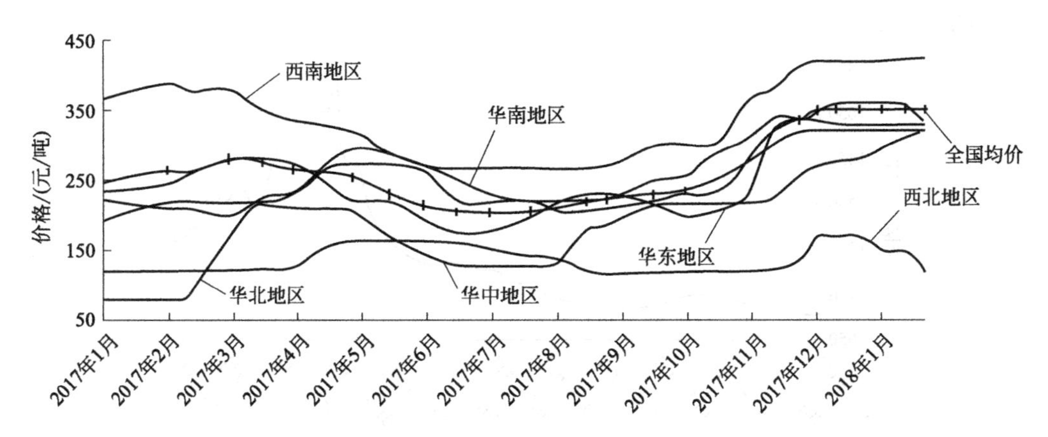

图 1-2-9　2017 年硫酸价格变化

第五节 硫酸产能变化

2017 年全国硫酸有效产能总计 1.21 亿吨（不含 400 多家中小型厂），同比下降 2.5%；其中硫铁矿制酸产能 2326 万吨，同比下降 5.7%；硫黄制酸产能 5383 万吨，同比下降 6.3%；冶炼酸产能 4178 万吨，同比上升 3.4%；其他制酸产能 258 万吨（主要是石膏制酸等）（图 1-2-10）。2017 年有 420 万吨新增产能投产，其中硫黄制酸占 44.2%，冶炼烟气制酸占 32.9%，其他为矿制酸等。2018 年有 1120 万吨新增产能，主要是 800 万吨冶炼烟气制酸。随着国民经济发展，硫酸产能仍会有所增长，但年增幅不会太大，或在某段时期还有可能出现下降的情况。

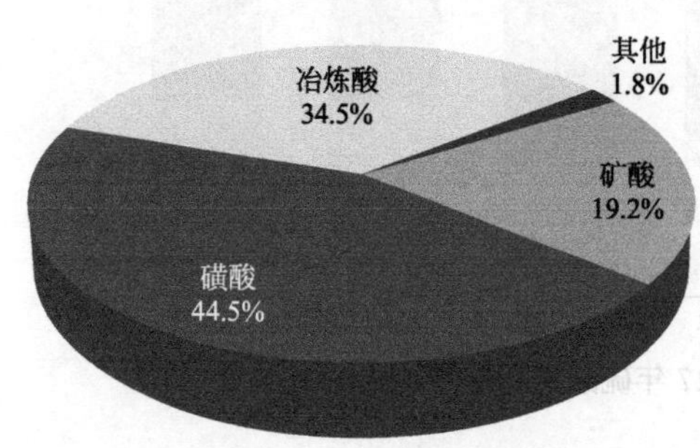

图 1-2-10 2017 年硫酸产能结构

第六节 硫酸用主要原料

一、硫黄

（1）硫黄产量（不包括小企业回收硫和小企业业产的天然硫等） 据中国硫酸工业协会统计，2017 年中国硫黄产量 597 万吨，同比上升 8%。其中中石化系统回收硫黄产量占总量的 78%，中石油系统占 11%（其他小型回收量未统计）。

（2）硫黄价格 2017 年硫黄价格在前半年平稳调整，进入三季度后开启上涨行情，至 9 月底，价格最高涨至 1850 元/吨，较年初的 800 元/吨上涨了超过 1000 元/吨，10 月份开始，硫黄价格开始下滑，年底时全国硫黄平均价格在 1200 元/吨左右（图 1-2-11）。

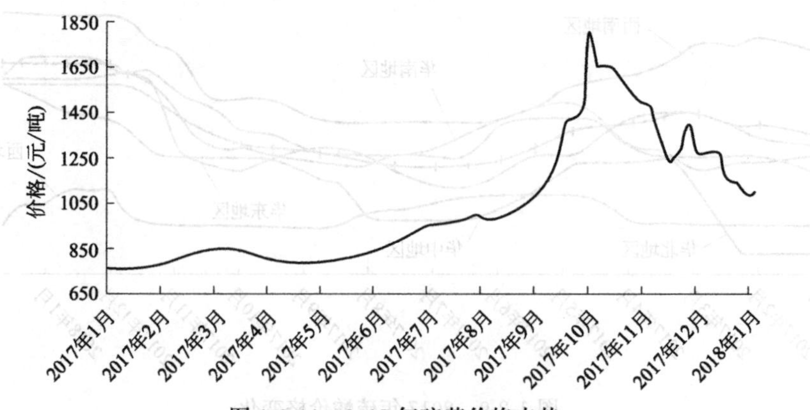

图 1-2-11 2017 年硫黄价格走势

2017 年硫黄价格的上涨，原因主要是国际硫黄需求的集中爆发，2017 年摩洛哥和沙特阿拉伯都有硫酸装置投产。摩洛哥 OCP 公司 JPH-3 项目于 10 月份正式投产，其产能为硫酸 140 万吨/年。沙特 Wa'ad Al-Shamal 项目也于 2017 年 9 月份开始正式对外供应产品，其四条生产线总计产能为硫酸 400 万吨/年，已经有两条生产线建成。这两个项目总计硫黄需求量接近 200 万吨/年，极大地分流了国际硫黄贸易量，致使国际硫黄供应在 2017 年三季度出现紧张局面。

(3) 硫黄进口量、价格　据海关统计，2017 年我国累计进口硫黄 1123.6 万吨，同比下降 6.1%，平均进口价格 104.4 美元/吨，同比上涨 13.5%。12 月份进口硫黄 92.8 万吨；环比上涨 9.4%，同比下降 9.3%；平均进口价格 171.0 美元/吨，环比上涨 21.0%，同比上涨 88.1%（图 1-2-12）。

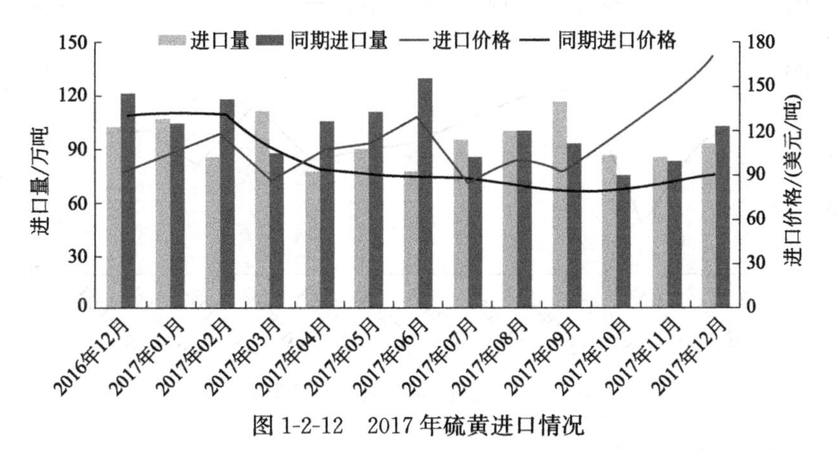

图 1-2-12　2017 年硫黄进口情况

1 月底，中国进口硫黄到岸价 125～140 美元/吨，低端报价环比下降 5 美元/吨，高端报价环比下降 20 美元/吨。

从图 1-2-13 可看出，中东、日韩、北美地区是我国主要的进口来源地，沙特、阿联酋和伊朗是我国最大的三个进口硫黄来源国。

从进口硫黄去向来看，南京、南宁、湛江、武汉、青岛是我国进口硫黄最大的海关（图 1-2-14）。

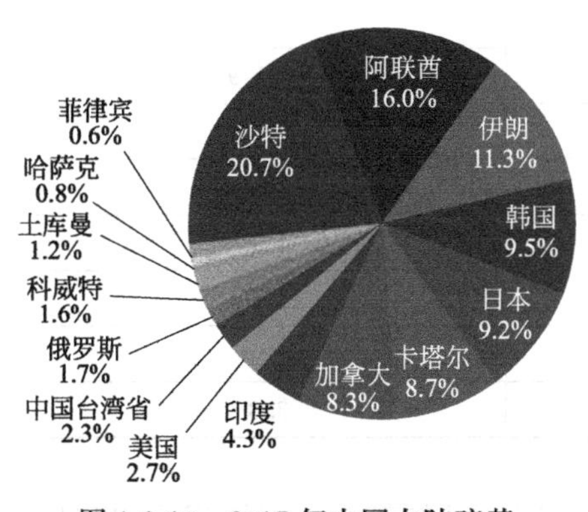

图 1-2-13　2017 年中国大陆硫黄进口来源国家与地区

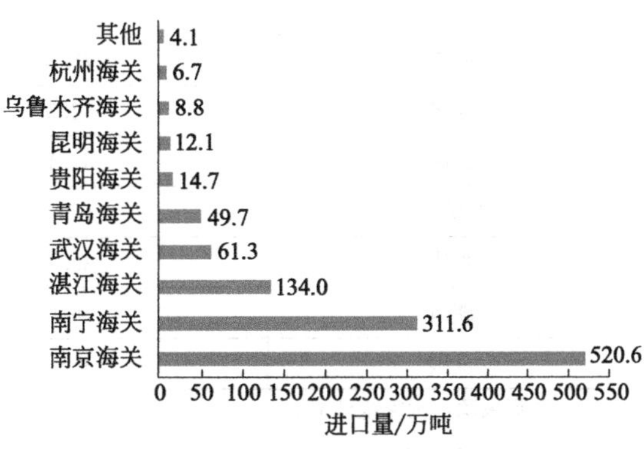

图 1-2-14　2017 年进口硫黄去向

二、硫铁矿

（1）硫铁矿产量（不包括地方小矿等） 硫铁矿是个统称，它含普通硫铁矿、经选矿后的硫精砂、磁硫铁矿、经选矿后的磁硫精砂、各种有色金属选矿的尾矿。硫铁矿通常的硫含量为16%左右，也有硫含量50%左右的精砂，块度通常为500mm左右，细砂也有70%通过350目筛孔的。不同块矿虽经破碎过筛，但粒级差别较大。

据国家统计局数据（图1-2-15），2017年全国硫铁矿产量同比回升，全年累计产量1458.8万吨（折硫含量35%），同比上升3.3%，其中硫精矿（硫含量≥48%）增加明显，磁硫铁矿增加比较多。

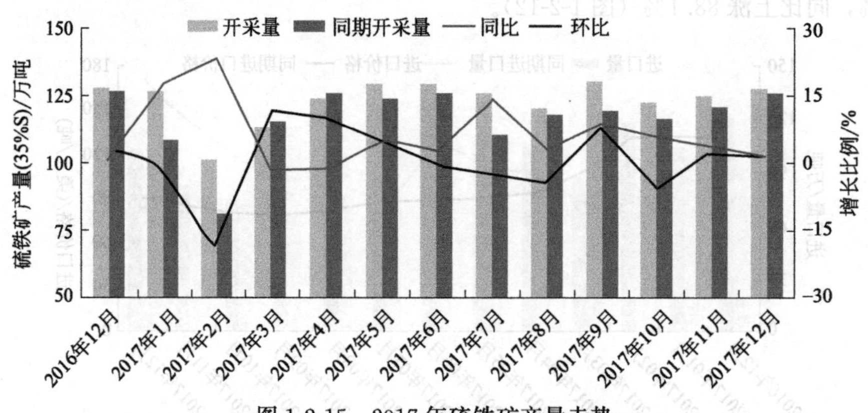

图1-2-15 2017年硫铁矿产量走势

（2）主要省份产量（表1-2-5）

表1-2-5 2017年主要省份及全国硫铁矿产量①

省份	产量/万吨	同比增长/%
广东	346.3	27.5
江西	332.7	0.8
安徽	262.6	−19.5
陕西	98.0	27.7
四川	78.6	−21.9
辽宁	62.5	−0.4
云南	51.1	1.6
内蒙古	48.9	1.7
福建	39.7	114.1
湖南	36.0	45.3
全国	1458.8	3.3

① 数据来源：国家统计局。

从硫铁矿产量三个主要省份来看，广东省产量同比升幅较大，安徽省降幅比较明显。

（3）硫铁矿价格走势（图 1-2-16）

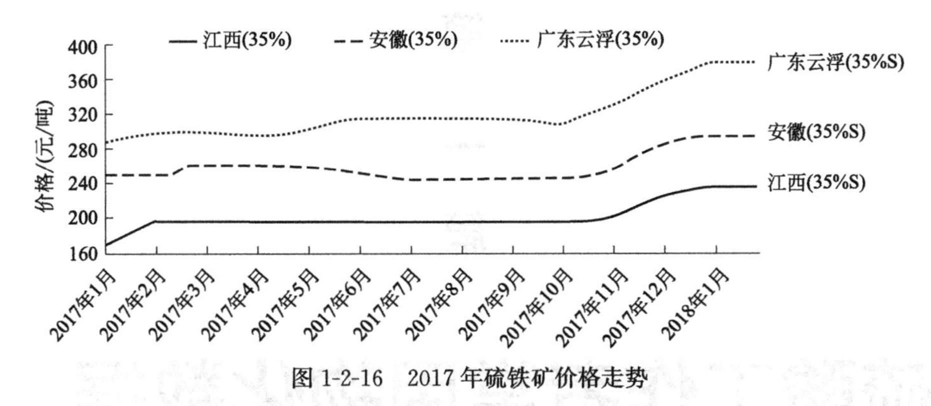

图 1-2-16　2017 年硫铁矿价格走势

12 月底，安徽硫铁矿（折 S 35%）均价在 295 元/吨左右，同比上涨 45 元/吨；江西硫铁矿（折 S 35%）均价在 235 元/吨，同比上涨 45 元/吨；广东云浮硫铁矿（折 S 35%）均价在 380 元/吨，同比上涨 80 元/吨。从全国来看，高含硫精细矿砂在比例上和实物量上都会逐渐增加。

第二篇

硫酸工作者常用物化数据、材料和规范

第一章 常用物化数据

第一节 硫酸

一、物理性质

（一）硫酸和发烟硫酸溶液的各种浓度关系（表 2-1-1）

表 2-1-1 硫酸和发烟硫酸溶液的各种浓度关系（20℃）

H_2SO_4		发烟硫酸中游离 SO_3				密度/(g/cm^3)
质量分数/%	浓度/(g/L)	游离量质量分数/%	总量			
			质量分数/%	浓度/(g/L)	摩尔分数/%	
1[2]	10.05	−440.0[1]	0.816[2]	8.202	0.185	1.0051
2	20.24	−435.5	1.633	16.52	0.373	1.0118
3	30.55	−431.1	2.45	24.95	0.562	1.0184

续表

H_2SO_4		发烟硫酸中游离 SO_3				密度/(g/cm³)
质量分数/%	浓度/(g/L)	游离量质量分数/%	总量			
			质量分数/%	浓度/(g/L)	摩尔分数/%	
4	41.00	—426.6	3.265	33.47	0.755	1.0250
5	51.59	—422.2	4.08	42.10	0.949	1.0317
6	62.30	—417.7	4.90	50.89	1.146	1.0384
7	73.17	—413.3	5.71	59.67	1.346	1.0453
8	84.18	—408.8	6.53	68.70	1.548	1.0522
9	95.32	—404.4	7.35	77.84	1.753	1.0591
10	106.6	—400.0	8.16	86.99	1.96	1.0661
11	118.0	—395.5	8.98	96.36	2.17	1.0731
12	129.6	—391.1	9.80	105.9	2.38	1.8083
13	141.4	—386.6	10.61	115.4	2.61	1.0874
14	153.3	—382.2	11.43	125.1	2.82	1.0947
15	165.3	—377.7	12.24	134.9	3.05	1.1020
16	177.5	—373.3	13.06	144.9	3.28	1.1094
17	189.9	—368.9	13.88	155.0	3.50	1.1168
18	202.4	—364.4	14.69	165.2	3.73	1.1243
19	215.0	—360.0	15.51	175.5	3.98	1.1318
20	227.9	—355.5	16.33	186.1	4.21	1.1394
21	240.9	—351.1	17.14	196.6	4.45	1.1471
22	254.1	—346.6	17.96	207.4	4.70	1.1548
23	267.4	—342.2	18.78	218.3	4.95	1.1626
24	280.9	—337.7	19.59	229.3	5.19	1.1704
25	294.6	—333.3	20.41	240.5	5.46	1.1783
26	308.4	—328.9	21.22	251.6	5.71	1.1863
27	322.4	—324.4	22.04	263.3	5.97	1.1942
28	336.6	—320.0	22.86	274.9	6.25	1.2023
29	351.0	—315.5	23.67	286.4	6.53	1.2104
30	365.6	—311.1	24.49	298.4	6.81	1.2185
31	380.3	—306.6	25.31	310.4	7.09	1.2267
32	395.2	—302.2	26.12	322.6	7.37	1.2349
33	410.3	—297.7	29.94	334.8	7.66	1.2432
34	425.5	—293.3	27.75	347.3	7.95	1.2515
35	441.0	—288.9	28.57	360.0	8.26	1.2599
36	456.6	—284.4	29.39	372.8	8.56	1.2684
37	472.5	—280.0	30.20	385.6	8.87	1.2769
38	488.5	—275.5	31.02	398.8	9.19	1.2854
39	504.7	—271.1	31.84	412.0	9.52	1.2941
40	521.1	—266.6	32.65	425.4	9.83	1.3028
41	537.8	—262.2	33.47	439.1	10.17	1.3116
42	554.6	—257.8	34.29	452.6	10.51	1.3204
43	571.6	—253.3	35.10	466.5	10.85	1.3294
44	588.9	—248.9	35.92	480.7	11.20	1.3384
45	606.4	—244.4	36.73	495.0	11.54	1.3476
46	624.2	—240.0	37.55	509.5	11.91	1.3569

续表

H_2SO_4		发烟硫酸中游离 SO_3				
质量分数/%	浓度/(g/L)	游离量质量分数/%	总量			密度/(g/cm^3)
			质量分数/%	浓度/(g/L)	摩尔分数/%	
47	642.2	−235.5	38.37	524.2	12.29	1.3663
48	660.3	−231.1	39.18	539.0	12.66	1.3757
49	678.8	−226.6	40.00	554.1	13.05	1.3853
50	697.6	−222.2	40.82	569.5	13.43	1.3951
51	716.5	−217.8	41.63	584.9	13.82	1.4049
52	735.7	−213.3	42.45	600.6	14.24	1.4148
53	755.2	−208.9	43.26	616.5	14.64	14249
54	774.9	−204.4	44.08	632.6	15.06	1.4350
55	794.8	−200.0	44.90	648.9	15.50	1.4453
56	815.2	−195.5	45.71	665.5	15.93	1.4557
57	835.7	−191.1	46.53	682.2	16.37	1.4662
58	856.5	−186.6	47.35	699.2	16.82	1.4767
59	877.6	−182.2	48.16	716.4	17.28	1.4874
60	898.9	−177.8	48.98	733.8	17.74	1.4982
61	920.6	−173.3	49.79	751.5	18.23	1.5091
62	942.4	−168.9	50.61	769.3	18.73	1.5200
63	964.5	−164.4	51.43	787.3	19.22	1.5310
64	986.9	−160.0	52.24	805.6	19.76	1.5421
65	1010	−155.5	53.06	824.1	20.26	1.5533
66	1033	−151.1	53.88	842.9	20.81	1.5646
67	1056	−146.7	54.09	861.9	21.35	1.5760
68	1079	−142.2	55.51	881.1	21.92	1.5874
69	1103	−137.8	56.33	900.6	22.49	1.5989
70	1127	−133.3	57.14	920.2	23.08	1.6105
71	1152	−128.9	57.96	940.2	23.68	1.6221
72	1176	−124.4	58.77	960.3	24.28	1.6339
73	1201	−120.0	59.59	980.6	24.93	1.6456
74	1226	−115.5	60.41	1001	25.56	1.6574
75	1252	−111.1	61.22	1022	26.24	1.6692
76	1278	−106.7	62.04	1043	26.91	1.6810
77	1303	−102.2	62.86	1064	27.61	1.6927
78	1329	−97.8	63.67	1085	28.32	1.7043
79	1355	−93.3	64.49	1106	29.06	1.7158
80	1382	−88.9	65.31	1128	29.81	1.7272
81	1408	−84.4	66.12	1149	30.58	1.7383
82	1434	−80.0	66.94	1171	31.37	1.7491
83	1460	−75.5	67.75	1192	32.18	1.7594
84	1486	−71.1	68.57	1213	33.01	1.7693
85	1512	−66.7	69.39	1234	33.87	1.7786
86	1537	−62.2	70.20	1255	34.75	1.7872
87	1562	−57.8	71.02	1275	35.65	1.7951
88	1586	−53.3	71.84	1295	36.57	1.8022
89	1610	−49.9	72.65	1314	37.52	1.8087

续表

H_2SO_4		发烟硫酸中游离 SO_3				密度/(g/cm^3)
质量分数/%	浓度/(g/L)	游离量质量分数/%	总量			
			质量分数/%	浓度/(g/L)	摩尔分数/%	
90	1633	−44.4	73.47	1333	38.50	1.8144
91	1656	−40.0	74.28	1352	39.51	1.8195
92	1678	−35.6	75.10	1370	40.55	1.8240
93	1700	−31.1	75.92	1388	41.61	1.8279
94	1721	−26.7	76.73	1405	42.71	1.8312
95	1742	−22.2	77.55	1422	43.84	1.8337
96	1762	−17.8	78.37	1438	45.01	1.8355
97	1781	−13.3	79.18	1454	46.20	1.8364
98	1799	−8.9	80.00	1469	47.43	1.8361
99	1816	−4.4	80.82	1482	48.70	1.8342
100	1831	0	81.63	1494	50.00	1.8305
100.23	1835	1	81.82	(1509)	50.30	(1.844)
100.45	1854	2	82.00	(1514)	50.63	(1.846)
100.68	1862	3	82.18	(1819)	50.91	(1.848)
100.90	1868	4	82.37	(1524)	51.24	(1.850)
101.13	1875	5	82.55	(1530)	51.57	(1.853)
101.35	1882	6	82.73	1535	51.85	1.855
101.58	1888	7	82.92	1541	52.17	1.858
101.80	1892	8	83.10	1546	52.49	1.861
102.03	1898	9	83.28	1552	52.85	1.864
102.25	1904	10	83.47	1558	53.15	1.867
102.48	1911	11	83.65	1564	53.48	1.870
102.70	1920	12	83.84	1570	53.81	1.873
102.93	1927	13	84.02	1577	54.18	1.877
103.15	1934	14	84.20	1583	54.52	1.880
103.38	1942	15	84.39	1590	54.83	1.884
103.60	1949	16	84.57	1596	55.18	1.887
103.84	1957	17	84.75	1603	55.56	1.891
104.05	1965	18	84.94	1609	55.92	1.894
104.28	1973	19	85.12	1616	56.23	1.898
104.50	1981	20	85.31	1623	56.59	1.902
104.73	1990	21	85.49	1629	56.95	1.906
104.95	1999	22	85.67	1635	57.32	1.909
105.18	2006	23	85.86	1642	57.69	1.912
105.40	2015	24	86.04	1648	58.06	1.915
105.63	2022	25	86.22	1654	58.43	1.918
105.85	2027	26	86.41	1661	58.84	1.922
106.08	2038	27	86.59	1667	59.19	1.925
106.30	2048	28	86.77	1673	59.62	1.928
106.53	2056	29	86.96	1680	59.97	1.932
106.75	2066	30	87.14	1686	60.36	1.935
106.98	2075	31	87.33	1692	60.75	1.938
107.20	2087	32	87.51	1699	61.15	1.941

续表

H_2SO_4		发烟硫酸中游离 SO_3				密度/(g/cm^3)
质量分数/%	浓度/(g/L)	游离量质量分数/%	总量			
			质量分数/%	浓度/(g/L)	摩尔分数/%	
107.43	2095	33	87.69	1705	61.56	1.944
107.65	2103	34	87.88	1711	61.96	1.947
107.88	2110	35	88.06	1717	62.37	1.950
108.10	2117	36	88.24	1723	62.79	1.953
108.33	2124	37	88.43	1730	63.20	1.956
108.55	2132	38	88.61	1737	63.65	1.960
108.78	2139	39	88.80	1743	64.05	1.963
109.00	2145	40	88.98	1748	64.50	1.965
109.23	2153	41	89.16	1755	64.88	1.968
109.45	2160	42	89.35	1760	65.34	1.970
109.68	2167	43	89.53	1766	65.80	1.972
109.90	2174	44	89.71	1772	66.24	1.975
110.13	2182	45	89.90	1778	66.69	1.978
110.35	2187	46	90.08	1784	67.17	1.980
110.58	2192	47	90.26	1790	67.60	1.983
110.80	2198	48	90.45	1796	68.03	1.986
111.03	2206	49	90.63	1802	68.52	1.988
111.25	2214	50	90.82	1806	69.00	1.989
111.48	2221	51	91.00	1812	69.47	1.991
111.70	2227	52	91.18	1817	69.97	1.993
111.92	2233	53	91.37	1822	70.42	1.994
112.15	2239	54	91.55	1826	70.93	1.995
112.38	2246	55	91.73	1832	71.40	1.997
112.60	2251	56	91.92	1837	71.93	1.998
112.82	2256	57	92.10	1841	72.40	1.999
113.05	2261	58	92.29	1846	72.94	2.000
113.28	2267	59	92.47	1849	73.46	2.000
113.50	2272	60	92.65	1853	73.94	2.000
113.72	2276	61	92.84	1858	74.50	2.001
113.95	2281	62	93.02	1861	74.99	2.001
114.18	2285	63	93.20	1865	75.56	2.001
114.40	2289	64	93.39	1869	76.11	2.001
114.62	2293	65	93.57	1872	76.68	2.001
115.75	2311	70	94.49	(1886)	79.48	(1.996)
116.88	2325	75	95.41	(1895)	82.45	(1.986)
118.00	2336	80	96.33	(1903)	85.58	(1.975)
119.12	2344	85	97.24	(1909)	88.89	(1.963)
120.25	2350	90	98.16	(1913)	92.39	(1.949)
121.38	2355	95	99.08	(1917)	96.09	(1.935)
122.50	2357	100	100.00	1920	100.00	1.920
114.85	2297	66③	93.75	1875	77.21	2.0026

续表

H_2SO_4		发烟硫酸中游离 SO_3				密度/(g/cm³)
质量分数/%	浓度/(g/L)	游离量质量分数/%	总量			
			质量分数/%	浓度/(g/L)	摩尔分数/%	
115.08	2301	67	93.94	1878	77.73	2.0026
115.30	2305	68	94.12	1881	78.33	2.0025
115.52	2308	69	94.30	1884	78.90	2.0025
115.75	2311	70	94.49	1887	79.48	2.0024
115.98	2314	71	64.67	1889	80.06	2.0024
116.20	2317	72	94.85	1892	80.65	2.0023
116.42	2320	73	95.03	1894	81.24	2.0022
116.65	2322	74	95.22	1896	81.84	2.0019
116.88	2325	75	95.41	1898	82.45	2.0013
117.10	2327	76	95.60	1900	83.06	2.0004
117.33	2330	77	95.78	1902	83.68	1.9992
117.55	2333	78	95.96	1904	84.31	1.9979
117.78	2335	79	96.14	1906	84.94	1.9964
118.00	2336	80	96.32	1907	85.58	1.9947
118.22	2339	81	96.51	1909	86.23	1.9929
118.45	2341	82	96.69	1911	86.89	1.9909
118.68	2342	83	96.88	1912	87.55	1.9888
118.90	2343	84	97.06	1912	88.22	1.9864
119.12	2344	85	97.24	1913	88.89	1.9836
119.35	2346	86	97.43	1915	89.58	1.9808
119.58	2347	87	97.61	1917	90.27	1.9778
119.80	2348	88	97.80	1918	90.97	1.9745
120.02	2349	89	97.98	1918	91.67	1.9712
120.25	2350	90	98.16	1919	92.39	1.9678
120.48	2351	91	98.35	1919	93.11	1.9638
120.70	2352	92	98.53	1920	93.84	1.9599
120.92	2353	93	98.72	1921	94.58	1.9567
121.15	2354	94	98.90	1922	95.33	1.9532
121.38	2355	95	99.08	1923	96.09	1.9492
121.60	2355	96	99.27	1923	96.85	1.9445
121.82	2355	97	99.45	1923	97.59	1.9395
122.05	2356	98	99.64	1923	98.39	1.9341
122.28	2357	99	99.82	1924	99.19	1.9286
122.50	2357	100	100.00	1924	100.00	1.9228

① 游离 SO_3 含量的负数值表示能溶解于 100g 该浓度的硫酸而得到的 100%的硫酸的 SO_3 质量。

② H_2SO_4 含量与 SO_3 含量的关系：

$$a=0.8163b \text{ 或 } b=1.225a \quad (2\text{-}1\text{-}1)$$

$$a=81.63+0.1837c \text{ 或 } c=5.4438(a-81.63) \quad (2\text{-}1\text{-}2)$$

式中 a——硫酸或发烟硫酸中 SO_3 含量，%（质量分数），见表 2-1-1 中第 4 列。

b——硫酸或发烟硫酸中 H_2SO_4 含量，%（质量分数），见表 2-1-1 中第 1 列。

c——发烟硫酸中游离 SO_3 含量，%（质量分数），见表 2-1-1 中第 3 列。

③ 66%～100%发烟硫酸的有关参考数据。

（二）密度

1. 硫酸的密度（表 2-1-2）

表 2-1-2 硫酸的密度

H_2SO_4 质量分数/%	密度/(g/cm^3)													
	0℃	5℃	10℃	15℃	20℃	25℃	30℃	40℃	50℃	60℃	70℃	80℃	90℃	100℃
0	0.9999	1.0000	0.9997	0.9991	0.9982	0.9971	0.9957	0.9922	0.9981	0.9832	—	—	—	—
1	1.0075	1.0073	1.0069	1.0061	1.0051	1.0038	1.0022	0.9986	0.9944	0.9895	0.9837	0.9779	0.9712	0.9645
2	1.0147	1.0144	1.0138	1.0129	1.0118	1.0104	1.0087	1.0050	1.0006	0.9956	0.9897	0.9839	0.9772	0.9705
3	1.0219	1.0214	1.0206	1.0197	1.0184	1.0169	1.0152	1.0113	1.0067	1.0017	0.9959	0.9900	0.9833	0.9766
4	1.0291	1.0284	1.0275	1.0264	1.0250	1.0234	1.0216	1.0176	1.0129	1.0078	1.0020	0.9961	0.9894	0.9827
5	1.0364	1.0355	1.0344	1.0332	1.0317	1.0300	1.0281	1.0240	1.0192	1.0140	1.0081	1.0022	0.9955	0.9888
6	1.0437	1.0426	1.0414	1.0400	1.0384	1.0367	1.0347	1.0305	1.0256	1.02023	1.0144	1.0084	1.0017	0.9950
7	1.0511	1.0498	1.0485	1.0469	1.0453	1.0434	1.0414	1.0371	1.0321	1.0266	1.0206	1.0146	1.0079	1.0013
8	1.0585	1.0571	1.0556	1.0539	1.0522	1.0502	1.0482	1.0437	1.0386	1.0330	1.0270	1.0209	1.0142	1.0076
9	1.0660	1.0644	1.0628	1.0610	1.0591	1.0571	1.0549	1.0503	1.0451	1.0395	1.0334	1.0273	1.0206	1.0140
10	1.0735	1.0718	1.0700	1.0681	1.0661	1.0640	1.0617	1.0570	1.0517	1.0460	1.0339	1.0338	1.0271	1.0204
11	1.0810	1.0792	1.0773	1.0753	1.0731	1.0709	1.0686	1.0637	1.0584	1.0526	1.0465	1.0403	1.0336	1.0269
12	1.0886	1.0866	1.0846	1.0825	1.0803	1.0780	1.0756	1.0705	1.0651	1.0593	1.0531	1.0469	1.0402	1.0335
13	1.962	1.0942	1.0920	1.0898	1.0874	1.0851	1.0826	1.0774	1.0719	1.0661	1.0599	1.0536	1.0469	1.0402
14	1.1039	1.1017	1.0994	1.0971	1.0947	1.0922	1.0897	1.0844	1.0788	1.0729	1.0666	1.0603	1.0536	1.0469
15	1.1116	1.1093	1.1069	1.1045	1.1020	1.0994	1.0968	1.0914	0.0857	1.0798	1.0735	1.0671	1.0604	1.0537
16	1.1194	1.1170	1.1145	1.1120	1.1094	1.1067	1.1040	1.0985	1.0927	1.0868	1.0804	1.0740	1.0673	1.0605
17	1.1272	1.1247	1.1221	1.1195	1.1168	1.1141	1.1113	1.1057	1.0998	1.0938	1.0874	1.0809	1.0742	1.0674

续表

H_2SO_4 质量分数/%	密度/(g/cm³)													
	0℃	5℃	10℃	15℃	20℃	25℃	30℃	40℃	50℃	60℃	70℃	80℃	90℃	100℃
18	1.1351	1.1325	1.1298	1.1270	1.1243	1.1215	1.1187	1.1129	1.1070	1.1009	1.0944	1.0879	1.0812	1.0744
19	1.1430	1.1403	1.1375	1.1347	1.1318	1.1290	1.1261	1.1202	1.1142	1.1081	1.1016	1.0950	1.0882	1.0814
20	1.1510	1.1481	1.1453	1.1424	1.1394	1.1365	1.1335	1.1275	1.1215	1.1153	1.1087	1.1021	1.0953	1.0885
21	1.1590	1.1560	1.1531	1.1501	1.1471	1.1441	1.1411	1.1350	1.1288	1.1226	1.1160	1.1093	1.1025	1.0957
22	1.1670	1.1640	1.1609	1.1579	1.548	1.1517	1.1486	1.1424	1.1362	1.1299	1.1233	1.1166	1.1098	1.1029
23	1.1751	1.1720	1.1688	1.1657	1.1626	1.1594	1.1563	1.1500	1.1437	1.1373	1.1306	1.1239	1.1171	1.1102
24	1.1832	1.1800	1.1768	1.1736	1.1704	1.1672	1.1640	1.1576	1.1512	1.1448	1.1382	1.1313	1.1245	1.1176
25	1.1914	1.1881	1.1848	1.1816	1.1783	1.1751	1.1718	1.1653	1.1588	1.1523	1.1456	1.1388	1.1319	1.1250
26	1.1996	1.1962	1.1929	1.1896	1.1863	1.1829	1.1796	1.1730	1.1665	1.1599	1.1531	1.1463	1.1394	1.1325
27	1.2078	1.2044	1.2010	1.1976	1.1942	1.1909	1.1875	1.1808	1.1742	1.1676	1.1608	1.1539	1.1470	1.1400
28	1.2161	1.2126	1.2091	1.2057	1.2023	1.1989	1.1955	1.1887	1.1820	1.1753	1.1685	1.1616	1.1546	1.1476
29	1.2243	1.2208	1.2173	1.2138	1.2104	1.2069	1.2035	1.1966	1.1898	1.1831	1.1762	1.1693	1.1623	1.1553
30	1.2326	1.2291	1.2255	1.2220	1.2185	1.2150	1.2115	1.2046	1.1978	1.1909	1.1840	1.1771	1.1701	1.1630
31	1.2410	1.2374	1.2338	1.2302	1.2267	1.2232	1.2196	1.2127	1.2057	1.1988	1.1919	1.1849	1.1779	1.1708
32	1.2493	1.2457	1.2421	1.2385	1.2349	1.2314	1.2278	1.2207	1.2137	1.2068	1.1998	1.1928	1.1858	1.1787
33	1.2577	1.2541	1.2504	1.2468	1.2432	1.2396	1.2360	1.2289	1.2219	1.2148	1.2078	1.2008	1.1937	1.1866
34	1.2661	1.2625	1.2588	1.2552	1.2515	1.2479	1.2443	1.2371	1.2300	1.2229	1.2159	1.2088	1.2017	1.1946
35	1.2746	1.2709	1.2672	1.2636	1.2599	1.2563	1.2527	1.2454	1.2383	1.2311	1.2240	1.2169	1.2098	1.2027
36	1.2831	1.2794	1.2757	1.2720	1.2684	1.2647	1.2610	1.2538	1.2466	1.2394	1.2323	1.2251	1.2180	1.2109
37	1.2917	1.2880	1.2843	1.2806	1.2769	1.2732	1.2695	1.2622	1.2549	1.2477	1.2406	1.2334	1.2263	1.2192
38	1.3004	1.2966	1.2929	1.2891	1.2851	1.2817	1.2780	1.2707	1.2634	1.2561	1.2490	1.2418	1.2347	1.2276

续表

H_2SO_4 质量分数/%	密度/(g/cm³)													
	0℃	5℃	10℃	15℃	20℃	25℃	30℃	40℃	50℃	60℃	70℃	80℃	90℃	100℃
39	1.3091	1.3053	1.3016	1.2978	1.2941	1.2904	1.2866	1.2798	1.2719	1.2646	1.2575	1.2503	1.2432	1.2361
40	1.3179	1.3141	1.3103	1.3065	1.3028	1.2991	1.2953	1.2879	1.2806	1.2732	1.2661	1.2589	1.2518	1.2446
41	1.3267	1.3229	1.3191	1.3153	1.3116	1.3078	1.3041	1.2967	1.2893	1.2819	1.2747	1.2675	1.2604	1.2532
42	1.3357	1.3318	1.3280	1.3242	1.3204	1.3167	1.3129	1.3055	1.2981	1.2907	1.2836	1.2762	1.2691	1.2619
43	1.3447	1.3408	1.3370	1.3332	1.3294	1.3256	1.3218	1.3144	1.3070	1.2996	1.2923	1.2850	1.2779	1.2707
44	1.3538	1.3500	1.3461	1.3423	1.3384	1.3346	1.3309	1.3234	1.3160	1.3086	1.3013	1.2939	1.2868	1.2796
45	1.3631	1.3592	1.3553	1.3514	1.3476	1.3438	1.3400	1.3325	1.3250	1.3177	1.3103	1.3029	1.2958	1.2886
46	1.3724	1.3685	1.3646	1.3607	1.3569	1.3530	1.3492	1.3417	1.3342	1.3269	1.3195	1.3120	1.3048	1.2976
47	1.3819	1.3779	1.3740	1.3701	1.3663	1.3624	1.3586	1.3510	1.3435	1.3362	1.3287	1.3212	1.3140	1.3067
48	1.3915	1.3875	1.3836	1.3796	1.3757	1.3719	1.3680	1.3604	1.3528	1.3455	1.3380	1.3305	1.3232	1.3159
49	1.4012	1.3972	1.3932	1.3893	1.3853	1.3814	1.3776	1.3699	1.3623	1.3549	1.3474	1.3399	1.3326	1.3253
50	1.4110	1.4070	1.4030	1.3990	1.3951	1.3911	1.3872	1.3795	1.3719	1.3644	1.3569	1.3494	1.3421	1.3348
51	1.4209	1.4169	1.4128	1.4088	1.4049	1.4009	1.3970	1.3893	1.3816	1.3740	1.3665	1.3590	1.3517	1.3444
52	1.4310	1.4269	1.4228	1.4188	1.4148	1.4109	1.4069	1.3991	1.3914	1.3837	1.3762	1.3687	1.3614	1.3540
53	1.4411	1.4370	1.4330	1.4289	1.4249	1.4209	1.4169	1.4091	1.4013	1.3936	1.3861	1.6785	1.3711	1.3637
54	1.4514	1.4473	1.4432	1.4391	1.4350	1.4310	1.4270	1.4191	1.4113	1.4036	1.3960	1.3884	1.3810	1.3735
55	1.4618	1.4577	1.4535	1.4494	1.4453	1.4412	1.4372	1.4293	1.4214	1.4137	1.4061	1.3984	1.3909	1.3834
56	1.4724	1.4681	1.4640	1.4598	1.4557	1.4516	1.4475	1.4395	1.4317	1.4239	1.4162	1.4085	1.4010	1.3934
57	1.4830	1.4787	1.4745	1.4703	1.4662	1.4620	1.4580	1.4499	1.4420	1.4342	1.4265	1.4187	1.4111	1.4035
58	1.4937	1.4894	1.4851	1.4809	1.4767	1.4726	1.4685	1.4604	1.4524	1.4446	1.4368	1.4290	1.4214	1.4137
59	1.5045	1.5002	1.4959	1.4916	1.4874	1.4832	1.4791	1.4709	1.4629	1.4551	1.4472	1.4393	1.4317	1.4240

续表

H_2SO_4 质量分数/%	密度/(g/cm^3)													
	0℃	5℃	10℃	15℃	20℃	25℃	30℃	40℃	50℃	60℃	70℃	80℃	90℃	100℃
60	1.5154	1.5111	1.5067	1.5024	1.4982	1.4940	1.4898	1.4816	1.4735	1.4656	1.4577	1.4497	1.4421	1.4344
61	1.5264	1.5220	1.5177	1.5133	1.5091	1.5048	1.5006	1.4923	1.4842	1.4762	1.4682	1.4602	1.4526	1.4449
62	1.5376	1.5331	1.5287	1.5243	1.5200	1.5157	1.5115	1.5031	1.4949	1.4869	1.4789	1.4708	1.4631	1.4554
63	1.5487	1.5442	1.5398	1.5354	1.5310	1.5267	1.5224	1.5140	1.5058	1.4977	1.4896	1.4815	1.4738	1.4660
64	1.5600	1.5555	1.5510	1.5465	1.5421	1.5378	1.5335	1.5250	1.5167	1.5086	1.5005	1.4923	1.4845	1.4766
65	1.5713	1.5668	1.5622	1.5578	1.5533	1.5490	1.5446	1.5361	1.5277	1.5195	1.5113	1.5031	1.4952	1.4873
66	1.5828	1.5782	1.5736	1.5691	1.5646	1.5602	1.5558	1.5472	1.5388	1.5305	1.5223	1.5140	1.5061	1.4981
67	1.5943	1.5896	1.5850	1.5805	1.5760	1.5715	1.5671	1.5584	1.5499	1.5416	1.5333	1.5249	1.5169	1.5089
68	1.6058	1.6012	1.5965	1.5919	1.5874	1.5829	1.5784	1.5697	1.5611	1.5528	1.5444	1.5359	1.5279	1.5198
69	1.6175	1.6128	1.6081	1.6035	1.5989	1.5944	1.5899	1.5811	1.5725	1.5640	1.5550	1.5470	1.5389	1.5307
70	1.6293	1.6245	1.6198	1.6151	1.6105	1.6059	1.6014	1.5925	1.5938	1.5753	1.5668	1.5582	1.5500	1.5147
71	1.6411	1.6363	1.6315	1.6268	1.6221	1.6175	1.6130	1.6040	1.5952	1.5867	1.5781	1.5694	1.5611	1.5527
72	1.6529	1.6481	1.6433	1.6385	1.6339	1.6292	1.6246	1.6156	1.6067	1.5981	1.5894	1.5806	1.5722	1.4637
73	1.6649	1.6600	1.6551	1.6503	1.6456	1.6409	1.6363	1.6271	1.6182	1.6095	1.6007	1.5919	1.5833	1.5747
74	1.6768	1.6719	1.6670	1.6622	1.6574	1.6526	1.6480	1.6387	1.6297	1.6209	1.6120	1.6031	1.5944	1.5857
75	1.6888	1.6838	1.6789	1.6740	1.6692	1.6644	1.6597	1.6503	1.6412	1.6322	1.6232	1.6142	1.6054	1.5966
76	1.7008	1.6958	1.6908	1.6858	1.6810	1.6761	1.6713	1.6619	1.6526	1.6435	1.6343	1.6252	1.6168	1.6074
77	1.7127	1.7077	1.7026	1.6976	1.6927	1.6878	1.6829	1.6734	1.6640	1.6547	1.6454	1.6361	1.6271	1.6181
78	1.7247	1.7195	1.7144	1.7093	1.7043	1.6994	1.6944	1.6847	1.6751	1.6657	1.6563	1.6469	1.6378	1.6826
79	1.7365	1.7313	1.7261	1.7209	1.7158	1.7108	1.7058	1.6959	1.6862	1.6766	1.6671	1.6575	1.6483	1.6390
80	1.7482	1.7429	1.7376	1.7324	1.7272	1.7221	1.7170	1.7069	1.6971	1.6873	1.6782	1.6680	1.6587	1.6493

续表

H_2SO_4 质量分数/%	密度/(g/cm³)													
	0℃	5℃	10℃	15℃	20℃	25℃	30℃	40℃	50℃	60℃	70℃	80℃	90℃	100℃
81	1.7597	1.7542	1.7489	1.7435	1.7383	1.7331	1.7279	1.7177	1.7077	1.6978	1.6880	1.6782	1.6688	1.6594
82	1.7709	1.7653	1.7599	1.7544	1.7491	1.7437	1.7385	1.7281	1.7180	1.7080	1.6981	1.6882	1.6787	1.6692
83	1.7816	1.7759	1.7704	1.7649	1.7594	1.7540	1.7487	1.7382	1.7279	1.7179	1.7079	1.6979	1.6883	1.6787
84	1.7916	1.7860	1.7804	1.7748	1.7693	1.7639	1.7585	1.7479	1.7375	1.7274	1.7173	1.7072	1.6975	1.6878
85	1.8009	1.7953	1.7897	1.7841	1.7786	1.7732	1.7678	1.7571	1.7466	1.7364	1.7263	1.7161	1.7064	1.6966
86	1.0895	1.8039	1.7983	1.7927	1.7872	1.7818	1.7763	1.7657	1.7552	1.7449	1.7347	1.7245	1.7148	1.7050
87	1.8173	1.8117	1.8061	1.8006	1.7951	1.7897	1.7843	1.7736	1.7632	1.7529	1.7427	1.7324	1.7227	1.7129
88	1.8243	1.8187	1.8132	1.0877	1.8022	1.7968	1.7915	1.7809	1.7705	1.7602	1.7500	1.7397	1.7300	1.7202
89	1.8306	1.8250	1.8195	1.8141	1.8087	1.8033	1.7979	1.7874	1.7770	1.7669	1.7567	1.7464	1.7367	1.7269
90	1.8361	1.8306	1.8252	1.8198	1.8144	1.8091	1.8038	1.7933	1.7829	1.7729	1.7627	1.7525	1.7428	1.7331
91	1.8410	1.8356	1.8302	1.8248	1.8195	1.8142	1.8090	1.7986	1.7883	1.7783	1.7382	1.7581	1.7485	1.7388
92	1.8453	1.8399	1.8346	1.8293	1.8240	1.8188	1.8136	1.8033	1.7932	1.7832	1.7743	1.7633	1.7546	1.7439
93	1.8490	1.8437	1.8384	1.8331	1.8279	1.8227	1.8176	1.8074	1.7974	1.7876	1.7779	1.7681	1.7583	1.7485
94	1.8520	1.8467	1.8415	1.8363	1.8312	1.8260	1.8210	1.8110	1.8011	1.7914	1.7817	1.7720	1.7624	1.7527
95	1.8544	1.8491	1.8439	1.8388	1.8337	1.8286	1.8236	1.8137	1.8040	1.7944	1.7848	1.7751	1.7656	1.7561
96	1.8560	1.8508	1.8457	1.8406	1.8355	1.8305	1.8255	1.8157	1.8060	1.7965	1.7969	1.7773	1.7680	1.7586
97	1.8569	1.8517	1.8466	1.8414	1.8364	1.8314	1.8264	1.8166	1.8071	1.7976	1.7881	1.7785	1.7695	1.7606
98	1.8567	1.8515	1.8563	1.8411	1.8361	1.8310	1.8261	1.8163	1.8068	1.7978	1.7882	1.7786	1.7698	1.7609
99	1.8551	1.8498	1.8445	1.8393	1.8342	1.8292	1.8242	1.8145	1.8050	1.7958	1.7868	1.7778	1.7693	1.7609
100	(1.8517)	(1.8463)	(1.8409)	(1.8357)	1.8305	1.8255	1.8205	1.8107	1.8013	1.7925	1.7845	1.7765	1.7686	1.7607

2. 20～80℃时发烟硫酸的密度（表 2-1-3）

表 2-1-3 发烟硫酸的密度（20～80℃）

游离 SO_3 质量分数/%	密度/(g/cm³)					游离 SO_3 质量分数/%	密度/(g/cm³)				
	20℃	25℃	45℃	60℃	80℃		20℃	25℃	45℃	60℃	80℃
0	(1.843)	1.839	1.812	1.796	1.780	30	1.935	1.932	1.914	1.895	1.872
1	(1.844)	1.840	1.815	1.799	1.783	31	1.938	1.935	1.917	1.898	1.874
2	(1.846)	1.842	1.818	1.802	1.786	32	1.941	1.938	1.920	1.901	1.877
3	(1.848)	1.844	1.821	1.805	1.789	33	1.944	1.941	1.922	1.903	1.879
4	(1.850)	1.846	1.824	1.808	1.792	34	1.947	1.944	1.925	1.906	1.882
5	(1.853)	1.849	1.827	1.812	1.795	35	1.950	1.947	1.928	1.909	1.884
6	1.855	1.852	1.830	1.815	1.798	36	1.953	1.950	1.930	1.911	1.886
7	1.858	1.854	1.833	1.818	1.801	37	1.956	1.953	1.932	1.914	1.889
8	1.861	1.857	1.837	1.822	1.804	38	1.960	1.956	1.935	1.916	1.891
9	1.864	1.860	1.840	1.825	1.807	39	1.963	1.959	1.937	1.918	1.893
10	1.867	1.863	1.844	1.829	1.810	40	1.965	1.961	1.940	1.919	1.894
11	1.870	1.866	1.847	1.832	1.814	41	1.968	1.964	1.942	1.921	1.896
12	1.873	1.869	1.851	1.826	1.817	42	1.970	1.966	1.944	1.922	1.897
13	1.877	1.873	1.854	1.839	1.821	43	1.972	1.969	1.946	1.924	1.899
14	1.880	1.876	1.858	1.843	1.824	44	1.975	1.971	1.948	1.925	1.900
15	1.884	1.880	1.862	1.847	1.827	45	1.978	1.974	1.950	1.927	1.901
16	1.887	1.883	1.865	1.851	1.831	46	1.980	1.976	1.952	1.928	1.902
17	1.891	1.887	1.868	1.854	1.834	47	1.983	1.979	1.954	1.930	—
18	1.894	1.890	1.872	1.857	1.837	48	1.986	1.981	1.955	1.931	—
19	1.898	1.894	1.875	1.861	1.840	49	1.988	1.983	1.956	1.932	—
20	1.902	1.898	1.879	1.864	1.843	50	1.989	1.984	1.957	1.933	—
21	1.906	1.902	1.883	1.868	1.846	51	1.991	1.986	1.958	1.934	—
22	1.909	1.905	1.887	1.871	1.849	52	1.993	1.988	1.959	1.934	—
23	1.912	1.908	1.890	1.874	1.852	53	1.994	1.989	1.960	1.934	—
24	1.915	1.912	1.894	1.877	1.855	54	1.995	1.990	1.960	1.933	—
25	1.918	1.915	1.897	1.880	1.858	55	1.997	1.992	1.961	1.932	—
26	1.922	1.919	1.901	1.883	1.861	56	1.998	1.993	1.961	1.930	—
27	1.925	1.922	1.905	1.886	1.864	57	1.999	1.993	1.960	1.927	—
28	1.928	1.925	1.908	1.889	1.866	58	2.000	1.994	1.960	1.923	—
29	1.932	1.929	1.911	1.892	1.869	59	2.000	1.994	1.959	(1.920)	—

续表

游离 SO_3 质量分数/%	密度/(g/cm³)					游离 SO_3 质量分数/%	密度/(g/cm³)				
	20℃	25℃	45℃	60℃	80℃		20℃	25℃	45℃	60℃	80℃
60	2.000	1.994	1.958	(1.916)	—	75	(1.986)	(1.974)	1.923	—	—
61	2.001	1.994	1.956	(1.912)	—	80	(1.975)	(1.962)	1.905	—	—
62	2.001	1.994	1.955	(1.909)	—	85	(1.963)	(1.949)	(1.868)	—	—
63	2.001	1.994	1.953	(1.905)	—	90	(1.949)	(1.935)	(1.830)	—	—
64	2.001	1.993	1.950	(1.901)	—	95	(1.935)	(1.919)	(1.830)	—	—
65	2.001	1.992	1.948	(1.897)	—	100	1.920	1.904	1.809	—	—
70	(1.996)	(1.985)	1.936	—	—						

3. 15～45℃时发烟硫酸的密度（表 2-1-4）

表 2-1-4 发烟硫酸的密度（15～45℃）

发烟硫酸中游离 SO_3 质量分数/%	密度/(g/cm³)						
	15℃	20℃	25℃	30℃	35℃	40℃	45℃
1	1.8387	1.8335	1.8284	1.8237	1.8193	1.8152	1.8112
2	1.8418	1.8366	1.8319	1.8275	1.8233	1.8193	1.8153
3	1.8450	1.8397	1.8349	1.8306	1.8267	1.8232	1.8195
4	1.8480	1.8429	1.8378	1.8339	1.8300	1.8261	1.8223
5	1.8512	1.8461	1.8411	1.8366	1.836	1.8291	1.8255
6	1.8544	1.8493	1.8443	1.8394	1.8347	1.8311	1.8275
7	1.8577	1.8525	1.8474	1.8422	1.8370	1.8324	1.8287
8	1.8610	1.8558	1.8507	1.8453	1.8394	1.8335	1.8297
9	1.8643	1.8591	1.8539	1.8481	1.8420	1.8356	1.8310
10	1.8677	1.8624	1.8570	1.8510	1.8443	1.8373	1.8320
11	1.8711	1.8658	1.8602	1.8537	1.8462	1.8389	1.8331
12	1.8746	1.8691	1.8630	1.8563	1.8491	1.8419	1.8349
13	1.8780	18725	1.8664	1.8598	1.8526	1.8454	1.8383
14	1.8814	1.8759	1.8700	1.8634	1.8559	1.8486	1.8414
15	1.8848	1.8793	1.8734	1.8668	1.8594	1.8522	1.8450
16	1.8882	1.8827	1.8768	1.8703	1.8630	1.8559	1.8488
17	1.8916	1.8861	1.8802	1.8737	1.8695	1.8595	1.8525
18	1.8951	1.8896	1.8838	1.8771	1.8698	1.8625	1.8554
19	1.8986	1.8930	1.8870	1.8802	1.8729	1.8654	1.8581

续表

发烟硫酸中游离 SO_3 质量分数/%	密度/(g/cm^3)						
	15℃	20℃	25℃	30℃	35℃	40℃	45℃
20	1.9021	1.8964	1.8904	1.88839	1.8769	1.8699	1.8628
21	1.9056	1.8998	1.8941	1.8878	1.8808	1.8738	1.8867
22	1.9092	1.9032	1.8975	1.8933	1.8847	1.8781	1.8712
23	1.9129	1.9066	1.9009	1.8949	1.8887	1.8825	1.8760
24	1.9167	1.9100	1.9043	1.8985	1.8926	1.8867	1.8805
25	1.9202	1.9133	1.9076	1.9019	1.8962	1.8905	1.8845
26	1.9236	1.9166	1.9109	1.9053	1.8998	1.8945	1.8888
27	1.9272	1.9200	1.9142	1.9087	1.9034	1.8981	1.8926
28	1.9306	1.9233	1.9176	1.9122	1.9070	1.9018	1.8965
29	1.9338	1.9265	1.9209	1.9159	1.9115	1.9071	1.9022
30	1.9370	1.9297	1.9239	1.9194	1.9162	1.9130	1.9090
31	K①	1.9330	1.9278	1.9238	1.9210	1.9182	1.9148
32	K	1.9362Ⅱ②	1.9308	1.9271	1.9251	1.9231	1.9204
33	K	1.9393Ⅱ	1.9338	1.9301	1.9280	1.9259	1.9235
34	K	1.9418Ⅱ	1.9363	1.9326	1.9312	1.9292	1.9270
35	K	1.9444Ⅱ	1.9382	1.9355	1.9342	1.9319	1.9296
36	K	1.9474Ⅱ	1.9427	1.9389	1.9371	1.9343	1.9317
37	K	1.9504Ⅱ	1.9455	1.9418	1.9403	1.9378	1.9352
38	K	1.9543Ⅱ	1.9493	1.9454	1.9424	1.9394	1.9366
39	K	1.9571Ⅱ	1.9527Ⅱ	1.9485	1.9446	1.9410	1.9379
40	K	1.9599Ⅱ	1.9555Ⅱ	1.9512	1.9470	1.9430	1.9392
41	K	1.9627Ⅱ	1.9582Ⅱ	1.9537	1.9493	1.9446	1.9404
42	K	1.9653Ⅱ	1.9608Ⅱ	1.9562Ⅱ	1.9515	1.9462	1.9415
43	K	1.9679Ⅱ	1.9634Ⅱ	1.9487Ⅱ	1.9539	1.9485	1.9426
44	K	1.9705Ⅱ	1.9659Ⅱ	1.9610Ⅱ	1.9557	1.9499	1.9438
45	K	1.9729Ⅱ	1.9677Ⅱ	1.9624Ⅱ	1.9570	1.9513	1.9453
46	K	1.9753Ⅱ	1.9698Ⅱ	1.9642Ⅱ	1.9586	1.9527	1.9467
47	K	1.9776Ⅱ	1.9718Ⅱ	1.9660	1.9603	1.9545	1.9487
48	K	1.9799Ⅱ	1.9739Ⅱ	1.9679	1.9620	1.9560	1.9500
49	K	1.9831Ⅱ	1.9761	1.9700	1.9638	1.9575	1.9509
50	K	1.9841Ⅱ	1.9782	1.9721	1.9659	1.9591	1.9517
51	K	1.9861Ⅱ	1.9801	1.9739	1.9673	1.9604	1.9526

续表

发烟硫酸中游离 SO_3 质量分数/%	密度/(g/cm^3)						
	15℃	20℃	25℃	30℃	35℃	40℃	45℃
52	K	1.9880 Ⅱ	1.9817	1.9752	1.9685	1.9615	1.9534
53	K	1.9898 Ⅱ	1.9833	1.9766	1.9698	1.9625	1.9547
54	K	1.9915	1.9852	1.9786	1.9718	1.9642	1.9559
55	K	1.9932	1.9870	1.9804	1.9733	1.9655	1.9569
56	2.0045	1.9947	1.9881	1.9812	1.9739	1.9661	1.9578
57	2.0060	1.9962	1.9890	1.9817	1.9742	1.9665	1.9586
58	2.0076	1.9977	1.9898	1.9820	1.9743	1.9667	1.9593
59	2.0089	1.9992	1.9916	1.9824	1.9743	1.9668	1.9596
60	2.0099	2.0006	1.9916	1.9831	1.9744	1.9668	1.9596
61	2.0124	2.0020	1.9923	1.9832	1.9745	1.9669	1.9599
62	2.0126	2.0027	1.9928	1.9834	1.9745	1.9669	1.9600
63	—	2.0027	1.9928	1.9834	1.9744	1.9666	1.9593
64	2.0125	2.0027	1.9927	1.9832	1.9742	1.9664	1.9580
65	—	2.0026	1.9927	1.9831	1.9738	1.9648	1.9562
66	2.0124	2.0026	1.9926	1.9828	1.9730	1.9630	1.9531
67	—	2.0026	1.9925	1.9824	1.9722	1.9603	1.9488
68	2.0122	2.0025	1.9924	1.9820	1.9713	1.9587	1.9454
69	—	2.0025	1.9922	1.9815	1.9702	1.9570	1.9430
70	2.0119	2.0024	1.9919	1.9807	1.9688	1.9554	1.9406
71	—	2.0024	1.9915	1.9798	1.9675	1.9539	1.9392
72	2.0115	2.0023	1.9907	1.9786	1.9661	1.9524	1.9377
73	—	2.0022	1.9900	1.9974	1.9645	1.9498	1.9343
74	2.0111	2.0019	1.9893	1.9761	1.9624	1.9473	1.9309
75	2.0108	2.0013	1.9884	1.9752	1.9607	1.9434	1.9235
76	2.0105	2.0004	1.9872	1.9738	1.9582	1.9396	1.9160
77	2.0102	1.9992	1.9856	1.9719	1.9554	1.9340	1.9080
78	2.0097	1.9979	1.9839	1.9698	1.9528	1.9293	1.9000
79	2.0093	1.9964	1.9821	1.9674	1.9503	1.9256	1.8948
80	2.0084	1.9947	1.9802	1.9646	1.9472	1.9198	1.8896
81	2.0069	1.9929	1.9781	1.9615	1.9438	1.9619	1.8874
82	2.0052	1.9909	1.9758	1.9584	1.9404	1.9141	1.8851
83	2.0034	1.9888	1.9734	1.9553	1.9370	1.9112	1.8827

续表

发烟硫酸中游离 SO_3 质量分数/%	密度/(g/cm³)						
	15℃	20℃	25℃	30℃	35℃	40℃	45℃
84	1.0013	1.9864	1.9707	1.9522	1.9336	1.9082	1.8802
85	2.9988	1.9836	1.9676	1.9491	1.9302	1.9054	1.8779
86	1.9963	1.9808	1.9645	1.9462	1.9267	1.9025	1.8755
87	1.9936	1.9778	1.9612	1.9429	1.9234	1.8997	1.8732
88	1.9906	1.9745	1.9576	1.9398	1.9201	1.8969	1.8709
89	1.9876	1.9712	1.9540	1.9356	1.9154	1.8927	1.8672
90	1.9845	1.9678	1.9503	1.9314	1.9109	1.8887	1.8636
91	1.9809	1.9638	1.9463	1.9271	1.9065	1.8843	1.8595
92	1.9774	1.9599	1.9423	1.9228	1.9021	1.8800	1.8554
93	1.9746	1.9567	1.9384	1.9186	1.8977	1.8756	1.8512
94	1.9715	1.9532	1.9345	1.9144	1.8933	1.8713	1.8471
95	1.9679	1.9492	1.9298	1.9094	1.8882	1.8662	1.8422
96	1.9636	1.9445	1.9246	1.9039	1.8826	1.8607	1.8369
97	1.9588	1.9395	1.9193	1.8983	1.8768	1.8547	1.8311
98	1.9536	1.9341	1.9138	1.8926	1.8709	1.8486	1.8252
99	1.9482	1.9826	1.9082	1.8869	1.8651	1.8427	1.8195
100	1.9425	1.9229	1.9023	1.8810	1.8591	1.8366	1.8136

① K 表示结晶。
② Ⅱ表示过冷液体。

4. 15.5℃时硫酸溶液的密度（表 2-1-5、表 2-1-6）

表 2-1-5　15.5℃时硫酸溶液的密度

密度		H_2SO_4 质量分数/%	密度		H_2SO_4 质量分数/%
°Bé	g/cm³		°Bé	g/cm³	
0	1.0000	0.00	9	1.0662	9.66
1	1.0069	1.02	10	1.0741	10.77
2	1.0140	2.08	11	1.0821	11.89
3	1.0211	3.13	12	1.0902	13.01
4	1.0248	4.21	13	1.0985	14.13
5	1.0357	5.28	14	1.1069	15.25
6	1.0432	6.37	15	1.1154	16.38
7	1.0507	7.45	16	1.1240	17.53
8	1.0584	8.55	17	1.1328	18.71

续表

密度		H_2SO_4 质量分数/%	密度		H_2SO_4 质量分数/%
°Bé	g/cm³		°Bé	g/cm³	
18	1.1417	19.89	46	1.4646	56.48
19	1.1508	21.07	47	1.4796	57.30
20	1.1600	22.25	48	1.4948	59.32
21	1.1694	23.43	49	1.5104	60.75
22	1.1789	24.61	50	1.5263	62.18
23	1.1885	25.81	51	1.5426	63.66
24	1.1983	27.03	52	1.5591	65.13
25	1.2083	28.28	53	1.5761	66.63
26	1.2185	29.53	54	1.5934	68.13
27	1.2288	30.79	55	1.6111	69.65
28	1.2393	32.05	56	1.6292	71.17
29	1.2500	33.33	57	1.6477	72.75
30	1.2609	34.03	58	1.6667	74.36
31	1.2719	35.93	59	1.6860	75.99
32	1.2832	37.26	60	1.7059	77.67
33	1.2946	38.58	61	1.7262	79.43
34	1.3063	39.92	62	1.7470	81.30
35	1.3183	41.27	63	1.7683	83.34
36	1.3303	42.63	64	1.7901	85.66
37	1.3426	43.99	64.25	1.7957	86.33
38	1.3551	45.35	64.50	1.8012	87.04
39	1.3679	46.72	64.75	1.8068	87.81
40	1.3810	48.10	65	1.8125	88.65
41	1.3942	49.47	65.25	1.8182	89.55
42	1.4078	50.87	65.50	1.8239	90.60
43	1.4216	52.26	65.75	1.8297	91.80
44	1.4356	53.66	66	1.8354	93.19
45	1.4500	55.07			

注：1. 求取硫酸溶液在其他温度下的密度，可应用表 2-1-5 的数据，并考虑以 15.5℃为基础。溶液每增（或减）1℃，应减少（或增加）的数值如下：

密度在 1.580～1.750 时为 0.0009（或 0.045°Bé）；

密度在 1.750～1.840 时为 0.0010（或 0.040°Bé）。

2. 波美度°Bé 与相对密度 ρ（15.5℃/15.5℃）的换算见表 2-1-6。

表 2-1-6 °Bé-ρ 换算表

项目	俄罗斯、欧洲常用	美国常用
重于水的液体	$°Bé=144.32-\frac{144.32}{\rho}$	$°Bé=145-\frac{145}{\rho}$
轻于水的液体	$°Bé=\frac{144.32}{\rho}-144.32$	$°Bé=\frac{140}{\rho}-130$

（三）黏度

1. 硫酸的黏度（表 2-1-7～表 2-1-10、图 2-1-1）

表 2-1-7 硫酸的黏度（一）

H_2SO_4 质量分数/%	黏度/(mPa・s)								
	−20℃	0℃	15℃	20℃	25℃	50℃	75℃	100℃	120℃
0	结晶	(1.800)	(1.24)	(1.08)	(0.94)	(1.556)	(0.39)		
5	结晶	1.970	1.34	1.16	1.010	0.620	0.440		
10	结晶	2.138	1.48	1.29	1.122	0.686	0.480		
15	结晶	2.320	1.64	1.44	1.259	0.741	0.525	0.29	
20	结晶	2.576	1.83	1.60	1.398	0.835	0.590	0.36	
25		3.020	2.11	1.84	1.596	0.966	0.672	0.43	
30	7.00	3.408	2.49	2.18	1.901	1.127	0.777	0.47	
35	(8.20)	3.954	2.85	2.49	2.180	1.332	0.912	0.52	
40	9.40	4.571	3.32	2.91	2.510	1.583	1.084	0.60	
45	(11.2)	5.426	3.94	3.45	2.953	1.892	1.311	0.68	
50	13.1	6.478	4.4	3.9	3.547	2.275	1.596	0.77	0.65
55	(18)	7.998	5.3	4.75	4.273	2.754	1.936	0.91	0.72
60	23.5	10.233	6.75	6.0	5.370	3.361	2.323	1.08	0.87
65	(39)	13.932	8.85	7.75	6.855	4.140	2.783	1.31	1.08
70	(64)	19.952	12.3	10.5	9.016	5.129	3.311	1.59	1.31
75	91.7	31.478	17.8	14.7	12.303	6.412	3.936	1.92	1.48
80	结晶	结晶	(24)	(20.5)	17.378	8.091	4.677	2.21	1.66
85	结晶	结晶	(27)	(23)	19.724	9.183	5.248	2.48	1.81
90	结晶	47.588	(29.8)	(23.9)	18.197	9.089	5.356	2.49	1.92
95	130.15 (92.23%)	44.926	(28.5)	(23.1)	17.681	9.099	5.368	2.79	2.14
99.6	结晶	结晶	(35.6)	(29.8)	24.2	10.80	6.06	2.67	2.07
100	结晶	结晶	(30.2)	(30.4)	24.72	10.90	6.10	2.66	2.06

表 2-1-8 硫酸的黏度（二）

H_2SO_4 质量分数/%	黏度/(mPa·s)							
	−12.2℃	0℃	10℃	20℃	32℃	43℃	75℃	100℃
60	14.0	10.8	8.5	5.8	4.4	3.5	3.2	1.4
62	15.5	12.0	10.0	6.4	4.9	4.0	3.5	1.6
64	18.0	13.4	10.5	7.0	5.4	4.3	3.1	1.8
66	19.8	15.0	11.7	7.8	6.0	4.9	3.5	1.9
68	22.8	17.3	13.0	8.8	6.9	5.2	4.0	2.0
70	26.5	20.0	14.5	9.9	7.7	6.0	4.4	2.1
72	32.0	23.5	16.3	11.2	8.6	6.7	5.0	2.3
74	39.0	27.1	18.8	13.0	9.8	7.9	5.5	2.5
76	47.0	31.7	21.9	14.8	11.0	8.2	6.0	2.8
77.5	55.0	—	—	—	—	—	—	—
78	结晶	36.5	25.6	16.8	12.6	9.2	6.5	2.9
80	结晶	42.0	30.5	19.8	14.0	10.5	7.0	3.1
82	结晶	结晶	36.5	23.0	15.2	11.6	7.4	3.2
84	结晶	结晶	42.0	24.8	16.0	12.0	8.0	3.4
86	结晶	结晶	42.5	25.2	16.6	12.5	8.0	3.5
88	结晶	49.0	41.8	24.9	16.4	12.4	8.0	3.7
90	结晶	47.0	38.9	23.9	15.8	12.0	7.9	3.8
92	72.0	45.0	35.5	22.6	15.0	11.3	7.7	3.9
94	71.0	44.5	34.0	22.0	15.0	11.3	7.9	3.9
96	72.5	46.0	34.2	22.9	15.4	11.8	8.2	3.9
98	—	51.0	37.0	24.4	16.7	12.5	8.7	3.8
100	—	—	43.0	27.5	19.0	14.0	9.0	3.8

表 2-1-9 15～50℃时硫酸黏度的参考数据

H_2SO_4 质量分数/%	黏度/(mPa·s)					H_2SO_4 质量分数/%	黏度/(mPa·s)				
	15℃	20℃	30℃	40℃	50℃		15℃	20℃	30℃	40℃	50℃
10	1.47	1.12	0.99	0.76	0.58	65	9.32	7.10	5.78	4.55	3.35
20	1.83	1.38	1.19	0.95	0.76	70	12.80	9.65	7.90	6.10	4.20
30	2.44	1.82	1.52	1.21	0.99	75	18.60	13.90	10.60	8.10	5.90
40	3.24	2.48	2.10	1.62	1.39	80	31.30	23.20	15.20	10.70	7.70
50	4.65	3.58	2.72	2.30	1.90	82	32.2	23.6	15.9	12.1	8.1
55	5.79	4.48	3.38	2.88	2.28	84	32.3	23.7	16.0	12.4	8.3
60	7.15	5.50	4.28	3.42	2.77	85	32.3	23.7	16.1	12.4	8.4

续表

H_2SO_4 质量分数/%	黏度/(mPa·s)					H_2SO_4 质量分数/%	黏度/(mPa·s)				
	15℃	20℃	30℃	40℃	50℃		15℃	20℃	30℃	40℃	50℃
86	32.3	23.6	16.0	12.4	8.4	94	31.85	23.2	15.65	12.2	8.5
88	32.1	23.5	15.9	12.2	8.5	95	32.0	23.4	15.75	12.35	8.7
89	31.9	23.3	15.7	11.95	8.5	96	32.6	23.9	16.0	12.5	8.95
90	31.7	23.1	15.55	11.9	8.45	97	33.7	24.8	16.5	12.7	9.15
91	31.6	23.0	15.5	11.95	8.42	98	34.9	25.8	17.1	12.9	9.4
92	31.65	23.05	15.55	12.0	8.40	99	36.1	26.8	17.7	13.0	9.75
93	31.7	23.1	15.6	12.05	8.40	100	37.2	27.8	18.3	13.2	9.8

表 2-1-10　0～75℃时硫酸黏度的参考数据

H_2SO_4 质量分数/%	黏度/(mPa·s)				H_2SO_4 质量分数/%	黏度/(mPa·s)			
	0℃	25℃	50℃	75℃		0℃	25℃	50℃	75℃
0.00	1.80	0.94	0.556	0.39	62.50	11.56	5.93	3.53	2.52
5.00	1.97	1.01	0.62	0.44	70.90	21.60	9.45	5.26	3.42
9.39	2.10	1.11	0.68	0.48	78.20	43.20	15.50	7.55	4.46
13.42	2.26	1.22	0.72	0.51	81.40	固体	19.00	8.57	4.90
17.42	2.42	1.34	0.78	0.56	83.50	固体	19.70	9.08	5.17
20.10	2.62	1.41	0.85	0.60	87.50	54.60	19.00	9.18	5.32
24.10	2.96	1.58	0.96	0.66	90.30	46.80	18.13	9.03	5.35
29.80	3.39	1.88	1.12	0.77	94.75	44.80	17.60	9.03	5.35
39.70	4.47	2.46	1.60	1.07	98.30	53.40	20.20	9.05	5.72
51.20	6.85	3.73	2.42	1.72	99.60	—	24.20	10.80	6.06

表 2-1-11　发烟硫酸的黏度

发烟硫酸中游离 SO_3 质量分数/%	黏度/(mPa·s)				发烟硫酸中游离 SO_3 质量分数/%	黏度/(mPa·s)			
	25℃	45℃	60℃	80℃		25℃	45℃	60℃	80℃
5	25.8	13.3	9.1	5.9	50	(57.6)	23.2	13.2	(7.7)
10	26.6	13.8	9.4	6.09	60	51.8	18.5	9.9	
15	27.9	14.5	9.7	6.3	62	45.8	17.2	(9.0)	
18	29.0	15.0	10.1	6.5	65		15.0	(7.6)	
20	29.8	15.4	10.4	6.6	70		11.3		
25	32.9	16.7	11.2	7.0	80		5.2		
30	37.6	18.5	12.0	7.4	90		1.9		
40	(49.6)	21.7	13.5	7.9					

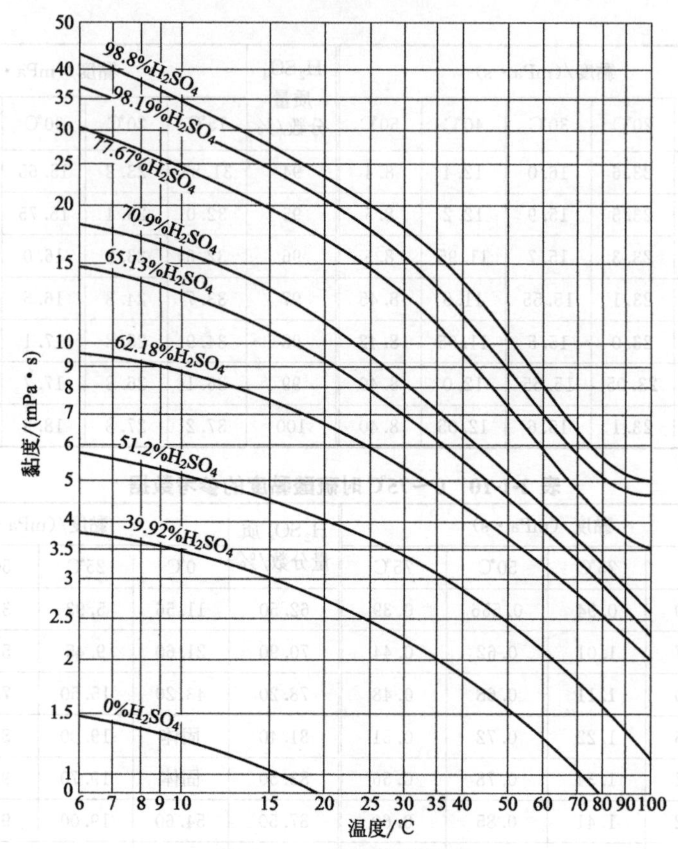

图 2-1-1　硫酸的黏度图

2. 发烟硫酸的黏度（表 2-1-11、表 2-1-12）

表 2-1-12　15～50℃时发烟硫酸的黏度

游离 SO_3 质量分数/%	黏度/(mPa·s)					游离 SO_3 质量分数/%	黏度/(mPa·s)				
	15℃	20℃	30℃	40℃	50℃		15℃	20℃	30℃	40℃	50℃
1	36.9	27.5	18.25	13.1	9.75	40	—	40.4	35.3	26.7	16.4
2	36.8	27.45	18.2	13.0	9.6	45	—	40.7	36.3	27.7	17.0
3	37.2	27.85	18.55	13.7	9.65	50	—	40.9	37.2	28.5	17.2
4	37.8	28.4	19.0	14.1	9.9	55	—	41.0	37.5	28.8	17.2
5	38.7	29.1	20.6	14.7	10.1	60	46.5	41.0	37.8	28.8	17.0
10	42.0	31.9	23.6	16.9	11.0	65	45.7	40.7	37.5	28.5	16.5
15	45.1	34.6	26.5	19.0	11.9	70	44.9	40.4	37.0	27.9	15.9
20	47.4	36.6	28.8	20.8	12.8	75	—	39.8	36.0	26.9	15.0
25	48.8	38.0	30.9	22.6	13.7	80	—	39.2	24.7	15.5	11.0
30	49.8	39.0	32.6	24.1	14.6	90	—	17.4	8.1	5.0	3.7
35	—	39.8	34.1	25.5	15.5	100	9.45	3.95	1.82	1.185	0.8

（四）蒸气压

1. 硫酸的饱和蒸气总压力（表 2-1-13、表 2-1-14）

表 2-1-13　0～100℃硫酸的饱和蒸气总压力

H_2SO_4 质量分数/%	饱和蒸气压力/kPa										
	0℃	5℃	10℃	15℃	20℃	25℃	30℃	35℃	40℃	45℃	50℃
5	0.608	0.857	1.201	1.663	2.28	3.093	4.133	5.48	7.199	9.346	12.030
10	0.604	0.843	1.173	1.617	2.213	3.000	4.026	5.346	7.026	9.119	11.710
15	0.592	0.828	1.144	1.571	2.137	2.880	3.866	5.146	6.759	8.759	11.240
20	0.567	0.792	1.093	1.492	2.028	2.746	3.706	4.933	6.453	8.333	10.690
25	0.515	0.723	1.000	1.373	1.879	2.653	3.44	4.56	5.973	7.759	10.000
30	0.460	0.647	0.900	1.241	1.697	2.296	3.08	4.106	5.426	7.093	9.160
35	0.392	0.557	0.781	1.083	1.484	2.009	2.693	3.600	4.773	6.253	8.093
40	0.320	0.464	0.660	0.923	1.268	1.717	2.301	3.080	4.106	5.400	6.999
45	0.235	0.367	0.539	0.757	1.040	1.412	1.905	2.558	3.413	4.520	5.906
50	0.179	0.268	0.393	0.564	0.793	1.096	1.491	2.000	2.654	3.506	4.613
55	0.129	0.195	0.287	0.413	0.583	0.805	1.097	1.476	1.965	2.600	3.426
60	0.083	0.126	0.185	0.265	0.373	0.516	0.707	0.960	1.293	1.725	2.280
65	0.042	0.63	0.094	0.138	0.201	0.288	0.407	0.568	0.781	1.056	1.401
70	0.025	0.037	0.053	0.077	0.110	0.157	0.22	0.305	0.417	0.563	0.749
75	0.009	0.014	0.020	0.030	0.042	0.060	0.086	0.115	0.159	0.220	0.303
80	0.003	0.005	0.008	0.011	0.015	0.021	0.029	0.039	0.053	0.072	0.098
85	0.001	0.0015	0.0024	0.0037	0.0056	0.0083	0.012	0.018	0.025	0.035	0.049

H_2SO_4 质量分数/%	饱和蒸气压力(kPa)									
	55℃	60℃	65℃	70℃	75℃	80℃	85℃	90℃	95℃	100℃
5	15.35	19.43	24.37	30.40	37.60	46.26	56.53	68.53	82.66	99.06
10	14.89	18.81	23.62	29.46	36.53	44.93	54.93	66.66	80.39	96.39
15	14.32	18.13	22.80	28.40	35.20	43.33	53.06	64.53	77.86	93.33
20	13.65	17.33	21.86	27.20	33.73	41.60	51.06	62.26	74.93	89.06
25	12.79	16.23	20.45	25.58	31.86	39.33	48.26	58.66	70.66	89.06
30	11.72	14.89	18.81	23.60	29.46	36.40	44.66	54.53	65.99	79.06
35	10.37	13.23	16.79	21.18	26.57	33.06	40.80	49.86	60.39	72.93
40	8.986	11.48	14.63	18.57	23.44	29.06	35.73	43.73	53.33	65.06
45	7.613	9.719	12.35	15.63	19.66	24.53	30.40	37.33	45.60	55.60
50	6.026	7.786	9.932	12.55	15.73	19.62	24.40	30.13	36.93	45.06
55	4.480	5.800	7.413	9.373	11.77	14.72	18.33	22.74	27.86	33.73
60	2.986	3.880	5.000	6.386	8.093	10.19	12.72	15.73	19.25	23.33
65	1.829	2.370	3.066	3.946	5.026	6.333	7.893	9.759	12.03	14.80
70	0.987	1.287	1.665	2.144	2.746	3.48	4.373	5.48	6.839	8.519
75	0.413	0.559	0.745	0.981	1.279	1.655	2.133	2.733	3.453	4.293
80	0.135	0.186	0.259	0.357	0.4491	0.667	0.892	1.173	1.519	1.936
85	0.064	0.085	0.112	0.147	0.195	0.260	0.348	0.465	0.62	0.82

表 2-1-14 0～300℃硫酸的饱和蒸气总压力

H_2SO_4质量分数/%	饱和蒸气压力/kPa																				
	100℃	105℃	110℃	115℃	120℃	125℃	130℃	135℃	140℃	145℃	150℃	155℃	160℃	165℃	170℃	175℃	180℃	185℃	190℃	195℃	200℃
10	95.99	—																			
20	90.39	108.3																			
25	84.93	101.1																			
30	78.66	93.59																			
35	71.99	85.59	102.4																		
40	63.19	75.73	90.53	106.7																	
45	53.99	64.53	77.33	91.19	108.3																
50	43.46	52.4	62.79	74.93	89.33	106.3															
55	33.73	40.26	48.93	58	69.59	83.33	99.19														
60	23.73	28.4	34.66	41.73	50.26	60.26	72.53	86.26	101.3												
65	15.20	18.67	22.93	27.6	33.46	40.53	49.33	58.66	69.99	82.93	97.33										
70	8.933	10.97	13.73	16.8	20.4	25.06	30.66	36.93	44.26	52.93	62.79	75.19	88.66	105.3							
75	4.266	5.333	6.666	8.266	10.2	12.6	15.6	18.93	23.06	27.73	33.06	39.86	47.2	56.26	66.13	77.99	91.33	108			
80	1.853	2.346	3	3.773	4.746	5.959	7.466	9.199	11.4	13.87	16.93	20.93	25.06	30.13	35.6	42.53	50.4	59.99	71.33	84.93	97.99
85	0.719	0.927	1.2	1.52	1.933	2.44	3.093	3.88	4.84	5.906	7.279	9.093	10.93	13.27	15.87	19.07	22.53	27.46	32.66	38.8	45.33
90	0.199	0.257	0.336	0.431	0.559	0.724	0.929	1.18	1.493	1.853	2.333	2.92	3.963	4.426	5.306	6.453	7.866	9.493	11.33	13.6	16
95	0.032	0.043	0.058	0.079	0.105	0.143	0.189	0.249	0.320	0.415	0.536	0.684	0.863	1.119	1.373	1.72	2.12	2.693	3.306	4.093	4.893

H_2SO_4质量分数/%	饱和蒸气压力/kPa																		
	5℃	10℃	15℃	20℃	25℃	30℃	35℃	40℃	45℃	50℃	55℃	60℃	65℃	70℃	75℃	80℃	85℃	90℃	95℃
90	1.57×10^{-4}	2.61×10^{-4}	4.24×10^{-4}	6.63×10^{-4}	0.00102	0.00156	0.00239	0.00353	0.00353	0.0073	0.0112	0.016	0.0225	0.0315	0.0436	0.06	0.0824	0.1097	0.1493
95	—	—	—	—	—	—	0.0002	0.00031	0.00031	0.00077	0.00117	0.00177	0.00261	0.00384	0.00553	0.00808	0.0117	0.0164	0.0229

H_2SO_4质量分数/%	饱和蒸气压力/kPa																	
	205℃	210℃	215℃	220℃	225℃	230℃	235℃	240℃	245℃	250℃	255℃	260℃	265℃	270℃	275℃	280℃	285℃	290℃
85	53.6	62.93	74.26	86.26	99.99	—												
90	19.07	2.66	27.06	32	37.2	43.46	50.66	59.99	69.33	80.53	93.33	106.7	—					
95	6.039	7.333	8.919	10.64	12.73	15.33	18.27	21.86	25.73	30.53	35.73	41.86	48.4	57.33	66.66	77.33	90.93	105.3

2. 硫酸和水的蒸气分压（表 2-1-15、表 2-1-16）

表 2-1-15　75%～90%的硫酸和水的蒸气分压

t/℃	蒸气分压/kPa							
	75% H_2SO_4		80% H_2SO_4		85% H_2SO_4		90% H_2SO_4	
	$P_{H_2SO_4}$	P_{H_2O}	$P_{H_2SO_4}$	P_{H_2O}	$P_{H_2SO_4}$	P_{H_2O}	$P_{H_2SO_4}$	P_{H_2O}
120	8×10^{-5}	13.36	3.2×10^{-4}	5.89	1×10^{-3}	2.44	2.9×10^{-3}	0.853
140	4.9×10^{-4}	30.05	1.5×10^{-3}	13.71	4.3×10^{-3}	5.91	0.0104	2.17
160	1.9×10^{-3}	62.79	6.3×10^{-3}	29.64	0.016	13.27	0.0336	5.08
180	—	—	0.0229	59.69	0.051	27.66	0.0968	11

表 2-1-16　在各种温度下硫酸和水的蒸气分压

H_2SO_4 质量分数/%	蒸气分压/kPa											
	25℃		100℃		150℃		200℃		250℃		300℃	
	$P_{H_2SO_4}$	P_{H_2O}	$P_{H_2SO_4}$	P_{H_2O}	$P_{H_2SO_4}$	P_{H_2O}	$P_{H_2SO_4}$	P_{H_2O}	$P_{H_2SO_4}$	P_{H_2O}	$P_{H_2SO_4}$	P_{H_2O}
20	1.33×10^{-15}	2.78	1.07×10^{-10}	90.4	—	—						
30	1.33×10^{-14}	2.39	5.3×10^{-10}	78.7	—	—						
40	2.7×10^{-13}	1.79	5.3×10^{-9}	63.2	—	—						
50	4×10^{-12}	1.10	4×10^{-8}	43.5	—	—						
60	(2.7×10^{-10})	0.51	(1.2×10^{-6})	23.7	—	—						
70	6.7×10^{-9}	0.144	9.3×10^{-6}	8.93	2.7×10^{-4}	62.8						
75	4×10^{-8}	0.055	4×10^{-5}	4.27	8×10^{-4}	33.06						
80	2.7×10^{-7}	0.016	1.6×10^{-4}	1.85	0.0027	16.9	0.027	98	0.133	>101	—	—
85	1.07×10^{-6}	5.2×10^{-3}	8×10^{-4}	0.72	0.0133	7.27	0.12	45.2	0.68	>101	—	—
90	4×10^{-6}	1×10^{-3}	0.002	0.197	0.267	2.31	0.267	15.7	1.27	79.3	3.87	288
95	1.07×10^{-5}	(8×10^{-5})	0.0053	0.027	0.08	0.45	0.6	4.3	2.91	27.6	10.1	126.7
98.3	3.3×10^{-5}	—	0.0133	—	0.213	—	1.56	—	0.8	—	26.7	—

3. 浓硫酸的蒸气压（图 2-1-2）

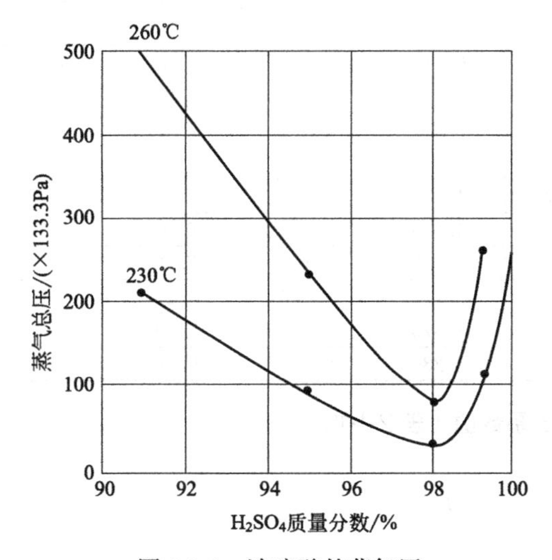

图 2-1-2　浓硫酸的蒸气压

4. 发烟硫酸的蒸气压（图 2-1-3）

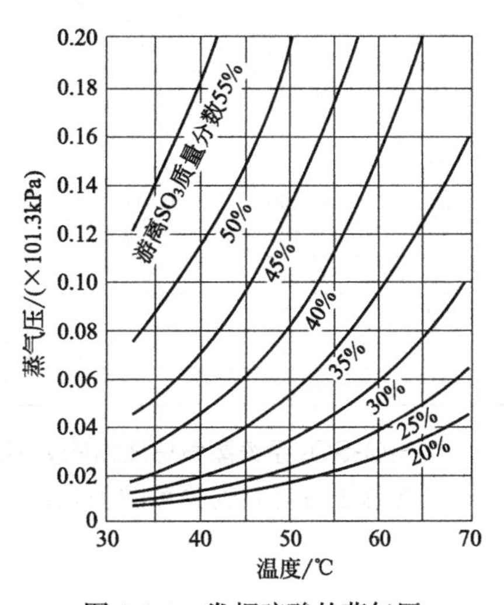

图 2-1-3　发烟硫酸的蒸气压

5. 发烟硫酸液面上的饱和蒸气总压力（表 2-1-17）

表 2-1-17 发烟硫酸液面上的饱和蒸气总压力

游离 SO_3 质量分数/%	饱和蒸气总压力/kPa															
	20℃	30℃	40℃	50℃	60℃	70℃	80℃	90℃	100℃	110℃	120℃	130℃	140℃	150℃	160℃	170℃
5							1.6	2.4	3.07	4.67	7.2	10.4	14.9	21.6	31.5	48
10							3.2	4.53	6.93	10.1	15.2	22.3	32	44.5	62.7	87.3
15							4.93	8	11.9	17.1	25.9	39.2	52.8	87.4	110	
20							7.6	11.9	18.4	27.9	42.1	61.3	86.7	—	—	
25							11.2	18.7	30	44.5	61.2	100	—	—	—	
30							18	29.3	46.8	70.7	—	—				
35					9.87	15.9	27.9	45.2	68.7	112	—	—				
40				8.4	15.3	25.6	41.7	67.2	106	—	—					
45			7.33	13.3	23.1	38.7	62.5	97.1	—	—	—					
50		6.67	11.9	20.4	34.3	56.8	91.7	—	—	—	—					
55	6.13	10.9	21.6	30.7	51.2	83.7	—	—								
60	9.73	17.1	28.9	47.2	77.2	127	—									
65	14.8	26.3	44	72.7	117	—										
70	21.9	40	66.7	109	—	—										

6. 发烟硫酸液面上的 SO_3 分压（表 2-1-18）

表 2-1-18 发烟硫酸液面上的 SO_3 分压

游离 SO_3 质量分数/%	分压/kPa						
	20℃	30℃	40℃	50℃	60℃	70℃	80℃
4			0.069	0.112	0.195	0.335	0.587
6			0.093	0.176	0.317	0.504	0.960
8		0.077	0.133	0.276	0.443	0.747	1.330
10		0.099	0.184	0.312	0.600	1.070	1.790
12	0.067	0.120	0.236	0.389	0.784	1.330	2.270
14	0.080	0.147	0.285	0.487	0.976	1.613	2.826
16	0.089	0.171	0.335	0.613	1.213	1.973	3.506
18	0.104	0.200	0.387	0.747	1.440	2.466	4.426
20	0.120	0.237	0.464	0.887	1.474	3.040	5.520
22	0.139	0.283	0.571	1.030	2.120	3.826	6.890
24	0.160	0.347	0.697	1.336	2.653	4.80	
26	0.187	0.427	0.84	1.653	3.333	6.05	
28	0.219	0.507	1.000	2.053	4.160	7.48	
30	0.280	0.627	1.333	2.773	5.106	9.20	
32	0.440	0.893	1.733	3.373	6.266	11.50	
34	0.72	—	2.173	4.280	8.030	14.60	

7. H_2O-SO_3 系统蒸气总压力的 A 和 B 系数值（表 2-1-19）

蒸气总压力与温度关系的公式：

$$\lg P = A - \frac{B}{T} \qquad (2\text{-}1\text{-}3)$$

式中，P 为蒸气总压力，Pa；B 为 SO_3 压力，Pa；T 为绝对温度，K。

表 2-1-19　H_2O-SO_3 系统蒸气总压力的 *A* 和 *B* 系数值

液相中 H_2SO_4 质量分数/%	*A*	*B*	液相中 H_2SO_4 质量分数/%	*A*	*B*
0	11.0059	2239	70	10.7569	2507.5
10	10.9729	2239	75	10.8159	2629
20	10.9389	2240	82	10.9514	2809
25	10.9189	2242	85	11.1929	3067
30	10.8954	2245	90	11.4399	3435
40	10.8459	2259	94	11.6209	3846
50	10.7779	2285	96	11.7649	4084
55	10.7499	2314	98.3	11.8179	4169
60	10.7379	2359	100	12.1784	3965
65	10.7424	2424			
液相中游离 SO_3 质量分数/%	*A*	*B*	液相中游离 SO_3 质量分数/%	*A*	*B*
5	12.6209	3888	45	11.8324	2487
10	12.5829	3634	50	11.7739	2413
15	12.5049	3406	60	11.7354	2313
20	12.3919	3194	70	11.7659	2256
25	12.2559	2999	80	11.9224	2253
30	12.1289	2843	90	12.0179	2251
35	12.0359	2704	100	12.0889	2251
40	11.9089	2579			

8. H_2O-SO_3 系统蒸气总蒸气压（表 2-1-20）

表 2-1-20　H_2O-SO_3 系统蒸气总蒸气压

液相中 H_2SO_4 质量分数/%	总蒸气压/kPa									
	20℃	40℃	60℃	80℃	100℃	120℃	140℃	160℃	180℃	200℃
0	2.388	7.253	19.5	46.93	101.3	—	—	—	—	—
10	2.166	6.666	17.93	43.06	93.86	—	—	—	—	—
20	1.986	6.12	16.45	39.6	86.66	—	—	—	—	—
25	1.867	5.76	15.52	37.33	81.33	—	—	—	—	—
30	1.733	5.33	14.39	34.66	75.59	—	—	—	—	—
40	1.387	4.293	11.67	28.24	61.99	126.3	—	—	—	—
50	0.963	3.266	8.32	20.36	45.06	92.93	—	—	—	—
55	0.72	2.3	6.4	15.83	35.33	73.39	—	—	—	—
60	0.492	1.607	4.56	11.48	26.06	54.8	106.9	—	—	—
65	0.3	1.007	2.933	7.586	17.63	37.86	75.19	—	—	—
70	0.159	0.563	1.707	4.546	10.88	24	48.8	92.93	—	—
75	0.071	0.257	0.844	2.36	5.893	13.49	28.42	56.13	103.2	—
80	0.024	0.096	0.332	0.997	2.653	6.426	14.24	29.33	56.53	103.7
85	0.0053	0.025	0.097	0.324	0.941	2.48	5.906	12.97	26.56	51.6
90	5.3×10^{-4}	2.9×10^{-3}	0.0133	0.052	0.171	0.504	1.333	3.23	7.2	15.13
94	3.2×10^{-5}	2.1×10^{-4}	1.2×10^{-3}	5.3×10^{-3}	0.02	0.069	0.205	0.552	1.36	3.12

续表

液相中 H_2SO_4 质量分数/%	总蒸气压/kPa									
	20℃	40℃	60℃	80℃	100℃	120℃	140℃	160℃	180℃	200℃
96	6.7×10^{-6}	5.3×10^{-5}	3.2×10^{-4}	1.6×10^{-3}	6.7×10^{-3}	0.024	0.067	0.217	0.563	1.346
98.3	4×10^{-6}	3.3×10^{-5}	2×10^{-4}	1.07×10^{-3}	4.4×10^{-3}	0.0167	0.053	0.156	0.412	1.02
100	4.7×10^{-5}	3.3×10^{-4}	1.9×10^{-3}	9.3×10^{-3}	0.036	0.14	0.383	1.056	2.68	6.33
5	2.3×10^{-4}	0.0016	0.0093	0.0413	0.159	0.541	1.63	4.41	10.97	25.46
10	0.0016	0.0093	0.048	0.197	0.697	2.19	6.15	15.6	36.6	82.66
15	0.008	0.0427	0.192	0.728	2.38	6.97	18.3	43.9	97.2	—
20	0.032	0.156	0.641	2.24	6.79	18.6	47.1	104.4	—	—
25	0.107	0.479	1.8	5.826	16.55	42.6	99.6	—	—	—
30	0.269	1.125	3.95	12.03	32.33	79.2	—	—	—	—
35	结晶	2.52	8.35	24.05	61.59	—	—	—	—	—
40	结晶	4.72	14.76	40.53	99.3	—	—	—	—	—
45	结晶	7.79	23.4	61.86	—	—	—	—	—	—
50	结晶	11.73	34.13	87.86	—	—	—	—	—	—
60	7.01	22.38	62.26	—	—	—	—	—	—	—
70	11.77	36.53	99.06	—	—	—	—	—	—	—
80	17.29	53.53	—	—	—	—	—	—	—	—
90	21.85	67.89	—	—	—	—	—	—	—	—
100	25.6	79.19	214.4	—	—	—	—	—	—	—

9. H_2O-SO_3 系统气相中水、硫酸、三氧化硫分压系数 *a*、 *b* 值（表 2-1-21）

表 2-1-21 系统气相中水、硫酸、三氧化硫分压系数 *a*、*b* 值

液相组成	P_{H_2O}		$P_{H_2SO_4}$		P_{SO_3}	
	a	*b*	*a*	*b*	*a*	*b*
H_2SO_4 质量分数/%						
85	11.1929	3067	7.5829	4041	—	—
90	11.4424	3437	9.4954	4035	10.9609	5831
94	11.6129	3848	10.4554	4028.5	11.6969	5385
96	11.6824	4092	10.8844	4011.5	12.0229	5109
98.3	11.7249	4423	11.1839	3976	12.2724	4748
100	11.4679	4747	11.0234	3677	12.3739	4127
游离 SO_3 质量分数/%						
5	11.2019	4981	10.9804	3678	12.6379	3909
10	11.1849	5257	10.9019	3679	12.5789	3635
15	11.1644	5503	10.7699	3681	12.5029	3406
20	11.1409	5726	10.6204	3683	12.3919	3194
25	—	—	10.4299	3684.5	12.2559	2999
30	—	—	10.2019	3685	12.1289	2843
35	—	—	9.9284	3686	12.0359	2704

10. H_2O-SO_3 系统蒸气分压表（表 2-1-22）

表 2-1-22 H_2O-SO_3 系统蒸气分压表

液相组成	蒸气分压/Pa														
	20℃			40℃			60℃			80℃			100℃		
	H_2O	H_2SO_4	SO_3	H_2O	H_2SO_4	SO_3	H_2O	H_2SO_4	SO_3	H_2O	H_2SO_4	SO_3	H_2O	H_2SO_4	SO_3
H_2SO_4 质量分数/%															
85	5.33	—	—	25.33	—	—	97.3	—	—	324	—	—	941	—	—
90	0.533	—	—	2.93	—	—	13.3	2.67×10^{-3}	—	53	0.012	—	170.7	0.053	—
94	0.032	—	—	0.213	0.004	—	1.2	0.0227	—	5.33	0.107	—	20	0.467	0.0013
96	5.33×10^{-3}	1.33×10^{-3}	—	0.04	0.012		0.253	0.0667	—	1.27	0.333	0.004	5.33	1.33	0.021
98.3		4×10^{-3}	—	0.004	0.0267	1.33×10^{-3}	0.027	0.173	0.011	0.16	0.8	0.067	0.8	3.33	0.4
100		0.029	0.017	—	0.187	0.147	1.33×10^{-3}	0.933	0.933	0.011	4	4.93	0.053	14.67	21.33
游离 SO_3 质量分数/%															
5	—	0.0267	0.2	—	0.173	1.467	—	0.867	8	1.33×10^{-3}	4	37.3	6.67×10^{-3}	13.3	145.3
10	—	0.0227	1.6	—	0.147	9.33	—	0.733	46.7	—	3.07	194.7	1.33×10^{-3}	10.7	686.6
15	—	0.016	8	—	0.107	42.66	—	0.533	192	—	2.27	725	—	8	2.373
20	—	0.012	32	—	0.073	156	—	0.4	641	—	1.6	2240	—	5.33	6779
25	—	6.67×10^{-3}	106.7	—	0.047	478.6	—	0.24	1800	—	1	5826	—	4	16545
30	—	4×10^{-3}	269.3	—	0.027	1125	—	0.133	3953	—	0.6	12026	—	2.13	32331
35	—	结晶	—	—	0.0147	2520	—	0.0733	8346	—	0.307	24051	—	1.13	61595

续表

液相组成	蒸气分压/kPa														
	120℃			140℃			160℃			180℃			200℃		
	H_2O	H_2SO_4	SO_3	H_2O	H_2SO_4	SO_3	H_2O	H_2SO_4	SO_3	H_2O	H_2SO_4	SO_3	H_2O	H_2SO_4	SO_3
H_2SO_4 质量分数/%															
85	2480	2.67×10^{-3}	—	5906	6.67×10^{-3}	—	12966	0.017	—	26558	0.047	—	51596	0.107	—
90	504	0.173	—	1333	0.533	1.33×10^{-3}	3226	1.467	2.67×10^{-3}	7186	4	0.012	15119	9.33	0.04
94	68	1.6	9.33×10^{-3}	200	5.07	0.047	537	14.67	0.187	1320	35.66	0.667	3033	88	2.133
96	18.7	4.8	0.107	60	14.67	0.467	173.3	42.66	1.733	449.3	108	5.33	1076	256	17.33
98.3	3.07	12	1.6	10.67	36	6	33.33	101.32	20	92	256	62.66	241.3	605	173.3
100	0.267	46.7	77.3	0.933	133.3	245.3	3.2	324.6	710.6	9.33	809	1853	27.33	1793	4493
游离 SO_3 质量分数/%															
5	0.033	42.67	498.6	0.133	120	1506.5	0.533	309.3	4106	1.6	729.3	10239	4.67	1613	23851
10	6.67×10^{3}	34.66	2160	0.027	100	6053	0.107	256	15385	0.4	605.3	35997	1.2	1346.6	78927
15	1.33×10^{3}	25.33	6946	6.67×10^{-3}	73.3	18212	0.027	188.7	43663	0.107	442.6	96792	—	—	—
20	—	18	18585	1.33×10^{-3}	50.66	47063	8×10^{-3}	131.3	104.258	—	—	—	—	—	—
25	—	12	42530	—	32.66	99592	—	—	—	—	—	—	—	—	—
30	—	6.67	79193	—	—	—	—	—	—	—	—	—	—	—	—
35	—	—	—	—	—	—	—	—	—	—	—	—	—	—	—

11. H_2O-SO_3 系统沸腾的硫酸、水和三氧化硫的分压（表 2-1-23）

表 2-1-23 H_2O-SO_3 系统沸腾的硫酸、水和三氧化硫的分压

液相组成	气相中的 H_2SO_4 真实含量(摩尔分数)/%	H_2SO_4/Pa	H_2O/Pa	SO_3/Pa	液相组成	气相中的 H_2SO_4 真实含量(摩尔分数)/%	H_2SO_4/Pa	H_2O/Pa	SO_3/Pa
H_2SO_4 质量分数/%					游离 SO_3 质量分数/%				
85	3×10^{-4}	0.267	101325	—	2	14.8	14999	240	86086
88	1.3×10^{-2}	13.33	101311	0.067	5	6.6	6639	26.7	94659
90	8.5×10^{-2}	86.66	101231	1.07	8	3.5	3573	6	97752
92	6.7×10^{-1}	680	100618	24	10	1.7	1707	1.47	99618
94	3.5	3506	97565	253.3	12	1.0	1013	0.533	100311
95	7.7	7799	92445	1080	15	0.46	466.6	0.107	100858
96	17	17252	80353	3720	18	0.21	213.3	0.023	10111
97	30.8	31211	56608	11506	20	0.13	128	8×10^{-3}	101911
98.33	41.3	41863	31037	28424	22	0.074	74.66	2.67×10^{-3}	101245
98.4	41.5	42023	29211	30091	25	0.033	33.33	—	101291
99	39.4	39917	10746	50662	28	0.016	16	—	101311
100	22.6	22918	787	77620	30	0.0085	8.66	—	101311
					32	0.004	4	—	101325
					35	0.002	1.867	—	101325

12. H_2O-SO_3 系统的蒸气中硫酸含量（表 2-1-24）

表 2-1-24 H_2O-SO_3 系统的蒸气中硫酸含量

液相组成	蒸气中硫酸质量分数/%									
	20℃	40℃	60℃	80℃	100℃	120℃	140℃	160℃	180℃	200℃
H_2SO_4 质量分数/%										
85	0	0	0	0	0.001	0.001	0.001	0.001	0.001	0.01
90	0.08	0.09	0.11	0.13	0.17	0.19	0.22	0.25	0.30	0.34
94	0.19	9.26	9.33	9.81	11.3	11.4	12.2	13.1	13.4	14.0
96	57.6	58.2	58.5	58.8	58.4	58.6	58.4	58.5	58.5	58.6
98.3	98.3	98.3	98.3	98.3	98.3	98.3	98.25	98.25	98.3	98.3
100	67.4	60.9	55.1	50	45.9	42.7	40.3	37.7	35.3	33.4

续表

液相组成	蒸气中硫酸质量分数/%									
	20℃	40℃	60℃	80℃	100℃	120℃	140℃	160℃	180℃	200℃
游离 SO_3 质量分数/%										
5	14.15	12.75	11.8	11.7	10.2	9.78	9.65	9.44	9.31	9.24
10	1.82	1.89	1.90	1.92	1.92	1.96	2.02	2.08	2.16	2.31
15	0.25	0.31	0.35	0.39	0.42	0.45	0.50	0.55	0.61	—
20	0.047	0.06	0.08	0.09	0.10	0.12	0.14	0.17	—	—
25	0.008	0.012	0.017	0.021	0.030	0.037	0.044	—	—	—
30	0.003	0.003	0.004	0.006	0.008	0.011	—	—	—	—
35	结晶	0.001	0.001	0.001	0.002	—	—	—	—	—
40～100	0	0	0	0	0	—	—	—	—	—

（五）熔点、凝固点、沸点

1. 硫酸和发烟硫酸的熔点（表 2-1-25、表 2-1-26）

表 2-1-25 硫酸的熔点

总 SO_3 质量分数/%	H_2SO_4 质量分数/%	熔点/℃	总 SO_3 质量分数/%	H_2SO_4 质量分数/%	熔点/℃
1	1.22	−0.6	21	25.72	−22.5
2	2.45	−1.0	22	26.95	−31.0
3	3.67	−1.7	23	28.17	−40.1
4	4.90	−2.0	—	—	−40 以下
5	6.12	−2.7	61	74.72	−40.0
6	7.35	−3.6	62	75.95	−20.0
7	8.57	−4.4	63	77.17	−11.5
8	9.80	−5.3	64	78.40	−4.8
9	11.02	−6.0	65	79.62	−4.2
10	12.25	−6.7	66	80.85	+1.2
11	13.45	−7.2	67	82.07	+8.0
12	14.70	−7.9	68	83.39	+8.0
13	15.92	−8.2	69	84.52	+7.0
14	17.15	−9.0	70	85.75	+4.0
15	18.37	−9.3	71	86.97	−1.0
16	19.60	−9.8	72	88.20	−7.2
17	20.82	−11.4	73	89.42	−16.2
18	22.05	−13.2	74	90.65	−25.0
19	23.27	−15.2	75	91.87	−34.0
20	24.50	−17.1	76	93.10	−32.0

续表

总 SO_3 质量分数/%	H_2SO_4 质量分数/%	熔点/℃	总 SO_3 质量分数/%	H_2SO_4 质量分数/%	熔点/℃
77	94.83	−28.2	89	—	+34.2
78	95.05	−16.5	90	—	+34.2
79	96.77	−5.0	91	—	+25.8
80	98.00	+3.0	92	—	+14.2
81	99.25	+7.0	93	—	+0.8
81.63	100.00	+10.0	94	—	+4.5
82	—	+8.2	95	—	+14.8
83	—	−0.8	96	—	+20.3
84	—	−9.2	97	—	+29.2
85	—	−11.0	98	—	+33.8
86	—	−2.2	99	—	+36.0
87	—	+13.5	100	—	+40.0
88	—	+26.0			

表 2-1-26 发烟硫酸的熔点

游离 SO_3 质量分数/%	熔点/℃	游离 SO_3 质量分数/%	熔点/℃	游离 SO_3 质量分数/%	熔点/℃
0	+10.0	35	+26.0	70	+9.0
5	+3.5	40	+33.8	75	+17.2
10	−4.8	45	+34.8	80	+22.0
15	−11.2	50	+28.5	85	+33.0(27)
20	−11.0	55	+18.4	90	+34.0(27.7)
25	−0.6	60	+0.7	95	+36.0(26)
30	+15.2	65	+0.8	100	+40.0(17.7)

注：括号内数字表示未聚合的酸的熔点。

2. 硫酸和发烟硫酸的凝固点（表 2-1-27）

表 2-1-27 硫酸和发烟硫酸的凝固点

凝固点/℃	浓度(质量分数)/%		固相组成	凝固点/℃	浓度(质量分数)/%		固相组成
	H_2SO_4	SO_3 总量			H_2SO_4	SO_3 总量	
−0.3	1	0.816	H_2O(冰)	−3.6	8	6.53	H_2O(冰)
−0.6	2	1.633		−4.2	9	7.35	
−1.1	3	2.45		−4.7	10	8.16	
−1.5	4	3.265		−5.3	11	8.98	
−2.0	5	4.08		−6.0	12	9.80	
−2.6	6	4.90		−6.7	13	10.61	
−3.1	7	5.71		−7.6	14	11.43	

续表

凝固点/℃	浓度(质量分数)/%		固相组成
	H_2SO_4	SO_3 总量	
-8.5	15	12.24	H_2O(冰)
-9.4	16	13.06	
-10.3	17	13.88	
-11.4	18	14.69	
-12.5	19	15.51	
-13.8	20	16.33	
-15.2	21	17.14	
-16.8	22	19.96	
-18.4	23	18.78	
-20.2	24	19.59	
-22.0	25	20.41	
-24.2	26	21.22	
-26.5	27	22.04	
-29.0	28	22.86	
-31.9	29	23.67	
-35.0	30	24.48	
-38.0	31	25.31	
-41.9	32	26.12	
-46.8	33	26.94	
-52.1	34	27.75	
-57.7	35	28.75	
-61.98	35.77	29.20	低共熔物 $H_2SO_4\cdot 6H_2O+H_2O$
-63.5	36	29.39	H_2O(介稳定状态)
-66.6	36.5	29.80	
-70.4	37	30.20	
-73.10	37.5	30.65	低共熔物 $H_2SO_4\cdot 6H_2O+H_2O$(介稳定状态)
-72.2	38	31.02	$H_2SO_4\cdot 4H_2O$(介稳定状态)
-70.4	38.5	31.43	
-67.8	39	31.84	
-65.5	39.5	32.24	
-63.6	40	32.65	$H_2SO_4\cdot 4H_2O$(介稳定状态)
-61.4	40.5	33.06	
-59.2	41	33.47	
-57.4	41.5	33.88	
-55.6	42	34.29	
-53.73	42.41	34.62	$H_2SO_4\cdot 6H_2O \longrightarrow H_2SO_4\cdot 3H_2O$
-43.5	70	57.14	$H_2SO_4\cdot 3H_2O$(介稳定状态)
-45.0	70.5	57.55	
-46.7	71	57.96	
-48.6	71.5	58.37	
-50.8	72	58.77	
-52.85	72.40	59.10	低共熔物 $H_2SO_4\cdot 3H_2O+H_2SO_4\cdot 2H_2O$
-46.3	68	55.51	$H_2SO_4\cdot 2H_2O$(介稳定状态)
-44.6	68.5	55.92	
-43.6	69	56.33	
-42.9	69.5	56.73	
-42.7	69.70	56.90	低共熔物 $H_2SO_4\cdot 3H_2O+H_2SO_4\cdot 2H_2O$
-42	70	57.14	$H_2SO_4\cdot 2H_2O$
-40.6	71	57.96	
-39.9	72	58.77	
-39.5	73	59.59	
-39.51	73.13	59.70	$H_2SO_4\cdot 2H_2O$(熔化点)
-39.70	73.5	60.00	$H_2SO_4\cdot 2H_2O$
-51.5	72.5	59.18	$H_2SO_4\cdot 2H_2O$(介稳定状态)
-47.2	73	59.59	$H_2SO_4\cdot H_2O$(介稳定状态)
-42.5	73.5	60.00	
-39.87	73.68	60.15	低共熔物 $H_2SO_4\cdot 2H_2O+H_2SO_4\cdot H_2O$

续表

凝固点/℃	浓度(质量分数)/%		固相组成	凝固点/℃	浓度(质量分数)/%		固相组成
	H_2SO_4	SO_3 总量			H_2SO_4	SO_3 总量	
−36.2	74	60.41	$H_2SO_4 \cdot H_2O$	−46.7	45	36.73	$H_2SO_4 \cdot 4H_2O$
−33.5	74.5	60.82		−44.1	46	37.55	
−29.5	75	61.22		−41.6	47	38.37	
−25.8	75.5	61.63		−39.3	48	39.18	
−22.2	76	62.04		−37.3	49	40.00	
−18.9	76.5	62.45		−35.5	50	40.82	
−15.5	77	62.86		−33.9	51	41.63	
−12.2	77.5	63.26		−32.3	52	42.45	
−9.5	78	63.67		−31.0	53	43.26	
−7.2	78.5	64.08		−30.0	54	44.08	
−5.0	79	64.49		−29.3	55	44.90	
−2.5	79.5	64.90		−28.8	56	45.71	
−0.1	80	65.31		−28.3	57	46.53	
1.7	80.5	65.71		−28.36	57.64	47.05	$H_2SO_4 \cdot 4H_2O$(熔化点)
3.3	81	66.12		−28.4	58	47.35	$H_2SO_4 \cdot 4H_2O$
4.8	81.5	66.53		−28.7	59	48.16	
5.9	82	66.94		−29.3	60	48.98	
6.8	82.5	97.35		−30.1	61	49.79	
7.5	83	67.75		−31.4	62	50.61	
8.1	83.5	68.16		−33.0	63	51.43	
8.45	84	68.57		−35.3	64	52.24	
8.56	84.48	68.96	$H_2SO_4 \cdot H_2O$(熔化点)	−36.56	64.69	52.81	$H_2SO_4 \cdot 4H_2O \longrightarrow H_2SO_4 \cdot 3H_2O$
−61.6	36	29.39	$H_2SO_4 \cdot 6H_2O$				
−59.8	37	30.20		−38.1	65	53.06	$H_2SO_4 \cdot 4H_2O$(介稳定状态)
−58.2	38	31.02		−39.4	65.5	53.47	
−56.9	39	31.84		−40.9	66	53.88	
−55.8	40	32.65		−42.5	66.5	54.29	
−54.9	41	33.47		−44.2	67	54.69	
−54.1	42	34.29		−46.3	67.5	55.10	
−53.73	42.41	34.62	$H_2SO_4 \cdot 6H_2O \longrightarrow H_2SO_4 \cdot 4H_2O$	−47.46	67.80	55.35	低共熔物 $H_2SO_4 \cdot 4H_2O$(介稳定状态)+$H_2SO_4 \cdot 2H_2O$
−52.2	43	35.10	$H_2SO_4 \cdot 4H_2O$				
−49.6	44	35.92					

续表

凝固点/℃	浓度(质量分数)/%		固相组成	凝固点/℃	浓度(质量分数)/%		固相组成
	H_2SO_4	SO_3 总量			H_2SO_4	SO_3 总量	
−48.4	68	55.51	$H_2SO_4 \cdot 4H_2O$(介稳定状态)	−11.5	91	74.28	$H_2SO_4 \cdot H_2O$
−51.3	68.5	22.92		−14.5	91.5	74.69	
−36.7	65	53.06	$H_2SO_4 \cdot 3H_2O$	−17.5	92	75.10	
−37.1	66	53.88		−22.0	92.5	75.51	
−37.9	67	54.69		−31.02	93	75.92	
−39.1	68	55.51		−34.86	93.5	76.33	
−41.0	69	56.33		−31.9	94	76.55	低共熔物 $H_2SO_4 \cdot H_2O+H_2SO_4$
−42.70	69.70	56.90	低共熔物 $H_2SO_4 \cdot 3H_2O+H_2SO_4 \cdot 2H_2O$	−26.5	94.5	76.73	H_2SO_4
8.0	85	69.39	$H_2SO_4 \cdot H_2O$	−22.6	95	77.14	
7.3	85.5	69.80		−16.5	95.5	77.55	
6.5	86	70.20		−12.6	96	77.96	
5.6	86.5	70.61		−9.8	96.5	78.77	
4.6	87	71.02		−7.0	97	79.18	
3.4	87.5	71.43		−3.7	97.5	79.59	
2.1	88	71.84		−0.7	98	80.00	
0.5	88.5	72.24		1.8	98.5	80.41	
−1.4	89	72.65		4.5	99	80.82	
−3.2	89.5	73.06		7.5	99.5	81.22	H_2SO_4
−5.5	90	73.47		10.371	100	81.63	H_2SO_4(熔化点)
−8.3	90.5	73.88					

凝固点/℃	浓度(质量分数)/%		固相组成	凝固点/℃	浓度(质量分数)/%		固相组成
	游离 SO_3	SO_3 总量			游离 SO_3	SO_3 总量	
9.6	1	81.82	H_2SO_4	0	9	82.28	H_2SO_4
8.7	2	82.00		−1.5	10	83.47	
7.7	3	82.18		−2.9	11	83.65	
6.6	4	82.37		−4.5	12	83.84	
5.4	5	82.55		−6.0	13	84.02	
4.1	6	82.73		−7.5	14	84.20	
2.8	7	82.92		−9.3	15	84.39	
1.5	8	83.10					

续表

凝固点/℃	浓度(质量分数)/%		固相组成
	H_2SO_4	SO_3 总量	
−10.15	15.61	84.50	低共熔物 H_2SO_4+$H_2S_2O_7$
−9.0	16	84.57	$H_2S_2O_7$
−5.8	17	84.75	
−2.8	18	84.94	
−0.1	19	85.12	
2.5	20	85.31	
5.0	21	85.49	
7.4	22	85.67	
9.8	23	85.86	
11.9	24	86.04	
13.7	25	86.22	
15.5	26	86.41	
17.1	27	86.59	
18.7	28	86.77	
20.3	29	86.96	
21.8	30	87.14	
23.3	31	87.33	
24.7	32	87.51	
26.1	33	87.69	
27.5	34	87.88	
28.7	35	88.06	
30.0	36	88.24	
31.1	37	88.43	
32.1	38	88.61	
33.1	39	88.80	
33.7	40	88.98	
34.3	41	89.16	
34.6	42	89.35	
34.9	43	89.53	
35.0	44	89.71	
35.15	44.79	89.86	$H_2S_2O_7$(熔化点)
35.0	45	89.90	$H_2S_2O_7$
34.9	46	90.08	
34.5	47	90.26	
33.8	48	90.45	
32.8	49	90.63	
31.7	50	90.82	
30.3	51	91.00	
28.8	52	91.18	
26.9	53	91.37	
24.8	54	91.55	
22.6	55	91.73	
19.9	56	91.92	
17.2	57	92.10	
14.1	58	92.29	
10.8	59	92.47	
7.6	60	92.65	
3.9	61	92.84	
1.00	61.8	92.84	低共熔物 $H_2S_2O_7$+$H_2SO_4 \cdot 2SO_3$
1.2	62.0	93.02	$H_2SO_4 \cdot 2SO_3$(熔化点)
0.35	63	93.20	$H_2SO_4 \cdot 2SO_3$
−0.7	64	93.39	
−1.1	64.35	93.45	低共熔物 H_2SO_4+$2SO_3$+固态溶液 SO_3
−0.35	65	93.57	固态溶液 SO_3
1.45	66	93.75	
2.3	67	93.94	
3.7	68	94.12	
4.9	69	94.31	
6.1	70	94.49	
7.0	71	94.67	
8.2	72	94.86	

续表

凝固点/℃	浓度(质量分数)/%		固相组成	凝固点/℃	浓度(质量分数)/%		固相组成
	H_2SO_4	SO_3 总量			H_2SO_4	SO_3 总量	
9.5	73	95.04	固态溶液 SO_3	19.35	87	97.61	固态溶液 SO_3
10.8	74	95.22		19.4	88	97.80	
12.0	75	95.41		19.35	89	97.98	
13.2	76	95.59		19.25	90	98.16	
14.3	77	95.78		19.15	91	98.35	
15.3	78	95.96		19.0	91	98.53	
16.15	79	96.14		18.8	92	98.71	
16.9	80	96.33		18.6	93	98.90	
17.5	81	96.51		18.35	94	99.08	
18.1	82	96.69		18.1	95	99.27	
18.5	83	96.88		17.8	96	99.45	
18.8	84	97.06		17.5	97	99.63	
19.05	85	97.24		17.15	98	99.82	
19.25	86	97.43		16.8	100	100	SO_3(熔化点)

硫酸和发烟硫酸的凝固点图示见图 2-1-4、图 2-1-5。

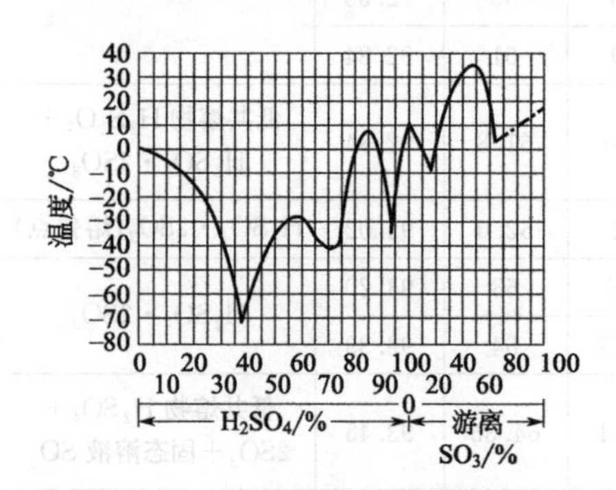

图 2-1-4　硫酸和发烟酸的凝固点

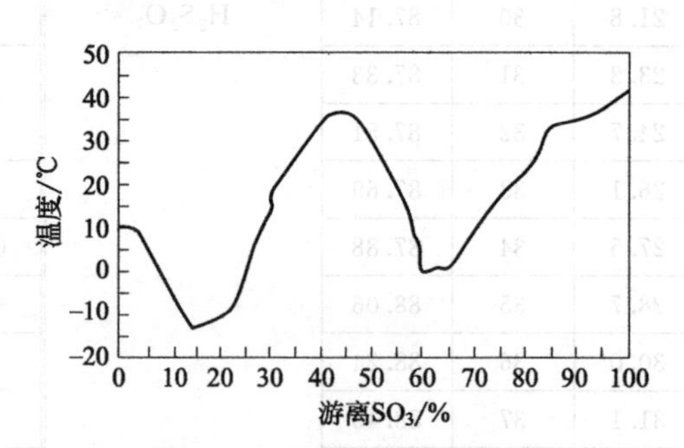

图 2-1-5　发烟硫酸的凝固点

3. 硫酸和发烟硫酸的沸点（表 2-1-28～表 2-1-31）

表 2-1-28　硫酸在 101.3kPa 时的沸点

硫酸浓度(质量分数)/%	沸点/℃	硫酸浓度(质量分数)/%	沸点/℃	硫酸浓度(质量分数)/%	沸点/℃
2	100.34	8	101.36	14	102.62
4	100.68	10	101.70(102)	16	103.08
6	101.2	12	102.16	18	103.54

续表

硫酸浓度(质量分数)/%	沸点/℃	硫酸浓度(质量分数)/%	沸点/℃	硫酸浓度(质量分数)/%	沸点/℃
20	104.01(104.3)	48	120.00	76	185.63
22	104.50	50	123.60(124)	78	193.91(194)
24	105.25	52	124.48	80	203.02(202)
26	105.91	54	127.51	82	211.18(211)
28	106.75	56	130.85	84	220.53
30	107.33(107.7)	58	134.68	86	230.75
32	108.48	60	139.88(140)	88	241.93(241)
34	109.55	62	143.42	90	255.0(256)
36	110.79	65	148.23	92	270.1(273)
38	112.15	66	153.45	94	286.7(292)
40	113.64(115)	68	163.52	96	307.8(314)
42	115.11	70	164.69(165)	98	327.2(336)
44	116.68	72	170.78(171)	99	310.0(320)
46	118.23	74	177.85	100	274.44(290)

表 2-1-29　发烟硫酸在 101.3kPa 时的沸点

游离 SO_3(质量分数)/%	沸点/℃	游离 SO_3(质量分数)/%	沸点/℃	游离 SO_3(质量分数)/%	沸点/℃
0	274.44(290)	30	121.10(122)	60	62.78(68)
2	240.55	32	116.80(118)	62	61.00(65)
4	218.33	34	112.60	65	59.22
6	198.90	36	108.40	66	57.23
8	185.00	38	104.20(105)	68	55.66
10	173.33(180)	40	100.00(101)	70	53.89(57)
12	165.56	42	95.89(97)	72	52.88
14	157.23	44	91.78	74	51.89
16	151.11	46	87.67	76	50.90
18	146.11(51)	48	83.56(36)	78	49.89
20	141.10(145)	50	79.45(83)	80	48.89(50)
22	137.10(140)	52	76.14(80)	82	48.34
24	133.10	54	72.80	84	47.79
26	129.10	56	69.46	86	47.24
28	125.10(126)	58	66.12(71)	88	46.69

续表

游离 SO_3（质量分数）/%	沸点/℃	游离 SO_3（质量分数）/%	沸点/℃	游离 SO_3（质量分数）/%	沸点/℃
90	46.12(47)	94	45.63	98	45.13
92	45.88	96	45.38	100	44.88(44.8)

注：1.二氧化硫的沸点为－10.09℃。
2.三氧化硫的沸点为44.75℃。
3.硫酸的沸点为444.6℃。

表 2-1-30　H_2O-SO_3 系统在 101.3kPa 时的沸点（一）

液相组成 H_2SO_4 质量分数/%	沸点/℃	气相组成	液相组成 H_2SO_4 质量分数/%	沸点/℃	气相组成	液相组成 H_2SO_4 质量分数/%	沸点/℃	气相组成 H_2SO_4 质量分数/%
0	100		55	129.6		85	223.1	0.001
5	101.0		58	134.5		88	241.7	0.063
10	102.0		60	138.3		90	260.6	0.47
15	103.2		62	142.4		92	282.2	3.65
20	104.3		65	149.3		94	308.1	17.9
25	105.8	H_2O	68	156.8	H_2O	95	321.3	34.6
30	107.7		70	162.8		96	331.1	59.4
35	110.0		72	169.1		97	336.8	83.15
40	113.2		75	179.3		98.33	338.8	98.33
45	117.2		78	190.4		99	322.4	60.5
50	122.7		80	199.2		100	297.6	26.9
52	125.1		82	208.4				

表 2-1-31　H_2O-SO_3 系统在 101.3kPa 时的沸点（二）

液相组成 游离 SO_3 质量分数/%	沸点/℃	气相组成 H_2SO_4 质量分数/%	液相组成 游离 SO_3 质量分数/%	沸点/℃	气相组成
2	259.9	18.0	38	104.7	
5	235.6	9.21	40	100.4	
8	217.4	4.36	42	96.4	
10	206.3	2.56	45	91.1	
12	194.8	1.48	48	86.2	SO_3
15	181.0	0.66	50	83.3	
18	167.5	0.30	55	73.5	
20	159.2	0.18	60	70.5	
22	150.8	0.105	65	65.0	
25	140.5	0.046	70	60.55	

续表

液相组成 游离 SO_3 质量分数/%	沸点/℃	气相组成 H_2SO_4 质量分数/%	液相组成 游离 SO_3 质量分数/%	沸点/℃	气相组成
28	130.8	0.021	75	56.4	
30	124.8	0.011	80	53.0	
32	118.9	0.005	85	50.0	SO_3
35	111.5	0.002	90	47.8	
			95	46.0	
			100	44.7	

（六）热容、热焓、热效应、硫酸分解的平衡常数

1. 硫酸和发烟硫酸的热容量（表 2-1-32～表 2-1-34）

表 2-1-32　硫酸溶液的热容量

硫酸浓度（质量分数）/%	热容量/[kJ/(kg·K)]						
	−20℃	20℃	22.5℃	25℃	40℃	60℃	80℃
5		4.007	4.007	4.007	4.007	4.007	4.003
10		3.839	3.839	3.835	3.831	3.843	3.823
15		3.684	3.684	3.680	3.676	3.676	3.655
20		3.534	3.534	3.525	3.525	3.521	3.492
25		3.383	3.375	3.370	3.366	3.379	3.329
30	3.098	3.215	3.215	3.211	3.203	3.211	3.178
35	2.935	3.031	3.031	3.040	3.044	3.031	3.023
40	2.767	2.860	2.851	3.860	2.860	2.864	2.868
45	2.596	2.663	2.671	2.675	2.688	2.692	2.700
50	2.441	2.495	2.500	2.504	2.520	2.567	2.554
55	2.299	2.340	2.340	2.349	2.336	2.412	2.416
60	2.169	2.211	2.202	2.211	2.232	2.273	2.299
65	2.043	2.089	2.081	2.093	2.114	2.160	2.194
70	1.934	1.989	1.976	1.993	2.022	2.068	2.110
72.5	1.884	1.951	1.934	1.955	1.985	2.031	2.085
75	1.846	1.926	1.905	1.926	1.955	1.993	2.064
77.5	1.805	1.897	1.884	1.905	1.938	1.968	2.010
80		1.876	1.871	1.892	1.926	1.947	1.997
82.5		1.867	1.859	1.880	1.897	1.918	1.947

续表

硫酸浓度(质量分数)/%	热容量/[kJ/(kg·K)]						
	−20℃	20℃	22.5℃	25℃	40℃	60℃	80℃
85		1.834	1.830	1.842	1.955	1.867	1.892
87.5		1.758	1.742	1.767	1.779	1.813	1.834
90		1.658	1.650	1.666	1.696	1.738	1.758
92.5		1.562	1.557	1.574	1.591	1.637	1.671
95		1.482	1.470	1.495	1.524	1.549	1.599
97.5		1.428	1.415	1.432	1.478	1.499	1.532
100		1.403	1.309	1.411	1.436	1.470	1.503

表 2-1-33 95℃和150℃时硫酸的热容量

硫酸浓度(质量分数)/%	热容量/[kJ/(kg·K)]		硫酸浓度(质量分数)/%	热容量/[kJ/(kg·K)]	
	95℃	150℃		95℃	150℃
40	2.834	—	75	1.989	2.039
45	2.675	—	80	1.934	1.989
50	2.520	—	82.5	1.918	1.968
55	2.386	—	85	1.884	1.934
60	2.248	—	90	1.767	1.842
65	2.144	2.198	95	1.599	1.717
70	2.054	2.110	100	1.507	1.591

表 2-1-34 30℃时发烟硫酸的热容量

游离 SO_3 质量分数/%	热容量/[kJ/(kg·K)]	游离 SO_3 质量分数/%	热容量/[kJ/(kg·K)]	游离 SO_3 质量分数/%	热容量/[kJ/(kg·K)]
0	1.424	55	1.507	80	2.261
5	1.390	60	1.591	82	2.345
10	1.369	62	1.633	84	2.441
15	1.348	64	1.696	86	2.533
20	1.340	66	1.758	88	2.638
25	1.336	68	1.821	90	2.721
30	1.340	70	1.884	92	2.826
35	1.344	72	1.947	94	2.931
40	1.361	74	2.026	96	3.035
45	1.390	76	2.093	98	3.140
50	1.357	78	2.190	100	3.224

2. 硫酸和发烟硫酸的热焓量（即以 0℃为基准，加热硫酸、发烟硫酸所需热量）（表 2-1-35）

表 2-1-35 硫酸和发烟硫酸的热焓量（即以 0℃为基准）

浓度(质量分数)/%		热焓量/(kJ/kg)								
		20℃	40℃	60℃	80℃	100℃	120℃	150℃	200℃	250℃
硫酸	1	82.09	165.8	249.1	332	415.3	—	—	—	—
	2	82.1	164.1	246.2	328.2	410.7	—	—	—	—
	3	81.2	164.2	244.1	325.3	407.4	—	—	—	—
	4	80.4	160.8	241.6	322.4	403.2	—	—	—	—
	5	79.5	159.1	239.1	318.6	399	—	—	—	—
	6	78.7	157.8	237	316.1	396.1	—	—	—	—
	7	77.9	156.2	234.5	313.2	391.9	—	—	—	—
	8	77	154.5	232.4	310.2	389	—	—	—	—
	9	76.2	153.2	229.9	307.7	384.8	—	—	—	—
	10	75.4	151.6	227.8	304	381	—	—	—	—
	11	74.9	149.9	225.2	301.4	377.6	—	—	—	—
	12	74.1	148.6	224	299.4	375.1	—	—	—	—
	13	72.9	147	221.1	291.9	371.4	—	—	—	—
	14	72.4	145.7	219.8	293.9	369.3	—	—	—	—
	15	72	144	217.3	291	365.5	—	—	—	—
	16	70.8	142.8	214.8	288.5	362.2	—	—	—	—
	17	69.9	141.5	213.1	286.4	359.2	—	—	—	—
	18	69.5	139.8	210.6	282.6	355.9	—	—	—	—
	19	68.7	138.6	209.3	281.4	353.8	—	—	—	—
	20	67.8	137.3	207.2	278.8	350.9	—	—	—	—
	21	67.4	135.7	205.2	275.5	346.7	—	—	—	—
	22	66.6	14.4	203.1	272.6	343.3	—	—	—	—
	25	64.9	130.6	197.2	265	334.1	—	—	—	—
	30	61.5	123.9	187.6	252	318.2	—	—	—	—
	35	58.6	118.1	178.8	240.7	303.5	—	—	—	—
	40	55.7	112.2	167	229	289.3	350.9	—	—	—
	45	52.8	106.8	161.6	218.1	275.5	334.5	—	—	—
	50	49.8	101.3	154.1	208.1	263.3	319.9	—	—	—
	51	49.4	100.5	152.8	206.4	261.7	318.2	—	—	—
	52	49	99.2	151.1	204.3	258.7	314.4	—	—	—

续表

浓度(质量分数)/%		热焓量/(kJ/kg)								
		20℃	40℃	60℃	80℃	100℃	120℃	150℃	200℃	250℃
硫酸	53	48.1	98	151.1	201.8	256.2	311.5	—	—	—
	54	47.7	97.1	147.8	200.1	253.3	308.6	—	—	—
	55	47.3	96.3	146.5	198.5	251.6	306.5	—	—	—
	56	46.5	95	144.4	195.9	248.7	303.1	388.1	—	—
	57	46.1	94.2	143.2	194.3	246.6	301	385.2	—	—
	58	45.6	93.4	141.9	192.6	244.9	298.5	382.7	—	—
	59	45.2	92.1	141.1	191.3	242.8	296.4	279.7	—	—
	60	44.8	91.3	139.8	189.7	241.2	294.3	377.2	—	—
	61	44.4	90.4	138.2	187.6	238.6	291.4	373.5	—	—
	62	44	89.6	136.9	185.9	236.6	288.9	371	—	—
	63	43.1	88.8	134.8	183.4	233.2	284.7	365.1	—	—
	64	42.7	87.5	133.6	181.7	231.1	282.2	361.3	—	—
	65	42.8	86.7	132.3	180	229	279.7	358.8	—	—
	66	41.4	85.4	130.6	177.5	226.1	275.9	354.6	—	—
	67	41.4	84.5	129.4	175.8	224	274.2	353.4	—	—
	68	41	83.7	128.1	174.2	221.9	271.7	348.8	—	—
	69	40.6	82.9	126.9	172.5	219.8	269.2	345.8	—	—
	70	59.8	82.4	125.2	170.8	217.3	265.9	342.1	—	—
	71	39.8	81.2	123.9	168.3	214.8	262.1	337	468.9	—
	72	39.4	80.4	123.1	166.6	212.7	259.6	333.3	464.7	—
	73	39.4	79.1	121.4	165	209.3	255.8	327.8	456.4	—
	74	38.9	78.3	119.7	162.4	206.4	252	322.4	448	—
	75	38.1	77.5	118.5	100.4	208.9	248.7	318.2	439.6	—
	76	37.7	76.6	116.8	158.3	201	244.5	313.2	435.4	—
	77	37.7	75.8	115.6	156.2	198.9	242	309.4	427.1	—
	78	37.3	74.9	114.3	154.5	195.9	238.2	304.4	418.7	—
	79	36.8	74.1	113	152.4	193.4	235.3	299.8	412.4	—
	80	36	72.9	111	149.9	189.7	230.3	293.9	404.4	—
	87	36	72.4	110.5	149.1	188.8	229.2	292.2	402.4	—
	82	35.6	71.6	109.3	147.4	186.7	226.9	289.3	398.2	510.8
	83	35.2	70.8	107.6	145.3	184.2	224	285.5	393.1	506.6

续表

浓度(质量分数)/%		热焓量/(kJ/kg)								
		20℃	40℃	60℃	80℃	100℃	120℃	150℃	200℃	250℃
硫酸	84	34.3	69.9	106.3	144	182.5	221.9	283.4	390.2	502.4
	85	33.9	69.1	105.1	141.9	180	219	279.7	385.2	494
	86	33.9	68.2	104.3	140.7	178.8	217.3	277.2	382.3	489.9
	87	33.5	67.4	103	139	176.7	214.8	273.8	378.1	485.7
	88	33.1	66.6	101.3	136.9	173.8	211.4	269.6	372.2	477.3
	89	32.7	65.7	100.1	135.2	171.7	208.9	266.3	368	473.1
	90	32.2	64.9	98.8	133.6	169.6	206.4	262.5	363.8	468.9
	91	31.8	64.1	98	132.3	168.3	204.7	261.3	361.3	464.7
	92	31.4	63.2	96.3	130.2	165.4	201.4	257.1	355.5	456.4
	93	30.6	62.4	95	129	163.3	199.3	254.6	352.1	456.4
	94	30.1	61.5	93.8	126.9	161.2	196.4	253.7	347.5	448
	95	29.9	60.7	92.9	125.6	159.5	194.7	249.1	344.6	448
	96	29.3	59.9	91.3	123.9	157.4	191.8	246.2	340.8	443.8
	97	28.9	59	90	121.8	155.3	189.2	242.8	337.5	439.6
	98	28.5	58.2	89.2	121	154.1	188	241.2	335.8	435.4
	99	28.1	57.4	87.9	118.9	151.6	185.1	237.4	331.2	431.2
	100	27.6	56.5	86.7	118.1	150.3	183.8	236.6	329.9	431.2
游离SO_3	2	27.6	56.5	86.7	118.1	150.3	183.8	236.6	329.9	431.2
	4	27.6	56.5	86.7	118.1	150.3	183.8	236.6	329.9	431.2
	6	27.6	56.5	86.7	118.1	150.3	183.9	236.6	330.3	431.2
	8	27.6	56.5	86.7	118.1	150.3	184.2	237	330.3	431.2
	10	27.6	56.5	86.7	118.1	150.3	184.2	237	330.3	431.2
	12	27.6	56.5	86.7	118.1	150.7	184.2	237	330.3	—
	15	27.6	56.9	87.1	118.5	150.7	184.2	237	330.8	—
	20	27.6	56.9	87.1	118.5	150.7	184.6	237.4	330.8	—
	25	27.6	56.9	87.1	118.5	150.7	184.6	237.4	—	—
	30	28.1	57.4	87.5	119.3	151.6	185.9	—	—	—
	32	28.1	57.8	87.9	119.7	152	186.3	—	—	—
	34	28.5	57.8	88.3	119.7	152.8	186.3	—	—	—
	36	28.9	58.2	89.2	120.6	153.2	186.7	—	—	—
	38	28.9	58.6	89.6	121.4	154.1	—	—	—	—

续表

浓度(质量分数)/%		热焓量/(kJ/kg)								
		20℃	40℃	60℃	80℃	100℃	120℃	150℃	200℃	250℃
游离 SO_3	40	28.9	59	90	122.3	155.3	—	—	—	—
	42	29.3	59.9	91.3	123.9	157	—	—	—	—
	45	29.7	60.7	92.5	125.2	158.7	—	—	—	—
	46	30.1	61.1	93.4	126.4	—	—	—	—	—
	48	30.6	62	94.6	128.1	—	—	—	—	—
	50	31	62.8	95.5	129.4	—	—	—	—	—
	55	32.2	66.2	100.5	136.1	—	—	—	—	—
	60	34.3	69.9	106.3	136.1	—	—	—	—	—
	65	36.8	74.5	113.5	153.2	—	—	—	—	—
	70	39.4	80	121.4	164.1	—	—	—	—	—
	75	42.7	86.2	131	—	—	—	—	—	—
	80	45.6	92.5	140.3	—	—	—	—	—	—
	85	4836	98.4	149.1	—	—	—	—	—	—
	90	51.5	103.8	157.4	—	—	—	—	—	—
	95	53.2	107.2	162.4	—	—	—	—	—	—
	100	53.6	108	163.3	—	—	—	—	—	—

3. 硫酸和发烟硫酸的热效应

(1) 稀释热、微分稀释热　溶解 1mol H_2SO_4 于 n mol 水所放出的热量称为稀释热，可按式(2-1-4) 计算：

$$Q=\left(\frac{n\times 17860}{n+1.7983}\right)\times 4.1868 \tag{2-1-4}$$

式中　Q——稀释热，J/mol；

n——对于 1mol H_2SO_4 所用水的物质的量。

将浓度为每摩尔 H_2SO_4 含 n_1 mol H_2O 的硫酸加水稀释，仍将继续有热量发出，直至其浓度成为每摩尔 H_2SO_4 含 n_2 mol H_2O 时止。两次热量之差称为微分稀释热。

$$Q_2-Q_1=\left(\frac{n_2\times 17860}{n_2+1.7983}-\frac{n_1\times 17860}{n_1+1.7983}\right)\times 4.1868 \tag{2-1-5}$$

(2) 溶解热（无限稀释热）：在 1mol 无水硫酸中不断添加水分，直到再没有热发生的程度为止，由此，全过程中所发出的总热量称为硫酸积分溶解热或无限稀释热，简称溶解热。硫酸的溶解热等于 90110J/mol。

25℃时硫酸溶解于水的溶解热如表 2-1-36 所示。

表 2-1-36　25℃时硫酸溶解于水的积分溶解热 $Q_{积}$ 和微分溶解热 $Q_{微}$

硫酸浓度		$Q_{积}$ /(kJ/kgH_2SO_4)	$Q_{微}$ /(kJ/kgH_2O)	硫酸浓度		$Q_{积}$ /(kJ/kgH_2SO_4)	$Q_{微}$ /(kJ/kgH_2O)
质量分数/%	H_2O/H_2SO_4（质量比）			质量分数/%	H_2O/H_2SO_4（质量比）		
0		1028.3	0	32	2.125	696.68	41.407
1	99.000	784.19	0.0419	33	2.030	692.50	41.910
2	49.000	769.95	0.0963	34	1.941	638.31	51.079
3	32.333	762.42	0.1842	35	1.857	683.70	56.229
4	24.000	757.81	0.2596	36	1.778	679.10	61.504
5	19.000	754.46	0.3768	37	1.703	674.49	66.905
6	15.667	751.95	0.5234	38	1.632	669.89	72.515
7	13.286	750.69	0.6699	39	1.564	665.28	77.916
8	11.500	749.02	0.8709	40	1.500	660.26	83.527
9	10.111	748.18	1.080	41	1.439	655.23	89.263
10	9.000	746.93	1.310	42	1.381	650.21	95.333
11	8.091	746.09	1.587	43	1.326	645.19	101.99
12	7.333	744.83	1.905	44	1.273	639.74	108.90
13	6.692	743.99	2.324	45	1.222	634.72	115.72
14	6.143	742.74	2.801	49	1.174	629.28	122.88
15	5.667	741.06	3.387	47	1.128	623.83	130.75
16	5.250	739.39	4.103	48	1.083	617.97	138.21
17	4.882	737.30	4.940	49	1.041	612.53	147.04
18	4.556	735.62	5.920	50	1.000	606.25	155.12
19	4.265	733.53	7.038	51	0.961	599.55	163.79
20	4.000	731.85	8.332	52	0.923	593.27	172.45
21	3.762	729.76	9.420	53	0.887	586.15	182.13
22	3.545	727.67	11.095	54	0.852	579.03	192.72
23	3.348	725.57	13.063	55	0.318	572.34	201.05
24	3.167	723.48	15.072	56	0.786	565.22	214.36
25	3.000	720.97	17.375	57	0.754	558.10	224.04
26	2.846	718.04	19.762	58	0.724	550.98	240.24
27	2.704	715.11	22.316	59	0.695	543.45	249.28
28	2.571	711.76	25.581	60	0.667	536.33	262.14
29	2.448	708.41	28.931	61	0.639	528.79	279.89
30	2.333	704.64	32.741	62	0.613	520.84	290.02
31	2.226	700.87	36.969	63	0.587	513.30	304.30

续表

硫酸浓度		$Q_积$	$Q_微$	硫酸浓度		$Q_积$	$Q_微$
质量分数/%	H_2O/H_2SO_4（质量比）	/(kJ/kgH_2SO_4)	/(kJ/kgH_2O)	质量分数/%	H_2O/H_2SO_4（质量比）	/(kJ/kgH_2SO_4)	/(kJ/kgH_2O)
64	0.562	505.35	319.83	85	0.176	279.26	1145.5
65	0.538	496.97	335.03	86	0.163	260.42	1235.9
66	0.515	488.60	353.32	87	0.149	242.00	1313.0
67	0.492	480.23	370.99	88	0.136	223.16	1377.9
68	0.470	471.43	390.54	89	0.124	204.76	1433.1
69	0.449	461.39	411.60	90	0.111	185.89	1468.7
70	0.428	453.01	435.43	91	0.090	167.47	1532.0
71	0.408	443.38	460.55	92	0.087	149.05	1575.5
72	0.389	434.17	486.51	93	0.075	130.21	1614.8
73	0.370	424.96	515.81	94	0.064	111.79	1651.7
74	0.351	415.33	548.89	95	0.0526	92.947	1688.5
75	0.333	405.70	582.80	96	0.0416	74.525	1723.3
76	0.319	395.23	620.48	97	0.0309	55.684	1758.0
77	0.299	384.35	658.16	98	0.0204	37.263	1791.5
78	0.282	373.46	697.94	99	0.0101	18.589	1822.5
79	0.266	362.16	743.58	99.70	0.0030	6.615	1849.4
80	0.250	350.44	801.35	99.95	0.0005	1.675	3190.3
81	0.234	337.87	857.88	99.982	0.000180	0.670	3532.0
82	0.220	324.48	921.51	100	0	0	3746.9
83	0.205	310.24	992.69	100.02	−0.020	−0.703	3838.5
84	0.190	295.59	1069.3				

(3) 混合热　两种不同浓度的酸混合时，有热放出，此热效应称为混合热 $Q_混$，其值可由式(2-1-6) 求得：

$$Q_混=Q_3(n_1+n_2)-Q_1n_1-Q_2n_2 \tag{2-1-6}$$

式中　Q_3、Q_1 和 Q_2——最终酸和起始酸的稀释热（J/mol）；

n_1 和 n_2——两种硫酸混合时各自的物质的量，mol。

(4) 发烟硫酸的混合热和稀释热　将三氧化硫溶于水而生成任何浓度的发烟硫酸时放出的热量，称为发烟硫酸的混合热。

$$Q_混=Q_{100}-Q_r \tag{2-1-7}$$

式中　Q_{100}——100%SO_3 的无限稀释热，J/molSO_3；

Q_r——一定浓度的发烟硫酸的无限稀释热，J/molSO_3。

发烟硫酸的微分稀释热：

$$Q_微=Q_1-Q_2 \tag{2-1-8}$$

式中　Q_1、Q_2——开始浓度与最后浓度的发烟硫酸的无限稀释热，J/molSO_3。

18℃时各种浓度的发烟硫酸在水中的无限稀释热如表 2-1-37 所示。

表 2-1-37　18℃时各种浓度的发烟硫酸在水中的无限稀释热

游离 SO_3 质量分数/%	无限稀释热/(kJ/molSO_3)	游离 SO_3 质量分数/%	无限稀释热/(kJ/molSO_3)
0	92.319	60	142.561
10	100.274	70	151.562
20	108.438	80	160.773
30	116.812	90	170.403
40	125.785	100	180.995
50	133.763		

(5) 硫酸稀释热的修正　用旧的公式计算硫酸稀释热，会造成较大误差。1972 年出版的苏联《硫酸工作者手册》，对稀释热的计算方法作了修正，采用以实践数据为基础的积分溶解热和微分溶解热数据表进行计算，按表 2-1-36 中数据所得结果比较精确。

4. 硫酸分解的平衡常数

硫酸溶液上的蒸气组成，不仅与其浓度有关，而且还与温度有关，随着温度的升高，硫酸的分解加剧，其反应如下：

$$H_2SO_4 \rightleftharpoons H_2O + SO_3$$

$$\text{分解的平衡常数}\ K = \frac{P_{H_2O} \cdot P_{SO_3}}{P_{H_2SO_4}} \tag{2-1-9}$$

$$\lg K = 3.0 - \frac{5000}{T} + 1.75\lg T - 5.7\times10^{-4}T \tag{2-1-10}$$

式中，不同温度下的 K 值：

温度/℃	K	温度/℃	K
100	7.6×10^{-7}	300	5.9×10^{-2}
200	6.9×10^{-4}	400	1.4

(七) 热导率、扩散系数和表面张力

1. 热导率（表 2-1-38）

表 2-1-38　硫酸的热导率

硫酸浓度质量分数/%	热导率 λ/[W/(m·K)]				
	20℃	40℃	60℃	80℃	100℃
5	0.5388	0.5710	0.6024	0.6343	0.6661
10	0.5253	0.5564	0.5873	0.6184	0.6494
20	0.4982	0.5278	0.5571	0.5866	0.6045
30	0.4710	0.4989	0.5268	0.5549	0.5827

续表

硫酸浓度质量分数/%	热导率 λ/[W/(m·K)]				
	20℃	40℃	60℃	80℃	100℃
60	0.3896	0.4129	0.4361	0.4594	0.4826
95	0.2949	0.3128	0.3303	0.3489	0.3663
98	0.2866	0.3047	0.3210	0.3390	0.3359

近似值计算式为：

$$\lambda=\left[0.447+0.0014t-\left(0.22+\frac{t}{1500}\right)\frac{c}{100}\right]\times 1.163 \qquad (2\text{-}1\text{-}11)$$

式中 t——硫酸的温度，℃；

c——硫酸的浓度，%。

2. 扩散率（表 2-1-39）

表 2-1-39 硫酸在水中的扩散率

H_2SO_4 /(mol/L)	温度/℃	扩散率 α /($10^{-5}cm^2/s$)	H_2SO_4 /(mol/L)	温度/℃	扩散率 α /($10^{-5}cm^2/s$)
0.005	18	1.51	1.0	8	1.24
0.030	7.5	1.20	1.0	12	1.30
0.162	8.5	1.15	2.0	12	1.34
0.24	8	1.18	2.85	18	1.85
0.28	11.3	1.30	4.85	18	2.20
0.35	18	1.53	8.62	13	2.51
0.56	13	1.44	9.85	18	2.73
0.85	18	1.55			

3. 表面张力（表 2-1-40）

表 2-1-40 硫酸的表面张力（在硫酸同空气接触的情况下）

H_2SO_4 质量分数/%	表面张力/(mN/m)							
	0℃	10℃	20℃	30℃	40℃	50℃	60℃	70℃
2.65	73.60	72.69	72.02	71.13	70.07	69.01	—	—
11.87	74.75	74.10	73.48	72.58	71.52	70.45	—	—
18.33	75.30	74.44	74.39	72.75	71.90	70.90	69.95	68.89
35.13	77.19	76.68	76.34	75.45	74.48	74.05	73.15	72.25
58.05	77.80	77.44	77.25	77.08	76.26	76.49	76.03	75.55
65.27	77.41	77.34	77.29	77.13	76.99	76.89	76.74	76.31
80.45	66.60	66.40	66.32	66.00	65.92	65.99	65.67	65.50
83.23	64.18	64.09	63.89	63.70	65.43	63.46	68.37	63.19
95.05	58.26	57.97	57.76	57.53	57.43	57.36	57.28	56.89

（八）体积收缩、膨胀系数

1. 体积收缩（图 2-1-6、表 2-1-41、表 2-1-42）

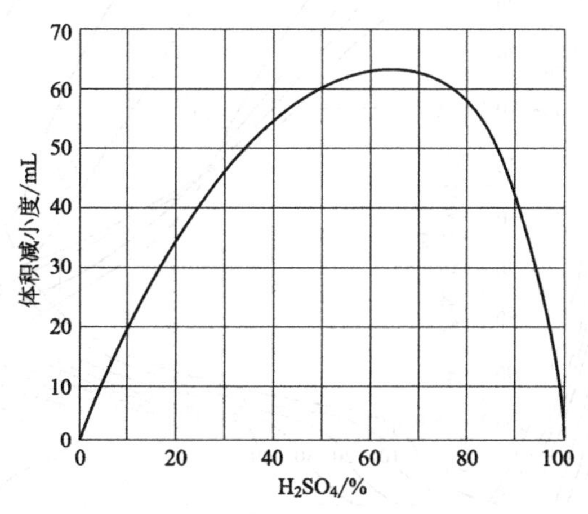

图 2-1-6 硫酸体积减小度（10℃）

表 2-1-41 硫酸具有最小体积时的温度

H_2SO_4 质量分数/%	温度/℃
67.0	8
67.5	17.9
69.1	28.1
70.1	38.2

表 2-1-42 200mL 硫酸同 100mL 水混合时的体积减少度（室温）

H_2SO_4 质量分数/%	86	88	90	92	94	96	98
减容/mL	10.4	12.0	13.9	16.1	18.5	21.2	24.1

计算硫酸体积收缩及浓度用的算图的举例：求浓度（质量分数）为 40%和 90%的硫酸各 500mL 混合时的容积和浓度。参考图 2-1-7。

在图 2-1-7 间 W_a 线上取成分 a(40%) 之点 X，向右引水平线①，求出与成分 b(90%) 的交点，然后引垂直线②读出 V(974mL)。从 X 点向左引水平线③，求出与成分 b(90%) 的交点，然后引垂直线④读出 W_m(70%)。

2. 膨胀系数（表 2-1-43）

表 2-1-43 硫酸的体积膨胀系数

组成 $n(H_2O/H_2SO_4)$	H_2SO_4 质量分数/%	体积膨胀系数 $\beta/\times10^{-5}$
100	5.16	$11.5+0.8286t$
50	9.82	$28.35+0.5160t$
25	17.87	$46.25+0.1752t$
15	26.63	$56.18-0.0397t$
10	35.25	$58.58-0.0367t$
5	52.13	$57.26-0.033t$
0	100	$57.58-0.864t$

注：表中 t 为温度，℃。

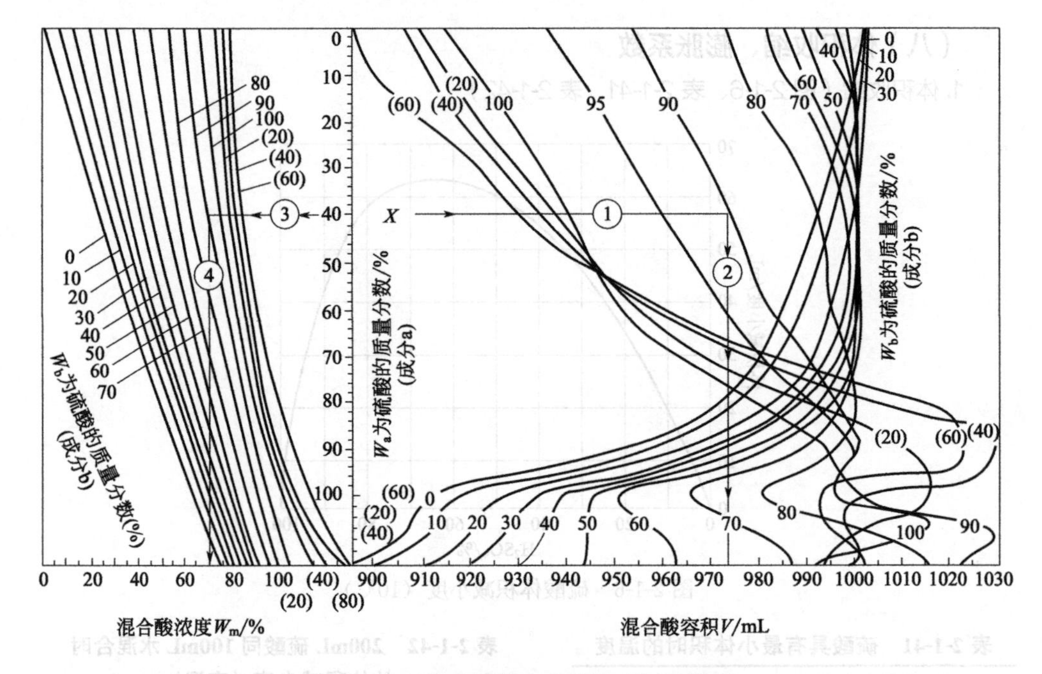

图 2-1-7 计算硫酸体积收缩浓度用的算图

（1）将成分 a 和 b 的硫酸各 500mL 混合，并使其温度保持 20℃；（2）硫酸浓度均以质量分数（%）表示，（ ）内数字表示发烟硫酸中游离 SO_3 的质量分数

（九）电导率、离解度、折射率、相对介电常数、毛细管系数

1. 电导率（表 2-1-44、表 2-1-45）

表 2-1-44 硫酸的电导率（一）

H_2SO_4 质量分数/%	电导率/(S/cm)							
	−17.8℃	−1.1℃	15.6℃	37.8℃	60.0℃	82.2℃	98.9℃	115.6℃
0.5	—	—	0.0212	0.0261	0.0295	0.0322	0.0340	—
2.0	—	0.0627	0.0823	0.1027	0.1182	0.1295	0.1372	—
4.0	—	0.1224	0.1600	0.2010	0.2317	0.2560	0.2708	—
6.0	—	0.1800	0.2360	0.2955	0.3445	0.9815	0.4060	—
8.0	—	0.2330	0.3085	0.3925	0.4600	0.5115	0.5420	—
10.0	—	0.2825	0.3770	0.4820	0.5685	0.6305	0.6675	—
12.0	—	0.3275	0.4395	0.5670	0.6670	0.7435	0.7885	—
14.0	—	0.3695	0.4945	0.6410	0.7570	0.8470	0.9025	—
16.0	—	0.4065	0.5445	0.7120	0.8440	0.9500	1.0110	—
18.0	—	0.4375	0.5890	0.7755	0.9250	1.0450	1.1175	—
20.0	—	0.5640	0.6265	0.8305	0.9980	1.1330	1.2155	—

续表

H_2SO_4 质量分数/%	电导率/(S/cm)							
	−17.8℃	−1.1℃	15.6℃	37.8℃	60.0℃	82.2℃	98.9℃	115.6℃
22.0	—	0.4850	0.6565	0.8765	1.0600	1.2110	1.3020	—
24.0	0.3105	0.5005	0.6790	0.9120	1.1110	1.2765	1.3760	—
26.0	0.3150	0.5110	0.6950	0.9375	1.1525	1.3300	1.4410	—
28.0	0.3155	0.5155	0.7045	0.9560	1.1845	1.3735	1.4975	—
30.0	0.3120	0.5140	0.7075	0.9665	1.2055	1.4075	1.5370	—
32.0	0.3065	0.5070	0.7040	0.9700	1.2180	1.7310	1.5690	—
34.0	0.3000	0.4960	0.6955	0.9660	1.2200	1.4445	1.5900	—
36.0	0.2915	0.4820	0.6815	0.9550	1.2135	1.4470	1.5990	—
38.0	0.2825	0.4655	0.6635	0.9370	1.1975	1.4400	1.5980	—
40.0	0.2725	0.4280	0.6425	0.9135	1.1755	1.4245	1.5880	1.7310
42.0	0.2620	0.4300	0.6195	0.8850	1.1460	1.3995	1.5680	1.7160
44.0	0.2500	0.4110	0.5945	0.8545	1.1120	1.3670	1.5400	1.6915
46.0	0.2380	0.3910	0.5680	0.8205	1.0755	1.3280	1.5035	1.6575
48.0	0.2260	0.3705	0.5400	0.7850	1.0350	1.2850	1.4625	1.6150
50.0	0.2125	0.3500	0.5120	0.7475	0.9920	1.2370	1.4145	1.5660
52.0	0.1980	0.3280	0.4815	0.7075	0.9445	1.1830	1.3600	1.5130
54.0	0.1840	0.3060	0.4510	0.6670	0.8940	1.1255	1.3000	1.4550
56.0	0.1690	0.2840	0.4185	0.6235	0.8395	1.0635	1.235	1.3930
58.0	0.1540	0.2600	0.3865	0.5790	0.7850	1.0020	1.1680	1.3265
60.0	0.1385	0.2365	0.3535	0.5345	0.7300	0.9390	1.1000	1.2600
62.0	0.1250	0.2125	0.3240	0.4900	0.6760	0.8775	1.0325	1.1920
64.0	0.1095	0.1895	0.2895	0.4465	0.6230	0.8185	0.9675	1.1240
66.0	0.0955	0.1670	0.2585	0.4155	0.5715	0.7615	0.9075	1.0575
68.0	0.0825	0.1450	0.2295	0.3665	0.5250	0.7075	0.8510	0.9930
70.0	0.0710	0.1250	0.2015	0.3300	0.4810	0.6570	0.7960	0.9345
72.0	0.0595	0.1060	0.1755	0.2960	0.4400	0.6090	0.7450	0.8810
74.0	0.0480	0.0890	0.1520	0.2645	0.4020	0.5635	0.6975	0.8330
76.0	0.0385	0.0740	0.1310	0.2345	0.3665	0.5230	0.6545	0.7900
78.0	—	0.0610	0.1130	0.2100	0.3370	0.4880	0.6175	0.7510
80.0	—	0.0520	0.1000	0.1915	0.3150	0.4620	0.5880	0.7190

续表

H_2SO_4 质量分数/%	电导率/(S/cm)							
	−17.8℃	−1.1℃	15.6℃	37.8℃	60.0℃	82.2℃	98.9℃	115.6℃
82.0	—	—	0.0930	0.1805	0.3025	0.4460	0.5675	0.6930
84.0	—	—	0.0915	0.1765	0.2945	0.4350	0.5520	0.6720
86.0	—	—	—	0.1770	0.2910	0.4275	0.5385	0.6550
88.0	—	0.0520	—	0.1800	0.2880	0.4190	0.5275	0.6375
90.0	—	0.0560	0.1005	0.1820	0.2860	0.4085	0.5130	0.6175
92.0	0.0290	0.0595	0.1035	0.1810	0.2790	0.3950	0.4880	0.5820
94.0	0.0300	0.0585	0.0990	0.1710	0.2595	0.3940	0.4490	0.5330
96.0	0.0265	0.0505	0.0860	0.1465	0.2200	0.3075	0.3785	0.4530
98.0	—	—	0.0555	0.0940	0.1415	0.1975	0.2415	0.2900

表 2-1-45 硫酸的电导率（二）

项目		电导率/(S/cm)		
		0℃	15℃	25℃
H_2SO_4 质量分数/%	3.34	—	—	0.1424
	6.71	0.2043	0.2611	—
	17.74	0.4398	0.5744	—
	29.48	0.5188	0.6989	—
	34.89	—	—	0.8107
	46.00	—	—	0.6844
	56.99	0.2903	0.4119	—
	61.47	0.2341	0.3374	—
	69.89	0.1535	0.2295	—
	75.34	0.0895	0.1434	—
	79.24	0.0637	0.1089	0.1407
	87.22	0.0494	—	0.1228
	93.61	0.0618	—	0.1287
	98.90	0.0312	0.0498	0.0649
SO_3 质量分数/%	18.67	0.0136	0.0236	0.0322
	47.00	—	—	0.0036
	61.83	—	—	0.0004
	74.37	—	—	0.0008
	95.95	—	—	0.0000

2. 高浓度发烟硫酸的电导率（图 2-1-8）和离解率（表 2-1-46）。

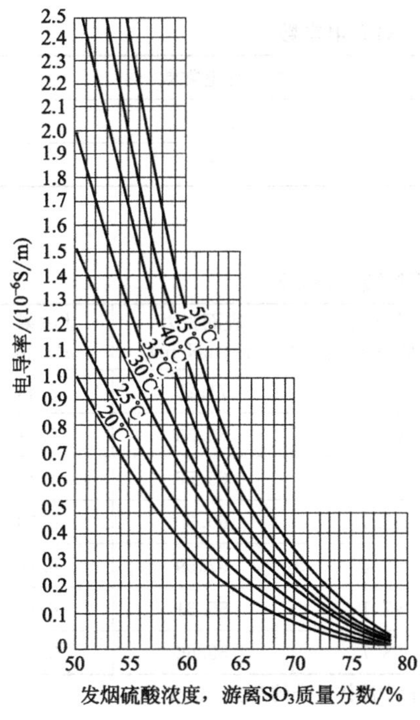

图 2-1-8 高浓度发烟硫酸的电导率

表 2-1-46 硫酸的离解率

硫酸浓度		离解率	
mol/L	摩尔分数	a_1	a_2
0.27	0.0048		0.93
0.38	0.0069		0.88
0.47	0.0085		0.84
0.54	0.0099		0.64
0.93	0.017		0.51
1.61	0.030		0.59
2.38	0.045		0.34
3.30	0.069		0.30
4.15	0.084		0.29
4.50	0.092		0.30
5.21	0.107		0.29
6.25	0.133		0.26
7.30	0.161		0.25
8.34	0.191		0.21
10.42	0.261		0.12
12.51	0.345		0.05
15.64	0.553	0.66	
17.07	0.689	0.40	
18.50	0.958	0.04	

注：a_1 为 $H_2SO_4+H_2O \longrightarrow H_3O^+ + HSO_4^-$ 的离解度；a_2 为 $HSO_4^- + H_2O \longrightarrow H_3O^+ + SO_4^{2-}$ 的离解度。

3. 折射率（表 2-1-47）

表 2-1-47 硫酸的折射率（nD 波长 589mm）

H_2SO_4 质量分数/%	温度/℃			H_2SO_4 质量分数/%	温度/℃		
	10	20	30		10	20	30
1	1.33531	1.33407	1.33281	80	1.43475	1.43379	1.43215
5	1.34097	1.33873	1.33667	82	1.43805	1.43578	1.43271
10	1.34747	1.34484	1.34267	84	1.44183	1.43702	1.43296
15	1.35370	1.35110	1.34880	84.5	1.44249	1.43760	1.43308
20	1.35994	1.35736	1.35508	86	1.44146	1.43712	1.43274
25	1.36628	1.36353	1.36108	88	1.43974	1.43616	1.43266
30	1.37277	1.36954	1.36661	90	1.43785	1.43484	1.43203
35	1.37943	1.37538	1.37163	92	1.43600	1.43302	1.43040
40	1.38624	1.38106	1.37618	94	1.43450	1.43062	1.42741
50	1.40007	1.39224	1.38473	96	1.43331	1.42752	1.42271
60	1.41334	1.40396	1.39488	98	1.43298	1.42352	1.41576
70	1.42475	1.41770	1.41109	100	1.43275	1.41868	1.40625
75	1.42918	1.42595	1.42334				

4. 相对介电常数（表 2-1-48）

表 2-1-48 100%硫酸的相对介电常数

温度/℃	相对介电常数
8	122
25	101

5. 毛细管系数（表 2-1-49）

表 2-1-49 硫酸的毛细管系数（18℃）

H_2SO_4 质量分数/%	表面张力 a/(mN/m)	比凝集力 a'/mm^2	H_2SO_4 质量分数/%	表面张力 a/(mN/m)	比凝集力 a'/mm^2
0.00	72.82	14.88	80.33	71.20	8.40
6.57	72.88	14.26	84.49	68.53	7.91
12.70	73.48	13.80	90.0	63.56	7.15
35.76	76.14	12.25	92.7	60.30	6.73
47.58	76.70	11.40	95.4	57.59	6.39
62.37	75.42	10.10	97.1	55.31	6.13
76.56	72.36	8.75	98.7	55.66	5.95

注：1. $a'=rh$，其中 r 为毛细管的半径，mm；h 为毛细管中液体上升的高度，mm。

2. 因 $a=rh\frac{Da}{2}$，当 r 和 h 均以 mm 计时，$g=9.8$。令 $a'=rh$，则 $a=4.9a'D$，其中 D 为液体的密度，g/cm³。

二、化学性质

（一）硫酸的分子结构

硫酸是三氧化硫（SO_3）和水（H_2O）化合而成。化学上一般把一个分子的三氧化硫与一个分子的水相结合的物质称为无水硫酸。无水硫酸就是指的100%的硫酸，又称纯硫酸。纯硫酸一般为无色透明、油状的液体，也有通过加入添加剂制成固体硫酸。纯硫酸的化学式用"H_2SO_4"来表示，也有用"$SO_3 \cdot H_2O$"表示，分子量为 98.08（即 SO_3 分子量 80.06＋H_2O 分子量 18.02）。结构式为：

```
H—O     O
   \\  //
     S
   //  \\
H—O     O
```
(2-1-12)

工业上通用的硫酸是指三氧化硫与水以任何比例化合的物质。三氧化硫与水的分子比＜1时，称硫酸水溶液。三氧化硫与水的分子比＞1时，就是三氧化硫在100%硫酸中的溶液，称发烟硫酸。这种硫酸中三氧化硫含量超过硫酸中的水含量，未与水化合的三氧化硫称为游离三氧化硫。

硫酸的浓度通常用其中所含硫酸的质量分数来表示。如98%硫酸，就是指其中含有质量分数98%的硫酸和2%的水。习惯上把浓度≥75%的硫酸叫作浓硫酸，而把75%以下的硫酸叫作稀硫酸。

（二）硫酸的化学性质

1. 同无机化合物的反应

（1）与水的反应　浓硫酸遇水会产生大量的热而成为硫酸水溶液，是强二元酸。

浓硫酸吸水性强，可作为多种化合物的脱水剂，稀硫酸无此性质。

（2）与氢的反应　常温下的浓硫酸与氢不发生反应，但在铂催化剂的存在下会逐渐生成 SO_2，稀硫酸则无此反应。

当温度达到 160～170℃时，氢与浓硫酸发生还原反应，继续提温到 700～900℃时，并在 SiO_2 作用下，浓硫酸被氢部分地还原生成 H_2S，稀硫酸则不能。

（3）与卤素和卤化物的反应

① 硫酸能溶解氯和碘，能被氟部分地分解，生成过二硫酸（$H_2S_2O_8$）。

② 卤化氢可被浓硫酸所吸收，将其加热会再放出卤化氢。

氯化氢与发烟硫酸反应，可生成氯磺酸，氟化氢与硫酸反应，可生成氟磺酸：

$$SO_3 + HCl \longrightarrow ClHSO_3 \qquad (2\text{-}1\text{-}13)$$

$$H_2SO_4 + HF \rightleftharpoons FHSO_3 + H_2O \qquad (2\text{-}1\text{-}14)$$

③ 溴化物同稀硫酸作用可生成溴化氢（HBr），同浓硫酸作用分解出 SO_2 和 Br_2。

碘化物同浓硫酸作用可生成 I_2、SO_2 和 H_2O。

④ 硫酸与金属氯化物会发生如下的反应（M 代表一价金属离子）：

$$H_2SO_4 + 2MCl = M_2SO_4 + 2HCl \qquad (2\text{-}1\text{-}15)$$

$$H_2SO_4 + MCl = MHSO_4HCl \qquad (2\text{-}1\text{-}16)$$

发烟硫酸同氯化物反应可生成 Cl_2 和 SO_2。

⑤ 次氯酸盐可被硫酸分解为 HClO、HCl 和 Cl_2。在－18℃下将 20 倍容积的二氧化氯溶解于硫酸中，到 10～15℃时可生成含高氯酸（$HClO_4$）的黄色溶液，并放出 Cl_2 和 O_2。

（4）与硫和硫化物的反应　常温下，硫与浓硫酸不发生反应。加热后温度达 200℃，发生氧化还原反应并生成 SO_2 逸出；将硫化氢通入浓硫酸中，生成 H_2SO_4、S 和 H_2O；稀硫酸和硫化氢不发生这种还原反应。

（5）与氮化合物的反应　NO 同 NO_2 等分子混合气体易溶于浓硫酸而形成亚基硫酸。

$$NO + NO_2 + 2H_2SO_4 = 2SO_5NH + H_2O \qquad (2\text{-}1\text{-}17)$$

用浓硫酸分解 $H_2N_2O_2$，可生成 N_2O。NO 溶解于硫酸时，即使酸中含有 Hg 及其他盐类，也会使溶解度增高。

（6）与磷的反应：常温下，磷与硫酸不起反应，一经加热就产生 SO_2 和 H_3PO_4。

$$3H_2SO_4 + 2P + O_2 = 2H_3PO_4 + 3SO_2 \qquad (2\text{-}1\text{-}18)$$

将硫酸与磷置于密闭容器中，并使之沸腾，则生成气相硫蒸气燃烧并生成单体硫。

磷化氢在常温下能缓慢将硫酸还原，生成 H_3PO_4、S 和 SO_2。

将三氯化磷同硫酸加热则发生如下反应：

$$2H_2SO_4 + PCl_3 = ClHSO_3 + SO_2 + HPO_3 + 2HCl \qquad (2\text{-}1\text{-}19)$$

将碱金属磷酸盐同硫酸加热，生成硫磷酸盐。

（7）与碳的反应　木炭与浓硫酸会发生如下反应：

$$C + 2H_2SO_4 = 2H_2O + CO_2 + 2SO_2 \qquad (2\text{-}1\text{-}20)$$

在高温时可生成 CO、CO_2、H_2 和 S。

浓度＞91％的硫酸在 250℃时能被 CO 所还原。

$$H_2SO_4 + CO \longrightarrow CO_2 + SO_2 + H_2O \quad (2\text{-}1\text{-}21)$$

2. 同有机化合物的反应

(1) 硝化反应

$$\text{苯} \xrightarrow[H_2SO_4]{HNO_3} \text{硝基苯}(C_6H_5NO_2) \quad (2\text{-}1\text{-}22)$$

$$\text{甲苯} \xrightarrow[H_2SO_4]{HNO_3} \text{三硝基甲苯 (TNT)} \quad (2\text{-}1\text{-}23)$$

(2) 磺化反应

① 十二烷基苯与硫酸反应生成十二烷基苯磺酸：

$$C_{12}H_{25}C_6H_5 + H_2SO_4 \longrightarrow C_{12}H_{25}C_6H_4SO_3H \quad (2\text{-}1\text{-}24)$$

② 苯在硫酸作用下生成苯磺酸：

$$\text{苯} \xrightarrow{H_2SO_4} \text{苯磺酸}(C_6H_5SO_3H) \quad (2\text{-}1\text{-}25)$$

(3) 酸化反应

① 正辛硫醇钠与硫酸反应：

$$CH_3(CH_2)_7SNa + H_2SO_4 \longrightarrow CH_3(CH_2)_7SH + NaHSO_3 \quad (2\text{-}1\text{-}26)$$

② 硫酸和发烟硫酸同萘进行酸化反应可生成科赫酸：

$$C_{10}H_8 + 3SO_3 + HNO_3 + 3Fe + 3H_2SO_4 \xrightarrow{H_2SO_4} (HO_3S)_3C_{10}H_4NH_2 + 3H_2O + 3FeSO_4 \quad (2\text{-}1\text{-}27)$$

(4) 脱水反应 乙醇经硫酸催化脱水制成乙醚，其反应如下：

$$C_2H_5OH + H_2SO_4 \xrightleftharpoons{140℃} C_2H_5OSO_3H + H_2O \quad (2\text{-}1\text{-}28)$$

$$C_2H_5OSO_3H + C_2H_5OH \longrightarrow C_2H_5OC_2H_5 + H_2SO_4 \quad (2\text{-}1\text{-}29)$$

(5) 水合反应 乙烯与硫酸反应生成硫酸酯，再经水解制得乙醇，其反应如下：

$$CH_2 = CH_2 + H_2SO_4 \xrightarrow{170℃} C_2H_5O \cdot SO_2OH \quad (2\text{-}1\text{-}30)$$

$$C_2H_5O \cdot SO_2OH + H_2O \rightleftharpoons C_2H_5OH + H_2SO_4 \quad (2\text{-}1\text{-}31)$$

(6) 硫酸酯化反应

$$CH_3OH + H_2SO_4 \rightleftharpoons CH_3OSO_3H + H_2O \quad (2\text{-}1\text{-}32)$$

$$2(CH_3OSO_3H) \xrightarrow{\text{真空蒸馏}} (CH_3O)_2SO_2 + H_2SO_4 \quad (2\text{-}1\text{-}33)$$

硫酸二甲酯

（7）催化反应

$$RCOOCH_3+C_2H_5OH \xrightarrow{H_2SO_4} RCOOC_2H_5+CH_3OH \quad (2\text{-}1\text{-}34)$$

此外，在有机化工中，常用硫酸作净化剂、干燥剂、吸收剂等。

3. 与金属和金属氧化物的反应

硫酸与金属的反应，随硫酸的浓度、温度和金属的种类不同而异。

常温下，稀硫酸与金属离子活性比氢大的金属反应，生成金属硫酸盐并放出氢气。活性比氢小的金属与硫酸不发生反应。

$$Zn+H_2SO_4 = ZnSO_4+H_2 \quad (2\text{-}1\text{-}35)$$

$$Fe+H_2SO_4 = FeSO_4+H_2 \quad (2\text{-}1\text{-}36)$$

热浓硫酸与金属（金、铂除外）反应，生成金属的硫酸盐和二氧化硫，如

$$Cu+2H_2SO_4 = CuSO_4+2H_2O+SO_2 \quad (2\text{-}1\text{-}37)$$

钠在－50℃以下不与硫酸起反应，高于此温度与硫酸反应，主要生成 H_2S。钾与35％H_2SO_4 在－68℃以下也不发生反应。

一般说，硫酸可与金属氧化物反应，生成该金属的硫酸盐。

$$Fe_2O_3+3H_2SO_4 = Fe_2(SO_4)_3+3H_2O \quad (2\text{-}1\text{-}38)$$

$$Al_2O_3+3H_2SO_4 = Al_2(SO_4)_3+3H_2O \quad (2\text{-}1\text{-}39)$$

$$CuO+H_2SO_4 = CuSO_4+H_2O \quad (2\text{-}1\text{-}40)$$

4. 与金属盐类的反应

$$2NaCl+H_2SO_4 = Na_2SO_4+2HCl \quad (2\text{-}1\text{-}41)$$

$$NaNO_3+H_2SO_4 = HNO_3+NaHSO_4 \quad (2\text{-}1\text{-}42)$$

$$2KCl+H_2SO_4 = K_2SO_4+2HCl \quad (2\text{-}1\text{-}43)$$

$$Ca_3(PO_4)_2+3H_2SO_4 = 2H_3PO_4+3CaSO_4 \quad (2\text{-}1\text{-}44)$$

$$CaF_2+H_2SO_4 = 2HF+CaSO_4 \quad (2\text{-}1\text{-}45)$$

$$2Al(OH)_3+3H_2SO_4 = Al_2(SO_4)_3+6H_2O \quad (2\text{-}1\text{-}46)$$

$$FeS+H_2SO_4 = FeSO_4+H_2 \quad (2\text{-}1\text{-}47)$$

三、硫酸 H_2SO_4 产品理论能耗

不管用什么原料生产硫酸，其单位产量（以 100％H_2SO_4 计）理论能耗均为定值0.936GJ/t，相当于耗用 32kg 标煤/t。即：

1. 以自然界稳定态硫（即软石膏）制取硫酸

$$CaSO_4 \cdot 2H_2O + CO_2 = H_2SO_4 + CaCO_3 + H_2O \quad (2\text{-}1\text{-}48)$$

ΔH_S：－2006733 　－393777 　－810648 　－1212079 　－286030

ΔH_r：　0 　　0 　ΔH_r 　　0 　　0

$$\Delta H_r = [-810648-1212079-286030-(-2006733)-(-393777)]\text{kJ/kmol} = 91753\text{kJ/kmol}$$

$$\therefore Q_E = 91753\text{kJ/kmol} \times \frac{1000\text{kg/t}}{98\text{kg/kmol}} = 936255\text{kJ/t} \approx 0.936\text{GJ/t}$$

相当于需要约 350kg 8kgf/cm^2（784.532kPa）饱和蒸汽的热量生产 1t 硫酸。

即：$\frac{936000\text{kJ/t}}{2676\text{kJ/kg}} = 349.78\text{kg/t}$

2. 以硫黄制取硫酸

$$S + \frac{3}{2}O_2 + H_2O = H_2SO_4 \quad (2\text{-}1\text{-}49)$$

ΔH_S: 0 0 286030 810648

ΔH_r: 616498 0 0 ΔH_r

$Q_{FY}=[-810648-(-286030)]$kJ/kmol$=-524618$kJ/kmol

$\Delta H_r=-524618$kJ/kmol$+616498$kJ/kmol$=91880$kJ/kmol

$$\therefore Q_E=91880\text{kJ/kmol}\times\frac{1000\text{kg/t}}{98\text{kg/kmol}}=937551\text{kJ/t}\approx 0.936\text{GJ/t}$$

3. 以硫铁矿制取硫酸

$$4FeS_2+15O_2+8H_2O = 2Fe_2O_3+8H_2SO_4 \quad (2\text{-}1\text{-}50)$$

FeS_2 作为自然态，其热值应加考虑，则为：

$$Fe_2O_3+4CaSO_4\cdot 2H_2O+4CO_2 = 2FeS_2 + 4CaCO_3 + 8H_2O+\frac{15}{2}O_2 \quad (2\text{-}1\text{-}51)$$

ΔH_S: -822530 -200673 -393777 -178115 -1212079 -286030 0

ΔH_r: 0 0 0 ΔH_r 0 0 0

$Q_{FY}=[-178115\times2-1212079\times4-286030\times8-(-822530)-(-2006733\times4)-(-393777\times4)]$kJ/kmol

$=2931784$kJ/kmol

$\Delta H_r=2931784\div2=1465892$kJ/kmol

$$4FeS_2+15O_2+8H_2O = 8H_2SO_4 + 2Fe_2O_3 \quad (2\text{-}1\text{-}52)$$

ΔH_S: -178115 0 -286030 -810941 -822530

ΔH_r: 1465892 0 0 ΔH_r 0

$Q_{FY}=[-822530\times2-810941\times8-(-178115\times4)-(-286030\times8)=-513189$kJ/kmol

$$\Delta H_r=\frac{-5131895+146892\times4}{8}=91459\text{kJ/kmol}$$

$$\therefore Q_E=91459\text{kJ/kmol}\times\frac{1000\text{kg/t}}{98\text{kg/kmol}}=933252\text{kJ/t}\approx 0.936\text{GJ/t}$$

生产 1t 100% H_2SO_4 需标煤：$\frac{93600\text{kg/t}}{29307.6\text{kJ/kg}}=31.94\text{kg/t}\approx 32\text{kg/t}$

第二节 硫

一、物理性质

（一）一般物性

安息角：35°。原子序数：16。原子量：32.064±0.003。原子体积：正交晶 15mL/mol；单斜晶 16.4mL/mol。沸点（1.013×10^5Pa）：444.60℃。临界常数：温度 1040℃；压力 1.75MPa；密度 0.403g/cm^3；体积 2.48mL/g。

结晶：硫通常为正交晶型，低于95.4℃时稳定。单斜晶高于95.4℃时稳定。

极化度：正交晶在室温时0.245mL/g（平均）。液体在118～158℃时为0.2528mL/g±0.0008mL/g，溶于二硫化碳0.252mL/g。

标准电位：$E^{\ominus}(S/S^{2-})=0.47\sim0.51V$。着火温度：248～261℃。折射率：在110℃时为1.929。同位素：稳定的组成，^{32}S 95.1%，^{33}S 0.74%，^{34}S 4.2%，^{36}S 0.016%；具有放射性的是^{31}S、^{35}S、^{37}S。

（二）密度

1. 固体硫的密度（纯硫）

正交晶：20℃时2.07g/cm²。单斜晶：20℃时1.96g/cm³。无定形：20℃时1.92g/cm³。堆密度：1.35～1.44g/cm²。粉末（250目）：0.56g/cm³。

2. 液体硫的密度（表2-1-50）

表2-1-50　液体硫的密度

温度/℃	密度/(kg/cm³)	温度/℃	密度/(kg/cm³)	温度/℃	密度/(kg/cm³)
115.207	1808.0	195	1775.0	310	1684.4
120	1806.4	200	1752.5	320	1679.0
125	1801.7	205	1749.6	330	1672.8
130	1797.0	210	1746.7	340	1666.7
135	1792.3	215	1743.8	350	1660.8
140	1787.6	220	1740.9	360	1654.8
145	1783.6	225	1737.2	370	1648.8
150	1779.7	230	1733.4	380	1642.8
155	1775.8	235	1729.65	390	1635.4
160	1771.8	240	1725.9	400	1627.9
165	1769.8	250	1723.2	410	1622.9
170	1767.9	260	1720.6	420	1617.9
175	1766.0	270	1712.4	430	1613.0
180	1764.0	280	1704.2	440	1608.6
185	1761.1	290	1697.0	444.6	1601.8
190	1758.2	300	1689.8		

3. 硫的饱和蒸气密度（表2-1-51）

表2-1-51　硫的饱和蒸气密度

温度/℃	密度/(kg/m³)	温度/℃	密度/(kg/m³)	温度/℃	密度/(kg/m³)
120	0.0003	320	0.490	520	8.217
140	0.010	340	0.731	540	10.01
160	0.0030	360	1.060	560	11.86
180	0.0076	380	1.469	580	14.43
200	0.0174	400	1.977	600	16.02
220	0.0357	420	2.563	620	19.76
240	0.0572	440	3.408	640	22.62
260	0.122	460	4.413	646	27.02
280	0.198	480	5.525		
300	0.328	500	6.676		

4. 硫的过热蒸气的密度（表 2-1-52）

表 2-1-52 硫的过热蒸气的密度（101. 3kPa）

温度/℃	密度/(kg/m³)	温度/℃	密度/(kg/m³)	温度/℃	密度/(kg/m³)
444. 6	3. 65	680	0. 98	880	0. 68
500	3. 24	700	0. 88	900	0. 665
520	3. 12	720	0. 82	920	0. 65
540	2. 82	740	0. 785	940	0. 644
560	2. 50	760	0. 76	960	0. 634
580	2. 19	780	0. 74	980	0. 624
600	1. 92	800	0. 73	1000	0. 614
620	1. 63	820	0. 71	1020	0. 605
640	1. 1. 35	840	0. 70	1040	0. 597
660	1. 12	860	0. 69		

（三）黏度

1. 液体硫的黏度（表 2-1-53）

表 2-1-53 液体硫的黏度

温度/℃	黏度/(Pa·s)	温度/℃	黏度/(Pa·s)	温度/℃	黏度/(Pa·s)
115. 207	0. 01260	195	90. 00	310	1. 970
120	0. 01125	200	80. 07	320	1. 126
125	0. 01030	205	72. 01	330	0. 877
130	0. 00936	210	63. 77	340	0. 628
135	0. 00857	215	52. 50	350	0. 504
140	0. 00775	220	45. 00	360	0. 379
145	0. 00715	225	37. 50	370	0. 314
150	0. 00670	230	32. 50	380	0. 249
155	0. 00650	235	25. 50	390	0. 206
160	2. 668	240	22. 50	400	0. 162
165	16. 967	250	15. 00	410	0. 138
170	41. 100	260	11. 10	420	0. 114
175	62. 550	270	7. 80	430	0. 100
180	83. 60	280	5. 20	440	0. 087
185	91. 78	290	3. 96	444. 6	0. 083
190	92. 57	300	2. 71		

2. 硫的过热蒸气的黏度（表 2-1-54）

表 2-1-54　硫的过热蒸气的黏度（在 101.3kPa 下）

温度/℃	黏度/(Pa·s)	温度/℃	黏度/(Pa·s)	温度/℃	黏度/(Pa·s)
444.6	19.64×10^{-6}	620	17.69×10^{-6}	845	17.14×10^{-6}
450	19.76×10^{-6}	650	16.50×10^{-6}	850	17.22×10^{-6}
455	19.85×10^{-6}	675	15.98×10^{-6}	870	17.54×10^{-6}
475	20.20×10^{-6}	700	15.45×10^{-6}	875	17.62×10^{-6}
480	20.29×10^{-6}	705	15.33×10^{-6}	900	18.02×10^{-6}
500	20.64×10^{-6}	725	15.17×10^{-6}	925	18.43×10^{-6}
510	20.64×10^{-6}	730	15.53×10^{-6}	950	18.83×10^{-6}
540	20.51×10^{-6}	750	15.69×10^{-6}	980	19.31×10^{-6}
550	19.97×10^{-6}	760	15.55×10^{-6}	1000	19.63×10^{-6}
565	19.52×10^{-6}	790	16.27×10^{-6}	1040	20.27×10^{-6}
575	19.22×10^{-6}	800	16.44×10^{-6}	1050	20.43×10^{-6}
595	18.63×10^{-6}	815	16.65×10^{-6}		
600	18.48×10^{-6}	825	16.82×10^{-6}		

3. 120～160℃硫的黏度（图 2-1-9）

4. 150～350℃硫的黏度（图 2-1-10）

5. 气态硫的黏度（图 2-1-11）

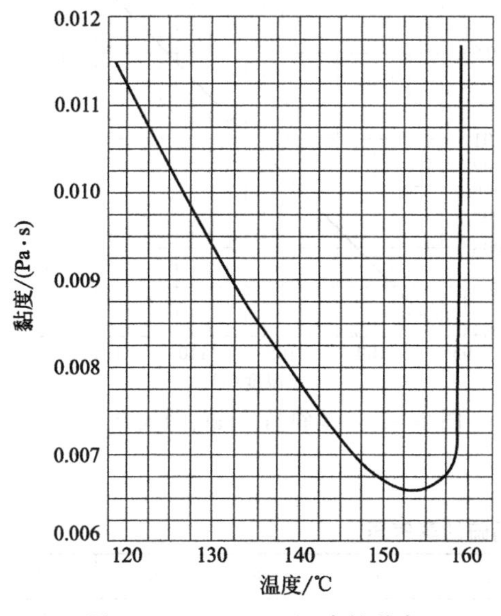

图 2-1-9　120～160℃硫的黏度

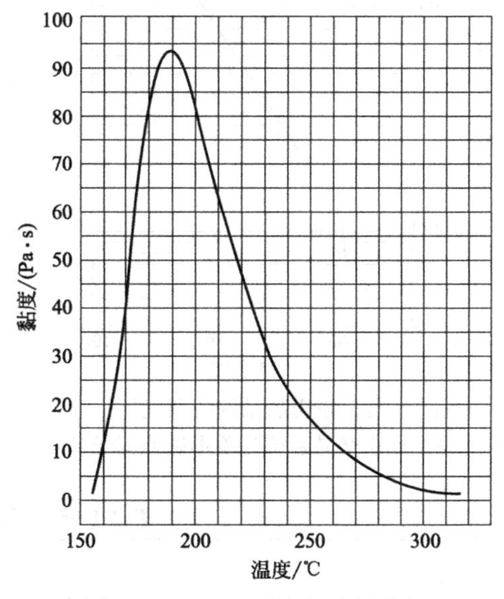

图 2-1-10　150～350℃硫的黏度

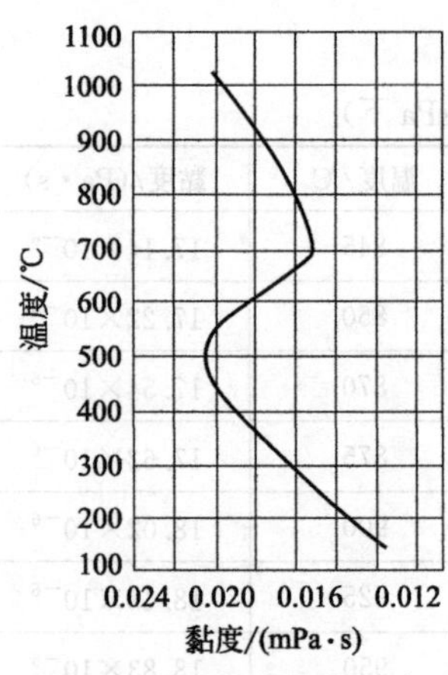

图 2-1-11 气态硫的黏度

(四) 蒸气压力及其组成

1. 硫蒸气压力计算式

(1) 正交晶在 20～80℃温度范围

$$\lg P=13.7889-\frac{5166}{T} \tag{2-1-53}$$

(2) 单斜晶在 96～116℃温度范围

$$\lg P=13.4889-\frac{5082}{T} \tag{2-1-54}$$

(3) 液体在 25～74℃温度范围

$$\lg P=10.8249-\frac{4055}{T} \tag{2-1-55}$$

(4) 温度范围在 120～325℃

$$\lg P=16.8249-0.0062338T-\frac{5405.1}{T} \tag{2-1-56}$$

(5) 温度范围在 325～550℃

$$\lg P=9.55777-\frac{3268.2}{T} \tag{2-1-57}$$

式中 P——蒸气压力，Pa；

T——绝对温度，K。

2. 正交晶系统和单斜晶系统的蒸气压（图 2-1-12、图 2-1-13、表 2-1-55、表 2-1-56）

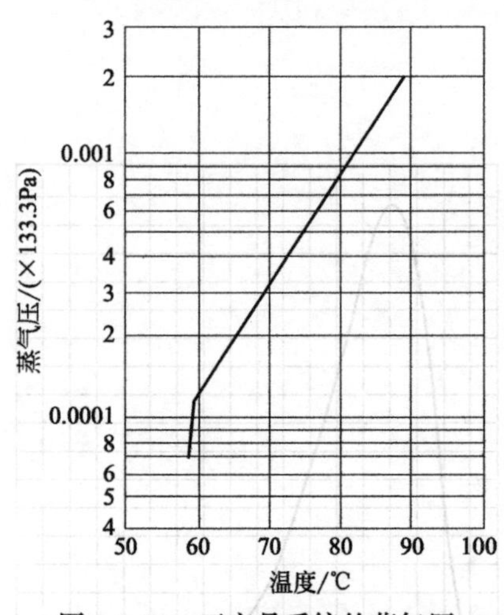

图 2-1-12 正交晶系统的蒸气压
（有些书上称正交晶系统为菱形硫或斜子硫）

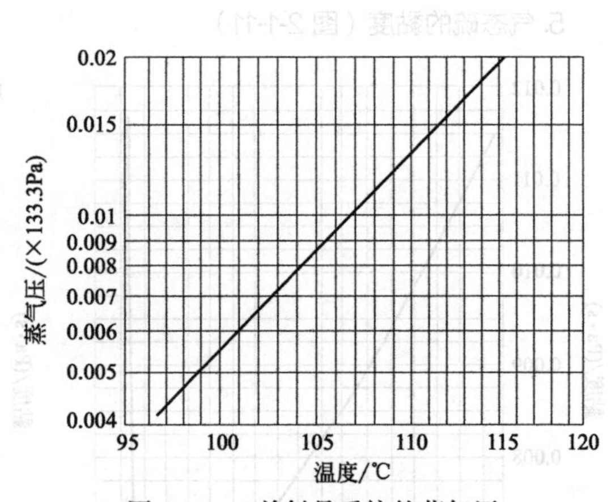

图 2-1-13 单斜晶系统的蒸气压

表 2-1-55 正交晶硫的蒸气压

温度/℃	55	60	65	70	75	80	85	90
蒸气压/Pa	0.0086659	0.015332	0.025864	0.044130	0.072394	0.11839	0.19185	1.27851

表 2-1-56　单斜晶硫的蒸气压

温度/℃	95.6	100	105	107	110	115
蒸气压/Pa	0.53595	0.72127	0.0133	1.3932	1.9052	2.5585

3. 液体硫的蒸气压（表 2-1-57）

表 2-1-57　液体硫的蒸气压

温度/℃	蒸气压/Pa	温度/℃	蒸气压/Pa	温度/℃	蒸气压/Pa
115.207	2.5598	195	222.65	310	8719.3
120	4.1863	200	282.64	320	10746
125	6.4128	205	353.30	330	13732
130	8.8126	210	438.63	340	16599
135	11.199	215	526.62	350	20265
140	13.866	220	611.95	360	24731
145	17.599	225	734.60	370	29998
150	23.998	230	870.59	380	35864
155	23.998	235	1019.9	390	43196
160	44.663	240	1218.6	400	50662
165	53.995	250	1739.9	410	59728
170	75.994	260	2286.5	420	69861
175	91.992	270	3289.1	430	83050
180	107.46	280	4026.3	440	64925
185	119.99	290	5086.2	444.6	101325
190	166.65	300	6719.4		

4. 各种温度下硫的饱和蒸气的组成（表 2-1-58）

表 2-1-58　各种温度下硫的饱和蒸气的组成

温度/℃	总蒸气压/Pa	分压/Pa			含量(体积分数)/%			在分子中平均原子数	平均分子量	S_2 的含量(质量分数)/%
		S_2	S_6	S_8	S_2	S_6	S_8			
50	3.066×10^{-2}	3.2×10^{-9}	1.33×10^{-3}	2.93×10^{-2}	—	4.5	95.5	7.920	253.91	—
100	1.013	4×10^{-5}	1.33×10^{-2}	1	—	1.3	98.7	7.974	255.63	—
115.2	4.133	3.2×10^{-4}	5.33×10^{-1}	3.6	—	12.9	87.1	7.742	248.21	—
148.9	23.33	23.3×10^{-2}	4	19.33	0.01	17.2	82.8	7.66	245.56	—
204.4	333.3	0.133	79.99	253.18	0.04	24.8	75.2	7.52	241.09	—
260.0	2.32×10^{3}	4.0	718.6	1.6×10^{3}	0.15	31.0	68.9	7.37	236.28	0.041

续表

温度/℃	总蒸气压/Pa	分压/Pa			含量(体积分数)/%			在分子中平均原子数	平均分子量	S_2的含量(质量分数)/%
		S_2	S_6	S_8	S_2	S_6	S_8			
315.6	9.3×10^3	53.33	3.71×10^3	5.84×10^3	0.5	38.6	60.9	7.20	230.83	0.139
371.1	30.0×10^3	386.6	13.83×10^3	15.79×10^3	1.3	46.1	52.6	7.00	224.42	0.371
398.9	50.66×10^3	959.9	25.04×10^3	24.66×10^3	1.9	49.4	48.7	6.90	221.21	0.550
420.7	77.33×10^3	2093	40.52×10^3	34.72×10^3	2.7	52.4	44.9	6.79	217.69	0.794
444.6	1.013×10^5	3.013×10^3	54.72×10^3	43.14×10^3	3.5	54.0	42.5	6.71	215.12	1.04
454.4	1.187×10^5	4.746×10^3	64.9×10^3	49.01×10^3	4.0	54.7	41.3	6.67	213.84	1.2
482.2	1.680×10^5	9.399×10^3	95.09×10^3	63.50×10^3	5.6	56.6	37.8	6.53	209.35	1.712
510.0	2.400×10^5	17.759×10^3	139.19×10^3	83.03×10^3	7.4	58.0	34.6	6.40	205.18	2.31
537.8	3.333×10^5	32.664×10^3	196×10^3	104.66×10^3	9.8	58.8	31.4	6.21	200.02	3.13
565.6	4.6×10^5	57.035×10^3	2.728×10^3	1.3×10^3	12.4	59.3	28.3	6.07	194.60	4.08
593.3	6.133×10^5	95.095×10^3	3.624×10^3	1.56×10^3	15.5	59.1	25.4	5.89	188.83	5.25
648.9	10.4×10^5	227.18×10^3	5.928×10^3	2.08×10^3	23.0	57.0	20.0	5.48	175.89	8.37
700					79.0	18.1	2.5	2.87	92.01	54.95
750					93.0	6.9	0.3	2.28	73.10	81.42
800					97.0	2.9	0.1	2.12	67.97	91.33

5. 液相上饱和硫蒸气的组成（图 2-1-14）

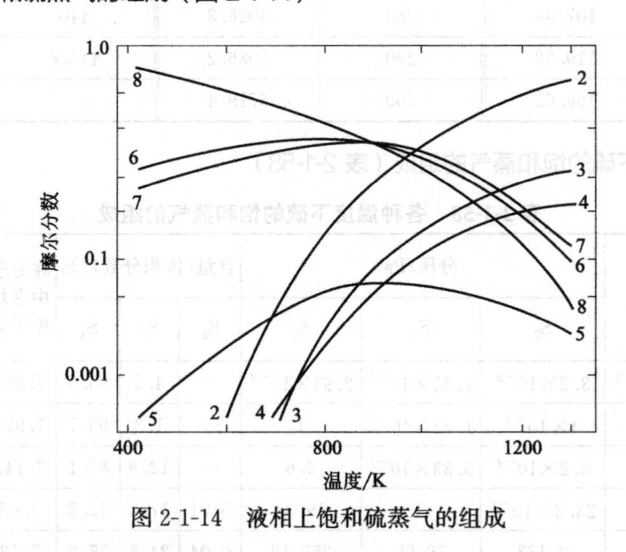

图 2-1-14 液相上饱和硫蒸气的组成

6. 硫蒸气压力与温度、组成的关系

(1) 高于沸点温度时气态硫的组成（表 2-1-59）

表 2-1-59 高于沸点温度时气态硫的组成

温度/℃	蒸气分压/(×10^5Pa)			S_2 含量/%
	S_2	S_6	S_8	
444.6	0.0385	0.5532	0.4215	1.1
500	0.1317	0.5522	0.3293	4.2
550	0.3060	0.4965	0.2077	11.0
700	0.8005	0.1834	0.0253	56.0
750	0.9423	0.0699	0.003	81.0
800	0.9829	0.0294	0.001	92.0

(2) 各种硫分子之间的平衡(图 2-1-15)

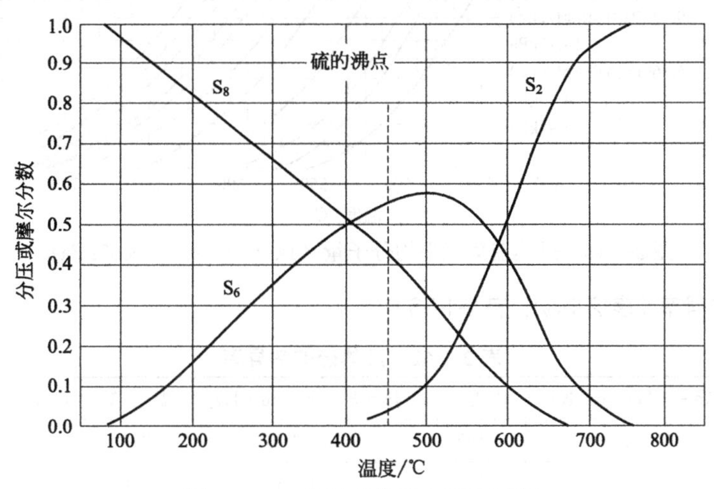

图 2-1-15 各种硫分子之间的平衡

在高于沸点时

$$P_{S_8}+P_{S_6}+P_{S_2}+P_S=101\text{kPa}$$

在低于沸点时

$$P_{S_8}+P_{S_6}+P_{S_2}+P_S=\text{蒸气压}$$

(3) 过热硫蒸气平均分子量(图 2-1-16)

(五)熔点、热导率、溶解度

1. 硫的熔点(表 2-1-60、表 2-1-61)

表 2-1-60 硫的熔点(一)(在 101kPa 下)

状态	温度/℃
S(正交晶)⟶S_λ(液体)	112.8
S(正交晶)⟶S_λ(液体)	118.9
S(正交晶)⟶S(液体)	110.4
S(正交晶)⟶S(液体)	115.21

表 2-1-61 硫的熔点(二)

压力/(×101.3kPa)	熔点/℃	压力/(×101.3kPa)	熔点/℃
192	120	1588	158.1
517	129.9	1781	163.1
792	140.5	2082	170.1
886	141.1	2568	180.1
1277	151.1	3046	190.1

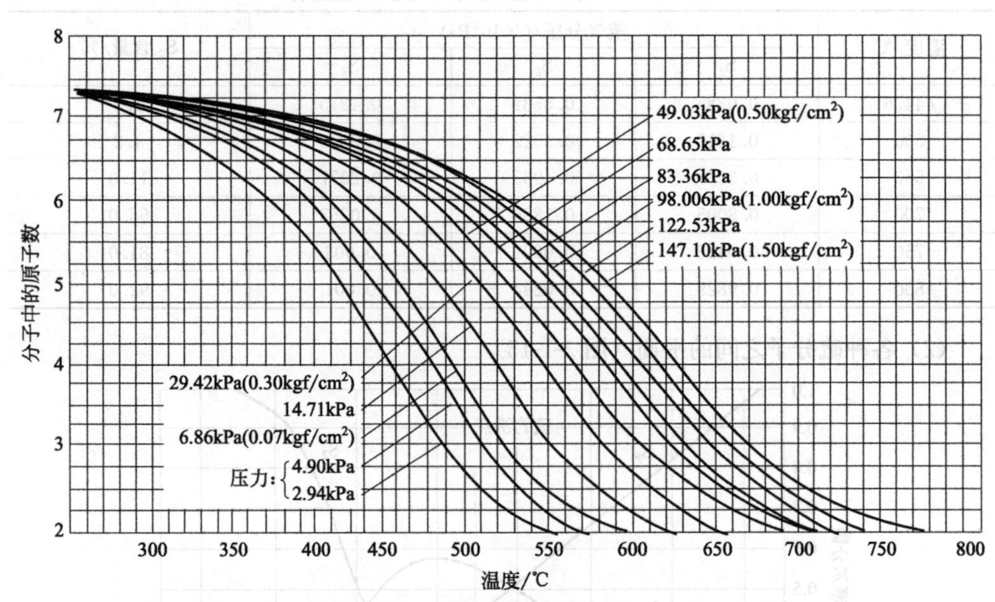

图 2-1-16 过热硫蒸气平均分子量（$1kgf/cm^2=98.0665kPa$）

2. 硫的热导率（表 2-1-62、表 2-1-63）

表 2-1-62 液体硫的热导率

温度/℃	热导率/[W/(m·K)]	温度/℃	热导率/[W/(m·K)]	温度/℃	热导率/[W/(m·K)]
115.207	0.13142	195	0.15270	310	0.19550
120	0.13235	200	0.15468	320	0.19922
125	0.13328	205	0.15619	330	0.20204
130	0.13444	210	0.15782	340	0.20667
135	0.13549	215	0.15933	350	0.21039
140	0.13665	220	0.16096	360	0.21411
145	0.13770	225	0.16247	370	0.21783
150	0.13863	230	0.16398	380	0.22155
155	0.13988	235	0.16561	390	0.22527
160	0.14072	240	0.16712	400	0.22900
165	0.14096	250	0.17026	410	0.23272
170	0.14130	260	0.17457	420	0.23644
175	0.14421	270	0.17887	430	0.24016
180	0.14712	280	0.18317	440	0.24388
185	0.14898	290	0.18748	444.6	0.24563
190	0.15084	300	0.19178		

表 2-1-63 硫的过热蒸气的热导率

温度/℃	热导率/[W/(m·K)]	温度/℃	热导率/[W/(m·K)]	温度/℃	热导率/[W/(m·K)]
444.6	9.91×10^{-3}	620	11.37×10^{-3}	845	12.99×10^{-3}
450	10.06×10^{-3}	650	11.25×10^{-3}	850	13.05×10^{-3}
455	10.21×10^{-3}	675	11.37×10^{-3}	870	13.28×10^{-3}
475	10.80×10^{-3}	700	11.41×10^{-3}	875	13.34×10^{-3}
480	10.84×10^{-3}	705	11.41×10^{-3}	900	13.62×10^{-3}
500	10.98×10^{-3}	725	11.56×10^{-3}	925	13.93×10^{-3}
510	11.06×10^{-3}	730	11.61×10^{-3}	950	14.18×10^{-3}
540	11.33×10^{-3}	750	11.82×10^{-3}	980	14.43×10^{-3}
550	11.41×10^{-3}	760	11.94×10^{-3}	1000	14.60×10^{-3}
565	11.43×10^{-3}	790	12.35×10^{-3}	1040	—
575	11.46×10^{-3}	800	12.48×10^{-3}	1050	—
595	11.42×10^{-3}	815	12.60×10^{-3}		
600	11.40×10^{-3}	825	12.77×10^{-3}		

3. 溶解度（表 2-1-64、表 2-1-65）

表 2-1-64 各种温度下正交晶硫的溶解度

溶液名称	溶解度/(g/100g)				
	0℃	20℃	40℃	60℃	80℃
汽油(沸点 85～110℃)	—	2.9	5.0	7.7	13.7
溴化乙烯	1.2	2.4	4.6	9.2	19.8
甲苯	0.91	1.82	3.21	6.30	—

表 2-1-65 25℃时正交晶硫的溶解度

溶液名称	溶解度/(g/100g)
乙醇(酒精)	0.053
乙醚	0.97
丙酮	2.72
四氯乙烷	1.23

（六）比热容、比热焓和比熵

1. 比热容

(1) 比热容的计算式

S（正交晶）：温度范围 35～95℃。

$$c_P=(2.9863-0.01058T+0.816\times10^{-5}T^{-2})\times\frac{4.1868}{32} \tag{2-1-58}$$

S（单斜晶）：温度范围 101～115.38℃。

$$c_P=\left(3.388+0.006854T+\frac{0.80351}{(388.336-T)^2}\right)\times\frac{4.1868}{32} \tag{2-1-59}$$

S_1(气)：温度范围 25～1727℃。

$$c_P=(5.43-0.26\times10^{-3}T+0.27\times10^5T^{-2})\times\frac{4.1868}{32} \tag{2-1-60}$$

S_2(气)：温度范围 25～1727℃。

$$c_P=(8.54+0.28\times10^{-3}T+0.79\times10^5T^{-2})\times\frac{4.1868}{64} \tag{2-1-61}$$

S_6(气)：

$$c_P=(19.2+2.64\times10^{-3}T)\times\frac{4.1868}{64} \tag{2-1-62}$$

S_8(气)：温度范围 0～727℃。

$$c_P=(42.85+0.71\times10^{-3}T-5.24\times10^5T^{-2})\times\frac{4.1868}{256} \tag{2-1-63}$$

式中，比热容 c_P 的单位为 kJ/(kg・K)；温度 T 的单位为 K。

(2) 30℃以上硫的比热容（表 2-1-66）

表 2-1-66　30℃以上硫的比热容

温度		硫的形态	比热容 c_P		
℃	℉		cal/(mol・℃)	cal/(g・℃)	kJ/(kg・K)
30	86.0	正交晶	5.4426	0.16973	0.71063
40	104.0		5.4984	0.71746	0.71787
50	122.0		5.5518	0.17614	0.72490
60	140.0		5.6041	0.17477	0.73173
70	158.0		5.6548	0.17635	0.73834
80	176.0		5.7035	0.17787	0.74471
90	194.0		5.7508	0.17934	0.75086
95.39	203.70		5.7756	0.18012	0.75413
95.39	203.70	单斜晶	5.9101	0.1843	0.77163
100	212.0		5.776	0.1801	0.75404
101	213.8		5.733	0.1788	0.74860
101	213.8		5.9529	0.18565	0.77728
110	230		6.0145	0.18757	0.78532
115.207	239.373		6.0501	0.18868	0.78997
115.207	239.373		7.5752	0.23624	0.98909
120	248		7.6404	0.23827	0.99759

续表

温度		硫的形态	比热容 c_P		
℃	℉		cal/(mol・℃)	cal/(g・℃)	kJ/(kg・K)
130	266		7.7720	0.24328	1.0186
140	284		7.9319	0.24736	1.0357
150	302		8.2307	0.25668	1.0747
160	320		11.76	0.3668	1.5357
170	338		10.655	0.33229	1.3912
180	356	液体	10.142	0.31627	1.3242
190	374	液体	9.8177	0.30617	1.2819
200	392	液体	9.5586	0.29818	1.2484
210	410	液体	9.3511	0.29162	1.2210
220	428	液体	9.1770	0.28619	1.1982
230	446	液体	9.0310	0.28164	1.1792
240	464	液体	8.9039	0.27767	1.1626
250	482	液体	8.7849	0.27396	1.1470
260	500	液体	8.6834	0.27080	1.1338
270	518	液体	8.5895	0.26787	1.1215
280	536	液体	8.5035	0.26519	1.1103
290	554	液体	8.4249	0.25274	1.1000
300	572	液体	8.3537	0.26052	1.0908
310	590	液体	8.2895	0.25851	1.0823
320	608	液体	8.2319	0.25672	1.0748
330	626	液体	8.1801	0.25510	1.0681
340	644	液体	8.1337	0.25366	1.0620
350	662	液体	8.0919	0.25235	1.0565
360	680	液体	8.0535	0.25115	1.0515
370	698	液体	8.0176	0.25003	1.0468
380	716	液体	7.9830	0.24895	1.0423
390	734	液体	7.9483	0.24787	1.0378
400	752	液体	7.9123	0.24675	1.0331
410	770		7.8731	0.24553	1.0280
420	788		7.8394	0.24416	1.0223
430	806		7.7792	0.24260	1.0157
440	824		7.7207	0.24077	1.0081
444.6	832.28		7.6906	0.23984	1.0042

(3) 0～115℃硫的比热容（表 2-67）

表 2-67 60～115℃硫的比热容

温度/℃	比热容/[kJ/(kg·K)]	温度/℃	比热容/[kJ/(kg·K)]
0	0.68454	70	0.73834
5	0.68957	75	0.74152
10	0.69417	80	0.74471
15	0.69920	85	0.74776
20	0.70338	90	0.75086
30	0.71063	95.39(正交晶)	0.75413
35	0.71527	95.39(单斜晶)	0.77163
40	0.71787	100	0.75404
45	0.72139	101	0.74860
50	0.72490	101	0.77723
55	0.72834	110	0.78532
60	0.73173	115.207(单斜晶)	0.78997
65	0.73504	115.207(液态)	0.98909

(4) 熔融硫的比热容（图 2-1-17、表 2-1-68）

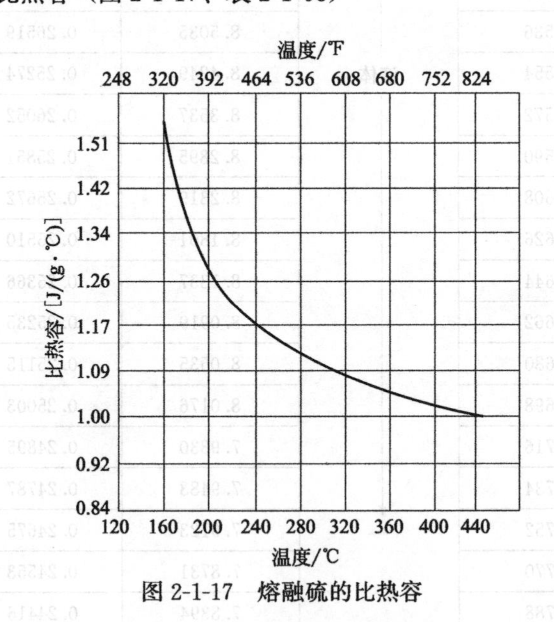

图 2-1-17 熔融硫的比热容

表 2-1-68 熔融硫的比热容

温度/℃	120	140	150	160	200	240	440
比热容/[kJ/(kg·K)]	1.01	1.05	1.17	1.51	1.28	1.17	1.01

（5）硫的过热蒸气的平均比热容（表 2-1-69）

表 2-1-69　硫的过热蒸气的平均比热容（101.3kPa）

温度/℃	比热容/[kJ/(kg·K)]	温度/℃	比热容/[kJ/(kg·K)]	温度/℃	比热容/[kJ/(kg·K)]
444.6	1.7932	620	13.733	845	2.0934
450	1.5407	650	15.073	850	2.0097
455	1.8841	675	14.361	870	1.6747
475	2.6209	700	11.304	875	1.6329
480	2.8052	705	10.718	900	1.4235
500	3.7263	725	8.1224	925	1.2142
510	4.1863	730	7.4525	950	1.1597
540	6.0709	750	5.6941	980	1.0886
550	6.7910	790	4.8148	1000	1.0886
565	8.2900	790	3.5169	1010	1.0467
575	9.1398	800	3.2238	1050	1.0467
595	10.844	815	2.7633		
600	11.430	825	2.5540		

2. 比热焓

（1）30℃以上硫的比热焓（表 2-1-70）

表 2-1-70　30℃以上硫的比热焓

温度		硫的形态	比热焓		
℃	℉		cal/(mol·℃)	cal/(g·℃)	kJ/(kg·K)
30	86.0		27.14	0.8464	3.5413
40	104.0	正交晶	81.84	2.552	10.6778
50	122.0	正交晶	137.1	4.276	17.891
60	140.0	正交晶	192.9	6.016	25.171
70	158.0	正交晶	249.16	7.7702	35.511
80	176.0	正交晶	305.97	9.5419	39.923
90	194.0	单斜晶	362.23	11.328	47.396
95.39	203.70	单斜晶	394.31	12.297	51.451
95.39	203.70	单斜晶	490.27	15.289	63.969
100	212.0	单斜晶	517.24	16.130	67.488
101	213.8	单斜晶	523.00	16.310	68.241
101	213.8	单斜晶	523.38	16.322	68.291
110	230		577.23	18.001	75.316

续表

温度		硫的形态	比热焓		
℃	℉		cal/(mol·℃)	cal/(g·℃)	kJ/(kg·K)
115.207	239.373	单斜晶	608.64	18.981	79.417
115.207	239.373		1019.0	31.778	132.96
120	248		1055.4	32.913	137.71
130	266		1132.5	35.318	147.77
140	284		1211.0	37.766	158.01
150	302		1291.5	40.276	168.52
160	320		1385.2	43.198	180.74
170	338	液体	1496.7	46.676	195.29
180	356		1600.4	49.910	208.82
190	374		1700.1	53.019	221.83
200	392		1796.9	56.038	234.46
210	410		1891.5	58.988	246.81
220	428		1984.1	61.876	258.89
232	446		2075.1	64.713	270.76
240	464	液体	2164.8	67.511	282.47
250	482		2253.2	70.268	294.00
260	500		2340.6	72.993	305.40
270	518		2426.9	75.685	316.67
280	536		2513.4	78.351	327.82
290	554		2597.0	80.989	338.86
300	572		2680.8	83.603	349.80
310	590		2764.0	86.197	360.65
320	608		2846.6	88.773	371.43
330	626		2918.8	91.337	382.15
340	644		3010.3	93.878	392.79
350	662		3091.5	96.410	403.38
360	680		3172.2	98.927	413.91
370	698		3252.5	101.43	424.38
380	716		3332.5	103.93	434.84
390	734		3412.1	106.41	445.22
400	752		3491.4	108.88	455.55
410	770		3570.4	111.35	465.89

续表

温度		硫的形态	比热焓		
℃	℉		cal/(mol·℃)	cal/(g·℃)	kJ/(kg·K)
420	788	↑ 液体 ↓	3648.8	113.79	476.10
430	806		3726.9	116.23	486.31
440	824		3804.3	118.64	496.39
444.50	832.28		3839.9	119.75	501.03

(2) 0～115℃硫的比热焓(表2-1-71)

表2-1-71 0～115℃硫的比热焓

温度/℃	比热焓/(kJ/kg)	温度/℃	比热焓/(kJ/kg)	温度/℃	比热焓/(kJ/kg)
0	0	50	35.045	95.39(正交晶)	68.605
5	3.4518	55	38.685	95.39(单斜晶)	81.124
10	6.9036	60	42.325	100	84.642
15	10.376	65	45.995	101	85.395
20	17.154	70	49.664	101	85.446
30	20.694	75	53.371	110	92.471
35	24.263	80	47.078	115.207(单斜晶)	96.571
40	27.832	85	30.314	115.207(液体)	150.114
45	31.447	80	34.550		

(3) 液体硫的比热焓(表2-1-72)

表2-1-72 液体硫的比热焓

温度/℃	比热焓/(kJ/kg)	温度/℃	比热焓/(kJ/kg)	温度/℃	比热焓/(kJ/kg)
115.207	150.11	160	197.90	205	257.79
120	154.86	165	205.17	210	263.96
125	159.90	170	212.45	215	270.00
130	164.93	175	219.21	220	276.04
135	171.05	180	225.98	225	281.98
140	175.17	185	323.48	230	287.91
145	180.42	190	238.99	235	293.77
150	185.67	195	245.30	240	299.62
155	191.78	200	251.62	250	311.16

续表

温度/℃	比热焓/(kJ/kg)	温度/℃	比热焓/(kJ/kg)	温度/℃	比热焓/(kJ/kg)
260	322.56	330	399.31	400	472.71
270	333.82	340	409.94	410	483.04
280	344.98	350	420.53	420	493.25
290	356.01	360	431.07	430	503.46
300	366.95	370	441.62	440	513.54
310	377.80	380	452.00	444.6	518.19
320	388.58	390	462.37		

3. 硫的比熵（表 2-1-73）

表 2-1-73　30℃以上硫的比熵

温度		硫的形态	比熵		
℃	℉		cal/(mol·℃)	cal/(g·℃)	kJ/(kg·K)
30	86.0		0.09028	0.002815	0.011778
40	104.0		0.26782	0.0083521	0.034945
50	122.0		0.44147	0.013768	0.057605
60	140.0		0.61146	0.019069	0.079785
70	158.0	正交晶	0.7794	0.024261	0.10151
80	176.0		0.94108	0.029348	0.12279
90	194.0		0.1010	0.034335	0.14366
95.39	203.70		1.859	0.036984	0.15474
95.39	203.70		1.4464	0.045106	0.18873
100	212.0	单斜晶	1.5191	0.047375	0.79822
101	213.8		1.5345	0.047855	0.20023
101	213.8		1.5355	0.047887	0.20036
110	230		1.7668	0.055098	0.23053
115.207	239.373		1.8987	0.059214	0.24775
115.207	239.373		2.9553	0.092163	0.38561
120	248		3.0487	0.095076	0.39780
130	266	液体	3.2422	0.1011	0.42304
140	284		3.4343	0.10710	0.44811
150	302		3.6271	0.11311	0.47325
160	320		3.8459	0.11994	0.50183
170	338		4.1060	0.12805	0.53576

续表

温度		硫的形态	比熵		
℃	℉		cal/(mol·℃)	cal/(g·℃)	kJ/(kg·K)
180	356		4.3372	0.13526	0.56593
190	374		4.5552	0.14206	0.59438
200	392		4.7620	0.14851	0.62137
210	410		4.9596	0.15467	0.6714
220	428		5.1495	0.16579	0.67191
230	446	液体	5.3320	0.16628	0.69572
240	464		5.5086	0.17179	0.71877
250	482		5.6791	0.17711	0.74103
260	500		5.8444	0.18226	0.76258
270	518		6.0050	0.18727	0.78354
280	536		6.1610	0.19213	0.80387
290	554		6.3127	0.19686	0.82366
300	572		6.4603	0.20147	0.84295
310	590		6.6041	0.20595	0.86170
320	608		6.7446	0.21033	0.88002
330	626		6.8817	0.21461	0.89793
340	644		7.0160	0.21880	0.91546
350	662		7.1471	0.22289	0.93257
360	680		7.2756	0.22690	0.94935
370	698		7.4015	0.23082	0.96575
380	716		7.5250	0.23467	0.98186
390	734		7.6462	0.23845	0.99768
400	752		7.7649	0.24215	1.01316
410	770		7.8812	0.24578	1.02834
420	788		7.9954	0.24934	1.04324
430	806		8.1072	0.25283	1.05784
440	824		8.2166	0.25624	1.07211
444.50	832.28		8.2661	0.25778	1.07855

（七）蒸发热、离解热、熔化热、转变热、燃烧热

1. 硫的蒸发热

（1）硫的蒸发热（图 2-1-18）

（2）120～646℃硫的蒸发热（表 2-1-74）

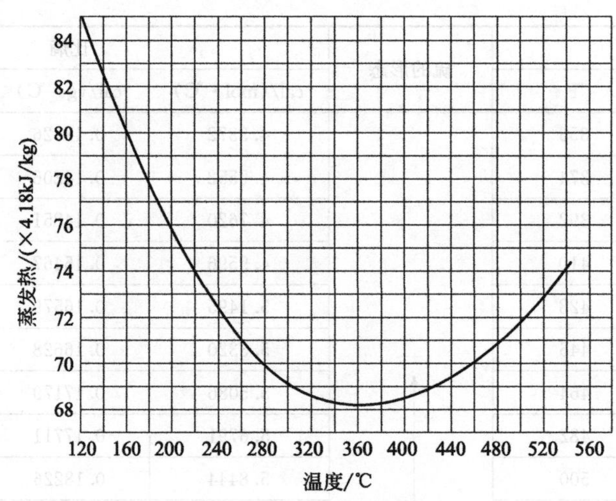

图 2-1-18 硫的蒸发热

表 2-1-74 120～646℃硫的蒸发热

温度/℃	蒸发热/(kJ/kg)	温度/℃	蒸发热/(kJ/kg)	温度/℃	蒸发热/(kJ/kg)
120	355.04	320	285.54	520	306.89
140	342.90	340	283.45	540	314.43
160	332.43	360	281.35	560	321.97
180	322.80	380	281.35	580	330.34
200	315.27	400	281.35	600	339.55
220	308.15	420	281.35	620	348.76
240	304.38	440	285.96	640	358.8
260	297.26	460	290.15	646	361.32
280	293.08	480	295.17		
300	288.89	500	300.16		

2. 硫的离解热（表 2-1-75）

表 2-1-75 硫的离解热

反应	硫的离解热		
	cal/mol	cal/g	kJ/kg
S_2(蒸气)══2S(蒸气)，$\Delta H_{25℃}$	41500～56450	1297～1764.1	5430.3～7386
S_8(蒸气)══$4S_2$(蒸气)，$\Delta H_{25℃}$	12127	378.9	1586.4
$3S_8$(蒸气)══$4S_6$(蒸气)，$\Delta H_{25℃}$	1427	38.9	162.87

3. 硫的熔化热（表 2-1-76）

表 2-1-76　硫的熔化热（101.3kPa）

项目	温度/℃	硫的熔化热	
		cal/g	kJ/kg
S(正交晶)⟶S_λ(液体)	112.8	119	49.82
S(单斜晶)⟶S_λ(液体)	118.9	9.2	38.52
S(单斜晶)⟶S(液体)	115.21 *	12.80	53.59
S(固体)⟶SO_2(液体)	−75.5	27.64	115.72
SO_3(α)⟶SO_3(液体)	16.8	22.50	94.2
SO_3(β)⟶SO_3(液体)	32.5	36.25	151.77
SO_3(γ)⟶SO_3(液体)	62.2	77.50	324.48

4. 硫的转变热（表 2-1-77）

表 2-1-77　硫的转变热

项目	温度/℃	硫的转变热	
		cal/g	kJ/kg
S(正交晶)⟶S(单斜晶)	95.4	2.992	12.527
S(液体)⟶S(黏滞的)	159.9	2.751	11.518

5. 硫的燃烧热（表 2-1-78）

表 2-1-78　硫的燃烧热（$\Delta H_{25℃}$）

反应	硫的燃烧热		
	cal/mol	cal/g	kJ/kg
S(正交晶)+O_2(气)══SO_2(气)	−70940±50	−2217±1.6	−9276±6.7
S_2(蒸气)+2O_2(气)══2SO_2(气)	−86450	−2701.6	−11303.5
S_2(蒸气)+O_2(气)══2SO(气)	−6552.5	−204.8	−856.9
2S(正交晶)+O_2(气)══2SO_2(气)	8960	280	1171.5
2S(正交晶)+3O_2(气)══2SO_3(气)	−92835	−1160	−4853.4
2S(正交晶)+3O_2(气)══2SO_3(α)	−105085	−1314	−5497.8
2S(正交晶)+3O_2(气)══2SO_3(β)	−105915	−1323.9	−5539.2
2S(正交晶)+3O_2(气)══2SO_3(γ)	−109335	−1366.7	−5718.3

（八）电导率、电阻率、表面张力

1. 硫的电导率（表 2-1-79）
2. 硫的电阻率（表 2-1-80）
3. 硫的表面张力（图 2-1-19）

表 2-1-79 硫的电导率

温度/℃	电导率/(S/m)
115	1×10^{-14}
130	5×10^{-13}
440	12×10^{-10}

表 2-1-80 硫的电阻率

温度/℃	电阻率/(Ω/m)
20	1.9×10^{19}
30	3.9×10^{18}
55	3.95×10^{17}
69	1.78×10^{16}
110	4.8×10^{14}
115	9.5×10^{13}

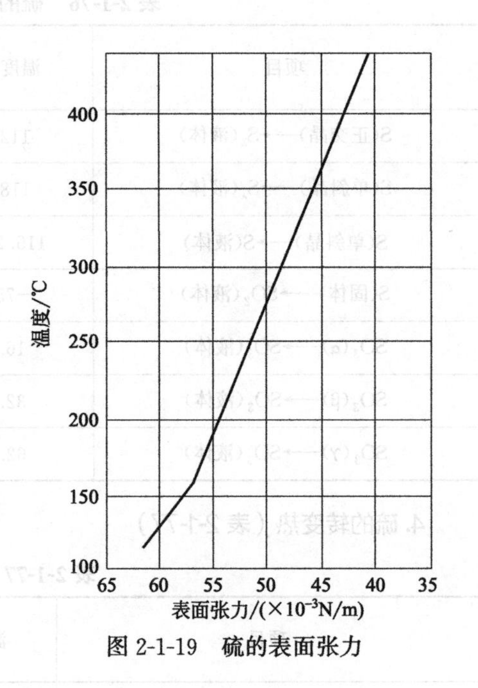

图 2-1-19 硫的表面张力

（九）其他物理性质（表 2-1-81）

表 2-1-81 150～165℃时液体硫的密度、比热容、热导率和黏度

温度/℃	密度/(kg/m³)	比热容/[kJ/(kg·K)]	热导率/[W/(m·K)]	黏度/(mPa·s)
150	1778.5	1.0748	0.13863	6.700
151	1777.7	1.0969	0.13884	6.655
152	1777.0	1.1053	0.13904	6.610
153	1776.1	1.1179	0.13927	6.565
154	1775.5	1.1388	0.13948	6.520
155	1774.8	1.1723	0.13968	6.500
156	1773.6	1.256	0.13991	6.520
157	1773.0	1.378	0.14014	6.550
158	1772.4	1.863	0.14034	6.745
159	1771.8	1.6496	0.14055	—
160	1771.8	1.5366	0.14055	2668.0
161	1771.4	1.5073	0.14072	5500.0

续表

温度 /℃	密度 /(kg/m³)	比热容 /[kJ/(kg·K)]	热导率 /[W/(m·K)]	黏度 /(mPa·s)
162	1771.0	1.4901	0.14072	8700.0
163	1770.6	1.4738	0.14072	12500.0
164	1770.2	1.4528	0.14072	15000.0
165	1769.8	1.4444	0.14096	16967.0

二、化学性质

（一）硫的化学性质

硫具有较强的化学活泼性，在空气中会生成少量的二氧化硫和硫酸。

硫在空气中有升华现象，且随温度升高加快升华的速度，升华硫多半带有微酸性。当硫的温度达到246～266℃时就自燃着火。粉状硫会发生粉尘爆炸，用铁器铲动时会发生火花。

在温度<95.4℃时，固体硫结晶形成正交晶，常见有α正交。当温度超过95.4℃时，硫的晶型发生变体，由正交晶型转变为单斜晶型，常见的有β、υ单斜晶硫。α、β、γ晶型是硫的同素异形体。

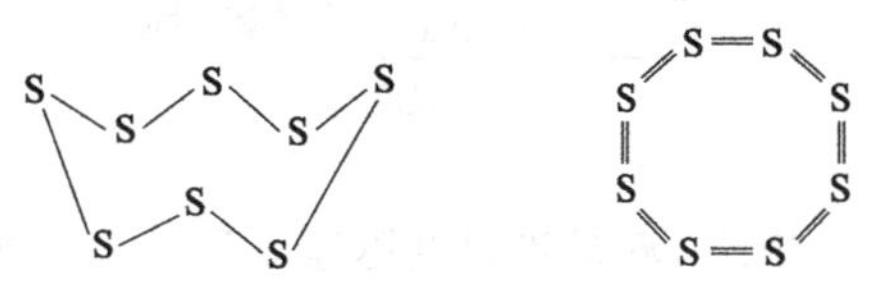

图 2-1-20　S_8 分子结构图

α、β、γ型硫分子多为8原子组成即 S_8，结构特征多为环状，如图 2-1-20 所示。此外，也有聚合型或无定形结构的。

液体硫温度<159℃范围，其分子仍为环状结构的 S_8。当温度超过159℃时，环状 S_8 分子开裂成链状 S_8 分子。

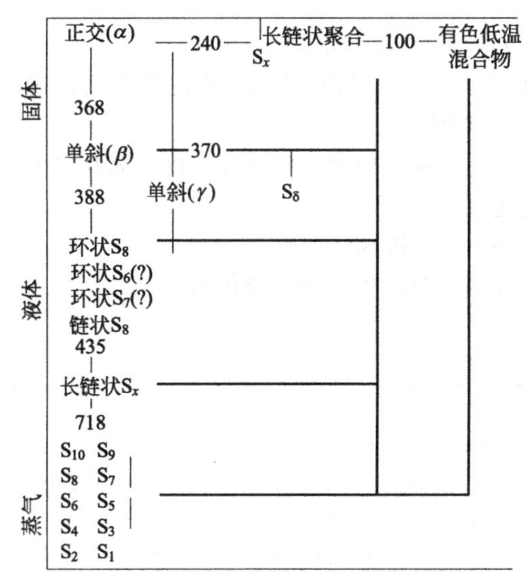

图 2-1-21　硫的同素异形体转变温度（K）

饱和硫蒸气在沸点温度下，S_8 分子约占90%，其余分子是 S_6、S_7，随着温度升高，S_8 分子逐渐减少，到1000K以上，S_2 组分占多数。在临界温度1313K时，硫以 S_2、S_3、S_4 分子为主。

天然硫黄的分子一般有4种，以 S_{32} 组成的分子为最多，约占95.1%，其余 S_{33} 占0.74%、S_{34} 占4.2%、S_{36} 占0.016%。

硫蒸气在急剧温降中能直接转变为固体。但最常见的还是从固体转变为液体，液体转变为气态，其转变取决于温度变化的剧烈程度，如图 2-1-21 所示。

图 2-1-22 为硫在各种压力、温度时的状态。

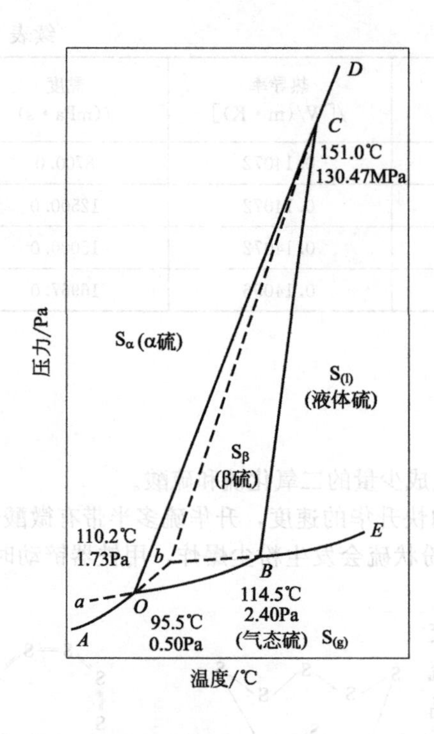

图 2-1-22 硫的状态图

S_α（α 硫）—正交晶系统的稳定区；S_β（β 硫）—单斜晶系统的稳定区；$S_{(l)}$ —液体硫的稳定区；$S_{(g)}$ —气态硫的稳定区；AO—S_α 的蒸气压曲线；OC—从 S_α 向 S_β 晶系转变曲线；BC—S_β 的熔点曲线；OB—S_β 的蒸气压曲线；BE—液体硫的沸点曲线；O—S_α、S_β 和气态硫的三相平衡点；B—S_β、液体硫和气态硫三相平衡点；C—S_α、S_β 和液体硫三相平衡点；b—S_α、液体硫和气态硫三相平衡点（它符合于亚稳定的条件，不是通常意义的实际平衡点）。

虚线 Ob 是当温度迅速上升时，S_α 蒸气压曲线沿其向 S_β 区延伸（因为时间还不足以使 S_α 向 S_β 转化）。

虚线 bC 是当迅速加热的条件下，S_α 可直接熔化而不生成 S_β，此线就是 S_α 的熔点曲线，CD 部分是高压区（这里在任何温度下 S_β 都是不稳定的）中 S_α 的熔点曲线。

虚线 aO 表示 S_β 的亚稳定蒸气压，这可用迅速冷却方法可使 S_β 在 S_α 区域内同时存在。

虚线 bB 相当于一条严密的亚稳定型的液体 S_α 的沸点曲线。

如图 2-1-22 所示，在一定条件下 S_β 是稳定的，如果温度过低它就转变为 S_α，过高时它就熔化。另外，如果压力过低它就气化，过高时则变为 S_α。

硫几乎不溶于水，但少量地溶于汽油、溴化乙烯、甲苯、丙酮等有机溶剂及二硫化碳中。硫可同蛋白质发生强烈反应而生成硫化氢。

高温时，硫同氢、碳、氯等反应生成 H_2S、CS_2 和 S_2Cl_2 等。

除金和铂以外，硫几乎能同所有的金属直接化合，生成金属硫化物。

硫溶于亚硫酸盐就成为硫代硫酸盐。

$$Na_2SO_3 + S \rightleftharpoons Na_2S_2O_3 \tag{2-1-64}$$

溶于氢氧化钠的热溶液中，生成硫代硫酸盐和硫化物。

$$6NaOH + 4S \rightleftharpoons 3H_2O + Na_2S_2O_3 + 2Na_2S \tag{2-1-65}$$

如果硫过量，Na_2S 就进一步变为 $Na_2S_2 \sim Na_2S_5$ 的过硫化物。

热的浓硝酸、王水、盐酸、溴水、氯酸钾等能缓慢地与硫反应生成硫酸。

硫的常见化合价有－2 价、0 价、＋4 价、＋6 价。

（二）硫的化合物

1. 硫的氧化物及对应的酸和盐

（1）$SO \longrightarrow M_2SO_2$（次硫酸盐）M 代表正 1 价金属。

（2）$S_2O_3 \longrightarrow H_2S_2O_4 \longrightarrow M_2S_2O_4$（连二亚硫酸）

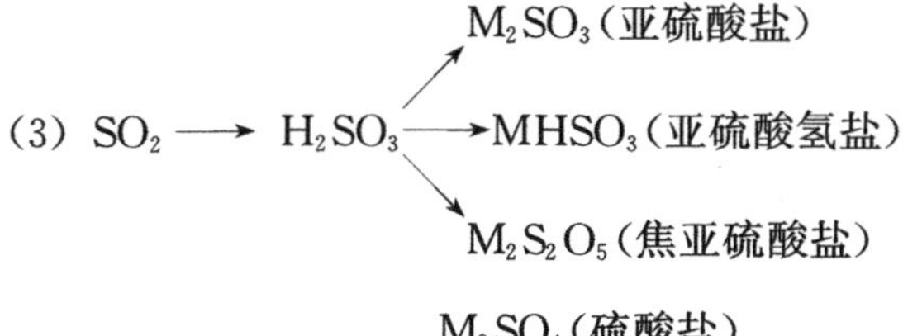

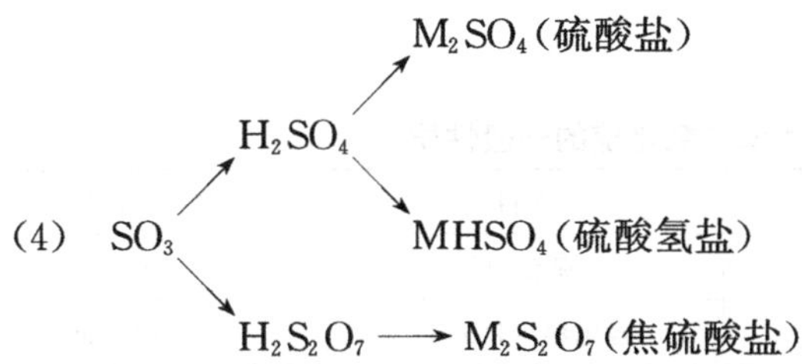

（5）$S_2O_7 \longrightarrow H_2S_2O_8 \longrightarrow M_2S_2O_8$（过二硫酸盐）

（6）$SO_4 \longrightarrow H_2SO_5 \longrightarrow M_2SO_5$（过硫酸盐）

此外还有：$M_2S_2O_3$（硫代硫酸盐），$M_2S_xO_6$（连多硫酸盐）（x 为 2、3、4、5、6）。

2. 硫的卤化物及有关化合物

（1）$S_2X_3 \longrightarrow SOX_2$（X=F、Cl、Br）

（2）$SX_2 \longrightarrow SO_2X_2$（X=F、Cl）

（3）$SX_4 \longrightarrow$ 卤磺酸（X=F、Cl）

（4）$SX_6 \longrightarrow SO_2$（OH）（X=F）

3. 硫化氢及有关化合物

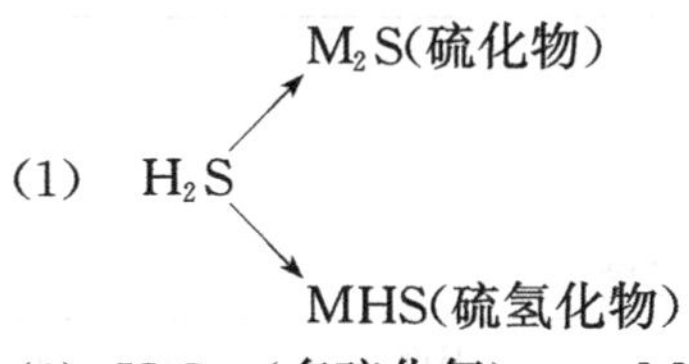

（2）H_2S_x（多硫化氢）$\longrightarrow M_2S_x$（多硫化物）

（x=2,3）　　（x=2,3,…）

RSH(硫醇)(R 为烷基或烯丙基)

（3）$H_2S \longrightarrow R_2S$(硫醚)

$[R_3S]X$(有机 4 价硫化物)(X 为阴性原子或原子团)

4. 其他硫化物

（1）硫化硼：B_2S。

（2）硫化氮：N_4S_4、NS_2。

（3）硫化碳及有关化合物：CS、COS、CS_2、H_2CS_3、M'_2CS_3（三硫化碳酸盐）。

(4) 硫化及有关化合物：$(SCN)_2$、HSCN、M′SCN（硫氰酸盐）、RSCN（硫氰酸酯）、RNCS（异硫氰酸酯）（R为烷基）。

第三节 硫化物

一、二氧化硫

（一）物理性质

1. 一般性质

(1) 气体二氧化硫（表2-1-82）

表2-1-82 气体二氧化硫的一般性质

项目	数值(条件)	项目	数值(条件)
分子量	64.06	沸点/℃	−10.02
相对密度	2.264(101.3kPa)	熔化热/(J/mol)	7.4(1.769)
冰点/℃	−75.48		

(2) 液体二氧化硫（表2-1-83）

表2-1-83 液体二氧化硫一般性质

项目	数值(条件)	项目	数值(条件)
蒸发热/(J/mol)	24.94(5.960)	沸点常数/(℃/mol)	1.45
分子容积/mL	44(沸点)	电偶极矩/$\times10^{-30}$C·m	5.341
介电常数/(F/m)	13.8(14.5℃)	临界压力/MPa	7.87
电导率/(S/m)	4×10^{-8}(−10℃)		

2. 密度

(1) 气体二氧化硫密度（表2-1-84）

表2-1-84 气体二氧化硫密度

温度/℃	密度/(g/L)	温度/℃	密度/(g/L)	温度/℃	密度/(g/L)
−10	3.0465	20	2.7165	70	2.3095
−5	2.9853	22	2.6973	100	2.1216
0	2.9267	25	2.6692	150	1.8719
5	2.8707	30	2.6237	200	1.6755
10	2.8171	35	2.5795	250	1.5166
12	2.7963	40	2.5370	300	1.3851
15	2.7658	50	2.4562		
18	2.7360	60	2.3806		

(2) 液体二氧化硫密度(表 2-1-85、表 2-1-86)

表 2-1-85 液体二氧化硫密度

温度/℃	密度/(g/cm^3)	温度/℃	密度/(g/cm^3)	温度/℃	密度/(g/cm^3)
−50	1.5572	5	1.4223	60	1.2633
−45	1.5452	10	1.4095	65	1.2464
−40	1.5331	15	1.3964	70	1.2289
−35	1.5211	20	1.3831	75	1.2108
−30	1.5090	25	1.3695	80	1.1920
−25	1.4968	30	1.3556	85	1.1726
−20	1.4846	35	1.3411	90	1.1524
−15	1.4724	40	1.3264	95	1.1315
−10	1.4601	45	1.3111	100	1.1100
−5	1.4476	50	1.2957		
0	1.4350	55	1.2797		

表 2-1-86 15.5℃时二氧化硫水溶液密度

SO_2 质量分数/%	密度/(g/cm^3)	溶液中 SO_2 的密度/(g/L)	SO_2 质量分数/%	密度/(g/cm^3)	溶液中 SO_2 的密度/(g/L)
1	1.0040	10.040	7	1.0342	72.394
2	1.0093	20.186	8	1.0392	83.186
3	1.0144	30.432	9	1.0444	93.996
4	1.0193	40.772	10	1.0494	104.94
5	1.0243	51.215	11	1.0545	116.00
6	1.0293	61.758	12	1.0595	127.14

3. 溶解度

(1) 气体二氧化硫在水中的溶解度(表 2-1-87、表 2-1-88、图 2-1-23)

表 2-1-87 气体二氧化硫在水中的溶解度(一)

温度/℃	V_{SO_2}(1/L)	G_{SO_2}(质量分数)/%	温度/℃	V_{SO_2}(1/L)	G_{SO_2}(质量分数)/%
0	79.79	22.83	25	32.79	9.40
5	67.49	19.31	30	27.16	7.80
10	56.65	16.21	35	22.49	6.47
15	47.28	13.54	40	18.77	5.41
20	39.37	11.28			

注:二氧化硫的体积为标准状况的体积;V_{SO_2}(1/L)为 SO_2 在水中的溶解度;G_{SO_2} 为饱和水溶液的浓度。

表 2-1-88 气体二氧化硫在水中的溶解度（二）

0℃		25℃		50℃	
P_{SO_2} /Pa	SO_2 溶解度 /(g/100mL)	P_{SO_2} /Pa	SO_2 溶解度 /(g/100mL)	P_{SO_2} /Pa	SO_2 溶解度 /(g/100mL)
0.4	0.0537	1.4	0.0534	4.9	0.0525
3.5	0.237	11.75	0.234	30.5	0.2276
29.4	1.227	87.9	1.212	204.5	1.181
109.4	3.804	313	3.750	696	3.628

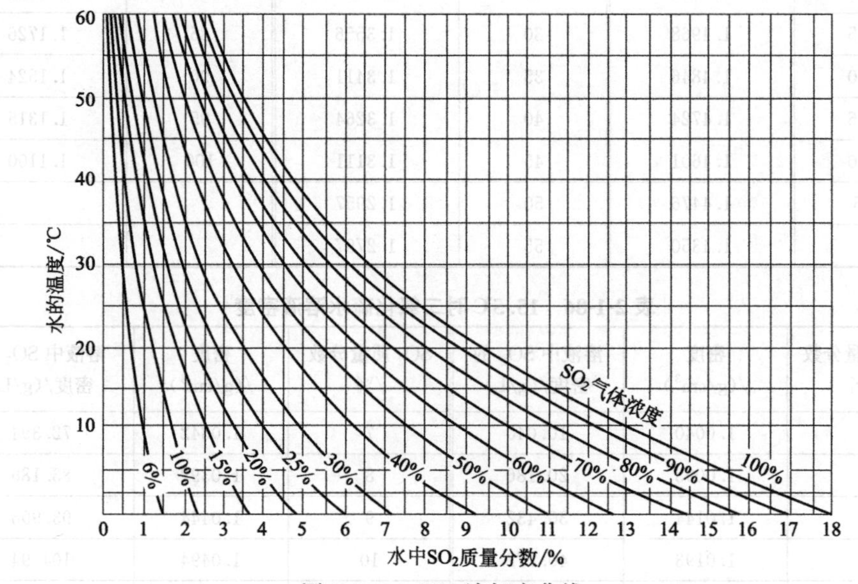

图 2-1-23 SO_2 溶解度曲线

（2）二氧化硫在硫酸中的溶解度（表 2-1-89、图 2-1-24）

表 2-1-89 二氧化硫在硫酸中的溶解度

H_2SO_4 质量分数/%	溶解度(质量分数)/%						
	10℃	20℃	30℃	40℃	50℃	80℃	100℃
10	12.30	8.72	6.40	4.57	3.72	1.67	1.28
20	11.28	7.79	5.66	4.11	3.32	1.47	1.15
30	10.25	6.85	5.04	3.66	2.92	1.28	1.02
40	9.25	5.81	4.17	3.20	2.44	1.09	0.89
50	8.25	4.90	3.76	2.73	2.13	0.96	0.76
55	7.75	4.31	3.26	2.47	1.90	0.89	0.69
60	7.25	3.94	3.05	2.27	1.77	0.81	0.62
65	6.72	3.68	2.74	2.01	1.53	0.74	0.55
70	6.11	3.24	2.46	1.72	1.38	0.67	0.49
75	5.49	2.86	2.23	1.64	1.25	0.61	0.428

续表

H_2SO_4质量分数/%	溶解度(质量分数)/%						
	10℃	20℃	30℃	40℃	50℃	80℃	100℃
80	4.84	2.63	1.98	1.43	1.16	0.58	0.365
85	4.50	2.34	1.80	1.36	1.13	0.57	0.335
90	4.72	2.52	1.96	1.49	1.16	0.62	0.37
95	5.80	3.02	2.23	1.66	1.38	0.745	0.42
100	6.99	3.82	2.72	2.02	1.72	0.09	0.54

(3) 二氧化硫溶解度与硫酸浓度和温度的关系（图 2-1-25）

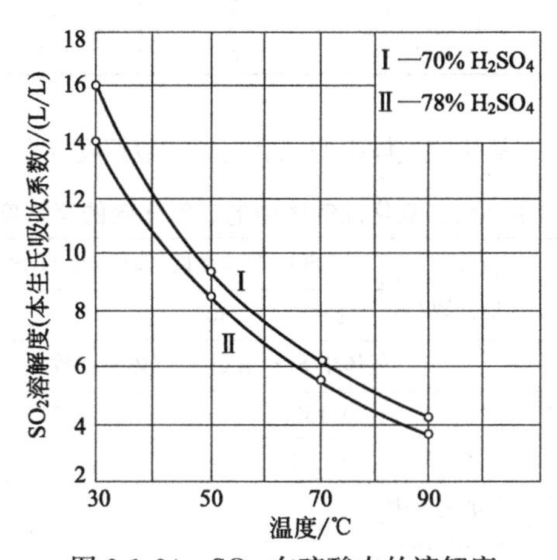

图 2-1-24 SO_2 在硫酸中的溶解度

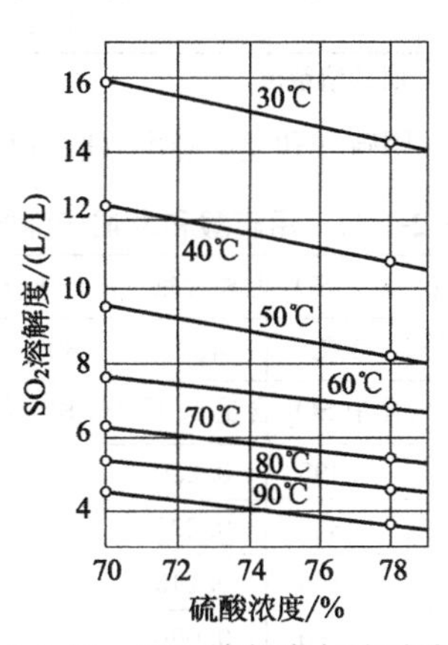

图 2-1-25 SO_2 溶解度与硫酸浓度和温度的关系

(4) 二氧化硫在发烟硫酸中的溶解度（表 2-1-90）

表 2-1-90 二氧化硫在发烟硫酸中的溶解度

游离 SO_3 质量分数/%	溶解度(质量分数)/%						
	10	20	30	40	50	80	100
5	7.91	4.29	3.10	2.31	2.05	1.18	0.64
10	8.86	4.80	3.49	2.60	2.35	1.75	1.02
15	9.85	5.35	3.89	2.92	2.45	1.85	1.11
20	10.87	5.94	4.31	3.26	2.71	2.07	1.24
25	11.93	6.57	4.75	3.62	3.00	—	—
30	13.02	7.24	5.17	3.98	3.29	—	—
40	15.31	8.70	6.07	4.78	3.92	—	—
50	17.74	10.32	7.02	5.64	4.61	—	—

(5) 二氧化硫在硫酸和发烟硫酸中的溶解度（表 2-1-91）

表 2-1-91 二氧化硫在硫酸和发烟硫酸中的溶解度

H_2SO_4 质量分数/%	发烟硫酸中游离 SO_3 质量分数/%	SO_2 溶解度/(g/100g H_2SO_4 或发烟硫酸)			发烟硫酸中游离 SO_3 质量分数/%	SO_3 溶解度①/(g/100g 发烟硫酸)
		20℃	40℃	60℃		
90	—	3.04	1.61	0.95	25	6.53
95	—	3.62	1.88	1.16	60	6.56
100	—	3.88	2.21	1.47	40	9.53
	5	4.64	2.43	1.52	50	12.09
	10	4.79	2.69	1.58	60	16.92
	15	5.49	2.97	1.63	70	22.45
	20	5.96	3.25	1.68	80	(30.0)

① 20℃时的溶解度。

(6) 用硫酸和发烟硫酸吸收 5.9%和 6%二氧化硫气体中的二氧化硫的溶解度(表 2-1-92)

表 2-1-92 用硫酸和发烟硫酸吸收 5.9%和 6%二氧化硫气体中的二氧化硫的溶解度

H_2SO_4 质量分数/%	SO_2 饱和含量/(g/100g H_2SO_4)				H_2SO_4 质量分数/%	SO_2 饱和含量/(g/100g H_2SO_4)			
	20℃	40℃	60℃	80℃		20℃	40℃	60℃	80℃
气体中 SO_2 含量 5.9%(体积分数)					气体中 SO_2 含量 6%(体积分数)				
20	0.495	0.230	0.150	0.097	80.2	0.187	0.0974	0.0637	—
40	0.315	0.202	0.100	0.070	96.5	0.222	0.1260	0.0863	—
60	0.305	0.145	0.092	0.057	发烟硫酸中 17.8%SO_3	0.342	0.193	0.120	—
80	0.180	0.096	0.061	0.038					
90	0.195	—	—	—					
95	0.215	—	—	—					
98	0.230	—	—	—					

4. 黏度(表 2-1-93~表 2-1-95)

表 2-1-93 气体二氧化硫的黏度和运动黏度

温度/℃	黏度/($\times10^{-1}\mu Pa\cdot s$)	运动黏度/($\times10^6 cm^2/s$)	温度/℃	黏度/($\times10^{-1}\mu Pa\cdot s$)	运动黏度/($\times10^6 cm^2/s$)
−10	111.5	36.6	30	130.0	49.6
−5	113.8	38.1	35	132.2	51.2
0	116.2	39.7	40	134.5	53.1
5	118.6	41.3	50	138.9	56.7
10	120.9	42.9	60	143.3	60.2
12	121.8	43.6	70	147.6	63.9
15	123.2	44.6	100	160.6	75.7
18	124.6	45.6	150	182.2	97.6
20	125.5	46.2	200	204.6	122.1
22	126.4	46.9	250	229.3	151.2
25	127.7	47.9	300	255.6	184.5

表 2-1-94 气体二氧化硫的黏度

温度/℃	黏度/($\times10^{-1}\mu$Pa·s)	温度/℃	黏度/($\times10^{-1}\mu$Pa·s)	温度/℃	黏度/($\times10^{-1}\mu$Pa·s)
0	116	200	207	600	346
20	126	250	227	700	376
50	140	300	246	800	404
100	163	400	282	900	430
150	186	500	316	1000	454

表 2-1-95 液体二氧化硫的黏度和运动黏度

温度/℃	黏度/(mPa·s)	运动黏度/(cm^2/s)	温度/℃	黏度/(mPa·s)	运动黏度/(cm^2/s)
−50	5.88	3.74	−5	4.21	2.91
−40	5.49	3.58	0	4.05	2.82
−30	5.11	3.39	5	3.89	2.75
−25	4.93	3.30	10	3.74	2.66
−20	4.75	3.20	15	3.59	2.54
−15	4.57	3.12	20	3.45	2.49
−10	4.38	2.98	25	3.31	2.42

5. 蒸气压力及其分压组成

(1) 液体二氧化硫的蒸气压见表 2-1-96 所示。

表 2-1-96 液体二氧化硫的蒸气压

温度/℃	蒸气压/MPa	温度/℃	蒸气压/MPa	温度/℃	蒸气压/MPa
−50	0.0120	−15	0.0834	20	0.3415
−47.5	0.0141	−12.5	0.0936	22.5	0.3723
−45	0.0165	−10	0.1048	25	0.4050
−42.5	0.0193	−7.5	0.1170	27.5	0.4401
−40	0.0223	−5	0.1303	30	0.4772
−37.5	0.0259	−2.5	0.1449	32.5	0.5171
−35	0.0298	0	0.1606	35	0.5591
−32.5	0.0343	2.5	0.1778	37.5	0.6039
−30	0.0393	5	0.1962	40	0.6512
−27.5	0.0449	7.5	0.2163	42.5	0.7015
−25	0.0511	10	0.2378	45	0.7546
−22.5	0.0581	12.5	0.2611	47.5	0.8107
−20	0.0657	15	0.2860	50	0.8697
−17.5	0.0742	17.5	0.3129		

（2）二氧化硫水溶液上面的二氧化硫和水的蒸气压如表 2-1-97 所示。

表 2-1-97 二氧化硫水溶液上面的二氧化硫和水的蒸气压

溶液中 SO_2 含量 /(g/100g H_2O)	蒸气压/kPa													
	10℃		20℃		30℃		40℃		50℃		60℃		70℃	
	SO_2	H_2O	SO_2	H_2O	SO_2	H_2O	SO_2	H_2O	SO_2	H_2O	SO_2	H_2O	SO_2	H_2O
0.0	0	1.227	0	2.333	0	4.24	0	7.373	0	12.33	0	19.93	0	31.2
0.5	2.8	1.227	3.866	2.333	5.6	4.226	8	7.359	11.07	12.31	14.8	19.89	19.2	31.2
1.0	5.6	1.227	7.866	2.32	11.33	4.226	16	7.346	21.87	12.29	28.93	19.87	37.46	31.06
1.5	8.53	1.227	12	2.32	17.2	4.213	24.13	7.333	32.93	12.27	43.73	19.84	56.8	31.06
2.0	11.47	1.213	16.4	2.32	23.47	4.213	32.66	7.333	44.4	12.25	59.2	19.81	77.46	31.06
2.5	14.4	1.213	20.93	2.32	29.86	4.2	41.46	7.319	56.13	12.24	74.93	19.77	98.53	30.90
3.0	17.33	1.213	25.47	2.306	36.4	4.2	50.4	7.293	68.13	12.21	90.93	19.75	119.6	30.93
3.5	20.4	1.213	30.26	2.306	43.2	4.2	59.6	7.293	80.39	12.2	107.2	19.72	—	—
4.0	23.47	1.213	35.2	2.306	50.13	4.186	69.06	7.279	93.06	12.19	—	—	—	—
4.5	26.53	1.213	40	2.306	57.06	4.186	78.39	7.266	105.7	12.16	—	—		
5.0	29.73	1.213	45.06	2.293	64.26	4.173	88.13	7.253	—	—				
5.5	32.93	1.20	50	2.293	71.46	4.173	97.73	7.253	—	—				
6.0	36.13	1.20	54.8	2.293	78.39	4.16	107.2	7.239						
6.5	39.33	1.20	59.73	2.293	85.59	4.16	—	—						
7.0	42.66	1.20	64.79	2.28	93.06	4.146	—	—						
7.5	46	1.20	69.86	2.28	100.3	4.146	—	—						
8.0	49.33	1.20	74.99	2.28	107.5	4.146	—	—						
8.5	52.66	1.20	79.99	2.266	—	—								
9.0	56.13	1.20	85.06	2.266	—	—								
9.5	59.6	1.187	90.13	2.266	—	—								
10.0	63.06	1.187	95.19	2.266	—	—								

续表

溶液中 SO_2 含量/(g/100g H_2O)	蒸气压/kPa													
	10℃		20℃		30℃		40℃		50℃		60℃		70℃	
	SO_2	H_2O	SO_2	H_2O	SO_2	H_2O	SO_2	H_2O	SO_2	H_2O	SO_2	H_2O	SO_2	H_2O
10.5	66.53	1.187	100.1	2.266	—	—								
11.0	70.13	1.187	105.2	2.253										
11.5	73.73	1.187												
12	77.33	1.187												
12.5	81.06	1.187												
12	84.66	1.173												
13.5	88.26	1.173												
14	91.86	1.73												
14.5	95.86	1.73												
15	99.06	1.73												
15.5	102.8	1.73												
16	106.5	1.73												

溶液中 SO_2 含量/(g/100g H_2O)	蒸气压/kPa													
	80℃		90℃		100℃		110℃		120℃		130℃			
	SO_2	H_2O	SO_2	H_2O	SO_2	H_2O	SO_2	H_2O	SO_2	H_2O	SO_2	H_2O		
0.0	0	47.33	0	70.13	0	101.33	43.46	142.9	50.26	198.1	56	269.8		
0.5	24.27	47.2	30	69.99	32.93	101.11	88.13	142.8	103.3	197.9	117.2	269.6		
1.0	47.46	47.2	59.33	69.86	73.06	100.9	137.6	142.7	—	—	—	—		
1.5	72.39	47.06	91.19	69.73	113.3	100.8								
2.0	99.46	47.06	125.3	69.73	—	—								
2.5	127.5	46.93	—	—	—									

（3）各种温度下二氧化硫蒸气在其水溶液上面的分压如表 2-1-98 所示。

表 2-1-98 各种温度下二氧化硫蒸气在其水溶液上面的分压

溶液中 SO_2 含量/(g/100g H_2O)	SO_2 分压/kPa																
	3℃	4℃	5℃	7℃	9℃	11℃	13℃	15℃	16℃	17℃	18℃	20℃	22℃	25℃	27℃	30℃	40℃
0.05	0.0007	0.0008	0.0009	0.001	0.0012	0.0013	0.0015	0.0017	0.0019	0.002	0.0021	0.0023	0.0027	0.0032	0.0036	0.0043	0.0072
0.10	0.0029	0.0031	0.0033	0.0038	0.0043	0.049	0.0056	0.0064	0.0069	0.0073	0.0079	0.087	0.0098	0.0119	0.0132	0.0156	0.0257
0.20	0.0104	0.0112	0.012	0.0137	0.0156	0.0177	0.020	0.0227	0.0243	0.0257	0.0275	0.03	0.0344	0.0407	0.0451	0.0528	0.0847
0.30	0.0216	0.0231	0.0247	0.0281	0.0319	0.0361	0.0401	0.0459	0.0489	0.0517	0.0551	0.601	0.0684	0.0804	0.0889	0.1036	0.1627
0.50	0.052	0.0554	0.0591	0.0668	0.0755	0.0851	0.0951	0.1069	0.1133	0.1196	0.1268	0.1387	0.156	0.1813	0.2	0.2306	0.356
0.80	0.1112	0.1189	0.1265	0.1421	0.1597	0.1788	0.1986	0.2253	0.2346	0.2466	0.2613	0.284	0.3186	0.368	0.4026	0.4626	0.6999
1.00	0.1587	0.1683	0.1788	0.2004	0.2245	0.2506	0.2773	0.3106	0.328	0.344	0.3626	0.3946	0.440	0.5066	0.5546	0.6346	0.9535
1.20	0.2096	0.2221	0.2356	0.2636	0.2945	0.328	0.364	0.404	0.4253	0.448	0.4706	0.512	0.5693	0.6546	0.7159	0.8159	1.219
1.40	0.2638	0.28	0.296	0.3306	0.3688	0.4106	0.4533	0.5026	0.5293	0.556	0.5853	0.6359	0.7053	0.8093	0.8839	1.005	1.493
1.50	0.292	0.3093	0.3274	0.3654	0.4072	0.4524	0.500	0.5546	0.584	0.6133	0.6439	0.6986	0.7759	0.8893	0.9693	1.103	1.635
1.70	0.3505	0.3706	0.392	0.4369	0.4865	0.5397	0.5959	0.6599	0.6933	0.7279	0.7653	0.8306	0.9186	1.052	1.147	1.301	1.923
2.0	0.4424	0.4666	0.4933	0.5494	0.6105	0.6759	0.7453	0.8239	0.8666	0.9079	0.9533	1.033	1.141	1.304	1.420	1.609	2.365
3.0	0.7751	0.817	0.8613	0.9542	1.056	1.164	1.28	1.411	1.477	1.547	1.621	1.753	1.931	2.193	2.381	2.689	3.912
4.0	1.136	1.196	1.259	1.391	1.535	1.687	1.853	2.033	2.129	2.228	2.329	2.522	2.766	3.133	3.398	3.828	5.533
5.0	1.516	1.595	1.677	1.848	2.036	2.236	2.453	2.688	2.81	2.937	3.072	3.316	3.633	4.109	4.449	5.002	7.198
7.0	2.316	2.43	2.553	2.808	3.085	3.38	3.693	4.04	4.225	4.408	4.604	4.976	5.43	6.125	6.623	7.429	10.63
10.0	3.577	3.75	3.933	4.317	4.73	5.173	5.64	6.17	6.431	6.709	6.998	7.547	8.225	9.257	9.995	11.19	15.92
20.0	8.053	8.427	8.821	9.647	10.53	11.48	12.49	13.6	14.16	14.75	15.36	13.55	17.97	20.15	21.72	24.23	34.2
30.0	12.73	13.32	13.92	15.2	16.67	17.83	19.6	21.27	22.17	23.08	24.03	25.86	28.04	31.38	33.8	37.65	52.96
40.0	17.52	18.31	19.13	20.87	22.53	24.72	26.82	29.17	30.33	31.57	32.84	35.34	38.26	42.8	46.05	51.28	71.97
50.0	22.37	23.37	24.43	26.62	28.98	31.49	34.17	37.12	38.57	40.14	41.74	44.92	48.61	54.33	58.44	65.02	91.13
60.0	27.29	28.49	29.76	32.42	35.29	38.32	41.57	45.13	46.89	48.78	50.74	54.57	59.02	65.91	70.91	78.86	110.4
80.0	37.21	38.89	40.56	44.14	48.02	52.10	56.52	61.3	63.68	66.22	68.83	74.03	80.02	89.33	96.03	106.7	148.9
100.0	47.26	49.29	51.45	55.98	60.62	66.02	71.5	77.13	80.58	83.79	87.09	93.62	101.2	112.9	121.3	134.8	188.1

（4）各种温度下二氧化硫在其水溶液上面的分压的参考数据如表 2-1-99 所示。

表 2-1-99 各种温度下二氧化硫在其水溶液上面的分压的参考数据

溶液中 SO_2 质量分数/%	分压/kPa																				
	0℃	5℃	10℃	15℃	18℃	20℃	22℃	25℃	30℃	35℃	40℃	45℃	50℃	60℃	70℃	80℃	90℃	100℃	110℃	120℃	130℃
0.01	0.0145	0.0172	0.022	0.028	0.032	0.036	0.0387	0.044	0.056	0.068	0.0787	0.0933	0.1093	0.160	0.2133	0.28	0.39	0.4933	0.6399	0.8133	1.027
0.02	0.0293	0.036	0.0453	0.056	0.0653	0.072	0.0787	0.0893	0.1067	0.1233	0.1467	0.1747	0.2053	0.3066	0.3866	0.5066	0.6666	0.8799	1.107	1.387	1.72
0.03	0.0413	0.0507	0.066	0.0853	0.0987	0.108	0.12	0.1333	0.1587	0.1953	0.2346	0.304	0.3546	0.48	0.6666	0.9066	1.173	1.613	2.093	2.693	3.143
0.04	0.056	0.068	0.0893	0.1147	0.1333	0.1467	0.1547	0.176	0.2186	0.2666	0.344	0.4106	0.4786	0.6533	0.9333	1.267	1.707	2.253	2.946	3.773	4.8
0.05	0.0693	0.0853	0.112	0.1453	0.168	0.184	0.204	0.232	0.2906	0.3533	0.4306	0.5133	0.5999	0.8799	1.293	1.787	2.466	3.28	4.346	5.666	7.293
0.06	0.08	0.1033	0.1347	0.1747	0.2026	0.224	0.2466	0.2813	0.3533	0.4266	0.52	0.6239	0.7293	1.227	1.533	2.133	3.04	4.52	6.426	8.493	11.07
0.08	0.1107	0.1387	0.1827	0.2373	0.2746	0.304	0.332	0.38	0.4733	0.576	0.6986	0.8333	0.9773	1.44	1.96	2.693	3.80	—	—	—	—
0.10	0.1387	0.1773	0.232	0.3013	0.348	0.384	0.42	0.4813	0.5896	0.7306	0.8853	1.053	1.24	1.64	2.133	3.106	—	—	—	—	—
0.15	0.2093	0.2773	0.3826	0.468	0.5413	0.5946	0.6519	0.7466	0.9253	1.056	1.367	1.627	2.24	2.546	3.306	4.133	—				
0.20	0.2906	0.3853	0.504	0.6479	0.7493	0.8239	0.9026	1.031	1.276	1.557	1.873	2.233	2.626	3.626	4.533	5.293					
0.30	0.476	0.6279	0.8159	1.047	1.208	1.325	1.449	1.655	2.042	2.486	2.997	3.56	4.186	5.426	7.199	8.426					
0.40	0.6906	0.9079	1.176	1.504	1.731	1.899	2.073	2.362	2.908	3.533	4.25	5.04	5.919	7.626	10.13	—					
0.50	0.9413	1.232	1.588	2.022	2.324	2.544	2.776	3.158	3.877	4.707	5.64	6.733	7.866	10.48	13.4	—					
0.60	1.228	1.601	2.057	2.61	2.993	3.274	3.569	4.052	4.965	5.746	7.199	8.533	10.01	13.36	17.12						
0.70	1.557	2.021	2.677	3.273	3.746	4.093	4.457	5.054	6.175	7.463	8.933	10.71	12.4	16.52	21.21						
0.80	1.931	2.497	3.186	4.018	4.592	5.01	5.452	6.199	7.529	9.079	10.85	12.84	14.91	19.76	25.49						

续表

溶液中 SO_2 质量分数/%	分压/kPa																				
	0℃	5℃	10℃	15℃	18℃	20℃	22℃	25℃	30℃	35℃	40℃	45℃	50℃	60℃	70℃	80℃	90℃	100℃	110℃	120℃	130℃
1.00	2.826	3.630	4.602	5.77	6.574	7.157	7.773	8.778	10.67	12.83	15.28	18.04	21.09	28.16	36.53						
1.20	3.937	5.026	6.338	7.909	8.985	9.762	10.58	11.93	14.45	17.32	20.6	24.26	28.34	38.26	49.6						
1.50	5.138	6.431	8.035	9.892	11.09	12.13	13.11	14.71	17.8	21.36	25.66	30.33	35.94	49.46	66.74						
2.00	6.746	8.447	10.46	12.83	14.43	15.59	16.79	18.72	22.4	26.4	32.29	37.36	45.56	65.59	—						
2.50	8.773	10.98	13.60	16.67	18.75	20.26	21.84	24.37	29.13	34.49	40.54	47.29	54.73	—	—						
3.00	11.09	13.81	17.05	21.02	23.58	25.42	26.96	30.22	36.4	43.4	51.32	60.17	68.66	—							
3.5	13.37	16.72	20.70	25.38	28.58	30.84	33.30	37.24	44.54	52.6	62.33	72.83	84.66								
4.00	15.71	19.65	24.33	29.86	33.61	36.33	39.2	43.82	52.46	62.33	72.26	86.13	—								
4.50	17.95	22.42	27.74	34.01	38.28	41.34	44.61	49.85	59.66	70.79	83.59	97.86	—								
5.00	20.49	25.58	31.61	38.73	43.56	47.06	50.73	56.65	67.79	80.46	94.79	111.1									
5.50	22.96	28.65	35.40	43.34	48.76	52.68	56.78	63.42	75.86	89.99	106.3	124.4									
6.00	25.73	32.08	39.61	48.52	54.56	58.93	63.46	70.99	84.93	100.8	119.9	139.3									
6.50	28.03	35.10	43.17	52.86	56.68	64.19	69.19	77.33	92.39	109.7	129.5	151.6									
7.00	30.57	38.10	47.05	57.57	94.74	69.83	75.33	84.13	100.7	119.5	140.7	166.4									
7.50	32.97	41.98	50.68	62.01	69.73	75.26	81.06	90.53	108.3	128.5	151.6	177.5									
8.00	35.53	44.66	54.58	66.79	75.06	80.93	87.33	97.46	116.5	138.3	162.9	190.8							—	—	—
8.50	38.32	47.69	58.80	71.86	80.79	87.19	93.99	104.91	125.3	148.7	175.3	205.2							—	—	—

续表

溶液中 SO_2 质量分数/%	分压/kPa																				
	0℃	5℃	10℃	15℃	18℃	20℃	22℃	25℃	30℃	35℃	40℃	45℃	50℃	60℃	70℃	80℃	90℃	100℃	110℃	120℃	130℃
9.00	41.32	51.41	63.37	77.46	86.93	93.86	101.2	112.9	134.9	160	188.7	220.4									
9.50	46.12	57.37	70.66	86.53	97.06	104.7	112.8	125.9	150.3	178.3	210.1	245.8									
10.0	51.52	64.05	78.93	96.39	108.3	115.5	125.9	140.3	167.6	198.6	233.8	274.1									
10.5	57.50	71.46	87.99	107.3	120.5	130.1	139.9	156.3	186.7	221.3	260.6	305									
11.0	63.11	78.39	96.66	118	132.5	143.1	153.9	171.9	205.4	242.9	287.2	335.6									
11.5	68.66	85.19	105.2	128.4	144.3	155.9	167.7	187.3	224	265	313.4	365.8									
12.0	72.26	89.86	112	139.2	155.3	167.1	180.1	200.1	242.5	289.4	346	391.5									
12.5	76.13	93.59	121.2	148	167.1	180.7	194.1	216.2	260.9	310	365	425.4									
13.0	80.93	99.46	128.7	—	—	—	—	—	—	—	390.5	455.6									
14.0	89.46	110	142.8	—	—	—	—	—	—	—	440.5	512.5									
15.0	98.12	120.7	166.7								789.4	—									
16.0	105.5	129.6	167.5		—						537.2	—									
17.0	—	—	178								—										
18.0	—	—	187.3								—										
19.0			195.3																		
20.0			202.2																		

注：表中 SO_2 分压值系 Г. Н. 卢钦斯基批判性分析各个作者的试验数据，根据 $\lg P = A - \frac{B}{T}$ 公式计算的。

6. 比热容、比热焓、蒸发热、反应热、热导率、结晶温度

(1) 比热容（表 2-1-100～表 2-1-102）

表 2-1-100 气体二氧化硫的比热容

温度/℃	比热容/[×4.19J/(g·℃)]	温度/℃	比热容/[×4.19J/(g·℃)]	温度/℃	比热容/[×4.19J/(g·℃)]
0	0.1405	400	0.169	2000	0.2145
50	0.1447	600	0.179	2400	0.2225
100	0.1488	800	0.187	2600	0.224
150	0.1526	1000	0.1935	2800	0.227
200	0.1562	1200	0.1985	3000	0.228
300	0.163	1500	0.2045		

气体二氧化硫的等压比热容公式：

$$c_p = 7.70 + 0.00530T - 0.00000083T^2 [\times 4.19\text{J}/(\text{mol}\cdot℃)] \tag{2-1-66}$$

式中，T 的单位为 K（0℃＝273.1K）。

适用范围：300～2500K（误差 2.5%以内）。

表 2-1-101 固体和液体 SO_2 的摩尔比热容

温度/℃	比热容/[J/(mol·K)]	温度/℃	比热容/[J/(mol·K)]
−100	62.59	20	87.92
−80	67.74	40	91.69
−75.48	68.66(固)	60	96.72
−75.48	87.88(液)	80	103.8
−60	87.55	100	112.2
−40	87.09	120	125.2
−20	86.67	140	(152.4)
0	86.58	150	(226.9)

表 2-1-102 SO_2 气体平均分子比热容

温度/℃	比热容/[J/(mol·K)]	温度/℃	比热容/[J/(mol·K)]	温度/℃	比热容/[J/(mol·K)]
0	41.07	500	45.56	1000	50.49
100	42.33	600	47.48	1100	50.79
200	43.50	700	48.32	1200	51.20
300	44.59	800	49.11	1300	51.62
400	45.59	900	49.82		

（2）比热焓（表 2-1-103）

表 2-1-103　二氧化硫气体的比热焓（101.3kPa）

温度/℃	比热焓/(kJ/mol)	温度/℃	比热焓/(kJ/mol)	温度/℃	比热焓/(kJ/mol)
0	0	500	23.28	1000	50.51
100	4.23	600	28.48	1100	56.23
200	8.70	700	33.82	1200	62.01
300	13.27	800	39.28	1300	67.88
400	18.24	900	44.85		

（3）热导率（表 2-1-104、表 2-1-105）

表 2-1-104　液体二氧化硫的热导率（P=515.03kPa）

温度/℃	热导率 λ/[W/(m·K)]	温度/℃	热导率 λ/[W/(m·K)]	温度/℃	热导率 λ/[W/(m·K)]
−10	0.2177	10	0.2052	25	0.1957
−5	0.2146	15	0.2020	30	0.1926
0	0.2114	18	0.2002		
5	0.2083	20	0.2989		

表 2-1-105　气体二氧化硫的热导率（101.3kPa）

温度/℃	热导率 $\lambda\times10^3$/[W/(m·K)]	温度/℃	热导率 $\lambda\times10^3$/[W/(m·K)]
0	7.68	600	35.59
100	12.00	700	39.77
200	16.75	800	43.85
300	21.63	900	47.68
400	26.52	1000	51.52
500	31.17		

（4）蒸发热（表 2-1-106）

表 2-1-106　液体二氧化硫的蒸发热

温度/℃	蒸发热/(kJ/kg)	温度/℃	蒸发热/(kJ/kg)	温度/℃	蒸发热/(kJ/kg)
−50	423.8	−42.5	417.7	−35	411.2
−47.5	421.7	−40	415.4	−32.5	409.3
−45	419.6	−37.5	413.5	−30	407

续表

温度/℃	蒸发热/(kJ/kg)	温度/℃	蒸发热/(kJ/kg)	温度/℃	蒸发热/(kJ/kg)
−27.5	405.1	0	381.1	27.5	355.6
−25	402.7	2.5	378.8	30	353.3
−22.5	400.9	5	376.6	32.5	350.9
−20	398.5	7.5	374.3	35	348.5
−17.5	396.5	10	372	37.5	346
−15	394.2	12.5	369.7	40	343.7
−12.5	392.2	15	367.4	42.5	342.8
−10	389.9	17.5	365	45	338.8
−7.5	387.8	20	362.8	47.5	336.2
−5	385.5	22.5	360.4	50	333.7
−2.5	383.3	25	358.1		

(5) 反应热（表 2-1-107）

表 2-1-107 二氧化硫氧化反应热

温度/℃	反应热/(kJ/kmol)	温度/℃	反应热/(kJ/kmol)	温度/℃	反应热/(kJ/kmol)	温度/℃	反应热/(kJ/kmol)
402	98858.7	552	98373.1	50	96112.2	350	95375.3
429	98787.5	577	98285.0	100	96191.7	400	95032.0
452	98712.2	602	98276.8	150	96137.3	450	94651.0
773	97502.2	627	98096.8	200	96082.9	500	94228.1
477	98632.6	673	97904.1	225	96003.3	550	93780.1
502	98548.9	723	97703.2	250	95911.2	600	93302.8
527	98461.0	0	95953.1	275	95798.2	650	92800.4
823	97292.9	25	96041.0	300	95789.8	700	92272.9

(6) SO_2-H_2O 系统二氧化硫的结晶温度（表 2-1-108）

表 2-1-108 SO_2-H_2O 系统 SO_2 的结晶温度

SO_2 含量(质量分数)/%	冰点/℃	SO_2 含量(质量分数)/%	冰点/℃
0.96	−0.1	6.7	−2.4
1.94	−0.6	7.4	−1.6
3.53	−1.2	8.23	+0.4
4.46	−1.5	9.066	2.2
5.80	−2.0	11.08	4.2
6.32	−2.1	12.92	6.6

（二）化学性质

SO_2 是无色、有刺激性臭味的气体，既不自燃也不助燃。硫在空气中燃烧生成二氧化硫和少量的三氧化硫。另外，大多数硫化物在空气中加热也产生二氧化硫。

SO_2 在气态时，其分子是对称折线型，S—O 的键距短，并显示有很大程度的重键性（图 2-1-26）

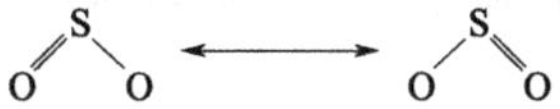

图 2-1-26　SO_2 分子结构图

1. SO_2（气体）的化学性质

(1) SO_2 极易溶于水，其水溶液呈酸性水合物，习惯称为亚硫酸（H_2SO_3）水溶液。亚硫酸只能以水溶液的形式存在，含量极微，不能制成纯粹形式。SO_2 的水合物中存在着 HSO_3^-（亚硫酸氢盐）和含 SO_3^{2-} 的亚硫酸盐两类盐。

气体 SO_2 同水与空气接触，通过如下反应生成硫酸和硫。

$$3SO_2+2H_2O=H_2S_2O_4+H_2SO_4 \quad (2\text{-}1\text{-}67)$$

$$H_2S_2O_4=H_2SO_4+S \quad (2\text{-}1\text{-}68)$$

(2) 把 SO_2 和 H_2 的混合物加热，则生成 S、H_2S 和 H_2O。H_2S 同 SO_2 作用，则生成 S。

$$SO_2+3H_2=2H_2O+H_2S+216.9kJ \quad (2\text{-}1\text{-}69)$$

$$2H_2S+SO_2=2H_2O+3S \quad (2\text{-}1\text{-}70)$$

(3) SO_2 有水分存在时，具有还原作用。如：

$$2KMnO_4+5SO_2+2H_2O=K_2SO_4+2MnSO_4+2H_2SO_4 \quad (2\text{-}1\text{-}71)$$

(4) 关于 SO_2 的热分解温度有 1200℃和 1700℃等说法。

(5) SO_2 和 O_2 在完全干燥的状态下是难以起反应的，在 100℃也不起反应。但 SO_2 处于存在初生态氧的燃烧环境中，或者对 SO_2 与 O_2、SO_2 与 O_3 的混合物进行无声放电，则发生氧化。

$$\frac{1}{2}O_2=\frac{1}{3}O_3 \quad (2\text{-}1\text{-}72)$$

$$[O_3]^{\frac{1}{3}}=k[O_3]^{\frac{1}{2}} \quad (2\text{-}1\text{-}73)$$

$$\frac{1}{3}O_3+SO_2=SO_3 \quad (2\text{-}1\text{-}74)$$

$$[SO_3]=k[O_3]^{\frac{1}{3}}[SO_2] \qquad k=1.013 \quad (2\text{-}1\text{-}75)$$

(6) 亚硫酸水溶液能被空气逐渐氧化成为硫酸，浓度越低，氧化越快。

亚硫酸水溶液一经加热就自行氧化。

$$3H_2SO_3 \longrightarrow 2H_2SO_4 + H_2O + S \quad (2\text{-}1\text{-}76)$$

此反应在100℃下，只需几天即可完成。

亚硫酸与 H_2O_2 发生如下反应：

$$2H_2SO_3 + H_2O_2 \longrightarrow 2H_2O + H_2S_2O_6 \quad (2\text{-}1\text{-}77)$$

$$H_2S_2O_6 + H_2O_2 \longrightarrow 2H_2SO_4 \quad (2\text{-}1\text{-}78)$$

(7) 使 SO_2 同 MnO_2 起作用则约有20%变成 SO_3，而在完全干燥的情况下，则几天内都不起反应。

(8) SO_2 同水蒸气在高温下的反应如下：

$$4H_2SO_3 \longrightarrow H_2S + 3H_2SO_4 \quad (2\text{-}1\text{-}79)$$

(9) SO_2 检测法：加淀粉溶液于碘酸中，通入 SO_2，则使碘游离而呈现蓝色。

$$2HIO_3 + 5SO_2 + 4H_2O \longrightarrow I_2 + 5H_2SO_4 \quad (2\text{-}1\text{-}80)$$

2. 液体 SO_2 的化学性质

(1) 液体 SO_2 是有用的溶剂，它能溶解多种有机物和无机物，是合成金属卤氧化物用的药剂。

$$MoCl_5 + SO_2(l) \longrightarrow MoOCl_3(s) + SOCl_2 \quad (2\text{-}1\text{-}81)$$

(2) 置换反应：液体 SO_2 能发生置换反应。

$$Na_2SO_3 + SOCl_2 \longrightarrow 2NaCl\downarrow + 2SO_2 \quad (2\text{-}1\text{-}82)$$

$$K_2SO_3 + SO(SCN)_2 \longrightarrow 2KSCN + 2SO_2 \quad (2\text{-}1\text{-}83)$$

(3) 两性性质反应：在液体 SO_2 中，亚硫酸铝 $Al_2(SO_3)_3$ 也表现出两性性质。在溶解氯化铝的液体 SO_2 中加入四甲铵亚硫酸盐溶液时，亚硫酸铝就成凝胶状而沉淀：

$$2AlCl_3 + 3[(CH_3)_4N]_2SO_3 \longrightarrow Al_2(SO_3)_3\downarrow + 6[(CH_3)_4N]Cl \quad (2\text{-}1\text{-}84)$$

然后迅速地加入过量的试剂，沉淀物就溶解：

$$Al_2(SO_3)_3 + 3[(CH_3)_4N]_2SO_3 \longrightarrow 2[(CH_3)_4N]_3[Al(SO_3)_3] \quad (2\text{-}1\text{-}85)$$

然后在完全溶解的透明液中加入亚硫酰氯溶液，就会析出白色凝胶状的亚硫酸铝的沉淀：

$$2[(CH_3)_4N]_3[Al(SO_3)_3] + 3SOCl_2 \longrightarrow Al_2(SO_3)_3\downarrow + 6[(CH_3)_4N]Cl + 6SO_2 \quad (2\text{-}1\text{-}86)$$

其他如 $Ca_2(SO_3)_3$ 也完全具有两性的特征。SiO_2、SnO_2、P_2O_3 等经溶剂加成也同样表现出两性的性质。

(4) 氧化还原反应

$$2[(CH_3)_4N]_2SO_3 + I_2 \longrightarrow [(CH_3)_4N]_2SO_4 + 2[(CH_3)_4N]I + SO_2 \quad (2\text{-}1\text{-}87)$$

(5) 配合物生成反应：在液体 SO_2 中可生成卤配盐。用亚硝酰氯同五氯化锑反应，可得配盐的黄色溶液。

(6) 加溶剂的分解反应：把溴化钾长时间置于液体 SO_2 中就会生成结晶性的硫酸钾沉淀：

$$4KBr + 4SO_2 \longrightarrow 2K_2SO_4 + S_2Br_2 + Br_2 \quad (2\text{-}1\text{-}88)$$

碘化钾置于液体 SO_2 中生成游离硫：

$$4KI + 4SO_2 \longrightarrow 2K_2SO_4 + 2S + 2I_2 \quad (2\text{-}1\text{-}89)$$

3. SO_2 气体转化率换算表（2-1-109）

表 2-1-109 SO_2 气体转化率换算表

进气 SO_2 浓度/%	出气 SO_2 浓度/%														
	0.11	0.12	0.13	0.14	0.15	0.16	0.17	0.18	0.19	0.20	0.21	0.22	0.23	0.24	0.25
	转化率/%														
3.0	96.49	96.17	95.55	95.53	95.21	94.89	94.57	94.25	93.93	93.61	93.29	92.97	92.65	92.33	92.01
3.1	96.60	96.30	95.99	95.68	95.36	95.06	94.75	94.44	94.13	93.82	93.52	93.20	92.90	92.59	92.28
3.2	96.72	96.42	96.12	95.82	95.52	95.22	94.93	94.62	94.33	94.03	93.73	93.43	93.13	92.82	92.53
3.3	96.82	96.53	96.34	95.95	95.66	95.37	95.09	94.80	94.51	94.22	93.93	93.64	93.35	93.06	92.77
3.4	96.92	96.64	96.36	96.08	95.80	95.52	95.24	94.96	94.68	94.40	94.11	93.83	93.55	93.28	92.99
3.5	97.01	96.74	96.47	96.20	95.93	95.65	95.38	95.11	94.84	94.56	94.29	94.02	93.75	93.47	93.20
3.6	97.10	96.83	96.57	96.31	96.04	95.78	95.52	95.21	94.99	94.72	94.46	94.20	93.93	93.67	93.40
3.7	97.18	96.92	96.67	96.41	96.16	95.90	95.64	95.39	95.13	94.88	94.62	94.36	94.10	93.85	93.59
3.8	97.26	97.01	96.76	96.51	96.27	96.01	95.77	95.52	95.27	95.02	94.77	94.52	94.27	94.02	93.77
3.9	97.33	97.09	96.85	96.61	96.37	96.12	95.88	95.64	95.39	95.15	94.31	94.67	94.42	94.18	93.94
4.0	97.41	97.17	96.93	96.70	96.46	96.23	95.99	95.75	95.52	95.28	95.04	94.81	94.57	94.33	94.10
4.1	97.47	97.24	97.01	96.78	96.55	96.32	96.09	95.86	95.63	95.40	95.17	94.94	94.71	94.48	94.25
4.2	97.54	97.31	97.09	96.86	96.64	96.42	96.19	95.97	95.74	95.52	95.29	95.07	94.85	94.62	94.40
4.3	97.60	97.38	97.16	96.94	96.72	96.51	96.29	96.07	95.85	95.63	95.41	95.19	94.97	94.76	94.54
4.4	97.66	97.44	97.23	97.02	96.80	96.59	96.38	96.16	95.95	95.74	95.52	95.31	95.10	94.88	94.67
4.5	97.71	97.50	97.30	97.09	96.88	96.67	96.46	96.25	96.05	95.84	95.63	95.42	95.21	95.00	94.80
4.6	97.76	97.56	97.36	97.15	96.95	96.75	96.54	96.34	96.14	95.93	95.73	95.53	95.32	95.12	94.92
4.7	97.81	97.62	97.42	97.22	97.02	96.82	96.62	96.43	96.23	96.03	95.83	95.63	95.43	95.23	95.03

续表

进气SO_2浓度/%	出气SO_2浓度/%														
	0.11	0.12	0.13	0.14	0.15	0.16	0.17	0.18	0.19	0.20	0.21	0.22	0.23	0.24	0.25
	转化率/%														
4.8	97.86	97.67	97.48	97.28	97.09	96.89	96.70	96.51	96.31	96.12	95.92	95.73	95.53	95.34	95.15
4.9	97.91	97.72	97.54	97.34	97.15	96.96	96.77	96.59	96.39	96.21	96.01	95.82	95.63	95.45	95.26
5.0	97.96	97.77	97.58	97.40	97.21	97.03	96.81	96.66	96.47	96.29	96.10	95.92	95.73	95.54	95.36
5.1	98.00	97.82	97.64	97.45	97.27	97.09	96.91	96.73	96.55	96.37	96.18	96.00	95.82	95.64	95.46
5.2	98.04	97.86	97.68	97.51	97.33	97.15	96.97	96.80	96.62	96.44	96.26	96.09	95.90	95.73	95.55
5.3	98.08	97.91	97.73	97.56	97.38	97.21	97.03	96.87	96.69	96.52	96.34	96.17	95.99	95.82	95.64
5.4	98.12	97.95	97.78	97.61	97.44	97.27	97.09	96.93	96.75	96.59	96.41	96.24	96.07	95.90	95.73
5.5	98.16	97.99	97.82	97.65	97.49	97.32	97.15	96.99	96.82	96.65	96.48	96.32	96.15	95.98	95.81
5.6	98.19	98.03	97.86	97.70	97.54	97.37	97.21	97.05	96.88	96.72	96.55	96.39	96.22	96.06	95.90
5.7	98.23	98.07	97.90	97.74	97.58	97.42	97.26	97.10	96.94	96.78	96.62	96.46	96.29	96.14	95.98
5.8	98.26	98.10	97.94	97.79	97.63	97.47	97.31	97.16	97.00	96.84	96.68	96.53	96.36	96.22	96.05
5.9	98.28	98.14	97.98	97.83	97.67	97.52	97.36	97.21	97.05	96.90	96.71	96.59	96.43	96.29	96.12
6.0	98.32	98.16	98.02	97.87	97.71	97.56	97.41	97.26	97.12	96.96	96.81	96.65	96.50	96.35	96.19
6.1	98.35	98.20	98.06	97.91	97.73	97.61	97.46	97.31	97.16	97.01	96.83	96.72	96.56	96.41	96.26
6.2	98.38	98.24	98.49	97.94	97.79	97.65	97.50	97.36	97.21	97.07	96.92	96.77	96.62	96.48	96.33
6.3	98.41	98.27	98.12	97.98	97.80	97.69	97.55	97.41	97.25	97.12	96.98	96.83	96.68	96.54	96.39
6.4	98.44	98.30	98.16	98.01	97.87	97.73	97.59	97.45	97.30	97.17	97.03	96.89	96.74	96.60	96.45
6.5	98.46	98.33	98.19	98.05	97.91	97.77	97.63	97.50	97.36	97.21	97.08	96.94	96.80	96.66	96.51
6.6	98.49	98.35	98.22	98.08	97.94	97.80	97.67	97.54	97.40	97.26	97.12	96.99	96.85	96.71	96.57
6.7	98.52	98.38	98.25	98.11	97.98	97.84	97.71	97.58	97.44	97.31	97.17	97.04	96.90	96.77	96.63

续表

进气 SO_2 浓度/%	出气 SO_2 浓度/%														
	0.11	0.12	0.13	0.14	0.15	0.16	0.17	0.18	0.19	0.20	0.21	0.22	0.23	0.24	0.25
	转化率/%														
6.8	98.54	98.40	98.28	98.14	98.01	97.88	97.74	97.62	97.68	97.35	97.22	97.09	96.95	96.82	96.69
6.9	98.56	98.43	98.30	98.17	98.04	97.91	97.78	97.65	97.52	97.39	97.26	97.13	97.00	96.87	96.74
7.0	98.59	98.46	98.33	98.20	98.07	97.94	97.82	97.69	97.56	97.43	97.30	97.18	97.05	96.92	96.79
7.1	98.61	98.48	98.36	98.23	98.10	97.98	97.85	97.73	97.60	97.47	97.35	97.22	97.10	96.97	96.84
7.2	98.62	98.50	98.38	98.26	98.13	98.01	97.88	97.76	97.64	97.51	97.39	97.27	97.14	97.02	96.89
7.3	98.65	98.53	98.41	98.28	98.16	98.04	97.92	97.80	97.68	97.55	97.43	97.31	97.18	97.06	96.94
7.4	98.67	98.55	98.43	98.31	98.19	98.07	97.95	97.83	97.71	97.59	97.47	97.35	97.23	97.11	96.99
7.5	98.69	98.57	98.45	98.33	98.22	98.10	97.98	97.86	97.74	97.63	97.51	97.39	97.27	97.15	97.03
7.6	98.71	98.59	98.48	98.36	98.24	98.13	98.01	97.90	97.78	97.66	97.54	97.43	97.31	97.19	97.07
7.7	98.73	98.60	98.50	98.38	98.27	98.15	98.04	97.93	97.81	97.70	97.58	97.46	97.35	97.23	97.12
7.8	98.75	98.62	98.52	98.41	98.29	98.18	98.07	97.96	97.84	97.73	97.62	97.50	97.39	97.27	97.16
7.9	98.77	98.65	98.54	98.43	98.32	98.21	98.09	97.99	97.87	97.76	97.65	97.56	97.42	97.31	97.20
8.0	98.78	98.68	98.56	98.45	98.34	98.23	98.12	98.01	97.90	97.78	97.68	97.57	97.46	97.35	97.24
8.1	98.80	98.69	98.58	98.47	98.36	98.26	98.15	98.04	97.93	97.82	97.71	97.60	97.50	97.39	97.28
8.2	98.81	98.71	98.60	98.49	98.39	98.28	98.17	98.06	97.96	97.85	97.75	97.68	97.53	97.42	97.32
8.3	98.83	98.73	98.62	98.51	98.41	98.30	98.20	98.10	97.99	97.88	97.78	97.67	97.57	97.45	97.35
8.4	98.85	98.74	98.64	98.53	98.43	98.33	98.22	98.12	98.02	97.91	97.81	97.70	97.60	97.49	97.38
8.5	98.86	98.76	98.66	98.55	98.45	98.35	98.25	98.15	98.04	97.94	97.84	97.73	97.63	97.53	97.42
8.6	98.88	98.78	98.68	98.57	98.47	98.37	98.27	98.17	98.07	97.97	97.86	97.76	97.66	97.56	97.45
8.7	98.89	98.79	98.69	98.59	98.49	98.39	98.29	98.19	98.09	98.00	97.89	97.79	97.69	97.59	97.49

续表

进气 SO_2 浓度/%	出气 SO_2 浓度/%														
	0.11	0.12	0.13	0.14	0.15	0.16	0.17	0.18	0.19	0.20	0.21	0.22	0.23	0.24	0.25
	转化率/%														
8.8	98.90	98.81	98.71	98.61	98.51	9841	98.31	98.22	98.12	98.02	97.92	97.82	97.72	97.61	97.53
8.9	98.92	98.82	98.75	98.63	98.53	98.43	98.34	98.24	98.14	98.05	97.94	97.85	97.75	97.65	97.56
9.0	98.94	98.84	98.74	98.65	98.55	98.45	98.36	98.27	98.16	98.07	97.97	97.88	97.78	97.68	97.59
9.1	98.95	98.85	98.96	98.66	98.57	98.47	98.38	98.29	98.19	98.08	98.00	97.91	97.80	97.91	97.62
9.2	98.96	98.87	98.77	98.68	98.59	98.49	98.40	98.31	98.21	98.12	98.02	97.93	97.83	97.74	97.65
9.3	98.98	98.88	98.79	98.70	98.60	98.51	98.43	98.33	98.23	98.14	98.05	97.96	97.86	97.77	97.68
9.4	98.99	98.90	98.80	98.71	98.62	98.53	98.44	98.35	98.25	98.17	98.07	97.98	97.89	97.80	97.71
9.5	99.00	98.91	98.82	98.73	98.64	98.55	98.46	98.39	98.28	98.19	98.09	98.00	97.91	97.83	97.74
9.6	99.01	98.92	98.83	98.74	98.65	98.56	98.48	98.39	98.30	98.21	98.12	98.03	97.94	97.85	97.77
9.7	99.02	98.94	98.85	98.76	98.67	98.58	98.49	98.41	98.32	98.23	98.14	98.06	97.96	97.88	97.86

进气 SO_2 浓度/%	出气 SO_2 浓度/%														
	0.26	0.27	0.28	0.29	0.30	0.31	0.32	0.33	0.34	0.35	0.36	0.37	0.38	0.39	0.40
	转化率/%														
3.0	91.69	91.36	91.04	90.27	90.40	90.08	89.76	89.44	89.12	88.79	88.47	87.18	87.83	87.51	87.19
3.1	91.97	91.66	91.35	91.04	90.72	90.42	90.11	89.79	89.48	89.17	88.86	88.55	88.24	87.93	87.62
3.2	92.23	91.93	91.63	91.33	91.03	91.73	90.43	90.13	89.83	89.53	89.23	88.93	88.62	88.32	88.02
3.3	92.48	92.19	91.90	91.61	91.31	91.02	90.73	90.44	90.15	89.86	89.57	89.28	88.96	88.70	88.40
3.4	92.71	92.43	92.15	91.87	91.58	91.30	91.02	90.74	90.46	90.17	89.89	89.61	89.33	89.05	88.76
3.5	92.93	92.66	92.38	92.11	91.84	91.26	91.29	91.02	90.74	90.47	90.20	89.92	89.65	89.38	89.10
3.6	93.14	92.87	92.61	92.34	92.18	91.81	91.55	91.28	90.75	90.75	90.48	90.22	89.95	89.67	89.42

续表

进气 SO_2 浓度/%	出气 SO_2 浓度/%														
	0.26	0.27	0.28	0.29	0.30	0.31	0.32	0.33	0.34	0.35	0.36	0.37	0.38	0.39	0.40
	转化率/%														
3.7	93.33	93.08	92.82	92.56	92.30	92.04	91.79	91.53	91.27	91.01	90.76	90.50	90.24	89.98	89.72
3.8	93.52	93.27	93.02	92.77	92.52	92.27	92.01	91.76	91.51	91.26	91.01	90.76	90.51	90.26	90.01
3.9	93.69	93.45	93.21	92.96	92.72	92.48	92.23	91.99	91.75	91.50	91.26	91.01	90.77	90.52	90.28
4.0	93.86	93.62	93.39	93.15	92.91	92.68	92.44	92.20	91.96	91.73	91.49	91.25	91.01	90.78	90.54
4.1	94.01	93.79	93.56	93.33	93.10	92.87	92.60	92.40	92.17	91.94	91.71	91.46	91.25	91.02	90.78
4.2	94.17	93.95	93.72	93.50	93.27	93.06	92.82	92.60	92.37	92.15	91.92	91.69	91.47	91.25	91.02
4.3	94.32	94.10	93.88	93.66	93.44	93.22	93.01	92.78	92.56	92.34	92.12	91.90	91.68	91.46	91.24
4.4	94.46	94.24	94.03	93.81	93.60	93.38	93.33	92.96	92.75	92.53	92.31	92.10	91.88	91.67	91.45
4.5	94.59	94.38	94.17	93.96	93.75	93.54	93.34	93.12	92.91	92.70	92.49	92.29	92.07	91.87	91.66
4.6	94.71	94.58	94.30	94.10	93.90	93.70	93.49	93.28	93.08	92.87	92.67	92.46	92.26	92.06	91.85
4.7	94.83	94.63	94.43	94.23	93.60	93.84	93.64	93.44	93.24	93.04	92.84	92.64	92.44	92.24	92.04
4.8	94.95	94.75	94.56	94.36	94.17	93.97	93.78	93.58	93.30	93.20	93.00	92.80	92.61	92.41	92.22
4.9	95.06	94.87	94.68	94.49	94.30	94.10	93.92	93.72	93.54	93.35	93.16	92.96	92.77	92.58	92.39
5.0	95.17	94.98	94.80	94.61	94.42	94.23	94.05	93.87	93.68	93.49	93.30	93.11	92.93	92.73	92.56
5.1	95.27	95.08	94.91	94.72	94.54	94.39	94.18	93.99	93.81	93.63	93.45	93.26	93.08	92.88	92.71
5.2	95.37	95.19	95.01	94.83	94.66	94.48	94.30	94.11	93.94	93.71	93.58	93.40	93.22	93.03	92.86
5.3	95.47	95.29	95.11	94.94	94.88	94.58	94.42	94.24	94.05	93.89	93.71	93.54	93.36	93.19	93.01
5.4	95.56	95.38	95.21	95.04	94.87	94.69	94.53	94.35	94.18	94.01	93.84	93.67	93.50	93.31	93.15
5.5	95.65	95.47	95.31	95.14	94.97	94.79	94.64	94.46	94.30	94.13	93.96	93.79	93.62	93.44	93.29
5.7	95.81	95.65	95.49	95.32	95.16	94.99	94.84	94.67	94.52	94.35	94.19	94.03	93.87	93.69	93.54

续表

进气 SO_2 浓度/%	出气 SO_2 浓度/%														
	0.26	0.27	0.28	0.29	0.30	0.31	0.32	0.33	0.34	0.35	0.36	0.37	0.38	0.39	0.40
	转化率/%														
5.8	95.89	95.73	95.57	95.41	95.25	95.09	94.94	94.27	94.62	94.45	94.30	94.14	93.98	93.82	93.67
5.9	95.97	95.81	95.66	95.50	95.34	95.18	95.03	94.88	94.72	94.56	94.41	94.25	94.10	93.93	93.78
6.0	96.04	95.88	95.74	95.58	95.43	95.26	94.12	94.98	94.82	94.66	94.51	94.35	94.20	94.70	93.90
6.1	96.11	95.96	95.81	95.66	95.51	95.36	95.21	95.08	94.91	94.76	94.61	94.45	94.31	94.15	94.01
6.2	96.18	96.03	95.89	95.73	95.59	95.44	95.30	95.16	95.00	94.85	94.70	94.55	94.41	94.26	94.11
6.3	96.25	96.10	95.96	95.81	95.67	95.59	95.38	95.24	95.09	94.94	94.80	94.65	94.51	94.36	94.22
6.4	96.31	96.17	96.03	95.88	95.74	95.59	95.46	95.32	95.17	95.03	94.89	94.74	94.60	94.45	94.32
6.5	96.38	96.24	96.10	95.96	95.82	95.68	95.54	95.40	95.26	94.12	94.97	94.83	94.70	94.55	94.41
6.6	96.44	96.30	96.16	96.02	95.88	95.75	95.61	95.47	95.33	95.20	95.06	94.92	94.78	94.04	94.51
6.7	96.50	96.36	96.23	96.08	95.95	95.82	95.68	95.54	95.41	95.28	95.14	95.00	94.87	94.73	94.60
6.8	96.55	96.42	96.29	96.15	96.03	95.89	95.75	95.62	95.49	95.35	95.22	95.09	94.95	94.82	94.69
6.9	96.61	96.48	96.35	96.22	96.08	96.95	95.82	95.69	95.56	95.43	95.29	95.17	95.03	94.90	94.77
7.0	96.66	96.53	96.40	96.28	96.15	96.02	95.89	95.75	95.63	95.50	95.37	95.24	95.11	94.98	94.85
7.1	96.72	96.59	96.45	96.33	96.21	96.08	95.95	95.82	95.70	95.57	95.44	95.32	95.19	95.06	95.95
7.2	96.77	96.64	96.51	96.39	96.27	96.14	96.02	95.89	95.77	95.64	95.51	95.39	95.27	95.14	95.01
7.3	96.82	96.69	96.57	96.45	96.32	96.20	96.08	95.95	95.83	95.71	95.58	95.46	95.34	95.12	95.09
7.4	96.86	96.74	96.62	96.50	96.38	96.26	96.14	96.02	95.89	95.77	95.65	95.29	95.41	95.29	95.17
7.5	96.91	96.79	96.67	96.55	96.43	96.31	96.20	96.08	95.96	95.84	95.72	95.60	95.48	95.36	95.24
7.6	96.96	96.84	96.72	96.60	96.49	96.37	96.25	96.13	96.02	95.90	95.78	95.66	95.54	95.43	95.31
7.7	97.00	96.89	96.77	96.65	96.54	96.42	96.31	96.19	96.07	95.93	95.84	95.73	95.61	95.49	95.38

续表

进气 SO_2 浓度/%	出气 SO_2 浓度/%														
	0.26	0.27	0.28	0.29	0.30	0.31	0.32	0.33	0.34	0.35	0.36	0.37	0.38	0.39	0.40
	转化率/%														
7.8	97.05	96.93	96.82	96.70	96.59	96.47	96.36	96.25	96.13	95.02	95.90	95.79	95.67	95.56	95.44
7.9	97.08	96.98	96.86	96.75	96.64	96.52	96.41	96.30	96.19	95.07	95.96	95.85	95.74	95.62	95.51
8.0	97.02	96.90	96.79	96.68	96.57	96.46	96.35	96.24	96.13	96.02	95.91	95.80	95.68	95.68	95.57
8.1	97.06	96.95	96.84	96.73	96.62	96.51	96.40	96.59	96.18	96.07	95.96	95.86	95.76	96.74	95.63
8.2	97.10	96.99	96.88	96.78	96.67	96.56	96.45	96.35	96.24	96.13	96.02	95.91	95.80	95.80	95.69
8.3	97.14	97.03	96.93	96.82	96.71	96.61	96.50	96.40	96.29	96.18	96.08	95.97	95.86	95.86	95.75
8.4	97.18	97.07	96.97	96.86	96.76	96.65	96.55	96.44	96.34	96.23	96.13	96.02	95.92	95.87	95.81
8.5	97.22	97.11	97.01	96.91	96.80	96.70	96.60	96.49	96.39	96.28	96.18	96.08	95.97	95.88	95.87
8.6	97.25	97.15	97.05	96.95	96.84	96.74	96.64	96.54	96.43	96.33	96.23	96.13	96.02	95.92	95.92
8.7	97.29	97.19	97.08	96.99	96.99	96.79	96.68	96.58	96.48	96.38	96.28	96.18	96.07	95.98	95.98
8.8	97.32	97.23	97.12	97.03	96.92	96.83	96.72	96.63	96.53	96.43	96.33	96.23	96.13	96.03	96.03
8.9	97.36	97.26	97.16	97.07	96.96	96.87	96.77	96.67	96.57	96.47	96.37	96.28	96.18	96.08	96.08
9.0	97.39	97.30	97.20	97.10	97.00	96.91	96.81	96.72	96.61	96.52	96.42	96.30	96.22	96.13	96.13
9.1	97.42	97.33	97.23	97.14	97.04	96.95	96.85	96.76	96.66	96.56	96.46	96.37	96.27	96.18	96.18
9.2	97.46	97.37	97.27	97.18	97.08	96.99	96.89	96.80	96.70	96.61	96.51	96.42	96.32	96.23	96.23
9.3	97.49	97.40	97.30	97.21	97.11	97.02	96.93	96.84	96.74	96.65	96.55	96.46	96.36	96.28	96.28
9.4	97.52	97.43	97.33	97.26	97.15	97.06	96.96	96.88	96.78	96.69	96.60	96.51	96.42	96.32	96.32
9.5	97.55	97.46	97.37	97.28	97.18	97.10	97.00	96.91	96.82	96.73	96.64	96.55	96.45	96.37	96.37
9.6	97.58	97.49	97.40	97.31	97.22	97.13	97.04	96.95	96.85	96.77	96.68	96.59	96.50	96.41	96.41
9.7	97.61	97.52	97.43	97.34	97.25	97.17	97.07	96.99	96.90	96.81	96.72	96.63	96.54	96.46	96.45

续表

进气 SO_2 浓度/%	出气 SO_2 浓度/%														
	0.42	0.43	0.44	0.45	0.46	0.47	0.48	0.49	0.50	0.51	0.52	0.53	0.54	0.55	0.56
	转化率/%														
8.0	95.35	95.24	96.18	95.02	94.90	94.79	94.68	94.57	94.46	94.39	94.23	94.12	94.01	93.90	93.79
8.1	95.42	95.31	96.20	95.09	94.98	94.87	94.76	94.65	94.54	94.43	94.31	94.21	94.10	93.98	93.87
8.2	95.48	95.37	95.27	95.16	95.03	94.94	94.83	94.72	94.61	94.50	94.40	94.29	94.10	94.07	93.96
8.3	95.54	95.43	95.33	95.23	95.12	95.01	94.90	94.79	94.69	94.58	94.47	94.36	94.26	94.15	94.04
8.4	95.60	95.49	95.39	95.29	95.18	95.08	94.97	94.86	94.76	94.65	94.55	94.44	94.33	94.23	94.12
8.5	95.66	95.55	95.45	95.35	95.24	95.14	95.04	94.93	94.83	94.72	94.62	94.52	94.41	94.31	94.20
8.6	95.72	95.61	95.51	95.41	95.31	95.20	95.10	95.00	94.90	94.79	94.69	94.59	94.49	94.38	94.28
8.7	95.78	95.67	95.57	95.47	95.37	95.26	95.17	95.06	94.96	94.86	94.76	94.66	94.56	94.46	94.36
8.8	95.83	95.73	95.63	95.53	95.43	95.33	95.23	95.13	95.03	94.93	94.83	94.73	94.65	94.53	94.43
8.9	95.89	95.78	95.69	95.59	95.49	95.39	95.29	95.19	95.08	94.99	94.90	94.79	94.70	94.60	94.50
9.0	95.94	95.84	95.74	95.64	95.55	95.45	95.35	95.25	95.16	95.06	94.99	94.86	94.77	94.67	94.57
9.1	95.99	95.89	95.80	95.70	95.61	95.51	95.41	95.31	95.22	95.12	95.03	94.93	94.83	94.74	94.64
9.2	96.04	95.94	95.85	95.75	95.66	95.56	95.47	95.37	95.28	95.18	95.09	94.99	94.90	94.80	94.71
9.3	96.09	95.99	95.90	95.80	95.71	95.62	95.53	95.43	95.34	95.24	95.15	95.05	94.96	94.80	94.77
9.4	96.14	96.04	95.95	95.87	95.77	95.67	95.58	95.48	95.40	9530	95.21	95.11	95.02	94.93	94.84
9.5	96.18	96.09	96.00	95.91	95.82	95.72	95.64	95.54	95.45	95.36	95.27	95.17	95.09	94.99	94.90
9.6	96.23	96.14	96.05	95.95	95.87	95.77	95.69	95.59	95.57	95.41	95.33	95.23	95.15	95.05	94.96
9.7	96.25	96.10	96.10	96.00	95.92	95.83	95.74	95.65	95.56	95.47	95.39	95.29	95.20	95.11	95.02

二、三氧化硫

（一）物理性质

三氧化硫又名硫酸酐。它有气、液、固三态。

1. 气态三氧化硫

（1）分子结构　气态下的三氧化硫是单分子结构，硫原子居于平面等边三角形的中心，氧原子占据在三个角顶上，键角为120°，键长为0.143nm，其结构如图2-1-27所示。

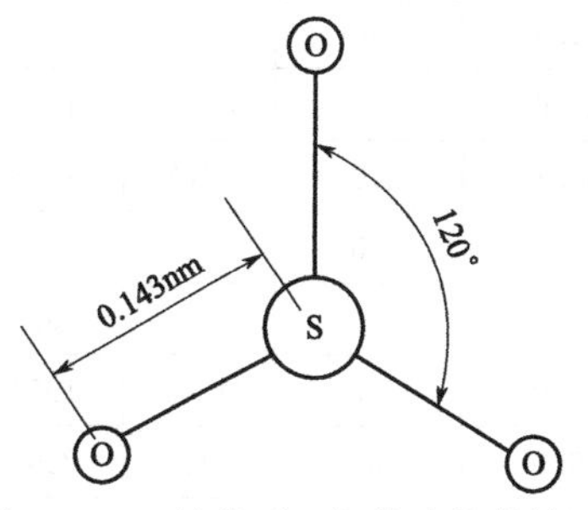

图2-1-27　单分子三氧化硫的结构图

（2）一般物性　气态三氧化硫的分子量为80.06，对空气的相对密度为2.8，标准密度（0℃，101.3kPa）3.57kg/m³，熔点16.83℃，沸点44.6℃，临界温度218.3℃，临界压力8.471MPa，临界压缩系数0.266，比热容（c_P）100℃时为52.75J/(mol·K)，500℃时为65.44J/(mol·K)。

（3）比热容（表2-1-110）　气态三氧化硫比热容 c_P 可以通过下式计算：

$$c_P = 58.20 + 25.54 \times 10^{-3} T - 13.48 \times 10^{5} T^{-2} \quad (2\text{-}1\text{-}90)$$

式中，T 为气体温度，K。

表2-1-110　气体 SO_3 平均分子比热容（101.3kPa）

温度/℃	0	100	200	300	400	500	600	700	800	900	1000
比热容/[J/(mol·K)]	48.32	52.75	56.51	60	62.72	65.44	67.62	69.54	72.22	72.72	74.15

（4）比热焓（表2-1-111）

表2-1-111　气体 SO_3 的比热焓（101.3kPa）

温度/℃	0	100	200	300	400	500	600	700	800	900	1000
比热焓/(J/mol)	0	5.28	11.32	18.00	25.09	32.72	40.57	48.68	56.97	65.44	74.15

（5）热导率（表2-1-112）

表2-1-112　气体 SO_3 的热导率（101.3kPa）

温度/℃	热导率 λ/[×10³W/(m·K)]	温度/℃	热导率 λ[×10³W/(m·K)]
0	7.91	600	40.71
100	13.14	700	46.05
200	18.49	800	51.64
300	24.54	900	57.22
400	29.89	1000	62.92
500	35.24		

（6）气态三氧化硫与水生成硫酸及发烟硫酸溶液时的生成热（表 2-1-113）

表 2-1-113 气体 SO_3 与水生成硫酸及发烟硫酸溶液时的生成热（kJ/kgH_2O）

生成的硫酸浓度		温度/℃			生成的硫酸浓度		温度/℃		
总 SO_3/%	H_2SO_4/%	0	50	100	总 SO_3/%	H_2SO_4/%	0	50	100
24.5	30	795.5	837	883	71.7	89	4966	5221	5518
28.6	35	791.3	1017	1072	73.5	90	5074	5342	5648
32.7	40	1163	1218	1281	74.3	91	5238	5514	5832
36.7	45	1369	1436	1511	75.1	92	5401	5690	6006
40.8	50	1604	1679	1767	75.9	93	5577	5878	6217
44.9	55	1863	1955	2056	77.6	94	5757	6071	6427
49.0	60	2152	2264	2382	77.6	95	5949	6280	6640
53.1	65	2483	2608	2747	78.4	96	6150	6481	6871
57.1	70	2834	2989	3148	79.2	97	6364	6866	7113
61.2	75	3274	3442	3626	80.0	98	6586	6988	7360
65.3	80	3776	3969	4187	80.8	99	6829	7201	7633
69.4	85	4367	4597	4853	81.63	100	7088	7360	7921

生成的发烟硫酸浓度		温度/℃				生成的发烟硫酸浓度		温度/℃			
游离 SO_3/%	总 SO_3/%	0	50	100	150	游离 SO_3/%	总 SO_3/%	0	50	100	150
0	81.63	7205	7607	8064	8524	29.3	87.00	8667	9127	9831	10505
2	82.00	7268	7662	8122	8625	30.0	87.14	8683	9152	9852	10534
5	82.52	7390	7850	8298	8776	34.7	88.0	8993	9546	10304	10986
7.5	83.0	7469	7934	8415	8926	35.0	88.06	9010	9554	10304	11053
10	83.47	7570	8039	8545	9056	40.0	88.98	9470	10040	10844	11535
13	84.02	7708	8173	8709	9236	40.1	89.00	9546	10149	11221	11585
15	84.39	7779	8273	8826	9370	45.6	90.00	10048	10668	11384	12108
18.3	85.00	7967	8470	9023	9575	50.0	90.82	10664	11242	12100	12841
20.0	85.31	8064	8566	9144	9743	60.0	92.65	12284	12887	13775	14520
23.8	86.00	9298	8817	9320	10027	70.0	94.49	14913	15361	16333	17145
25.0	86.22	8382	8910	9445	10115						

（7）气体 SO_3 加入 H_2SO_4 时所发的热量（图 2-1-28）

2. 液态三氧化硫

（1）液态三氧化硫的一般性质　气态三氧化硫于 44.7℃时可液化成无色透明的液体（γ型），但这种液体只在 25℃以上才稳定。当温度低于 25℃时 γ 型三氧化硫就会转变成 β 型，从液相中析出似丝闪光的石棉状物。β型三氧化硫必须经气态才可再转变成 γ 型。

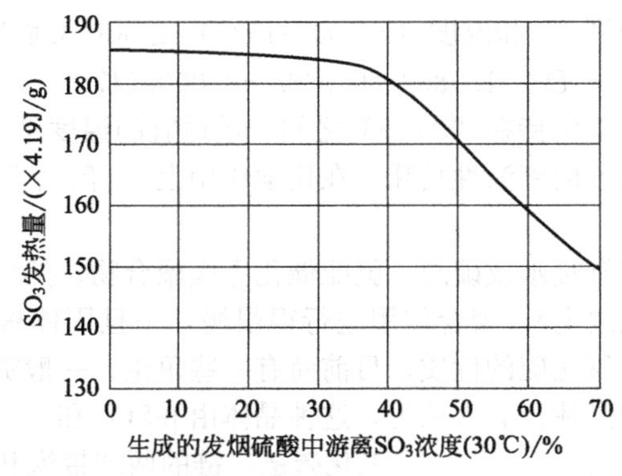

图 2-1-28 气体 SO_3 加入 H_2SO_4 时所发的热量

液态三氧化硫中，既有单聚体又有三聚体，它们之间处于平衡状态，温度下降，平衡就向三聚体方向移动。

将发烟硫酸蒸馏，所得蒸气在 27℃下凝结，则得 α、β、γ 3 种形态的混合物。刚刚蒸馏得到的三氧化硫是一种白色的液体，由 Raman 光谱分析得知，这种液体由大约 90%的三聚体和 10%的单聚体组成。

液体三氧化硫的分子量为 80.07，相对密度（20℃）为 1.9224，沸点（101.3kPa）为 44.8℃，沸点时的蒸发热为 538J/g，比热容为 3.24J/(g·K)，临界温度 218.3℃，临界压力为 8481kPa，临界密度为 0.653g/cm³，稀释热为 504cal/g（1cal=4.19J，下同）。其他性质见表 2-1-114 所示。

表 2-1-114 各种形态的液体 SO_3 的一般性质

性质		γ型	β型	α型
结构		$3SO_3 \rightleftharpoons (SO_3)_3$（环状：$O_2S$—O—$SO_2$—O—$SO_2$—O）	O—SO_2—O—SO_2—O—SO_2—O—SO_2（链状）	同β型相似，由互相结合的链组成层状结构
形态		液体或冰状	石棉状	石棉状
熔点/℃		16.8	32.5	62.3
熔解热				
/[×4.19J/(g·mol)]		1800	2900	6200
/(×4.19J/g)		22	36	77
升华热				
/[×4.19J/(g·mol)]		11900	13000	16300
/(×4.19J/g)		149	160	204
蒸气压/(×133.3Pa)	0℃	45	32	5.8
	25℃	433	344	73
	50℃	950	950	650
	75℃	3000	3000	3000

液体三氧化硫的密度 D_t 和温度 t（$-100 \sim 15$℃）之间的关系为：

$$D_t = 1.9862 - 0.003t - 0.0000147t^2 \quad (2\text{-}1\text{-}91)$$

液体三氧化硫温度应维持在25～35℃之间，最适宜的温度是29～32℃。

液体三氧化硫有强烈的刺激性臭味，在化学作用上α、β、γ型均相同，但γ型化学活性最强，α型最弱。

液体三氧化硫中有微量水或硫酸，就能催化生成聚合物。然而，只要液体中没有固体出现（即维持在冰点之上），聚合作用进行得很慢，一旦固体聚合物出现，聚合作用就会加快。对于聚合三氧化硫的性质，目前尚有一些争论。一般资料介绍，固体聚合物是一种交互生长的针状晶体。有人认为，这种晶体由β-SO_3 和 α-SO_3 所组成，有长的三氧化硫链，链的两端带饱和水，即所谓的聚合硫酸 $HO(SO_3)_xH$。防止液体三氧化硫聚合的方法，一是维持30℃以上的温度；二是加入稳定剂，三是用γ射线照射。

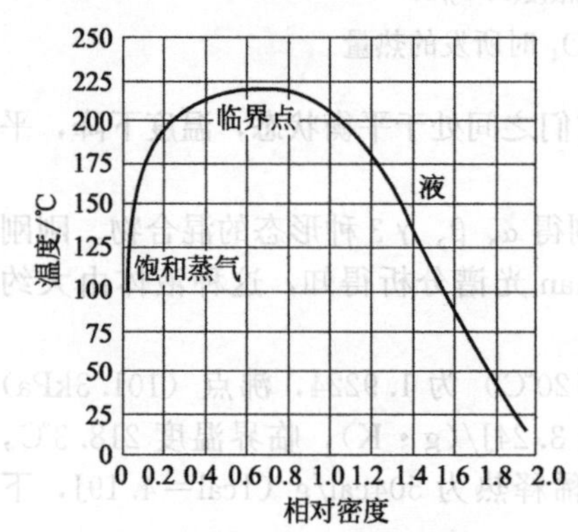

图 2-1-29 SO_3 的相对密度

液体三氧化硫有一种不可逆地聚合成固态的倾向，当将液体三氧化硫静置在27℃以下时，即使只有少量水分，也很快变成固态，这种固态必须在100℃时才能熔融，且通常伴有压力升高的危险。

(2) 液体 SO_3 的密度和相对密度（表 2-1-115 和表 2-1-116、图 2-1-29）

表 2-1-115 液体 SO_3 的密度

温度/℃	密度/(g/cm³)	温度/℃	密度/(g/cm³)	温度/℃	密度/(g/cm³)
15	1.9379	40	1.8422	80	1.6525
20	1.9208	45	1.8214	90	1.5978
25	1.9022	50	1.7993	100	1.5405
30	1.8830	60	1.7536		
35	1.8632	70	1.7042		

表 2-1-116 液体 SO_3 在101.3kPa下的相对密度

温度 t/℃	相对密度计算公式
15～46	$d_4^t = 1.998 - 0.0466t$
15～100	$d = 1.9862 - 0.003t - 0.0000147t^2$

(3) 液体 SO_3 的蒸气压力（表 2-1-117、图 2-1-30）

表 2-1-117 液体三氧化硫的蒸气压力

温度/℃	压力/kPa	温度/℃	压力/kPa	温度/℃	压力/kPa
15	17.73(过冷液体)	25	35.41	35	61.42
20	25.73	30	46.46	40	79.38

续表

温度/℃	压力/kPa	温度/℃	压力/kPa	温度/℃	压力/kPa
45	103.6	70	332.3	150	2716
50	124.6	80	510.7	180	4458
55	166.2	90	766	200	6272
60	210.8	100	977	218.3	8491(临界)
65	265.5	130	1895		

(4) 液体 SO_3 的黏度（图 2-1-31）

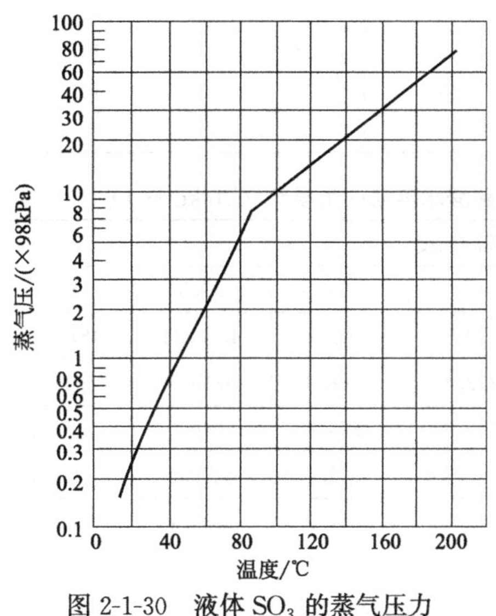

图 2-1-30　液体 SO_3 的蒸气压力

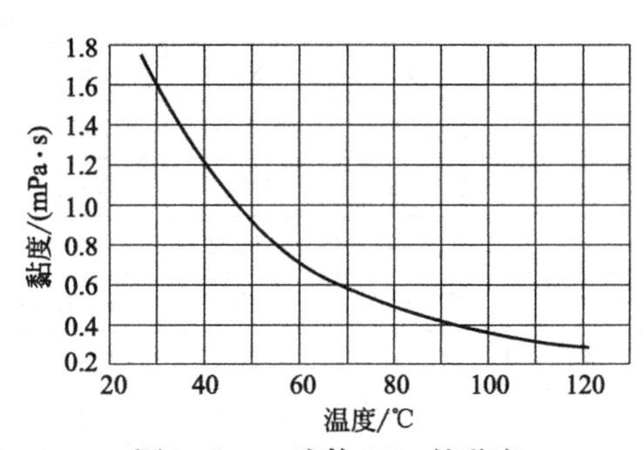

图 2-1-31　液体 SO_3 的黏度

(5) 液体 SO_3 的摩尔热容和热容（图 2-1-32 和图 2-1-33）

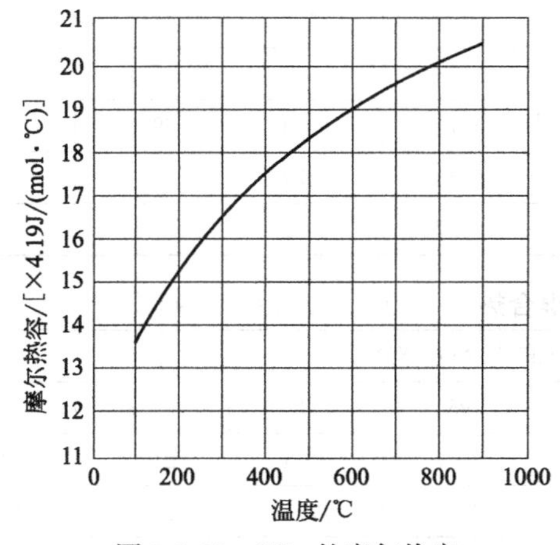

图 2-1-32　SO_3 的摩尔热容

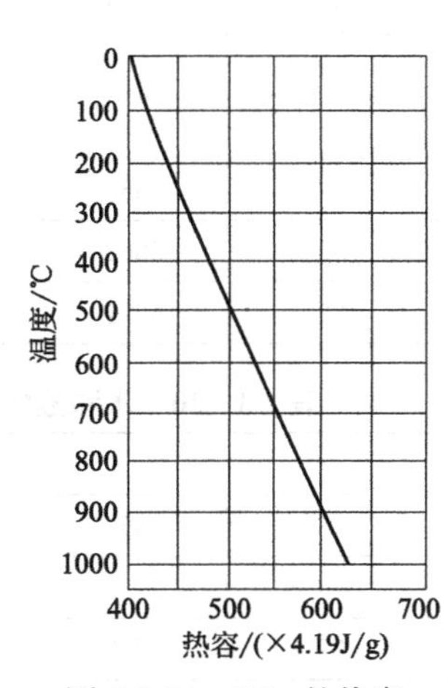

图 2-1-33　SO_3 的热容

（6）溶解热、蒸发热、混合热和生成热（表 2-1-118～表 2-1-121）

表 2-1-118 SO_3 的溶解热和蒸发热

温度/℃	潜热/(×4.19J/g)		温度/℃	潜热/(×4.19J/g)	
	熔解热	蒸发热		熔解热	蒸发热
−20	23.5(α)	135	40	79.6(γ)	120
−10	23.2(α)	132	45	79.4(γ)	119
0	23.0(α)	130	50	78.9(γ)	118
10	22.7(α)	128	60	—	115
15	22.5(α)	127	70	—	108
20	—	126	80	—	107
25	35.8(β)	125	90	—	107
30	36.0(β)	123	100	—	105
35	—	122			

表 2-1-119 液体 SO_3 及水生成硫酸和发烟硫酸水溶液的生成热/(kJ/kg H_2O)

温度/℃	生成的硫酸浓度/%						
	80	85	90	95	98	99.3	100
15	2930.76	3274.07	3768.12	4270.5	4622.2	4806.44	4877.62
20	2951.69	3299.3	3789.1	4312.4	4668.3	4856.7	4919.5
40	3039.62	3412.2	3923.0	4500.8	4873.4	5066.0	5158.1
60	3119.17	3537.8	4061.2	4647.3	5066.0	5275.4	5359.1
80	3228.02	3646.7	4199.4	4777.1	5241.9	5484.7	5568.4
100	3324.32	3768.2	4333.3	4986.5	5463.8	5715.0	5807.1
温度/℃	生成的发烟硫酸中游离 SO_3 浓度/%						
	3.2	10	20	30	40	50	60
15	4940	5045	5192	5401	5610	6029	6615
20	4982	5108	5275	5443	5736	6113	6741
40	5192	5359	5527	5778	6029	6531	7243
60	5443	5568	5820	6071	6364	6950	—
80	5652	5862	6113	6364	6657	—	—
100	5903	6071	6364	6657	6992	—	—

表 2-1-120 水和液体 SO_3 的混合热（一）/(×4.19 kJ/molSO_3)

温度/℃	生成的 H_2SO_4 浓度/%						
	80	85	90	95	98	99.3	100
15	29.6	27.8	26.0	23.7	22.1	21.4	21.0
20	29.8	28.0	26.2	23.9	22.3	21.6	21.2

续表

温度/℃	生成的 H_2SO_4 浓度/%						
	80	85	90	95	98	99.3	100
40	30.8	29.0	27.2	24.9	23.3	22.6	22.2
60	31.7	29.9	28.1	25.8	24.2	23.5	23.1
80	32.6	30.8	29.0	26.7	25.1	24.4	24.0
100	33.6	31.8	30.0	27.7	26.1	25.4	25.0

表 2-1-121　水和液体 SO_3 的混合热（二）/(×4.19 kJ/molSO_3)

温度/℃	生成的发烟硫酸中游离 SO_3 浓度/%						
	3.2	10	20	30	40	50	80
15	21.2	21.7	22.4	23.2	24.0	26.0	28.5
20	21.4	22.0	22.7	23.5	24.4	26.4	29.0
40	22.4	23.0	23.8	24.8	25.8	28.1	31.1
60	23.4	24.0	25.0	26.1	27.2	29.8	—
80	24.3	25.1	26.2	27.4	28.6	—	—
100	25.3	26.1	27.3	28.6	30.0	—	—

（7）液体 SO_3 的表面张力（表 2-1-122）

表 2-1-122　液体 SO_3 的表面张力

温度/℃	表面张力/(mN/m)	温度/℃	表面张力/(mN/m)	温度/℃	表面张力/(mN/m)
15	35.14	40	29.8	80	22.2
20	33.93	45	29.3	90	20.0
25	32.72	50	28.3	100	17.8
30	31.51	60	26.3		
35	30.3	70	24.3		

3. 固态三氧化硫

固态三氧化硫共有 α、β、γ 和 δ 共 4 种变体，它们的熔点分别为 16.8℃、31.5℃、62.5℃和 95℃，它们的蒸气压也不同（见表 2-1-123），可在适当的冷凝条件下把它们分离出来。

表 2-1-123　固态 SO_3 的蒸气压

温度/℃	蒸气压/mmHg			温度/℃	蒸气压/mmHg		
	α 型	β 型	γ 型		α 型	β 型	γ 型
−20	0.47	2.85	6.8	5	10.0	38.3	63.5
−10	2.1	8.6	17.6	10	17.6	60.7	94.2
0	6.1	23.3	42.0	15	28.0	95.5	139

续表

温度/℃	蒸气压/mmHg			温度/℃	蒸气压/mmHg		
	α型	β型	γ型		α型	β型	γ型
20	50.4	147	—	50	615	—	—
25	76.5	223	—	60	1340	—	—
30	119	335	—	70	—	—	—
35	185	—	—	80	—	—	—
40	267	—	—	90	—	—	—
45	436	—	—	100	—	—	—

注：1mmHg=133.32Pa。

① α型变体　丝状斜方晶体，外貌像冰。密度 $1.922g/cm^3$，升华热 $49.86\times10^{-3}J/mol$，熔融热 $7.5\times10^{-3}J/mol$，蒸气热 $42.3\times10^{-3}J/mol$。

Cuumca 及其助手的研究认为，α型变体是由纯度很高的无水液体三氧化硫结晶形成的，它的主要成分是球状三聚体和单聚体的平衡混合物。

$$\begin{array}{c} SO_2 \\ O \qquad O \\ O_2S \qquad SO_2 \\ O \end{array} \rightleftharpoons 3SO_3 \qquad (2\text{-}1\text{-}92)$$

冷却时，三聚体的浓度增加，直到开始不断地聚合生成不溶于液相的直链分子为止。α型变体的三聚体结构如图 2-1-34 所示。熔融的三氧化硫呈α型存在，凝固时转变成γ型。

② β型变体　呈石棉状。升华热 $54.5\times10^{-3}J/mol$，熔融热 $12.15\times10^{-3}J/mol$，蒸发热 $42.3\times10^{-3}J/mol$。

β型变体是由三氧化硫聚合作用产生的结果，根据分子量测定得知，β型三氧化硫的成分为 S_2O_6，其分子结构如图 2-1-35 所示。

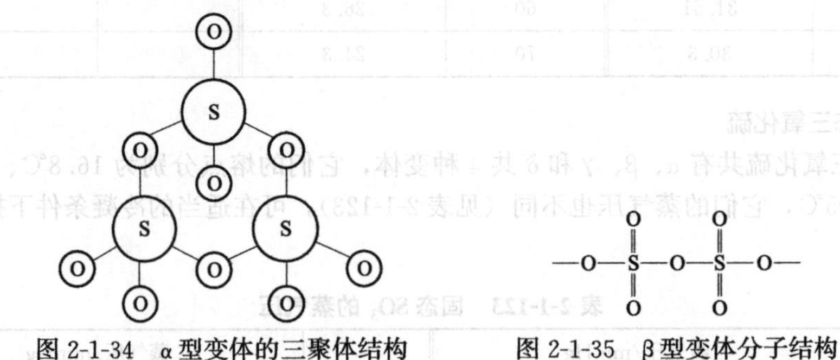

图 2-1-34　α型变体的三聚体结构　　图 2-1-35　β型变体分子结构

③ γ型变体　是一种脆弱的玻璃质和石蜡状的变形体，外观也是石棉状。升华热 $68.3\times10^{-3}J/mol$，熔融热 $25.98\times10^{-3}J/mol$，蒸发热 $42.3\times10^{-3}J/mol$，

γ型变体中，许多三氧化硫链连接在一起，形成一种层状排列结构（即β型分子结构进一步聚合成层状的分子结构）。

由熔融温度、饱和蒸气压和聚变热几个方面的比较得知，在热性质方面，γ变体是比较稳定的，要大量的热才能使它熔化。由于导热性很差，熔化进行得很慢，到80～100℃时才完全结束。在这一温度范围，液相的饱和蒸气压力为506.6～1013kPa，而固体物质上面的蒸气压却很低，因此聚合三氧化硫的熔化必须在压力容器内进行，否则便有可能发生严重事故。

（二）化学性质

（1）三氧化硫中，硫以最高氧化态（+6价）存在。在高温时，三氧化硫会分解为二氧化硫和氧气，因此是一种强氧化剂，同时也是最强的路易斯酸的一种。

三氧化硫与溴化氢或碘化氢作用时，溴化氢和碘化氢被氧化，生成相应的卤素，三氧化硫被还原成二氧化硫，甚至生成硫化氢。

三氧化硫和氯化氢反应生成氯磺酸：

$$SO_3 + HCl = HSO_3Cl \quad (2\text{-}1\text{-}93)$$

三氧化硫和氨反应，生成固态混合物氨基磺酸：

$$SO_3 + NH_3 = NH_2SO_3H \quad (2\text{-}1\text{-}94)$$

三氧化硫还能同硫、磷、碳作用。在温度50～150℃之间，三氧化硫与硫黄作用生成二氧化硫。工业上可用此反应来生产纯的二氧化硫。

（2）三氧化硫对水的亲和力很大，遇水即发生剧烈反应生成硫酸或焦硫酸之类，并放出大量的热。遇潮湿气体时，也会立即形成酸雾。

$$SO_3 + H_2O = H_2SO_4 + 87900J \quad (2\text{-}1\text{-}95)$$

（3）三氧化硫易溶于浓硫酸中，根据SO_3量的不同发生如下的不同反应：

$$SO_3 + H_2SO_4 = H_2S_2O_7 \quad (2\text{-}1\text{-}96)$$

$$2SO_3 + H_2SO_4 = H_2S_3O_{10} \quad (2\text{-}1\text{-}97)$$

（4）绝对干燥时，三氧化硫与金属不反应，即不起腐蚀作用且不显酸性。

（5）酸碱反应。在路易斯型的酸碱反应中，三氧化硫与许多氧化物和氢氧化物反应生成硫酸盐。

（6）三氧化硫能与所有有机物质发生反应，反应中有机物被氧化。

（7）三氧化硫可以任何比例与硝酸混合，并生成一定的化合物。与氧化氮类（NO、N_2O_3、NO_2、N_2O_5）作用时，生成加成物。

（8）液体三氧化硫可和任何比例的液体二氧化硫相混合，固体三氧化硫虽易溶于液体二氧化硫中，但并不与其化合。

（9）各种固体三氧化硫变体，熔点愈高，其化学活性愈弱。具有最高熔点的变体，它的特征是化学惰性强：和水反应的活性小，在空气中不太发烟，炭化作用也表现得较弱。

（10）SO_3对H_2SO_4电导率的影响。随着SO_3浓度的增加，H_2SO_4的电导率几乎是呈直线地增加，但在纯硫酸组成附近，曲线具有极小值；而其冰点曲线此时却具有极大值，形状同电导率曲线完全对称。

（11）三氧化硫的毒性。三氧化硫的毒性与硫酸大体相同，有潮湿气体存在时，接触三氧化硫气体或硫酸雾，都会引起皮肤、眼睛、黏膜尤其是喉管的发炎和烧伤。

空气中三氧化硫最大允许浓度为0.002mg/L，中毒浓度为0.02mg/L。

三、常见硫化物

硫化物是硫与正电性元素，主要是与金属及比硫的正电性强的非金属的化合物。

根据硫化物水溶液的性质进行分类，可分为如下3种：

① 碱金属与碱土金属　这一类强正电性金属的硫化物，具有离子键，它们易溶于水，水解时呈强碱性（如 Na_2S、K_2S、MgS、CaS、BaS 等）。

② 金属的正电性比较弱，就成为两性化合物，变成难溶于水的硫化物（如 FeS、ZnS、CoS、NiS、MnS 等）。

③ 在酸性溶液里生成沉淀的硫化物（如 Ag_2S、HgS、Hg_2S、CuS、As_2S_3 等）。

（一）一般硫化物

1. 物理性质（表 2-1-124）

表 2-1-124　硫化物的物理性质

物质名称	化学式	相对分子质量	颜色和结晶系	相对密度	熔点/℃	沸点/℃
硫化锌	ZnS(α)	97.45	无，六方	4.087	1900（加压下）	
	ZnS(β)	97.45	无，立方	4.102	1020	
硫化镉	CdS	144.48	橫橙，六方	4.82		
硫化钙	CaS	72.15	无，立方	2.56	分解	分解
硫化羰	COS	60.08	无，气体，正交	2.72g/L	−138.2	−50.2
硫化钾	K_2S	110.27	无，立方	1.805	840	
硫化银	Ag_2S(α)	247.83	黑，正交	7.326	825	
	Ag_2S(β)	247.83	黑，立方	7.317		
硫化亚汞	Hg_2S	433.29	黑		分解	
硫化汞	HgS(α)	232.68	赤，六方	8.1	升华 580	
	HgS(β)	232.68	黑，六方	7.7	升华 446	
硫化氢	H_2S	34.08	无，气体	气 1.539g/L 液 0.96	−82.9	−60.4
硫氢化铵	NH_4SH	51.11	无，正交	1.17	分解；118	
硫氢化钾	KSH	72.17	无，α：正交 β：立方	1.7	455	
硫氢化钠	NaSH	56.06	无，正交，立方	1.79	−350	
二硫化碳	CS_2	76.14	无，液体	1.261	−122	46.3
硫化钛	TiS_2	112.03	黄	3.22	分解；300	
一硫化铁	FeS	87.92	黑，六方	4.84	1193	
二硫化铁	FeS_2（黄铁矿）	119.98	黄，立方	5.00	1171	
	FeS_2（白铁矿）	119.98	黄，正交	4.87	转变；450	
三硫化二铁	Fe_2S_3	207.90	黄绿	4.3	分解	

续表

物质名称	化学式	相对分子质量	颜色和结晶系	相对密度	熔点/℃	沸点/℃
硫化亚铜	Cu_2S	159.15	黑,正交	5.6	1100	
	Cu_2S	159.15	黑,立方	5.80	1130	
硫化铜	CuS	95.61	黑,六方,单斜	4.46	转变;130 分解 220	
硫化钠	Na_2S	78.05		1.856	950	
硫化铅	PbS	239.28	黑,立方	7.5	1114	
硫化镍	NiS	90.78	黑,三方,六方	5.3	797	
四硫化四砷	$As_4S_4(\alpha)$	427.90	红,单斜	3.506	转变 267	565
	$As_4S_4(\beta)$	427.90	红,单斜	3.254	307	
三硫化二砷	As_2S_3	246.02	红,黄,单斜	3.43	300	707
五硫化二砷	As_2S_5	310.15	红,单斜			
二硫化钼	MoS_2	160.08	黑,六方	4.80	1185	
三硫化钼	MoS_3	192.15	暗褐		分解	

注：溶解度以溶质 g/100g 水表示。

2. 比热容（表 2-1-125）

表 2-1-125 硫化物的比热容

物质名称	状态	比热容/[(×4.19J/(mol·K)]	温度范围/℃	误差/%
ZnS	结晶	$12.81+0.00095T-194.600/T^2$	0～900	5
CdS	结晶	$12.9+0.00090T$	0～1000	
Ag_2S	结晶(α)	18.8	0～175	5
	结晶(β)	21.8	175～324	5
HgS	结晶	$10.9+0.00365T$	0～580	
H_2S	结晶	$7.20+0.00360T$	27～327	8
CS_2	液体	18.4	20	
FeS	结晶(α)	$2.03+0.0390T$	0～138	5
	结晶(β)	$12.05+0.00273T$	138～1195	3
FeS_2	结晶	$10.7+0.01336T$	0～500	
CuS	结晶	$10.6+0.00264T$	0～1000	3
Cu_2S	结晶(α)	$9.38+0.0312T$	0～103	2
	结晶(β)	20.9	103～900	
CuS·FeS	结晶	24	19～48	
PbS	结晶	$10.63+0.0040T$	0～600	3
NiS	结晶	$9.25+0.00640T$	0～324	3
As_2S_3	结晶	25.8	20～100	
MoS_2	结晶	$19.7+0.00315T$		

3. 生成热和自由能（表 2-1-126）

表 2-1-126　硫化物的生成热和自由能

物质名称	状态	生成反应	$-\Delta H_0$（×4.19kJ/mol）		ΔG^0（×4.19kJ/mol）	
			固体	溶液		
ZnS	固	〔Zn〕+〔S〕(正交)	+41.5	—		
CdS	固	〔Cd〕+〔S〕(正交)	+34.0	—		
CaS	固液	〔Ca〕+〔S〕(正交)	+111.2	+107.3	−109.8	—
K_2S	固液	〔K〕+〔S〕(正交)	+87.3	+110.0		
Ag_2S	固	〔Ag〕+〔S〕(正交)	+7.6	—		
HgS	固	〔Hg〕+〔S〕(正交)	+10.9	—		
H_2S	气	〔S〕(正交)+(H_2)	气 +4.8	+9.32	气 −7.84	−6.49
NH_4SH	固液	(N_2)+(H_2)+〔S〕(正交)	+39.1	+35.9		
KSH	固液	〔K〕+〔S〕(正交)+(H_2)	+62.8	+63.6		
NaSH	固液	〔Na〕+〔S〕(正交)+(H_2)	+56.3	+60.7		
CS_2	气液	〔C〕(无定)+〔S〕(正交)	气 −26.1	−19.6	气 +17.60	+17.10
FeS	固	〔Fe〕+〔S〕(正交)	+23.1	—	−23.6	—
FeS_2	固	〔Fe〕+〔S〕(正交)	+35.5	—		
Cu_2S	固	〔Cu〕+〔S〕(正交)	+19.0	—	−20.61	—
CuS	固	〔Cu〕+〔S〕(正交)	+11.6		−11.72	—
Na_2S	固液	〔Na〕+〔S〕(正交)	+87.0	+104.2		
PbS	固	〔Pb〕+〔S〕(正交)	+22.4		−22.22	—

注：表中〔〕表示硫化物中的单质元素。

（二）硫化氢（H_2S）

1. 硫化氢一般物理性质（表 2-1-127）

表 2-1-127　H_2S 的物理性质

项目	指标	项目	指标
分子量	34.082	1L 气体的质量	1.539g(NTP)
液化温度	−60℃	1g·mol 气体的容积	22.142L(NTP)
液体 H_2S 结晶温度	−82.9℃	液体 H_2S 的黏度	$\eta_t=1.94\times10^{-3}-4.15\times10^{-5}t$(Pa·s) (−80～−60)℃
临界温度	100.4℃		
临界压力	9.11MPa	气体 H_2S 的黏度	$\eta_{0℃}=115.4\times10^{-6}$(Pa·s) $\eta_{20℃}=130\times10^{-6}$(Pa·s)
临界密度	0.31g/cm³		
液体 H_2S 密度	$\gamma=10.866-1.63\times10^{-3}t$ (g/cm³)	蒸气热	536(J/g)

2. 硫化氢在水中的溶解度（表 2-1-128）

表 2-1-128　H_2S 在水中的溶解度

温度/℃	溶解度/(mL/L)	温度/℃	溶解度/(mL/L)	温度/℃	溶解度/(mL/L)
0	4286	20	2887	40	1846
5	3969	25	2594	45	1655
10	3573	30	2302	50	1492
15	3226	35	2056		

3. 液体硫化氢的蒸气压（表 2-1-129）

表 2-1-129　液体 H_2S 的蒸气压

温度/℃	蒸气压/×133.3Pa	温度/℃	蒸气压/×133.3Pa	温度/℃	蒸气压/×133.3Pa
−110	18	−30	3.74	50	35.3
−100	42	−20	5.39	60	42.6
−90	95	−10	7.53	70	52.1
−80	209	0	12.25	80	62.0
−70	432	10	13.47	90	74.5
−60	760	20	17.47	100	88.5
−50	1.60	30	22.6		
−40	2.86	40	28.05		

（三）硫化砷

已知砷的硫化物有 As_4S_3、As_2S_2、As_2S_3 和 As_2S_5 等。

1. As-S 系的状态图（图 2-1-36）

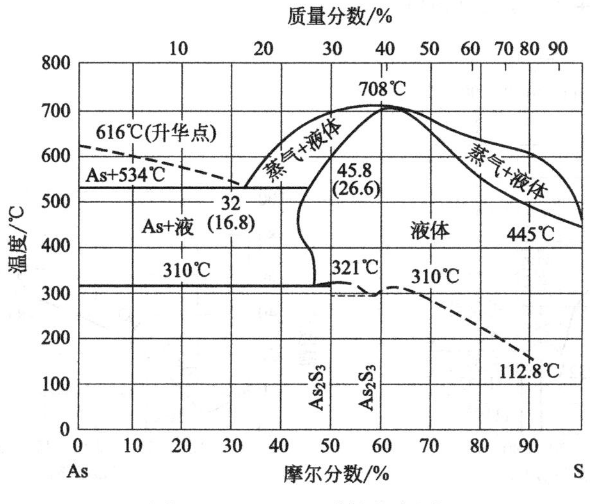

图 2-1-36　As-S 系的状态图

2. 蒸气压

As_2S_3 $$\lg P[\mathrm{Pa}]=-\frac{4307.4}{T}+7.2530(728\sim966\mathrm{K}) \quad (2\text{-}1\text{-}98)$$

As_2S_2 $$\lg P[\mathrm{Pa}]=-\frac{3637.2}{T}+7.1847(663\sim837\mathrm{K}) \quad (2\text{-}1\text{-}99)$$

3. 生成热

As_2S_3 2As(固)+3S(单斜)══As_2S_3(无定形)+34.75±3.1(×4.19kJ) (2-1-100)

As_2S_2 2As(固)+2S(单斜)══As_2S_2(固)+19.0(×4.19kJ) (2-1-101)

+40.3 (×4.19kJ) (2-1-102)

+28.91 (×4.19kJ) (2-1-103)

4. 蒸气密度(表 2-1-130)

表 2-1-130 As_2S_2 的蒸气密度

温度/℃	450	503	513	574	588	1000	1000
密度/(g/cm^3)	19.16	18.5	15.9	13.89	12.52	7.51	6.95
同 As_2S_2=7.403 的比值	2.58	2.49	2.16	1.88	1.69	1.01	0.94

(四)硫化钠

1. Na-S 系的状态图(图 2-1-37)

2. 熔点和生成热(表 2-1-131)

表 2-1-131 硫化钠的熔点和生成热

性质	Na_2S	Na_4S_2	Na_2S_2	Na_4S_5	Na_2S_3	Na_4S_7	Na_2S_4	Na_4S_9	Na_2S_5
熔点/℃	920	772	440	345	320	295	255	210	185
生成热(25℃)/(×4.19kJ/mol)	−89.2	—	−96.0	—	—	—	−99.8	—	—

3. 在水中的相平衡(图 2-1-38)

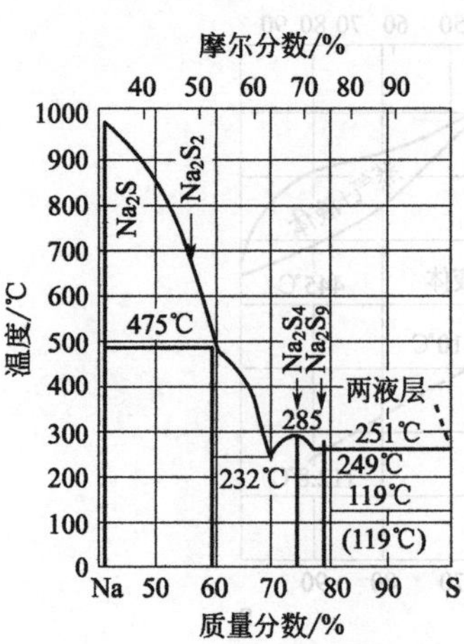

图 2-1-37 Na-S 系的状态图

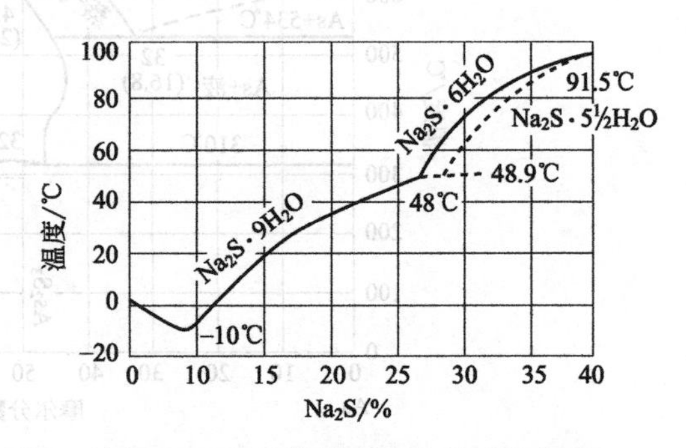

图 2-1-38 硫化钠在水中的平衡曲线

四、硫酸盐

硫酸盐有中式盐（M_2SO_4）、酸式盐（$MHSO_4$）和碱式盐（$M_2O \cdot M_2SO_4$）等。酸式盐比中式盐易溶于水，碱式盐一般不溶于水。

（一）一般硫酸盐性质

1. 物理性质（表 2-1-132）

表 2-1-132　硫酸盐的物理性质

物质名称	化学式	分子量	颜色和结晶系	相对密度	熔点/℃
硫酸锌	$ZnSO_4$	161.43	无,正交	3.474^{15}	分解:740
	$ZnSO_4 \cdot 6H_2O$	269.52	无,单斜	2.072^{15}	$-5H_2O$:70
	$ZnSO_4 \cdot 7H_2O$	287.54	无,正交	$1.966^{16.5}$	转变:39 $-7H_2O$:280
硫酸铝	$Al_2(SO_4)_3$	342.15	无,正交	$2.672^{22.5}$	分解:770
	$Al_2(SO_4)_3 \cdot 18H_2O$	666.43	无,单斜	1.69^{17}	分解:86.5
硫酸铵	$(NH_4)_2SO_4$	132.14	无,正交	1.769^{20}	513 加压分解:120
硫酸钙	$CaSO_4$	136.14	无,正交	2.96	1450
	$CaSO_4 \cdot 1/2H_2O$	145.15	白,粉		$-1/2H_2O$:163
	$CaSO_4 \cdot 2H_2O$	172.17	无,单斜	2.32	$-3/2H_2O$:128 $-2H_2O$:163
硫酸镉	$CdSO_4$	208.46	无,正交	4.691^{24}	升华,分解 700
	$CdSO_4 \cdot 4H_2O$	280.52	无	3.05	
硫酸亚汞	Hg_2SO_4	497.24	无～粉黄、单斜	7.56	分解
硫酸汞	$HgSO_4$	296.65	无,正交	6.47	分解
硫酸亚铁	$FeSO_4$	151.91	淡绿,正交	3.346^{20}	分解
	$FeSO_4 \cdot 7H_2O$	278.02	蓝绿单斜,正交 白～黄粉	1.895^{25}	$-3H_2O$:20～73
硫酸钛	$Fe_2(SO_4)_3$	399.88	正交,菱面体	3.097^{15}	分解:480
	$Fe_2(SO_4)_3 \cdot 9H_2O$	562.02	黄,白三斜 正交,六方	$2.116^{16.2}$	$-5H_2O$:98 $-8H_2O$:125 $-9H_2O$:175
硫酸铜	$CuSO_4$	159.61	无,正交	3.603^{20}	200 分解
	$CuSO_4 \cdot 5H_2O$	249.68	蓝,三斜	2.286^{16}	(→CuO:650) $-2H_2O$:45 $-4H_2O$:110 $-5H_2O$:250
硫酸钠	Na_2SO_4	142.04	无,正交	2.698	转变(→单斜):100

续表

物质名称	化学式	分子量	颜色和结晶系	相对密度	熔点/℃
	Na_2SO_4	142.04	无,单斜		转变(→六方):500
	$Na_2SO_4 \cdot 7H_2O$	268.15	无,正方		$7H_2O_2$:4.4
硫酸铅	$PbSO_4$	303.25	无,单斜,正交	6.2	1084分解
硫酸高铅	$Pb(SO_4)_2$	399.31	黄,粉		
硫酸镍	$NiSO_4$	154.77	黄绿,立方	3.68	$-SO_3$:840
	$NiSO_4 \cdot 6H_2O$	262.86	黄绿,正方	2.031^{15}	$-4H_2O$:110 $-6H_2O$:280
	$NiSO_4 \cdot 7H_2O$	280.88	绿,正交	1.948^{15}	98~100
硫酸氧钒	$VOSO_4$	163.00	紫,单斜		分解
硫酸钡	$BaSO_4$	233.40	无,正交,单斜	4.499^{15}	1580分解
硫酸镁	$MgSO_4$	120.37	无,结晶	2.66	1185分解
	$MgSO_4 \cdot 7H_2O$	246.48	无,正交	1.68	67.5
硫酸锰	$MnSO_4$	151.00	粉红,块	3.235	700分解:850
	$MnSO_4 \cdot 7H_2O$	277.11	浅红,单斜;正交	2.092	$-2H_2O$:19 $-7H_2O$:280
硫酸氢钠	$NaHSO_4$	120.06	无,三斜	2.742^{20}	185.7
亚硫酸钙	$CaSO_3 \cdot 2H_2O$	156.17	无,六方		$-2H_2O$:100 分解:650
亚硫酸钠	Na_2SO_3	126.04	无,六方	2.633^{15}	分解
亚硫酸氢钠	$NaHSO_3$	104.06	无,单斜	1.48	分解

注:相对密度值上角数字表示温度,即该温度下的相对密度。

2. 比热(表 2-1-133)

表 2-1-133 硫酸盐的比热

物质名称	状态	比热/(×4.19J/mol)	温度范围/℃	误差/%
$ZnSO_4$	结晶	28	20~100	
$ZnSO_4 \cdot 6H_2O$	结晶	80.8	9	
$ZnSO_4 \cdot 7H_2O$	结晶	100.2	0~34	
$Al_2(SO_4)_3$	结晶	63.5	0~100	
$Al_2(SO_4)_3 \cdot 18H_2O$	结晶	235	15~52	
$CdSO_4 \cdot 8/3H_2O$	结晶	51.3	20	
K_2SO_4	结晶	33.1	14~98	
$CaSO_4$	结晶	$18.52+0.0219T-\frac{156800}{T^2}$	0~1100	5
$CaSO_4 \cdot 2H_2O$	结晶	46.8	9~100	

续表

物质名称	状态	比热/(×4.19J/mol)	温度范围/℃	误差/%
Hg_2SO_4	结晶	31.0	0～34	
$(NH_4)_2SO_4$	结晶	51.6	2～55	
$FeSO_4$	结晶	22	20～100	
$Fe_2(SO_4)_3$	结晶	66.2	0～100	
$FeSO_4 \cdot 7H_2O$	结晶	96	18～46	
$CuSO_4$	结晶	24.1	9	
$CuSO_4 \cdot 5H_2O$	结晶	67.2	9	
Na_2SO_4	结晶	32.8	16～98	
$PbSO_4$	结晶	26.4	20～99	
$NiSO_4$	结晶	33.4	20～100	
$NiSO_4 \cdot 6H_2O$	结晶	82	18～52	
$BaSO_4$	结晶	$21.35+0.0141T$	0～1050	5
$MgSO_4$	结晶	26.7	23～99	
$MgSO_4 \cdot 7H_2O$	结晶	89	18～46	
$MnSO_4$	结晶	27.5	20～100	
$MnSO_4 \cdot 5H_2O$	结晶	78	17～46	

3. 分解压（图 2-1-39）

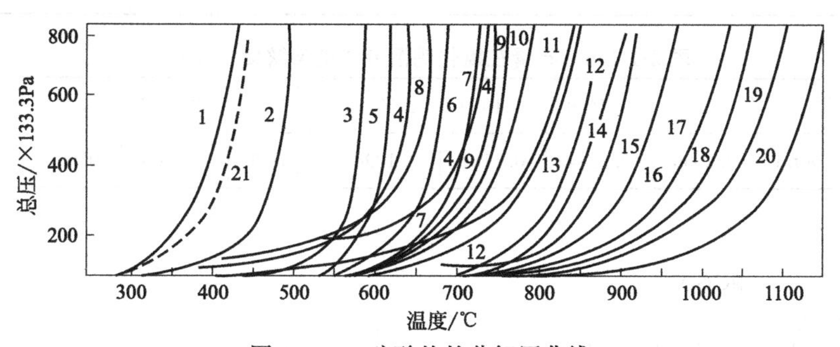

图 2-1-39 硫酸盐的分解压曲线

图 2-1-39 中曲线号代表含义：

1—$2(Cr_2O_3 \cdot 2SO_3) = 2Cr_2O_3 \cdot 3SO_3 + SO_3$

2—$2(CeO_2 \cdot 2SO_3) = Ce_2O_3 \cdot 3SO_3 + O_2 + SO_2$

3—$2(TiO_2 \cdot SO_3) = 2TiO_2 \cdot SO_3 + SO_3$

4—$2CuSO_4 = 2CuO \cdot SO_3 + SO_3$

5—$2TiO_2 \cdot SO_3 = 2TiO_2 + SO_3$

6—$2Cr_2O_3 \cdot 3SO_3 = 2Cr_2O_3 + 3SO_3$

$Ga_2(SO_4)_3 = Ga_2O_3 + 3SO_3$

7—$Fe_2O_3 \cdot 3SO_3 = Fe_2O_3 + 3SO_3$

8—$2FeSO_4 = Fe_2O_3 + SO_3 + SO_2$

9—$2CuSO_4 = 2(CuO \cdot SO_3)$

$2Cu \cdot SO_3 + O_2 = 2CuO + SO_3$

10—$Al_2(SO_4)_3 = Al_2O_3 + 3SO_3$

11—$BeSO_4 = BeO + SO_3$

12—$ThO_2 \cdot 2SO_3 = ThO_2 + 2SO_3$

13—$ZnSO_4$ ══ $ZnO+SO_3$

14—$NiSO_4$ ══ $NiO+SO_3$

15—$Ce_2O_3+3SO_3$ ══ $Ce_2O_3+3SO_3$

16—$CoSO_4$ ══ $CoO+SO_3$

17—$3MnSO_4$ ══ $Mn_3O_4+2SO_3+SO_2$

18—$5CdSO_4$ ══ $5CdO\cdot SO_3+4SO_3$

19—Ag_2SO_4 ══ $2Ag+SO_2+O_2$

20—$MgSO_4$ ══ $MgO+SO_3$

21—$VOSO_4$ ══ VO_2+SO_3

（二）硫酸钙（石膏）（表 2-1-134~表 2-1-136、图 2-1-40~图 2-1-43）

表 2-1-134 石膏在硫酸溶液中的溶解度

H_2SO_4 浓度/%		0.00	0.048	0.487	4.867	7.500	9.753	14.601	29.202
$CaSO_4$ 溶解度/(g/100mL)	25℃	0.2126	0.2128	0.2144	0.2727	0.2841	0.2779	0.2571	0.1541
	35℃	—	0.2209	0.2451	0.3397	—	0.3606	0.3150	—
	43℃	0.2145	0.2236	0.2456	0.3843	0.4146	—	0.4139	0.2481

表 2-1-135 石膏在盐酸溶液中的溶解度

HCl 浓度/%		0	1	2	3	4	6	8
$CaSO_4$/(g/100mL)	25℃	0.208	0.72	1.02	1.25	1.42	1.65	1.74
	102℃	0.160	1.38	2.38	3.20	3.64	4.65	—

表 2-1-136 石膏在氯化钙溶液中的溶解度（25℃）

$CaCl_2$ 浓度/%	0	0.7489	1.1959	2.5570	9.7023	19.2705	28.0303	36.7850
$CaSO_4$/(g/100mL)	0.2056	0.1244	0.1181	0.1096	0.0841	0.0465	0.0203	0.0032

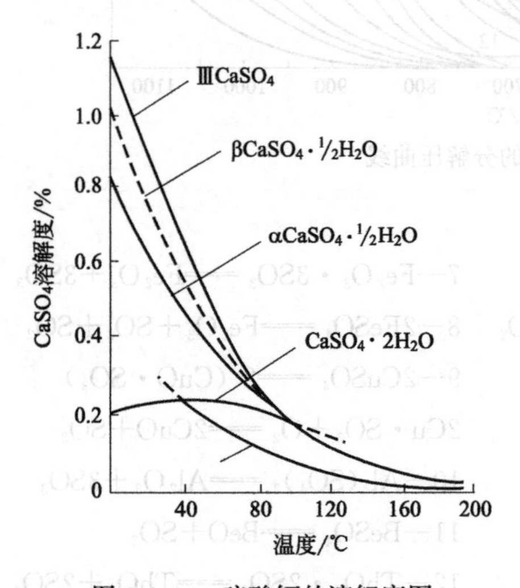

图 2-1-40 硫酸钙的溶解度图

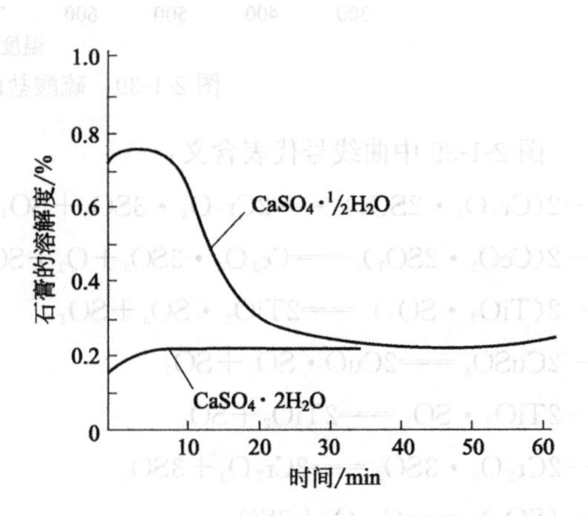

图 2-1-41 熟石膏在水中的饱和现象

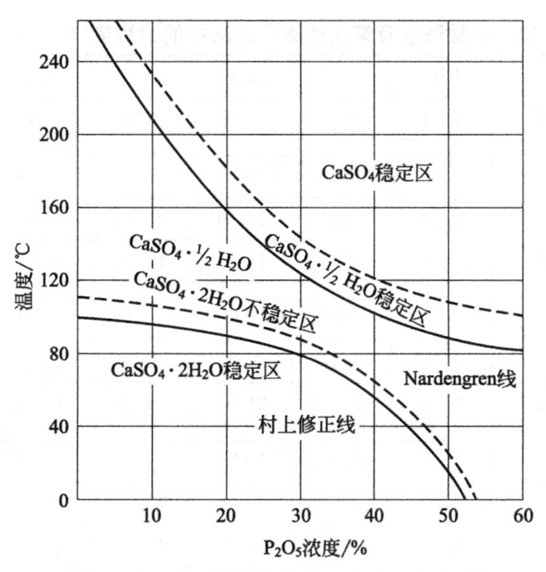

图 2-1-42 在磷酸液中的 $CaSO_4$-H_2O 系

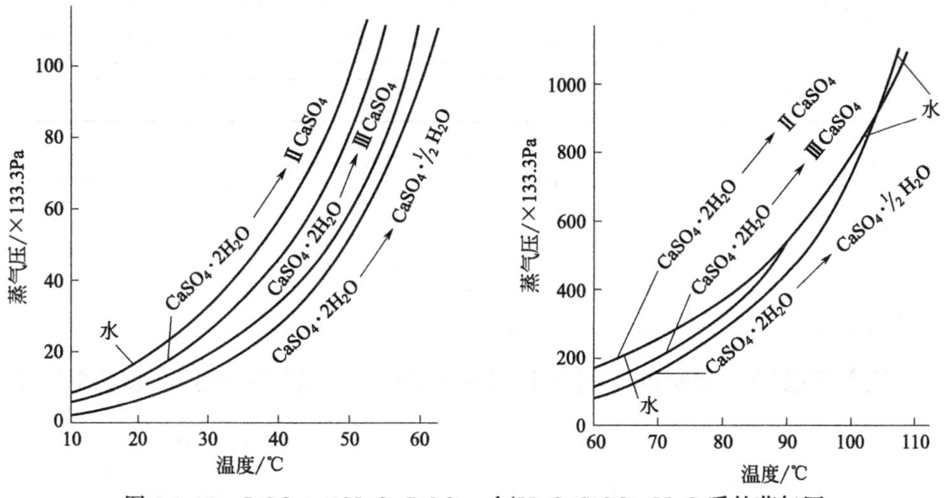

图 2-1-43 $CaSO_4 \cdot 2H_2O$-$CaSO_4 \cdot \frac{1}{2}H_2O$-$CaSO_4$-$H_2O$ 系的蒸气压

（三）硫酸亚铁和硫酸铁（表 2-1-137、表 2-1-138）

表 2-1-137 硫酸亚铁在水中的溶解度/(g/100g 溶液)

t/℃	溶解度	固相	t/℃	溶解度	固相
0	13.53	7 水盐	60.01	35.46	4 水盐
10.00	17.02	7 水盐	64.00	35.65	7 水盐+4 水盐
20.10	20.00	7 水盐	68.02	34.35	1 水盐
30.03	24.78	7 水盐	77.00	31.46	1 水盐
40.05	28.67	7 水盐	85.02	28.80	1 水盐
50.21	32.70	7 水盐	90.13	27.15	1 水盐

表 2-1-138 硫酸亚铁及氧化亚铁在硫酸中的溶解度/(g/100g 溶液)

温度	项目							
0℃	H_2SO_4 浓度/%	1.81	8.45	22.98	38.62	41.80	53.25	63.60
	$FeSO_4$ 溶解度	14.1	11.10	4.80	3.38	2.34	0.55	0.28
	固相	$FeSO_4 \cdot 7H_2O$				$FeSO_4 \cdot H_2O$		
25℃	H_2SO_4 浓度/%	1.13	9.37	25.54	27.78	31.00	45.70	64.35
	$FeSO_4$ 溶解度	22.88	16.79	11.23	10.70	8.50	1.75	0.40
	固相	$FeSO_4 \cdot 7H_2O$				$FeSO_4 \cdot H_2O$		
55℃	H_2SO_4 浓度/%	1.74	2.42	3.87	5.93	22.26	45.37	69.20
	$FeSO_4$ 溶解度	33.48	32.76	31.91	29.20	15.42	3.03	0.61
	固相	$FeSO_4 \cdot 7H_2O$				$FeSO_4 \cdot H_2O$		
65℃	H_2SO_4 浓度/%	1.82	1.61	3.29	10.21	16.32	29.46	
	$FeSO_4$ 溶解度	34.24	34.66	32.57	16.32	20.48	10.38	
	固相	$FeSO_4 \cdot 7H_2O$			$FeSO_4 \cdot 2H_2O$			
75℃	H_2SO_4 浓度/%	0.43	3.45	5.60	8.71	10.78	21.90	34.72
	$FeSO_4$ 溶解度	31.46	28.00	25.58	22.60	21.29	14.40	7.05
	固相	$FeSO_4 \cdot 2H_2O$						

H_2SO_4 浓度/%	溶解度		H_2SO_4 浓度/%	溶解度	
	FeO	$FeSO_4$		FeO	$FeSO_4$
10	10	19.30	52	2.11	40.15
39	5.414	10.30	63	0.08	0.152
45	3.816	7.26			

（四）硫酸铁、硫酸钠（图 2-1-44～图 2-1-47、表 2-1-139、表 2-1-140）

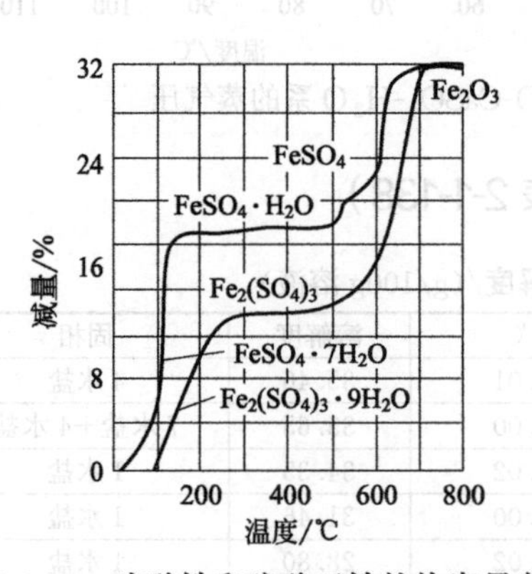

图 2-1-44 硫酸铁和硫酸亚铁的热容量曲线

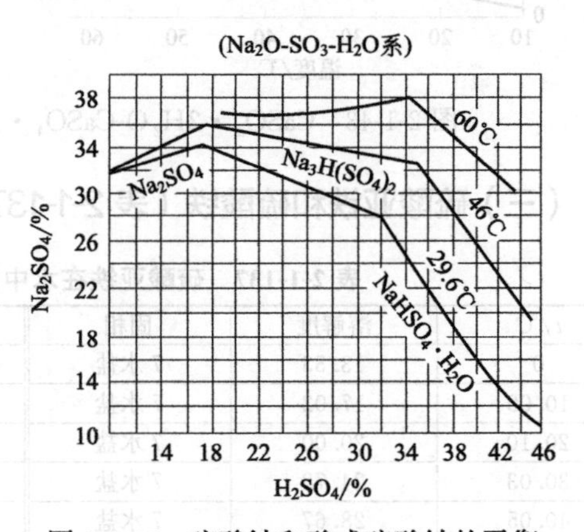

图 2-1-45 硫酸钠和酸式硫酸钠的平衡

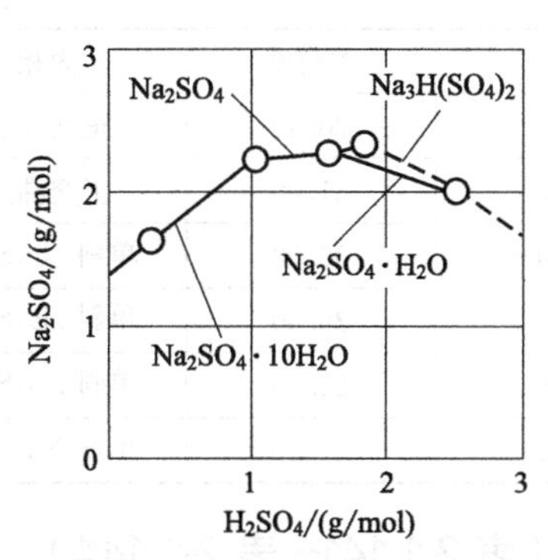

图 2-1-46　硫酸钠在硫酸中溶解度

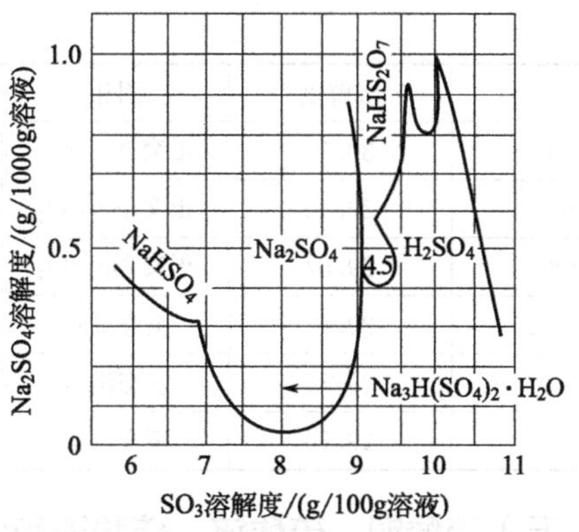

图 2-1-47　SO_3-H_2O 混合液中硫酸钠的溶解度曲线

表 2-1-139　硫酸铁在硫酸中的溶解度（不同温度下 100g 饱和溶液中溶解的质量）

温度	项目								
25℃	Fe_2O_3	0.27	3.88	8.04	13.80	17.52	18.56	19.98	7.91
	SO_3	39.77	33.20	13.80	30.02	29.85	29.98	29.19	9.18
	固相	$Fe_2O_3 \cdot 4SO_3 \cdot 9H_2O$		$Fe_2O_3 \cdot 3SO_3 \cdot 7H_2O$		$7Fe_2O_3 \cdot 15SO_3$		固溶体	

温度	项目											
50℃	Fe_2O_3	0.14	1.44	17.96	20.13	20.70	16.78	8.56	5.55	0.09	0.07	0.07
	SO_3	0.39	2.30	22.96	27.18	28.40	30.72	32.56	33.96	55.34	59.20	75.37
	固相	$Fe_2O_3 \cdot H_2O$	$3Fe_2O_3 \cdot 4SO_3 \cdot 9H_2O$	$Fe_2O_3 \cdot 2SO_3 \cdot 5H_2O$		$2Fe_2O_3 \cdot 5SO_3 \cdot 17H_2O$	$Fe_2O_3 \cdot 3SO_3 \cdot 7H_2O$			$Fe_2O_3 \cdot 4SO_3 \cdot 9H_2O$		$Fe_2O_3 \cdot 4SO_3 \cdot 3H_2O$

温度	项目										
110℃	Fe_2O_3	0.01	0.08	14.51	19.74	19.04	1.26	0.81	0.48	0.15	0.06
	SO_3	0.53	0.83	22.71	30.80	30.97	41.38	45.45	53.45	59.80	72.50
	固相	$Fe_2O_3 \cdot H_2O$	$3Fe_2O_3 \cdot 4SO_3 \cdot 9H_2O$	$Fe_2O_3 \cdot 2SO_3 \cdot H_2O$	$Fe_2O_3 \cdot 3SO_3 \cdot 6H_2O$		$Fe_2O_3 \cdot 4SO_3 \cdot 9H_2O$				$Fe_2O_3 \cdot 4SO_3 \cdot 3H_2O$

表 2-1-140　硫酸钠的溶解度/(g/100g$_{溶液}$)

t/℃	溶解度	固相	t/℃	溶解度	固相
0	4.49	10 水盐	40	32.50	正交 Na_2SO_4
10	8.26	10 水盐	50	31.70	正交 Na_2SO_4
20	16.02	10 水盐	60	31.20	正交 Na_2SO_4
30	28.60	10 水盐	70	30.50	正交 Na_2SO_4

续表

t/℃	溶解度	固相	t/℃	溶解度	固相
80	30.10	正交 Na_2SO_4	190	30.40	正交沸点
90	29.90	正交 Na_2SO_4	208	31.00	正交沸点
100	29.67	正交 Na_2SO_4	240	30.00	单斜 Na_2SO_4
102.2	29.72	正交沸点	250	29.50	单斜 Na_2SO_4
120	29.50	正交沸点	279	25.30	单斜 Na_2SO_4
150	29.70	正交沸点	320	17.80	单斜 Na_2SO_4

（五）硫酸铜、硫酸锌、硫酸镍和硫酸铝（表 2-1-141~ 表 2-1-144）

表 2-1-141 硫酸铜在硫酸中的溶解度

摩尔分数/%		固相	摩尔分数/%		固相
CuO	SO_3		CuO	SO_3	
		22℃			100℃
0.52	0.50	$4CuO \cdot SO_3 \cdot 4H_2O$	0.001	0.002	$CuO + 4CuO \cdot SO_3 \cdot 4H_2O$
1.55	1.52	$4CuO \cdot SO_3 \cdot 4H_2O$	0.02	0.02	$3CuO \cdot SO_3 \cdot 2H_2O +$ $4CuO \cdot SO_3 \cdot 3H_2O$
3.69	3.78	$4CuO \cdot SO_3 \cdot 4H_2O$	0.38	0.40	$3CuO \cdot SO_3 \cdot 2H_2O$
7.04	7.19	$4CuO \cdot SO_3 \cdot 4H_2O$	1.16	1.24	$3CuO \cdot SO_3 \cdot 2H_2O$
8.77	8.92	$4CuO \cdot SO_3 \cdot 4H_2O +$ $CuO \cdot SO_3 \cdot 5H_2O$	5.61	5.81	$3CuO \cdot SO_3 \cdot 2H_2O$
7.59	10.95	$CuO \cdot SO_3 \cdot 5H_2O$	14.57	14.82	$3CuO \cdot SO_3 \cdot 2H_2O$
7.26	12.03	$CuO \cdot SO_3 \cdot 5H_2O$	21.07	21.44	$3CuO \cdot SO_3 \cdot 2H_2O +$ $3CuO \cdot 2SO_3 \cdot 5H_2O$
5.72	15.23	$CuO \cdot SO_3 \cdot 5H_2O$	21.14	21.52	$3CuO \cdot 2SO_3 \cdot 5H_2O$
4.08	20.29	$CuO \cdot SO_3 \cdot 5H_2O$	21.37	21.74	$3CuO \cdot 2SO_3 \cdot 5H_2O +$ $CuO \cdot SO_3 \cdot 3H_2O$
2.09	27.54	$CuO \cdot SO_3 \cdot 5H_2O$	19.92	22.73	$CuO \cdot SO_3 \cdot 3H_2O$
1.23	40.25	$CuO \cdot SO_3 \cdot 5H_2O$	15.89	25.44	$CuO \cdot SO_3 \cdot 3H_2O$
1.12	44.08	$CuO \cdot SO_3 \cdot 5H_2O$	12.60	31.40	$CuO \cdot SO_3 \cdot 3H_2O +$ $CuO \cdot SO_3 \cdot H_2O$
0.73	48.31	$CuO \cdot SO_3 \cdot 3H_2O$	10.49	33.67	$CuO \cdot SO_3 \cdot H_2O$
0.07	63.24	$CuO \cdot SO_3 \cdot 3H_2O$	2.92	45.04	$CuO \cdot SO_3 \cdot H_2O$
0.09	72.00	$CuO \cdot SO_3 \cdot 3H_2O + CuO \cdot SO_3$	1.64	49.20	$CuO \cdot SO_3 \cdot H_2O$
0.12	72.52	$CuO \cdot SO_3$	0.84	53.60	$CuO \cdot SO_3 \cdot H_2O$
0.19	76.52	$CuO \cdot SO_3$	0.2	70.6	$CuO \cdot SO_3 \cdot H_2O + CuO \cdot SO_3$

表 2-1-142　硫酸锌在硫酸中的溶解度

温度/℃	H_2SO_4质量分数/%	$ZnSO_4$溶解度/%	固相	温度/℃	H_2SO_4质量分数/%	$ZnSO_4$溶解度/%	固相
−6.55	0.0	27.09	冰+$ZnSO_4 \cdot 7H_2O$	12.5	0.0	33.28	$ZnSO_4 \cdot 7H_2O$
−8.0	7.5	20.07	冰+$ZnSO_4 \cdot 7H_2O$	12.5	7.71	26.64	$ZnSO_4 \cdot 7H_2O$
−10.0	12.5	15.72	冰+$ZnSO_4 \cdot 7H_2O$	12.5	16.14	20.76	$ZnSO_4 \cdot 7H_2O$
−10.0	19.3	10.94	$ZnSO_4 \cdot 7H_2O$	12.5	23.64	17.02	$ZnSO_4 \cdot 6H_2O$
−10.0	30.0	6.91	$ZnSO_4 \cdot 7H_2O$	12.5	36.80	9.62	$ZnSO_4 \cdot 6H_2O$
−10.0	41.7	1.97	$ZnSO_4 \cdot 7H_2O$	12.5	44.36	2.92	$ZnSO_4 \cdot 6H_2O$+$ZnSO_4 \cdot 2H_2O$
0	0.0	29.53	$ZnSO_4 \cdot 7H_2O$	12.5	58.76	1.19	$ZnSO_4 \cdot 2H_2O$
0	2.5	27.29	$ZnSO_4 \cdot 7H_2O$	12.5	72.26	0.22	$ZnSO_4 \cdot 2H_2O$+$ZnSO_4$
0	10.0	20.49	$ZnSO_4 \cdot 7H_2O$	12.5	98.96	0.16	$ZnSO_4$
0	16.9	15.55	$ZnSO_4 \cdot 7H_2O$	18.2	25.4	21.34	$ZnSO_4 \cdot 7H_2O$+$ZnSO_4 \cdot 6H_2O$
0	30.0	10.44	$ZnSO_4 \cdot 7H_2O$	28.5	14.2	29.48	$ZnSO_4 \cdot 7H_2O$+$ZnSO_4 \cdot 6H_2O$
0	34.6	9.55	$ZnSO_4 \cdot 7H_2O$	39.1	0.0	41.27	$ZnSO_4 \cdot 7H_2O$+$ZnSO_4 \cdot 6H_2O$
10	0.0	32.29	$ZnSO_4 \cdot 7H_2O$	20	0.0	35.43	$ZnSO_4 \cdot 6H_2O$
10	5.4	27.06	$ZnSO_4 \cdot 7H_2O$	20	4.8	31.44	$ZnSO_4 \cdot 6H_2O$
10	11.0	23.30	$ZnSO_4 \cdot 7H_2O$	20	10.25	27.35	$ZnSO_4 \cdot 6H_2O$
10	20.3	17.97	$ZnSO_4 \cdot 7H_2O$	20	17.25	24.00	$ZnSO_4 \cdot 6H_2O$
10	24.75	15.72	$ZnSO_4 \cdot 7H_2O$	30	0.0	38.41	$ZnSO_4 \cdot 6H_2O$
10	36.0	13.70	$ZnSO_4 \cdot 7H_2O$	30	5.2	34.36	$ZnSO_4 \cdot 6H_2O$

表 2-1-143　硫酸镍在硫酸中的溶解度

H_2SO_4浓度/%	$NiSO_4$溶解度/%	固相	H_2SO_4浓度/%	$NiSO_4$溶解度/%	固相
0.0	27.53	$NiSO_4 \cdot 7H_2O$	19.86	13.72	$NiSO_4 \cdot 6H_2O$(蓝)
4.28	24.13	$NiSO_4 \cdot 7H_2O$	30.46	8.56	$NiSO_4 \cdot 6H_2O$(蓝)
8.80	21.14	$NiSO_4 \cdot 7H_2O$	40.67	6.71	$NiSO_4 \cdot 6H_2O$(蓝)
10.20	20.06	$NiSO_4 \cdot 7H_2O$+$NiSO_4 \cdot 6H_2O$	52.45	9.56	$NiSO_4 \cdot 6H_2O$(蓝)
11.85	18.60	$NiSO_4 \cdot 6H_2O$(蓝)	68.01	0.77	$NiSO_4 \cdot 2H_2O$

注：表中数据为 40℃时的测定结果。

表 2-1-144　硫酸铝在硫酸中的溶解度（25℃）

H_2SO_4 浓度/%	$Al_2(SO_4)_3$ 溶解度/%	固相	H_2SO_4 浓度/%	$Al_2(SO_4)_3$ 溶解度/%	固相
0	27.82	$Al_2(SO_4)_3 \cdot 18H_2O$	40	4.8	$Al_2(SO_4)_3 \cdot 18H_2O$
5.13	29.21	$Al_2(SO_4)_3 \cdot 18H_2O$	50	1.5	$Al_2(SO_4)_3 \cdot 18H_2O$
10	26.2	$Al_2(SO_4)_3 \cdot 18H_2O$	60	1	$Al_2(SO_4)_3 \cdot 18H_2O$
20	19.5	$Al_2(SO_4)_3 \cdot 18H_2O$	70	2.3	$Al_2(SO_4)_3 \cdot 18H_2O$
30	11.6	$Al_2(SO_4)_3 \cdot 18H_2O$	75	4	$Al_2(SO_4)_3 \cdot 18H_2O$

五、亚硫酸铵、亚硫酸氢铵、硫酸铵

（一）溶液的密度

1. 单组分铵盐溶液的密度

亚硫酸铵、亚硫酸氢铵、硫酸铵水溶液的密度与浓度的关系：

$$\gamma'_{(NH_4)_2SO_3}=1000+5.4c \tag{2-1-104}$$

$$\gamma'_{NH_4HSO_3}=987+5.35c \tag{2-1-105}$$

$$\gamma'_{(NH_4)_2SO_4}=1000+577c \tag{2-1-106}$$

式中　$\gamma'_{(NH_4)_2SO_3}$——亚硫酸铵的密度，g/L；

$\gamma'_{NH_4HSO_3}$——亚硫酸氢铵的密度，g/L；

$\gamma'_{(NH_4)_2SO_4}$——硫酸铵的密度，g/L。

2. 铵盐混合溶液的密度

亚硫酸铵-亚硫酸氢铵-硫酸铵的混合溶液的密度可用 N. Ⅱ. Ⅱ $_{ehcaxoB}$ 式计算：

$$\gamma=1000+a_1K_1+a_2K_2+a_3K_3+\cdots \tag{2-1-107}$$

式中　γ——混合溶液的密度，g/L；

$a_1,a_2,a_3\cdots$——混合溶液中各单组分铵盐的含量（无水），g/L；

$K_1,K_2,K_3\cdots$——混合溶液中各单组分铵盐的系数。可按 $K=\gamma'-1000/\gamma'C$ 求得，γ' 为各单组分铵盐溶液的密度，g/L；c 为单组分铵盐溶液的浓度，%（质量分数）。因 K 值受浓度 c 影响较小，可按平均值考虑。

单组分铵盐的名称	K 的平均值	K 值变动范围
$(NH_4)_2SO_3$	0.482	0.460～0.515
NH_4HSO_3	0.400	0.385～0.406
$(NH_4)_2SO_4$	0.474	0.460～0.483

（二）溶液的黏度

1. 单组分铵盐的黏度

亚硫酸铵盐、硫酸铵盐的二元系统（盐-水），溶液的黏度可表示成溶液浓度的函数，其经验式如下：

$$\lg\psi=Ac(1+Bc) \tag{2-1-108}$$

式中　ψ——溶液的相对黏度；

c——溶液的浓度，mol/L；

A，B——常数。

单组分铵盐的名称	A	B
$(NH_4)_2SO_3$	0.065	0.016
NH_4HSO_3	0.036	0.100
$(NH_4)_2SO_4$	0.051	0.015

2.铵盐混合溶液的黏度

根据式(2-1-109)计算混合溶液中各单组分铵盐的黏度，然后按式(2-1-110)求混合溶液的黏度。

$$\lg\psi = Ac(1 + Bc\Sigma) \tag{2-1-109}$$

$$\lg\psi\Sigma = \Sigma\lg\psi \tag{2-1-110}$$

式中　$\psi\Sigma$——铵盐混合溶液的黏度（相对黏度）；

ψ——混合溶液中各单组分铵盐溶液的黏度（相对黏度）；

c——溶液中单组分铵盐的浓度，mol/L；

$c\Sigma$——混合溶液中铵盐的总浓度，mol/L。

例：混合溶液的组成：

溶液中铵盐的名称	含量/(g/L)	分子量	浓度/(mol/L)
NH_4HSO_3	351	99.11	3.5415
$(NH_4)_2SO_3$	13.7	116.14	0.2359
$(NH_4)_2SO_4$	327	132.14	4.9496
$(NH_4)_2S_2O_3$	52.5	148.2	0.7085
合计			9.4352

单组分铵盐的黏度根据下式计算：

$\lg\psi_{NH_4HSO_3} = 0.036 \times 3.5415(1 + 0.100 \times 9.4352) = 0.2478$

$\lg\psi_{(NH_4)_2SO_3} = 0.065 \times 0.2359(1 + 0.016 \times 9.4352) = 0.0177$

$\lg\psi_{(NH_4)_2SO_4} = 0.051 \times 4.9493(1 + 0.015 \times 9.4352) = 0.2881$

$\lg\psi_{(NH_4)_2S_2O_4} = 0.051 \times 0.7085(1 + 0.015 \times 9.4352) = 0.0413$

因 $(NH_4)_2S_2O_3$ 缺值，其含量较小，故采用 $(NH_4)_2SO_4$ 的有关值进行计算。

混合溶液的黏度按式(2-1-111)计算：

$$\lg\psi\Sigma = \Sigma\lg\psi = 0.2478 + 0.0177 + 0.288 + 0.0413 = 0.5949$$

$$\psi\Sigma = 3.9346(\text{相对黏度})$$

混合溶液的温度40℃时，相同温度下水的黏度为 0.656×10^{-3} Pa·s，则混合溶液的黏度以动力黏度表示为 $3.934 \times 0.656 \times 10^{-3} = 2.851 \times 10^{-3}$ (Pa·s)。

（三）蒸气压

NH_3-SO_2-H_2O 系统的二氧化硫、氨、水蒸气的平衡分压按 Johnstone 式计算。

$$P_{SO_2}=M\frac{(2S-C)^2}{C-S}\times 133.322 \tag{2-1-111}$$

$$P_{NH_3}=N\frac{C(C-S)}{2S-C}\times 133.322 \tag{2-1-112}$$

$$\lg M=5.865-\frac{2369}{T} \tag{2-1-113}$$

$$\lg N=13.68-\frac{4987}{T} \tag{2-1-114}$$

在一般吸收情况下，溶液的温度 30～40℃时，NH_3 的分压是不大的，只有 1.333～2.666Pa。

$2S=C$ 时，$P_{NH_3}=\infty$；$C=S$ 时，$P_{SO_2}=\infty$。

水蒸气分压按 Raoult 式计算。

$$P_{H_2O}=P_W\left(\frac{100}{100+C+S}\right)\times 133.3 \tag{2-1-115}$$

溶液中有硫酸铵存在的情况下二氧化硫和氨和平衡分压：

$$P_{SO_2}=M\frac{(2S-C+2A)^2}{C-S-2A}\times 133.3 \tag{2-1-116}$$

$$P_{NH_3}=N\frac{C(C-S-2A)}{2S-C+2A}\times 133.3 \tag{2-1-117}$$

式中 P_{SO_2}——溶液上面 SO_2 的平衡分压，Pa；

P_{NH_3}——溶液上面 NH_3 的平衡分压，Pa；

P_{H_2O}——溶液上面水蒸气的平衡分压，Pa；

P_W——与溶液相同的温度下，水蒸气的饱和蒸气压，Pa；

S——溶液中 SO_2 总含量，mol/100molH_2O；$S=[H_2SO_3]+[HSO_3^-]+[SO_3^{2-}]$；

C——溶液中 NH_3 的总含量，mol/100molH_2O；$C=[NH_4OH]+[NH_4^+]$

A——溶液中 SO_4^{2-} 含量，mol/100molH_2O；

$C-S$——溶液中 $(NH_4)_2SO_3$ 的含量，mol/100molH_2O；

$2S-C$——溶液中 NH_4HSO_3 的含量，mol/100molH_2O；

T——溶液的温度，K；

M,N——系数，数值见表 2-1-145。

表 2-1-145 SO_2-NH_3 系统的蒸气压力方程式中的 M 与 N 系数值

温度/℃	M	N	温度/℃	M	N	温度/℃	M	N
20	0.00603	0.00047	31	0.0118	0.00192	38	0.0177	0.00457
25	0.00824	0.00088	32	0.0125	0.00217	39	0.0187	0.00516
26	0.00875	0.00101	33	0.0133	0.00245	40	0.01976	0.0058
27	0.00929	0.00115	34	0.0141	0.00276	41	0.0209	0.00645
28	0.00987	0.00131	35	0.01492	0.00311	42	0.0221	0.00715
29	0.0105	0.00149	36	0.0158	0.00354	43	0.0233	0.0079
30	0.01114	0.00169	37	0.0167	0.00403	44	0.0246	0.00875

续表

温度/℃	M	N	温度/℃	M	N	温度/℃	M	N
45	0.02604	0.0097	68	0.0829	0.117	91	0.225	0.9885
46	0.0274	0.0108	69	0.0869	0.129	92	0.2385	1.04
47	0.0290	0.0121	70	0.09095	0.142	93	0.247	1.132
48	0.0205	0.01365	71	0.0948	0.156	94	0.2565	1.236
49	0.0322	0.0154	72	0.0998	0.1715	95	0.2675	1.343
50	0.03344	0.0174	73	0.1042	0.1885	96	0.2795	1.462
51	0.0358	0.0195	74	0.1092	0.2075	97	0.2905	1.592
52	0.0376	0.0218	75	0.1141	0.2295	98	0.3015	1.73
53	0.0396	0.0243	76	0.1194	0.252	99	0.316	1.88
54	0.0417	0.0270	77	0.1279	0.276	100	0.3263	2.042
55	0.04388	0.0300	78	0.1306	0.302	101	0.3438	2.22
56	0.0461	0.0335	79	0.1365	0.331	102	0.358	2.40
57	0.048	0.0374	80	0.1424	0.364	103	0.370	2.61
58	0.0510	0.0418	81	0.1490	0.400	104	0.384	2.83
59	0.0536	0.0467	82	0.1556	0.439	105	0.3965	3.06
60	0.05634	0.0522	83	0.1622	0.481	106	0.411	3.33
61	0.0592	0.0581	84	0.1694	0.526	107	0.428	3.60
62	0.0621	0.0645	85	0.1745	0.5755	108	0.4445	3.89
63	0.0652	0.0714	86	0.1895	0.6295	109	0.461	4.22
64	0.0684	0.0789	87	0.1923	0.688	110	0.479	4.56
65	0.07188	0.0871	88	0.2009	0.7515	111	0.497	4.90
66	0.0753	0.0961	89	0.209	0.820	112	0.515	5.28
67	0.0789	0.106	90	0.218	0.894	115	0.57	6.50

氨法回收 SO_2 尾气的溶液中，不存在游离的 SO_2 和 NH_3，即 $[H_2SO_4]=0$，$[NH_3\cdot OH]=0$，则 S、C 值可按下列各式求得：

$$S=\frac{X+Y}{Z}\times 100(\mathrm{mol/100molH_2O}) \tag{2-1-118}$$

$$C=\frac{2X+Y}{Z}\times 100(\mathrm{mol/100molH_2O}) \tag{2-1-119}$$

$$Z=\frac{1000D-99.11Y-116.14X-E}{18}+X+Y \tag{2-1-120}$$

式中　X——溶液中 $(NH_4)_2SO_3$ 的含量，mol/L；

Y——溶液中 NH_4HSO_3 的含量，mol/L；

Z——溶液中 H_2O 的含量，mol/L；

E——溶液中 $(NH_4)_2SO_4$ 的含量，mol/L；

D——溶液的密度，g/cm^3。

（四）溶解度和结晶温度

$(NH_4)_2SO_3$、NH_4HSO_3 和 $(NH_4)_2SO_4$ 在水中单组分铵盐溶解度见图 2-1-48(a)。混合溶液中 $(NH_4)_2SO_3$ 和 $(NH_4)_2SO_4$ 的共同溶解度见图 2-1-48(b)，NH_4HSO_3 和 $(NH_4)_2SO_4$ 共同溶解度见图 2-1-48(c)。

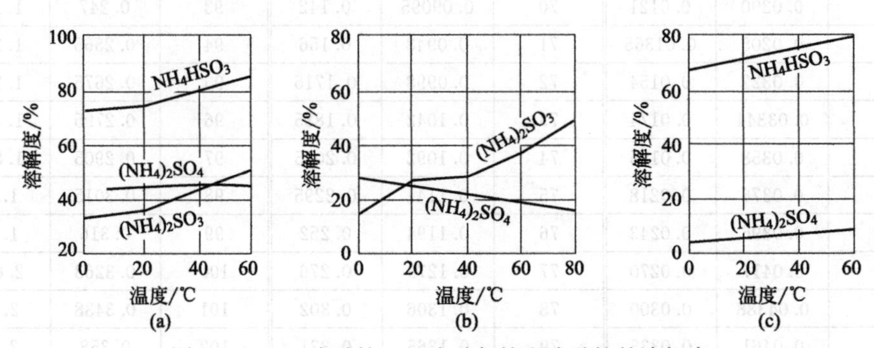

图 2-1-48　亚硫酸铵、亚硫酸氢铵和硫酸铵的溶解度

(a) 单组分溶解度；(b) $(NH_4)_2SO_3$ 和 $(NH_4)_2SO_4$ 的共同溶解度；(c) NH_4HSO_3 和 $(NH_4)_2SO_4$ 共同溶解度

在不同温度下铵盐的溶解度，可参见亚硫酸铵和酸式亚硫酸铵饱和溶液成分与 NH_3 ∶ SO_2 分子比及温度的关系表 2-1-146 中的有关数据。

表 2-1-146　亚硫酸铵和酸式亚硫酸铵饱和溶液成分与 NH_3 ∶ SO_2 比及温度的关系

NH_3 ∶ SO_2 的分子比	结晶相	在下列温度下溶液中的 NH_3 和 SO_2 含量(质量分数)/%									
		20℃		25℃		30℃		40℃		60℃	
		NH_3	SO_2	NH_3	SO_2	NH_3	SO_2	NH_3	SO_2	NH_3	SO_2
	$(NH_4)_2SO_3$	10.66	20.06	11.13	20.95	11.60	21.84	12.55	23.63	14.44	27.19
	$(NH_4)_2SO_3$	11.02	21.05	11.3	21.5	11.82	22.22	13.17	26.21	15.21	27.6
	$(NH_4)_2SO_3$	11.05	22.43	—	—	12.29	29.12	13.32	28.85	15.03	28.93
	$(NH_4)_2SO_3$	11.25	23.65	11.8	27.0	12.96	36.75	13.59	29.49	14.67	30.53
	$(NH_4)_2SO_3$	11.40	25.38	11.9	29.7	—	—	13.5	32.08	15.4	84.15
	$(NH_4)_2SO_3$	—	—	12.2	31.4	—	—	—	—	—	—
	$(NH_4)_2SO_3$	12.37	31.51	12.8	36.3	—	—	13.72	33.81	15.75	40.92
2	$(NH_4)_2SO_3$	12.79	36.48	13.5	42.2	14.34	45.07	13.94	38.12	16.12	41.1
	$(NH_4)_2SO_3$	13.51	40.14	—	—	—	—	14.34	40.26	16.61	44.16
	$(NH_4)_2SO_3$+$(NH_4)_2SO_5$	14.01	43.8	14.9	49.6	15.01	50.17	15.2	46.51	16.96	45.02
	$(NH_4)_2SO_5$	13.45	45.0	—	—	14.6	50.42	14.19	51.13	16.38	46.99
	$(NH_4)_2SO_5$	13.34	47.18	—	—	13.99	50.38	14.05	51.56	16.3	47.47
	$(NH_4)_2SO_5$	—	—	—	—	13.7	50.63	—	—	15.9	53.29
	$(NH_4)_2SO_5$	13.09	48.05	—	—	13.63	51.72	—	—	15.4	55.08
1	$(NH_4)_2SO_5$	12.94	48.7	13.25	49.9	13.47	50.7	13.75	51.8	14.78	55.6

$(NH_4)_2SO_3$、NH_4HSO_3、$(NH_4)_2SO_4$ 在 30℃下的共同溶解度见图 2-1-49。

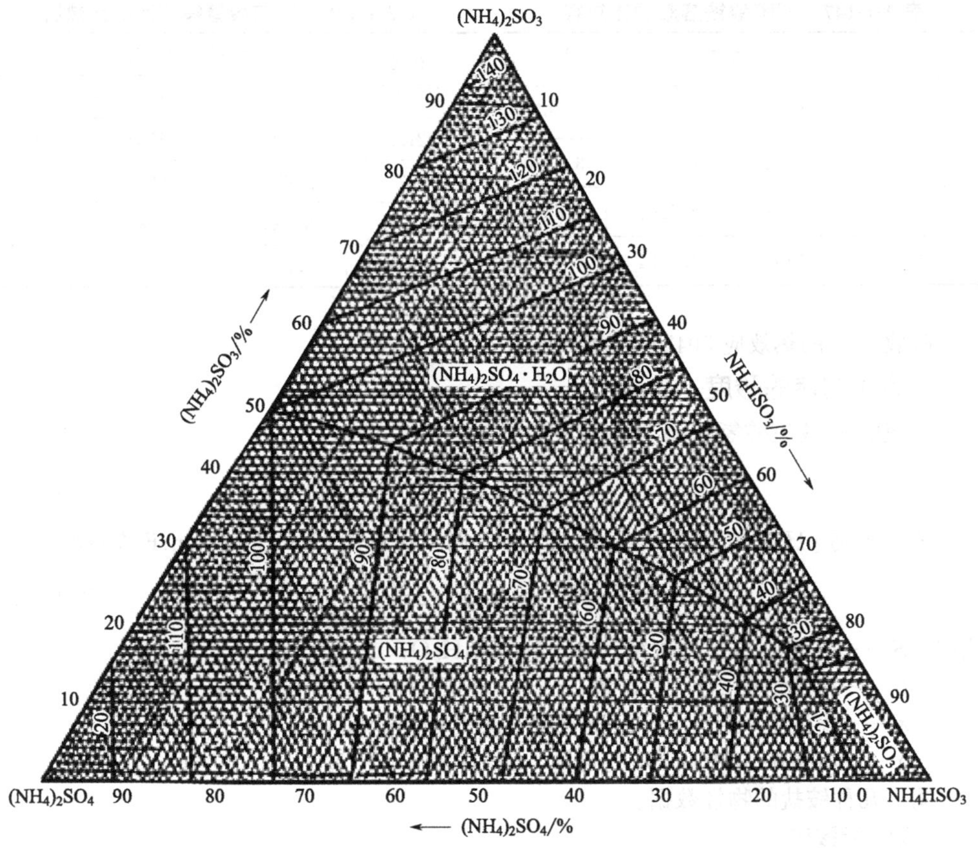

图 2-1-49　亚硫酸铵、亚硫酸氢铵和硫酸铵的共同溶解度

H_2O-NH_4HSO_3 系统的结晶曲线见图 2-1-50。

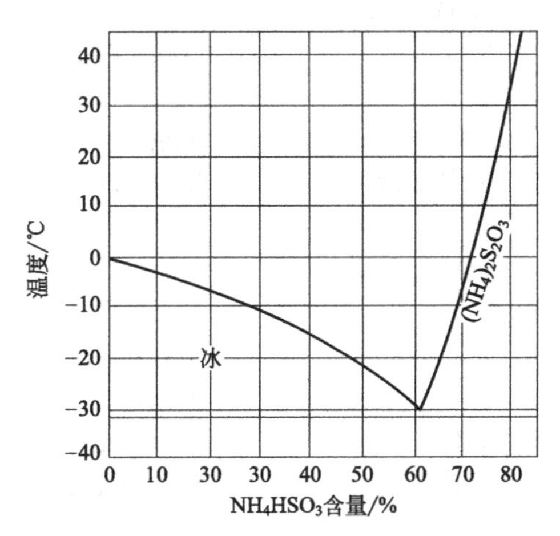

图 2-1-50　H_2O-NH_4HSO_3 系统的结晶曲线

（五）比热容（表 2-1-147、表 2-1-148）

表 2-1-147 亚硫酸铵溶液的比热容

浓度/(g/L)	比热容 c_P/[J/(g·K)]		
	32℃	42℃	55℃
380	3.0752	3.6928	3.7170
228	3.4353	3.7263	3.8305
114	3.7196	4.0524	4.1303

表 2-1-148 亚硫酸氢铵溶液的比热容

浓度/(g/L)	比热容 c_P/[J/(g·K)]		
	32℃	42℃	55℃
821.2	2.3949	2.5782	3.2456
657	2.6544	2.9073	—
410.6	3.1292	3.5981	3.6873
246.4	3.2965	3.8079	3.8560

吸收 SO_2 的热效应 50451J/molSO_2 或 789.2J/kgSO_2。

（六）溶液的酸度

亚硫酸铵-亚硫酸氢铵-硫酸铵溶液的酸度以 S/C 表示。

$$\frac{S}{C}=\frac{X+Y}{2X+Y} \tag{2-1-121}$$

S/C 值与 pH 值的关系，当 pH 值大于 5 时，可采用 H. F. JohnstoneF 式表示。

$$\text{pH}=9.2-4.62\frac{S}{C} \tag{2-1-122}$$

式中 S——溶液中 SO_2 总含量，mol/100molH_2O；
C——溶液上面 NH_2 总含量，mol/100molH_2O；
X——溶液中 $(NH_4)_2SO_3$ 的含量，mol/100molH_2O；
Y——溶液中 NH_4HSO_3 的含量，mol/100molH_2O。

附：几种铵盐的物性数据。

1. 硫代硫酸铵

分子式 $(NH_4)_2S_2O_3$
分子量 148.2
密度 1.641g/cm^3
在水中的溶解度 20℃ 173g/100g
40℃ 205g/100g
80℃ 269g/100g
水溶液的 pH 值 60%溶液 6.5～7.0
分解温度 150℃
生成热 溶液 −917.75kJ/mol

2. 亚硫酸氢铵

分子式 NH_4HSO_3
分子量 99.1
密度 固体 2.03g/cm^3
液体 ～1.3g/cm^3（50%NH_4HSO_3）
在水中的溶解度
温度/℃ 0 20 40 60

溶解度/% 72.8 74.5 80.3 86.1

溶解热（25℃） 8.374kJ/mol

生成热 固体，25℃ −769.53kJ/mol

溶液，18℃ −750.27kJ/mol

3. 亚硫酸铵（水合物）

分子式 $(NH_4)_2SO_3 \cdot H_2O$

分子量 134.15

密度（25℃） $(NH_4)_2SO_3 \cdot H_2O$ 1.4084～1.4124g/cm^3

饱和溶液密度

温度/℃	0	10	20	30	40	50	60	70	80
密度/(g/cm^3)	1.1792	1.1896	1.1995	1.2097	1.2203	1.2306	1.2429	1.2558	1.2716

在氨水中溶解度

molNH_3/100gH_2O 0.019 1.468 3.53

mol$(NH_4)_2SO_3$ 0.5 0.176 0.033

溶解热

无水亚硫酸铵（350mol水，8℃） 6.4477kJ/mol

$(NH_4)_2SO_3 \cdot H_2O$结晶（400mol水，11℃） 9.9646kJ/mol氧化热

$(NH_4)_2SO_3$ 278.00kJ/mol

$(NH_4)_2SO_3$溶液， NH_4H_2O溶液 1.926kJ/mol

生成热 固体 −880.07kJ/mol

溶液 −873.79kJ/mol

4. 硫酸铵

分子式 $(NH_4)_2SO_4$

分子量 132.14

密度 1.769g/cm^3

不同浓度和温度下硫酸铵溶液的密度：

温度/℃	浓度(质量分数)/%				
	10	20	30	40	50
0	1.062	1.121	1.179	1.235	1.29
20	1.057	1.115	1.72	1.228	1.282
100	1.017	1.077	1.135	1.191	1.47

溶解度

20℃ 75.4% 50℃ 84.3%

25℃ 76.9% 60℃ 87.4%

30℃ 78.1% 100℃ 102%

40℃ 81.2%

生成热 固体 −1181.64kJ/mol

第四节 空气

(一)空气的成分(表 2-1-149)

表 2-1-149 干、湿空气的成分

成分	干空气		湿空气[水分 1.2%(体积分数)]	
	体积分数/%	质量分数/%	体积分数/%	质量分数/%
氮	78.03	75.47	77.08	74.53
氧	20.99	23.19	20.75	22.95
水			1.20	0.75
氩	0.938	1.29	0.93	1.28
二氧化碳	0.03	0.046	0.03	0.046
氢	0.01	7×10^{-4}	0.01	7×10^{-4}
氖	1.23×10^{-3}	8.5×10^{-4}	1.2×10^{-3}	8.5×10^{-4}
氦	4×10^{-4}	4.6×10^{-5}	4×10^{-4}	4.6×10^{-5}
氪	5×10^{-6}	1.4×10^{-5}	5×10^{-6}	1.4×10^{-5}
氙	6×10^{-7}	2.7×10^{-6}	6×10^{-7}	2.7×10^{-6}

(二)空气的性质

空气的平均分子量 28.98,在标准状态(0℃,101.33kPa)下的密度 1.293kg/m^3,液态密度(−192℃时)为 0.860kg/m^3,气体常数 29.27(kg·m)/(kg·℃),沸点 −195~−192℃(101.33kPa),汽化潜热 197kJ/kg(101.33kPa),临界温度 −140.7℃,临界压力 37.65×10^{2}kPa,临界压缩系数 0.283,临界点密度 310~350kg/m^3,标准状况下的传热系数 0.88kJ/(m·h·℃),标准状况下的膨胀系数 3671.1×10^6,熔点 −213℃,黏度 17.3μPa·s(124℃),详见表 2-1-150。

表 2-1-150 干空气的物性参数表($P=101.33$kPa)

温度/℃	密度/(g/cm^3)	比热容/[×4.19 kJ/(kg·℃)]	$10^2\times\lambda$/[×4.19 kJ/(m·h·℃)] 热导率	$10^2\times\alpha$/(m^2/h) 热扩散率	黏度/(μPa·s)	运动黏度/(μm^2·s)	普朗特数 Pr
−180	3.685	0.250	0.65	0.705	0.66	1.76	0.900
−150	2.817	0.248	1.00	1.45	0.89	3.10	0.770
−100	1.984	0.244	1.39	2.88	1.20	5.94	0.742
−50	1.534	0.242	1.75	4.73	1.49	9.54	0.726
−20	1.365	0.241	1.94	5.94	1.66	11.93	0.723

续表

温度/℃	密度/(g/cm^3)	比热容/[×4.19 kJ/(kg·℃)]	热导率 $10^2\times\lambda$/[×4.19 kJ/(m·h·℃)]	热扩散率 $10^2\times\alpha$/(m^2/h)	黏度/(μPa·s)	运动黏度/(μm^2·s)	普朗特数 Pr
0	1.252	0.241	2.04	6.75	1.75	13.70	0.722
10	1.206	0.241	2.11	7.24	1.81	14.70	0.722
20	1.164	0.242	2.17	7.66	1.86	15.70	0.722
30	1.127	0.242	2.22	8.14	1.91	16.61	0.722
40	1.092	0.242	2.28	8.65	1.96	17.60	0.722
50	1.056	0.243	2.34	9.14	2.00	18.60	0.722
60	1.025	0.243	2.41	9.65	2.05	19.60	0.722
70	0.996	0.243	2.46	10.18	2.08	20.45	0.722
80	0.968	0.244	2.52	10.65	2.14	21.70	0.722
90	0.942	0.244	2.58	11.25	2.20	22.90	0.722
100	0.916	0.244	2.64	11.80	2.22	23.78	0.722
120	0.870	0.245	2.75	12.90	2.32	26.20	0.722
140	0.827	0.245	2.86	14.10	2.40	28.45	0.722
160	0.789	0.246	2.96	15.255	2.46	30.60	0.722
180	0.755	0.247	3.07	16.50	2.55	33.17	0.722
200	0.723	0.247	3.18	17.80	2.64	35.82	0.722
250	0.653	0.247	3.18	17.80	2.64	35.82	0.722
300	0.596	0.249	3.42	21.2	2.85	42.8	0.722
350	0.549	0.250	3.69	24.8	3.03	49.9	0.722
400	0.508	0.252	3.93	28.4	3.21	57.5	0.722
500	0.450	0.253	4.17	32.4	3.36	64.9	0.722
600	0.400	0.256	4.64	40.0	3.69	80.4	0.722
800	0.325	0.260	5.00	49.1	4.00	98.1	0.723
1000	0.268	0.266	5.75	68.0	4.54	137.0	0.725
1200	0.238	0.272	6.55	89.9	5.05	185.0	0.727
1400	0.204	0.278	7.27	113.0	5.50	232.5	0.730
1600	0.182	0.284	8.00	138.0	5.89	282.5	0.736
1800	0.165	0.291	8.70	165.0	6.28	338.0	0.740

（三）各种温度下湿空气的热焓量 *I* 和湿含量 d（图 2-1-51 和表 2-1-151）

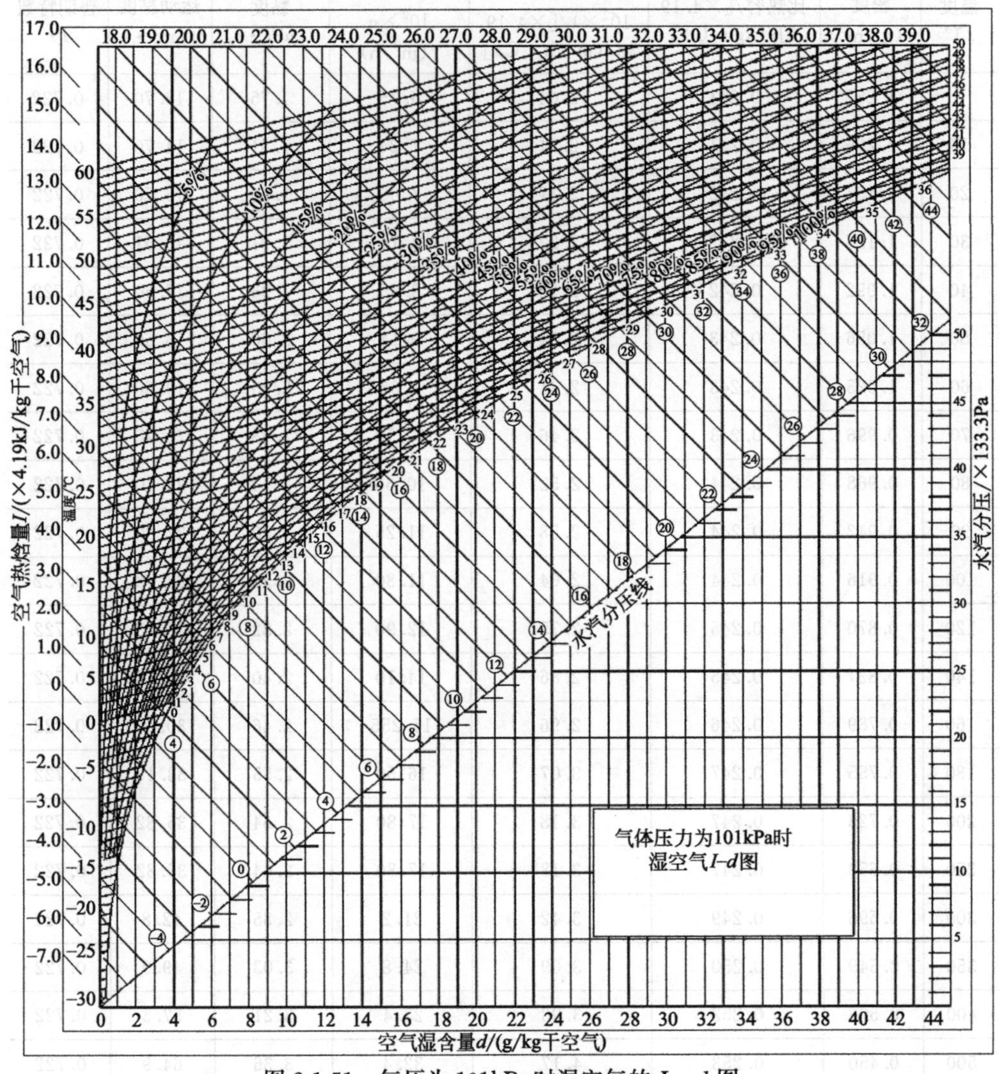

图 2-1-51 气压为 101kPa 时湿空气的 *I*－*d* 图

表 2-1-151 大气压力在 0.993×10^5^ Pa(745mmHg) 时，不同湿空气量（ϕ）下湿空气的热焓量 *I* 和湿含量 *d*①（以 1kg 干空气作基础）

温度 t/℃	ϕ=40%		ϕ=30%		ϕ=20%		ϕ=10%		ϕ=5%		ϕ=0	
	I	*d*	*I*	*d*	*I*	*d*	*I*	*d*	*I*	*d*	*I*	*d*
－15	－3.35	0.42	－3.41	0.31	－3.47	0.21	－3.53	0.10	－3.56	0.05	－3.59	0.00
－10	－2.01	0.65	－2.11	0.49	－2.20	0.33	－2.30	0.16	－2.35	0.08	－2.39	0.00

续表

温度 t/℃	φ=40%		φ=30%		φ=20%		φ=10%		φ=5%		φ=0	
	I	d	I	d	I	d	I	d	I	d	I	d
−5	−0.60	1.01	−0.75	0.75	−0.90	0.50	−1.50	0.25	−1.12	0.13	−1.20	0.00
0	0.91	1.53	−0.69	1.15	0.46	0.77	0.23	0.38	0.11	0.19	0.00	0.00
5	2.51	2.19	−2.18	1.64	1.85	1.09	1.53	0.55	1.36	0.27	1.19	0.00
10	4.25	3.09	3.78	2.31	3.32	1.54	2.85	0.77	2.62	0.38	2.39	0.00
15	6.18	4.30	3.53	3.22	4.88	2.14	4.23	1.07	3.91	0.53	3.59	0.00
20	8.36	5.91	7.46	4.42	6.57	2.94	5.67	1.47	5.23	0.73	4.76	0.00
25	10.87	8.04	9.64	6.01	8.41	3.99	7.19	1.99	6.58	0.99	5.58	0.00
30	13.78	10.82	12.11	8.08	10.45	5.36	8.81	2.67	7.99	1.33	7.18	0.00
35	17.22	14.43	14.97	10.76	12.74	7.13	10.55	3.55	9.48	1.77	8.37	0.00
40	21.30	19.07	18.31	14.20	15.36	9.40	12.44	4.66	11.00	2.32	9.58	0.00
45	26.22	25.03	22.24	24.13	21.81	13.88	16.83	7.84	14.39	3.90	11.97	0.00
50	32.17	32.60	26.92	24.13	21.81	15.88	16.83	7.84	14.39	3.90	11.97	0.00
55	39.43	42.24	32.54	31.15	25.88	20.43	19.42	10.05	16.27	4.98	13.17	0.00
60	48.37	54.48	39.33	39.98	30.67	26.10	22.35	12.78	18.33	6.33	14.38	0.00
65	59.42	70.02	47.57	51.08	36.34	33.15	25.69	16.14	20.57	7.97	15.75	0.00
70	73.25	89.83	57.65	65.03	43.12	41.90	29.52	20.27	23.05	9.97	16.78	0.00
75	90.61	115.2	70.08	82.60	51.25	52.74	33.94	25.30	25.80	12.40	17.98	0.00
80	112.8	148.0	85.50	104.8	67.07	66.15	39.08	31.41	28.89	15.32	19.18	0.00
85	141.6	190.9	104.9	133.1	73.01	82.83	45.07	38.84	30.35	18.83	20.38	0.00
90	179.7	248.1	129.5	169.3	87.61	103.5	52.09	47.81	36.28	23.02	21.39	0.00
95	231.6	326.6	161.4	218.7	105.7	129.5	60.35	58.68	40.73	28.02	22.79	0.00
99.4	295.3	423.4	198.2	271.7	125.3	158.1	68.95	70.23	45.20	33.24	23.86	0.00
100	295.5	4232.2	198.3	271.7	125.6	158.2	69.11	70.22	45.36	33.24	24.00	0.00
110	299.2	422.2	201.6	271.0	128.5	157.9	71.76	70.09	47.89	33.18	26.42	0.00
120	303.1	421.3	205.0	270.5	131.3	157.6	74.44	69.97	50.44	33.13	28.85	0.00
130	306.9	420.5	208.4	270.1	134.5	157.4	77.12	69.87	52.99	33.08	31.28	0.00
140	310.9	419.9	211.8	269.7	137.5	157.2	79.81	69.8	55.54	33.04	33.71	0.00
150	314.9	419.3	215.2	269.3	140.5	157.0	82.53	69.71	58.11	33.01	36.15	0.00
160	318.9	418.8	218.7	269.0	143.6	156.8	85.24	69.64	60.68	32.97	38.59	0.00
170	323.0	418.3	222.2	268.7	146.7	156.7	87.97	69.58	63.27	32.95	41.04	0.00
180	327.1	417.9	225.7	268.5	149.8	156.5	90.70	69.52	65.85	32.92	43.49	0.00
190	331.3	417.6	229.3	268.3	152.8	156.4	93.44	69.48	68.44	32.90	45.94	0.00

续表

温度 t/℃	φ=40%		φ=30%		φ=20%		φ=10%		φ=5%		φ=0	
	I	d	I	d	I	d	I	d	I	d	I	d
200	335.4	417.2	232.8	268.1	156.0	156.3	96.19	69.43	71.03	32.88	48.40	0.00
210	339.6	416.9	236.4	267.9	159.1	156.2	98.93	69.39	73.63	32.06	50.86	0.00
220	343.6	416.7	240.0	267.7	162.2	156.1	101.7	69.36	76.25	32.85	53.33	0.00
230	348.1	416.4	243.6	267.6	165.3	156.0	104.5	69.33	78.85	32.83	55.80	0.00
240	352.3	416.2	247.3	267.5	168.5	156.0	107.2	69.30	81.47	32.82	58.27	0.00
250	356.6	416.0	250.9	267.4	171.7	155.9	110.0	69.27	84.10	32.81	60.75	0.00
260	360.9	415.8	254.6	267.2	174.8	155.8	112.8	69.25	86.72	32.80	63.23	0.00
270	365.3	415.7	258.2	267.1	178.0	155.8	115.6	69.23	89.36	32.79	65.72	0.00
280	369.6	415.5	261.9	267.1	181.2	155.7	118.4	69.20	92.00	32.78	68.21	0.00
290	373.9	415.4	265.6	267.0	184.4	155.7	121.2	69.19	94.63	32.77	70.70	0.00
300	378.3	415.3	269.3	266.9	187.6	155.5	124.0	69.17	97.28	32.76	73.20	0.00
350	400.4	414.8	288.0	266.6	203.7	155.4	138.2	69.10	110.6	32.73	83.75	0.00
400	422.9	414.4	307.0	266.4	220.1	155.3	152.5	69.06	124.0	32.71	98.40	0.00
450	445.7	414.2	326.2	266.3	236.6	155.3	166.9	69.03	137.6	32.70	111.1	0.00
500	468.8	414.1	345.6	266.2	253.3	155.2	181.5	69.00	151.2	32.68	124.0	0.00
550	492.3	413.9	365.5	266.1	270.3	155.2	196.3	68.99	165.2	32.68	137.1	0.00
600	516.3	413.9	385.6	266.0	287.6	155.2	211.4	68.98	179.3	32.67	130.4	0.00
650	540.5	413.8	400.0	266.0	305.1	155.2	226.8	68.97	193.5	32.67	163.8	0.00
700	565.1	413.8	426.8	266.0	322.7	155.2	241.9	68.96	207.9	32.67	177.3	0.00
750	590.1	413.7	447.6	266.0	340.7	155.1	257.5	68.96	222.5	32.66	191.0	0.00
800	615.3	413.7	468.7	266.0	358.7	155.1	273.2	68.95	237.2	32.66	204.8	0.00

温度 t/℃	φ=100%		φ=90%		φ=80%		φ=70%		φ=60%		φ=50%	
	I	d	I	d	I	d	I	d	I	d	I	d
−15	−2.98	1.04	−3.04	0.94	−3.10	0.83	−3.16	0.73	−3.23	0.62	−3.29	0.52
−10	−1.43	1.63	−1.53	1.47	−1.63	1.30	−1.72	1.14	−1.82	0.98	−1.91	0.82
−5	0.30	2.52	0.15	2.27	−0.00	2.02	−0.15	1.76	−0.30	1.51	−0.45	1.26
0	2.30	3.85	2.06	3.46	1.83	3.07	1.60	2.69	1.37	2.30	1.15	1.92
5	4.50	3.51	4.16	4.95	3.83	4.40	3.50	3.85	3.17	3.29	2.84	2.74
10	7.07	6.60	7.00	6.12	6.21	6.21	5.66	5.43	5.19	4.65	4.72	3.87
15	10.14	10.86	9.48	8.81	8.66	8.15	7.56	7.49	6.47	6.83	6.83	5.38
20	13.87	15.00	12.94	13.46	12.01	11.94	11.10	10.42	10.18	8.91	9.27	7.41
25	18.45	20.50	17.16	18.39	15.89	16.29	14.62	14.21	13.36	12.14	12.11	10.08

续表

温度 t/℃	φ=100%		φ=90%		φ=80%		φ=70%		φ=60%		φ=50%	
	I	d	I	d	I	d	I	d	I	d	I	d
30	24.13	27.78	22.37	24.89	20.63	22.03	18.89	19.19	17.17	16.37	15.47	13.59
35	31.26	37.37	28.85	33.43	26.47	29.54	24.12	25.70	21.79	21.90	19.49	18.14
40	40.30	49.98	37.00	44.62	33.77	39.35	30.58	34.16	27.44	29.05	24.33	24.0
45	51.85	66.57	47.35	59.28	42.95	52.14	38.64	45.15	34.41	38.31	30.28	31.60
50	66.73	88.42	60.57	78.47	54.58	68.79	48.75	59.38	43.07	50.21	37.55	41.29
55	86.17	117.5	77.67	103.8	69.48	90.60	61.57	77.86	53.93	65.57	46.55	53.70
60	112.0	156.6	100.1	137.5	88.8	119.3	78.0	102.0	67.68	85.44	57.81	69.61
65	147.1	210.3	130.2	183.1	114.3	157.7	99.3	133.8	85.23	111.3	71.89	89.95
70	196.3	286.0	171.4	246.2	148.5	209.7	127.4	176.1	108.0	145.2	89.87	116.3
75	268.2	397.3	229.9	336.4	195.8	282.2	165.4	233.8	137.9	190.3	113.2	151.0
80	380.2	571.3	317.3	471.6	263.9	387.1	218.1	314.5	178.3	251.6	143.5	196.5
85	574.8	874.6	459.0	691.7	368.1	548.2	295.0	432.7	234.8	337.8	184.4	258.3
90	981.1	1509.0	719.8	1097	542.3	818.2	413.9	616.3	316.8	463.6	240.8	344.1
95	2320.0	3602.0	1345	2072	886.0	1352	619.4	934.3	445.3	661.3	322.6	469.1
99.4	∞	∞	5710	5761	1660	2536	977.3	1489	636.1	955.6	431.6	636.1
100	∞	∞	3708	5754	1660	2554	977.3	1488	636.2	955.1	431.7	635.8
110	∞	∞	3726	5737	1669	2546	984.0	1483	641.4	952.4	436.0	634.1
120	∞	∞	5745	5721	1680	2540	991.0	1480	646.8	950.2	440.5	632.7
130	∞	∞	3765	5706	1690	2534	998.2	1476	652.4	945.2	445.1	631.5
140	∞	∞	3788	5695	1701	2529	1006	1474	658.1	946.5	449.7	630.4
150	∞	∞	3810	5685	1712	2524	1013	1471	644.0	945.0	454.5	629.5
160	∞	∞	3832	5674	1724	2520	1021	1469	669.9	943.7	459.3	628.6
170	∞	∞	3855	5666	1736	2570	1029	1467	676.0	942.5	464.1	627.9
180	∞	∞	3879	5658	1748	2514	1037	1465	682.1	941.5	469.1	627.3
190	∞	∞	3903	5652	1760	2511	1045	1464	688.3	941.5	474.0	626.7
200	∞	∞	3929	5647	1772	2507	1054	1462	694.6	939.7	479.0	626.1
210	∞	∞	3954	5641	1785	2506	1062	1461	700.8	938.9	484.0	625.7
220	∞	∞	3979	5636	1798	2504	1071	1460	707.3	938.3	489.2	625.3
230	∞	∞	4006	5633	1811	2502	1079	1459	713.7	937.7	494.3	624.9
240	∞	∞	4082	5628	1824	2501	1088	1458	720.2	937.7	499.5	624.5
250	∞	∞	4059	5625	1837	2499	1097	1457	726.7	937.1	504.6	624.2
260	∞	∞	4085	5621	1850	2498	1106	1457	733.5	936.2	509.8	623.9

续表

温度 t/℃	ϕ=100%		ϕ=90%		ϕ=80%		ϕ=70%		ϕ=60%		ϕ=50%	
	I	d	I	d	I	d	I	d	I	d	I	d
270	∞	∞	4112	5619	1864	2477	1114	1458	739.9	935.3	515.1	623.7
280	∞	∞	4140	5617	1877	2494	1123	1455	746.5	935.4	520.3	623.4
290	∞	∞	4166	5613	1891	2495	1132	1455	753.2	935.0	525.6	623.2
300	∞	∞	4194	5611	1905	2493	1141	1454	759.5	934.7	530.9	623.0
350	∞	∞	4335	5603	1974	2490	1187	1452	793.8	933.5	557.8	622.2
400	∞	∞	4479	5597	2045	2487	1234	1451	828.5	932.7	585.1	621.7
450	∞	∞	4627	5594	2118	2486	1282	1450	863.8	932.1	612.3	621.4
500	∞	∞	4778	5591	2192	2485	1331	1449	899.7	931.7	641.1	621.4
550	∞	∞	4932	5589	2268	2484	1380	1449	936.3	931.4	669.9	620.9
600	∞	∞	5090	5588	2346	2483	1431	1449	973.6	931.2	699.2	620.8
650	∞	∞	5249	5587	2424	2483	1482	1448	1011	931.1	728.9	620.7
700	∞	∞	5412	5586	2504	2483	1535	1448	1044	931.0	799.0	620.6
750	∞	∞	5578	5585	2685	2482	1588	1448	1089	930.9	789.6	620.6
800	∞	∞	5746	5585	2668	2482	1642	1448	1128	930.9	820.6	620.6

① I 单位为 kcal/kg 干空气，1kcal=4.187kJ；d 单位为 gH_2O/kg 干空气。

（四）各种温度下干空气中湿空气的比容（表 2-1-152）

表 2-1-152 在 1.013×10^5Pa（760mmHg）时，不同湿空气量（ϕ）下 1kg 干空气中湿空气的比容

t/℃	比容/(m^3/kg)					
	ϕ=40%	ϕ=30%	ϕ=20%	ϕ=10%	ϕ=5%	ϕ=0
−15	0.7464	0.7463	0.7462	0.7460	0.7460	0.7459
−10	0.7612	0.7610	0.7608	0.7606	0.7605	0.7604
−5	0.7761	0.7758	0.7754	0.7751	0.7750	0.7748
0	0.7912	0.7907	0.7902	0.7897	0.7895	0.7893
5	0.8065	0.8058	0.8051	0.8044	0.8041	0.8037
10	0.8222	0.8212	0.8202	0.8192	0.8187	0.8182
15	0.8369	0.8369	0.8355	0.8340	0.8333	0.8326
20	0.8551	0.8531	0.8511	0.8491	0.8481	0.8471
25	0.8727	0.8698	0.8670	0.8643	0.8629	0.8615
30	0.8912	0.8873	0.8835	0.8797	0.8778	0.8760
35	0.9111	0.9058	0.9006	0.8955	0.8929	0.8904
40	0.9326	0.9255	0.9189	0.9116	0.9082	0.9049
45	0.9563	0.9468	0.9375	0.9283	0.9138	0.9193

续表

t/℃	比容/(m³/kg)					
	ϕ=40%	ϕ=30%	ϕ=20%	ϕ=10%	ϕ=5%	ϕ=0
50	0.9827	0.9700	0.9576	0.9455	0.9396	0.9338
55	1.0125	0.9957	0.9794	0.9635	0.9558	0.9482
60	1.0469	1.0245	1.0030	0.9824	0.9725	0.9627
65	1.0870	1.0573	1.0292	1.0025	0.9896	0.9771
70	1.1345	1.0951	1.0583	1.0239	1.0075	0.9916
75	1.1919	1.1394	1.0912	1.0469	1.0261	1.0060
80	1.2625	1.1950	1.1289	1.0720	1.0466	1.0205
85	1.3515	1.2558	1.1725	1.0995	1.0662	1.0349
90	1.4662	1.3342	1.2237	1.1300	1.0882	1.0494
95	1.6197	1.4332	1.2849	1.1644	1.1117	1.0638
99.4	1.8055	1.5451	1.3482	1.1980	1.1341	1.0765
100	1.8078	1.5473	1.3519	1.1999	1.1359	1.0783
110	1.8550	1.5880	1.3576	1.2318	1.1662	1.1072
120	1.9024	1.6287	1.4234	1.2638	1.1966	1.1261
130	1.9498	1.6695	1.4593	1.2958	1.2269	1.1650
140	1.9972	1.7103	1.4951	1.3278	1.2573	1.1939
150	2.0448	1.7512	1.5310	1.3598	1.2877	1.2228
160	2.0924	1.7921	1.5667	1.3918	1.3180	1.2517
170	2.1401	1.8331	1.6029	1.4238	1.3484	1.2806
180	2.1878	1.8741	1.6388	1.4559	1.3788	1.3095
190	2.2399	1.9151	1.6748	1.4879	1.4092	1.3384
200	2.2833	1.9562	1.7108	1.5199	1.4396	1.3663
210	2.3312	1.9973	1.7468	1.5520	1.4700	1.3962
220	2.3790	2.0394	1.7828	1.5841	1.5004	1.4251
230	2.4269	2.0794	1.8188	1.6161	1.5308	1.4540
240	2.4749	2.1206	1.8519	1.6482	1.5612	1.4829
250	2.5228	2.1617	1.8909	1.6803	1.5916	1.5118
260	2.5707	2.2028	1.9269	1.7123	1.6220	1.5407
270	2.6187	2.2440	1.9630	1.7444	1.6524	1.5696
280	2.666	2.2852	1.9990	1.7765	1.6828	1.5985
290	2.7146	2.3263	2.0351	1.8086	1.7132	1.6274
300	2.7626	2.3675	2.0712	1.8407	1.7436	1.6563

续表

t/℃	比容/(m^3/kg)					
	ϕ=40%	ϕ=30%	ϕ=20%	ϕ=10%	ϕ=5%	ϕ=0
350	3.0028	2.5735	2.2515	2.0011	1.8957	1.8008
400	3.2432	2.7797	2.4320	2.1616	2.0477	1.9453
450	3.4837	2.9859	2.6125	2.3221	2.1998	2.0898
500	3.7243	3.1922	2.7930	2.4826	2.3519	2.2343
550	3.9660	3.3985	2.9736	2.6431	2.5040	2.3788
600	4.2057	3.6048	3.1542	2.8037	2.6561	2.5233
650	4.4464	3.8112	3.3348	2.9642	2.8082	2.6678
700	4.6871	4.0176	3.5154	3.1247	2.9603	2.8123
750	4.9279	4.2239	3.6959	3.2853	3.1124	2.9568
800	5.1587	4.4303	3.8766	3.4458	3.2645	3.1013

t/℃	比容/(m^3/kg)					
	ϕ=100%	ϕ=90%	ϕ=80%	ϕ=70%	ϕ=90%	ϕ=50%
−15	0.7472	0.7470	0.7469	0.7468	0.7467	0.7465
−10	0.7624	0.7622	0.7620	0.7618	0.7616	0.7614
−5	0.7780	0.7776	0.7773	0.7770	0.7767	0.7764
0	0.7941	0.7937	0.7932	0.7927	0.7922	0.7925
5	0.8108	0.8101	0.8094	0.8087	0.8080	0.8073
10	0.8284	0.8274	0.8283	0.8253	0.8243	0.8233
15	0.8472	0.8457	0.8442	0.8427	0.8413	0.8398
20	0.8675	0.8654	0.8633	0.8613	0.8592	0.8572
25	0.8899	0.8870	0.8841	0.8812	0.8783	0.8753
30	0.9151	0.9110	0.9070	0.9030	0.8990	0.8951
35	0.9438	0.9382	0.9327	0.9272	0.9217	0.9164
40	0.9775	0.9697	0.9620	0.9545	0.9471	0.9398
45	1.0175	1.0068	0.9963	0.9860	0.9759	0.9660
50	1.0662	1.0513	1.0368	1.0228	1.0090	0.9957
55	1.1268	1.1060	1.0860	1.0667	1.0480	1.0300
60	1.2041	1.1748	1.1468	1.1201	1.0946	1.0702
65	1.3059	1.2636	1.2239	1.1866	1.1514	1.1170
70	1.4448	1.3280	1.3244	1.2713	1.2222	1.1754
75	1.6441	1.5466	1.4600	1.3824	1.3126	1.2494
80	1.9500	1.1785	1.6513	1.5336	1.4319	1.3417

续表

t/℃	比容/(m^3/kg)					
	ϕ=100%	ϕ=90%	ϕ=80%	ϕ=70%	ϕ=90%	ϕ=50%
85	2.4762	2.1799	1.9401	1.7502	1.5938	1.4628
90	3.5664	2.8824	2.4176	2.0812	1.8264	1.6268
95	7.1448	4.5662	3.3529	2.6476	2.1863	1.8612
99.4	7.1448	10.9192	5.4498	3.6277	2.7167	1.1700
100	7.1448	10.9251	5.4554	3.6318	2.7198	2.1726
110	7.1448	11.2026	5.5943	3.7248	2.7899	2.2290
120	7.1448	11.4801	5.7342	3.8183	2.8602	2.2855
130	7.1448	11.7576	5.8741	3.9117	2.9308	2.3422
140	7.1448	12.0403	6.0140	4.0059	3.0015	2.3900
150	7.1448	12.3224	6.1547	4.0999	3.0723	2.4558
160	7.1448	12.6000	6.2956	4.1944	3.1433	2.5128
170	7.1448	12.8828	6.4376	4.2889	3.2144	2.5698
180	7.1448	13.1655	6.5796	4.3838	3.2858	2.6270
190	7.1448	13.4483	6.7216	4.4787	3.3571	2.6842
200	7.1448	13.7361	6.8636	4.5735	3.4285	2.7414
210	7.1448	14.0189	7.0066	4.6687	3.5000	2.7987
220	7.1448	14.3023	7.1488	4.7641	3.5716	2.8561
230	7.1448	14.5902	7.2918	4.8593	3.6432	2.9134
240	7.1448	14.8730	7.4348	4.9549	3.7148	2.9708
250	7.1448	15.1609	7.5778	5.0504	3.7865	3.0283
260	7.1448	15.4441	7.7210	5.1458	3.8583	3.0858
270	7.1448	15.7321	7.8640	5.2413	3.9301	3.1432
280	7.1448	16.0199	8.0070	5.3372	4.0019	3.2007
290	7.1448	16.3033	8.1513	5.4329	4.0738	3.2583
300	7.1448	16.5911	8.2943	5.5285	4.1456	3.3158
350	7.1448	18.0290	9.0132	6.0081	4.5055	3.6099
400	7.1448	19.4680	9.7330	6.4881	4.8657	3.8922
450	7.1448	20.9084	10.4536	6.9686	5.2262	4.1807
500	7.1448	22.3499	11.1746	7.4495	5.5869	4.4693
550	7.1448	23.7931	11.8960	7.9305	5.9478	4.7581
600	7.1448	25.2364	12.6178	8.4118	6.3088	5.0469
650	7.1448	26.6798	13.3396	8.8930	6.6697	5.3357

续表

t/℃	比容/(m³/kg)					
	ϕ=100%	ϕ=90%	ϕ=80%	ϕ=70%	ϕ=90%	ϕ=50%
700	7.1448	28.1235	14.0615	8.3744	7.0308	5.6246
750	7.1448	29.5674	14.7836	9.8558	7.3919	5.9135
800	7.1448	31.0118	15.5058	10.3373	7.7530	6.2024

（五）各种温度下湿空气的密度（表 2-1-153）

表 2-1-153 在 $P=1.013\times10^5$ Pa（760mmHg）时，不同湿空气含量（ϕ）下湿空气的密度

t/℃	湿空气的密度/(kg/m³)					
	ϕ=0	ϕ=20%	ϕ=40%	ϕ=60%	ϕ=80%	ϕ=100%
−20	1.396	1.396	1.396	1.396	1.396	1.396
−15	1.368	1.368	1.368	1.368	1.368	1.368
−10	1.342	1.342	1.342	1.342	1.342	1.342
−5	1.317	1.317	1.317	1.317	1.317	1.317
0	1.293	1.293	1.293	1.293	1.292	1.293
+5	1.270	1.270	1.269	1.269	1.268	1.270
10	1.247	1.247	1.246	1.245	1.244	1.243
15	1.226	1.225	1.224	1.223	1.221	1.219
20	1.205	1.204	1.202	1.200	1.198	1.196
25	1.184	1.183	1.180	1.177	1.174	1.171
30	1.165	1.162	1.158	1.155	1.151	1.148
35	1.146	1.142	1.137	1.133	1.128	1.122
40	1.128	1.122	1.116	1.110	1.104	1.098
45	1.110	1.103	1.095	1.087	1.079	1.072
50	1.093	1.084	1.074	1.064	1.054	1.044
55	1.076	1.064	1.052	1.039	1.027	1.015
60	1.060	1.045	1.030	1.014	0.998	0.983
65	1.044	1.025	1.006	0.987	0.968	0.949
70	1.029	1.006	0.982	0.959	0.935	0.912
75	1.014	0.986	0.957	0.928	0.900	0.673
80	1.000	0.965	0.931	0.896	0.861	0.627
85	0.986	0.944	0.902	0.860	0.818	0.777
90	0.973	0.922	0.872	0.822	0.772	0.772
95	0.959	0.900	0.841	0.791	0.722	0.664

续表

t/℃	湿空气的密度/(kg/m³)					
	ϕ=0	ϕ=20%	ϕ=40%	ϕ=60%	ϕ=80%	ϕ=100%
100	0.94622	0.87255	0.80002	0.72863	0.65836	
110	0.92152	0.84977	0.77906	0.70937	0.64069	
120	0.89808	0.82832	0.75942	0.69136	0.62415	
130	0.87579	0.77783	0.74062	0.67414	0.60841	
140	0.85460	0.78834	0.72273	0.65778	0.59346	
150	0.83440	0.76976	0.70570	0.64220	0.57927	
160	0.81513	0.75204	0.68945	0.62736	0.56575	
170	0.79674	0.73511	0.67393	0.61318	0.55287	
180	0.77915	0.71932	0.65909	0.59964	0.54057	
190	0.76233	0.70344	0.64489	0.58669	0.52882	
200	0.74621	0.68860	0.63131	0.57428	0.51758	蒸气
220	0.71595	0.66073	0.60574	0.55099	0.49648	
240	0.68804	0.63501	0.58217	0.52952	0.47707	
260	0.66223	0.61122	0.56037	0.50967	0.45913	
280	0.69828	0.58914	0.54012	0.49122	0.44245	
300	0.61601	0.56862	0.52133	0.47414	0.42705	
400	0.52449	0.48422	0.44399	0.40380	0.36364	
500	0.45665	0.42164	0.38664	0.35166	0.31669	
600	0.40434	0.37338	0.34241	0.31146	0.28050	
700	0.36279	0.33503	0.30727	0.27951	0.25175	
800	0.32899	0.30383	0.27868	0.25353	0.22837	

（六）各种温度下湿空气中的水蒸气分压（表 2-1-154）

表 2-1-154　在 $P=1.013\times10^5$ Pa（760mmHg）时湿空气中的水蒸气分压

t/℃	水蒸气分压/mmHg					
	ϕ=0	ϕ=20%	ϕ=40%	ϕ=60%	ϕ=80%	ϕ=100%
−20	0	0.19198	0.38395	0.57593	0.76790	0.95988
−15	0	0.29004	0.58449	0.87073	1.16090	1.45122
−10	0	0.43176	0.86352	1.29529	1.72705	2.15881
−5	0	0.63345	1.26690	1.90034	2.53379	3.16724
0	0	0.90389	1.80779	2.71168	3.61558	3.51947
5	0	1.30867	2.61734	3.92602	5.23469	6.54336

续表

t/℃	水蒸气分压/mmHg					
	$\phi=0$	$\phi=20\%$	$\phi=40\%$	$\phi=60\%$	$\phi=80\%$	$\phi=100\%$
10	0	1.84179	3.68358	3.52538	7.36717	9.20896
15	0	2.55762	5.11524	7.67286	10.2305	12.7881
20	0	3.50706	7.01412	10.5212	14.0282	17.5353
25	0	4.75130	9.50260	10.2539	19.0052	23.7565
30	0	6.36492	12.7298	10.0948	25.4597	31.8246
35	0	8.43518	16.8704	20.3053	33.7407	42.1799
40	0	10.6652	21.3303	31.9955	42.6606	53.3258
45	0	14.3769	28.7537	43.1306	57.5074	71.8846
50	0	18.5018	37.0036	55.5053	74.0071	92.5089
55	0	23.6078	47.2156	70.8234	94.4512	118.039
60	0	29.8762	59.7524	89.6286	119.505	149.381
65	0	37.5096	75.0192	112.529	150.038	187.548
70	0	46.7376	93.4752	140.213	186.950	233.688
75	0	57.8222	115.644	173.467	231.289	289.111
80	0	71.0238	142.048	213.071	284.095	355.119
85	0	86.7202	173.440	260.61	346.881	433.601
90	0	105.153	210.306	315.458	420.611	525.764
95	0	128.807	253.614	380.421	507.228	634.035
100	0	153.822	306.725	458.716	609.806	760
110	0	153.686	306.523	458.515	609.672	760
120	0	153.439	306.154	458.149	609.430	760
130	0	153.285	305.922	457.925	609.276	760
140	0	153.155	305.729	457.725	609.148	760
150	0	153.031	305.544	457.541	609.026	760
160	0	152.926	305.388	457.385	608.923	760
170	0	152.834	305.250	457.248	608.831	760
180	0	152.815	305.129	457.126	608.751	760
190	0	152.736	305.021	457.018	608.679	760
200	0	152.617	304.924	456.923	608.615	760
220	0	152.508	304.764	456.761	608.507	760
240	0	152.422	304.632	456.631	608.421	760
260	0	152.351	304.526	456.525	608.350	760

续表

t/℃	水蒸气分压/mmHg					
	ϕ=0	ϕ=20%	ϕ=40%	ϕ=60%	ϕ=80%	ϕ=100%
280	0	152.293	304.440	456.439	608.293	760
300	0	152.147	304.370	456.369	608.246	760
400	0	152.106	304.160	456.159	608.106	760
500	0	152.017	304.071	456.070	608.047	760
600	0	152.017	304.025	456.024	608.017	760
700	0	152.004	304.008	456.008	608.010	760
800	0	154.995	303.992	455.991	607.995	760

注：1mmHg=133.322Pa。

（七）各种温度下湿空气中水蒸气的容重（表 2-1-155）

表 2-1-155　在 $P=1.013\times10^5$ Pa(760mmHg) 时湿空气中水蒸气的容重

t/℃	水蒸气的容重/(kg/m³)					
	ϕ=0	ϕ=20%	ϕ=40%	ϕ=60%	ϕ=80%	ϕ=100%
−20	0	0.00022	0.00044	0.00066	0.00088	0.00110
−15	0	0.00033	0.00065	0.00088	0.00130	0.00163
−10	0	0.00047	0.00095	0.00142	0.00190	0.00237
−5	0	0.00068	0.00137	0.00205	0.00273	0.00341
0	0	0.00100	0.00199	0.00299	0.00399	0.00498
5	0	0.00136	0.00272	0.00408	0.00544	0.00680
10	0	0.00188	0.00377	0.00565	0.00753	0.00941
15	0	0.00256	0.00511	0.00767	0.01023	0.01279
20	0	0.00347	0.00693	0.01040	0.01386	0.01733
25	0	0.00462	0.00923	0.01384	0.01846	0.02307
30	0	0.00606	0.01212	0.01817	0.02423	0.03029
35	0	0.00790	0.01580	0.02571	0.03161	0.03951
40	0	0.01022	0.02044	0.03065	0.04087	0.05109
45	0	0.01309	0.02617	0.03926	0.05234	0.06543
50	0	0.01655	0.03311	0.04966	0.06621	0.08276
55	0	0.02077	0.04154	0.06230	0.08307	0.10384
60	0	0.02593	0.05185	0.07778	0.10370	0.12963
65	0	0.03211	0.06421	0.09632	0.12813	0.16053
70	0	0.03939	0.07877	0.11816	0.15754	0.19693

续表

t/℃	水蒸气的容重/(kg/m³)					
	ϕ=0	ϕ=20%	ϕ=40%	ϕ=60%	ϕ=80%	ϕ=100%
75	0	0.04816	0.09632	0.14448	0.19264	0.24080
80	0	0.05830	0.11661	0.17491	0.23321	0.29152
85	0	0.07029	0.14058	0.21087	0.28117	0.35146
90	0	0.08406	0.16816	0.25224	0.33632	0.42040
95	0	0.09552	0.19104	0.29655	0.38207	0.47759
100	0	0.11784	0.23568	0.39352	0.47137	0.58921
110	0	0.11460	0.22921	0.34381	0.45841	0.57302
120	0	0.11156	0.22311	0.33467	0.44623	0.55778
130	0	0.10868	0.21736	0.32604	0.43472	0.54340
140	0	0.10596	0.21192	0.31788	0.42383	0.52979
150	0	0.10338	0.20676	0.31014	0.41352	0.51690
160	0	0.10039	0.20186	0.30279	0.40371	0.50464
170	0	0.09860	0.19720	0.29579	0.39439	0.49299
180	0	0.09638	0.19275	0.28913	0.38551	0.48189
190	0	0.09426	0.18852	0.28278	0.37704	0.47130
200	0	0.09223	0.18447	0.27670	0.36894	0.46117
220	0	0.08844	0.17689	0.26533	0.35877	0.44221
240	0	0.08496	0.16992	0.25488	0.33984	0.42480
260	0	0.08175	0.16349	0.24524	0.32699	0.40873
280	0	0.07876	0.15752	0.23628	0.31504	0.39380
300	0	0.07601	0.15202	0.22803	0.30404	0.38006
400	0	0.06470	0.12941	0.19411	0.25881	0.32352
500	0	0.05635	0.11269	0.16904	0.22539	0.28173
600	0	0.04991	0.09982	0.14973	0.19964	0.24955
700	0	0.04480	0.08960	0.13440	0.17920	0.22400
800	0	0.04064	0.08129	0.12193	0.16257	0.20322

（八）操作态与标准态体积关系

操作态与标准态体积关系如下：

$$Q_{操}=Q_{标}\times\frac{273+T}{273}\times\frac{101.325}{101.325\pm P} \quad (2\text{-}1\text{-}123)$$

式中，T 为温度；$\pm P$ 为正负压；$Q_{操}$ 为操作态体积；$Q_{标}$ 为标准态体积。

第五节　水和水蒸气

一、饱和水、饱和水蒸气物性参数

1. 冰和水的蒸发热（2-1-156）

表 2-1-156　冰和水的蒸发热

温度/℃	蒸发热/(kJ/kg)	温度/℃	蒸发热/(kJ/kg)	温度/℃	蒸发热/(kJ/kg)
−25	2834	20	2453	70	2333
−20	2834	25	2442	75	2321
−15	2834	30	2430	80	2308
−10	2834	35	2418	85	2296
−5	2834	40	2406	90	2283
0(冰)	2834	45	2394	95	2270
0(水)	2501	50	2362	100	2257
10	2477	60	2358		
15	2466	65	2345		

2. 饱和水的物性参数（表 2-1-157）

表 2-1-157　饱和水的物性参数

温度 t/℃	压力 P/×101kPa	密度/(kg/m³)	热焓 i'/(×4.19kJ/kg)	比热容 c_P/[×4.19kJ/(kg·℃)]	热导率 $\lambda\times10^{-2}$/[×4.19kJ/(m·h·℃)]	热扩散率 α/(×10^{-4}m²/h)	黏度/(μPa·s)	运动黏度/(μm²/s)	体积膨胀系数 β/×10^4℃	表面张力 σ/×10^4kg/m	普朗特数 Pr
0	1.03	999.9	0	1.006	47.4	4.71	182.3	1.789	−0.63	77.1	13.67
10	1.03	999.7	10.04	1.001	49.4	4.94	133.1	1.306	+0.70	75.6	9.52
20	1.03	998.2	20.04	0.999	51.5	5.16	102.4	1.006	1.82	74.1	7.02
30	1.03	995.7	30.02	0.997	53.1	5.35	81.7	0.805	3.21	72.6	5.42
40	1.03	992.2	40.01	0.997	54.5	5.51	66.6	0.659	3.87	71.0	4.31
50	1.03	988.1	49.99	0.997	55.7	5.65	56.0	0.556	4.49	69.0	3.54
60	1.03	983.2	59.98	0.998	56.7	5.78	47.9	0.478	5.11	67.5	2.98
70	1.03	977.8	69.98	1.000	57.4	5.87	41.4	0.415	5.70	65.6	2.55
80	1.03	971.8	80.00	1.002	58.0	5.96	36.2	0.365	6.32	63.8	2.21
90	1.03	965.3	90.04	1.005	58.5	6.03	32.1	0.326	6.95	61.9	1.95
100	1.03	958.4	100.10	1.008	58.7	6.08	28.8	0.295	7.52	60.0	1.75

续表

温度 t/℃	压力 P/×101kPa	密度/(kg/m³)	热焓 i'/(×4.19 kJ/kg)	比热容 c_P/[×4.19kJ/(kg·℃)]	热导率 $\lambda\times10^{-2}$/[×4.19kJ/(m·h·℃)]	热扩散率 α/(×10^{-4} m²/h)	黏度/(μPa·s)	运动黏度/(μm²/s)	体积膨胀系数 β/×10^4℃	表面张力 σ/×10^4kg/m	普朗特数 Pr
110	1.46	951.0	110.19	1.011	58.9	6.13	26.4	0.272	8.08	58.0	1.60
120	2.03	943.1	120.3	1.015	59.0	6.16	24.2	0.252	8.64	55.9	1.47
130	2.75	934.8	130.5	1.019	59.0	6.19	22.2	0.233	9.19	53.9	1.36
140	3.69	926.1	140.7	1.024	58.9	6.21	20.5	0.217	9.72	51.7	1.26
150	4.85	917.0	151.0	1.030	58.8	6.22	19.0	0.203	10.3	49.6	1.17
160	6.30	907.4	161.3	1.038	58.7	6.23	17.7	0.191	10.7	47.5	1.10
170	8.08	897.3	171.8	1.046	58.4	6.22	16.6	0.181	11.3	45.2	1.05
180	10.23	886.9	182.3	1.055	58.0	6.20	15.6	0.173	11.9	43.1	1.00
190	12.80	876.0	192.9	1.065	57.6	6.17	14.7	0.165	12.6	40.8	0.96
200	15.86	863.0	203.6	1.076	57.0	6.14	13.9	0.158	13.3	38.4	0.93
210	19.46	852.8	214.4	1.088	56.3	6.07	13.3	0.153	14.1	36.1	0.91
220	23.66	840.3	225.4	1.102	55.5	5.99	12.7	0.148	14.8	33.8	0.89
230	28.53	827.3	236.5	1.118	54.8	5.92	12.2	0.145	15.9	31.6	0.88
240	34.14	813.6	247.8	1.136	54.0	5.84	11.7	0.141	16.8	29.1	0.87
250	40.56	799.0	259.3	1.157	53.1	5.74	11.2	0.137	18.1	26.7	0.86
260	47.87	784.0	271.1	1.182	52.0	5.61	10.8	0.135	19.7	24.2	0.87
270	56.14	767.9	283.1	1.211	50.7	5.45	10.4	0.133	21.6	21.9	0.88
280	65.46	750.7	295.4	1.249	49.4	5.27	10.0	0.131	23.7	19.5	0.90
290	75.92	732.3	308.1	1.310	48.0	5.00	9.6	0.129	26.2	17.2	0.93
300	87.61	712.5	321.2	1.370	46.4	4.75	9.3	0.128	29.2	14.7	0.97
310	100.64	691.1	334.9	1.450	45.0	4.49	9.0	0.128	32.9	12.3	1.03
320	115.12	667.1	349.2	1.570	43.5	4.15	8.7	0.128	38.2	10.0	1.11
330	131.18	640.2	364.5	1.73	41.6	3.76	8.3	0.127	43.3	7.82	1.22
340	148.96	610.1	380.9	1.95	39.3	3.30	7.9	0.127	53.4	5.78	1.39
350	168.63	574.4	399.2	2.27	37.0	2.84	7.4	0.126	66.8	3.89	1.60
360	190.42	528.0	420.7	3.34	34.0	1.93	6.8	0.126	109	2.06	2.35
370	214.68	450.5	452.0	9.63	29.0	0.668	5.8	0.126	264	0.48	6.79

3. 饱和水蒸气的物性（表 2-1-158）

表 2-1-158　饱和水蒸气的物性参数

温度 t/℃	压力 P(绝对) /×98kPa	密度 /(kg /m³)	热焓 i' /(×4.19 kJ/kg)	汽化热 γ/(×4.19 kJ/kg)	比热 c_P /[×4.19kJ /(kg·℃)]	热扩散率 λ/[×10²× 4.18kJ /(m·h·℃)]	导温系数 α/(×10³ m²/h)	黏度 /(μPa ·s)	运动黏度 /(μm² /s)	普朗特数 Pr
100	1.03	0.598	639.1	539.0	0.510	2.04	66.9	1.22	20.02	1.08
110	1.46	0.826	642.8	532.6	0.520	2.14	49.8	1.27	15.07	1.09
120	2.02	1.121	646.4	526.1	0.527	2.23	37.8	1.31	11.46	1.09
130	2.75	1.496	649.8	519.3	0.539	2.31	28.7	1.35	8.85	1.11
140	3.69	1.966	653.0	512.3	0.553	2.40	22.07	1.38	6.89	1.12
150	4.85	2.547	656.0	505.0	0.572	2.48	17.02	1.42	5.47	1.16
160	6.30	3.258	658.7	497.4	0.592	2.59	13.40	1.46	4.39	1.18
170	8.08	4.122	661.3	489.5	0.617	2.69	10.58	1.50	3.57	1.21
180	10.23	5.157	663.6	481.3	0.647	2.81	8.42	1.54	2.93	1.25
190	12.80	6.394	665.5	472.6	0.682	2.94	6.74	1.59	2.44	1.30
200	15.86	7.862	667.1	463.5	0.722	3.05	5.37	1.63	2.03	1.36
210	19.46	9.588	668.3	453.9	0.764	3.20	4.37	1.67	1.71	1.41
220	23.66	11.62	669.1	443.7	0.814	3.35	3.54	1.72	1.45	1.47
230	28.53	13.99	669.5	433.0	0.868	3.52	2.90	1.77	1.24	1.54
240	34.14	16.76	669.5	421.7	0.927	3.69	2.37	1.81	1.06	1.61
250	40.56	19.98	669.0	409.8	0.993	3.88	1.96	1.86	0.913	1.68
260	47.87	23.72	667.9	396.8	1.067	4.13	1.63	1.92	0.794	1.75
270	56.14	28.09	666.3	383.2	1.15	4.39	1.36	1.97	0.688	1.82
280	65.46	33.19	663.9	368.5	1.25	4.72	1.14	2.03	0.600	1.90
290	75.92	39.15	660.7	352.6	1.36	5.01	0.941	2.10	0.526	2.01
300	87.61	46.21	656.6	335.4	1.50	5.39	0.778	2.19	0.461	2.13
310	100.64	54.58	651.4	316.5	1.70	5.88	0.634	2.24	0.403	2.29
320	115.12	64.72	644.9	295.7	1.96	6.46	0.509	2.33	0.353	2.50
330	131.18	77.10	636.7	272.2	2.36	7.10	0.390	2.44	0.310	2.86
340	148.96	92.76	626.2	245.3	2.95	8.00	0.292	2.57	0.272	3.35
350	168.63	113.6	612.5	213.3	3.88	9.20	0.209	2.71	0.234	4.03
360	190.42	144.0	592.6	171.9	5.50	11.0	0.139	2.97	0.202	5.23
370	214.68	203.0	556.7	104.7	13.50	14.7	0.054	3.44	0.166	11.10

二、饱和水蒸气的蒸气压、气体中水分含量

1. 饱和水蒸气的蒸气压（表 2-1-159）

表 2-1-159 饱和水蒸气的蒸气压（−20～100℃）

温度/℃	蒸气压/kPa	温度/℃	蒸气压/kPa	温度/℃	蒸气压/kPa	温度/℃	蒸气压/kPa	温度/℃	蒸气压/kPa	温度/℃	蒸气压/kPa
−20	0.103	1	0.657	22	2.644	43	8.639	64	23.91	85	57.81
−19	0.113	2	0.705	23	2.809	44	9.101	65	25.00	86	60.12
−18	0.125	3	0.759	24	2.984	45	9.583	66	26.14	87	62.49
−17	0.137	4	0.813	25	3.168	46	10.09	67	27.33	88	64.94
−16	0.150	5	0.872	26	3.361	47	10.61	68	28.56	89	67.47
−15	0165	6	0.935	27	3.565	48	11.16	69	29.82	90	70.1
−14	0.181	7	1.001	28	3.78	49	11.74	70	31.36	91	72.81
−13	0.198	8	1.073	29	4.005	50	12.33	71	32.52	92	75.59
−12	0.217	9	1.148	30	4.242	51	12.96	72	33.94	93	78.47
−11	0.237	10	1.228	31	4.493	52	13.61	73	35.42	94	81.45
−10	0.259	11	1.312	32	4.754	53	14.29	74	36.96	95	84.51
−9	0.283	12	1.403	33	5.03	54	15.00	75	38.54	96	87.67
−8	0.309	13	1.497	34	5.32	55	15.73	76	40.18	97	90.94
−7	0.338	14	1.599	35	5.624	56	16.51	77	41.88	98	94.3
−6	0.368	15	1.705	36	5.941	57	17.31	78	43.64	99	97.75
−5	0.401	16	1.817	37	6.275	58	18.15	79	45.46	100	101.33
−4	0.437	17	1.937	38	6.619	59	19.01	80	47.34		
−3	0.475	18	2.064	39	6.991	60	19.92	81	49.29		
−2	0.517	19	2.197	40	7.735	61	20.85	82	51.32		
−1	0.562	20	2.338	41	7.778	62	21.84	83	53.41		
0	0.611	21	2.486	42	8.199	63	22.85	84	55.57		

2. 各种温度下水的饱和蒸气压和气体中水分含量（表 2-1-160）

表 2-1-160 各种温度下水的饱和蒸气压和气体中水分含量

温度/℃	水蒸气压/kPa	气体中水分含量/(g/cm^3)	温度/℃	水蒸气压/kPa	气体中水分含量/(g/cm^3)
0	0.611	4.85	3	0.759	5.95
1	0.657	5.20	4	0.813	6.363
2	0.705	5.56	5	0.875	6.80

续表

温度/℃	水蒸气压/kPa	气体中水分含量/(g/cm³)	温度/℃	水蒸气压/kPa	气体中水分含量/(g/cm³)
6	0.953	7.26	31	4.493	32.02
7	1.001	7.75	32	4.754	33.78
8	1.073	8.27	33	5.03	36.62
9	1.148	8.82	34	5.32	37.55
10	1.228	9.42	35	5.624	39.55
11	1.312	10.01	36	5.941	41.66
12	1.403	10.66	37	6.275	43.87
13	1.497	11.40	38	6.619	46.16
14	1.599	12.07	39	6.991	48.56
15	1.705	12.83	40	7.375	51.03
16	1.817	13.63	41	7.778	53.63
17	1.937	14.48	42	8.199	56.41
18	2.064	15.37	43	8.639	59.24
19	2.197	16.30	44	9.101	62.21
20	2.338	17.25	45	9.58	65.30
21	2.486	16.33	46	10.09	68.42
22	2.644	19.42	47	10.61	71.86
23	2.809	20.56	48	11.16	75.34
24	2.984	21.77	49	11.74	75.51
25	3.168	23.03	50	12.33	82.84
26	3.361	34.36	51	12.96	86.67
27	3.565	25.75	52	13.61	90.76
28	3.78	27.21	53	14.29	95.00
29	4.005	28.34	54	15.00	99.40
30	4.242	30.34	55	15.73	104.00

三、过热水蒸气的物性

黏度（图 2-1-52）、比热容（图 2-1-53）、热导率（图 2-1-54）、密度（图 2-1-55）。

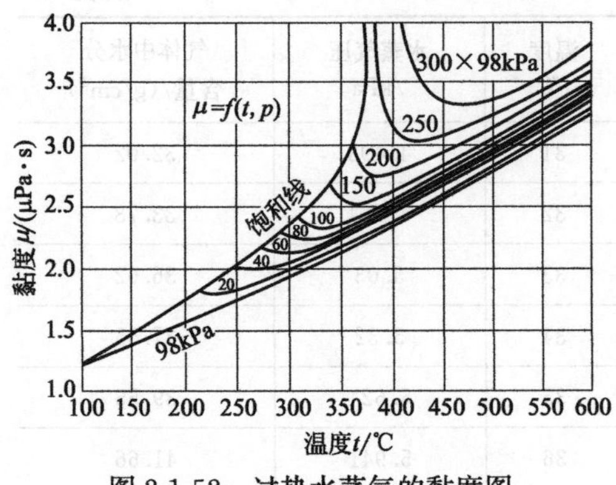

图 2-1-52 过热水蒸气的黏度图

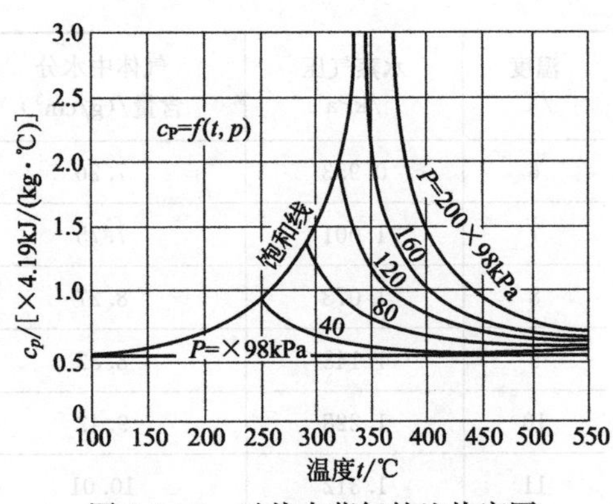

图 2-1-53 过热水蒸气的比热容图

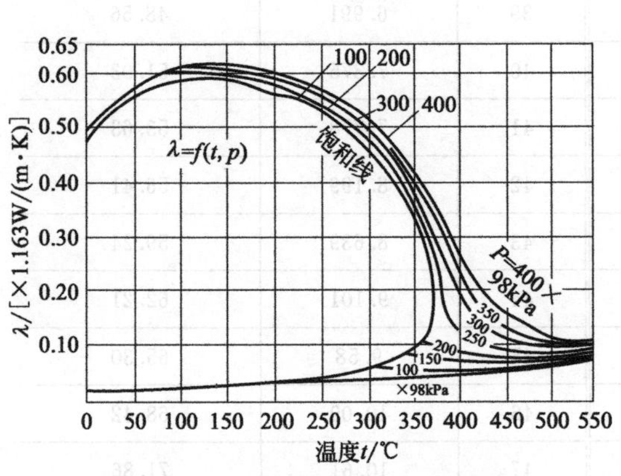

图 2-1-54 过热水蒸气的热导率图

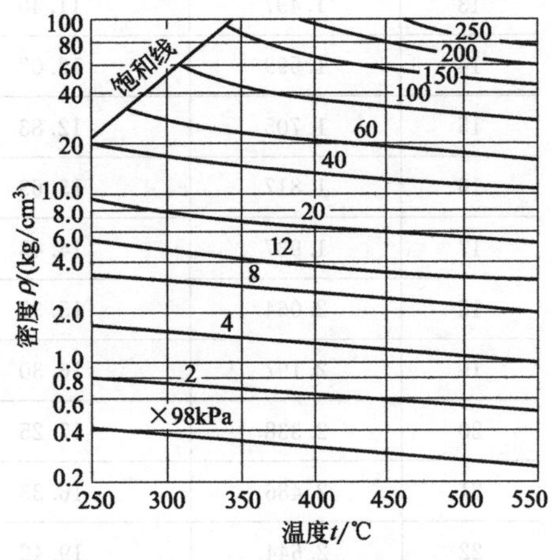

图 2-1-55 过热水蒸气的密度图

第六节 常用气体和固体材料参数

一、常用气体

1. 常用气体的物性（表 2-1-161、表 2-1-162）

表 2-1-161 常用气体的物性参数（一）

名称	分子式	分子量	密度（标准状况）/(kg/m³)	气体常数 κ /[kg·m/(kg·℃)]	熔点/℃	熔融热/(×4.19 J/g)	沸点(101.3kPa)/℃	汽化潜热(101.3kPa)/(×4.19J/g)
氧	O_2	32.00	1.429	26.5	−218.4	3.3	−183	50.92
氮	N_2	28.02	1.251	30.26	−209.86	6.1	−195.8	47.58

续表

名称	分子式	分子量	密度(标准状况)/(kg/m³)	气体常数κ/[kg·m/(kg·℃)]	熔点/℃	熔融热/(×4.19J/g)	沸点(101.3kPa)/℃	汽化潜热(101.3kPa)/(×4.19J/g)
氢	H_2	2.016	0.090	420.6	−259.10	14	−252.7	108.5
水蒸气	H_2O	18.02	1.00	47	—	79.67	100	595.9
一氧化碳	CO	28.01	1.250	30.29	−207	8.0	−192	50.5
二氧化碳	CO_2	44.01	1.976	19.27	−56.6	45.3	−78.5	137
氧化氮	NO	30.01	1.340	28.26	−161.0	18.4	−151	106.6
氨	NH_3	17.03	0.771	49.79	−77.7	83.7	−33.4	328
氟	F_2	38.00	1.635	22.3	−223	—	−187	40.52(−187)
氟化氢	HF	20.01	0.922	42.3	−83	—	19.4	372.76(19.4)

注：括号中的数字为 $\eta_t=\eta_0\dfrac{273+C}{T+C}\left(\dfrac{T}{273}\right)^{3/2}$ 公式中常数 C 的数值。式中，η_t 为 t℃绝对大气压下的黏度，η_0 为0℃和1个绝对大气压下的黏度。

表 2-1-162　常用气体的物性参数（二）

名称	每千克的比热(20℃,101.3kPa)		$h=\dfrac{c_P}{c_D}$	临界点			热导率(标准状况)/[×1.163W(m·K)]	黏度 η_0/(μPa·s)
	c_P	c_D		温度/℃	压力/kPa	密度/(kg/m³)		
氧	0.218	0.156	1.40	−118.8	50.36×10^2	429.9	0.0206	203(131℃)
氮	0.250	0.178	1.40	−147.1	33.95×10^2	310.96	0.0196	170(114℃)
氢	3.408	2.42	1.407	−239.9	12.97×10^2	31	0.140	84.2(73℃)
水蒸气	—	—	—	—	—	—	—	125.5(100℃)
一氧化碳	0.250	0.180	1.40	−139.0	86.13×10^2	311	0.0194	166(100℃)
二氧化碳	0.200	0.156	1.28	31.1	73.97×10^2	460	0.0118	137(254℃)
氧化氮	0.23(15℃)	—	—	−94	65.86×10^2	—	0.0190	187.6(20℃)
氨	0.53	0.40	1.29	132.4	112.98×10^2	236	0.0185	918(626℃)
氟	—	—	—	−155.0	25.33×10^2	—	—	—
氟化氢	—	—	—	230.2	—	—	—	—

2. 气体密度

(1) 常用气体的密度（表 2-1-163）

表 2-1-163　在标准状况（0℃、101.3kPa）下的密度

气体名称	密度/(kg/m³)	气体名称	密度/(kg/m³)
空气	1.293	SO_3	3.57
N_2	1.2507	H_2S	1.539
O_2	1.42895	CO_2	1.976

续表

气体名称	密度/(kg/m³)	气体名称	密度/(kg/m³)
H_2	0.08985	CO	1.250
SO_2	2.927		

(2) 气体密度（kg/m³）与温度、压力的关系（根据克来普郎方程式）

$$\gamma=\gamma_0\frac{T_0P}{T\cdot P_0} \tag{2-1-124}$$

式中　γ_0、T_0、P_0——在标准状况下气体的密度、温度、压力；

γ、T、P——在工作状况下气体的密度、温度、压力。

(3) 混合气体的密度

$$\gamma_{混}=n_1\gamma_1+n_2\gamma_2+\cdots \tag{2-1-125}$$

式中　n_1、n_2、…——在混合气体中各组分的体积百分数；

γ_1、γ_2、…——混合气体中各相应组分的密度。

3. 其他物性

(1) 常用气体的膨胀系数（表 2-1-164）

表 2-1-164　一些常用气体的膨胀系数（在 101.3kPa 下，0～100℃）

名称	$\alpha_\gamma\times10^6$	名称	$\alpha_\gamma\times10^6$
O_2	3674	NH_3	3790
N_2	3671	CO	3672
H_2	3660.3	CO_2	3725

(2) 常用气体黏度（图 2-1-56）

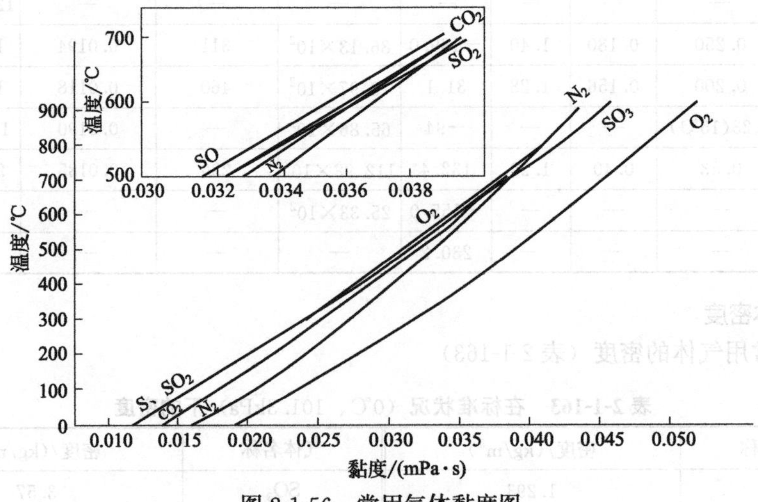

图 2-1-56　常用气体黏度图

(3) 常用气体平均分子热容量（表 2-1-165）

表 2-1-165　一些常用气体平均分子热容量（101.3kPa）

温度/℃	气体平均分子热容量/[J/(mol·K)]						
	O_2	N_2	H_2O	CO	CO_2	NH_3	NO
0	29.22	28.30	32.45	28.39	37.68	34.67	28.47
100	29.60	28.68	33.12	28.81	39.15	36.17	28.97
200	30.02	29.01	33.79	29.18	40.53	37.72	29.43
300	30.48	29.35	34.45	29.52	41.87	39.31	29.85
400	30.90	29.64	35.09	29.85	43.12	40.78	30.23
500	31.28	29.94	35.63	30.19	44.30	42.24	30.56
600	31.65	30.23	36.22	30.48	45.43	43.71	30.94
700	31.99	30.52	36.80	30.77	46.47	45.01	31.23
800	32.32	30.77	37.39	31.07	47.48	46.31	31.57
900	32.66	31.02	37.93	31.36	48.40	47.56	38.86
1000	32.91	31.28	38.48	31.61	49.24	48.78	32.15
1100	33.16	31.48	39.06	31.86	50.70	—	32.41
1200	33.41	31.74	39.57	32.11	50.74	—	32.62
1300	33.70	31.99	40.11	32.32	51.37	—	—

（4）常用气体的热焓量（101.3kPa，表 2-1-166）

表 2-1-166　常用气体的热焓量（以 0℃为基准）

温度/℃	气体平均分子热焓量/[J/(mol·K)]							
	H_2	O_2	N_2	H_2O	CO	CO_2	NH_3	NO
0	0	0	0	0	0	0	0	0
100	2.90	2.95	2.87	3.31	2.88	3.91	3.62	2.90
200	5.81	6.01	5.80	6.75	5.83	8.11	7.55	5.89
300	8.74	9.14	8.80	10.32	8.86	12.56	11.79	8.95
400	11.69	12.36	11.85	14.00	11.94	17.25	16.32	12.09
500	14.65	15.64	14.97	17.81	15.09	22.16	21.13	15.29
600	17.63	18.99	18.13	21.73	18.30	27.26	26.19	18.56
700	20.63	22.40	21.35	25.76	21.56	32.54	31.50	21.88
800	23.66	25.85	24.61	29.90	24.87	37.98	37.04	25.25
900	26.72	29.36	27.93	34.14	28.23	43.55	42.81	28.68
1000	29.81	32.90	31.28	38.49	31.63	49.24	48.78	32.13
1100	32.93	36.48	34.67	42.95	35.06	55.02	—	35.63
1200	36.09	40.08	38.10	47.50	38.54	60.87	—	39.16
1300	39.28	43.71	41.56	52.14	42.04	66.78	—	—

(5) 四种气体的热导率(101.3kPa,表 2-1-167)

表 2-1-167 四种气体的热导率

温度/℃	热导率 $\lambda \times 10^3$/[W/(m·K)]			
	O_2	N_2	CO_2	CO
0	24.19	23.96	14.44	23.26
100	31.52	30.47	22.70	30.12
200	38.73	36.40	31.05	36.52
300	45.59	42.10	39.38	42.57
400	52.10	17.22	47.55	48.50
500	58.38	52.10	55.36	54.08
600	64.31	56.64	62.88	59.66
700	70.01	60.82	68.65	63.97
800	75.48	64.78	75.54	69.08
900	80.71	68.38	82.13	74.43
1000	85.71	71.87	88.42	79.55

二、常用固体材料参数

1. 常用固体材料的密度(表 2-1-168)

表 2-1-168 常用固体材料密度

材料名称	密度/(g/cm³)	材料名称	密度/(g/cm³)
碳钢	7.85	HT25-47	7.25～7.35
铸钢	7.80	HT30-54	7.30～7.40
20 号钢	7.80	HT35-61	7.30～7.45
合金钢	7.85	铁素体可锻铸铁	7.2～7.30
奥氏体不锈钢	7.90	珠光体可锻铸铁	7.3～7.42
铁素体不锈钢	7.70	白口铸铁	7.55～7.73
蒙乃尔合金(Monel)	8.84	纯锌	7.13
巴氏合金	7.3～10.5	纯铅	11.34
Hastelloy B	9.24	钛	4.5
Hastelloy C	8.94	镍	8.9
灰铸铁	6.8～7.45	锡	7.2～7.75
HT10-26	6.8～7.0	硬铝 LY12	2.8
HT15-33	7.0～7.2	铸造铝合金 ZL104	2.7
HT20-40	7.2～7.3	铸造镁合金 ZM5	1.81

续表

材料名称		密度/(g/cm³)
镍合金 NiCu28-2.5～1.5		8.8
铸造锌合金	ZZnA14-1	6.7
	A14	6.6
钛合金	TC4	4.43
	TC6	4.4
硬铅		11.07
铸铝		2.56
锻铝		2.75
汞		13.546
玻璃钢		1.7～1.90
聚氯乙烯管		1.4～1.6
聚氯乙烯软管		1.35～1.45
聚氯乙烯板		1.3～1.4
低压聚乙烯		0.94～0.95
高压聚乙烯		0.91～0.93
模压板 SFB-1		2.1～2.3
管、棒		2.1～2.3
聚三氟氯乙烯		2.11～2.30
聚三氟乙烯		2.1～2.7
聚丙烯		0.9～0.91
有机玻璃		1.18～1.19
聚酰胺(尼龙)		1.04～1.4
酚醛层压板		1.3～1.45
3240 环氧酚醛层压玻璃		1.7～1.9
石棉酚醛塑料(法奥利特 A)		1.5～1.70
硫铁矿矿渣		4.05～4.6 1.55～2.3(堆密度)
石膏		2.2～2.5 1.3(堆密度)
磷灰石		3.19 1.85(堆密度)
熟石灰		1.2
生石灰		2.8～3.2 1.1～1.7(堆密度)

材料名称		密度/(g/cm³)
熟石灰粉		0.3～0.55(堆密度)
生石灰粉		0.5(堆密度)
石灰石		2.6 1.8(堆密度)
石英		2.8
砂土、黏土	(干)	1.6(堆密度)
	(湿)	2.1
花岗石		2.6～3.0
大理石		2.6～2.7
钒催化剂	S101 型	0.50～0.65(堆密度)
	S101-2H 型	0.40～0.50(堆密度)
	KS-ZW 型	0.40～0.50(堆密度)
	S106 型(环)	0.52～0.60(堆密度)
	S106 型(柱)	0.60～0.68(堆密度)
	S107 型	0.55～0.65(堆密度)
	S107Q 型	0.45～0.55(堆密度)
	S107-1H 型	00.40～0.50(堆密度)
	S108 型	0.65～0.70(堆密度)
耐酸砖、板		2.3～2.5
耐酸陶		2.2～2.3
石英质		1.5～1.8
刚玉质		1.7～2.4
石棉		2.025(堆密度 1～1.2)
硅藻土石棉灰		0.28～0.38
泡沫硅藻土砖、板、管		0.45～0.55
硅藻土砖、板		0.55～0.70
水泥珍珠岩		0.23～0.3
岩棉板		0.05～0.25
岩棉软板		0.04～0.08
泡沫石棉		0.04～0.06
矿渣棉半硬质板、管		0.2～0.3
玻璃棉		0.1～0.2
超细玻璃棉毡		0.012～0.016

续表

材料名称	密度/(g/cm^3)
水泥泡沫混凝土	0.40～0.45
水泥蛭石管、板	0.4～0.5
蛭石粉	0.08～0.28
普通石棉泥	0.5
碳酸镁石棉砖、管	0.28～0.36
聚氯乙烯泡沫塑料 (软)	0.02～0.05
聚氯乙烯泡沫塑料 (硬)	<0.045
黏土砖	2.1～2.2
普通黏土砖(机制)	1.9
高铝砖	2.2～2.3
硅砖	1.9～1.95
镁砖	2.9～3.0
铬镁砖	>3.05
轻质硅砖	1.2
轻质黏土砖	0.4～1.3
红砖	1.6～1.9
铁素体球铁	7.0～7.4
珠光体球铁	7.0～7.4
高硅耐蚀铸铁	6.8～7.0
高铬铸铁	7.5
硅铁	6.9
黄铜 H62、H68、H80	8.5～8.6 8.65
紫铜	8.94
青铜	7.5～9.4
铸造黄铜 ZH62	8.43
铝青铜	7.6
锡青铜 ZQSn10-1	8.76
锡青铜 ZQSn6-63	8.82
铝青铜 ZQAl 9-4	7.5～7.55
铝青铜 ZQAl 10-3-1.5	7.5～7.55
铅青铜	9.2
锰青铜	7.8
硅青铜	8.20

材料名称	密度/(g/cm^3)
纯铝	2.698
石墨酚醛塑料(法奥利特 T)	1.4～1.60
石墨	2.27
人造石墨制品	1.5～1.85(容重) 2.2
碳-石墨	1.5～1.70(容重)
浸酚醛	1.65(容重)
浸环氧	1.62～1.68(容重)
浸呋喃	1.7(容重)
不透性石墨	
酚醛树脂压型石墨	1.87(容重)
酚醛树脂压碳化管	1.79(容重)
浸渍石墨管材	1.90(容重)
浸渍石墨板材	1.8～1.9(容重) 2.03～2.07
浸渍呋喃	1.8(容重)
浇注石墨	1.2(容重)
玻璃	2.40～2.70
辉绿岩	2.90
铸石	2.80～3.00
沥青	1.10～1.40
木炭	0.3～0.5
焦炭	1.4～2.0
褐煤	1.2～1.5
泥煤	0.6～0.8
无烟煤	1.3～1.7
煤油	0.85
机油	0.90～0.91
汽油	0.76
硫黄	0.96～2.07
磁硫铁矿	4.6
硫铁矿	3.8～4.8 1.9～2.4(堆密度)

续表

材料名称	密度/(g/cm³)	材料名称	密度/(g/cm³)
碳化硅	1.9～2.1	工业橡胶	1.07～1.3
素烧陶土	0.7～0.85	黑硬橡胶	1.15～1.20
硅藻土	1.1～1.5	衬里橡胶(硬)	1.21～1.33
水泥	2.90	衬里橡胶(软)	1.07～1.12
耐酸混凝土	2.26～2.35	普通矿渣棉	0.11～0.13
普通混凝土	2.5	杉松(东北长白山)	0.39(气干容量)
硫黄水泥	2.23～2.28	杉木(湖南江华)	0.371(气干容量)
耐酸胶泥	2.48	红松(小兴安岭)	0.44(气干容量)
沥青玛碲脂	1.34～1.41	广东松(湖南)	0.501(气干容量)
水玻璃	1.38～1.50	黄山松(安徽霍山)	0.571(气干容量)
衬垫石棉板(JG69-64)	1.1～1.45	水曲柳(长白山)	0.686(气干容量)
橡胶石棉板(XB450、350、200)	1.5～2.0	落叶松(兴安岭)	0.641(气干容量)
		马尾松(湖南)	0.59(气干容量)
耐油橡胶石棉板	1.5～2.0	桦木	0.65(气干容量)
石棉绳	0.8	杨木	0.35～0.50(气干容量)
油浸石棉盘根	0.9	胶合板	0.70～0.85(气干容量)
橡胶石棉盘根	1.1	纸板	0.95(气干容量)
纯橡胶	0.93		

2. 三氧化二砷在硫酸中的溶解度（表 2-1-169~ 表 2-1-171、图 2-1-57）

表 2-1-169　三氧化二砷在硫酸中溶解度

温度/℃	H_2SO_4 浓度/%		As_2O_3 溶解度(质量分数)/%
	实验开始	实验终结	
25	9.2	9.2	1.55
60			3.26
98～99			7.27
96.5	31.0	29.4	3.19
9.5		30.8	0.46
25	38.1	38.1	0.54
60			1.19
98～99			2.62
94	48.7	47.8	1.58
12.1		48.9	0.26

续表

<table>
<tr><th rowspan="2">温度/℃</th><th colspan="2">H_2SO_4 浓度/%</th><th rowspan="2">As_2O_3 溶解度(质量分数)/%</th></tr>
<tr><th>实验开始</th><th>实验终结</th></tr>
<tr><td>25</td><td rowspan="3">52.0</td><td rowspan="3">52.0</td><td>0.25</td></tr>
<tr><td>60</td><td>0.78</td></tr>
<tr><td>98～99</td><td>1.48</td></tr>
<tr><td>95.1</td><td>68.4</td><td>67.3</td><td>1</td></tr>
<tr><td>80</td><td></td><td>—</td><td>0.69</td></tr>
<tr><td>60</td><td></td><td>67.2</td><td>0.45</td></tr>
<tr><td>40</td><td></td><td>—</td><td>0.34</td></tr>
<tr><td>10</td><td></td><td>67.5</td><td>0.19</td></tr>
<tr><td>97.6</td><td>75.3</td><td>74.2</td><td>1.53</td></tr>
<tr><td>10</td><td></td><td>74.3</td><td>0.21</td></tr>
<tr><td>97.1</td><td></td><td>75.1</td><td>1.91</td></tr>
<tr><td>79.5</td><td rowspan="3">76.5</td><td>76.5</td><td>1.45</td></tr>
<tr><td>62.4</td><td>76.4</td><td>0.99</td></tr>
<tr><td>39.5</td><td>—</td><td>0.61</td></tr>
<tr><td>12</td><td></td><td>76.6</td><td>0.28</td></tr>
<tr><td>97.2</td><td rowspan="4">79.8</td><td>76.4</td><td>1.85</td></tr>
<tr><td>80.4</td><td>76.5</td><td>1.42</td></tr>
<tr><td>59</td><td>76.8</td><td>0.87</td></tr>
<tr><td>12</td><td>77.1</td><td>0.26</td></tr>
<tr><td>94.7</td><td rowspan="2">87.2</td><td>86.5</td><td>0.42</td></tr>
<tr><td>7.5</td><td>86.4</td><td>0.053</td></tr>
<tr><td>98</td><td rowspan="2">94.5</td><td>94.8</td><td>0.48</td></tr>
<tr><td>7.5</td><td>94.4</td><td>0.1</td></tr>
<tr><td>95.5</td><td>98.9</td><td>97.4</td><td>0.8</td></tr>
</table>

表 2-1-170 三氧化二砷在稀硫酸中的溶解度

H_2SO_4 浓度/%	溶解度/%					
	20℃	30℃	40℃	50℃	60℃	70℃
10	2.27	2.56	2.87	3.16	3.47	3.81
20	1.49	1.71	1.81	2.01	2.13	2.41
30	1.00	1.15	1.23	1.39	1.49	1.59
40	0.64	1.75*	0.84	0.89	0.95	1.04
50	0.52	0.75*	0.61	0.67	0.71	0.76
60	0.48	0.51	0.53	0.58	0.64	0.65

表 2-1-171 三氧化二砷在不同浓度硫酸中的溶解度

温度/℃	溶解度/(g/100g 溶液)							
	31%	48.7%	68.4%	75.3%	76.5%	79.8%	87.2%	94.5%
10～15	0.46	0.26	0.19	0.21	0.28	0.26	0.053	0.10
95～97	3.19	1.58	1.00	1.53	1.91	1.85	0.42	0.48

注：当 153℃时，在 97.7% H_2SO_4 中溶解 3.1% As_2O_3。

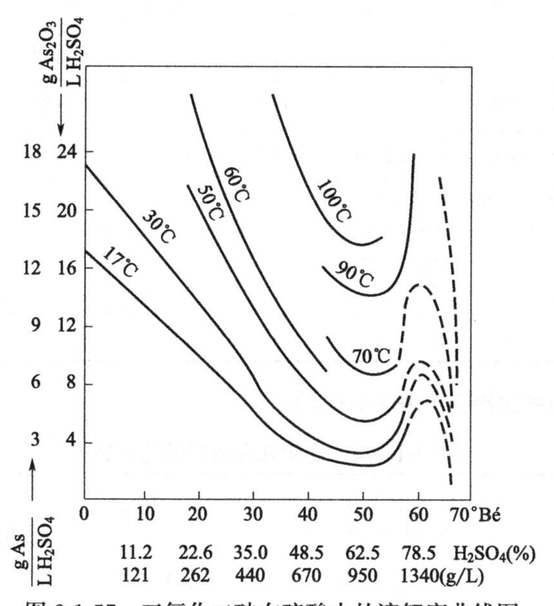

图 2-1-57 三氧化二砷在硫酸中的溶解度曲线图

（图中表示 As_2O_3 在各种温度下；于 50%～63% H_2SO_4 中的溶解度最小）

3. 砷、硒、碲的氢化物、氧化物在水中的溶解度（g/100g H_2O）

三氧化二砷在水中的溶解度见表 2-1-172。在 0～100℃范围内用下式计算任一温度下 As_2O_3 在水中的溶解度：

$$S=\frac{C}{1/X-1}As_2O_3/100g\ H_2O \tag{2-1-126}$$

表 2-1-172 三氧化二砷在水中的溶解度

温度/℃	溶解度/(g As_2O_3/100g H_2O)	温度/℃	溶解度/(g As_2O_3/100g H_2O)
0	1.21	98.5	8.18
25	2.015		

$$C=\frac{溶质的分子量}{水的分子量}\cdot\frac{100}{n} \tag{2-1-127}$$

对于 As_2O_3 而言，$n=2$，$C=549.3$。

$$\lg\frac{1}{\chi}=\frac{0.05223A}{T}+B \tag{2-1-128}$$

式中，χ 为 As_2O_3 的摩尔分数；A 为摩尔溶解热，J；B 为系数；T 为温度，K。对于 As_2O_3 而言，A=16470J，B=−0.473。

砷、硒、碲的氢化物、氧化物在水中的溶解度见表 2-1-173。

表 2-1-173 砷、硒、碲的氢化物、氧化物在水中的溶解度

物质名称	溶解度/(g/100gH_2O)							
	0℃	15℃	20℃	25℃	30℃	40℃	50℃	80℃
As_4O_6	1.21	1.66	1.84	2.05	2.31	2.94	3.56	6.14
As_2O_5	59.5	63.9	65.8	68.3	70.7	71.2	72.1	75.1
AsH_3	0.15	0.09	0.08	0.07	分解	分解	分解	分解
SeO_2	65.9	(70.5)	(72.0)	(71.5)	69.92	73.30	75.99	83.4
SeH_2	—	0.79	0.74	0.69	—	—	—	—
TeO_2	—	约 7×10^{-4}			—			—
TeH_2	—	—	约 0.6	—	—	—	—	—

4. 常用几种材料的比热容（表 2-1-174）

表 2-1-174 常用几种材料的比热容

名称	温度范围/℃	比热容/[kJ/(kg·K)]	名称	温度范围/℃	比热容/[kJ/(kg·K)]
硫铁矿		0.5376	聚四氟乙烯		1.047
硫铁矿渣	约 500℃	0.9630～1.0048	天然橡胶(软)		2.135
	t(矿渣温度,℃)	(1)$0.6096+7.871\times10^{-4}t$ (2)$0.6113+5.332\times10^{-4}t-24.16\times10^{-8}t^2$	天然橡胶(硬)		1.424
			不透性石墨		0.691
碳钢		0.481	花岗岩		0.804
锰钢		0.523	辉绿岩		1.047
铬钢		0.507	耐酸陶瓷(宜兴)	17～100℃	0.775～0.783
铸铁		0.502	耐酸砖		1.088～1.256
硅铁		0.502	黏土砖		0.754～0.921
黄铜		0.394	耐火砖		0.754～1.005
青铜		0.381	混凝土		0.879
磷青铜		0.398	石棉	0～100℃	0.837
法奥利特 A		1.05～1.47	烟煤		1.298
法奥利特 T					
硬聚氯乙烯		1.34～2.14	硫黄	0～100℃	12.8～13.0

5. 常用几种材料的热导率（表 2-1-175 和表 2-1-176）

表 2-1-175　各种材料的热导率

名称	温度范围/℃	热导率/[W/(m·K)]	名称	温度范围/℃	热导率/[W/(m·K)]
碳钢	0～600	46.5～36.1	不透性石墨		
灰铸铁	0～400	55.2～43.0	(酚醛树脂浸渍)		116～128
高硅铁	20	37.2	法奥利特 A	0～100	0.291
紫铜	0～600	387～354	法奥利特 T	0～100	1.047
黄铜	0～400	96.5～116	硬聚氯乙烯	20	0.163
磷青铜	20	62.8～83.7	聚四氟乙烯		0.221～0.256
铅	0～400	34.9～31.4	石棉橡胶板		0.163
硬铅	0	26.7	天然橡胶(软)	25	0.140
铝合金			天然橡胶(硬)	25	1.05～1.74
Al88%、Zn10%、Cu2%	20	146.5	耐酸砖		0.814+0.00076t
铝合金	20	130.3	硅砖		6.16−0.000267t
Al92%、Cu8%			镁砖		
花岗岩		1.86～2.09	耐火砖		0.698～1.05
耐酸陶瓷		1.10～1.45	黏土耐火砖		0.698+0.00064t
混凝土		0.93	毛毡		0.042～0.081
天然石膏		1.30	玻璃	20	0.74

表 2-1-176　保温材料的热导率

名称	组成	允许使用的最高温度/℃	热导率/[W/(m·K)]	密度/(kg/m³)
石棉硅藻土	石棉 30%	300℃	0.163+0.000174t①	700
	硅藻土 70%			
矿渣棉(一级)		700℃	0.059+0.000186t	200
矿渣棉(二级)		600℃	0.0709+0.000186t	300
泡沫混凝土		250～300℃	0.122+0.000233t	400～600
			0.163+0.000233t	
玻璃棉		500℃	0.0372+0.000349t	200
蛭石		800℃	0.0721+0.000263t	200～250
羊毛毡	动物毛 40%，麻 60%	−30～0℃	0.0465(24℃)	300
石棉绳		400℃	0.128+0.000151t	800
石棉水泥	水泥 85%，石棉 15%，外加麻刀 2%～3%	50℃	0.0349	1600
岩棉		−268～700℃	(0.0349～0.005)	
发泡聚酯		−40～200℃	0.0293+0.0012t	100～200

① 表中 t 为平均温度，℃。

三、各种含硫原料燃烧时的热效应（表 2-1-177）

表 2-1-177 各种含硫原料燃烧时的热效应

原料	燃烧反应	热量(按 1kg 计算)/kJ			
		纯焙烧物质	烧去的硫分	所得的 SO_2	干燥矿石
硫	$S+O_2 = SO_2+296.48kJ$	9257	9257	4626	92.57Cs(烧出硫)
硫铁矿	$4FeS_2+11O_2 = 2Fe_2O_3+8SO_2+3413kJ$	7113	13314	6657	133.14 Cs(烧出硫)
	$6FeS_2+16O_2 = 2Fe_2O_3+12SO_2+4872.6kJ$	6783	12644	6322	126.44 Cs(烧出硫)
一硫化铁	$4FeS+7O_2 = 2Fe_2O_3+4SO_2+2433.4kJ$	6992	19050	9525	190.5 Cs(烧出硫)
含煤硫铁矿	$4FeS_2+11O_2 = 2Fe_2O_3+8SO_2+3413kJ$ $C+O_2 = CO_2+409.5kJ$	—	—	—	133.14 Cs(烧出硫) +337.5 Cs(烧出硫)
闪锌矿	$2ZnS+3O_2 = 2ZnO+2SO_2+942.9kJ$	4815	14654	7237	146.5 Cs(烧出硫)
磁硫铁矿(代表式)	$4Fe_7S_8+53O_2 = 14Fe_2O_3+32SO_2+17.585MJ$	6812	17208	8604	172.08 Cs(烧出硫)

第七节 常用单位换算及面积、容积换算

一、单位换算

(1) 国际单位制的基本单位（表 2-1-178）

表 2-1-178 国际单位制的基本单位

量的名称	单位名称	单位符号
长度	米	m
质量	千克(公斤)	kg
时间	秒	S
电流	安(培)	A
热力学温度	开(尔文)	K
物质的量	摩(尔)	mol
发光强度	坎(德拉)	cd

(2) 常见长度单位的换算（表 2-1-179）

表 2-1-179 常见长度单位的换算

米 (m)	厘米 (cm)	毫米 (mm)	市尺	英尺 (ft)	英寸 (in)
1	100	1000	3	3.28084	39.3701
0.01	1	10	0.03	0.032808	0.393701
0.001	0.1	1	0.003	0.003281	0.03937

续表

米 (m)	厘米 (cm)	毫米 (mm)	市尺	英尺 (ft)	英寸 (in)
0.333333	33.3333	333.333	1	1.09361	13.1234
0.3048	30.48	304.8	0.9144	1	12
0.0254	2.54	25.4	0.0762	0.083333	1

(3) 质量换算(表 2-1-180)

表 2-1-180 质量换算

吨(公吨) (t)	千克(公斤) (kg)	市斤	英吨 (ton)	美吨 (shton)	磅 (lb)
1	1000	2000	0.984207	1.10231	2204.62
0.001	1	2	0.000984	0.001102	2.20462
0.0005	0.5	1	0.000492	0.000551	1.10231
1.01605	1016.05	2032.09	1	1.12	2240
0.907185	907.185	1814.37	0.892857	1	2000
0.000454	0.453592	0.907185	0.000446	0.0005	1

(4) 面积换算(表 2-1-181)

表 2-1-181 面积换算

平方厘米 (cm^2)	平方米 (m^2)	平方英寸 (in^2)	平方英尺 (ft^2)	公顷 (ha)	市亩	平方公里 (km^2)	平方米 (m^2)
1	0.0001	0.15500	0.0010764	1	15	0.01	1×10^4
10×10^3	1	1550.0	10.754	6.667×10^{-2}	1	6.667×10^{-4}	666.7
6.4516	6.452×10^{-4}	1	0.006944	1×10^2	1.5×10^3	1	1×10^6
929.03	0.09290	144	1	1×10^{-4}	1.5×10^{-3}	1×10^{-6}	1

(5) 容积换算(表 2-1-182)

表 2-1-182 容积换算

升 (L)	立方米 (m^3)	立方英尺 (ft^3)	英加仑 (Imp gal)	美加仑 (US gal)
1	1×10^3	0.03531	0.21998	0.26418
1×10^3	1	35.3147	219.975	264.171
29.3161	0.02832	1	6.2288	7.48048
4.5459	0.004546	0.16054	1	1.20095
4.7853	0.003485	0.13368	0.8327	1

1 升=1000 厘米^3　　1 英尺^3=1728 英寸^3　　1 英加仑=277.42 英寸^3

1 英寸^3=16.387 厘米^3　　1 美加仑=231.0 英寸^3　　1 桶(油)=42 美加仑

(6) 力（重量）换算（表 2-1-183）

表 2-1-183 力（重量）换算

牛 (N)	千克力 (kgf)	克力 (gf)	磅力 (lbf)	英吨力 (tonf)
1	0.101972	101.972	0.224809	0.0001
9.80665	1	1000	2.20462	0.000984
0.009807	0.001	1	0.002205	0.000001
4.44822	0.453592	453.592	1	0.000446
9964.02	1016.05	1016046	2240	1

(7) 速度换算（表 2-1-184）

表 2-1-184 速度换算

米/秒 (m/s)	米/分 (m/min)	米/时 (m/h)	英尺/秒 (ft/s)	英尺/分 (ft/min)
1	60	3600	3.281	196.85
0.016667	1	60	0.05468	3.280
2.778×10^{-4}	0.016667	1	9.114×10^{-4}	0.05468
0.3048	18.2880	1097.3	1	60
0.005080	0.30480	18.288	0.016667	1

(8) 体积流量换算（表 2-1-185）

表 2-1-185 体积流量换算

升/秒 (L/s)	立方米/时 (m^3/h)	立方米/秒 (m^3/s)	美加仑/秒 (US gal/s)	立方英尺/时 (ft^3/h)	立方英尺/秒 (ft^3/s)
1	3.6	0.001	15.850	127.13	0.03531
0.2778	1	2.778×10^{-4}	4.403	35.31	9.810×10^{-3}
1000	3600	1	1.5850×10^{-4}	1.2713×10^{5}	35.31
0.06309	0.2271	6.309×10^{-5}	1	8.021	0.002228
7.866×10^{-3}	0.02832	7.866×10^{-6}	0.12468	1	2.788×10^{-4}
28.32	101.94	0.02832	448.8	3600	1

(9) 密度（重度）换算（表 2-1-186）

表 2-1-186 密度（重度）换算

克/厘米^3 (g/cm^3)	千克/米^3 (kg/m^3)	磅/英尺^3 (lb/ft^3)	磅/美加仑 (lb/US gal)
1	1000	62.43	8.345
0.001	1	0.06243	0.008345
0.01602	16.02	1	0.1337
0.1198	119.8	7.481	1

二、面积、容积计算

表 2-1-187 至表 2-1-194 是常用的面积、体积计算方式，多为制造业工程技术人员、铆工技师等常用。

（一）常用面积、体积计算公式（表 2-1-187~ 表 2-1-189）

表 2-1-187 常用面积、体积计算公式

名称	简图	计算公式	
		表面积 S,侧表面积 M',总面积 M	体积 V
正六角形		$S=2\times2.598a^2+6ah$	$V=2.59a^2/h$
正方角锥台		$S=a^2+b^2+4\left(\frac{a+b}{2}\cdot h\right)$	$V=\frac{h}{3}(a^2+b^2+ab)$
球		$S=4\pi r^2=\pi d^2$	$V=\frac{4}{3}\pi r^3=\frac{(\pi d^3)}{6}$
圆锥		$M'=\pi rL=\pi r\sqrt{r^2+h^2}$	$V=\frac{h}{3}\cdot\pi r^2$
截头圆锥		$M'=\pi L(r+r_1)$	$V=(r_2+r_1^2+rr_1)\frac{\pi h}{3}$
缺球		$S=\pi dh+\frac{\pi}{4}c^2$	$V=\frac{\pi h^2}{6}(3d-2h)$
盆头贮罐		$M=3.14DH+2\times1.075D^2$	$V=0.785D^2H+2\times0.123D^3$

续表

名称	简图	计算公式	
		表面积 S,侧表面积 M',总面积 M	体积 V
90°锥底贮罐		$M=3.14DH+1.075D^2+1.11D^2$	$V=0.785D^2H+0.123D^3+0.131D^3$
60°锥底贮罐		$M=3.14DH+1.075D^2+1.57D^2$	$V=0.785D^2H+0.123D^3+0.22D^3$
球底		$M=1.57D^2$,周长$=3.14D$ 截面积$=0.785D^2$	$V=0.26179D^3$
碟底		$M=1.0748D^2$	$V=0.1227D^3$

表 2-1-188 常用面积计算公式

名称	简图	计算公式	名称	简图	计算公式
正方形		$F=a^2$ $a=0.707d=\sqrt{F}$ $d=1.414a=1.414\sqrt{F}$	圆		$F=\pi r^2=0.7854d^2$ $L=2\pi r=6.2832r$ $r=\sqrt{F/3.1416}=0.564\sqrt{F}$ $d=\sqrt{F/0.7854}=1.128\sqrt{F}$
长方形		$F=ab=a\sqrt{d^2-a^2}=b\sqrt{d^2-b^2}$ $d=\sqrt{a^2+b^2}$	椭圆		$F=\pi rb \quad 2P\approx\pi\sqrt{2(a^2+b^2)}$ $2P=3.1416\times\sqrt{2(a^2+b^2)-\frac{(a-b)^2}{4}}$
平等四边形		$F=bh$ $h=F/b$ $b=F/h$	扇形		$\tau=\frac{r\times a\times 3.1416}{180}=0.01745ra$ $F=\frac{1}{2}rl=0.008727r^2a$

续表

名称	简图	计算公式	名称	简图	计算公式
三角形	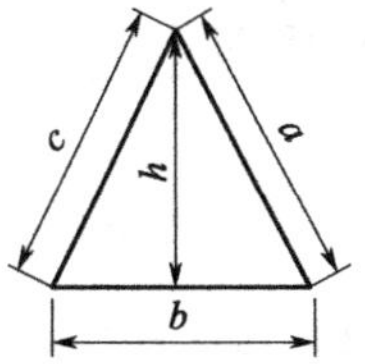	$F=bh/2$ $P=1/2(a+b+c)$ $F=\sqrt{P(P-a)(P-b)(P-c)}$	弓形	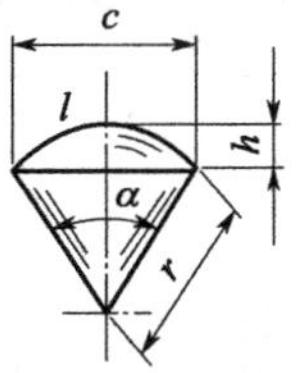	$F=\frac{1}{2}[(rl-c(r-h)]$ $c=2\sqrt{h(2r-h)}$ $r=\frac{c^2+4h^2}{8h}, l=0.0174r\alpha$ $h=r-\frac{1}{2}\sqrt{(4r^2-c^2)}$
梯形	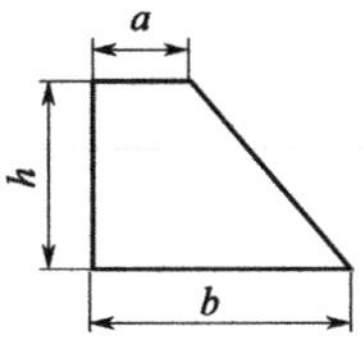	$F=\frac{a+b}{2}\cdot h \quad h=\frac{2F}{(a+b)}$ $A=\frac{2F}{h}-b \quad b=-\frac{2F}{h}-a$	圆环	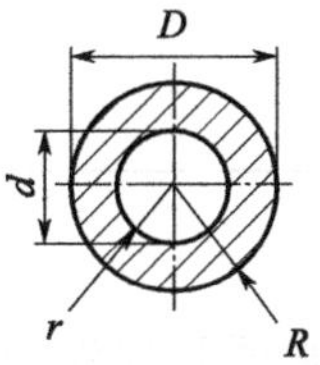	$F=\pi(R^2-r^2)$ $=0.7854(D^2-d^2)$
正六角形	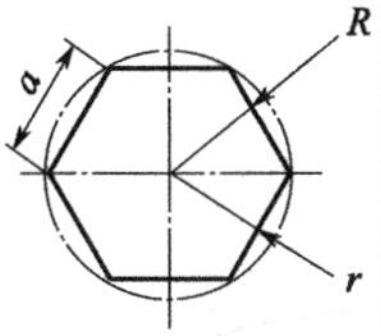	$F=2.598a^2=2.598R^2$ $R=a=1.155r$	环式扇形	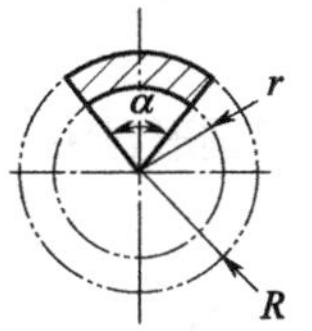	$F=\frac{\pi\alpha}{360}(R^2-r^2)$ $=0.008732(R^2-r^2)$ α——夹角

注：F—面积；P—半周长；L—圆周长度；R—外接圆的半径。

表 2-1-189　常用体积和表面积计算公式

名称	简图	计算公式		名称	简图	计算公式	
		表面积 S，侧表面积 M'	体积　V			表面积 S，侧表面积 M'	体积　V
正立方体	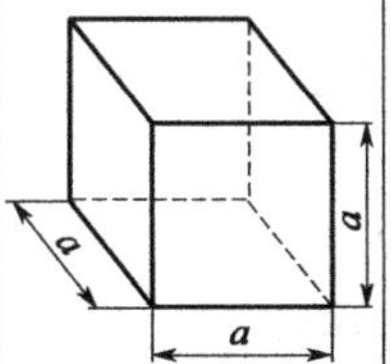	$S=6a^2$	$V=a^3$	空心圆柱(管)	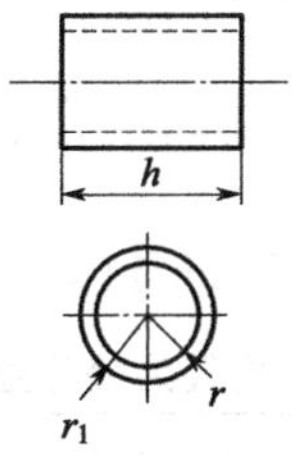	M'=内侧表面积+外侧表面积=$2\pi h(r+r_1)$	$V=\pi r(r^2-r_1^2)$
长立方体	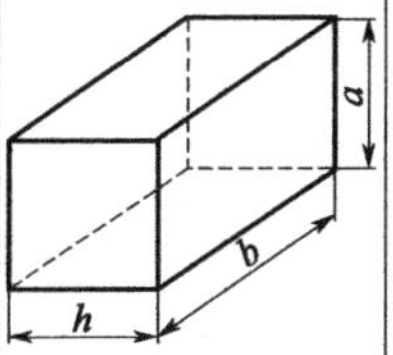	$S=2(ah+bh+ab)$	$V=abh$	斜底截圆柱	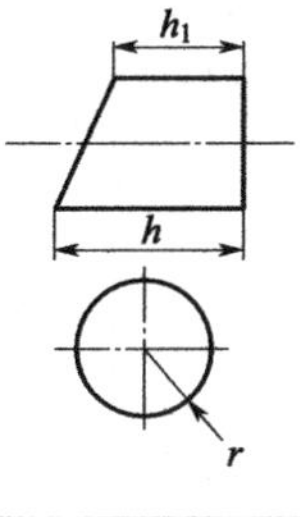	$M'=\pi r(h+h_1)$	$V=\pi r^2\frac{h+h_1}{2}$

续表

名称	简图	计算公式		名称	简图	计算公式	
		表面积 S，侧表面积 M'	体积　V			表面积 S，侧表面积 M'	体积　V
圆柱		$M'=2\pi rh$ $=\pi dh$	$V=\pi r^2h$ $=\frac{d^2\pi}{4}h$	球分		$S=\frac{\pi r}{2}(4h+c)$	$V=\frac{2}{3}\pi r^2h$ $=\frac{2}{3}\pi r^2\times\left(r-\sqrt{r^2-\frac{1}{4}c^2}\right)$

（二）椭圆形封头

1. 以内径为公称直径的椭圆形封头（图 2-1-58）

标志举例：公称直径 400mm，厚度 4mm 的椭圆形封头，其标记为：封头 D_g400×4，JB1154-73。

2. 以外径为公称直径的椭圆形封头（图 2-1-59）

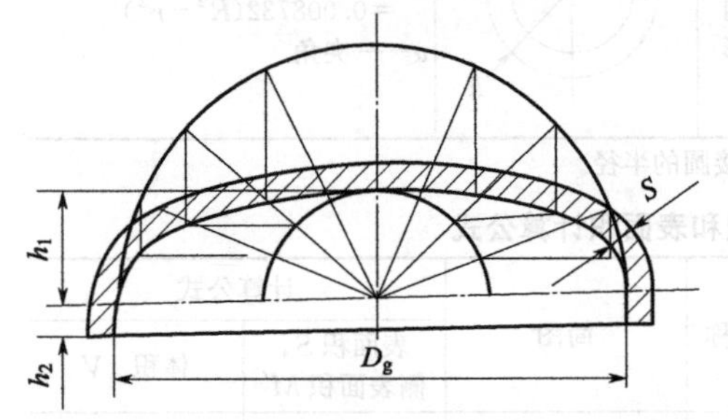

图 2-1-58　以内径为公称直径的椭圆形封头

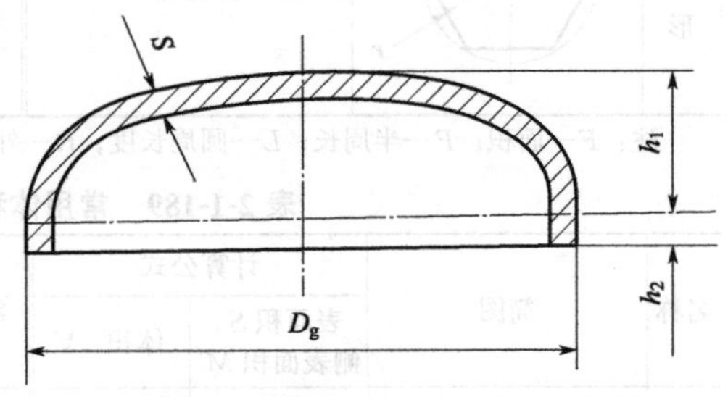

图 2-1-59　以外径为公称直径的椭圆形封头

标志举例：公称直径 219mm，厚度 4mm 的椭圆形封头，其标记为：封头 D_g219×4，JB1154-73。

3. 以内径为公称直径的椭圆形封头的内表面积和容积（表 2-1-190）

表 2-1-190　内径为公称直径的椭圆形封头的内表面积和容积

公称直径 D_g/mm	曲面高度 h_1/mm	直边高度 h_2/mm	内表面积 F/m²	容积 V/m³	公称直径 D_g/mm	曲面高度 h_1/mm	直边高度 h_2/mm	内表面积 F/m²	容积 V/m³
300	75	25	0.121	0.00530	500	125	25	0.309	0.0213
(350)	88	25	0.160	0.00802			40	0.333	0.0242
400	100	25	0.204	0.0115			50	0.349	0.0262
		40	0.223	0.0134	(550)	137	25	0.370	0.0277
(450)	112	25	0.254	0.0158			40	0.396	0.0313
		40	0.275	0.0183			50	0.413	0.0336

续表

公称直径 D_g/mm	曲面高度 h_1/mm	直边高度 h_2/mm	内表面积 F/m^2	容积 V/m^3
600	150	25	0.436	0.0352
		40	0.464	0.0396
		50	0.483	0.0425
(650)	162	25	0.507	0.0442
		40	0.538	0.0493
		50	0.558	0.0526
700	175	25	0.584	0.0545
		40	0.617	0.0603
		50	0.639	0.0642
800	200	25	0.754	0.0796
		40	0.792	0.0871
		50	0.812	0.0921
900	225	25	0.945	0.112
		40	0.880	0.121
		50	1.02	0.127
1000	250	25	1.16	0.151
		40	1.21	0.162
		50	1.24	0.170
(1100)	275	25	1.40	0.198
		40	1.45	0.212
		50	1.49	0.222
1200	300	25	1.65	0.255
		40	1.71	0.272
		50	1.75	0.283
(1300)	325	25	1.93	0.321
		40	1.99	0.341
		50	2.03	0.354
1400	350	25	2.23	0.398
		40	2.29	0.421
		50	2.33	0.436
(1500)	375	25	2.55	0.487
		40	2.62	0.513
		50	2.67	0.530
1600	400	25	2.89	0.587
		40	2.97	0.617
		50	3.02	0.637

公称直径 D_g/mm	曲面高度 h_1/mm	直边高度 h_2/mm	内表面积 F/m^2	容积 V/m^3
(1700)	425	25	3.25	0.700
		40	3.34	0.734
		50	3.39	0.757
1800	450	25	3.64	0.826
		40	3.73	0.866
		50	3.78	0.889
(1900)	475	25	4.05	0.971
		40	4.14	1.01
2000	500	25	4.48	1.13
		40	4.57	1.18
		50	4.63	1.20
(2100)	525	40	5.03	1.36
2200	550	25	5.40	1.49
		40	5.50	1.54
		50	5.57	1.58
(2300)	575	40	6.00	1.76
2400	600	25	6.41	1.93
		40	6.52	2.00
		50	6.60	2.05
2600	650	25	7.50	2.43
		40	7.63	2.51
		50	7.71	2.56
2800	700	40	8.82	3.12
		50	8.91	3.18
3000	750	40	10.1	3.82
		50	10.2	3.89
3200	800	40	11.5	4.61
		50	11.6	4.69
3400	850	50	13.0	5.60
3600	900	50	14.6	6.62
3800	950	50	16.2	7.75
4000	1000	50	17.9	9.02

注：公称直径中带括号的表示不常用。

（三） 60° 与 90° 无折边锥形封头

内径为 1000mm，厚度为 6mm，圆锥角 α 分别为 60° 及 90° 的无折边锥形封头（图 2-1-60、图 2-1-61），其标记分别为：

无折边锥形封头：60°D_g1000×6

无折边锥形封头：90°D_g1000×6

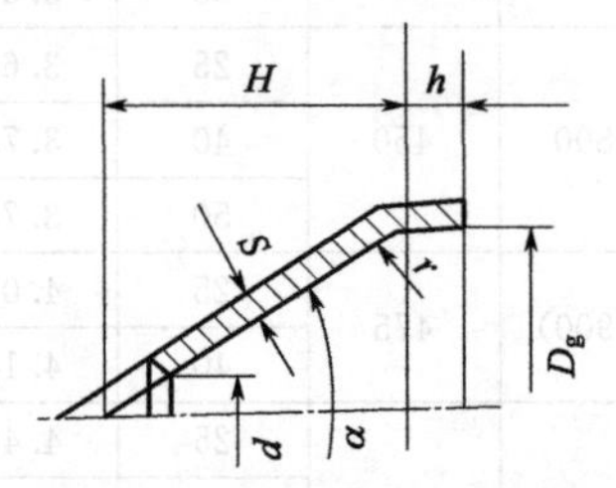

图 2-1-60 60°无折边锥形封头

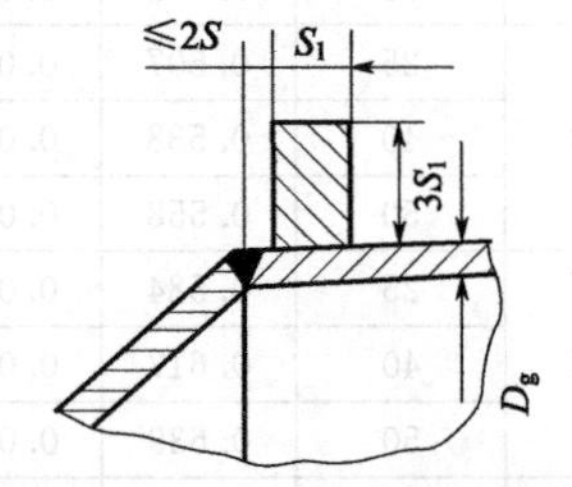

图 2-1-61 90°无折边锥形封头

1. 碳钢和不锈钢制 60° 无折边锥形封头的尺寸、容积及质量（表 2-1-191）

表 2-1-191 碳钢和不锈钢制 60°无折边锥形封头的尺寸、容积及质量

D_g=D /mm	H /mm	容积 V /m³	厚度 S（括号内厚度只适用于不锈钢）								
			4mm	(5mm)	6mm	(7mm)	8mm	(9mm)	10mm	(11mm)	12mm
			质量/kg								
300	260	0.006	4.6								
400	346	0.014	8.0								
500	433	0.028	12.4	15.7	18.9						
600	520	0.049	18.0	22.6	27.3						
700	606	0.078	24.5	30.7	37.0	43.3	49.6				
800	693	0.116	32.4	40.4	48.4	56.5	64.9	70.8			
900	779	0.165		51.5	62.0	72.0	82.0	90.6	99.2		
1000	866	0.227		63.5	75.5	88.3	101	113	126	139	
1200	1039	0.392		91.4	108	126	145	163	182	200	218
1400	1212	0.622		123	148	172	197	222	247	273	298
1600	1386	0.929		158	198	224	257	290	323	335	388
1800	1559	1.322		211	244	285	326	366	406	448	490
2000	1732	1.814			302	361	421	462	504	554	605
2200	1905	2.414				421	486	547	609	670	780
2400	2078	3.134				510	580	652	724	797	870
2600	2252	3.986				610	684	767	850	932	1015
2800	2426	4.977				655	786	885	985	1082	1185
3000	2598	6.121				779	900	1015	1131	1243	1355

2. 碳素钢和不锈钢制 90° 无折边锥形封头的尺寸、容积及质量（表 2-1-192）

表 2-1-192 封头尺寸、容积、质量

$D_g=D$ /mm	H /mm	容积 V /m^3	厚度 S(括号内厚度只适用于不锈钢)						
			4mm	(5mm)	6mm	(7mm)	8mm	(9mm)	10mm
300	150	0.004	3.3						
400	200	0.008	5.7						
500	250	0.016	8.8	11.5	14.1				
600	300	0.028	12.8	16.0	19.2				
700	350	0.045	17.3	22.0	26.1	30.5	35.0		
800	400	0.067	22.7	28.5	34.2	39.9	45.6		
900	450	0.095		35.7	43.2	50.6	58.0		
1000	500	0.131		43.8	53.5	62.4	71.4		
1200	600	0.226		62.8	76.6	89.3	102		
1400	700	0.359		86.4	104	121	138	155	
1600	800	0.536		110.0	136	158	181	220	
1800	900	0.763		137.4	173	201	230	254	
2000	1000	1.047			215	248	282	332	
2200	1100	1.394				297	346	388	430
2400	1200	1.810					415	463	511
2600	1300	2.301					480	540	600
2800	1400	2.874					555	624	694
3000	1500	3.534					629	707	850

注：受内压无折边锥形封头适用于半锥角$\frac{\alpha}{2}\leqslant 30°$。当半锥角$\frac{\alpha}{2}>30°$时，锥体与筒体的连接处应考虑另行加强，或采用折边锥形封头。

（四）60° 与 90° 折边锥形封头（图 2-1-62）

内径 400mm，厚度 4mm，圆锥角分别为 60°及 90°折边锥形封头，其标记分别为：

60°折边锥形封头：60°D_g400×4

90°折边锥形封头：90°D_g400×4

60°与 90°折边锥形封头的尺寸、内表面积与容积（表 2-1-193）

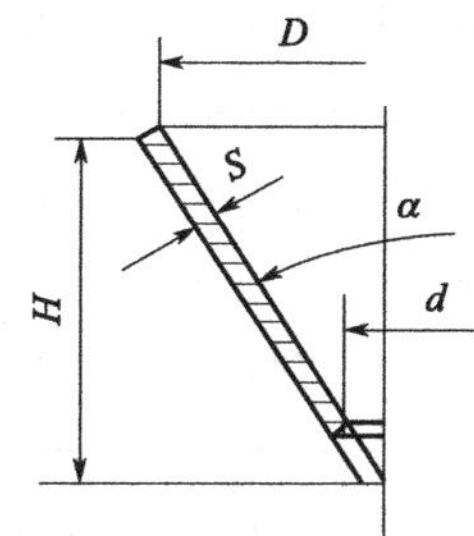

图 2-1-62 60°折边锥形封头

表 2-1-193 60°与 90°折边锥形封头的尺寸、内表面积与容积

公称直径 D_g/mm	锥体高度 H/mm		圆弧半径 r/mm	直边高度 h/mm	内表面积 F/m^2		容积 V/m^3	
	60°	90°			60°	90°	60°	90°
300	272	169	45	25	0.181	0.139	0.00879	0.00657
(350)	317	197	52.5	25	0.242	0.184	0.0135	0.0100
400	362	225	60	25	0.312	0.236	0.0198	0.0145
				40	0.331	0.255	0.0217	0.0164
(450)	408	253	68	25	0.390	0.295	0.0276	0.0202
500	453	281	75	25	0.478	0.359	0.0375	0.0272
				40	0.502	0.383	0.0403	0.0301
(550)	498	309	82	25	0.574	0.430	0.0492	0.0356
600	544	337	90	2540	0.6780.707	0.5080.536	0.06320.067[illegible]	0.04550.0498
(650)	589	365	98	25	0.792	0.592	0.0796	0.0572
700	634	393	105	25	0.914	0.682	0.0987	0.0707
				40	0.948	0.715	0.104	0.0764
800	725	450	120	25	1.18	0.882	0.146	0.104
				40	1.22	0.920	0.153	0.111
900	815	506	135	25	1.49	1.1	0.205	0.146
				40	1.53	1.15	0.214	0.155
1000	906	562	150	25	1.83	1.36	0.28	0.198
				40	1.88	1.41	0.291	0.209
(1100)	997	618	165	25	2.21	1.64	0.37	0.261
				40	2.26	1.69	0.384	0.275
1200	1087	675	180	25	2.62	1.91	0.477	0.336
				40	2.68	1.99	0.494	0.353
(1300)	1178	731	195	25	3.07	2.27	0.604	0.424
				40	3.13	2.33	0.624	0.444
1400	1269	787	210	25	3.55	2.61	0.751	0.527
				40	3.61	2.69	0.774	0.550
(1500)	1359	843	225	25	4.06	3.00	0.921	0.645
				40	4.14	3.07	0.948	0.671
1600	1450	899	240	25	4.62	3.40	1.11	0.779
				40	4.69	3.48	1.14	0.809
(1700)	1541	956	255	25	5.20	3.83	1.33	0.931
				40	5.28	3.91	1.37	0.965

续表

公称直径 D_g/mm	锥体高度 H/mm		圆弧半径 r/mm	直边高度 h/mm	内表面积 F/m^2		容积 V/m^3	
	60°	90°			60°	90°	60°	90°
1800	1631	1012	270	25	5.82	4.29	1.58	1.10
				40	5.91	4.37	1.62	1.14
(1900)	1722	1068	285	25	6.48	4.77	1.85	1.29
				40	6.57	4.86	1.90	1.33
2000	1812	1124	300	25	7.17	5.28	2.16	1.50
				40	7.27	5.37	2.2	1.55
2200	1994	1237	330	25	8.66	6.37	2.86	1.99
				40	8.77	6.47	2.92	2.05
2400	2175	1349	360	25	10.3	7.56	3.70	2.57
				40	10.4	7.68	3.77	2.64
2600	2356	1462	390	25	12.1	8.86	4.70	3.26
				40	12.2	8.98	4.78	3.34
2800	2537	1574	420	25	14.0	10.3	5.87	4.06
				40	14.1	10.4	5.95	4.15
3000	2719	1686	450	25	16.0	11.8	7.19	4.98
				40	16.2	11.9	7.30	5.09

注：公称直径中带括号的表示不常用。

（五）容器设备的筒节尺寸及质量计算（表 2-1-194）

表 2-1-194　容器设备的筒节尺寸及质量计算

公称直径（内径）D_g/mm	一米高的容积 V/m^3	一米高的内表面积 F_B/m^3	壁厚 S /mm	一米高的钢板理论质量/kg	按平均直径展开的理论长度/mm
1	2	3	4	5	6
300	0.071	0.94	3	22	952
			4	30	955
			5	37	958
			6	44	961
400	0.126	1.26	3	30	1266
			4	40	1270
			5	50	1273
			6	60	1276
500	0.196	1.57	3	37	1580
			4	50	1584

续表

公称直径(内径)D_g/mm	一米高的容积V/m^3	一米高的内表面积F_B/m^3	壁厚S/mm	一米高的钢板理论质量/kg	按平均直径展开的理论长度/mm
500	0.196	1.57	5	62	1587
			6	75	1590
600	0.283	1.88	3	45	1894
			4	60	1898
			5	75	1901
			6	90	1904
700	0.385	2.20	4	59	2212
			5	87	2215
			6	105	2218
			8	140	2224

第八节 海拔高度与压力、标准筛、元素周期表

(1) 海拔高度与压力（表 2-1-195）

表 2-1-195 海拔高度与压力表

海拔高度/m	温度/℃	压力/mmHg	压力/(kgf/cm²)	海拔高度/m	温度/℃	压力/mmHg	压力/(kgf/cm²)
0	15.0	760.0	1.033	457.20	10.05	719.7	0.978
15.24		758.7	1.031	609.60		706.6	0.960
30.48		757.2	1.059	762.00		693.8	0.943
60.96	14.61	754.6	1.026	914.40		681.1	0.926
91.44		751.8	1.022	1066.80		668.6	0.909
121.92		749.0	1.019	1219.20	7.05	656.3	0.892
152.40	14.0	746.4	1.014	1371.60		644.2	0.876
182.88		743.7	1.011	1524.0	5.11	632.3	0.860
213.36		740.9	1.007	2286.0		515.3	0.782
243.84		738.4	1.003	3048.0	−4.83	522.6	0.711
274.32		735.6	1.000	4572.0		428.8	0.583
304.80	13.0	732.9	0.996	6096.0	−24.6	349.1	0.475

注：1mmHg=133.32Pa，$1kgf/cm^2$=98.0665kPa。

(2) 标准筛(表 2-1-196)

表 2-1-196 标准筛

泰勒标准筛(中国)			日本 JIS 标准筛		德国标准筛			俄罗斯 гост-3584-53		
目数/in	孔目大小/mm	网线径/mm	孔目大小/mm	网线径/mm	目数/in	孔目大小/mm	网线径/mm	筛号	孔目大小/mm	网线径/mm
$2\frac{1}{2}$	7.925	2.235	7.93	2.0						
3	6.680	1.778	6.73	1.8						
$3\frac{1}{2}$	4.613	1.651	5.66	1.6						
4	4.699	1.651	4.76	1.29						
5	3.962	1.118	4.00	1.08						
6	3.327	0.914	3.36	0.87						
7	2.794	0.853	2.83	0.80				2.5	2.5	0.5
8	2.362	0.813	2.38	0.80				2.0	2.0	0.5
9	1.981	0.738	2.00	0.76				1.6	1.6	0.45
10	1.651	0.689	1.68	0.74				1.25	1.25	0.4
12	1.397	0.711	1.41	0.71	4	1.50	1.00	1	1.00	0.35
14	1.168	0.635	1.19	0.82	5	1.20	0.80	0.9	0.90	0.35
16	0.991	0.597	1.00	0.59	6	1.02	0.65	0.8	0.80	0.3
20	0.833	0.437	0.84	0.43	—	—	—	0.7	0.70	0.3
24	0.701	0.358	0.71	0.35	8	0.75	0.50	0.63	0.63	0.25
28	0.589	0.318	0.59	0.32	10	0.60	0.40	0.56	0.56	0.23
32	0.495	0.300	0.50	0.28	11	0.54	0.37	0.5	0.50	0.22
35	0.417	0.310	0.42	0.29	12	0.49	0.34	0.45	0.45	0.18
42	0.351	0.254	0.35	0.29	14	0.43	0.28	0.40	0.40	0.15
48	0.295	0.234	0.297	0.232	16	0.385	0.24	0.355	0.355	0.15
60	0.246	0.178	0.250	0.212	20	0.300	0.20	0.315	0.315	0.14
65	0.208	0.183	0.210	0.181	24	0.250	0.17	0.28	0.280	0.14
80	0.175	0.142	0.177	0.141	30	0.200	0.13	0.25	0.250	0.13
100	0.147	0.107	0.149	0.105	—	—	—	0.224	0.224	0.13
115	0.124	0.097	0.125	0.037	40	0.150	0.10	0.2	0.200	0.13
150	0.104	0.066	0.105	0.070	50	0.120	0.08	0.18	0.180	0.13
170	0.088	0.061	0.088	0.061	60	0.102	0.065	0.16	0.160	0.10
200	0.074	0.053	0.074	0.053	70	0.088	0.055	0.14	0.140	0.09
250	0.061	0.041	0.062	0.048	80	0.075	0.050	0.125	0.125	0.09
270	0.053	0.041	0.053	0.038	100	0.060	0.040	0.112	0.112	0.08
325	0.043	0.036	0.044	0.034				0.1	0.100	0.07
400	0.038	0.025						0.09	0.09	0.07
								0.08	0.08	0.055
								0.71	0.071	0.055
								0.063	0.063	0.045
								0.056	0.056	0.04
								0.05	0.050	0.035
								0.045	0.045	0.035
								0.04	0.040	0.03

注:中国普遍采用泰勒标准筛。

(3)元素周期表

元素周期表

ⅠA	ⅡA	ⅢB	ⅣB	ⅤB	ⅥB	ⅦB	Ⅷ			ⅠB	ⅡB	ⅢA	ⅣA	ⅤA	ⅥA	ⅦA	
1 H 氢 1.0079																	2 He 氦 4.0026
3 Li 锂 6.941	4 Be 铍 9.0122											5 B 硼 10.811	6 C 碳 12.011	7 N 氮 14.007	8 O 氧 15.999	9 F 氟 18.998	10 Ne 氖 20.17
11 Na 钠 22.9898	12 Mg 镁 24.305											13 Al 铝 26.982	14 Si 硅 28.085	15 P 磷 30.974	16 S 硫 32.06	17 Cl 氯 35.453	18 Ar 氩 39.94
19 K 钾 39.098	20 Ca 钙 40.08	21 Sc 钪 44.956	22 Ti 钛 47.9	23 V 钒 50.9415	24 Cr 铬 51.996	25 Mn 锰 54.938	26 Fe 铁 55.84	27 Co 钴 58.9332	28 Ni 镍 58.69	29 Cu 铜 63.54	30 Zn 锌 65.38	31 Ga 镓 69.72	32 Ge 锗 72.5	33 As 砷 74.922	34 Se 硒 78.9	35 Br 溴 79.904	36 Kr 氪 83.8
37 Rb 铷 85.467	38 Sr 锶 87.62	39 Y 钇 88.906	40 Zr 锆 91.22	41 Nb 铌 92.9064	42 Mo 钼 95.94	43 Tc 锝 99	44 Ru 钌 101.07	45 Rh 铑 102.906	46 Pd 钯 106.42	47 Ag 银 107.868	48 Cd 镉 112.41	49 In 铟 114.82	50 Sn 锡 118.6	51 Sb 锑 121.7	52 Te 碲 127.6	53 I 碘 126.905	54 Xe 氙 131.3
55 Cs 铯 132.905	56 Ba 钡 137.33	57-71 La-Lu 镧系	72 Hf 铪 178.4	73 Ta 钽 180.947	74 W 钨 183.8	75 Re 铼 186.207	76 Os 锇 190.2	77 Ir 铱 192.2	78 Pt 铂 195.08	79 Au 金 196.967	80 Hg 汞 200.5	81 Tl 铊 204.3	82 Pb 铅 207.2	83 Bi 铋 208.98	84 Po 钋 (209)	85 At 砹 (201)	86 Rn 氡 (222)
87 Fr 钫 (223)	88 Ra 镭 226.03	89-103 Ac-Lr 锕系	104 Rf 𬬻 (267)	105 Db 𬭊 (268)	106 Sg 𬭳 (271)	107 Bh 𬭛 (270)	108 Hs 𬭶 (277)	109 Mt 鿏 (276)	110 Ds 𫟼 (281)	111 Rg 𬬭 (282)	112 Cn 鿔 (285)	113 Nh 鿭 (285)	114 Fl 𫓧 (289)	115 Mc 镆 (289)	116 Lv 𫟷 (293)	117 Ts 鿬 (294)	118 Og 鿫 (294)

57-71 La-Lu 镧系	57 La 镧 138.905	58 Ce 铈 140.12	59 Pr 镨 140.91	60 Nd 钕 144.2	61 Pm 钷 147	62 Sm 钐 150.4	63 Eu 铕 151.96	64 Gd 钆 157.25	65 Tb 铽 158.93	66 Dy 镝 162.5	67 Ho 钬 164.93	68 Er 铒 167.2	69 Tm 铥 168.934	70 Yb 镱 173.0	71 Lu 镥 174.96

89-103 Ac-Lr 锕系	89 Ac 锕 227.03	90 Th 钍 232.04	91 Pa 镤 231.04	92 U 铀 238.03	93 Np 镎 237.05	94 Pu 钚 244	95 Am 镅 243	96 Cm 锔 247	97 Bk 锫 247	98 Cf 锎 251	99 Es 锿 254	100 Fm 镄 257	101 Md 钔 258	102 No 锘 259	103 Lr 铹 260

第二章

耐硫酸腐蚀的材料与性能

第一节　金属材料

一、铸铁材料和碳素钢

（一）灰铸铁牌号、成分和耐腐蚀特性

1. 灰铸铁牌号、化学成分和机械性能（表 2-2-1）

表 2-2-1　常用灰铸铁牌号、化学成分和机械性能

常用牌号	化学成分		机械性能	
	元素	含量/%		
HT 150	C	3～4	拉伸强度/MPa	15
	Si	1.5～3		
	Mn	0.5～1	弯曲强度/MPa	33
	S	0.15	硬度(HB)	163～229
	P	0.1～0.3	挠度(支距,10d_{mm})	2.5
	Fe	差额		

2. 灰铸铁耐腐蚀特性

灰铸铁硫酸腐蚀速度见图 2-2-1。

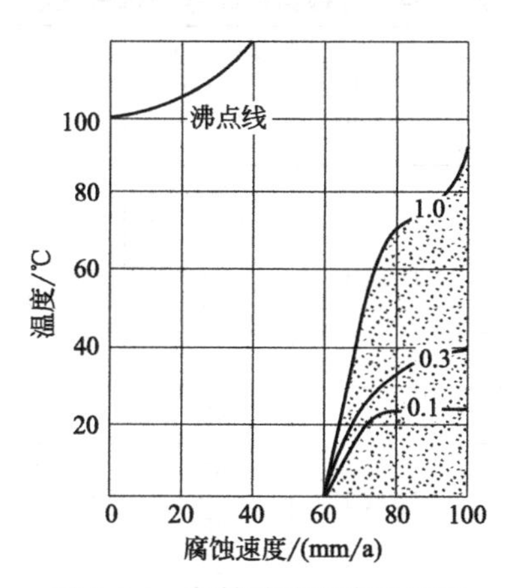

图 2-2-1　灰铸铁硫酸腐蚀速度

（二）球墨铸铁的牌号、成分和耐腐蚀特性

1. 球墨铸铁牌号、化学成分和机械性能（表 2-2-2）

表 2-2-2　常用球墨铸铁牌号、化学成分和机械性能

<table>
<tr><th rowspan="2">常用牌号</th><th colspan="2">化学成分</th><th colspan="2" rowspan="2">机械性能</th></tr>
<tr><th>元素</th><th>含量/%</th></tr>
<tr><td rowspan="7">QT45-5</td><td>C</td><td>3.3～4.0</td><td rowspan="2">拉伸强度/MPa</td><td rowspan="2">45</td></tr>
<tr><td>Si</td><td>2.0～3.0</td></tr>
<tr><td>Ni</td><td>0～2.5</td><td rowspan="2">弯曲强度/MPa</td><td rowspan="2">33</td></tr>
<tr><td>Mn</td><td>0.2～0.6</td></tr>
<tr><td>P</td><td>0.06～0.08</td><td>硬度(HB)</td><td>170～207</td></tr>
<tr><td>Mg</td><td>0.02～0.07</td><td rowspan="2">挠度(支距,10d_{mm})</td><td rowspan="2">延伸率 5.0%</td></tr>
<tr><td>Fe</td><td>差额</td></tr>
</table>

2. 球墨铸铁耐腐蚀特性

由于石墨组织成球状，减轻了石墨对基体的割裂和尖口作用，有效地阻止了硫酸渗透，其耐腐蚀性能比灰铸铁大大提高。

（三）可锻铸铁牌号、成分和耐腐蚀性能

1. 可锻铸铁化学成分（表 2-2-3）。

表 2-2-3　可锻铸铁化学成分

元素	含量/%	元素	含量/%	元素	含量/%
C	2.00～2.65	Si	0.90～1.65	S	0.05～0.18
Mn	0.25～1.25	P	0.18	Fe	差额

2. 可锻铸铁牌号和机械性能（表 2-2-4）

表 2-2-4　可锻铸铁牌号和机械性能

<table>
<tr><th colspan="3">牌号</th><th rowspan="2">试样直径
d/mm</th><th rowspan="2">拉伸强度
σ_b/MPa
≥</th><th rowspan="2">屈服强度
$\sigma_{0.2}$/MPa
≥</th><th rowspan="2">延伸率 δ
($L_0=3d$)/%
≥</th><th rowspan="2">硬度(HB)</th></tr>
<tr><th colspan="2">A</th><th>B</th></tr>
<tr><td rowspan="4">黑心</td><td>KTH300-06</td><td></td><td rowspan="4">12 或 15</td><td>300</td><td>—</td><td>6</td><td rowspan="4">50</td></tr>
<tr><td>KTH330-08</td><td></td><td>330</td><td>—</td><td>8</td></tr>
<tr><td>KTH350-10</td><td></td><td>330</td><td>200</td><td>10</td></tr>
<tr><td>KTH370-12</td><td></td><td>370</td><td>—</td><td>12</td></tr>
<tr><td rowspan="4">珠光体</td><td colspan="2">KTZ450-06</td><td rowspan="4">12 或 15</td><td>450</td><td>270</td><td>6</td><td>150～200</td></tr>
<tr><td colspan="2">KTZ550-04</td><td>550</td><td>340</td><td>4</td><td>180～250</td></tr>
<tr><td colspan="2">KTZ650-02</td><td>650</td><td>430</td><td>2</td><td>210～260</td></tr>
<tr><td colspan="2">KTZ700-02</td><td>700</td><td>530</td><td>2</td><td>240～290</td></tr>
</table>

续表

牌号 A	牌号 B	试样直径 d/mm	拉伸强度 σ_b/MPa ≥	屈服强度 $\sigma_{0.2}$/MPa ≥	延伸率 δ ($L_0=3d$)/% ≥	硬度(HB)
白心	KTB350-04	9	340	—	5	≤230
		12	350	—	4	
		15	360	—	3	
	KTB380-12	9	320	170	13	≤200
		12	38	200	12	
		15	400	210	8	
	KTB400-05	9	360	200	8	≤200
		12	400	220	5	
		15	420	230	4	
	KTB450-07	9	400	230	10	≤220
		12	450	260	7	
		15	480	280	4	

注：1. 本标准适用于砂型铸造的可锻铸铁，对其他铸型铸造的可锻铸可供参考使用。

2. 牌号中"H"表示黑心；"Z"表示珠光体；"B"表示白心；第一组数字表示抗拉强度值；第二组数字表示延伸率值。

3. 当需方对屈服强度有要求时，经供需双方协议才予以测定。硬度值仅作参考，如需规定硬度，则由供需双方商定。

4. 牌号 KTH300-06 适用于气密性零件，牌号 B 系列为推荐牌号。

3. 可锻铸铁耐腐蚀性能

由于基体上分布着团絮状石墨，不但提高了耐蚀性能，也增强了冲击韧性和塑性，并且具有较高的强度。

（四）耐热铸铁的名称、牌号、成分和耐腐蚀特性

1. 耐热铸铁的名称、牌号、化学成分和机械性能（表 2-2-5）

表 2-2-5　耐热铸铁的名称、牌号、化学成分和机械性能

名称	牌号	化学成分/% C	Si	Mn	P	S	Cr	在室温下机械性能≥ 抗拉强度/×9.8MPa	屈服强度/×9.8MPa	硬度(HB)
含铬耐热铸铁	RTCr～0.8	2.8～3.6	1.5～2.5	<1.0	<0.3	<0.12	0.5～1.1	18	36	207～285
含铬耐热铸铁	RTCr～1.5	2.8～3.6	1.7～2.7	<1.0	<0.3	<0.12	1.2～1.9	15	32	207～285
高硅耐热铸铁	RTSi～5.5	2.2～3.0	5.0～6.0	<1.0	<0.2	<0.12	0.5～0.9	10	24	140～255
高硅耐热球墨铸铁	RQTSi～5.5	2.4～3.0	5.0～6.0	<0.7	<0.2	<0.03		22	不测定	228～321

2. 耐热铸铁耐腐蚀特性

铸铁中加入 Cr、Si 等合金元素，使铸件表面形成一层致密的 Cr_2O_3、SiO_2 等氧化膜，保护内部基体组织不发生石墨化过程，有效地提高了铸铁的耐蚀性能，同时也提高了铸铁的耐热性。

（五）耐酸铸铁

普通铸铁的耐蚀性差，是因为铸铁组织中石墨、渗碳体、铁素体等不同相在电解质中的电极电位不同，形成微电池，成为阳极的铁素体不断溶解而被腐蚀。加入合金元素，如 Si、Cr、Al、Mo、Cu、Ni 等后，能形成铸件表面的致密保护层，提高了铸铁基体的电极电位，增大了铸铁的耐腐蚀性能。

1. 耐腐蚀铸铁的名称、牌号化学成分和机械性能（表 2-2-6）

表 2-2-6 耐腐蚀铸铁的名称、牌号、化学成分和机械性能

名称及牌号	化学成分含量/%							其他	热处理	机械性能				HRC
	C	Si	Mn	P	S	Mo	χt			抗拉强度 /×9.8 MPa	抗弯强度 /×9.8 MPa	挠度 /mm	抗冲击强度 /×9.8 MPa	
$NSTSi_{15}$	0.6～0.85	14.25～15.5	0.3～0.8	≤0.08	≤0.05				800～900℃长期退火		≥20	≥1.0	≥0.1	35～45
$NSTSi_{15}χt$	0.6～0.85	14.25～15.5	0.3～0.8	≤0.08	≤0.05		0.01～0.03		800～900℃长期退火		≥28	≥1.0	≥0.14	40～50
$NSTSi_{11}CrCu_2χt$	1.0～1.2	10～12	0.3～0.6	≤0.045	≤0.03		0.01～0.03	Cr 0.3～0.6 Cu 1.8～2.2	800～900℃长期退火		≥30	≥1.2	≥0.14	28～40
高硅铜铸铁 CT 合金	0.5～0.8	13.5～15.0	0.50～0.80	≤0.07	≥0.05			Cu 6.5～8.5	800～900℃长期退火	13.0～19.85	18.6～32.6			HB346～432
铝铸铁	2.8～3.3	1.2～2.0						Al4～6	800～900℃长期退火		>36			HB329～302
硅钼铜耐酸铸铁	0.8～1.0	10～11	0.35～0.50	<0.045	<0.018	1.0～1.25	～0.35	Cu 1.8～2.0	800～900℃长期退火		35～42			43～52
高铬合金不锈钢铸铁	0.87	1.55	0.26	0.048	0.026	2.07	Cr 22.13	Cu 1.66	820～850℃长期退火	38.5	70		0.28	HB219～233

注：1. $NSTSi_{15}$、$NSTSi_{15}χt$、$NSTSi_{11}CrCu_2χt$ 是我国在原高硅铸铁基础上研制的耐腐蚀性能优良的耐腐蚀铸铁。NST 表示耐蚀铁，其中的 χt 代表稀土元素。

2. 主要性能及应用：$NSTSi_{15}$ 相当于原高硅铸铁，耐腐蚀性高，除高温盐酸与氢氟酸外，其它介质均可应用。抗拉强度、抗弯强度低，易脆裂，铸件易产生气孔、裂纹等缺陷，废品率高，加工性能差。可制造泵、阀门、管件等。

$NSTSi_{15}χt$ 相当原高硅球墨铸铁腐蚀性能及应用范围与 $NSTSi_{15}$ 基本相同。机械性能改善，可车、磨、钻孔、套丝等，可进行补焊。

$NSTSi_{11}CrCu_2χt$ 相当于原 1 号耐酸硅铸铁，经鞍山市科委鉴定，可在如下介质中应用：a. 温度<50℃，浓度≤46%的硝酸；b. 温度<90℃，浓度 70%～98%的硫酸；c. 温度 160～205℃的苯磺酸+浓度 92.5%的硫酸；d. 室温下饱和氯气的 60%～70%的硫酸；e. 温度 90～100℃的粗萘+浓度 92.5%的硫酸。可车削、钻孔、套丝。

2. 高硅铸铁

硫酸工业一般用的高硅铸铁的组成为：硅 14.5%～16%，锰 0.3%～0.8%，碳 0.5%～0.8%，铅<0.2%，硫<0.07%，磷<0.1%，其余为铁。从成分看，似属于钢，从组织和性能来看，它和铸铁相似，所以通常称为高硅铸铁或硅铁合金。

高硅铸铁在硫酸中的腐蚀速度见图 2-2-2。

3. 高铬铸铁

高铬铸铁常用牌号为 ZGCr28，化学成分 C＝0.5%～1.0%、Cr＝26%～30%、Si＝0.5%～1.3%、Mn＝0.5%～0.8%、S≤0.035%、P≤0.10%，其余为 Fe。

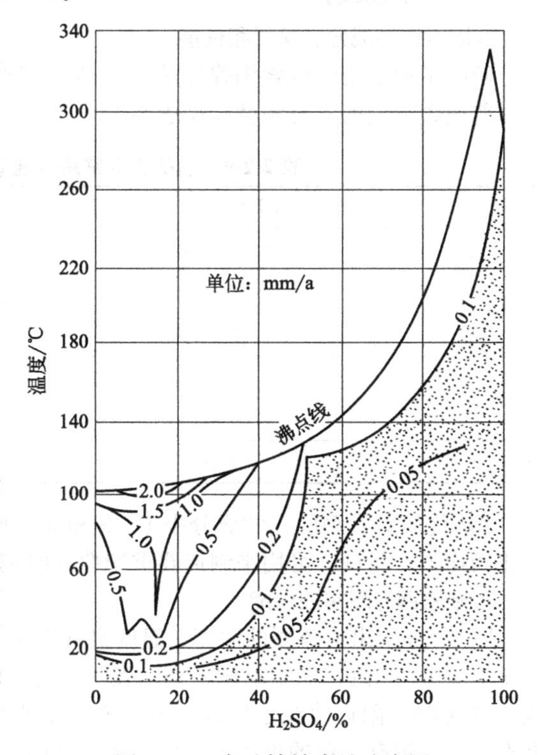

图 2-2-2　高硅铸铁腐蚀速度图

高铬铸铁具有优良的耐热、耐磨和耐硫酸腐蚀性能，但性脆，铸造加工较困难，一般不能打孔和进行车床切削。

为了解决高铬铸铁不能加工和焊接的缺陷，世界上许多国家进行了大量的研究改进，先后推出了多种改进后的新牌号，如高铬合金钢或称"耐热合金钢"，等等。例如，我国已在数年前研制并用于生产的"高硅型高铬合金钢"，能加工、能焊接，也容易铸造，用它制作的沸腾炉空气分布器（风帽）一般可使用 5～10 年，较好地克服了原高铬铸铁的缺陷，其化学成分为：C＝0.3%～0.4%、Cr＝27%～30%、Si＝1.0%～2.5%、Mn≤1.0%、S≤0.03%、P≤0.045%，其余为 Fe。从成分看，与原高铬铸铁比较，是降低了 C 元素含量，更严格地控制了有害元素 S 和 P 的含量，适当提高了 Cr 和 Si 元素的比例，因而使性能得到了较大的改善。

4. 低铬铸铁

在普通铸铁中加 Cr 0.7%～0.9%以后，其铸铁组织比普通铸铁要严密，并会形成铁和铬的稳定复碳化物，可防止高温时的石墨化，故又称低铬铸铁为"耐热铸铁"。低铬铸铁对浓硫酸有较好的耐腐蚀性能，又称"耐酸铸铁"，用它做排管冷却器可使用 40 年以上。浓硫酸和发烟硫酸对低铬铸铁的腐蚀性能如表 2-2-7 所示，低铬铸铁化学成分如表 2-2-8 所示。

表 2-2-7　浓硫酸和发烟硫酸对低铬铸铁的腐蚀性能

腐蚀试验项目	98%H_2SO_4	25%发烟硫酸
试验温度/℃	50	60
试验时间/d	50	60
腐蚀速度/[g/(m^2·d)]	19.2	1.08

表 2-2-8 低铬铸铁化学成分

C	Cr	Si	Mn	P	S	Fe
3.12	0.7～0.9	2.1～2.3	0.62	<0.18	<0.1	差额

（六）碳素钢

1. 碳素钢的成分、牌号和性能

硫酸工业常用的碳素钢牌号是 A_3、A_3F 普通碳素钢和 20g 优质碳素钢。

普通碳素钢的成分和性能见表 2-2-9。

表 2-2-9 硫酸工业常用普通碳素钢的成分、性能

普通碳钢 A_3、A_3F 成分		普通碳钢 A_3、A_3F 性能	
C/%	0.07～0.63	拉伸强度/×9.8MPa	38～47
Si/%	0.10～0.35		
Mn/%	0.25～0.90	屈服强度/×9.8MPa	22～24
S/%	0.04～0.07		
P/%	0.04～0.09	延伸率/%	21～27
Fe/%	差额		

20g 优质碳素钢的化学成分中 P、S 和非金属夹杂物均较普通碳素钢为少，机械性能比较均匀、优良，可用来制造要求韧性好的制件。

2. 碳素钢的耐腐蚀性能

图 2-2-3 示出了硫酸的浓度、温度对碳钢腐蚀率的影响。等腐蚀曲线显示：在硫酸浓度为 101%附近，曲线急剧下降，表明此处腐蚀迅速增加，选用碳钢要特别注意。在硫酸浓度 85%附近曲线也稍有下降，表明此处腐蚀稍有增加。曲线的虚线部分表示数据不足，是带有一定的推测的。生产实践证明，硫酸浓度大于 103%以后，对碳钢的腐蚀率是较低的。所以，生产含游离 SO_3 20%和 65%的发烟硫酸，在温度 90℃下，一般采用 A_3 钢来制作吸收塔、冷却器，用普通铸钢来制作酸管线和泵、阀门等。

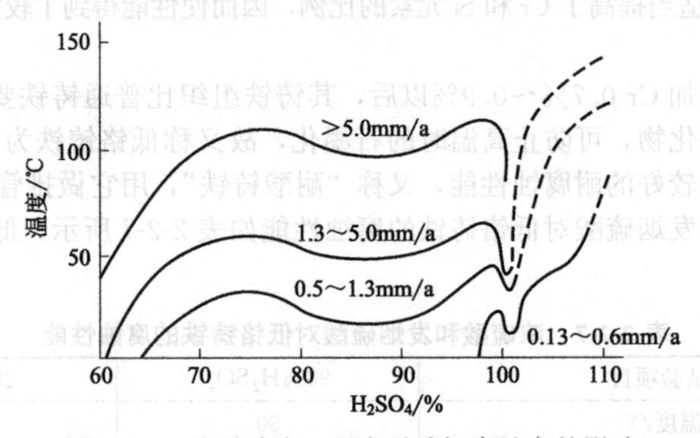

图 2-2-3 硫酸浓度、温度对碳钢腐蚀率的影响

图 2-2-3 也表明，不论在什么温度下，在浓度小于 65%的硫酸中，碳钢是不能使用

的。温度在65℃以上时，不论硫酸浓度多大（指100% H_2SO 以下），碳钢一般也不能使用。

二、铅、铝的耐硫酸腐蚀特性

（一）铅耐硫酸腐蚀特性

1. 铅的牌号、化学成分和性能

铅的牌号有 Pb_4、Pb_5、Pb_6 等，硫酸工业多用 Pb_4 牌号的铅板，其化学成分、物理性能和机械性能见表2-2-10。

表 2-2-10　铅的化学组成和物理性能

化学组成/%	Pb	Cu	As	Sb	Sn	Zn	Fe	Bi	Ag
	>99.80	<0.05	<0.01	<0.04	<0.04	<0.015	<0.02	<0.10	
物理性能	密度/(g/cm³)		熔点/℃		热胀系数(20～100℃)		传热系数/[W/(m²·K)]		
	11.34		327.5		29.1×10^{-6}		35		
机械性能	铸件抗拉强度/×9.8MPa		轧制抗拉强度/×9.8MPa		退火抗拉强度/×9.8MPa		金属丝抗拉强度/×9.8MPa	布氏硬度(HB)	
	1.23		2.1		1.8		1.7	4	

2. 纯铅的耐硫酸腐蚀特性

铅被广泛地用于稀硫酸介质中，在80%以下的硫酸中，铅具有很好的耐腐蚀性。因为铅表面与硫酸作用生成一层非常稳定的硫酸铅保护膜，以阻止金属铅继续遭到腐蚀。当硫酸浓度超过80%或在发烟硫酸中，则硫酸铅薄膜会很快溶解而失去保护作用，铅将继续受到腐蚀。

铅的熔点较低，只有327.4℃，实际上在150℃左右就已开始软化，故使用温度一般不超过120℃。在硫酸工业中，即使在浓度较低的硫酸中，随着酸温的升高、铅的耐腐蚀性能也会降低。因为硫酸铅保护膜在硫酸中的溶解速度随温度的上升而增大。如果酸温超过85℃时，硫酸铅膜即完全被破坏。其原因主要是由于温度增高会使这层保护膜与铅之间的结合力降低。故在硫酸工业中一般控制铅制设备的使用温度不超过80℃。

铅的纯度愈高，在稀硫酸中的耐腐蚀性能也愈好。但是高纯度铅强度低，不能用来单独制作设备，一般只用作衬里或在用其他材料加固的条件下制作设备容器和管道等。另外，衬铅设备在高温或有磨损的条件下使用时，应加内衬耐酸砖来加以保护。

3. 硬铅的耐硫酸腐蚀特性

为了提高铅的机械强度，通常在熔化的铅中加入4%～10%的锑，这种铅合金通常称为硬铅或锑铅，适于制作各种耐酸铸件，在浓硫酸中具有较纯铅稍好的耐蚀性，但在稀硫酸中不及纯铅好，在酸温超过87℃时，锑铅的强度下降很大，甚至变得比纯铅还低，这在选用时必须注意，特别是在高温下使用的设备更要注意。一些厂的冷却塔离心喷头，一般能连续使用几年，但有时却只用几天就坏了。经检查，主要是酸量少、酸温过高所造成的。为了提高硬铅的耐腐蚀性，还可以在硬铅中加入0.03%～0.10%的碲，

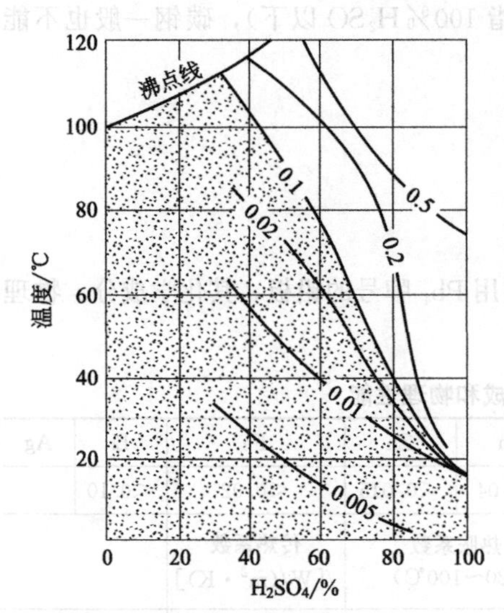

图 2-2-4 硬铅的等腐蚀曲线（mm/a）

这种铅可用于硫酸浓度 78%、温度在 100～115℃的生产设备上。我国生产的硬铅牌号有：PbSb4、PbSb6、PbSb8 等。硬铅对硫酸的耐蚀性能如图 2-2-4 所示。

增加锑（Sb）虽可显著增加拉伸强度和硬度，但如图 2-2-4 所示，在 80%以上的硫酸中却受到较严重的腐蚀，常会发生裂纹态蚀坏。另外，随着温度上升其强度迅速下降，因此硬铅的使用温度一般要<120℃。使用经验证明，在稀硫酸中（<20% H_2SO_4）使用时添加 3%～4%的 Sb 较合适，在浓硫酸中使用时添加 6%～8%的 Sb 为合适。

（二）铝的耐硫酸腐蚀特性

纯铝塑性高，焊接性好，常温下能耐稀硫酸、硫酸铵、亚硫酸铵、亚硫酸氢铵、碳酸氢铵的腐蚀。故硫酸工业上常将铝用于氨法回收 SO_2 尾气的岗位，用它制作回收塔、循环槽、管线及尾气放空烟囱等。

当前我国生产的纯铝牌号有 L2、L3、L4 等，硫酸工业多用 L2 热轧板。防锈铝牌号有 LF2、LF3、LF21，因纯铝板较软，故近 30 多年来许多硫酸厂采用 LF2 防锈铝，但焊接性能不如 L2，制作时需用氩弧焊。纯铝在硫酸中的腐蚀情况如图 2-2-5 所示。

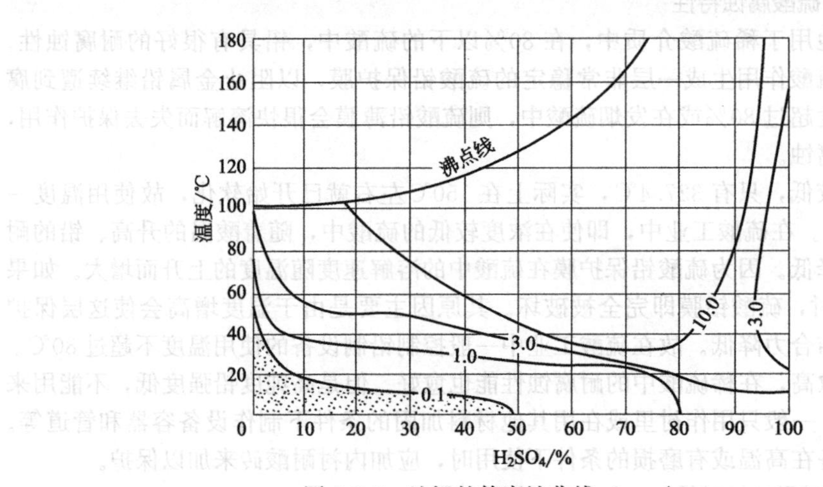

图 2-2-5 纯铝的等腐蚀曲线（mm/a）

三、合金、不锈钢材料

合金中的元素对硫酸性能的影响如下：

① 碳的影响　含碳量高的钢比含碳量低的钢容易氧化（即生锈），耐硫酸腐蚀性也是含碳量少的好，故硫酸上用的碳钢多为低碳钢。

② 硅的影响　含硅量增加，耐腐蚀性也随之增加，但 Si 含量最高一般不超过 18%（因太脆而不能用）。

③ 铬的影响　耐硫酸的腐蚀性能随着铬含量的增加而增加。但一般含量不超过 30%，否则太硬、太脆，不容易加工。

④ 镍的影响　镍和铁的固熔体可增加金属的纯性，因而耐硫酸的腐蚀性随含量的增大而增加。当前不少牌号的镍基合金，其中含 Ni 量已达 75%～80%。

⑤ 钼、铜的影响　在金属中添加 1%～5%的钼或铜，或同时添加 Mo、Cu 两元素，对提高耐硫酸的腐蚀性有显著效果。

⑥ 钛、钽、铌、钡、锆、钴等的影响　在金属中分别添加或同时定量添加两种，都会明显地提高耐硫酸的腐蚀性能，除钽、钴合金适用于浓硫酸外（钽合金也适用于稀酸）大多用于稀硫酸中。

⑦ 黄金、铂、铱、钯、锇、铑、钌等贵金属的影响　在金属中添加一定量或单独使用均有极好的耐硫酸腐蚀性能。

⑧ 硫的影响　硫会降低耐硫酸的腐蚀性能，是金属中的有害元素，希望含量越低越好，使用经验证明其含量必须控制在 0.07%以下。

⑨ 磷的影响　磷会降低耐热性，也是金属中的有害元素，其含量应控制在 0.2%以下。

四、合金、不锈钢等耐硫酸腐蚀材料的选用

(1) 根据生产过程中的介质成分、浓度、温度正确选用合金钢等。科学试验和生产实践都充分证明，各种不同的材料在不同浓度或温度的硫酸中，会显示出不同的耐腐蚀性，彼此间又没有相同的规律，特别是硫酸中含有某些杂质后更显突出、因此耐硫酸材料的选用必须以实验和应用经验为基础。

(2) 参考 George. A. Nelson 图选用设备所需的合金钢等。George. A. Nelson 首先根据大量的实验资料和工厂的使用经验，绘制了耐硫酸腐蚀材料选用图。他把常压、沸点以下的硫酸浓度、温度的状态图，划分成 10 个区域，各个区内腐蚀率≤0.5mm/a 的材料图附表列出，以作为使用选择的大致标准。各种材料的一般使用范围如表 2-2-11 及图 2-2-6 所示。

表 2-2-11　各区域的耐腐蚀材料

区域	名称		
区域 1	玻璃	铜	0Cr18Ni18Mo2Cu2Ti(<5%)
	海氏合金 B·D	钽	1Cr17Mn9Ni3Mo3Cu2N(<5%)
	10%铝青铜(无空气)	金	1Cr18Ni12Mo2(≤10%,无空气)
	依留姆 G	铂	1Cr20Ni24Mo3Si3.5(无空气)
	达里美 20	银	Cu86Ni9Si3(无空气)
	蒙乃尔	镍和乃尔 825	0Cr12Ni25Mo3Cu3Si2Nb(<80℃)
	铅	锆	钨
	不透性石墨	钼	氟塑料
	酚醛石棉(Haveg43)	橡胶(≤75℃)	酚醛树脂类(<93℃)
	P. V. C(≤65℃)	耐酸陶瓷	

续表

区域	名称		
区域 2	玻璃、PVC(≤65℃)	酚醛石棉(Haveg43)	氟塑料
	海氏合金 B・D	10%铝青铜(无空气)	钼
	达里美 20(<65℃)	镍铸铁(Ni—Resist)(<20%,<25℃)	钽、铜
	高硅铸铁、9-14 合金	0Cr12Ni25Mo3Si2Nb(<80℃)	铂
	铅、1Cr18Ni12Mo2Ti	1Cr18Ni12Mo2(25%,25℃,无空气)	金
	1Cr18Ni17Mo6Cu6Si(RS_4)	Cu86Ni9Si3、N16 和 N27(重钢所)	银
	蒙乃尔(无空气)	镍和乃尔(Ni—O—nel)825	锆
	橡胶(<77℃)	不透性石墨、耐酸陶瓷	钨
区域 3	玻璃	高硅铸铁	钽
	耐酸陶瓷	海氏合金 B・D	钼
	不透性石墨	0Cr12Ni25Mo3Si2Nb(<80℃)	铂
	氟塑料	达里美 20 号(<65℃)	金
	酚醛树脂(<70%,<93℃)	1Cr18Ni17Mo6Cu6Si(RS_4≤90℃)	锆
	铅	铬镍钼硅合金(≤65℃)	蒙乃尔
区域 4	碳钢	氟塑料	09CuWSn
	铸铁	1Cr18Ni9Ti	1Cr24Ni20Mo2Cu3(K 合金)
	玻璃	1Cr18Ni12Mo2	00Cr20Ni25Mo5Cu2(S801)
	耐酸陶瓷	海氏合金 B・D	1Cr18Ni12Mo2Ti(钼二钛)
	耐酸混凝土	铅(<96%)	0Cr20Ni25Mo3Cu3Si(RS_2)
	耐酸铸石(熔料)	钽	1Cr18Ni17Mo6Cu6Si(RS_4)
	耐酸花岗岩	金	1Cr18Ni11Si4AlTi
	高硅铸铁	铂	9-41 合金
	PVC 硬(≤99%,<65℃)	锆	316、316L(Lewmet)
区域 5	玻璃	金	
	高硅铸铁	铂	1Cr18Ni11Si4AlTi(<80℃)
	耐酸陶瓷	钽	海氏合金 B・D
	PVC 硬(≤99%,<65℃)	铅(<80%、<90℃)	铬镍钼硅合金
	耐酸铸石(<100℃)	氟塑料(<200℃)	低碳钢(<65℃)
	铸铁(<95℃)		
区域 6	玻璃	氟塑料(<200℃)	钽
	耐酸陶瓷	海氏合金 B・D(0.5~1.3mm/a)	金
	高硅铸铁		铂
区域 7	玻璃	金	氟塑料(<200℃)

续表

区域	名称		
区域 7	耐酸陶瓷 高硅铸铁	钽 铂	1Cr14Ni60Mo15W4(镍基合金) 0Cr20Ni29Mo2Cu4Si(不锈铸钢)
区域 8	玻璃 耐酸陶瓷 09CuWSn 低碳钢	1Cr18Ni9 达里美 20 号合金 C 1Cr18Ni11Si4AlTi 海氏合金	金 铂 铸钢 镍铬合金
区域 9	玻璃 耐酸陶瓷 1Cr18Ni9Ti	金 铂	1Cr18Ni11Si4AlTi 达里美 20 号合金 铬镍钼硅合金
区域 10	玻璃 耐酸陶瓷	0Cr20Ni29Mo2Cu4(不锈铸钢) 铬镍钼硅合金	金 铂

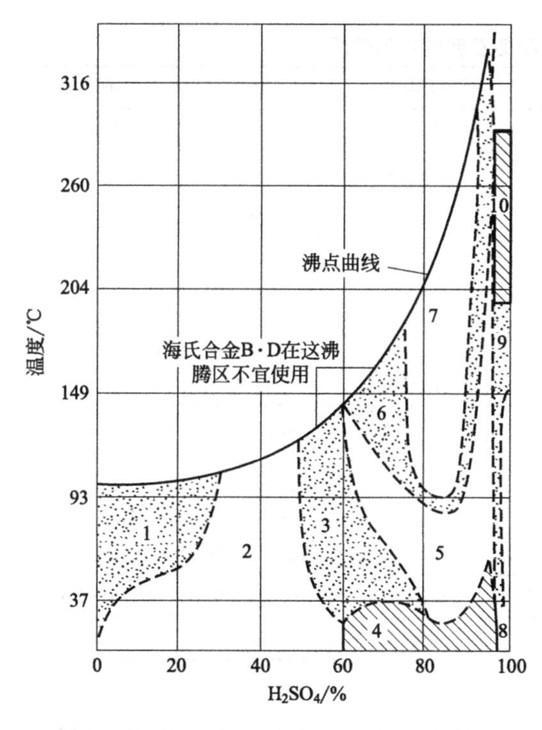

图 2-2-6　耐硫酸腐蚀材料
（腐蚀速率≤0.05mm/a）

1—Monel（蒙乃尔）成分：Ni 67%、Cu 30%、Fe 1.4%，Si 0.1%、C 0.15%。

2—Durimet20（达里美 20 号）：Ni 29%、Mo 2%、Cu 4%、C<0.07%、Cr 20%。

3—Hastelloy B（海氏合金 B）：Mo 24%～32%、Fe 3%～7%、C 0.02%～0.12%的镍基合金。

4—Hastelloy C（海氏合金 C）：Mo 14%～19%、Fe 4%～8%、Cr 12%～16%、W 3%～5.5%、C 0.04%～0.015%的镍基合金。

5—Hastelloy D（海氏合金 D）：Si 8%～11%、Cu 2%～5%、Al<1%、Fe 3%～8%的镍基合金。

6—Lewmet 316（美国）：Ni 12%～15%、Cr 16%～18%、Mo 2%～3%、Si<1%、Mn<2%、C<0.03%、S 和 P<0.03%。

7—316（美国 ASTM）：Ni 10%～14%、Cr 16%～18%、Mo 2%～3%、Si<1%、其他与 316L 相同。

（3）要注重实践验证。随着硫酸工业全面达新国标、长周期经济运行、高质量绿色发展、实现全行业现代化和世界领先水平，各企业使用合金的量和品种会越来越多，研制出的新合金品种也越来越多。过去的经验教训显示出许多企业的合金钢选用不当，损失惨重。在选用时，要做到七个特别注意：一是，原料成分和原料变动；二是，硫酸浓度；三是，硫酸温度；四是，酸中杂质；五是，质保书，化验单据；六是，物优价廉，选用正规生产厂的品牌产品；七是，最好在正式使用前自己做耐腐验证，或借鉴同条件厂的使用经验。

第二节 非金属材料

一、无机材料

（一）耐酸石料

1. 天然耐酸石料

天然耐酸石料种类很多，主要是由各种岩石直接加工而成的工程制品。目前用于硫酸工业上的耐酸石料主要有花岗石、辉绿石、石英岩、安山岩及角闪石型石棉等。

(1) 天然石料的耐腐蚀性能：天然石料的耐腐蚀性能主要取决于其他化学组成中二氧化硅（SiO_2）的含量。SiO_2 的含量大于 55%的石料耐腐蚀性能较好，且含量愈高愈耐腐蚀性。在实践中，有些石料的 SiO_2 含量较低，但也具有较好的耐腐蚀性能。

(2) 天然耐酸石料的物理性质（表 2-2-12）。

表 2-2-12 天然耐酸石料的物理性质

项目	花岗岩	辉绿石	石英岩	安山岩	耐酸石棉
SiO_2/%	72～80	49～51	70～98	59～64	51～62
Al_2O_3/%	10～20	14～15	0.5～8.0	14～17	0.5～4
CaO/%	0.4～3.0	11～12	0.1～2.5	5～6	0～4
MgO/%	0.1～1.0	4.0～4.5	0.0～1.0	2～4	16～3
K_2O/%	1.4～5.0	2.0～3.0		2～4	0～0.2
Na_2O/%	2.5～4.5	2.5～3.5		3～5	0.1～0.5
Fe_2O_3+FeO/%	0.4～2.2	15～17	0.1～3.5	5～2	2～20
MnO/%	0.00.2	0.1～2.5		0.2～0.6	0.03～0.1
TiO_2/%	0.01～0.3	0.5～3.0		0.4～1.0	
密度/(t/m^3)	2.6～2.7	2.8～3.0	2.6～2.7	2.6～2.8	2.6～3.2
熔点/℃		1300～1400	1300～1350	1200～1300	1150～1500
抗压强度/(t/cm^2)	1.5～2.7	1.5～2.5	1.4～1.5	0.8～1.6	0.6～2.1
莫氏硬度	7	6～7	6～7	6	1.5～6.0

2. 铸石制品

铸石制品是以辉绿岩石为主要原料，配以角闪石、白云石、萤石、铬铁矿等附加料，经熔化、烧注成型、结晶、退火工序制成，其物理性能见表 2-2-13。

铸石制品有各种形状板材、管材和粉末等。矩形板规格 180mm×110mm×20mm，一般用于设备衬里，在曲率范围内可用圆弧形或其他曲面板；梯形板与矩形板配合可用作各种斗形容器的防护板。铸石管管径不大于 300mm，长度 500～600mm，与其他形状管配合作设备衬里防腐。

表 2-2-13 铸石制品物理性能

名称	参数	名称	参数
相对密度	2.9～3.0	抗压强度	6000～8000(×9.8MPa)
硬度(莫氏)	7～8	抗弯强度	750(×9.8MPa)
耐磨系数	0.1cm^3/cm^2	抗拉强度	400(×9.8MPa)(计算值)
弹性模量	8.9×10^5(×9.8MPa)	冲击强度	1.4～2.50(×9.8MPa)

3. 硅藻土（原土直链式）(表 2-2-14)

表 2-2-14 硅藻土成分与性能（各地差别大，含 SiO_2 75%～93%）

项目	SiO_2 /%	Al_2O_3 /%	Fe_2O_3 /%	CaO /%	MgO /%	烧火重 /%	堆密度 /(g/cm^3)	孔容积 /(cm^3/g)	比表面积 /(m^2/g)	孔半径 /μm
原土	90.70	2.72	0.60	0.05	0.16	3.97	0.32	0.45	19.1	0.05～0.80

（二）耐酸陶瓷

耐酸陶瓷是以高硅酸性黏土、长石和石英等天然原料制成的耐酸陶、耐酸耐温陶和硬质陶。

耐酸陶瓷密度 2.5～2.6t/m^3，孔隙率（依吸水率计）0.3%～10%，抗拉强度 4.9～9.8MPa，抗压强度 19.6～490MPa，抗弯强度 9.8～39.2MPa，弹性系数 196～4900MPa，耐火温度 1500～1650℃，传热系数 1.10～1.45W/(m·K)，冷热试验从 400℃急冷到 20℃反复十次破损率应<3%，线膨胀系数 4.3×10^{-6}～4.9×10^{-6}℃，在 17～100℃之间的热容量为 0.755～0.783kJ/(kg·K)。

1. 耐酸陶瓷的性能及优缺点

耐酸陶瓷是最早广泛使用于硫酸工业的耐酸材料，主要是各种形式规格的耐酸瓷砖、耐酸瓷环、耐酸瓷板、耐酸坛子等，对稀硫酸和浓硫酸都有良好的耐腐蚀性能(表 2-2-15、表 2-2-16)。如硫酸中或气体中含有氟，则易被腐蚀。

表 2-2-15 耐酸陶瓷的理化性能及耐酸度

项目		指标	
		一类	二类
化学成分/%	二氧化硅	65～85	65～85
	氧化铝	10～25	10～25
	氧化铁	0～2	0～5
	碱土金属及碱金属氧化物	0～10	0～10
抗弯强度/×9.8kPa		>400	>250
耐热试验(温度差)/℃		>100	>130
吸水率/%		<0.5	<0.5
水压泄漏试验		合格	合格
耐酸度	平面法/(mg/cm^2)	<0.1	
	粉末法/%	<0.2	<0.1

表 2-2-16 耐酸陶瓷的优缺点比较

分类	品种	优点	缺点	耐蚀性
陶	缸砖	耐磨度较好,价格比瓷制品低	气孔率、吸水率较大,强度、耐酸率均比瓷制品低,表面较粗糙	耐
	耐酸陶砖			
	耐酸陶板			
	耐酸陶管			
瓷	耐酸瓷砖	结构致密、气孔率、吸水率较小。质地较陶制品坚硬,耐酸性比陶制品更好	质脆、价格比陶制品高	耐
	耐酸瓷板			
	填料			
	瓷粉			

2. 耐酸瓷砖

(1) 耐酸瓷砖的物理机械性能(见表 2-2-17)。

表 2-2-17 耐酸瓷砖的物理机械性能

性能	耐酸砖	耐酸耐温砖	
		面砖	背砖
相对密度	2.2~2.3	2.3~2.4	2.3~2.4
吸水率/%	<3	7~9	4~6
气孔率/%	<5	14~18	8~12
耐酸度/%	99	99	99
抗压强度/×9.8MPa	1200	1500	1200
耐热反复性(200℃→20℃水中)/次	2	2	2
抗渗透性[表压 13kgf/cm^2(×9.8MPa),水压,0.5h]	不透	透	不透
使用温度/℃	<100	150~200	150~200
使用压力/MPa		490~1275	490~1275

(2) 耐酸砖的名称、形状及规格(表 2-2-18)

表 2-2-18 耐酸砖的标准规格

名称及形状	砖号	尺寸/mm			
		长 a	宽 b	厚 s	厚 s_1
标准砖	C-1	230	113	65	—
	C-2	230	113	40	—
	C-3	230	113	30	—
侧面楔形砖	C-4	230	113	65	55
	C-5	230	113	65	45
	C-6	230	113	65	45
	C-7	230	113	65	35
端面楔形砖	C-10	230	113	65	55
	C-11	230	113	65	45
	C-12	230	113	65	45
	C-13	230	113	65	35

名称及形状	砖号	尺寸/mm			
		长 a	宽 b	厚 s	厚 s_1
平板形砖	C-17	150	150	30	
	C-18	150	75	30	
	C-19	150	150	20	
	C-20	150	75	20	
	C-21	100	100	20	
	C-22	100	50	20	
	C-23	100	100	10	
	C-24	100	50	15	
	C-25	150	150	15	
	C-26	150	75	15	
	C-27	100	100	15	
	C-28	100	50	15	
	C-29	125	125	15	

注:耐酸砖分素面、釉面两种,素面砖号用 C-x 表示,釉面砖号用 YC-x 表示。

3. 耐酸陶瓷填料

（1）填料种类　在硫酸工业上，目前用于填料种类如图 2-2-7 所示。也有多采用全瓷球拱和大条形瓷砖拱如图 2-2-8、图 2-2-9 所示。

图 2-2-7　几种常用的瓷制填料

图 2-2-8　全瓷球拱

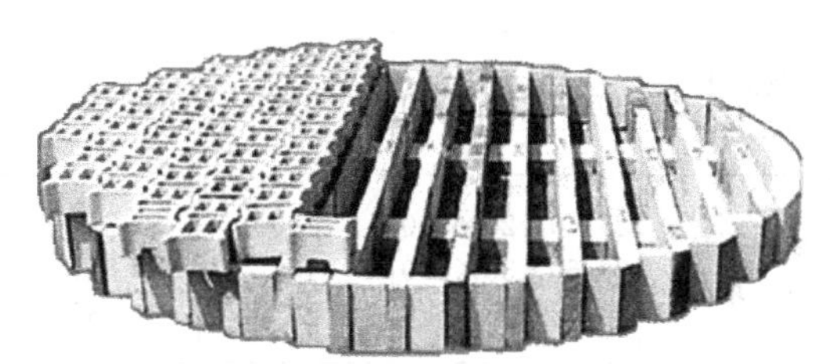

图 2-2-9　格栅组合瓷条拱

（2）常用耐酸填料的理化性能及技术参数（表 2-2-19～表 2-2-21）。

20 世纪末，天津大学等研制出规整填料和波浪形规整填料，不易碎、分酸均匀、阻力小，效果比矩鞍大 35%左右。江苏庆峰工程公司钱永宽和江西瓷厂研发出波浪形环，阻力比矩鞍环小 20%左右，效果高 15%左右。这两种环现今被广泛采用。

表 2-2-19 耐酸填料的化学成分

SiO_2/%	Al_2O_3/%	Fe_2O_3/%	CaO/%	MgO/%	K_2O/%	Na_2O/%	灼失/%
69.5	23	0.5	0.5	0.45	1.3	0.36	4.1

表 2-2-20 耐酸填料的物理性能

密度 /(t/m^3)	耐酸度 /%	耐碱度 /%	抗压强度 /×9.8MPa	抗折强度 /×9.8MPa	吸水率 /%	莫氏 硬度级	热稳定性 (200℃速降到15℃)
0.5	99	94	4800	700	<1	7	3次不裂

表 2-2-21 耐酸填料的技术参数

填料名称	外形尺寸 外径×高×厚 /mm	比表面积 a /(m^2/m^3)	空隙率 ε /(m^2/m^3)	堆积密度 v /(kg/m^3)	个数 n (个/m^3)	干填料因子 a/ε^3 /m^{-1}	填料因子 ψ /m^{-1}
拉西环(乱堆)	15×15×2 25×25×2.5 50×50×4.5	330 190 93	0.7 0.78 0.81	690 505 457	250000 49000 6000	960 400 177	1020 450 205
十字隔板环 (整齐排列)	75×75×10 150×150×10			1020 1000	2300 280		
单旋环 (整齐排列)	80×80×8 150×150×13			840 825	1900 280		
鲍尔环 (乱堆)	25×25×2.5 50×50×4.5 76×76×9.5 100×100×10	200 110 66 56	0.76 0.81 0.74 0.81	565 457 654 450	48000 6000 1740 740		300 130 100 65
三旋环 (三角形排列) (正方形排列)	80×80×8 80×80×8			1250 1100	2200 1900		
波浪环 (乱堆)	80:80×50×5.0	350	0.83	550	8900	300	270
矩鞍形环 (乱堆)	25:40×20×3.0 38:60×30×4.0 50:75×45×5.0	200 131 103	0.772 0.804 0.782	544 502 538	58230 19680 8710	433 252 216	300 270 122
波浪规整环	120×100×8	400	0.90	1300	1274	1000	1100
阶梯环(乱堆)	25×12.5×4 50×25×8 76×38×10	228 150.3 131	0.82 0.88	610 568 640	76500 9200 3400	172 119 176.8	

（三）耐酸熔制品

硫酸工业上使用的耐酸熔制品有铸石、石英玻璃（不透明）、硅酸玻璃、搪瓷等。它们对各种浓度的硫酸和其他多种化工产品都有极好的化学稳定性，除氟硅酸、氢氟酸和熔融的碱外，它们都有良好的耐腐蚀性能，其物理性能如表 2-2-22 所示。

表 2-2-22　耐酸熔制品的物理性能

项目		铸石(辉绿石)	石英玻璃(不透明)	搪瓷	玻璃
密度/(g/cm^3)		2.9～3.0	2.1～2.3	2.0～2.5	2.2～2.6
强度极限/Pa	压缩时	200	350	60～1250	600～1200
	弯曲时	30～40	40		40
	破裂时	20	45	30～60	35～85
莫氏硬度		7～8	7	8	40
熔化温度/℃		1100			1510
弹性模量/×980Pa		11000	4000	8000	6000
比热容/[kJ/(kg·K)]		1.05	0.54～1.05	0.84～1.26	0.13～1.05
传热系数/[W/(m^2·K)]		0.99	1.05～1.16	7.97	0.7～1.05
线膨胀系数		10×10^{-6}	0.5×10^{-6}	$(10\sim11.5)\times10^{-6}$	$(4\sim9)\times10^{-6}$

玻璃受酸侵蚀的情况同其受水侵蚀的情况类似，主要是玻璃中碱或碱土的 2 价金属氧化物容易溶出，留下二氧化硅。玻璃受酸的侵蚀量随构成玻璃的成分而异，不与酸浓度成比例关系。硬质玻璃（硼硅玻璃等）略差，使用条件有所限制。玻璃在硫酸工业上一般用作精制硫酸的吸收塔、浓酸和稀酸冷却器及试剂硫酸的蒸发、冷凝等设备。但要注意按使用目的选择合适的玻璃成分。

虽然玻璃作为耐硫酸材料具有优良的性能，但其机械性能远不如金属，太脆，为了兼有玻璃和金属两者的优点，近 40 多年来发展了搪瓷玻璃，即把熔融成形的玻璃衬在金属内表面，衬里面的玻璃一般含 SiO_2 70%以上。

搪瓷是在金属表面上烧一层玻璃质，一般是在低碳钢或铸铁的毛坯表面上耐酸釉，耐各种浓度、温度下的硫酸侵蚀（表 2-2-23～表 2-2-25）。

表 2-2-23　耐酸釉的化学成分/%

项目	1	2	3	4	项目	1	2	3	4
SiO_2	63.37	66.9	51.1		BaO	2.16		9.4	2.0
Al_2O_3	2.25	3.0	2.6	2.0	CaO	2.87	7.3	6.5	2.5
B_2O_3	6.22			7.0	MgO	1.19			
Na_2O	11.40		17.3		ZnO		1.1	1.8	
K_2O	0.48	>18.7	1.3	>18.0	CoO	3.43			2.0
Li_2O		3.0			MnO_2	1.47			1.5
TiO_2	2.26			5.0					

表 2-2-24 搪瓷的物理性质

相对密度	真相对密度（玻料）	2.3～2.8(无铅)
		2.8～2.6(含铅)
	表观相对密度（搪瓷层）	2.1～2.6(无铅)
		2.6～3.3(含铅)
比热容	0.84～1.05kJ/(kg·K)	
传热系数	0.419～1.256W/(m^2·K)	
硬度	莫氏	5～6
	肖氏	90～110

表 2-2-25 搪瓷设备的质量

项目	1类	2类
重量减少的耐酸度/[mg/(cm^2·d]	<0.08	
光泽减少的耐酸度	不失去光泽	
针孔	无针孔	
密着性	不剥落	不剥落
耐压强度 耐热性(温度差)	按规定水压试验,不下降温差100℃无裂纹和剥落现象	

除上述的耐酸熔制品外，在硫酸工业上使用的还有氮化硅等。氮化硅是一种烧结的耐腐蚀新材料，其密度与金属铝相似，在1500℃氧化气氛中能保持原有性能，同时能经受反复的热冲击而不会被大多数熔融金属所侵蚀，有良好的绝缘性能，对稀硫酸和浓硫酸都有极好的耐腐蚀性能，一般用它作酸泵的密封环、阀门等。

（四）耐酸混凝土、砂浆和胶泥

1. 耐酸混凝土

耐酸混凝土有用石英石、长石和辉绿岩为填充料的石英耐酸混凝土、长石耐酸混凝土和辉绿岩耐酸混凝土等。除氢氟酸外，耐酸混凝土在任何浓度的无机酸中都具有良好的抗腐蚀性能。

耐酸混凝土和耐酸砂浆、耐酸胶泥一样，都是用水玻璃、填充物料（物料和骨料）和硬化剂混合配制面成的。

耐酸粉料和骨料的比例，应根据对其致密的要求而定。不经常与介质接触的耐酸混凝土，如较大的设备基础、设备外围结构、地面垫层等，一般对耐酸粉料与耐酸细骨料、耐酸粗骨料的比例多采用1：1：(1.5～2.0)。经常与介质接触的耐酸混凝土面层，一般配比以1：1：1.5为宜。

水玻璃的模数、相对密度及用量应根据拌合物的种类和用处、耐酸粉料的种类和细度以及施工温度确定。

水玻璃模数即$\left(\frac{SiO_2\text{ 物质的量}}{Na_2O\text{ 物质的量}}\right)=1.033\times\frac{SiO_2\text{（质量）}}{Na_2O\text{（质量）}}$。市场上一般以波美度（°Bé）来表示水玻璃浓度的高低。波美度与相对密度的换算式为：相对密度（15℃）$=\frac{145}{145-°Bé}$

在保证拌合物易于施工的条件下，水玻璃应尽可能少用。因水玻璃过量会使耐酸混凝土的质量变坏。施工温度高，宜用模数较低、相对密度较大的水玻璃。施工温度低，宜用模数较高、相对密度较小的玻璃。耐酸混凝土一般宜用模数较低、相对密度较大的水玻璃，耐酸胶泥宜用模数较高相对密度较小的水玻璃。水玻璃的模数过低，则耐酸性能差，当水玻璃模数小于2.4时，必须经过试验符合施工质量要求时才可使用。

硬化剂氟硅酸钠的用量，应根据水玻璃用量、施工温度和水玻璃模数来决定，可用下式来计算：

$$G=1.5\times\frac{Vdc}{N} \tag{2-2-1}$$

式中 G——每千克粉料及骨料的氟硅酸钠用量，g；

V——每千克粉料中加入水玻璃的数量，mL；

d——水玻璃相对密度；

C——水玻璃中氧化钠的含量（质量分数），%；

N——水玻璃中硅酸钠（Na_2SiO_3）的纯度（质量分数），%。

氟硅酸钠用量少了，耐酸混凝土不易硬化。加入量多了，硬化太快会开裂。一般在施工温度或水玻璃模数较高时，氟硅酸钠用量应尽可能少一些。反之，则可多一些。对于纯氟硅酸钠（通常纯度只有93%），用量一般控制为水玻璃用量的13%～18%。耐酸混凝土的材料配比参考表2-2-26。耐酸砂浆配比参考表2-2-27。

表2-2-26　耐酸混凝土的配比

序号	用量单位	骨料粒度/mm						粉料	氟硅酸钠(Na_2SiF_6)	水玻璃($Na_2SiO_3\cdot H_2O$)
		25～40	12～25	7～12	3～7	1～3	1～1.5			
1	(kg/m^3) %(质量分数)		435 21.1	321.5 15.5	335 16.4	195 9.5	130 5.0	650 32.5	39 6	260 40
2	(kg/m^3) %(质量分数)		666 33.3	334 16.7	250 12.5	150 7.5	100 5.0	500 25	30 6	200 40
3	(kg/m^3) %(质量分数)	371 19	186 9.6	93 4.8	325 16.7	195 10.0	130 6.6	650 33.8	39 6	260 40
4	(kg/m^3) %(质量分数)	572 28.2	286 14.1	143 7.1	250 12.6	160 8.0	100 5.0	500 25	30 6	200 40

注：以骨料及粉料总质量为100份计（例如配比1即粉料及骨料质量共100份），外加水玻璃40份，氟硅酸钠6份，总计146份。

表2-2-27　耐酸砂浆配比

粉料名称	配合比(质量比)				水玻璃规格	
	粉料	细骨料	氟硅酸钠	水玻璃	相对密度	模数
69号耐酸灰	1	2.5	0.111	0.74	1.40～1.36	2.6～2.8
石英粉	1	1.5～2.0	0.12	0.81	1.40～1.36	2.6～2.8

采用耐酸混凝土钢制设备的衬里时，为了避免腐蚀性介质渗透到器壁，最好在钢表面预先覆盖一层绝缘或沥青砂浆混合物。在施工脱模后，未充分固化以前，用浓硫酸在耐酸混凝土的表面涂刷处理，促使硅酸盐水泥继续脱水，使耐酸混凝土更加紧缩而密实，可提高机械强度20%～50%。

2. 砌筑炉体的泥浆配比

（1）砌黏土耐火砖采用如下配比

熟黏土粉　　60%～70%

生黏土粉（粒度<0.5mm）　　30%～40%

混合/m^3 干料用水量　　约500kg

（2）砌硅藻土砖也采用上述配比泥浆

（3）炉体最内层耐火砖采用TPA-80耐高温泥浆，其配比（质量比）如下：

TPA-80胶　　40%（厂标）

耐火粉料（粒度<0.3mm）　　57%（厂标）

高铝水泥（525#）　3%

(4) 耐火浇注料与现场捣制料（即磷酸盐耐火混凝土）配比（质量比）如下：

胶结料	高铝水泥	0～3%
	磷酸（浓度45%）	12%～14%（外加）
粉料<0.15mm	黏土粉	25%～30%
	（钒土料）	25%～30%
耐火骨料	黏土粉<5mm	30%～40%
	（钒土料）<5mm	30%～40%
	黏土粉<5～15mm	30%～40%
	（钒土料）<5～15mm	30%～40%

注：① 浇注料与隔热砖直接接触时应作防吸水措施，可用油毡、牛皮纸隔离。

② 砖砌前，壳内壁清干净后，需涂二层石墨粉水玻璃防腐层，配比：石墨粉（100目）∶(42°Bé)=1∶2.5。

③ 砖砌完毕在砖体表面涂刷两层磷酸盐防腐涂料，质量配比如下：

高铝熟料粉（Al_2O_3>75%、Fe_2O_3<1.5%）	100%
粒度<0.088mm	78%
粒度<0.15mm	100%
工业磷酸（浓度80%）	20%
牛皮胶	2.5%
水	40%

3. 氯丁胶乳水泥砂浆

氯丁胶乳是一种带阳离子的高分子聚合物（聚合时采用烷基胺盐类正离子表面活性剂作乳化剂）。因此，与Na、Ca作用不凝析，并与硅酸盐水泥有很好的掺和性。

氯丁胶乳除本身具有良好的耐腐蚀性外，掺入水泥内固化后形成网络，胶粒填充其孔隙，使腐蚀介质难以掺入，提高了水泥砂浆性能。其配比如表2-2-28所示。

表2-2-28 氯丁胶水泥浆配比

材料	水泥	砂子	胶乳	稳定剂	消泡剂	水
配合比(质量份)	100	150～200	38～50	0.6～0.8	适量	适量

使用注意事项：

(1) 以乳胶浓度40%计，当采用其他浓度时，按比例换算。水泥为425#以上硅酸盐水泥。

(2) 氯丁乳胶水泥砂浆混拌适当，不宜反复搅拌及中途加水，配好后在1h内要用完。

(3) 施工后，湿养护3～7d，干养护15～20d。湿养护表面不得有积水。

4. 水玻璃耐酸胶泥

水玻璃耐酸胶泥是由石英粉、辉绿岩粉、耐酸灰等粉料与水玻璃、氟硅酸等调配而成。它对浓硫酸有良好的耐腐蚀性能，多用于各浓硫酸塔瓷砖的砌筑和勾缝，但不耐水和稀硫酸的洗泡，其配方如表2-2-29所示。

表 2-2-29　水玻璃耐酸胶泥配方[1]（质量比）

原料		编号		
		S-1	S-2	S-3
黏结剂	钠水玻璃	100	—	100
	钾水玻璃	—	100	—
固化剂	氟硅酸钠[2]	14～18	—	—
	一氧化铅	0～8	—	—
填料	铸石粉	240～270	—	—
	瓷粉	(200～250)	—	—
	石英粉：铸石粉＝7：3	(200～250)	—	—
	石墨粉	(100～150)	—	—
	陶土	0～15	—	—
	KP_I 耐酸灰	—	240～250	—
	$1G_1$ 耐酸灰	—	—	240～260

① 表中括号内的数据为代用材料数据。
② 氟硅酸钠纯度按 100%计。

（五）常用耐火泥

1. 黏土质耐火泥

不同牌号的黏土质耐火泥物理指标见表 2-2-30 所示。

表 2-2-30　黏土质耐火泥物理指标

项目	指标			
	NF-40	NF-38	NF-34	NF-28
耐火度/℃　≥	1730	1690	1650	1580
水分含量/%　≤	6	6	6	6

注：黏土质耐火泥应进行化学成分分析，其试验结果应在质量证明书中注明，不作交货条件。

黏土质耐火泥颗粒组成见表 2-2-31 所示。

表 2-2-31　黏土质耐火泥颗粒组成

通过筛孔颗粒/mm	细粒耐火泥/%	中粒耐火泥/%	粗粒耐火泥/%
0.125　≥	25	25	15
0.50　≥	97	—	—
1.00　≥	100	97	—
2.00　≥	—	100	97

2. 高铝质耐火泥

不同牌号的高铝质耐火泥理化指标见表 2-2-32 所示。

表 2-2-32 高铝质耐火泥理化指标

项目		指标			
		LF-75	LF-70	LF-60	LF-50
Al_2O_3/%		>75	70～75	60～70	50～60
耐火度/℃	⩾	1790	1770	1770	1750
灼减量/%	⩽	5	5	5	5

高铝质耐火泥的颗粒组成见表 2-2-33 所示。

表 2-2-33 高铝质耐火泥的颗粒组成

通过筛孔颗粒/mm		细粒耐火泥/%	中粒耐火泥/%	粗粒耐火泥/%
0.088	⩾	80	—	—
0.125	⩾	—	50	25
0.26	⩾	97	—	—
0.50	⩾	—	97	—
1.00	⩾	—	—	97

3. 镁质耐火泥

不同牌号的镁质耐火泥的理化指标见表 2-2-34 所示。

表 2-2-34 镁质耐火泥的理化指标

项目		指标	
		MF-82	MF-78
MgO/%	⩾	82	78
SiO_2/%	⩽	5	6
灼烧减量/%	⩽	2	2

镁质耐火泥颗粒组成为：颗粒小于 1mm 的为 100%，其中贴补炉墙用的镁质耐火泥颗粒小于 0.5mm 的不少于 90%，其中小于 0.125mm 的不少于 50%。砌砖用的耐火泥颗粒小于 0.5m 的不少于 97%，其中小于 0.088mm 的不少于 50%。

4. 磷酸盐耐火泥

(1) 原材料要求

① 磷酸：浓度 85%；相对密度 1.69～1.73。

② 刚玉粉：颗粒小于 0.125mm 的不少于 100%，其中小于 0.088mm 的不少于 80%；Al_2O_3 大于 98%。

(2) 配合比（质量比）

① 刚玉粉：100%。

② 磷酸：16%～18%（刚玉粉的 16%～18%）。

③ 水：24%（刚玉粉的 24%）。

如耐火泥的砌筑性能不好，失水速度较快时，可用牛皮胶水来调制，牛皮胶的用量可按所需耐火泥的稠度来决定，一般100g水中加入2～4kg牛皮胶。

（3）配制方法

①配制耐火泥可采用机械搅拌或人工搅拌，机械搅拌的时间不少于5min。采用人工搅拌时，必须从加料开始不断拌和，直至搅拌均匀。②配制时按比例将磷酸倒入50～80℃的热水或热牛皮胶水中，搅拌均匀后，再按比例加入刚玉粉，不断搅拌，直至均匀。

搅拌好的耐火泥应困料，困料温度在20～30℃时，困料时间不应少于24h；困料温度为40～60℃时，困料时间不应少于16h。困料初期反应剧烈，气泡较多，必须勤搅拌，促使加快反应及排除气体，气泡较少后，可1～2h搅拌一次。

为了准确控制耐火泥的稠度和熟悉其性能，应进行试砌筑，以调整其稠度。

5. 磷酸铝耐火泥（TPA-80耐火泥）

（1）原材料要求

①磷酸：浓度85%；相对密度1.69～1.72。②工业氢氧化铝：细度要求粒径小于0.088mm；$Al(OH)_3$含量大于75%；Fe_2O_3含量小于1.5%。③刚玉粉：细底要求80号为70%，320号为30%；Al_2O_3大于98%。④水：洁净自来水。

（2）磷酸铝胶结剂（TPA-80胶）

①磷酸铝溶液配合比：磷酸76%，氢氧化铝10.2%，水13.8%。②配制方法：按比例将氢氧化铝置于热水中，搅拌1～2min，使其成均匀的浆液。

按比例将磷酸倒入玻璃或搪瓷容器内，在电炉上加热至50℃时，立即切断电源，将氢氧化铝水溶液分数次徐徐倒入磷酸中，用玻璃棒不断搅拌，当温度上升到100℃，立即将容器从电炉上移开，并继续搅拌至呈乳白色透明胶状液为止，待冷却后过滤贮存于有盖的玻璃或搪瓷容器内待用。

（3）磷酸铝耐火泥的配制（TPA-80耐火泥）

将80号和320号的刚玉粉按7∶3的比例混合均匀后，其量约为磷酸铝胶结剂的2.5～3倍，倒入磷酸铝胶剂中，搅拌均匀，其稠度以适于操作为宜。

磷酸铝耐火泥应困料，困料时间可少于磷酸盐耐火泥所需的时间。

（六）常用耐火浇注料

1. 耐火浇注料技术性能和配合比（表2-2-35、表2-2-36）

表2-2-35　耐火浇注料技术性能

性能		高铝水泥浇注料牌号			耐酸耐水浇注料牌号		
		FL-60	FL-42	FL-30	LL-75	LL-60	LN-45
Al_2O_3/%	≥	60	42	30	75	60	45
SiO_2/%	≥						
Fe_2O_3/%	≥						
耐火温度/℃	≥	1690	1650	1610	1770	1730	1710
烧后线变化/%	145℃保温3h				±1.0		
	1400℃保温3h				±1.0	±1.0℃	±1.0
	1300℃保温3h						
	1200℃保温3h						
	1000℃保温3h						

续表

性能		高铝水泥浇注料牌号			耐酸耐水浇注料牌号		
		FL-60	FL-42	FL-30	LL-75	LL-60	LN-45
抗压强度/×98kPa	常温	200	150				
	110℃烘干			150	150	150	150
抗折强度/×98kPa	常温	40	35	35			
	110℃烘干				40～45	40～45	40～45
110℃烘干容重/(kg/m³)							
最高使用温度/℃		1400	1350	1300	1650	1500	1400

性能		水玻璃耐火浇注料牌号	硅酸盐水泥耐火浇注料牌号	高铝水泥-60耐火浇注料牌号		纯铝酸钙水泥耐火浇注料牌号		轻质耐火浇注料牌号	
		BN-30	FL-30	FL-60	FL-42	CL	CLQ	FQ1	FQ
Al_2O_3/%	≥	30	30	60	42	9.3	9.3		
SiO_2/%	≤				0.5	0.5			
Fe_2O_3/%	≤					0.7	0.7		
耐火温度/℃	≥			1690	1650	1970	1970	1200	1350
烧后线变化/%	145℃保温 3h								
	1400℃保温 3h			±1.0		+0.31	+0.11	(300℃) −0.16	(500℃) −0.28
	1300℃保温 3h				±1.0		+0.12	(500℃) −0.14	
	1200℃保温 3h		±1.0				(800℃) −0.11	(700℃) −0.16	(800℃) −0.36
	1000℃保温 3h	±1.0					−0.12	(900℃) −0.69	−0.37
抗压强度/×98kPa	常温					>200	>100	>15	>15
	110℃烘干	200	200	200		400	274		
抗折强度/×98kPa	常温					(1300℃)			
	110℃烘干			40	40	55			
110℃烘干容重/(kg/m³)						2700～2800	<1700	1050	850～950
最高使用温度/℃		1000	1200	1400	1350	1700	1700	1000	1100

表 2-2-36　耐火浇注料配合比

种类		高铝水泥耐火浇注料	磷酸耐火浇注料(TPA-80)	水玻璃耐火浇注料	硅酸盐水泥耐火浇注料
胶结料	高铝水泥	12～15	0～3(外加)		
	磷酸		12～14(外加)		
	水玻璃			12～15(外加)	
	硅酸盐水泥				13～15
	高铝水泥-60				
	纯铝酸钙水泥				

续表

种类		高铝水泥耐火浇注料	磷酸耐火浇注料(TPA-80)	水玻璃耐火浇注料	硅酸盐水泥耐火浇注料
粉料	高铝细粉	<15	25～30	25～30	
	氧化铝粉				8～15
耐火骨料	黏土(矾土)<5mm	30～40	30～40	30～40	30～40
	黏土(矾土)<5～15mm	30～40	30～40	30～40	30～40
	电熔钢玉				
	氧化铝空心球				
	轻质高铝砂				
	膨胀珍珠岩				
	陶粒				
	蛭石				
水(外加)		9～11			10～15
MF 减水剂					
氟硅酸钠(水玻璃质量分数)/%				13～16	

种类		高铝水泥-60耐火浇注料	纯铝酸钙水泥耐火浇注料牌号		轻质耐火浇注料(体积比)牌号	
			CL	CLQ	FQ1	FQ
胶结料	高铝水泥				1	1
	磷酸					
	水玻璃					
	硅酸盐水泥					
	高铝水泥-60	15				
	纯铝酸钙水泥		15～20	15～20		
粉料	黏土(矾土)	15				
	氧化铝粉		10～15	20～25		
耐火骨料	黏土(矾土)<5mm	30～40				
	黏土(矾土)<5～15mm	30～40				
	电熔钢玉					
	氧化铝空心球			60		
	轻质高铝砂					2
	膨胀珍珠岩					2
	陶粒				2	
	蛭石				4	
水(外加)		10.5	11	13		52
MF 减水剂			0.18	0.2		
氟硅酸钠(水玻璃质量分数)/%						

2. 纯铝酸钙水泥

纯铝酸钙水泥的技术条件如下：

化学成分含量：Al_2O_3>72%；Fe_2O_3<1%；SiO_2<0.5%。

耐火度：1690～1730℃。

凝结时间：初凝>30min；终凝<10h。

比表面：＞4000cm^2/g。

抗压强度：3d时，400×98kPa；7d时，600×98kPa。

3. 耐火骨料和粉料

不定形耐火材料用骨料和粉料的技术条件见表2-2-37。耐火骨料和粉料粒径见表2-2-38所示。

表2-2-37 不定形耐火材料用骨料和粉料技术条件

牌号	化学成分含量/%			吸水率/%	耐火度/℃
	Al_2O_3	Fe_2O_3	CaO		
NG-42	⩾42	⩽2.7		⩽3.0	⩾1730
NG-36	⩾36	⩽3.5		⩽5.0	⩾1670
NG-30	⩾30	—		⩽5.0	⩾1630
LG-85	⩾85	⩽2.7	⩽0.8	⩽3.0	⩾1770
LG-80	⩾80	⩽3.2	⩽0.8	⩽5.0	⩾1770
LG-60	⩾60	⩽3.5	⩽0.8	⩽7.0	⩾1770
LG-50	⩾50	⩽2.7	⩽0.8	⩽6.0	⩾1770

表2-2-38 耐火骨料和粉料粒径

名称	代号	粒度/mm	限值
粗骨料	C	15～5	超过上、下限者均应不大于10%
细骨料	C	⩽5	超过上限者应不大于10%，其中⩽1.2mm的应大于30%
粉料	F1	⩽0.08	＞85%
	F2		＞70%

（七）普通硅酸铝耐火纤维毡

普通硅酸铝耐火纤维毡（GB 3003—2017）适用于工作温度不大于1000℃、中性或氧化性气氛的工业炉。

普通硅酸铝耐火纤维毡的化学成分见表2-2-39。

表2-2-39 普通硅酸铝耐火纤维毡化学成分

成分		含量/%	成分		含量/%
$Al_2O_3+SiO_2$	⩾	96	Fe_2O_3	⩽	1.2
Al_2O_3	⩾	45	K_2O+Na_2O	⩽	0.5

普通硅酸铝耐火纤维毡的物理性能见表2-2-40。

表 2-2-40　普通硅酸铝耐火纤维毡的物理性能

项目		指标	
容重/(kg/m³)		130 160 190 220	±15
渣球含量(>0.25m)/%	≤	5	
加热线收缩(1150℃保温 6h)/%	≤	4	
含水量/%		0.5	

普通硅酸盐耐火纤维毡的外形尺寸允许偏差见表 2-2-41。

表 2-2-41　普通硅酸盐耐火纤维毡的外形尺寸允许偏差

尺寸/mm		允许偏差/%
厚度	10～40 >40	±2 协议确定
宽度	400～500 >500	±2 协议确定
长度	500～1000 >1000	±3 协议确定

二、有机材料

（一）常用耐酸有机材料的主要性能（表 2-2-42）

表 2-2-42　常用耐酸有机材料的主要性能

性能	硬聚氯乙烯	高密度聚乙烯	聚丙烯	聚酯玻璃钢	有机玻璃	聚四氟乙烯	聚碳酸酯	环氧树脂(浇铸型)	呋喃石棉塑料	聚苯乙烯玻璃钢	硬橡胶
相对密度	1.35/1.5	0.9/0.95	0.9	1.5/2.1	1.18/1.19	2.1/2.2	1.2	1.1/1.23	1.75	1.33	1.30/1.82
抗拉强度/×98kPa	350/630	196/385	350	2100/3500	490/630	105/210	635/740	630/840	210/315	700/1050	70/280
伸长率/%	2.0/40	100/400	>220	0.5/2.0	3/10	100/200	60/100			0.75/1.02	1/3
抗压强度/×98kPa	560/980			1750/3500	840/1260	119		1050/1260	700/910		
抗弯强度/×98kPa	700/1120		560	2800/5600	910/1190		770/910	980/1330	420/620	1120/1400	525
抗冲强度/×98kPa	0.85/42.8	1.07/11.8	5.56	10.7/64.3	0.86/1.07	6.43	65/87	0.43/0.96		3.21/5.35	0.43/0.86

续表

性能	硬聚氯乙烯	高密度聚乙烯	聚丙烯	聚酯玻璃钢	有机玻璃	聚四氟乙烯	聚碳酸酯	环氧树脂（浇铸型）	呋喃石棉塑料	聚苯乙烯玻璃钢	硬橡胶
热导率/[$\times10^{-4}$ J/(cm·K)]	12.6/29.3		1.47		16.7/25.1	25.1	2	16.7			20.9
热膨胀系数/($\times10^{-5}$/℃)	5/18.5		8.6	15.3	9	10	7.0	4.8/9.0		低	5.4
热变形温度/℃	55/77		105		71/91	121	121/135	55/185		103/114	127
体积电阻/(Ω·cm)	$>10^{16}$		$>10^{16}$	$>10^{14}$	$>10^{14}$	$>10^{15}$	2.1×10^{16}	10^{17}			2×10^{13}
燃烧性	自熄	逐渐	自熄	慢熄	逐渐	全无	自熄	逐渐	逐渐	逐渐	中等
太阳光线的影响	发黑	黑裂	变黑	微	微	全无	变黄	无	无	微黄	变色
浓酸的影响	渐蚀	渐蚀	微蚀	侵蚀	侵蚀	绝无	侵蚀	渐蚀	侵蚀	侵蚀	侵蚀
稀酸的影响	无	耐蚀	耐蚀	微	无	绝无	无	无	微	无	耐蚀

（二）合成树脂

合成树脂的耐腐蚀性能（表 2-2-43、表 2-2-44）。

表 2-2-43 常用树脂类材料耐腐蚀性能

介质名称	环氧类材料	环氧酚醛类材料	环氧呋喃类材料	酚醛类材料	不饱和聚酯类材料	
					双酚 A 型	邻苯型
硫酸	≤70%耐①	≤70%耐	≤70%耐	≤70%耐	≤30%耐	≤60%耐

① 表示硫酸浓度≤70%时耐用，其余类同。

表 2-2-44 乙烯基树脂的耐蚀性

介质	MFE-2		MFE-3		AE-1	W_{2-1}
	常温	100℃	常温	90℃	常温	100℃
硫酸	≤85%耐	≤75%耐	≤70%耐	≤30%耐	20%50%耐	≤70%耐

（三）塑料

1. 聚氯乙烯（PVC）

聚氯乙烯在硫酸中的耐腐蚀性能如表 2-2-45 所示。

表 2-2-45 聚氯乙烯在硫酸中的耐腐蚀性能

硫酸浓度/%	温度/℃	耐腐蚀性能
10	40	耐腐蚀性能好,重量变化≤1%,现场使用寿命在五年以上
20	40	耐腐蚀性能好,重量变化≤1%,现场使用寿命在五年以上
50	40	耐腐蚀性能好,重量变化≤1%,现场使用寿命在五年以上
70	40	耐腐蚀性能好,重量变化≤1%,现场使用寿命在五年以上
93	50	耐腐蚀性能尚好,重量变化≤1%,现场使用寿命在三年以上
98	55	尚耐腐蚀,现场使用寿命两年以上
发烟硫酸	20	不耐腐蚀,使用几个月即有严重的分层及脱皮现象

2. 聚乙烯(PE)

聚乙烯(PE)耐硫酸腐蚀情况见表 2-2-46。

表 2-2-46 聚乙烯耐硫酸腐蚀情况

硫酸浓度/%	稀硫酸	中浓硫酸	93	98	发烟酸	SO_2 气体
温度/℃	60	60	60	60	60	45
腐蚀情况	极耐	耐	耐	尚耐	不耐	耐

3. 聚丙烯(PP)

聚丙烯耐硫酸腐蚀性能见表 2-2-47。

表 2-2-47 聚丙烯耐硫酸腐蚀性能

硫酸浓度/%	35～50	70	96～98	96～98	发烟酸	SO_2 干湿 100
温度/℃	80	20	20	100	20	20
腐蚀情况	耐	耐	耐	不耐	尚耐	耐

4. 聚四氟乙烯(PTFE)

PTFE 的耐硫酸腐蚀性能见表 2-2-48。

表 2-2-48 PTFE 耐硫酸腐蚀性能

硫酸浓度/%	10	25	50	50	75	75	92	92	92	98
温度/℃	常温	常温	常温	70	常温	70	常温	50	100	常温
腐蚀情况	耐	耐	耐	尚耐	耐	尚耐	耐	耐	耐	耐

5. 酚醛塑料

酚醛塑料耐硫酸腐蚀情况见表 2-2-49 所示。

表 2-2-49 酚醛塑料耐硫酸腐蚀情况

硫酸浓度/%	98	98	98	50～70	≤50	SO_2、SO_3
温度/℃	100	39～90	≤50	常温～100	130～150	
腐蚀情况	不耐	尚耐	耐	耐	耐	耐

（四）玻璃钢

玻璃钢是以合成树脂为黏结剂，以玻璃纤维及其制品（玻璃布、玻璃带、玻璃丝等）为增强材料，采用手糊、模压、缠绕、层压、袋压和喷射等成型方法制成的。它具有较高的强度、良好的耐腐蚀性能、优良的工艺性能和介电性能，主要用来制作管道、管件、塔、电除雾器、植罐、泵、阀门、鼓风机叶轮及设备衬里和增强设备、管道等。

玻璃钢种类繁多，硫酸工业上用的主要有环氧玻璃钢、环氧-聚酯玻璃钢、酚醛玻璃钢、聚酯玻璃钢、呋喃玻璃钢等。其耐硫酸腐蚀性能见表 2-2-50 所示。

表 2-2-50 玻璃钢耐硫酸腐蚀的性能

介质	浓度/%	酚醛玻璃钢		环氧玻璃钢		呋喃玻璃钢	
		25℃	95℃	25℃	95℃	25℃	120℃
二氧化硫	干	耐	耐	耐	耐	尚耐	耐
	湿	耐	耐	耐	耐	耐	耐
硫酸	50	耐	耐	耐	耐	耐	耐
	70	耐	不耐	不耐	不耐	耐	不耐
	93	耐	不耐	不耐	不耐	不耐	不耐
发烟硫酸	游离 SO_3 存在	不耐	不耐	不耐	不耐	不耐	不耐

（五）橡胶

橡胶是在使用温度范围内处于高弹态的高分子材料，有天然橡胶和合成橡胶两大类，按用途分为通用橡胶和特种橡胶。

橡胶制品耐稀硫酸腐蚀的性能要比耐浓硫酸好。浓硫酸会使橡胶制品发硬变脆而损坏。在稀酸中使用的橡胶制品，其温度在－15～＋100℃之间较好，橡胶石棉垫片最高使用温度不得超过 300℃，最高使用压力不得超过 3.9MPa，操作温度一般不得超过 120℃，否则会损坏。

各种橡胶品名及耐硫酸腐蚀性见表 2-2-51。

表 2-2-51 各种橡胶对硫酸的耐腐蚀性（70℃）

橡胶品名	H_2SO_4 浓度				
	10%	50%	70%	98%	SO_2 气体
天然硬质胶	耐	耐	耐	不耐	不耐
天然软质胶	耐	耐	尚耐	不耐	不耐
氯丁橡胶	耐	耐	耐	不耐	不耐
丁基橡胶	耐	耐	尚耐	不耐	尚耐
丁苯橡胶	耐	耐	尚耐	不耐	尚耐
丁腈橡胶	耐	尚耐	不耐	不耐	尚耐
氟橡胶	耐	耐	耐	尚耐	尚耐
氯磺化聚乙烯橡胶	耐	耐	耐	不耐	尚耐

续表

橡胶品名	H_2SO_4 浓度				
	10%	50%	70%	98%	SO_2 气体
软聚氯乙烯胶	耐	耐	耐	不耐	尚耐
乙烯、丙烯二烯系共聚物胶	耐	耐	耐	不耐	尚耐

从表 2-2-51 中可以看出，70℃以下，浓度 50%以下的硫酸，各种橡胶均可使用；98%硫酸，除氟橡胶外，其他各橡胶均不能使用；各种橡胶使用酸浓应以 75%～80%为限。

（六）石墨

石墨是以石油焦、沥青焦或炭黑等为原料，再加入黏合剂在 2500℃以上高温处理经压制成型，硫酸工业上用的石墨有两种，一种是不透性石墨，另一种是膨胀石墨。

不透性石墨主要用作硫酸浓度≥96%的设备衬里、管线和管件等。膨胀石墨用作机、泵、管、阀等部件的密封材料，是解决跑、冒、滴、漏的理想密封材料，尤其用在高温、高压、腐蚀性大的装置上，其优越性更加显著。

不透性石墨的耐硫酸性能见表 2-2-52。膨胀石墨的耐硫酸腐蚀性能见表 2-2-53。

表 2-2-52　不透性石墨耐硫酸性能

品种	浓度/%	温度/℃	判断	备注
硫酸	0～60	沸点	耐	
硫酸	60～70	150	耐	
硫酸	75～85	150	尚耐	耐强酸石墨
硫酸	85～96	80	尚耐	耐强酸石墨
硫酸	>96		不耐	
硫酸盐	各种	90	耐	
SO_2 气体	0～100	80	耐	
硫酸+硝酸	75,0.5		不耐	

表 2-2-53　膨胀石墨耐硫酸腐蚀性能

硫酸浓度/%	0～70	70～85	85～90	95
温度/℃	任意	170	71	
耐蚀性	耐	耐	耐	不可使用

（七）涂料

硫酸工业中所用涂料产品很多，各地方因气候、大气条件及污染情况不相同，常用涂料也有限。表 2-2-54 所示是常用涂料名称及性能。

表 2-2-54 常用涂料产品性能

型号	涂料名称	类别	颜色	性能									使用量(涂刷一道)/×98MPa	储存时间/a
				耐候	耐水	对阴极保护的适应性	附着力			干燥时间/h		涂装性能		
							铁基	层间	旧漆	表干	实干			
Y53-1	红丹油性防锈漆	底	橘红	优	中	劣	优	优	良	8	36	优	0.10～0.12	1
Y53-2	红丹油性防锈漆	底	棕红	良	中	中	优	优	良	8	24	优	0.10～0.12	1
F06-9	铁红油性防底漆	底	棕红	良	良	中	优	良	中	4	18	良	0.12～0.14	2
F53-10	云铁酚醛防锈漆	底	灰	良	优	中	优	良	中	4	18	良	0.12～0.14	2
F41-5	铁红纯酚醛水线底漆	底面	棕红	良	良	中	优	良	中	4	18	良	0.12～0.14	2
L44-1	铝粉沥青船底漆	底	灰褐	中	优	中	优	优	中	2	14	良	0.16～0.18	1.5
L44-2	沥青船底漆	底面	棕褐	差	优	中	优	优	中	2	14	良	0.10～0.12	1
L40-1	沥青防污漆	面	棕黄	差	优	中	优	优	中	3	12	良	0.10～0.12	1
L40-3	沥青防污漆	面	棕黑	差	优	中	优	优	中	3	12	良	0.10～0.12	1
C04-45	灰醇酸磁漆	面	灰	优	中	中	优	优	良	4	24	良	0.13～0.15	1
C06-1	铁红醇酸底漆	底	棕红	优	中	中	优	优	良	4	24	良	0.19～0.22	1
C53-1	红丹醇酸防锈漆	底	棕红	优	中	中	优	优	良	2	24	良	0.19～0.22	1
C53-4	云铁醇酸防锈漆	面	灰	优	中	中	优	优	良	4	24	良	0.17～0.19	1
C53-1	红丹过氯乙烯防锈漆	底	橘红	良	优	优	中	中	—	—	2	中	0.12～0.16	1
C52-3	铝粉过氯乙烯防锈漆	面	银灰	优	优	优	中	中	差	—	2	中	0.13～0.18	1
X53-3	红丹乙烯防锈漆(分装)	底	橘红	良	优	优	中	中	—	2	12	差	0.20～0.25	0.5

续表

型号	涂料名称	类别	颜色	性能									使用量（涂刷一道）/×98MPa	储存时间/a
				耐候	耐水	对阴极保护的适应性	附着力			干燥时间/h		涂装性能		
							铁基	层间	旧漆	表干	实干			
X55-1	铝粉乙烯耐水漆(分装)	面	银灰	优	优	优	中	中	—	2	12	差	0.11～0.13	0.5
X06-1	乙烯磷化底漆	底	—	中	中	优	优	优	—	—	0.5	优	0.07～0.09	—
B06-1	丙烯酸底漆	底	—	优	优	中	良	中	劣	—	1	优	0.10～0.12	1
B04-11	丙烯酸磁漆	面	—	优	优	中	良	中	劣	—	1	优	0.10～0.12	1
H06-4	环氧富锌底漆	底	深灰	良	优	优	优	优	差	0.5	—	良	0.25～0.27	0.5
H04-3	棕环氧沥青磁漆(分装)	底面	棕	良	优	优	优	优	中	—	24	良	0.12～0.14	2
H41-4	各色环氧沥青水线底漆(分类)	底	—	中	优	优	优	优	中	4	24	良	0.14～0.16	2
H41-1	各色环氧酯水线漆	面	—	优	良	优	优	优	良	—	24	良	0.15～0.17	2
H52-3	各色环氧防腐漆	底面	—	中	良	优	优	优	中	—	24	良	0.14～0.16	2
H53-1	红丹环氧酯防腐漆	底	橘红	良	良	优	优	优	良	—	24	优	0.15～0.17	2
S06-7	棕黑聚氯酯沥青底漆(分装)	底	棕褐	良	良	优	优	优	良	3	20	良	0.18～0.22	1
S04-12	铝粉聚氯酯沥青磁漆(分装)	面	棕	优	良	优	优	优	良	3	20	良	0.11～0.13	1
I06-1	铝粉氯化橡胶底漆	底面	银灰	优	良	优	中	中	—	1	6	良	0.10～0.12	1
Ac-15	铝粉氯化橡胶底漆	底面	银灰	优	良	优	中	中	—	1	6	良	0.10～0.13	1
J41-2	各色氯化橡胶水线漆	面	—	优	良	优	中	中	—	1	6	良	0.10～0.12	1
E06-1	无机富锌底漆	底	灰	良	良	优	中	中	—	0.5	—	中	0.17～0.25	1.5

(八)耐酸胶泥、配方及相关材料

硫酸设备砖板防腐板料衬里常用的接缝黏结胶泥为水玻璃和树脂胶泥，其最高使用温度和酸浓范围见表 2-2-55 和表 2-2-56 所示。

表 2-2-55 胶泥最高使用温度

种类	名称	最高使用温度/℃	种类	名称	最高使用温度/℃
水玻璃胶泥	钠水玻璃胶泥	400	树脂胶泥	YJ 胶泥	140
	钾水玻璃胶泥	400		环氧胶泥	100
树脂胶泥	酚醛胶泥	150		环氧改性酚醛胶泥	120
	呋喃胶泥	180		环氧改性呋喃胶泥	130

表 2-2-56 胶泥耐硫酸腐蚀性能

介质及介质浓度(%)	胶泥种类		
	呋喃	水玻璃	酚醛
	允许使用温度/℃		
	180	400	150
硫酸<5	√	φ	√
硫酸 5～50	√	√	√
硫酸 50～70	25℃	√	25℃
硫酸 80	×	√	25℃

注：1.√—“耐级”。耐腐蚀性能优良，可用至材料的最高使用温度或介质的沸点。ϕ—“尚耐级”。可能产生强腐蚀，使用时须慎重。×—“不耐级”。腐蚀严重，不宜使用。

2.表中注明具体温度的，系指只耐该温度以下。

第三章

硫酸工程参数和规范

第一节　常用参数

一、通用常数

（1）气体常数R

$R=1.987kcal/(kmol \cdot K)$

$=8.3143J/(mol \cdot K)$

$=82.06atm \cdot cm^3/(mol \cdot K)$

$=0.08206atm \cdot cm^3/(kmol \cdot K)$

$=62.366mmHg \cdot L/(mol \cdot K)$

$=0.084778(kgf/cm^2) \cdot m^3/(kmol \cdot K)$

$=1.987Btu/(1bmol \cdot {}^{\circ}R)$

（2）重力加速度g　以纬度45°平均海平线处的重力加速度为准。

$g=9.81m/s^2=32.17ft/s^2=4.17\times10^8ft/h^2=1.27\times10^8m/h^2$

（3）其它

光速（真空中）　$C=2.998\times10^8m/s$

阿伏伽德罗（Avogadro）数$N_0=6.023\times10^{23}/mol$

波茨曼（Boetzmann）常数$K=R/N_0=1.3805\times10^{-16}erg/℃$

冰点的绝对温度　$T_{0℃}=273.15K$；$T_{32℉}=491.67°R$

1mol理想气体在0℃及101325Pa（1atm）时的体积为22.4L。

自然对数的底e=2.7183。

常用对数与自然对数换算　1na=2.30261ga

二、流体常用流速范围

1. 常用流速范围（表2-3-1）

2. 管径、流量、流速的关系（图2-3-1）

流速ω、流量υ与管径d之间的关系如下式：

$$d=18.8\sqrt{\frac{\upsilon}{\omega}} \tag{2-3-1}$$

表 2-3-1 流体常用流速范围

流体名称	流速范围/(m/s)	流体名称	流速范围/(m/s)	流体名称	流速范围/(m/s)
饱和蒸汽		氨气		黏度0.05Pa·s流体	
管径φ/mm		0.6MPa(表压)以下	10~20		
		1~2MPa(表压)以下	3~8	管径φ25mm以下	0.5~0.9
φ>200	30~40	化工设备排气管	12~25	φ25~50mm	0.7~1
φ100~200	25~35	真空蒸发器汽出口		φ50~100mm	1~1.6
φ<100	15~30	低真空	50~60	黏度0.1Pa·s流体	
低压蒸汽		高真空	60~75	管径φ25mm以下	0.3~0.6
<1MPa(绝压)	15~20	末效蒸发器汽出口	40~50	φ25~50mm	0.5~0.7
中压蒸汽		蒸发器出气口(常压)	25~30	φ50~100mm	0.7~1
1~4MPa(绝压)	20~40	真空度		黏度1Pa·s流体	
高压蒸汽		0.866~0.946MPa管道	80~130	管径φ25mm以下	0.1~0.2
4~12MPa(绝压)	40~60	废气		φ25~50mm	0.16~0.25
过热蒸汽		低压	20~30	φ50~100mm	0.25~0.35
管径φ/mm		高压	80~100	易燃易爆流体	<1
φ>200	40~60	自来水管		离心泵	
φ100~200	30~50	主管0.3MPa(表压)	1.5~3.5	吸入口	1~2
φ<100	20~40	支管0.3MPa(表压)	1.0~1.5	排出口	1.5~2.5
蒸汽(加热蛇管)入口管	30~40	氢气	≤8	结晶母液	
一般气体(常压)	10~20	工业供水		泵前	2.5~3.5
压缩空气		0.9MPa(表压)以下	1.5~3.5	泵后	3~4
<1MPa(表压)	15~20	换热器管内水	0.2~1.5	旋风分离器	
0.1~0.2MPa(表压)	10~15	蒸汽冷凝水	0.5~1.5	入气气速	15~25
车间换气通风		锅炉给水		出气气速	4~15
主管	4~15	0.9MPa(表压)以上	>3	通风机	
支管	2~8	油及黏度大的流体	0.5~2	吸入口	10~15
煤气	2.5~15	石灰乳(粥状)	≤1	排出口	15~20
经济流速	8~10	泥浆	0.5~0.7	磷酸(压力下流动)	
烟道气(烟道内)	3~6	液氨		DN150以下	1~1.5
工业烟囱		真空	0.05~0.3	DN150以上	8~12
自然通风	2~8	0.6MPa(表压)以下	0.05~0.3	磷酸溢流管	0.5
实际流速	3~4	1.02MPa(表压)以下	0.3~0.5	硫酸(压力下流动)	0.8~1.2
蛇管内常压气体	5~12	盐水	1~2	硫酸长距离输送	0.95
		过热水	2	硫酸(重力下流动)	0.4~0.8

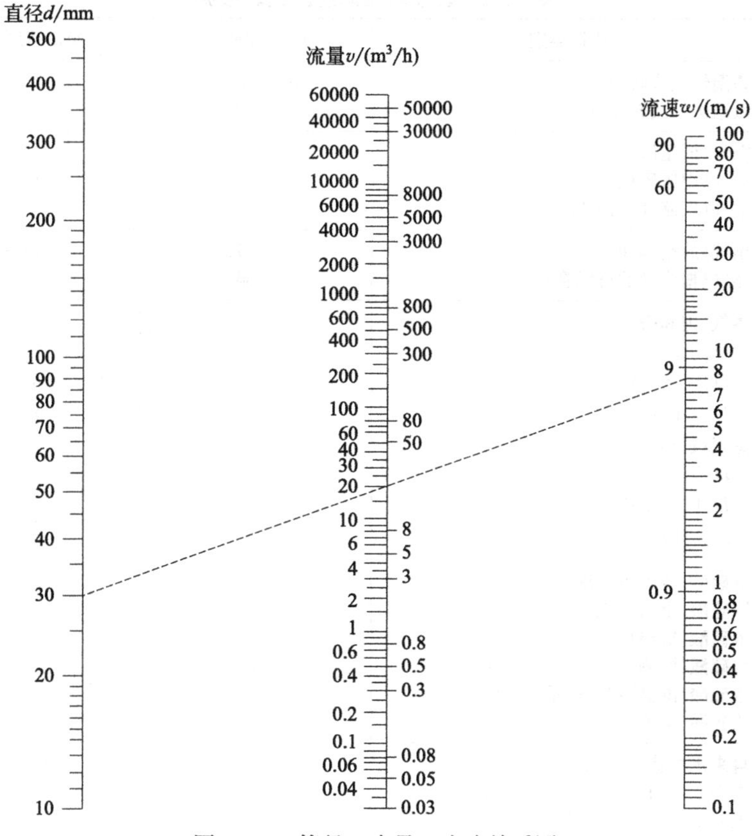

图 2-3-1　管径、流量、流速关系图

3. 管道留孔和坡度

（1）管道留孔　管道穿过楼板、屋顶、地基及其他混凝土构筑物，应在土建施工时预留管孔。留孔大小，对于螺纹连接的管道，一般为管道外径加 20mm；对于法兰连接和保温管道，一般为法兰外径和保温层外径加 20mm。

（2）管道坡度　敷设管道应有坡度，坡度方向一般与流体的流动方向一致。管道坡度一般为 1/100～5/1000，对于输送黏度大或含有沉积物的流体的管道，坡度则要求大些，可达 1/100。

一般采用坡度：

蒸汽	5/1000	压缩空气、氮气	4/1000
蒸汽冷凝水	3/1000	真空	3/1000
清水	3/1000	硫酸	2/1000
生产废水	1/1000		

三、硫酸生产工艺管道、设备流体速度经验数据

（一）管道内流体速度

管道内流体速度如表 2-3-2 所示。

表 2-3-2 管道内流体速度经验数据

序号	项目类别	温度范围/℃	操作速度/(m/s)
1	高温炉气或转化气 低温炉气或转化气	400～1000 <100	15～25 15～20
2	空气(低压风机) 空气(中压风机) 空气(压缩气<1MPa)	常温 常温	10～20 15～25 5～15
3	尾气(放空烟囱) 尾气(槽或罐的排气管)	50～70 常温	12～20 2～4
4	蒸气(饱和态) D_g>200 D_g100～200 D_g<100 蒸气(过热态) D_g>200 D_g100～200 D_g<100		25～35 30～40 15～30 20～30 30～50 20～40
5	浓硫酸(压力下流动) 浓硫酸(重力下流动) 浓硫酸(塔出口) 浓硫酸(淋洒冷却器、压力下流动) 浓硫酸(淋洒冷却器、重力下流动) 浓硫酸(溢流)	<100 <100 <100 <100 <100 <100	0.8～1.2 0.3～0.7 0.4～0.6 0.5～0.8 0.3～0.5 0.1～0.3
6	自来水主管 0.3MPa 支管 0.3MPa 工业供水 0.8MPa 以下 压力回水		1.5～3.5 1.0～1.5 1.6～3.6 0.5～2.0

(二)设备内流体速度[1]

(1) 沸腾炉

沸腾层

焙烧硫精砂 0.5～1.2m/s

(悬浮炉) (0.8～1.5m/s)

焙烧硫精砂和块矿 1.2～2.2m/s

焙烧块矿 2.2～3.2m/s

沸腾床上空间

锌精矿、金矿 0.3～0.5m/s

焙烧硫精砂或块矿 0.5～1.0m/s

风帽孔速 50～80m/s

炉气停留时间

硫铁矿 12s±

磁硫铁矿 17s±

锌金等矿 22s±

(2) 废热锅炉

炉气 5～12m/s

汽水强制循环锅炉

蒸发管进口水速 0.7～1.0m/s

过热蒸发管内汽速 15～25m/s

(3) 旋风除尘器

切线进口 15～25m/s

截面假速度 3.0～4.0m/s

[1] $v_{操}=v_{标}\times\frac{273+T}{273}\times\frac{101.325}{101.324\pm p}$ (式中，$\pm p$ 指正负压力)

(4) 惯性除尘器

挡板（墙）室 3～8m/s

重力沉降 0.1～0.4m/s

(5) 过滤器

袋 0.02～0.2m/s

织布（间歇吹扫） 0.01～0.03m/s

焦炭（4～25mm） 0.3～1.0m/s

素瓷 0.02～0.08m/s

填充纤维层：高效型0.01～0.3m/s

(6) 电除尘器和电除雾器

“C”板—“R·S”线 0.5～1.0m/s

管式 0.8～2.0m/s

(7) 中空洗涤塔

在气体进口380℃、出口65℃的平均气温下，操作气速1.2～2.0m/s。

(8) 填充洗涤、干吸塔

按进出口气速平均值计，一般取液泛速度的50%～70%，依填料形式不同，操作速度为0.8～1.5m/s。

(9) 泡沫洗涤塔

空塔气速 2.5～3.5m/s

筛孔气速

除尘降温过程 11～16m/s

传热过程 9～14m/s

吸收过程 11～14m/s

解吸过程 13～16m/s

溢流液速 0.05～0.15m/s

(10) 文式管

喉管气速

冷却或吸收过程 40～60m/s

除尘过程 50～70m/s

除雾过程 80～100m/s

进收缩管前气速 15～25m/s

出扩散管后气速 15～25m/s

喷液孔速度 10～15m/s

(11) 湍动塔

降尘过程 2.5～3.5m/s

吸收过程 3.0～5.0m/s

(12) 冲击洗涤器

冲击气速

（即环隙气速） 60～100m/s

(13) 动力波

冲击管气速 30～40m/s

冲击水速 4～6m/s

泡沫层高度 200mm±

(14) 间冷器

管内气速 12～20m/s

管外水速 0.8～1.0m/s

(15) 转化器 0.3～0.4m/s

(16) 热交换器 15～28m/s

（三）传热系数（表2-3-3）所列。

表2-3-3 各设备的传热系数

序号	设备名称及状况	传热系数/[kW/(m^2·K)]
1	气体换热器(列管式)	
	转化器外的气速6～25m/s(直管)	8.14～34.88
	转化器外的气速6～25m/s(缩放管)	13～39
	转化器内(垂管)的气速0.5～1.0m/s	5.81～9.30
	转化器内(卧管)管内的气速10～15m/s,管外气速0.5～1.0m/s	9.30～16.28
	钢管自然散热式	8～10
	水冷夹套	37.21～44.19
	间接冷凝器	200～300

续表

序号	设备名称及状况	传热系数/[kW/(m^2·K)]
2	酸冷却器	
	铅间冷器(石墨间冷器)	280～380
	稀酸泡沫层铅冷却器	1500～1800
	105%酸泡沫层钢蛇管	800～1100
	浸没式铅蛇管冷却器	139.53～186.05
	搅拌式铅蛇管冷却器	800～900
	铅制稀酸螺旋冷却器	813.95～1046.51
	钢制浓酸螺旋冷却器	465.12～680
	铸铁排管淋洒冷却器	296～350
	泰氟隆(F46 浓酸冷却器)	127.91～290.7
	管壳式阳极保护浓酸冷却器	814～1279
	板式不锈钢浓酸冷却器	1628～1977
3	沸腾炉废热锅炉	
	沸腾层蒸发区尾砂	232.56～348.84
	沸腾层蒸发区块矿	348.84～406.98
	烟道蒸发区	30～40
	烟道过热区	40.7～46.51
	沸腾层冷却水箱或水套管	200～300
4	气液直接接触传热	容积传热系数/(kW/m^3·K)
	空心冷却塔	186.05～232.56
	泡沫塔	5813.95～23255.8
	填料洗涤塔	32.56～37.21

(四)系统阻力、电耗

(1) 矿制酸：负压 1000～1200mmH_2O，正压 1800～2000mmH_2O，全压 2800～3000mmH_2O，生产后期 3500mmH_2O，吨酸电耗 90～110kW·h。

(2) 硫黄制酸：负压 130～180mmH_2O，正压 1800～2000mmH_2O，全压 2000～2200mmH_2O，生产后期 3000mmH_2O，吨酸电耗 30～60kW·h。≥20 万吨的大型装置：有用全压 3800～4000mmH_2O，生产后期 4600mmH_2O，吨酸电耗 60～90kW·h。

(3) 冶炼烟气、石膏制酸：生产运行阻力、电耗与矿制酸近似。

(4) 个例：编著者曾在 2011 年受邀到一家铜冶炼厂查看一套已运行近四年的年产 16 万吨硫酸装置，该装置采用压头 4600mmH_2O 鼓风机，当时运行压力 4680mmH_2O 柱，吨酸电耗 268kW·h。比一般厂要高出 158kW·h，当地电价 0.55 元/(kW·h)，吨酸成本要比一般厂多 86.9 元，一年要损失 1390 万元。再加上一年要停车筛换催化剂 1～2 次，此间已更换两台冷热交换器等，损失远大于此数据。按当地价估算 4 年左右即可重建一个新厂，很不合算。

以上情况，充分说明了，不管是新建或是技术改造的硫酸装置，设备气速和全系统阻力要设计合理适当。因为实际运行中，吨酸物化成本电费要占 25%左右，决不可轻视。

第二节 常用标准和规范

一、硫酸生产排放标准和能耗标准

硫酸工业污染物排放新的国家标准GB 26132—2010《硫酸工业污染物排放标准》，于2010年12月30日由国家环境保护部、国家质量监督检验检疫总局发布，于2011年3月1日正式实施。自2011年3月1日起，新建企业投产就要全面执行新标准；老企业给予两年半的改造过渡期，到2013年10月1日起全面执行新标准。硫酸产品能耗限额的国家标准GB 29141—2012《工业硫酸单位产品能源消耗限额》，于2012年12月31日正式颁发。

硫酸行业的这两个新国标比2011年前的老国标在指标上要求更高，这是历史的必然，是技术进步的体现。新老国标的主要变化表现在两个方面：一是更加注重物能的充分利用，即在硫酸生产过程中实现“零排放”或更少量的排放，大力提高能量利用率；二是实现清洁生产，优化生产环境和生活环境。

这两个新国标的主要指标都属于现代化和世界领先水平的范围。

1. 硫酸工业污染物排放指标限额

现有企业水污染物排放限值见表2-3-4。

表2-3-4 现有企业水污染物排放限值（pH值除外）

序号	污染物项目		生产工艺	排放限值/(mg/L)		污染物排放监控位置
				直接排放	间接排放	
1	pH值		硫黄制酸、硫铁矿制酸及石膏制酸	6～9	6～9	企业废水总排放口
2	化学需氧量(COD_{Cr})			60	100	
3	悬浮物			70	100	
4	石油类			5	8	
5	氨氮			10	20	
6	总氮			20	40	
7	总磷	磷石膏		20	30	
		其他		1	2	
8	硫化物		硫铁矿制酸及石膏制酸	1	1	
9	氟化物			10	15	
10	总砷			0.5		车间或生产装置排放口
11	总铅			1		
单位产品基准排放量/(m^3/t)			硫黄制酸	0.3		排水量计量位置与污染物排放监控位置相同
			硫铁矿制酸及石膏制酸	1.5		

现有企业自2013年10月1日起，新建企业自2011年3月1日起，执行表2-3-5规定的水污染物排放限值。

表 2-3-5 新建企业水污染物排放限值（pH 值除外）

序号	污染物项目		生产工艺	排放限值/(mg/L)		污染物排放监控位置
				直接排放	间接排放	
1	pH 值		硫黄制酸、硫铁矿制酸及石膏制酸	6～9	6～9	企业废水总排放口
2	化学需氧量(COD_{Cr})			60	100	
3	悬浮物			50	100	
4	石油类			3	8	
5	氨氮			8	20	
6	总氮			15	40	
7	总磷	磷石膏		10	30	
		其他		0.5	2	
8	硫化物		硫铁矿制酸及石膏制酸	1	1	
9	氟化物			10	15	
10	总砷			0.3		车间或生产装置排放口
11	总铅			0.5		
单位产品基准排放量/(m^3/t)			硫黄制酸	0.2		排水量计量位置与污染物排放监控位置相同
			硫铁矿制酸及石膏制酸	1		

根据环境保护工作的要求，在国土开发密度已经较高、环境承载能力开始减弱，或水环境容量较小、生态环境脆弱，容易发生严重水环境污染问题而需要采取特别保护措施的地区，应严格控制企业的污染排放行为，在上述地区的企业执行表2-3-6规定的水污染物特别排放限值。执行水污染物特别排放限值的地域范围、时间，由国务院环境保护主管部门或省级人民政府规定。企业应争取做到“零排放”。

表 2-3-6 水污染物特别排放限值

序号	污染物项目	生产工艺	排放限值/(mg/L)		污染物排放监控位置
			直接排放	间接排放	
1	pH 值	硫黄制酸、硫铁矿制酸及石膏制酸	6～9	6～9	企业废水总排放口
2	化学需氧量(COD_{Cr})		50	60	
3	悬浮物		15	50	
4	石油类		3	3	
5	氨氮		5	8	
6	总氮		10	15	
7	总磷		0.5	0.5	

续表

序号	污染物项目	生产工艺	排放限值/(mg/L)		污染物排放监控位置
			直接排放	间接排放	
8	硫化物	硫铁矿制酸及石膏制酸	0.5	1	企业废水总排放口
9	氟化物		10	10	
10	总砷		0.1		车间或生产装置排放口
11	总铅		0.1		
单位产品基准排放量/(m^3/t)		硫黄制酸	0.2		排水量计量位置与污染物排放监控位置相同
		硫铁矿制酸及石膏制酸	1		

水污染物排放限值适用于单位产品实际排水量不高于单位产品基准排水量的情况。若单位产品实际排水量超过单位产品基准排水量，须按式（2-3-2）将实测水污染物浓度换算为水污染基准水量排放浓度，并以水污染物基准水量排放浓度作为判定排放是否达标的依据。产品产量和排水量统计周期为 1 个工作日。

$$c_{基}=\frac{Q_{总}}{\sum Y_i Q_{i基}}\cdot c_{实} \tag{2-3-2}$$

式中 $c_{基}$——水污染物基准水量排放浓度，mg/L;

$Q_{总}$——实测排水量，m^3；

Y_i——某种产品产量，t;

$Q_{i基}$——某种产品的单位产品排水量，m^3/t;

$c_{实}$——实测水污染物浓度，mg/L

若 $Q_{总}$ 与 $\sum Y_i Q_{i基}$ 的比值小于 1，则以水污染物实测浓度作为判定排放是否达标的依据。

在企业的生产设施同时生产两种以上产品，可适用不同排放控制要求或不同行业国家污染物排放标准，而且生产设施产生的污水混合处理排放的情况下，应执行排放标准中规定的最严格的浓度限值，并按式(2-3-2) 换算成水污染物基准水量排放浓度。

现有企业大气污染物排放限值见 2-3-7。

表 2-3-7 现有企业大气污染物排放限值

序号	污染物项目	排放限值/(mg/m^3)	污染物排放监控位置
1	二氧化硫	860	硫酸工业尾气排放口
2	硫酸雾	45	
3	颗粒物	50	破碎、干燥及排渣等工序排放口

现有企业自 2013 年 10 月 1 日起、新建企业自 2011 年 3 月 1 日起，执行表 2-3-8 规定的大气污染物排放限值。

表 2-3-8　新建企业大气污染物排放限值

序号	污染物项目	排放限值/(mg/m^3)	污染物排放监控位置
1	二氧化硫	400	硫酸工业尾气排放口
2	硫酸雾	30	
3	颗粒物	50	破碎、干燥及排渣等工序排放口

根据环境保护工作的要求，在国土开发密度已经较高、环境承载能力开始减弱，或大气环境容量较小、生态环境脆弱，容易发生严重大气环境污染问题而需要采取特别保护措施的地区，应严格控制企业的污染排放行为，在上述地区的企业执行表 2-3-9 规定的大气污染物特别排放限值。执行大气污染物特别排放限值的地域范围、时间，由国务院环境保护主管部门或省级人民政府规定。

表 2-3-9　特区大气污染物排放限值

序号	污染物项目	排放限值/(mg/m^3)	污染物排放监控位置
1	二氧化硫	200	硫酸工业尾气排放口
2	硫酸雾	5	
3	颗粒物	30	破碎、干燥及排渣等工序排放口

现有企业和新建企业单位产品基准排气量执行表 2-3-10 规定的限值。

表 2-3-10　单位产品基准排气量

序号	生产工艺	单位产品基准排气量/(m^3/t)	污染物排放监控位置
1	二氧化硫	2300	硫酸工业尾气排放口(排气量计量位置与污染物排放监控位置相同)
2	硫铁矿制酸	2800	
3	石膏制酸	4300	

企业边界大气污染物任何 1h 平均浓度执行表 2-3-11 规定的限值。

表 2-3-11　企业边界大气污染物组织排放限值

序号	生产工艺	最高浓度限值/(m^3/t)	监控点
1	二氧化硫	0.5	企业边界
2	硫酸雾	0.3	
3	颗粒物	0.9	

在现有企业生产、建设项目竣工环保验收后的生产过程中，负责监管的环境保护主管部门应对周围居住、教学、医疗等用途的敏感区域环境质量进行监测。建设项目的具体监控范围为环境评价确定的周围敏感区域；未进行过环境影响评价的现有企业，监控范围由负责监管的环境保护主管部门根据企业排污的特点和规律及当地的自然、气象条件等因素，参照相关环境影响评价技术导则确定。地方政府应对本辖区环境质量负责，采取措施确保环境状况符合环境质量标准要求。

产生大气污染物的生产工艺和装置必须设立局部或整体气体收集系统和净化处理装置。所有排气筒高度应不低于 15m。排气筒周围半径 200m 范围内有建筑物时，排气筒高度还应高出建筑物 3m 以上。

大气污染物排放限值适用于单位产品实际排气量不高于单位产品基准排气量的情况。若单位产品实际排气量超过单位产品基准排气量，须将实际大气污染物浓度换算为大气污染物基准气量排放浓度，并以大气污染物基准气量排放浓度作为排放是否达标的依据。大气污染物基准气量排放浓度的换算，可参照采用水污染物基准水量排放浓度的计算公式。

产品产量和排气量统计周期为 1 个工作日。

2. 硫酸工业单位产品能源消耗指标限额

现有工业硫酸企业单位产品综合能耗、吨酸电耗限值见表 2-3-12。新建工业硫酸装置单位产品综合能耗、吨酸电耗准入值见表 2-3-13。工业硫酸单位产品综合能耗、吨酸电耗先进值见表 2-3-14。

表 2-3-12　现有工业硫酸企业单位产品综合能耗、吨酸电耗限值

生产原料类型	单位产品综合能耗限值(以标煤计)/(kg/t)	吨酸电耗限值/(kW·h/t)
硫黄	≤−115	≤85
硫铁矿	≤−100	≤130
铜、镍冶炼烟气	≤16	≤130
铅冶炼烟气	≤22	≤180
锌冶炼烟气	≤−85	≤130
其他有色金属冶炼烟气	≤34	≤270

表 2-3-13　新建工业硫酸装置单位产品综合能耗、吨酸电耗限值

生产原料类型	单位产品综合能耗限值(以标煤计)/(kg/t)	吨酸电耗限值/(kW·h/t)
硫黄	≤−140	≤70
硫铁矿	≤−120	≤120
铜、镍冶炼烟气	≤3	≤110
铅冶炼烟气	≤19	≤150
锌冶炼烟气	≤−95	≤120
其他有色金属冶炼烟气	≤−4	≤240

表 3-1-14　工业硫酸企业单位产品综合能耗、吨酸电耗限值

生产原料类型	单位产品综合能耗限值(以标煤计)/(kg/t)	吨酸电耗限值/(kW·h/t)
硫黄	≤−180	≤60
硫铁矿	≤−135	≤110
铜、镍冶炼烟气	≤−30	≤100
铅冶炼烟气	≤5	≤130
锌冶炼烟气	≤−120	≤110
其他有色金属冶炼烟气	≤−42	≤210

实施新国标，无疑是广大硫酸工作者的努力方向和奋斗目标。现在的问题是这两部新国标如何才能在硫酸行业迅速得到全面的实施。带着这个问题，经过3年多的调查研究，笔者认为：以科学发展观，在全行业内开展“五创新活动”（新的理念、新的方法、新的技术、新的设备、新的材料），来改造老硫酸装置、创新设计新建硫酸装置，即对硫酸装置进行科学的、更大力度的技术改造。相信通过全行业的努力奋斗，融国内外先进、可靠的技术，在一段时间后是一定可以全面达到新国标的[1]。

二、通用标准

1. 设备及管道保温设计导则（GB/T 8175—2008）。
2. 工业管路的基本识别色和识别符号（GB 7231—2003）。
3. 工业金属管道设计规范（GB 50316—2008）。
4. 设备及管道绝热通则（GB/T 4272—2008）。
5. 化工装置管道材料设计规定（HG/T 2646—1994）。
6. 紧固件机械性能　螺栓、螺钉、螺柱、螺母、紧定螺钉（GB 3098. 1—2010、GB 3098. 2—2015、GB 3098. 3—2016）。
7. 紧固件机械性能　不锈钢螺栓、螺母、螺钉、螺柱（GB/T 3098. 6—2014）。
8. 紧固件、螺栓、螺钉、螺柱及螺母代号和标注（GB/T 5276—2015）。
9. 螺母相关标准（GB/T 6170～6178）。
10. 螺栓相关标准（GB/T 5780～5786）。
11. 55°密封管螺纹　第1部分：圆柱内螺纹与圆锥外螺纹（GB/T 7306. 1—2000）。
12. 55°密封管螺纹　第2部分：圆柱内螺纹与圆锥外螺纹（GB/T 7306. 2—2000）。
13. 流体输送不锈钢无缝钢管（GB/T 14976—2012）。
14. 不锈钢小直径钢管（GB/T 3090—2020）。
15. 不锈钢极薄壁无缝钢管（GB 3089—2020）。
16. 低压流体输送用焊接钢管（GB/T 3091—2015）。
17. 冷拔无缝异形钢管（GB/T 3094—2012）。
18. 冷拔或冷轧精密无缝钢管（GB 3639—2009）。
19. 灰口铸铁管件（GB 3420—2008）。
20. 镍及镍合金管（GB/T 2882—2013）。
21. 输送流体用无缝钢管（GB/T 8163—2018）。
22. 钢制对焊管件类型与参数（GB 12459—2017）。
23. 石油天然气工业玻璃纤维增强塑料管（GB/T 29165. 1～29165. 3）。
24. 球墨铸铁管件（GB/T 1348—2019）。
25. 耐酸砖（GB/T 8488—2008）。
26. 石棉橡胶板（GB/T 3985—2008）。
27. 气动调节阀通用技术条件（GB/T 4213—2008）。

---

[1] 国家发展和改革委员会、生态环境部、工业和信息化部发布.《硫酸行业清洁生产评价指标体系》，2021年4月1日起实施。

三、安全、卫生、环境标准规范

1. 污水综合排放标准（GB 8978—1996）。
2. 火灾分类（GB/T 4968—2008）。
3. 安全色（GB 2893—2008）。
4. 安全标志（GB 2894—2008）。
5. 环境空气质量标准（GB 3095—2012）。
6. 声环境质量标准（GB 3096—2008）。
7. 工业企业厂界噪声标准（GB 12348—2008）。
8. 农用污泥中污染物控制标准（GB 4284—2018）。
9. 农田灌溉水质标准（GB 5084—2021）。
10. 生活饮用水卫生标准（GB 5749—2006）。
11. 地表水环境质量标准（GB 3838—2002）。
12. 工作场所物理因素测量　第 10 部分：体力劳动强度分级（GB 3869—1997）。
13. 室外高温作业分级 DL/T 669—1999。
14. 职业性接触毒物危害程度分级（GB Z230—2010）。
15. 危险货物分类和品名编号（GB 6944—2012）。
16. 工业企业厂内铁路、道路运输安全规程（GB 4387—2008）。
17. 工业炉窑烟尘排放标准（GB 9078—1996）。
18. 化学品分类和危险性公示通则（GB 13690—2009）。
19. 消防安全标志　第 1 部分、标志（GB 13495. 1—2015）。

四、工程制图及石化系统（含硫酸）设计规范

1. 机械制图（GB/T 4457～4460）。
2. 技术制图管道系统图形符号（GB/T 6567. 1～6567. 5—2008）。
3. 化工测量与控制仪表的功能标志及图形符号（HG/T 20505—2014）。
4. 化工工艺设计施工图内容和深度统一规定（HG/T 20519—2009）。
5. 化工装置管道布置设计规定（HG/T 20549—1998）。
6. 石油化工金属管道布置设计通则（SH 3012—2011）。
7. 石油化工管道柔性设计规范（SH 3041—2016）。
8. 石油化工管道设计器材选用规范（SH 3059—2012）。
9. 石油化工管道支吊架设计规范（SH 3073—2016）。
10. 设备及管道保温设计导则（GB/T 8175—2008）。
11. 石油化工配管工程术语（SH/T 3051—2014）。
12. 建筑设计防火规范（GB 50016—2014）。
13. 石油化工企业设计防火规范（GB 50160—2008）。
14. 石油化工企业非埋地管道抗震设计通则（SH 3039—2018）。
15. 电气装置安装工程电力变流设备施工及验收规范（GB 501255—2014）。
16. 石油化工可燃气体排放系统设计规范（SH 3009—2013）。
17. 石油化工设备和管道涂料防腐蚀设计标准（SH/T 3022—2015）。

18.石油化工企业设备和管道表面色和标志规定（SH/T 3043—2014）。
19.工业金属管道工程施工及验收规范（GB/T 50235—2010）。
20.现场设备、工业管道焊接工程施工及验收规范（GB 50683—2011）。
21.钢制压力容器（GB 150—2011）。
22.石油化工企业厂区管线综合设计规范（SH 3054—2005）。
23.化工设备、管道防腐蚀工程施工及验收规范（HG/T 20229—2017）。
24.化工建设项目噪声控制设计规定（HG/T 20503—1992）。
25.钢制管法兰、垫片、紧固件（HG/T 20592～20635—2009）。
26.管架标准图（HG 21629—2021）。
27.化工装置管道机械设计规定（HG/T 20645—1998）。
28.化工装置管道材料设计内容和深度规定（HG/T 20646—1999）。
29.钢制对焊管件技术规范（GB/T 13401—2017）。
30.石油化工钢制对焊管件（SH/J 3408—2012）。
31.综合能耗计算通则（GB/T 2589—2020）。
32.工业硫酸单位产品能耗（GB 29141—2012）。
33.硫酸工业污染物排放标准（GB 26132—2010）。
34.电收尘设计、调试、运行、维护安全技术规范（JB/T 6407—2017）。
注：各种规范若有矛盾，以严格的规范执行。

第三篇

精当设计工艺、设备，高效能现代化

第一章 硫酸工程设计程序

第一节 现场考察准确收集工程设计基础资料

需要收集的和业主需要提供的工程设计基础资料内容包括：

（1）建设地气象、水文、地质条件 五百分之一地形地貌图；海拔高度（大气压力）；大气平均温度及极冷、极热温度和空气相对湿度；降雨量含短时最大降雨量；地震烈度；冻土深度（mm）；风速和长年风向；地勘报告等。

（2）装置设计规模条件 装置设计能力：一种是以100%硫酸产量为标准，每天或每年生产硫酸的能力；另一种是以处理原料量（硫黄、硫化矿、硫化物、脱硫烟气量等，废酸裂解以处理的废硫酸量）多少为准。

（3）原料条件 需要了解原料矿如硫铁矿、硫精矿、铜精矿、锌精矿、金属矿尾砂、硫黄、硫化物等的原料成分情况，获得原料全分析报告。原料全分析报告至少应包含硫、金属、碳、硫酸盐、碳酸盐及有害杂质如砷、氟、氯、汞、硒等的含量情况。硫黄则应提供含硫量及有机物、酸度、灰分等指标。金属矿硫精砂、尾砂等还应提供原料的粒度筛分报告。此外要提供原料含水分量。以上原料条件，都是精当设计的必备依据。

(4) 装置环保方面的要求条件 建设地尾气排放指标要求，污水处理指标要求等。

(5) 装置产品要求

① 工业硫酸、精制酸品种和硫酸质量要求。

② 矿渣或焙砂的质量要求。

③ 余热蒸汽的等级及利用（如发电、蒸汽拖动、低压蒸汽等要求）。

(6) 建设地电气条件 建设地高低压的电压等级和频率。这些国内一般比较统一和稳定，如果是国外项目则要询问规定和实际波动情况等。

(7) 建设地交通、运输条件

(8) 其他条件和要求

① 业主方对装置提出的特殊要求，如仪表自控、电气、设备、工艺、给排水、消防等方面的配置标准、供货厂家等条件或要求；

② 设计和供货范围；

③ 建设地天然气、压缩空气等辅助设施供应情况；

④ 业主要求的其他方面，如工业上下水、生活用水的来源（河水、自来水、海水、地下水）及水质分析报告。

第二节 做基础设计书（技术协议书）和投标书

基础设计书（基础设计方案）是供项目讨论、投标的最原始资料，也是今后编制可行性研究报告或初步设计说明书及安评、环评报告的基础依据之一。

基础设计书应在基础方案工艺计算前提下或参考同类型运行良好并将缺陷改进后装置的基础上，提供包含如下内容：

① 方案工艺流程图、方案物料平衡图及相关说明；

② 设备规格、材质、数量一览表；

③ 装置环保、经济技术指标和水、电、原料等的消耗；

④ 装置设计和供货范围；

⑤ 装置节能减排和综合能耗方面内容；

⑥ 装置仪表自控、电气方面的内容；

⑦ 装置人员编制和培训方面介绍；

⑧ 装置给排水、消防等方面的介绍；

⑨ 场地占地面积、物料走向等；

投标书：依据基础设计书，增加项目分项和总报价，投标方业绩、相关资质、施工能力介绍以及工期等内容编制工程投标书。

第三节 提交可行性研究报告或初步设计说明书

可行性研究报告或初步设计说明书的编制应遵守国家相关法律、法规的要求。

一、可行性研究报告编制目录内容

（一）总则
（二）编制内容
1.总论
（1）可行性研究的主要结论和建议
（2）产业政策与企业投资战略
（3）项目范围、依托条件、实施计划及人力资源
2.市场分析及预测
（1）市场供需分析及价格预测
（2）产品营销策略研究
（3）主要原材料供应分析及价格预测
（4）辅助材料和燃料的供应分析及价格预测
3.工程技术方案研究
（1）建设规模、总工艺流程与产品方案
（2）工艺技术、设备及自动化
（3）建设地区条件及厂址选择
（4）总图运输及土建
（5）储运系统、厂内外工艺及热力管网
（6）公用工程
（7）辅助生产设施
4.生态环境影响分析
（1）环境保护
（2）劳动安全卫生与消防
（3）能源利用分析及节能措施
（4）水资源利用分析及节水措施
（5）土地利用评价
5.经济分析与社会评价
（1）投资估算
（2）融资方案
（3）财务评价
（4）国民经济评价
（5）社会评价
6.风险与竞争力分析
（1）风险分析
（2）竞争力分析

二、初步设计说明书目录内容

1.总则
2.设计总说明

3.工艺与节能设计
4.装置布置与配管
5.总图运输
6.设备
7.仪表自控
8.电气
9.电信
10.建筑结构
11.暖通空调
12.分析化验
13.给排水及消防
14.供热、供水、工艺及供热外管
15.概算
16.项目设计实施周期

项目可行性研究报告主要偏重于项目的生态环境和经济效益分析方面，而初步设计说明书则偏重于工艺技术和设备选用方案的介绍。

第四节 提交环评、安评等报告相关内容

环评和安评报告由具有专业资质的第三方来完成，工程设计和建设单位有义务提供相关内容的技术资料并积极配合，提供的主要内容以基础设计书为依据，具体内容包括：

1.项目概述
2.项目工艺方案
3.项目设备
4.项目电气、仪表自控介绍
5.项目环境保护、节能介绍
6.项目建筑方面介绍：含建筑面积、建筑防火等级标准等
7.厂区给排水、消防设计
8.装置内有毒有害物质的种类、性质、存量、危害和防护要求
9.建设项目内危险源分析
10.项目硫酸产品的储运设计等
11.装置内余热锅炉的压力容器和管道的等级及其他特种设备如起重机等

第五节 提交工程水、电、气对接条件

项目的水、电、气及辅助材料对接条件应及时以书面形式提供给建设方。

1. 管网对接条件表样式（表 3-1-1）

表 3-1-1　管网对接条件表

提供厂区综合管网管道条件　　共　页　　第　页								
工程名称			工程代号					
序号	介质名称	操作条件		起点位置[附图]（定位尺寸及标高）	止点位置[附图]（定位尺寸及标高）	管径	管材	特殊要求
		温度/℃	压力/MPa					
1	生产一次工艺水给水							
2	消防给水							
3	脱盐水给水							
4	锅炉蒸汽出口管							
5	硫酸建筑物采暖对接管							
6	生活用水							
7	压缩空气							
8	净化排放的污酸量							

注：附平面图（本书略）。

2. 电源

装置总用电负荷：其中需明确高压容量和低压容量分别是多少及配电方案，便于建设方申请用电。另外，若有发电装备，还需明示系统输出电量是多少。

3. 其他

主要是装置开车的物料准备等，如：母酸量、轻柴油或液化气量、各类润滑油量及开车用劳动保护用品等。

第二章

20万吨硫铁矿制酸工艺、设备设计计算

第一节　工艺、设备设计工程师在工程中的位置、作用

化工工艺专业在化工设计各专业中，居主导专业。工艺设计师从装置设计的基础方案开始到项目试车结束，始终处于各专业牵头、协调位置。工艺专业负责整个装置工艺流程的选定，总图布置方案确定，工艺设备、管道、仪表自控等工艺参数的选定等，这对今后装置能否顺利、高效能运行起关键作用。

第二节　各工段主要设备的物料、热量、能力计算

本节以20万吨/年硫铁矿制酸装置为例进行计算。

硫铁矿制酸工艺计算主要分为原料工段、焙烧工段、净化工段、转化工段、干吸工段、尾吸工段等工段的计算，以及系统阻力设定、循环水的计算。

一、原料工段

原料工段根据以往装置运行的经验，在设计时就应引起足够的重视。传统的说法，硫铁矿制酸沸腾炉岗位是龙头，那么原料工段就处于“耍龙人”的位置。

根据原料特点，从原料矿的处理能力、原料处理流程和原料设备的选择、原料矿质量的保证以及原料工段操作劳动强度在设计时都要得到充分考虑。

根据笔者的经验，如每班工作8h，那么原料上料的设计时间不能超过6h，要给操作工预留足够的交接班时间、清扫卫生时间和更换皮带辊、注油等设备小维护的时间。根据原料条件，还要考虑冬季等不利条件下的上料时间，不能发生因为设计上的因素使原料供料量跟不上、上料质量不合格的事故，从而影响沸腾炉等后续工序的正常运行甚至导致工艺操作事故的发生。

1. 原料设计条件

原料平均含硫量：35％

原料平均含水量：6％（入炉条件）

原料平均粒度：70％物料通过200目（一次球磨）

硫铁矿和硫精矿应符合质量标准：HG/T 2786—1996，见表3-2-1、表3-2-2。

表 3-2-1　硫铁矿的质量标准

项目	指标				
	优等品		一等品	合格品	
	优-Ⅰ	优-Ⅱ		合-Ⅰ	合-Ⅱ
有效硫(S)含量/%　≥	38	35	28	25	22
砷(As)含量/%　≤	0.05		0.10	0.15	
氟(F)含量/%　≤	0.05		0.10		
铅锌(Pb+Zn)含量/%　≤	1.0				
碳(C)含量/%　≤	2.0		3.0	5.0	

注：1.各组分含量均以干基计。
2.多金属硫精矿砷、氟的技术指标按合同执行。
3.水分技术指标由供需双方议定。

表 3-2-2　硫精矿的质量标准

项目	指标			
	优等品		一等品	合格品
	优-Ⅰ	优-Ⅱ		
有效硫(S)含量/%　≥	48	45	38	28
砷(As)含量/%　≤	0.05		0.07	0.10
氟(F)含量/%　≤	0.05		0.07	0.10
铅锌(Pb+Zn)含量/%　≤	0.5		1.0	
碳(C)含量/%　≤	1.0		2.0	

注：1.各组分含量均以干基计。
2.多金属硫精矿砷、氟的技术指标按合同执行。
3.水分技术指标由供需双方议定。

2.原料处理能力的选择

本计算以原料矿含硫35%、含水6%计。

制酸装置总硫利用率：97.25%。

其中：烧出率98.83%；净化收率98.5%；总转化率99.92%；吸收率99.98%。

年产20万吨硫酸即25t/h（以100%H_2SO_4计）：

原料每小时上料量（干矿）：$\frac{25\times1000\times32}{98\times0.35\times0.9725}=24t/h$

折含水6%湿矿量：$\frac{24}{1-0.06}=25.53t/h$

每班工作时间8h，上料时间按6h设计，

则原料处理工作量为：$25.53\times\frac{8}{6}=34t/h$

原料设备如皮带机、振动筛等的处理量按34t/h设计选择。

3.原料处理流程的选择

原料处理流程的选择要根据装置能力、使用的主要产地原料的物化特性（如原料粒度、原料含水量、原料硬度）等选择合适的流程。如果原料含水大于8%，则要考虑原料干燥系统。

入沸腾炉的矿料，目前看来宜使用粉矿，即100～400目的粉矿。不宜使用4mm×4mm或更粗的块矿焙烧。原因之一是粉矿粒度细，脱硫速度快，脱硫较完全；其二是有利于焙烧后矿渣（灰）的综合利用，如矿渣（灰）可经过浮选或磁选富集铁含量作为炼铁原料或供水泥厂作为水泥添加剂使用，都要求残硫不能高、粒度不能大。

（1）选用的原料工段流程：见图3-2-1。

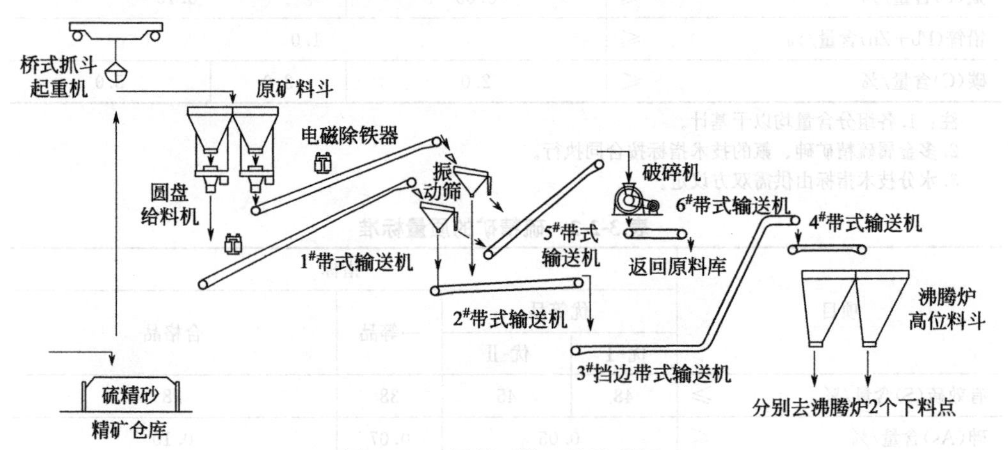

图3-2-1 原料工段工艺流程图

（2）原料上料流程选择说明

① 如果原料已经过破碎，且原料矿中所含杂质较少，主要是原料矿堆放时形成的球团和运输中混入的石头等少部分杂质，原料矿中绝大部分是合格矿，这时可将破碎机布置在振动筛之后，破碎机只破碎振动筛的筛上物，这样破碎机的处理量较小，节省用电和减少维修量。相反，如果原料中杂质含量相对较多，则将破碎机放置在振动筛前面，破碎机处理量虽较大，电耗会相应增加，但经过破碎后的原料再进振动筛，振动筛的筛上物较少，减轻了振动筛的负荷。

② 本计算中20万吨制酸规模较大，要根据原料特性和当地气候条件，选用2套或2套以上的上料路线并联使用较妥。2台振动筛，原料条件好时，一开一备。原料条件不好时，比如冬季，上料困难，则2台振动筛可全开，保证上料量。桥式抓斗起重机一般配两台。

30万吨以上的制酸装置，还要酌情增加上料路线。

③ 根据使用经验，原料含水量在8%以下时，一般还可以直接上料使用。如果原料含水量在8%以上，则需要视情况增加设置原料干燥系统。入炉矿水分含量过高，原料黏度大，除造成上料困难，炉子下料区易堆积外，同时焙烧后，炉气中水分含量增高，炉气露点温度升高易腐蚀设备，也增加了净化工段负荷。而过分降低原料中水分含量，除会增加干燥费用，还会使原料工段粉尘增大，影响工作环境。根据经验，原料含水量控制在6%左右较合适。

原料含水量在10%左右时，最好采用自然干燥方法，利用抓斗起重机或铲车倒矿、晾干，北方地区效果更佳，这样可以节省一定费用。如原料含水量更高，原料的干燥可以使用蒸汽、燃煤、天然气等，利用回转干燥窑脱水干燥。有的厂使用热矿渣掺拌，降低入炉矿水分。目前新建硫酸装置规模较大，一般都采购专业干燥厂家的设备，如桨式干燥机或盘式连续干燥机等，使用余热蒸汽干燥原料，操作管理相对简单。

原料干燥的尾气要设置尾气处理，防止厂区粉尘污染。同时原料工段要就近独立设置干燥系统和区域，干燥好的原料矿放入矿仓待用区。

4. 原料矿库的设计

原料矿仓的储矿量一般要满足15天的使用量。

矿仓堆料量的计算：

$$G=FL\rho\phi$$

式中　G——堆料量，t；

F——堆料横断面积，m^2；

L——堆料平均长度，m；

ρ——物料堆积密度，t/m^3；

ϕ——堆充系数，一般取0.75～0.9。

本计算20万吨/年硫铁矿制酸原料库尺寸为24m×72m。

原料库的设计一般分封闭式和半封闭式，南方地区可采用半封闭式设计，除能防雨外，半封闭式料库便于通风。北方地区宜采用封闭式设计，原料矿库内要设置采暖和通风设施。此外，原料库内除了设置消防设施外，还要设置若干洒水管，在原料水分含量很低或温度较高时，洒水降温除尘，特别是使用磁硫铁矿和硫黄时，防止原料自燃。

5. 原料破碎和输送设备

原料破碎一般按粗破—中破—细破过程，选择设置一个完整的破碎流程来完成。粗破一般通过颚式破碎机、反击式破碎机完成，中破通过圆锥式破碎机、辊式破碎机等设备等来完成。细破也是破碎最后一道工序，硫铁矿主要通过球磨机或风扫磨机来完成，以达到要求的原料粒度。这些破碎设备都属于定型设备，一般来说，只要提出设计订货条件，由专业的厂家供应。

这里要说明的是进入原料矿库中的原料至沸腾炉高位料斗这一过程的原料处理。原料工段上料经常“卡脖子”的地方，主要是原料料斗下部至料斗出口处，矿料筛分过程和破碎机入口处等易堵塞。

原料料斗出料口处有时会因为原料内含杂物或原料水分大，粘接料斗内壁，造成出口处出料困难，要经常疏通和敲打，影响了连续上料均匀性并增加了劳动强度。矿料筛分（振动筛处）会因为原料粒度粗的部分占比较大或因原料水分大等原因，振动筛筛不下来矿，造成原料供应不及时。破碎机则是因为破碎处理量大或磨损而影响入料口堵塞。这三个部位尤以振动筛故障影响上料最为严重。

选择合适的原料处理设备和合理的流程才能保证上料通畅和原料质量。

原料料斗的设计在出料口方向一侧斗壁应与地面“水平”垂直，料斗落料区设计要长一些，尽量宽一些，这样可以有效防止料斗积料，设置圆盘给料机的料斗，料斗收口的角度与垂直方向要尽量小。

原料上料故障最严重的矿料筛分部位，除了设计上增加上料路线外即增加振动筛台数外，筛分设备型式的选择也很重要。

硫铁矿料筛分一般可选择的设备有振动筛和滚筒筛，滚筒筛处理较干的矿料尚可，水分含量大一些就显得不适应，一般经验还是选用振动筛合适。

振动筛普遍采用 SZZ 自定中心振动筛，振动筛的处理能力 Q(t/h) 计算：

$$Q=F_1\times r\times q\times K\times L\times M\times N\times O\times P$$

式中 F_1——振动筛有效筛分面积，(0.7～0.9)F（F 为振动筛长×宽）；

r——矿粉堆比重，t/m^3；

q——单位面积生产能力，m^3/m^2·h；

K、L、M、N、O、P——校正系数。

单位筛面生产能力 q 和校正系数如表 3-2-3、表 3-2-4 所示。

表 3-2-3 单位筛面生产能力 q

筛孔尺寸/mm	2	3.15	5	8	10
q/[m^3/(m^2·h)]	5.5	7	11	17	19

表 3-2-4 影响筛分能力的各种校正系数

系数	考虑的因素	筛分条件及各种校正系数值										
K	细粒的影响	给料中粒度<1/2 筛孔的分量/%	0	10	20	30	40	50	60	70	80	90
		K 值	0.2	0.4	0.6	0.8	1.0	1.2	1.4	1.6	1.8	2.0
L	粗粒的影响	给料中粒度>筛孔的分量/%	10	20	25	30	40	50	60	70	80	90
		L 值	0.94	0.97	1.00	1.03	1.09	1.18	1.32	1.55	2.00	3.36
M	筛分效率	筛分效率/%	40	50	60	70	80	90	92	94	96	98
		M 值	2.3	2.1	1.9	1.6	1.3	1.0	0.9	0.8	0.6	0.4
N	颗粒和物料形状	颗粒形状	各种破碎后的物料					圆形颗粒			煤	
		N 值	1.0					1.25			1.5	
O	湿度的影响	物料的湿度	筛孔<25mm					筛孔>25mm				
			干的	湿的		成团		视湿度而定				
		O 值	1.0	0.75～0.85		0.2～0.6		0.9～1.0				
P	筛分的方法	筛分方法	筛孔<25mm					筛孔>25mm				
			干的		湿的			任何				
		P 值	1.0		1.25～1.4			1.0				

处理 50t/h 矿时，选用 SZZ1（长×宽：900mm×1800mm），处理 150t/h 时，选用 SZZ1（长×宽：1250mm×2500mm），处理 240t/h 时，选用 SZZ1（长×宽：1500mm×3000mm）。这只是理论数据，实际选择时要增大一个型号。振动筛的筛网比如筛分粉矿时，按理论要求要选择 3mm×3mm 的筛网，但水分大时，很容易筛不下来矿，这时可适当增加筛孔尺寸，可以选择 6mm×6mm、8mm×8mm 的筛网或更高，只要筛下物料合格即可。筛网材质有金属筛网，另外还有尼龙和聚氨酯等材料的筛网。

除此之外，为了提高和保证振动筛处理效率，可以在振动筛上部再加装一层粗钢筋大网孔筛网，进行振动给料，以提高振动筛效率。

原料矿库内原料的破碎主要是处理原料运输过程混入的杂质、堆放结块等，可选用的设备有鼠笼松散机、锤式破碎机、链式破碎机等。鼠笼松散机和链式破碎机适宜处理粉矿结团比较松散的矿，锤式破碎机适应处理坚硬的矿。

这里只是简单的介绍，实际的设备和原料处理流程应根据原料特点有针对性地选择。

二、焙烧工段

1. 焙烧工段设计

(1) 入炉矿原料条件

含硫量：35%。

含水量：6%。

原料平均粒度：200 目。

原料中硫主要以 FeS_2 形式存在。

(2) 规模：20 万吨/年 100%工业硫酸。

日产硫酸：25t/h（100% H_2SO_4 计），折 255.10kmol/h。

年作业时间：8000h。

(3) 根据装置需求和原料特性，设计选择的工艺技术指标：

烧出率：98.83%。

净化收率：98.5%（含无名损失）。

转化率：99.92%。

吸收率：99.98%。

总硫利用率 $\eta_{总}=97.25\%$。

(4) 建设地气象条件

建设地大气压：100kPa。

建设地最高气温：32℃。

大气相对湿度：最高 80%。

(5) 根据经验，矿渣∶矿灰=3∶7，矿渣平均残留≤0.5%（根据需求和经验设定）。

(6) 焙烧工段选择的工艺流程见图 3-2-2。

2. 沸腾炉的工艺物料衡算

(1) 投矿量（夹角 60°的两个加料口投料之和）

吨酸投矿量：$\dfrac{32/98}{\eta_{总}\cdot C_{S实}}=\dfrac{32/98}{0.9725\times0.35}=0.9594\text{t 干矿/t 酸}$

小时投干矿：$0.9594\times25\approx24\text{t 干矿/h}$

则小时投实物硫精砂（含水 6%）：$\dfrac{24}{1-0.06}=25.53\text{t/h}$

(2) 灰渣产量 为简化计算，硫铁矿以氧化焙烧计算：

$$4FeS_2+11O_2 \xlongequal{} 2Fe_2O_3+8SO_2+3413\text{kJ}$$

矿渣（灰）产率：$y=\dfrac{160-C_{S实}}{160-C_{S渣}}=\dfrac{160-35}{160-0.5}=0.784$

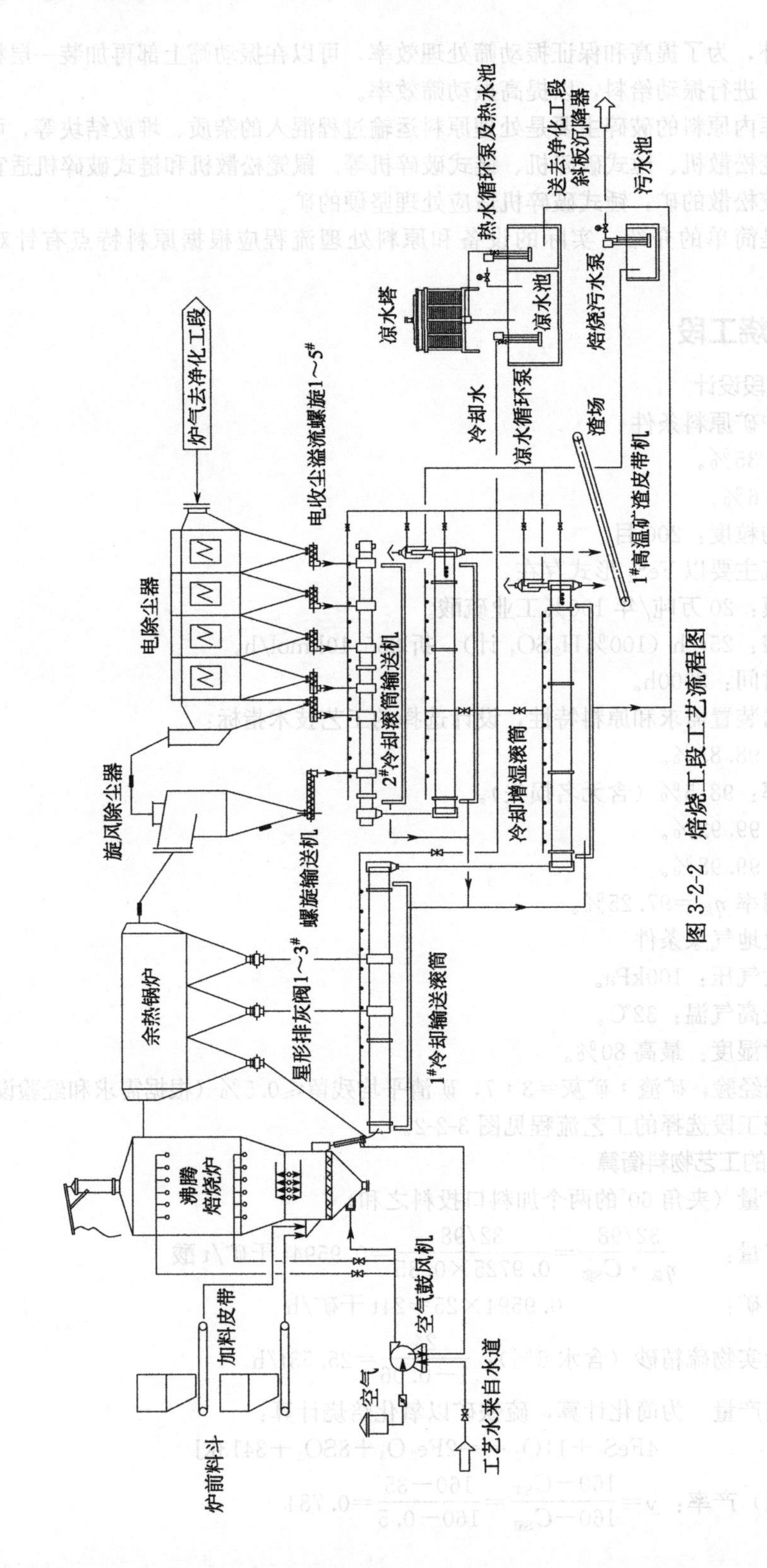

图 3-2-2 焙烧工段工艺流程图

则矿渣（灰）总产量：24×0.784=18.816t/h

其中沸腾炉排出矿渣量：18.816×0.3=5.65t/h

沸腾炉出口炉气带走矿灰量：18.816×0.7=13.17t/h

理论计算硫铁矿烧出率：$\eta_{烧出率}=\frac{C_{S实}-yC_{S渣}}{C_{S实}}=\frac{35-0.784\times 0.5}{35}=0.988$

以上式中，$C_{S实}$为实物矿的含硫量,%（质量分数）；$C_{S渣}$为矿渣的含硫量,%（质量分数）。

硫铁矿在实际焙烧中，即使采用氧化焙烧，生成矿渣 Fe 的氧化物中 Fe_2O_3 只占75%左右，剩余25%生成的是 Fe_3O_4，基本不会全部生成 Fe_2O_3。这在计算中可以根据空气的过氧程度或缺氧程度情况个别考虑。但对焙烧设计影响不大，实际生产中，沸腾炉操作可以在氧化焙烧和弱氧化焙烧转换，通过控制炉底风量、二次风和投矿量等手段而采用不同的焙烧方式。

而在采用弱氧化焙烧时（目前很多硫铁矿焙烧特别是含硫高于40%的矿基本都采用弱氧化焙烧，目的是使生成矿渣铁含量达到60%以上，可直接作为炼铁材料，提高矿渣利用率），矿渣中生成 Fe_3O_4 的量可达到80%以上。

（3）沸腾炉出口炉气量及成分　沸腾炉出口气体成分，主要是 SO_2、SO_3、O_2 等，含碳硫铁矿以及原料中含有的碳酸盐等耗氧杂质的焙烧还要考虑 CO、CO_2 等的影响，其余为 N_2。

一般通过控制炉出口炉气中剩余 O_2 含量的手段，来控制需要的焙烧方式和出口炉气中的 SO_2 浓度，为后续制酸创造条件。

炉出口气体中 SO_2 浓度和 O_2 有如下关联式：

$$C_{O_2}=21-KC_{SO_2}$$

如果考虑生成 SO_3 和 CO_2 的影响，则关联式修正为如下：

$$C_{O_2}=21-K(C_{SO_2}+C_{SO_3})-0.5\times 0.79C_{SO_3}-C_{CO_2}$$

式中　C——不同成分的气体浓度,%（体积分数）；

21——空气中 O_2 浓度（若采用富氧焙烧应按富氧成分计算）；

K——空气焙烧中，反应消耗 O_2 系数。

上式中 C_{CO_2} 按下式求得：

$$C_{CO_2}=\left(\frac{2.67G_C+0.57G_{CaO}+0.8G_{MgO}}{\eta_S p-0.57G_{CaO}-0.8G_{MgO}}\right)(C_{SO_2}+C_{SO_3})$$

式中　G_C——含碳量,%（质量分数）；

G_{CaO}——矿中碳酸盐型的 CaO 含量,%（质量分数）；

G_{MgO}——矿中碳酸盐型的 MgO 含量,%（质量分数）；

η_S——硫的烧出率,%；

p——原料矿有效硫含硫量,%（质量分数）。

C_{SO_3} 则按沸腾炉出口炉气中 SO_2、SO_3 的实测数据按数理统计回归公式求出：

$$C_{SO_3}=2.86276-0.34453C_{SO_2}+0.01046C_{SO_3}$$

根据一般经验，硫铁矿的焙烧温度在850～950℃，沸腾炉出口的操作条件是：

SO_2　　12.5%～13.5%（入炉矿含硫量降低，则焙烧出口炉气 SO_2 含量会相应降低）

SO_3　　0.15%～0.1%

炉气中剩余 O_2 则可由关联式求出。

沸腾炉出口炉气量（m^3[1]/t 干矿）则由下式求出：

$$V=684\eta_s G_s/(C_{SO_2}+C_{SO_3})$$

如果原料矿成分复杂，特别是焙烧有色矿，则需要根据原矿中所有参加反应的成分（如硫、金属、碳酸盐等）的焙烧反应式，分别计算出反应的总耗氧量和反应生成物，以此计算出沸腾炉出口炉气的成分和炉气量。

（1）本计算沸腾炉出口的炉气量

$$SO_2+SO_3 \text{ 的量：} \frac{25000}{98}\times\frac{1}{\eta_{净}\cdot\eta_{转}\cdot\eta_{吸}}=259.25\text{kmol/h(干基)}$$

出口干炉气量：259.25/(0.13+0.0014)=1972.98kmol/h

沸腾炉出口气体成分组成：SO_2 13%；SO_3 0.14%；O_2 2.9%；N_2 83.96%。

或 SO_2：1972.98×13%=256.49kmol/h

SO_3：1972.98×0.14%=2.76kmol/h

O_2：1972.98×2.9%=57.22kmol/h

N_2：1972.98×83.96%=1656.51kmol/h

折炉气量：1972.98×22.4=44194.75m^3/h(干基)

（2）空气量：N_2 量 1656.51kmol/h

则入炉总 O_2 量：$1656.51\times\frac{21}{79}=440.34$kmol/h

入炉空气量：440.34+1656.51=2096.85kmol/h=46969.44m^3/h（干基，含 20%左右的二次风、三次风量）

入炉干空气带水量：2096.85kmol/h×24.618×29=1496.99kg/h=83.17kmol/h

式中，24.618 为大气压 100kPa、气温 32℃、相对湿度 80%条件下的空气湿含量，g/kg 干空气；29 为空气的摩尔质量，g/mol。

则入炉空气量（湿基）：(2096.85+83.17)×22.4=48832.45m^3/h(标况)=55276.54m^3/h(工况条件:32℃,100kPa)≈921.28m^3/min

（3）沸腾炉出口炉气带水量

炉底空气带入水量：83.17kmol/h

入炉原料矿带入水量：25.53×6%=1531.80kg/h=85.10kmol/h

沸腾炉出口炉气中含水量：85.10+83.17=168.27kmol/h=3769.25m^3/h=3028.86kg/h

（4）炉出口炉气量和气体成分

湿气总量：44194.75m^3/h(干基)+3769.25m^3/h=47964.00m^3/h=2141.25kmol/h

炉出口气体成分见表 3-2-5。沸腾炉炉气出口温度 880℃。

表 3-2-5 沸腾炉出口气体成分表

项目	SO_2	SO_3	O_2	N_2	H_2O	合计
含量/(kmol/h)	256.49	2.76	57.22	1656.51	168.27	2141.25

[1] 本节的计算中，未注明工况的气体体积均为标准状态下的气体体积。

续表

项目	SO_2	SO_3	O_2	N_2	H_2O	合计
含量/(m^3/h)	5745.38	61.82	1281.73	37105.82	3769.25	47964.00
含量(体积分数)/%	11.98	0.129	2.687	77.36	7.86	100

3. 沸腾炉的热量衡算

设定沸腾炉炉膛温度为880℃，沸腾炉炉气出口温度为880℃。

(1) 带入炉内热量

① 入炉矿带入热量：24000×32×0.54=414720.00kJ/h

式中，0.54为0～32℃时硫铁矿平均热容，kJ/(kg·K)。

② 入炉矿水分带入热

$$1531.80\times32\times4.18=204893.57\text{kJ/h}$$

③ 干空气带入热

$$2096.85\times28.66\times32=1923063.07\text{kJ/h}$$

式中，28.66为0～32℃时空气平均热容，J/(mol·K)。

④ 空气中水分带入显热

$$83.17\times32\times32.66=86922.63\text{kJ/h}$$

式中，32.66为0～32℃时气态水的平均热容，J/(mol·K)。

⑤ 空气中水分带入的潜热

$$83.17\times18\times2260=3383355.60\text{kJ/h}$$

式中，18为水的摩尔质量，g/mol；2260为一个大气压下水的汽化潜热，kJ/kg。

⑥ 原料矿反应热

$$24000\times0.35\times0.988\times3413\times10^3/(32\times8)=110645193.80\text{kJ/h}$$

式中，3413为硫铁矿燃烧热值，kJ/mol。

⑦ $SO_2 \longrightarrow SO_3$ 的反应热

$$2.76\times1532\times64=270612.50\text{kJ/h}$$

式中，1532为每千克纯SO_2燃烧放出的热量，kJ/kg；64为SO_2的摩尔质量，g/mol。

则以上入炉原料带入总热量合计：

$$414720\text{kJ/h}+204893.57\text{kJ/h}+1923063.07\text{kJ/h}+86922.63\text{kJ/h}+3383355.60\text{kJ/h}+110645193.8\text{kJ/h}+270612.50\text{kJ/h}=116928761.20\text{kJ/h}$$

(2) 沸腾炉带出热量

① 炉气带出热量

SO_2：256.49×49.67=12739.86kJ/(h·℃)

SO_3：2.76×72.72=200.7kJ/(h·℃)

O_2：57.22×32.59=1864.80kJ/(h·℃)

N_2：1656.51×30.97=51302.11kJ/(h·℃)

H_2O：168.27×37.82=6363.97kJ/(h·℃)

式中，49.67、72.72、32.59、30.97、37.82分别为0～880℃SO_2、SO_3、O_2、N_2、H_2O气体的比热容，J/mol·K。

炉气带出总显热量：

(12739.86+200.70+1864.80+51302.11+6363.97)×880=63774867.20kJ/h

② 矿渣带出热：5.65×103×0.96×880=4773120.00kJ/h

式中，0.96 为矿尘（渣）的比热容，kJ/(kg·K)，下同。

③ 矿尘带出热：13.17×103×0.96×880℃=11126016.00kJ/h

④ 炉气中水分带出潜热：168.27×18×2260=6845223.60kJ/h

式中，2260 为水的蒸发热，kJ/kg。

⑤ 沸腾炉的散热损失（按 3%计）：116928761.20kJ/h×3%=3507862.84kJ/h

以上合计带出热：

63774867.20kJ/h+4773120.00kJ/h+11126016.00kJ/h+6845223.60kJ/h+3507862.84kJ/h=90027089.64kJ/h

则沸腾炉冷却设备移出热：

116928761.20kJ/h−90027089.64kJ/h=26901671.56kJ/h

4. 沸腾炉工艺参数的选定

(1) 沸腾炉炉床面积

前面计算入炉空气量（湿基）：48832.45m^3/h。

沸腾炉出口气量：47964.00m^3/h。

以上平均气量：48398.23m^3/h。

减去 10%的二次风量：4839.82m^3/h。

沸腾床平均气量：

$$43558.41m^3/h=43558.41\times\frac{273+880}{273}=51.10m^3/s(\text{工况})$$

根据经验设定炉床操作气速：1.1m/s。

则炉床面积：51.10m^3/s÷1.1m/s=46.45m^2。

核算焙烧强度：12.40t/(m^2·d)，属于合适范围内。

沸腾炉炉床面积大小的确定，对沸腾炉能否稳定运行起很大作用。炉床面积小，炉床操作气速高，有利于沸腾炉的稳定操作，但选择气速偏高，沸腾层波动大，沸腾炉矿尘量增大，炉气带尘量增多，矿尘在炉膛顶部和炉出口管道甚至进入余热锅炉内燃烧，造成炉出口温度过高烧结，堵塞管道和设备，并增加后续设备的运行负荷。如果选择气速偏低，炉床面积大，沸腾炉内物料流态化状态不好，容易结疤。炉床操作气速和炉床面积要根据原料物理、化学特性等因素综合考虑。

总体来讲，沸腾炉的操作气速应大于物料的起始流态化速度，小于物料的吹出速度$\omega_{吹}$。一般床层气速选择(0.4～0.8)$\omega_{吹}$为宜。老的沸腾炉设计不但要计算出物料的起始流态化速度和吹出速度，还要对物料进行试烧实验。因为沸腾炉的操作弹性较大，目前的设计主要参考以前的设计经验，在刘少武等编著的《硫酸工作手册》和《硫酸工艺设备计算和选定》中有较详细的介绍，这里不再赘述。

如果矿料超细，70%通过 350 目筛，即可采用悬浮焙烧法，不需维持沸腾层，100%吹起焙烧，灰残硫≤0.3%，炉气含 SO_3 0.03%左右，焙烧速度快，需炉子容积小。该法由炉子操作工创造，是重大操作技术贡献。

(2) 炉膛容积　沸腾炉内由炉气出沸腾床后在沸腾炉内停留时间决定，一般焙烧

FeS_2，炉气停留时间11～13s，若焙烧磁硫铁矿等脱硫困难的矿，炉气停留时间可以在15～18s或18s以上，而焙烧锌精矿或铜精矿等有色炉，炉气停留时间可达22～25s。

本计算中沸腾炉气量(含二次风量)$=48398.23\times\frac{(273+880)}{273}=56.78m^3/s$

若取停留时间12s，则炉膛容积（有效部分）：$682m^3$。

注： 炉膛容积指沸腾层溢流口以上至炉气出口中心线的容积，如果炉气出口在炉顶，则是至炉顶的容积；如果炉气出口在沸腾炉侧面，则是至侧面出口中心线处的容积。它包括圆锥段、扩大段容积之和。

扩大段气体的操作气速一般选沸腾炉炉床操作气速的一半左右（0.5～1.0m/s），本设计选择0.65m/s（有色冶炼炉一般在0.4～0.6m/s）。

则沸腾炉扩大段直径：$\sqrt[2]{56.78/(0.785\times0.65)}\approx10.6m$

(3) 沸腾炉总高度　沸腾炉总高度由气室高度、炉床高度、圆锥体高度和扩大段高度组成。

气室高度：气室主要使空气形成一个相对稳定静压区，使进入沸腾层的空气分布均匀，但现在沸腾炉风帽小孔气速设计选定值越来越高，可以达到60～80m/s，这样风帽的压力降增加，可以使空气很容易达到均布，所有目前气室的设计主要取决于结构专业。

炉床高度：沸腾层高度和沸腾层至圆锥段的高度。风帽顶至溢流口高度一般为1000～1300mm，溢流口至圆锥段高度一般为800～1200mm。

圆锥段高度：取决于与水平夹角，一般选30°左右。

扩大段高度：由剩余炉气停留时间确定。

(4) 风帽　风帽小孔一般6～12个，孔径$\phi4$～6mm，风帽小孔气速50～70m/s（有色炉一般为35～45m/s）。风帽间距80～100mm，呈正三角形排列。

一般风帽小孔选$\phi5$～8mm，入炉空气量$55276.54m^3/h\times0.9$（减去10%的二次风量）$=13.82m^3/s$，风帽小孔气速选定60m/s，每个风帽小孔数选6个，每个小孔直径5mm，则炉床风帽个数：

$$n=13.82\div0.005^2\div0.785\div60\div6=1956\text{个}$$

(5) 炉底压力降及炉底风机的选定　炉底压力主要由沸腾层物料的阻力降、风帽阻力降、进气管道阻力降和风室阻力降组成。

沸腾层的阻力降（Pa）由下式计算：

$$\Delta P_{沸}=9.81\times l_{静}\times\rho_{粒}$$

式中　$\rho_{粒}$——固定层物料真密度，kg/m^3；

$l_{静}$——沸腾层固定层高度，m。

根据经验，风帽阻力降和管道、风室阻力降一般为沸腾层阻力降的1.1～1.15倍。则炉底压力$=1.15\Delta P_{沸}$。

炉底压力可以由溢流口高度来确定。一般来说，炉底压力控制在900～1600mmH_2O（$1mmH_2O=9.8Pa$）。溢流口越高，则炉底压力会越高，如果焙烧细矿，脱硫相对容易，则炉底压力可以控制得低些，如果原料粒度较大或原料脱硫速度慢（如使用磁硫铁矿或有色矿），为保证脱硫效率，炉底压力要控制得高一些。同时炉底压力高，沸腾炉操作控制会稳定些。

而炉底风机压头的选择一般要远高于炉底压力，原因是炉底风机还要考虑冷态条件铺料和沸腾炉操作中塌灰等现象发生时使用。根据经验，沸腾炉炉底风机压头选择在2200～2500mmH_2O，风量一般根据实际风量再预留10%～15%富余系数。本计算风机订货参数：$Q=1000m^3/min$（富余系数1.09），压头2200mmH_2O。

（6）沸腾炉内冷却　前面已经计算出炉内移除热量值，应与沸腾炉出口回收热量一起交由专业锅炉厂家订货。若沸腾炉内冷却方式采用冷却水

冷却面积：$F=Q/K\Delta t$

冷却水进口水温$t_1=20℃$，出口水温$t_2=45℃$，炉内温度$T=880℃$。

$$\Delta t=\frac{t_2-t_1}{\ln\frac{T-t_1}{T-t_2}}=\frac{45-20}{\ln\frac{880-20}{880-45}}=847.4℃$$

K值选取290W/(m²·K)。

则冷却面积：$F=\frac{26901671.56}{3.6\times290\times847.4}\approx30m^2$

冷却水量：$\omega=\frac{26901671.56}{4.18\times(45-20)}\approx260m^3/h$

5. 余热锅炉

（1）根据沸腾炉物料计算结果，余热锅炉进气条件见表3-2-6（沸腾炉出口炉气条件），温度880℃。

表3-2-6　余热锅炉进气条件

项目	SO_2	SO_3	O_2	N_2	H_2O	合计
气体量/(kmol/h)	256.49	2.76	57.22	1656.51	168.27	2141.25

炉气出口温度360℃，余热锅炉漏气率3%。

漏入干空气：2141.25×3%=64.24kmol/h，其中O_2 13.49kmol/h，N_2 50.75kmol/h。

另外漏入空气中含水分：64.24×29×24.618/18=2.55kmol/h

式中　29——空气摩尔质量，g/mol；

24.618——32℃空气湿含量，g/kg干空气。

则余热锅炉出口气体成分见表3-2-7。

表3-2-7　余热锅炉出口气体成分

项目	SO_2	SO_3	O_2	N_2	H_2O	合计
气体量/(kmol/h)	256.49	2.76	70.71	1707.26	170.82	2208.04

（2）余热锅炉热量计算锅炉带入热量（包含炉气带入显热＋矿尘带入热漏入空气带入热忽略不计）：

$$63774867.20+11126016.00=74900883.20kJ/h$$

（3）锅炉带出热量

① 炉气带出显热

SO_2：256.49×45.19=11590.78kJ/(h·℃)

SO_3：2.76×61.63=170.09kJ/(h·℃)

O_2：70.71×30.73=2172.92kJ/(h·℃)

N_2：1707.26×29.52=50398.32kJ/(h·℃)

H_2O：170.82×34.83=5949.66kJ/(h·℃)（进出口水分潜热均忽略）

合计：70281.77kJ/(h·℃)。

则炉气带出显热：70281.77×360=25301437.20kJ/h

② 矿尘带走热（余热锅炉除下的尘和炉气带走的尘同为360℃）：

$$13170\times0.96\times360=4551552.00\text{kJ/h}$$

式中　0.96——矿尘比热容，kJ/(kg·℃)。

③ 余热锅炉炉气回收的热量和蒸汽产量：

74900883.20−(4551552.00+25301437.20)=45047894.00kJ/h

此外加上沸腾炉内需冷却回收的热量26901671.56kJ/h。

以上热量之和（71949565.56kJ/h）即为余热锅炉在焙烧工段所要回收的热量，再加上转化（见转化工段）Ⅲ换热器SO_3出口炉气回收的热量7165586.70kJ/h，余热锅炉回收总热量：

$$7165586.70+6254256.53=79115152.26\text{kJ/h}$$

余热锅炉生产3.82MPa、450℃过热蒸汽约为（过热蒸汽焓为3329kJ/kg，锅炉给水温度106℃，给水焓为440kJ/kg，锅炉排污为450℃饱和蒸汽，焓值为2800kJ/kg）：

$$D=\frac{Q_g+Q_f}{(i_{gq}-i_{gs})+p(i_{ps}-i_{gs})}$$

式中　D——锅炉蒸发量，kg/h；

Q_g——锅炉本体换热量，kJ/h；

Q_f——沸腾炉换热量，kJ/h；

i_{gq}——锅炉出口过热蒸汽焓，kJ/kg；

i_{gs}——锅炉给水焓，kJ/kg；

p——排污率，一般取0.05；

i_{ps}——锅炉排污水焓，kJ/kg。

则
$$D=\frac{79115152.26}{(3329-440)+0.05\times(2800-440)}\approx26.0\text{t/h}$$

折产过热蒸汽1.05t/t酸。折饱和蒸汽约1.25t/吨酸（或不考虑转化回收热，而考虑矿渣回收热，其数值与此基本相等）。

这里要说明的是，入炉矿含硫量越高，则锅炉生产蒸汽量越大，反之要小一些。硫铁矿制酸此处的炉气露点温度在200～250℃左右，余热锅炉的蒸汽温度要尽量高于炉气露点温度，这样可减少局部露点腐蚀，延长锅炉使用寿命。目前较多采用的是3.82MPa、450℃过热蒸汽的锅炉，应当采用更高压力的锅炉，可多产蒸汽，运行更经济，但这要考虑一次投资的增加。

6. 旋风除尘器

设定旋风除尘器出口温度350℃，旋风除尘器漏气率3%。

则旋风除尘器漏入干空气量：2208.04×3%=66.24kmol/h，其中O_2 13.91kmol/h，

N_2 52.33kmol/h。

另外漏入空气水分含量：66.24×29×24.618/18＝2.63kmol/h

式中 29——空气摩尔质量，g/mol；

24.618——32℃空气湿含量，g/kg 干空气。

则旋风除尘器出口炉气成分及炉气量见表 3-2-8。

表 3-2-8 旋风除尘器出口炉气成分及炉气量

项目	SO_2	SO_3	O_2	N_2	H_2O	合计
炉气量/(kmol/h)	256.49	2.76	84.62	1760.77	173.45	2278.09

旋风除尘器进口工况气量：

$$2208.04\times22.4\times\frac{273+360}{273}\times\frac{101.32}{100-0.7}=32.50\text{m}^3/\text{h}$$

式中，0.7 为旋风除尘器进口操作负压，kPa。

为保证除尘器旋风除尘效率，旋风采用 2 台并联。旋风直径：

$$D=\sqrt{\frac{32.50/2}{0.785\times4.2}}=2.2\text{m}$$

式中，4.2 为旋风除尘器筒体假想截面气速，m/s（一般为 3.5～4.5m/s）。

7. 电除尘器

设定电除尘器出口温度 320℃，电尘漏气率 3%。

则旋风漏入干空气量：2278.09×3%＝68.34kmol/h，其中 O_2 14.35kmol/h，N_2 53.99kmol/h。

另外漏入空气水分含量：68.34×29×24.618/18＝2.71kmol/h

式中 29——空气摩尔质量，g/mol；

24.618——32℃空气湿含量 g/kg 干空气。

则电除尘器出口炉气成分及炉气量见表 3-2-9。

表 3-2-9 电除尘器出口炉气成分及炉气量

项目	SO_2	SO_3	O_2	N_2	H_2O	合计
炉气量/(kmol/h)	256.49	2.76	98.97	1814.76	176.16	2349.14

电除尘器进口工况气量：

$$2278.09\times22.4\times\frac{273+340}{273}\times\frac{101.32}{100-1.8}=32.84\text{m}^3/\text{h}$$

式中，1.8 为电除尘器进口操作负压，kPa。

设电除尘器操作气速 0.6m/s。

则电除尘器截面积 F＝32.84/0.6＝54.73m²。

对于硫铁矿制酸的电除尘器，现状一般都选择使用 3 电场，但根据目前的使用情况，很多电除尘器都是带病运行，许多时候都只有 2 个电场运行。为保证净化除尘指标，对于 20 万吨以上的制酸装置建议选择 4 电场，这对于后续净化指标的保证、提高装置运行周期很有好处。

8. 焙烧工段排灰（渣）

前面计算的沸腾炉出口炉气带走矿尘量为 13170kg/h，即炉气中含矿尘 13170/47964.00≈275g/m³。（根据实测沸腾炉出口炉气含尘约在 250～400g/m³）

按流程顺序，炉气依次经过余热锅炉、旋风除尘器、电除尘器设备等的降温、除尘。

（1）余热锅炉属于重力除尘，除尘效率约为 30%，因此余热锅炉除尘量：13170×30%＝3951kg/h。

（2）进入旋风除尘器的矿尘量：13170－3951＝9219kg/h。

即炉气中含尘：9219/(2208.04×22.4)＝186.39g/m³。

设定旋风除尘器的除尘效率 80%，则旋风除下来的矿尘量为：80%×9219＝7375.2kg/h。

（3）进电除尘器炉气含尘：9219－7375.2＝1843.8kg/h。即 1843.80/(2278.09×22.4)＝36.13g/m³（一般电除尘器厂家进口炉气含尘小于 60kg/m³），且炉气不产生升华硫，防止电晕闭塞。

电除尘器的除尘效率：99.99%。

则电除尘器除下来的矿尘产量：1843.80×99.99%＝1843.61kg/h。

电除尘器出口炉气也即进入湿法净化工段的炉气矿尘指标为 0.1g/m³，实际控制在 0.2g/m³。

（4）关于矿渣（灰）余热回收量或冷却水量　根据计算，沸腾炉排出矿渣量为 5650kg/h，温度约 850℃，余热锅炉和旋风除尘器除尘量为 3951＋7375.2＝11326kg/h，温度以 350℃计。

如果矿渣温度回收至 200℃，则回收热量：

$$5650\times0.96\times(850-200)+11326\times0.96\times(350-200)=5156544\text{kJ/h}$$

折 0.8MPa、170℃饱和蒸汽约 1.85t/h。也就是每吨酸多回收约 80kg 蒸汽。

如果不设矿渣余热回收装置，矿渣需要冷却到 80℃，则需要冷却水量（32→40℃）：

$$5650\times0.96\times(850-80)+(11326+1843.61)\times0.96\times(350-80)=7589884.8\text{kJ/h}$$

式中，1843.61 是电除尘器除下来的尘量，kg/h。

冷却循环水量约：7589884.8kJ/h/(4.18×8℃)＝227m³/h。这还需要另配凉水塔、冷却循环水泵和循环水池。

回收沸腾炉排出的高温矿渣热量，可以在沸腾炉内靠近排渣口位置设置一个高风速“后室”由炉底风机单独供风，吹动矿渣沸腾，达到加热空气的目的，加热后的空气与沸腾炉炉气混合一起进入余热锅炉回收热量。回收热量后的矿渣通过沸腾炉排渣口排出。

沸腾炉出口炉气矿灰热量的回收则通过滚筒排渣机，取消冷却淋洒冷却水，改为滚筒设置夹套的办法回收热量。另外一种是设置多管滚筒回收热量排渣机，加热脱盐水，送锅炉除氧器。

矿渣余热回收这些年在硫铁矿制酸装置中有了一定的应用，但余热回收装置设备材质和运行都要可靠，不能影响系统生产才行。

同样，在电除尘器出口炉气管道上，也有余热可以回收，电除尘器炉气出口温度一般控制在 300～350℃，但进净化工段控制在约 180～200℃左右即可（高于炉气露点温度），约有 120～170℃的热量可回收。目前一些厂采用增加板式换热器或热管换热器回收这部分热量，生产 0.8MPa 蒸汽或预热沸腾炉炉底入炉空气。这里需要说明的是，回收设备的阻力降要合适，有的厂长期运行中，其回收热管换热器或板式换热器炉气侧的阻力降达到 2kPa 以上，增加了主风机的电耗。有时还要因此被迫停车清理灰尘，就有些得不偿失。这需要增加自动振打除灰装置，把阻力降降至 1kPa 以下。

9. 排渣设备

焙烧各除尘设备的除尘量确定后，关键是矿尘输送设备工艺参数的选择和确定。沸腾炉焙烧的制酸装置，对系统正常运行和环境影响最大的就是排灰（渣）装置和原料工段是否可靠。尤以排灰装置影响较大，因此排灰装置工艺参数和输送设备的选择一定要可靠。

这里重点强调的是各设备的输送量、密封、除尘等的选择确定。据了解，目前有些设计，大多数排渣设备的输送量就是按上述计算出来的排灰量，最多有 15%～20% 的富余量，这是不够的，没有考虑系统排渣时最大瞬时流量。排渣波动时，排渣量短时会增大，常常会造成排渣设备堵塞，特别是堵塞疏通后灰渣量极大使电机电流超标、跳闸，影响生产，同时还会增加维修强度。参考老一代硫酸装置的设计经验，排渣输送设备的设计最大输送量应为计算排灰量的 3～4 倍为宜。工艺提出的排渣定型设备设计或订货条件中，一定要规定设备正常输送灰量和最大瞬时的流量条件。

排渣设备如冷却滚筒、溢流螺旋输送机、星型排灰阀等最好配置变频调速，根据情况调节输送量。

10. 沸腾炉投料设备

一般沸腾炉投料采用带变频调速的喂料皮带，可以与沸腾炉出口炉气的氧表连锁，实现自动投料控制并在皮带上设置皮带秤计量矿量。对于面积较大、投矿量大的沸腾炉，则宜增设抛料机，防止沸腾炉下料口处堆积。

三、净化工段

1. 净化工段计算条件

净化工段进口炉气量及成分见表 3-2-10。

表 3-2-10 净化工段进口炉气量及成分

项目	SO_2	SO_3	O_2	N_2	H_2O	合计
气量/(kmol/h)	256.49	2.76	98.97	1814.76	176.16	2349.14
气量/(m^3/h)	5745.38	61.82	2216.93	40650.62	3945.98	52620.74
占比(体积分数)/%	10.92	0.117	4.21	77.25	7.5	100

进气温度：320℃（实际生产可控制在 180～350℃）。

进气压力：−2.3kPa。

进口炉气含尘：0.1g/m^3（实际生产中可控制在 0.05～0.2g/m^3）。

2. 净化控制指标

净化收率：98.5%（含无名损失）。

净化工段炉气出口温度：40℃。

一级电除雾出口酸雾：≤0.03g/m^3。

二级电除雾出口酸雾：≤0.005g/m^3。

净化出口含尘（固体颗粒物）：≤0.002g/m^3（或≤0.0005g/m^3）。

出口水分含量（干燥塔出口）：≤0.1g/m^3（或≤0.05g/m^3）。

净化后气体出口含其他杂质指标：含 As≤1.0mg/m^3；含 F≤0.25mg/m^3；含 Cl≤0.5mg/m^3。

3. 净化工段流程图（图 3-2-3）

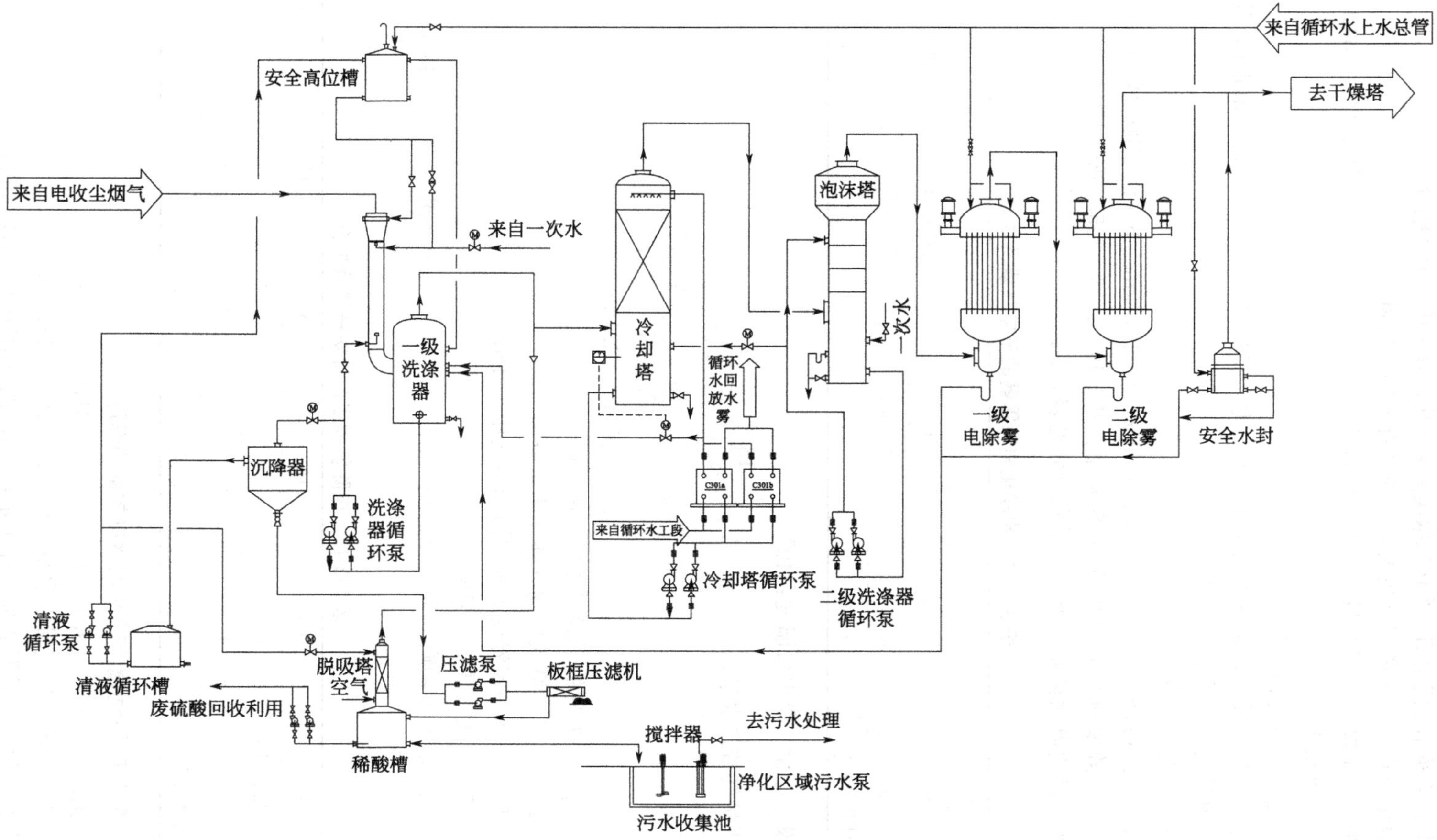

图 3-2-3　净化工段工艺流程图

4. 计算净化工段出口（净化二级电除雾器出口处）炉气量及成分

设定净化工序漏风率（主要是脱吸塔补入的空气量）：3%。

则净化工段补入空气量：2349.14kmol/h×3%＝70.47kmol/h，其中 O_2 14.80kmol/h，N_2 55.67kmol/h。

净化工段损失 SO_2 量：

进入净化工段总硫量（即 SO_2＋SO_3）为：256.49＋2.76＝259.25kmol/h，其中设定 SO_3 在净化工段全部被除去。

则损失的 SO_2 量：

259.25kmol/h×（1－0.985）－2.76kmol/h＝1.13kmol/h（设定净化收率 98.5%，脱吸塔解析效率 90%），炉气剩余 SO_2 量：256.49－1.13＝255.36kmol/h。

则出净化电除雾器的干空气量及成分见表 3-2-11。

表 3-2-11 出净化电除雾器的干空气量及成分

项目	SO_2	O_2	N_2	合计
气量/(kmol/h)	255.36	113.77	1870.43	2239.56
气量/(m^3/h)	5720.06	2548.45	41897.63	50166.14
占比(体积分数)/%	11.40	5.08	83.52	100

设定净化工段出口温度：40℃。

干炉气带走水量：

$$V_{干}\times\frac{18}{22.4}\times\frac{P_{\omega}}{P-P_{n}-P_{\omega}}$$

$$=50166.14\times\frac{18}{22.4}\times\frac{7.375}{100-7.375-8}$$

$$=3513.16\text{kg/h}=195.18\text{kmol/h}$$

式中 $V_{干}$——处理的干燥气体量，m^3/h；

P_{ω}——干燥塔入口的气体压力，kPa；

P_{n}——在一定温度下水的饱和蒸气压，kPa；

P——大气压力，kPa。

则电除雾器出口湿炉气量及成分见表 3-2-12。其中干炉气量为 2239.56kmol/h，即 50166.14m^3/h。

表 3-2-12 电除雾器出口湿炉气量及成分

项目	SO_2	O_2	N_2	H_2O	合计
气量/(kmol/h)	255.36	113.77	1870.43	195.18	2434.74
气量/(m^3/h)	5720.06	2548.45	41897.63	4372.03	54538.18
占比(体积分数)/%	10.49	4.67	76.82	8.02	100

5. 净化工段补水量和净化污水排放量的确定

净化进口炉气带入水量：176.16×18＝3170.88kg/h。

净化工段出口炉气带走水量：195.18×18＝3513.24kg/h。

那么净化工段需要的最小补水量：3513.24－3170.88＝342.36kg/h。

这样才能保证净化工段的水平衡。

净化污水排污量的确定：湿法净化洗涤循环液随着不断洗涤炉气中的有害杂质如酸雾、尘及砷、氟等，循环液中有害成分浓度升高，会对净化设备，净化指标的控制产生不利影响，因此净化工段需要外排一定量污酸（污水）。

外排污酸量尽量要小，以减轻污酸的处理量，排放量根据以下这些杂质的含量浓度来确定：

① 外排污酸的稀酸浓度一般控制在10%～30%。

污酸中含尘量最高可控制在400g/L，即循环液中含尘量可达40%，以不磨损管道、阀门和堵塞设备为准。因此，目前封闭稀酸洗涤净化流程污水中的含尘量很难超过这个指标要求。

② 污酸中含As量≤6g/L，一般条件下，即排放污水温度50℃左右时，污水中砷不超过6g/L，若超过此值（即As在污水中的溶解度），有结晶颗粒，容易堵塞设备，管道。

③ 污酸含F离子量≤0.2g/L。F离子超标会对净化设备如铅和含有硅酸盐的材料产生腐蚀。

④ 污酸含Cl量≤1g/L。Cl离子超标，主要会对奥氏体不锈钢产生腐蚀。

比如：净化洗涤炉气下来的As含量是30kg/h，则污酸排放量为30000/(6g/L)＝$5m^3/h$（污酸相对密度近似取1）

本计算中炉气不含As、F等，按酸浓度确定污酸外排量：带入SO_3 2.76kmol/h，折100%硫酸270.5kg/h，排放稀酸浓度（是一级洗涤器循环酸浓度）控制在10%，则外排量控制上限在$2.7m^3/h$即可。那么，净化工序的补水总量为2700kg/h＋342.36kg/h＝3042.36kg/h，约为$3m^3/h$。

6. 净化炉气绝热蒸发温度的计算

设净化一级洗涤器出口气温61℃，61℃水的饱和蒸气分压：$P_{H_2O}=20.85kPa$。

入净化工段干炉气量：52620.74－3945.98－61.82＝$48612.94m^3/h$

(1) 61℃绝热蒸发水量

出一级洗涤器炉气带走水分：

$$V_{H_2O}=48612.94\times\frac{20.85}{100-20.85-4.3}=13541.48m^3/h=604.53kmol/h=10881.54kg/h$$

式中 20.85——61℃饱和水的蒸汽分压，kPa。

4.3——炉气操作负压，kPa。

一级洗涤器绝热蒸发水量：

$$10881.54-3170.88=7710.66kg/h$$

(2) 一级洗涤器出口炉气带走显热（61℃）

SO_2：256.49×41.83＝10728.98kJ/(h·℃)

O_2：98.97×29.45＝2914.67kJ/(h·℃)

N_2：1814.76×28.53＝51775.10kJ/(h·℃)

H_2O：604.53×32.86＝19864.86kJ/(h·℃)

式中，41.83、29.45、28.53、32.86分别为SO_2、O_2、N_2、H_2O在0～61℃时的比热容，J/(mol·K)。

以上合计：85283.61kJ/(h·℃)。

炉气带出显热：85283.61×61℃=5202300.21kJ/h

(3) 蒸发潜热：

7710.66kg/h×2352=18135472.32kJ/h

式中 2352——水在61℃时的蒸发潜热，kJ/kg。

合计一级洗涤器炉气带走热：

$Q_{出}$=5202300.21+18135472.32=23337772.53kJ/h

(4) 炉气带入净化工段的显热（320℃）

SO_2：256.49×44.79=11488.19kJ/(h·℃)

SO_3：2.76×60.54=167.09kJ/(h·℃)

O_2：98.97×30.56=3024.52kJ/(h·℃)

N_2：1814.76×29.4=53353.94kJ/(h·℃)

H_2O：176.16×34.58=6091.61kJ/(h·℃)

式中，44.79、60.54、30.56、29.4、34.58分别为SO_2、SO_3、O_2、N_2、H_2O在0～320℃时的比热容，J/(mol·K)。

以上合计：74125.35kJ/(h·℃)

炉气带入显热$Q_{入}$：74125.35×320℃=23720112.00kJ/h

$Q_{入}$与$Q_{出}$计算值相差不大，故计算的炉气出口绝热温度为61℃。在实际生产中，出口炉气不可能达到全饱和状态，则出口温度一般要比计算值高2～6℃左右，所以炉气实际出口温度一般为63～67℃左右。

7. 冷却塔需要移除的热量

前面已计算出冷却塔出口炉气带走水分量（40℃）：3513.16kg/h=195.18kmol/h。

则冷却塔冷凝下来的水分量为：10881.54kg/h−3513.16kg/h=7368.38kg/h。

(1) 冷凝热：

7368.38kg/h×2405=17720953.90kJ/h

式中 2405——水在40℃时的蒸发潜热，kJ/kg。

(2) 炉气出冷却塔带走显热（40℃）

SO_2：255.36×41.57=10615.32kJ/(h·℃)

O_2：113.77×29.37=3341.42kJ/(h·℃)

N_2：1870.43×28.45=53213.73kJ/(h·℃)

H_2O：195.18×32.72=6386.29kJ/(h·℃)

式中，41.57、29.37、28.45、32.72分别为SO_2、O_2、N_2、H_2O在0～40℃时的比热容，J/(mol·K)

以上合计：73556.76kJ/(h·℃)

炉气出冷却塔带走显热：73573.77×40℃=2942270.40kJ/h

(3) 冷却塔需要移除的热量（炉气进出口显热差+冷凝热）

5202299.60kJ/h−2942270.40kJ/h+17720953.90kJ/h=19980983.10kJ/h

8. 冷却塔出口循环液的温度

设计电除雾出口气温为40℃，那么冷却塔进口循环液温度应为38℃。

设计循环稀酸量：400m³/h。

带入净化工段总SO_3为2.76kmol/h，根据经验，在一级洗涤器除去约30%，则剩余 1.932kmol/h 即 154.56kg SO_3（折 189.3kg 100%硫酸）进入冷却塔。

冷却塔串入一级洗涤器的稀酸量为：冷凝量＋加水量＝7368.38＋3042.36＝10410.74kg/h。

则冷却塔循环酸浓度：189.3/(10410.74＋154.56)＝1.8%(一般低于 5%)。

冷却塔回酸量：400m^3/h×1004.4kg/m^3（1.8%稀酸密度）＋7368.38kg/h(冷凝水量)＝409128.38kg/h。

出塔酸的热焓值：19980983.10/409128.38＝48.84kJ/kg。

查表：稀硫酸浓度 1.8%、焓值 48.84kJ/kg 时，酸温度约 12℃。

则出塔酸温度：38＋12＝50℃。

9. 稀酸板式换热器的换热面积及冷却水量

冷却水量（30℃→38℃）：19980983.10kJ/4.18×(38－30)℃≈600m^3/h。

设定板式换热器传热系数 K＝5000W/(m^2·K)。

循环酸温：50℃→38℃，Δt_1＝12℃。

冷却水温：38℃→30℃，Δt_2＝8℃。

$$\Delta t=\frac{\Delta t_2-\Delta t_1}{\ln\left(\frac{\Delta t_2}{\Delta t_1}\right)}=\frac{12-8}{\ln\left(\frac{12}{8}\right)}\approx 9.86℃$$

板式换热器面积 $F=\frac{19980983.10}{3.6\times 9.86\times 5000}\approx 112.6m^2$。

富余量一般 1.15～1.2，则板式换热器换热面积取 130m^2。

设置 2 台，一开一备。

10. 净化工段设备计算

(1) 一级逆喷洗涤器

① 逆喷管直径计算

进气量（湿基）：$52620.74m^3/h\times\frac{273+320}{273}\times\frac{101.32}{100-2.3}\approx 32.93m^3/h$。

因　$$32.93=0.785D_{逆}^2\times 30m/s$$

式中　30m/s 为逆喷管工况操作气速。

故逆喷管直径 $D_{逆}\approx 1.2m$。

② 逆喷洗涤器气液分离槽直径计算

饱和温度 61℃时一级洗涤器出口炉气量：

$$48612.94m^3/h+13541.48m^3/h=62154.42\times\frac{273+61}{273}\times\frac{101.32}{100-4.3}\approx 22.37m^3/s$$

$$22.37=0.785D_{分}^2\times 2.5m/s$$

式中，2.5m/s 为气液分离槽气速；气速一般取 2.5～3.0m/s。

故气液分离槽直径 $D_{分}\approx 3.38m$。

③ 一级高效洗涤器上酸量：$(1.2m)^2\times 0.785\times 310m^3/(m^2\cdot h)\approx 350m^3/h$。

式中，310m^3/(m^2·h) 为逆喷管喷淋密度。

④ 一级洗涤器循环泵流量的选择　泵的循环量除了入酸量 350m^3/h 外，根据流程，还要加上进入斜管沉降器的过滤量，此过滤量即由清液泵打入高位安全槽的量，也即一级

洗涤器溢流堰和安全喷头的循环量［约为 $60m^3/h$，其中溢流堰喷淋强度取 $8m^3/(m^2\cdot h)$］＋外排废酸的量（$2.7m^3/h$，取 $3m^3/h$）。因此循环泵流量＝350＋60＋3＝$413m^3/h$。留有 1.1 倍余量，则一级洗涤器循环泵流量选：$450m^3/h$。泵扬程根据高度和管道阻力选为 28m。填料层高度 4～4.5m。

（2）冷却塔（填料塔） 进冷却塔气量由一级洗涤器出口炉气量和脱吸塔气量组成：

$$22.37+70.47\times22.4/3600=22.80m^3/s$$

$$22.80=0.785D_{冷}^2\times1.26m/s$$

式中，1.26 为 m/s 冷却塔空塔操作气速。

故冷却塔直径 $D_{冷}=4.8m$

填料冷却塔的喷淋密度通常为 $15\sim35m^3/(m^2\cdot h)$，本次计算选择 $25m^3/(m^2\cdot h)$，即 $400m^3/h$，加上串入一级洗涤器的量 $10m^3/h$，再留有 1.1 倍余量，冷却塔循环泵流量取 $450m^3/h$。冷却塔循环泵扬程除了考虑高度差 Δh 加管道和阀门阻力降外，还要考虑板式换热器的阻力降（一般选 0.05MPa），冷却塔循环泵扬程选 30m。

（3）高效低阻力泡沫塔 进泡沫塔气量（实际上是电除雾器进出口的气量）：

$$54538.18\times\frac{273+40}{273}\times\frac{101.325}{100-5.3}=18.59m^3/h$$

$$18.59=0.785D^2\times2m/s$$

式中，2m/s 为泡沫塔内溢流空塔速度（实际速度要扣除内溢流装置所占的截面积）。

故 $D\approx3441mm$，取 $D=3500mm$。

泡沫塔有关参数：$F=9.6m^2$（两块泡沫板，一块淋降板），筛板间距 1.5m，有关参数：气液比＝1000：2，上塔酸量＝$150m^3/h$。

则喷淋密度为 $150\div9.6=15.9m^3/(m^2\cdot h)$

循环泵流量选择 $180m^3/h$，泵扬程选择 28m。

净化工段加水位置一般设置在最后一级洗涤器位置，循环泵流量应为上塔酸量＋串酸量。若考虑天气、水温和增产等因素，可在泡沫塔液体循环系统增设冷却设备，使电雾进口气温降至 38℃或以下。

（4）电除雾器 电除雾器采用亲水性或导电塑料管，$\phi250mm$，单管截面积 $0.049m^2$，气速 1.0m/s（气速范围一般为 0.8～1.2m/s）。由日本、德国鲁齐公司近期研发的亲水型水膜导电和导电材质的 $\phi250$ 塑料管做电除雾阳极管（许多实际使用厂家，其使用寿命已达 40 年左右）。近期研发的高效阴极线繁多，可根据材质耐腐蚀需求自由选用。

由于 $18.59=0.049\times1.0n$

故 电除雾器管数 $n=379$ 根，管长 4000mm。

（5）脱吸塔 进入脱吸塔的酸量为 $2.7m^3/h$，酸浓度 10%。进气量基本是净化工段漏气量，为 $70.47\times22.4=1578.75m^3/h$。

脱吸塔的喷淋密度可以在 $15\sim26m^3/(m^2\cdot h)$ 之间。本计算选择 $18m^3/(m^2\cdot h)$。

$$0.785D^2\times18=2.7m^3/h$$

则脱吸塔直径 D 取 500mm，脱吸塔填料高度 3m 即可。

11. 进干燥塔的气体量及成分

为了获得高的转化率，就要控制进转化工段的 SO_2 浓度值，并要保证进转化工段的 O_2/SO_2 比值≥1（O_2/SO_2 比值达不到 1，如 0.8 左右，也可以进行转化，但催化剂装填量要增加较多)，这样就要在电除雾器出口至干燥塔进口管道上设置补气口，补充空气。

本计算进转化的 SO_2 浓度控制在 8.5%，则进干燥塔的干基气体量为：$255.36\text{kmol/h}\times\frac{100}{8.5}=3004.24\text{kmol/h}$。需补充空气量：3004.24－2239.56＝764.68kmol/h＝17128.83m^3/h。

其中含 O_2 160.58kmol/h、N_2 604.10kmol/h。

干基空气带入水量：764.68×29×24.618＝545.92kg/h＝30.32kmol/h。

进干燥塔的湿基炉气量及成分见表 3-2-13。

表 3-2-13 进干燥塔的湿基炉气量及成分

项目	SO_2	O_2	N_2	H_2O	合计
气量/(kmol/h)	255.36	274.35	2474.53	225.50	3229.74
气量/(m^3/h)	5720.06	6154.44	55429.47	5051.20	72346.17
占比(体积分数)/%	7.91	8.50	76.62	6.98	100

核算 O_2/SO_2 比值＝1.075，属合适范围（干燥系统计算见干吸工段)。

四、转化工段

1. 设计条件

(1) 硫铁矿制酸转化采用（3+2）式五段转化，Ⅲ、Ⅰ～Ⅳ/Ⅴ、Ⅱ换热流程（其中Ⅳ和Ⅴ换热器并联)，见图 3-2-4。

(2) 转化分段转化率和各段进口温度（见表 3-2-14）

表 3-2-14 转化分段转化率和各段进口温度

项目	一段	二段	三段	四段	五段
进口温度/℃	410～420	460～480	445～455	420～430	395～405
分段转化率/%	～69	～89	～96.5	～99.6	～99.92

注：催化剂进口温度的控制和分段转化率因不同供货商催化剂特性和装填方案不同会有一定不同。

(3) 进转化炉气成分及炉气量：进口气浓控制为 8.5%。

转化炉进口气量 $V_{进}=\frac{25000}{98}\times\frac{1}{0.9992\times0.9998\times}\times\frac{100}{8.5}=67294.98\text{m}^3/\text{h}=3004.24\text{kmol/h}$

则转化（即一段进口）进气成分见表 3-2-15。

表 3-2-15 转化进气成分及气体量

项目	SO_2	O_2	N_2	合计
气量/(kmol/h)	255.36	274.35	2474.53	3004.24
气量/(m^3/h)	5720.06	6145.44	55429.47	67294.98
气量/(kg/h)	16343.04	8779.20	69286.84	94409.08
占比(体积分数)/%	8.5	9.13	82.37	100

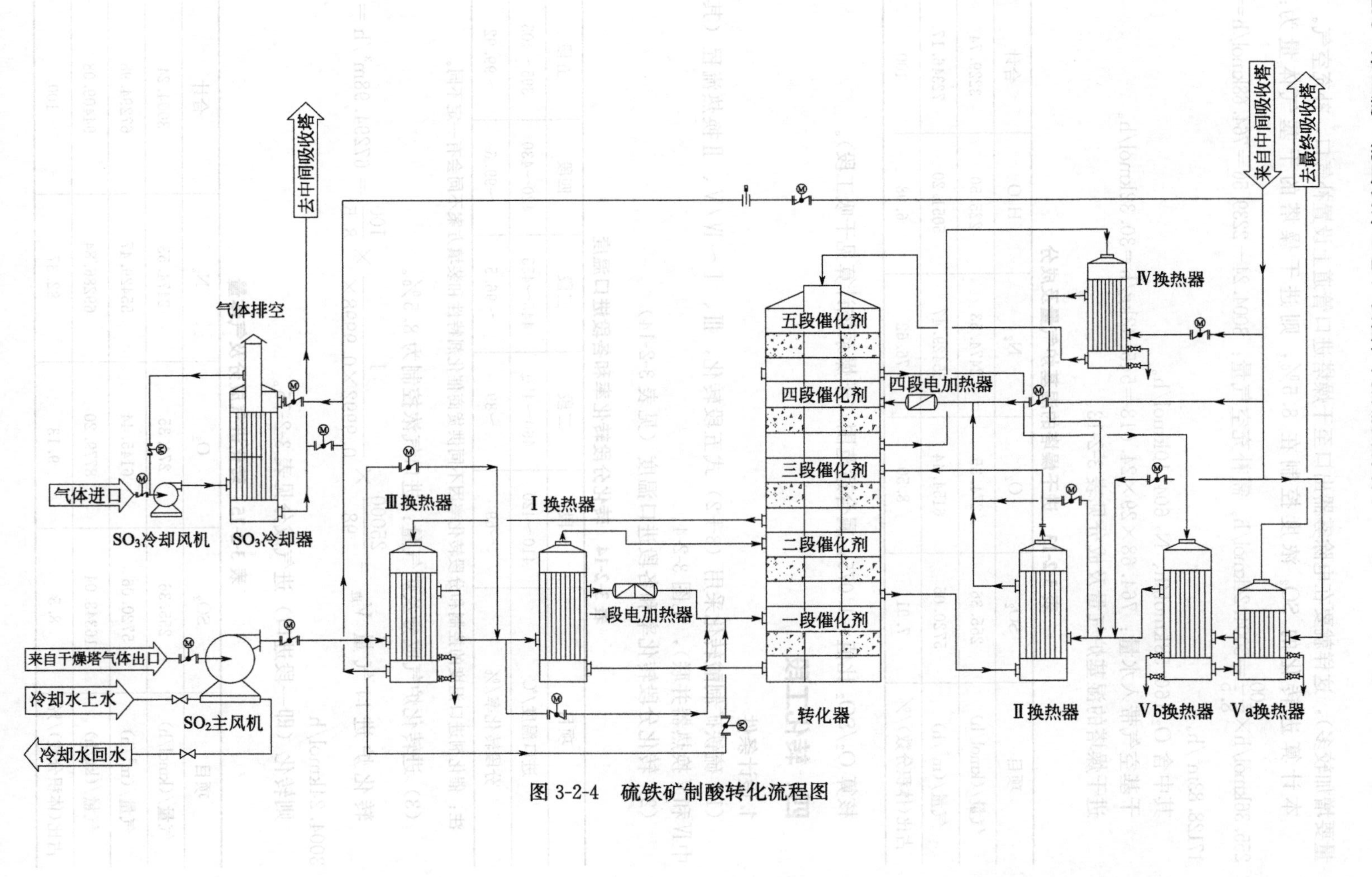

图 3-2-4 硫铁矿制酸转化流程图

O_2/SO_2 为 1.075，略微大于 1，考虑到操作弹性，计算上控制这个氧硫比较合适。

2. 转化工段的物料衡算

(1) 一段出口（即二段进口）气体量及成分

SO_2：255.36×(1−0.69)＝79.16kmol/h

SO_3：255.36×0.69＝176.20kmol/h

O_2：274.35−176.20/2＝186.25kmol/h

N_2：2474.53kmol/h

一段出口（即二段进口）炉气量及成分见表 3-2-16。

表 3-2-16　一段出口（即二段进口）炉气量及成分

项目	SO_2	SO_3	O_2	N_2	合计
气量/(kmol/h)	79.16	176.20	186.25	2474.53	2916.14
气量/(m^3/h)	1773.18	3946.88	4172.00	55429.47	65321.53
气量/(kg/h)	5066.24	14096.00	5960.00	69286.84	94409.08
占比(体积分数)/%	2.71	6.04	6.39	84.85	100

(2) 二段出口（即三段进口）气体量及成分

SO_2：255.36×(1−0.9)＝25.54kmol/h

SO_3：255.36×0.9＝229.82kmol/h

O_2：274.35−229.82/2＝159.44kmol/h

N_2：2474.53kmol/h

二段出口（即三段进口）炉气量及成分见表 3-2-17。

表 3-2-17　二段出口（即三段进口）炉气量及成分

项目	SO_2	SO_3	O_2	N_2	合计
气量/(kmol/h)	25.54	229.82	159.44	2474.53	2889.33
气量/(m^3/h)	572.10	5147.97	3571.46	55429.47	64720.99
气量/(kg/h)	1634.56	18385.60	5102.08	69286.84	94409.08
占比(体积分数)/%	0.88	7.95	5.52	85.64	100

(3) 三段出口（即一吸塔进口）气体量及成分

SO_2：255.36×(1−0.95)＝12.77kmol/h

SO_3：255.36×0.95＝242.59kmol/h

O_2：274.35−242.59/2＝153.06kmol/h

N_2：2474.53kmol/h

三段出口（即一吸塔进口）炉气量及成分见表 3-2-18。

表 3-2-18　三段出口（即一吸塔进口）炉气量及成分

项目	SO_2	SO_3	O_2	N_2	合计
气量/(kmol/h)	12.77	242.59	153.06	2474.53	2882.95

续表

项目	SO_2	SO_3	O_2	N_2	合计
气量/(m^3/h)	286.05	5434.02	3428.54	55429.47	64578.08
气量/(kg/h)	817.28	19407.20	4897.92	69286.84	94409.08
占比(体积分数)/%	0.44	8.41	5.32	85.83	100

(4) 四段进口（一吸塔出口） 气体量及成分（吸收率 99.98%，为方便计算，假定 SO_3 在一吸塔内全部被吸收，即进一吸塔气体中去掉 SO_3 后剩余的气体量）

SO_2：12.77kmol/h

O_2：153.06kmol/h

N_2：2474.35kmol/h

四段进口（一吸塔出口）炉气量及成分见表 3-2-19。

表 3-2-19 四段进口（一吸塔出口）炉气量及成分

项目	SO_2	O_2	N_2	合计
气量/(kmol/h)	12.77	153.06	2474.53	2640.36
气量/(m^3/h)	286.05	3428.54	55429.47	59144.06
气量/(kg/h)	817.28	4897.92	69286.84	75002.04
占比(体积分数)/%	0.48	5.80	93.72	100

(5) 四段出口（即五段进口） 气体量及成分

SO_2：255.36×(1－0.995)＝1.277kmol/h

SO_3：255.36×0.995－242.59＝11.49kmol/h

O_2：274.35－255.36×0.995/2＝147.31kmol/h

N_2：2474.53kmol/h

四段出口（即五段进口）炉气量及成分见表 3-2-20。

表 3-2-20 四段出口（即五段进口）炉气量及成分

项目	SO_2	SO_3	O_2	N_2	合计
气量/(kmol/h)	1.277	11.49	147.31	2474.53	2634.61
气量/(m^3/h)	28.60	257.38	3299.74	55429.47	59015.26
气量/(kg/h)	81.73	919.20	4713.92	69286.84	~75002.04
占比(体积分数)/%	0.048	0.436	5.60	93.92	100

(6) 五段出口（即二吸塔进口） 气体量及成分

SO_2：255.36×(1－0.9992)＝0.204kmol/h

SO_3：255.36×0.9992－242.59＝12.57kmol/h

O_2：274.35－255.36×0.9992/2＝146.77kmol/h

N_2：2474.53kmol/h

五段出口（即二吸塔进口）炉气量及成分见表 3-2-21。

表 3-2-21　五段出口（即二吸塔进口）炉气量及成分

项目	SO_2	SO_3	O_2	N_2	合计
气量/(kmol/h)	0.204	12.57	146.77	2474.53	2634.07
气量/(m^3/h)	4.57	281.57	3287.65	55429.47	59003.17
气量/(kg/h)	13.07	1005.60	4696.64	69286.84	75002.04
占比(体积分数)/%	0.0077	0.477	5.57	93.94	100

3. 转化工段热量计算

(1) 一段出口温度计算及带走热量

① 一段进口炉气带入热量 $Q_{一进}$（一段进口炉气温度 420℃）

SO_2：255.36×45.78=11690.38kJ/(h·℃)

O_2：274.35×30.97=8496.62kJ/(h·℃)

N_2：2474.53×29.7=73493.54kJ/(h·℃)

以上式中，45.78、30.97、29.7 分别为 0～420℃ SO_2、O_2、N_2 的平均热容，J/(mol·K)。

混合气体的平均热容：93680.54kJ/(h·℃)

$$Q_{一进}=420℃\times93680.54=39345826.80\text{kJ/h}$$

② 一段反应热（气浓 8.5%，查表得绝热温升系数 $\lambda=239$）

估算一段出口温度：420+239×0.69=585℃。

一段反应平均温度：(420+585)/2=502℃。

则此温度下 SO_2 的反应热：98536kJ/kmol。

$$Q_{一反}=176.20\times98536=17362043.20\text{kJ/h}$$

③ 一段出口炉气温度（约 585℃）和带出热

SO_2：79.16×47.29=3743.48kJ/(h·℃)

SO_3：176.20×67.18=11837.12kJ/(h·℃)

O_2：186.25×31.57=5879.91kJ/(h·℃)

N_2：2474.53×30.17=74656.57kJ/(h·℃)

以上式中，47.29、67.18、31.57、30.17 分别为 0～585℃ SO_2、SO_3、O_2、N_2 的平均热容，J/(mol·K)。

混合气体的平均热容：96117.08kJ/(h·℃)。

则一段出口炉气温度：(17362043.20+39345826.80)/96117.08=590℃

一段出口炉气带出热：$Q_{一出}$=590℃×96117.08=56709077.20kJ/h

(2) 二段出口炉气温度计算及带走热量

① 二段进口炉气带入热量 $Q_{二进}$（二段进口炉气温度 460℃）

SO_2：79.16×46.17=3654.82kJ/(h·℃)

SO_3：176.20×64.35=11338.47kJ/(h·℃)

O_2：186.25×31.12=5796.10kJ/(h·℃)

N_2：2474.53×29.82＝73790.48kJ/(h·℃)

以上式中，46.17、64.35、31.12、29.82 分别为 0～460℃ SO_2、SO_3、O_2、N_2 的平均热容，J/(mol·K)。

混合气体的平均热容：94579.87kJ/(h·℃)。

$$Q_{二进}=460\times94579.87=43506740.20\text{kJ/h}$$

② 二段反应热

估算二段出口温度：460＋239×(0.9－0.69)＝510℃。

二段反应平均温度：485℃，则此温度下 SO_2 的反应热为 98549kJ/kmol。

$Q_{二反}$＝(229.82－176.20)×98549＝5284197.38kJ/h

③ 二段出口炉气温度（约 510℃）和带出热

SO_2：25.36×46.65＝1191.44kJ/(h·℃)

SO_3：229.82×65.66＝15089.98kJ/(h·℃)

O_2：159.44×31.31＝4992.07kJ/(h·℃)

N_2：2474.53×29.96＝74136.92kJ/(h·℃)

以上式中，46.65、65.66、31.31、29.96 分别为 0～510℃ SO_2、SO_3、O_2、N_2 的平均热容，J/(mol·K)。

混合气体的平均热容：95410.41kJ/(h·℃)。

则二段出口炉气温度：(43506740.20＋5284197.38)/95410.41＝511.38℃。

二段出口炉气带出热：$Q_{一出}$＝511.38×95410.41＝48790975.47kJ/h。

(3) 三段出口炉气温度计算及带走热量

① 三段进口炉气带入热量 $Q_{三进}$（三段进口炉气温度 445℃）

SO_2：25.54×45.93＝1173.05kJ/(h·℃)

SO_3：229.82×63.67＝14632.64kJ/(h·℃)

O_2：159.44×31.03＝4947.42kJ/(h·℃)

N_2：2474.53×29.75＝73617.28kJ/(h·℃)

以上式中，45.93、63.67、31.03、29.75 分别为 0～445℃ SO_2、SO_3、O_2、N_2 的平均热容，J/(mol·K)。

混合气体的平均热容：94370.39kJ/(h·℃)。

$$Q_{三进}=445℃\times94370.39=41994823.55\text{kJ/h}$$

② 三段反应热

估算三段出口温度：445＋239×(0.95－0.9)＝456.95℃。

三段反应平均温度：450℃，则此温度下 SO_2 的反应热为 98712kJ/kmol。

$$Q_{三反}=(242.59-229.83)\times98712=1260552.24\text{kJ/h}$$

③ 三段出口炉气温度（约 456℃）和带出热

SO_2：12.77×46.04＝587.93kJ(h·℃)

SO_3：242.59×63.99＝15523.33kJ/(h·℃)

O_2：153.06×31.08＝4757.10kJ/(h·℃)

N_2：2474.53×29.78＝73691.50kJ/(h·℃)

以上式中，46.04、63.99、31.08、29.78 分别为 0～456℃ SO_2、SO_3、O_2、N_2 的平均热容，J/(mol·K)。

混合气体的平均热容：94559.86kJ/(h・℃)

则三段炉气出口温度：(41994823.55＋1260552.24)/94559.86＝457.5℃。

三段出口炉气带出热：$Q_{三出}$＝457.5×94559.86＝43255462.36kJ/h。

(4) 四段出口温度计算及带走热量

① 四段进口炉气带入热量$Q_{四进}$（四段进口炉气温度420℃）

SO_2：12.77×45.78＝584.61kJ/(h・℃)

O_2：153.06×30.97＝4740.27kJ/(h・℃)

N_2：2474.53×29.7＝73493.54kJ/(h・℃)

以上式中，45.78、30.97、29.7分别为0～420℃ SO_2、O_2、N_2的平均热容，J/mol・K。

混合气体的平均热容：78818.42kJ/(h・℃)。

$$Q_{四进}=420℃\times78818.42=33103736.40\text{kJ/h}$$

② 四段反应热

估算四段出口温度：$420+239\times(0.995-0.95)\times\frac{93680.54}{78818.42}=433℃$

式中，93680.54、78818.42分别是一段进口和四段进口混合气体的平均热容量，kJ/(h・℃)。

四段反应平均温度：426℃，则此温度下SO_2的反应热为98788kJ/kmol。

$$Q_{四反}=11.49\times98788=1135074.12\text{kJ/h}$$

③ 四段出口炉气温度（约433℃）和带出热

SO_2：1.277×45.88＝58.59kJ/(h・℃)

SO_3：11.49×63.53＝729.96kJ/(h・℃)

O_2：147.31×31.01＝4568.08kJ/(h・℃)

N_2：2474.53×29.73＝73657.78kJ/(h・℃)

以上式中，45.88、63.53、31.01、29.73分别为0～433℃ SO_2、SO_3、O_2、N_2的平均热容，J/(mol・K)。

混合气体的平均热容：79014.41kJ/(h・℃)。

四段炉气出口温度：(33103736.40＋1135074.12)/79014.41＝433.3℃。

四段出口炉气带出热：$Q_{四出}$＝433.3℃×79014.41＝34236943.85kJ/h。

(5) 五段出口温度计算及带走热量

① 五段进口炉气带入热量$Q_{五进}$（五段进口炉气温度405℃）

SO_2：1.277×45.73＝58.39kJ/(h・℃)

SO_3：11.49×63.13＝725.36kJ/(h・℃)

O_2：147.31×30.95＝4559.24kJ/(h・℃)

N_2：2474.53×29.68＝73444.05kJ/(h・℃)

以上式中45.73、63.13、30.95、29.68分别为0～405℃ SO_2、SO_3、O_2、N_2的平均热容，J/(mol・K)。

混合气体的平均热容：78787.04kJ/(h・℃)。

$$Q_{五进}=405\times78787.04=31908751.20\text{kJ/h}$$

② 五段反应热

估算五段出口温度：$405+239\times(0.9992-0.995)\times\frac{93680.54}{78818.42}=406℃$。

五段反应平均温度：405.5℃，则此温度下 SO_2 的反应热为 96504kJ/kmol。

$$Q_{五反}=(12.57-11.49)\times96504=104224.32kJ/h$$

③ 五段出口炉气温度（约 406℃）和带出热

SO_2：$0.204\times45.75=9.333kJ/(h\cdot℃)$

SO_3：$12.57\times63.16=793.92kJ/(h\cdot℃)$

O_2：$146.77\times30.96=4543.99kJ/(h\cdot℃)$

N_2：$2474.53\times29.69=73468.80kJ/(h\cdot℃)$

以上式中 45.75、63.16、30.96、29.69 分别为 0～406℃ SO_2、SO_3、O_2、N_2 的平均热容，J/(mol・K)。

混合气体的平均热容：78816.04kJ/(h・℃)。

五段炉气出口温度：(31908751.20＋104224.32)/778816.04＝406℃（五段只有 1℃左右的温升，实际生产中转化器有热损，常看不到温升现象。如有较多温升，说明 SO_2 反应后移了，则不易获得 99.9%以上的最终转化率。所以要纠正因五段温升小或看不到温升而不采用五段转化的做法）。

五段出口炉气带出热 $Q_{三出}=406℃\times78816.04=31999312.24kJ/h$。

4.转化设备计算

(1) 转化器

转化器一段进口气量 $V_{进}=67294.98m^3/h$。

转化器截面操作气速选：0.35m/s。

则转化器有效直径：ϕ8250mm。

转化器有效高度由各段催化剂层高度＋各段催化剂层气体进出分布空间高度＋人员操作空间高度等部分组成。一般约 22m。

(2) 第Ⅰ换热器的计算（为方便计算和经验，转化工段设定炉气热损均为 1.5℃）

① 第Ⅰ换热器热交换量：

SO_3 炉气侧进出温度：(590－1.5)℃→(460＋1.5)℃

SO_2 炉气侧进出温度：(421＋1.5)℃←$t_{进}$

第Ⅰ换热器交换量：96117.08×588.5－461.5×94579.87＝12916291.58kJ/h

② SO_2 炉气侧进口温度

SO_3 炉气侧进出温差为 130℃，则 SO_2 炉气侧进口温度约为 420－130＝290℃。

SO_2 炉气进口炉气平均热容（约 290℃）

SO_2：$255.36\times44.48=11358.41kJ/(h\cdot℃)$

O_2：$274.35\times30.43=8348.47kJ/(h\cdot℃)$

N_2：$2474.53\times29.31=72528.47kJ/(h\cdot℃)$

式中，44.18、30.43、29.31 为 0～290℃ SO_2、O_2、N_2 的热容，J/(mol・K)。

以上合计混合炉气的平均热容：92235.35kJ/(h・℃)。

SO_2 炉气出口炉气带出热：421.5×93680.54＝39486347.61kJ/h。

则第Ⅰ换热器 SO_2 炉气进口的炉气温度：(39486347.61－12916291.58)/92235.35=288℃。

③ 第Ⅰ换热器的换热面积

Δt： SO_3 侧 588.5℃→461.5℃

SO_2 侧 421.5℃←288℃

$\Delta t_1=167℃$，$\Delta t_2=173.5℃$，$\Delta t=(\Delta t_1+\Delta t_2)/2=170.25℃$。

$$F_{\rm I}=\frac{12916291.58}{3.6\times170.2\times28}\times1.15=866{\rm m}^2$$（考虑生产波动等因素设计采用 920m^2）

式中，28 为换热器传热系数，$W/(m^2 \cdot K)$。

(3) 第Ⅲ换热器的计算（转化设定炉气热损均为 1.5℃）

① 第Ⅲ换热器热交换量

SO_3 炉气侧进出温度：(457.4－1.5)℃→$t_{出}$

SO_2 炉气侧进出温度：(288＋1.5)℃←80℃（主风机出口）

80℃SO_2 炉气带入热量：

SO_2：255.36×42.07=10742.99kJ/(h·℃)

O_2：274.35×29.52=8098.81kJ/(h·℃)

N_2：2474.53×28.6=70771.56kJ/(h·℃)

式中，42.07、29.52、28.6 为 0～80℃ SO_2、O_2、N_2 的热容，J/(mol·K)。

以上合计混合炉气的平均热容：89613.36kJ/(h·℃)。

80℃ SO_2 炉气带入热量：89613.36×80=7169068.80kJ/h。

289.5℃ SO_2 炉气带出热量：289.5×92235.35=26702133.83kJ/h。

第Ⅲ换热器热交换量：26702133.83－7169068.80=19533065.03kJ/h。

② SO_3 炉气侧出口温度

SO_2 炉气侧进出温差为 208℃，则 SO_3 炉气侧出口温度约为 457－208=249℃。

SO_3 炉气出口炉气平均热容（约 249℃）

SO_2：12.77×43.92=560.86kJ/(h·℃)

SO_3：242.59×57.93=14053.24kJ/(h·℃)

O_2：153.06×30.19=4620.88kJ/(h·℃)

N_2：2474.53×29.14=72107.80kJ/(h·℃)

式中，43.92、57.93、30.19、29.14 为 0～249℃ SO_2、SO_3、O_2、N_2 的热容 J/(mol·K)，以上合计混合炉气的平均热容：91342.78kJ/(h·℃)。

SO_3 炉气入口炉气带出热：445.9×94559.86=43109840.17kJ/h。

SO_3 炉气侧出口实际温度：(43109840.17－19533065.03)/91342.78=258℃。

③ 第Ⅲ换热器的换热面积：

Δt： SO_3 侧 455.9℃→258℃

SO_2 侧 289.5℃←80℃

$\Delta t_1=166.4℃$，$\Delta t_2=178℃$，$\Delta t=172.2℃$。

$$F_{\rm III}=\frac{19533065.03}{3.6\times172.2\times28}\times1.15=1294{\rm m}^2$$（考虑生产波动等因素设计采用 1400m^2）

式中，28 为换热器传热系数，$W/(m^2 \cdot K)$。

④ 进一吸塔的炉气温度可以控制在180℃+2℃=182℃。

第Ⅲ换热器SO_3侧出口气温为258℃，因此此处需设置热管省煤器回收这部分热量（也可以采用SO_3冷却器）：

回收的热量为：258×(12.77×44.0+242.59×58.24+153.06×30.24+2474.53×29.17)−182×(12.77×43.29+242.59×55.92+153.06×29.94+2474.53×28.95)=7165586.70kJ/h

(4) 第Ⅱ换热器的计算（转化设定炉气热损均为1.5℃）

① 第Ⅱ换热器热交换量

SO_3炉气侧进出温度：(511.38−1.5)℃→(445+1.5)℃

SO_2炉气侧进出温度：421.5℃←$t_{进}$

第Ⅱ换热器交换量：509.9×95410.41−446.5×94370.39=6513388.92kJ/h

② SO_2炉气侧进口温度

SO_2炉气侧带走热量：421.5×78818.42=33221964.03kJ/h

SO_3炉气侧进出温差为66℃，则SO_2炉气侧出口温度约为421−66=355℃。

SO_2炉气出口炉气平均热容（约355℃）

SO_2：12.77×45.04=575.16kJ/(h·℃)

O_2：153.06×30.66=4692.82kJ/(h·℃)

N_2：2474.53×29.48=72949.14kJ/(h·℃)

式中，45.04、30.66、29.48为0～355℃SO_2、O_2、N_2的热容，J/(mol·K)，以上合计混合炉气的平均热容：78217.12kJ/(h·℃)。

SO_2炉气侧出口实际温度：(33221964.03−6513388.92)/78217.12=341.47℃。

③ 第Ⅱ换热器的换热面积：

Δt：　SO_3侧　509.9℃→446.5℃

　　　SO_2侧　421.5℃←341.47℃

Δt_1=88.4℃，Δt_2=105.03℃，Δt=96.72℃。

$$F_{Ⅱ}=\frac{6513388.92}{3.6\times96.72\times28}\times1.15=768\text{m}^2$$（考虑生产波动等因素设计采用800m²）

式中，28为换热器传热系数，W/(m²·K)。

(5) 第Ⅳ换热器的计算（转化设定炉气热损均为1.5℃）

① 第Ⅳ换热器热交换量

SO_3炉气侧进出温度：(433.3−1.5)℃→(405+1.5)℃

SO_2炉气侧进出温度：(341.47+1.5)℃←68℃

第Ⅳ换热器热交换量：431.8℃×79014.41−406.5×78787.04=2091490.48kJ/h。

② 第Ⅳ换热器和第Ⅴ换热器并联，进Ⅳ换热器的二次转化气量和进入Ⅴ换的二次转化气量：

设一吸塔出口气温：68℃，气量：2640.36kmol/h

一吸塔SO_2炉气出口炉气平均热容（约68℃）

SO_2：12.77×41.92=535.32kJ/(h·℃)

O_2：153.06×29.48=4512.21kJ/(h·℃)

N_2：2474.53×28.56=70672.58kJ/(h·℃)

式中，41.92、29.48、28.56 为 0～68℃ SO_2、O_2、N_2 的热容，J/(mol·K)。

以上合计混合炉气的平均热容：75720.11kJ/(h·℃)

一吸塔出口炉气带入总热量：75720.11×68℃＝5148967.48kJ/h。

第Ⅳ换热器和第Ⅴ换热器并联 SO_2 侧带走热量（即进Ⅱ换壳程 343℃）：

$$78217.12\times343℃=26828472.16\text{kJ/h}$$

第Ⅳ换热器和第Ⅴ换热器 SO_2 侧共同吸收的热量：26828472.16－5148967.48＝21679504.68kJ/h。

则进第Ⅳ换热器的二次转化气量：$2640.36\text{kmol/h}\times\frac{2091490.48}{21679504.68}$（第Ⅳ换热器换热量/第Ⅳ＋第Ⅴ换热器共同换热量）＝254.72kmol/h＝5705.73m³/h　（占总气量的9.65%）

进第Ⅴ换热器壳程的 SO_2 炉气量：2640.36－254.72）＝2385.64kmol/h＝53438.34m³/h

③ 第Ⅳ换热器的换热面积：

Δt：　SO_3 侧　431.8℃→406.5℃

　　　SO_2 侧　343℃←68℃

Δt_1＝88.8℃，Δt_2＝338.5℃，Δt＝213.65℃。

$F_{\text{Ⅳ}}=\frac{2091490.48}{3.6\times24\times213.65}\times1.15=130\text{m}^2$（考虑生产波动等因素设计采用 140m²）

式中，24 为Ⅳ换热器传热系数，W/(m²·K)，换热管采用光管。

（6）第Ⅴ换热器的计算（转化设定炉气热损均为 1.5℃）

① 第Ⅴ换热器热交换量

SO_3 炉气侧进出温度：(406－1.5)℃→$t_{出}$

SO_2 炉气侧进出温度：(341.47＋1.5)℃←68℃

第Ⅴ换热器热交换量：21679504.68－2091490.48＝19588014.20kJ/h（也即 SO_2 侧 68℃→343℃吸收的热量）

② SO_3 侧出口气温及带走热量

第Ⅴ换热器 SO_3 侧进口带入热：404.5×78816.04＝31881088.18kJ/h

第Ⅴ换热器 SO_2 侧炉气进出口温差：270℃，则预计 SO_3 侧出口气温约 136℃。

136℃混合炉气平均热容：

SO_2：0.204×42.98＝8.77kJ/(h·℃)

SO_3：12.57×54.91＝690.22kJ/(h·℃)

O_2：147.77×29.84＝4409.46kJ/(h·℃)

N_2：2474.53×28.86＝71414.94kJ/(h·℃)

式中，42.98、54.91、29.84、28.86 为 0～136℃ SO_2、SO_3、O_2、N_2 热容，J/(mol·K)。

以上合计混合炉气的平均热容：76523.39kJ/(h·℃)。

第Ⅴ换热器 SO_3 侧出口气温：(31881088.18－19588014.20)/76523.39＝160℃。

③ 第Ⅴ换热器的换热面积

Δt：　SO_3 侧　405.5℃→160℃

SO_2 侧 343℃←68℃

$\Delta t_1=62.6$℃，$\Delta t_2=92$℃，$\Delta t=77.25$℃。

$$F_V=\frac{19588014.20}{3.6\times28\times77.25}\times1.15=2892\text{m}^2$$（考虑生产波动等因素设计采用 3150m^2）

式中，28 为第Ⅳ换热器传热系数，$W/(m^2\cdot K)$。

（7）转化副线 转化主副线一般选择进换热器总气量的 25%，支副线（冷激副线）选择进换热器总气量的 10%。副线管道的操作气速一般选择 10～15m/s，相对低于主管道气速（主管道 SO_2 炉气操作气速一般 20～25m/s）。

（8）转化预热升温 目前转化预热升温分两种，一种是电加热炉预热升温，在一段和四段进口设置 2 台电炉，电炉升温的好处是操作方便。另一种预热升温方式是以柴油、天然气为原料，燃烧的热量间接预热空气或炉气。相对来说停车后再开车前，需要提前启动燃烧系统，操作稍微麻烦些。

① 电炉预热：对于规模大一些的装置，为减少电炉容量，可以增加一台高温循环预热风机。循环升温，好处是可以节省能耗，高温循环风机的循环风量一般是主风机风量的 20%～40%，电炉可以配置小一些，比如 20 万吨硫铁矿制酸，一段电炉配 960～1000kW，四段电炉 480～500kW。但是采用循环升温，在转化预热升温结束后，要切换插板，如 20 万吨的制酸装置，转化管道直径约 1.5～1.6m，切换插板阀需要 2h 左右，费时费力。

采用电炉直接升温，方便节约时间。20 万吨装置一段电炉配约 2000kW，四段电炉约 1000kW。

② 轻柴油或天然气预热升温：这里强调的是，预热量在国内一般设定为总气量的 20%～35%，随着环保要求的严格，参照国外的设计，一般预热空气量或炉气量应达到总气量的 60%～70%。预热能力的提高，催化剂温度多层达到起燃温度，在“通气”操作时更稳定，可以获得 95%以上的转化率，有效避免开停车时的污染。

（9）主风机

$$\text{进口气量}=67294.98\text{m}^3/\text{h}\times\frac{273+50}{273}\times\frac{101.32}{100-10.6}=1504.0\text{m}^3/\text{min}$$

风机气量富余 1.1～1.15 倍，则风机气量选择：$1750\text{m}^3/\text{min}$。

风机压头的选择要结合设备和工艺流程来确定，系统阻力包括净化设备阻力降，转化催化剂层、换热器管程和壳程阻力降、干吸塔（含填料、除雾器）阻力降等。不同的催化剂、不同的填料、不同的除雾器配置，其阻力不同，应在设备订货前核算出系统的总阻力降，来确定风机压头。一般风机总升压应富余 5～6kPa。硫铁矿制酸风机总升压根据目前流程，一般选择 30～45kPa，冶炼烟气制酸选择则会更高一些。

主风机和其它运转设备应配用工业变频器，根据经验可节约 10%～20%的用电，一至二年可回收变频器投资。

（10）转化设备、管道保温 转化设备、管道的保温现在一般使用复合硅酸盐（硅酸铝）材料。实际的保温厚度比理论计算出来的保温厚度要厚许多，所以理论计算值仅供参考，一般转化保温厚度在考虑建设地气候条件和转化进气二氧化硫浓度条件下，根据经验来确定。寒冷地区和进气二氧化硫浓度低，则要适当增加保温厚度。北方地区参考的保温厚度见表 3-2-22 和表 3-2-23。

表 3-2-22　设备保温厚度参考表

项目	转化器	Ⅰ换	Ⅱ换	Ⅲ换	Ⅵ换	Ⅴ换
保温厚度/mm	300～350	250～300	250～300	200～250	200～250	200～250

表 3-2-23　管道保温厚度参考表

项目	500℃左右管道	400℃左右管道	200℃左右管道	100℃左右管道	100℃左右管道
保温厚度/mm	250～300	200～250	150～200	100～150	50～150

五、干吸工段

计算参考的硫铁矿制酸干吸工段流程图见图 3-2-5。

1. 干燥塔物料计算

（1）干燥塔进口气量及成分　进塔气温 40℃，实际上因干燥塔进口补充室外空气，进干燥塔气温＜40℃）。

按净化计算，进干燥塔气体量及成分如表 3-2-24。

表 3-2-24　干燥塔进口气体量及成分

项目	SO_2	O_2	N_2	H_2O	合计
气量/(kmol/h)	255.36	274.35	2474.53	225.50	3229.74
气量/(m^3/h)	5720.06	6145.44	55429.47	5051.20	72346.17
占比(体积分数)/%	7.91	8.50	76.62	6.98	100

（2）干燥塔出口气体量及成分　出干燥塔气体量及成分（为计算方便，假设水分在干燥塔内全部被吸收）：SO_2 255.36kmol/h，O_2 274.35kmol/h，N_2 2474.53kmol/h。合计：3004.24kmol/h＝67294.98m^3/h。

（3）上塔酸、出塔酸量、酸温及浓度　上塔酸温度：50℃。设定上塔酸量：400m^3/h，即 720400kg/h（酸密度 1801kg/m^3）。上塔酸浓度：94%。

干燥塔吸收水分：225.50×18＝4059.00kg/h。

出塔酸量：720400＋225.50×18＝724459.00kg/h。

则出塔酸浓度：$\dfrac{400\times1801\times0.94}{724459.00}=93.5\%$。

2. 中间吸收塔物料计算（中间吸收塔、需用低压蒸汽的，可做成两段式高温吸收塔；需生产发烟硫酸的，可在塔前增设淋降板式发烟酸塔）：

（1）中间吸收塔进口气量及成分　中间吸收塔进口气体量即前面转化计算，一次转化气体气量为 64578.08m^3/h，即 2882.95kmol/h，成分如下：SO_2 12.77kmol/h，SO_3 242.59kmol/h，O_2 153.06kmol/h，N_2 2474.53kmol/h。

（2）中间吸收塔出口气量及成分（假定 SO_3 全部被吸收）　SO_2 12.77kmol/h，O_2 153.06kmol/h，N_2 2474.53kmol/h。合计：2640.36kmol/h＝59144.06m^3/h。

（3）中间吸收塔上塔酸、出塔酸量、酸温及浓度　上塔酸温度：70℃。设定上塔酸量：400m^3/h，即 715200kg/h。上塔酸浓度：98%。中间吸收塔吸收 SO_3 量：242.59kmol/h。

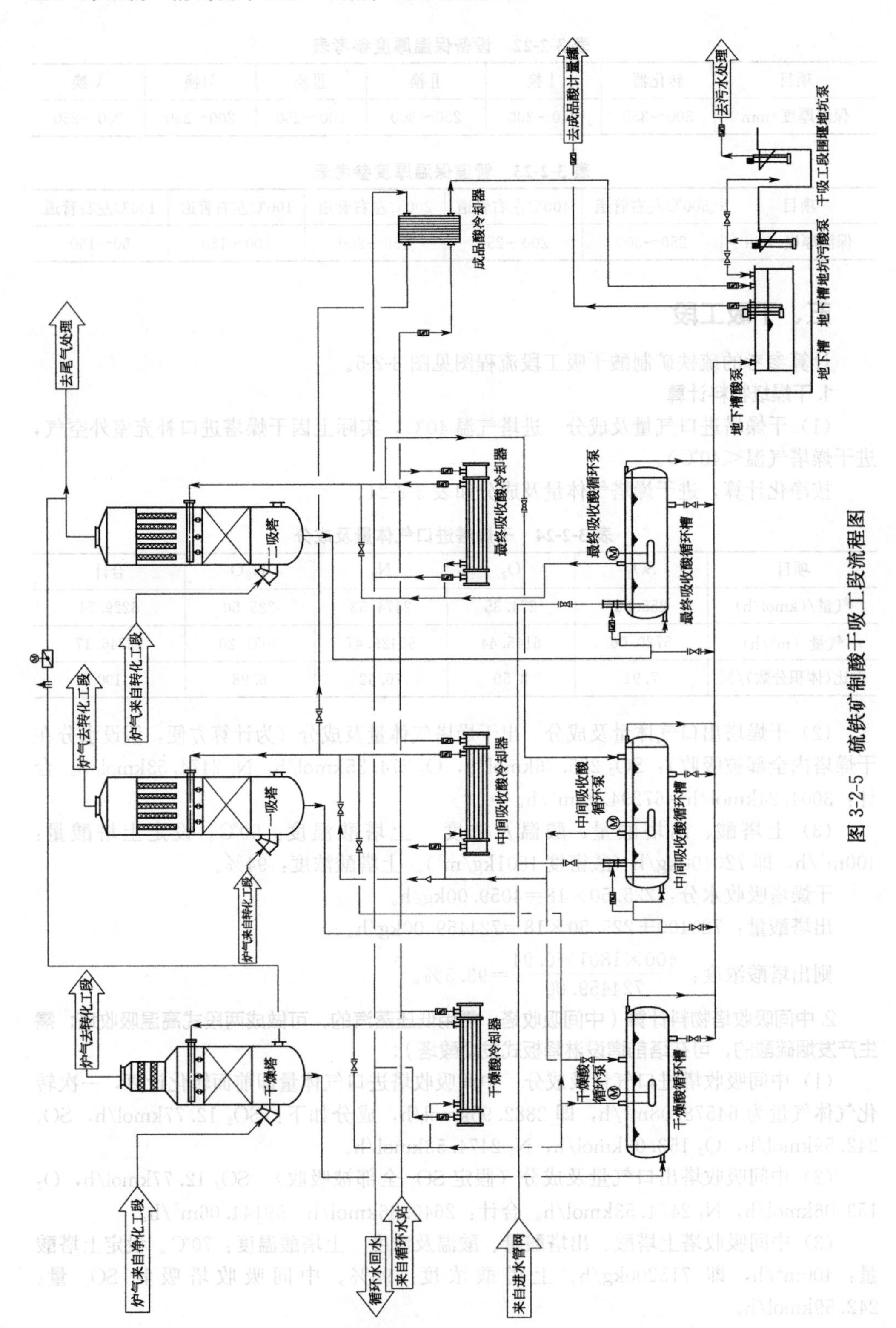

图 3-2-5 硫铁矿制酸干吸工段流程图

出塔酸量：400×1788＋242.59×80＝734607.20kg/h。

则出塔酸浓度：$\dfrac{400\times1788\times0.98+242.59\times98}{400\times1788+242.59\times80}=98.65\%$。

3. 最终吸收塔物料计算

(1) 最终吸收塔进口气量及成分　最终吸收塔进口气体量即前面转化计算，二次转化气体气量为 59003.17m^3/h，即 2634.07kmol/h，成分如下：SO_2 0.204kmol/h，SO_3 12.57kmol/h，O_2 146.77kmol/h，N_2 2474.53kmol/h。

(2) 最终吸收塔出口气量及成分（假定 SO_3 全部被吸收）　SO_2 0.204kmol/h，O_2 146.77kmol/h，N_2 2474.53kmol/h。合计：2621.50kmol/h＝58721.60m^3/h。

(3) 最终吸收塔上塔酸、出塔酸量、酸温及浓度　上塔酸温度：70℃。设定上塔酸量：400m^3/h 即 715200kg/h。上塔酸浓度：98%。最终吸收塔吸收 SO_3 量：12.57kmol/h（假定 SO_3 全部被吸收）。

出塔酸量：400×1788＋12.57×80＝716205.60kg/h。

则出塔酸浓度：$\dfrac{400\times1788\times0.98+12.57\times98}{400\times1788+12.57\times80}=98.03\%$。

(4) 二吸塔串至一吸塔循环槽的 98%酸量（在酸冷器出口串酸）：

$12.57\times98\times\dfrac{100}{98}=1257\text{kg/h}=0.70\text{m}^3/\text{h}$。

4. 干吸工段加水量

进入干吸工段炉气带入水量：4059.00kg/h。

系统全部生产 98%酸含总水量：$\dfrac{25000}{0.98}-\dfrac{25000}{98}\times80=5102.0\text{kg/h}$。

干吸总加水量：5102.0－4059.00＝1043.00kg/h。

5. 干燥系统热量计算

(1) 干燥塔带入热　（入塔气温 40℃，补充空气为 32℃，统一按 40℃计算）。

① 入塔气体带入热量：

SO_2：255.36×41.57＝10615.32kJ/(h·℃)

O_2：274.35×29.37＝8057.66kJ/(h·℃)

N_2：2474.53×28.45＝70400.38kJ/(h·℃)

H_2O：225.50×32.71＝7376.11kJ/(h·℃)

式中，41.57、29.37、28.45、32.71 分别是 0～40℃ SO_2、O_2、N_2、H_2O 气体的平均热容，kJ/(kmol·K)。

以上合计混合气体平均热容：96449.46kJ/(h·℃)。

入塔炉气带入热：96449.46×40℃＝3857978.40kJ/h。

② 入塔炉气带水冷凝热

$$4059.00\times2405=9761895.00\text{kJ/h}$$

式中，2405 为水的蒸发热，kJ/kg。

③ 上塔酸带入热

$$400\times1801\times78.7=56695480.00\text{kJ/h}$$

式中，78.7 为 50℃ 94%硫酸的热焓，kJ/kg；1801 为 50℃ 94%硫酸的密度，

kg/m^3。

④ 反应稀释热：94%→93.5%。

$$n_1=\frac{6/18}{94/98}=0.3475 \qquad Q_1=\frac{17860\times0.3475}{1.7983+0.3475}\times4.1868=12109.58\text{kJ/kmol}$$

$$n_2=\frac{6.5/18}{93.5/98}=0.3784 \qquad Q_2=\frac{17860\times0.3784}{1.7983+0.3783}\times4.1868=12999.18\text{kJ/kmol}$$

则稀释反应热：

$$\frac{400\times0.94\times1801}{98}\times(12999.18-12109.58)=6147099.69\text{kJ/h}$$

⑤ 以上4项合计干燥塔带入总热：76462453.09kJ/h。

(2) 干燥塔带出热量（出塔气温50℃）

出塔炉气带出热：

SO_2：255.36×41.7=10648.51kJ/(h·℃)

O_2：274.35×29.41=8068.63kJ/(h·℃)

N_2：2474.53×28.49=70499.36kJ/(h·℃)

式中，41.7、29.41、28.49分别是SO_2、O_2、N_2气体0～50℃平均热容，kJ/(kmol·K)。

以上合计混合气体平均热容：89216.50kJ/(h·℃)

入塔炉气带入热：89216.50×50=4460825.00kJ/h

(3) 干燥塔出塔酸温

出塔酸热焓值：(76462453.09−4460825.00)/724459.00=99.40kJ/kg

查表得93.5%酸温为：63℃。

(4) 干燥塔串酸量计算

① 一吸循环吸收系统串入的98%酸（70℃）量$V_{串入}$(m^3/h)：

$$\frac{98\%\times V_{串入}\times1788}{V_{串入}\times1788+4059.00}=94\%$$

计算得串入的98%酸量$V_{串入}=53.35m^3/h=95389.80kg/h$

② 干燥塔酸串至一吸的94%酸量（50℃）：

$$V_{串出}=724459.00+95389.80-400\times1801=99448.80\text{kg/h}=55.22\text{m}^3/\text{h}$$

(5) 干燥塔循环槽热量计算

① 干燥循环槽带入热量

a. 干燥塔出塔酸带入热量（93.5%、63℃）

$$99.39\times724459.00=72003980.01\text{kJ/h}$$

式中，99.43为出塔酸热焓，kJ/kg。

b. 串入的98%酸带入热量（70℃）

$$95389.80\times105.1=10025467.98\text{kJ/h}$$

式中，105.1为70℃串入98%酸热焓，kJ/kg。

c. 干燥塔循环槽混合热即出塔酸93.5%与串入的98%酸混合热（混合后酸浓度94%）

$$98\%：n_1=\frac{2/18}{98/98}=0.111$$

$$q_1=\frac{17860\times0.111}{1.7983+0.111}\times4.1868=4347.22\text{kJ/kmol}$$

$$m_1=95389.80\times98\%/98=953.90\text{kmol}$$

93.5%：$n_2=\dfrac{6.5/18}{93.5/98}=0.378$

$$q_2=\frac{17860\times0.3784}{1.7983+0.3783}\times4.1868=12999.18\text{kJ/kmol}$$

$$m_2=724459.00\times93.5\%/98=6911.93\text{kmol}$$

94%：$n_3=\dfrac{6/18}{94/98}=0.3475$

$$q_3=\frac{17860\times0.3475}{1.7983+0.3475}\times4.1868=12109.58\text{kJ/kmol}$$

$$\begin{aligned}Q_{混}&=q_3(m_1+m_2)-q_2m_2-q_1m_1\\&=12109.58\times(6911.93+953.90)-12999.18\times6911.93-953.90\times4347.22\\&=1255662.28\text{kJ/h}\end{aligned}$$

② 干燥塔循环槽酸温

循环酸带入总热量：

1255662.28＋72003980.01＋10025467.98＝83285110.27kJ/h

循环酸热焓＝83285110.27/(7244459.00＋95389.80)＝101.59kJ/kg

查表得循环槽94%酸温为：64.5℃。

(6) 干燥塔循环酸冷却器换热量（64.5℃→50℃）

进入酸量为：400×1801＋995448.80(串出量)＝819848.80kg/h

$$Q_{干换}=819848.80\times(101.47—77.65)=19528798.42\text{kJ/h}$$

式中，77.65为酸浓度94%、50℃时的硫酸焓值，kJ/kg。

6. 一吸塔系统热量计算

(1) 一吸塔带入热

① 入塔气体带入热量（入塔气温180℃）

SO_2：12.77×43.26＝552.43kJ/(h·℃)

SO_3：242.59×55.84＝13546.23kJ/(h·℃)

O_2：153.06×29.94＝4582.62kJ/(h·℃)

N_2：2474.53×28.94＝71612.90kJ/(h·℃)

式中，43.26、55.84、29.94、28.94分别是SO_2、SO_3、O_2、N_2气体0～180℃的平均热容，kJ/(kmol·K)。

以上合计混合气体平均热容：90294.18kJ/(h·℃)。

入塔炉气带入热：90294.18×180＝16252952.40kJ/h。

(一次转化气体第Ⅲ换热器SO_3出口气温258℃经过热管省煤器回收热量后，出口温度182℃去一吸塔，管道热损2℃)

② 上塔酸带入热（上塔酸温70℃）

400×1788×105.1＝75167520.00kJ/h

式中，105.1为70℃、98%硫酸的热焓，kJ/kg；1788为70℃、98%硫酸的密度，

kg/m³。

③ 吸收反应热 分四部分计算：Q_1，气态 SO_3 冷凝热；Q_2，液态 SO_3 生成 100%硫酸放热；Q_3，100%硫酸稀释至出塔酸浓度 98.65%的稀释热；Q_4，入塔酸的浓缩热。

$$Q_1=242.59\times36840=8937015.60\text{kJ/h}$$

式中，36840 为 70℃时气态 SO_3 的冷凝热，kJ/kmol。

$$Q_2=242.59\times96.7\times10^3=23458453.00\text{kJ/h}$$

式中，96.7 为液态 SO_3 与水混合生成 100%硫酸时的放热，kJ/mol SO_3

稀释热 Q_3：

100%→98.65%

$n_1=0$，$Q_1=0$。

$$n_2=\frac{1.35/18}{98.65/98}=0.0745 \qquad q_2=\frac{17860\times0.0745}{1.7983+0.0745}\times4.1868=2974.6\text{kJ/kmol}$$

$$Q_3=242.59\times2974.6=721608.21\text{kJ/h}$$

上塔酸浓缩热 Q_4：

98%→98.65%

$$n_1=\frac{2/18}{98/98}=0.111 \qquad q_1=\frac{17860\times0.111}{1.7983+0.111}\times4.1868=4347.22\text{kJ/kmol}$$

$$n_2=\frac{1.35/18}{98.65/98}=0.0745 \qquad q_2=\frac{17860\times0.0745}{1.7983+0.0745}\times4.1868=2974.6\text{kJ/kmol}$$

$$Q_4=\frac{400\times1801\times0.98}{98}\times(2947.60-4347.22)=-9816978.24\text{kJ/h}$$

以上合计一吸塔总反应热：$Q_1+Q_2+Q_3+Q_4=23300098.57$kJ/h。

④ 一吸塔带入总热以上合计：114720571.00kJ/h。

(2) 出塔炉气带出热（出塔气温 70℃）

SO_2：12.77×41.95=535.70kJ/(h·℃)

O_2：153.06×29.48=4512.21kJ/(h·℃)

N_2：2474.53×28.56=70672.58kJ/(h·℃)

式中，41.95、29.48、28.56 分别是 0～70℃ SO_2、O_3、N_2 气体的平均热容，kJ/(kmol·K)。

以上合计混合气体平均热容：75720.49kJ/(h·℃)。

出塔炉气带出热：75720.49×70℃=5300434.30kJ/h。

(3) 一吸塔出塔酸温

出塔酸热焓值：(114720571.00−5300434.30)/734607.2=148.95kJ/kg

查表得 98.65%酸温为：97.5℃。

(4) 一吸塔循环槽加水量计算

$$\frac{734607.20\times0.9865+0.94\times99448.80}{734607.20+99448.80+t_{加}}=98\%$$

式中，$t_{加}=813.26$kg/h。

(5) 一吸塔循环槽热量计算

① 一吸循环槽带入热

a. 一吸塔出塔酸带入热

$$114720571.00-5300434.30=109420136.70\text{kJ/h}$$

b. 干燥塔串入的94%酸带入热（50℃）

$$99448.80\text{kg}\times 77.65=7722199.32\text{kJ/h}$$

式中，77.65为94%、50℃硫酸焓值，kJ/kg。

c. 一吸塔加水带入热

$$813.26\times 4.18\times 28=95183.95\text{kJ/h}$$

d. 二吸塔串入酸带入热（70℃，98%酸）

$$12.57\times 98\times \frac{100}{98}\times 105.1=132110.70\text{kJ/h}$$

e. 一吸塔循环槽稀释热即出塔酸98.65%稀释至98%时放出热

$$n_1=\frac{1.35/18}{98.65/98}=0.0745 \qquad q_1=\frac{17860\times 0.0745}{1.7983+0.0745}\times 4.1868=2974.6\text{kJ/kmol}$$

$$n_2=\frac{2/18}{98/98}=0.111 \qquad q_2=\frac{17860\times 0.111}{1.7983+0.111}\times 4.1868=4347.22\text{kJ/kmol}$$

$$Q_{稀释}=\frac{73460.72\times 0.9865}{98}\times(4347.22-2974.6)=10150244.81\text{kJ/h}$$

f. 一吸塔循环槽串入94%干燥酸浓缩热（94%→98%）

$$n_1=\frac{6/18}{94/98}=0.3475 \qquad q_1=\frac{17860\times 0.3475}{1.7983+0.3475}\times 4.1868=12109.58\text{kJ/kmol}$$

$$n_2=\frac{2/18}{98/98}=0.111 \qquad q_2=\frac{17860\times 0.111}{1.7983+0.111}\times 4.1868=4347.22\text{kJ/kmol}$$

$$Q_{浓缩}=\frac{99448.80\times 0.94}{98}\times(4347.22-12109.58)=-7404489.22\text{kJ/h}$$

② 一吸塔循环槽混合后酸温

一吸塔循环酸带入总热量$=109420136.70+7722199.32+95183.95+132110.70+10150244.81-7404489.22$

$=120115386.30\text{kJ/h}$

循环酸热焓$=120115386.30/\left(734607.20+813.26+99448.80+\frac{12.57\times 98}{0.98}\right)$

$=143.66\text{kJ/kg}$

查表得循环槽98%酸温为：94℃。

(6) 一吸塔循环酸冷却器换热量

冷却温差：94℃→70℃。

进入酸冷却器酸量为：

$$400\times 1788(\text{上塔酸量})+\frac{25000}{0.98}(\text{产酸量})+95389.80(\text{串至干燥塔酸量})=836100.00\text{kg/h}$$

式中，1788为98%酸浓、酸温为70℃的硫酸密度，kg/m³。

$$Q_{一换}=836100.00\times(144.17-105.1)=32666427.00\text{kJ/h}$$

式中，144.17、105.1分别为94℃、70℃时98%硫酸的焓值，kJ/kg。

7.二吸塔系统热量计算

(1) 二吸塔带入热

① 入塔气体带入热量（入塔气温160℃）

SO_2：0.204×43.15＝8.80kJ/(h·℃)

SO_3：12.57×55.45＝697.01kJ/(h·℃)

O_2：146.77×29.89＝4386.85kJ/(h·℃)

N_2：2474.53×28.91＝71538.66kJ/(h·℃)

式中，43.15、55.45、29.89、28.91 分别是 SO_2、SO_3、O_2、N_2 气体 0～172℃的平均热容，kJ/(kmol·K)。

以上合计混合气体平均热容：76631.32kJ/(h·℃)。

入塔炉气带入热：76631.32×160℃＝12261011.20kJ/h。

② 上塔酸带入热（上塔酸温70℃）

$$400\times1788\times105.1=75167520.00\text{kJ/h}$$

式中，105.1 为70℃、98%硫酸的热焓，kJ/kg；1788 为70℃、98%硫酸的密度，kg/m^3。

③ 吸收反应热　分四部分计算：Q_1，气态 SO_3 冷凝热；Q_2，液态 SO_3 生成100%硫酸放热；Q_3，100%硫酸稀释至出塔酸浓度98.65%的稀释热；Q_4，入塔酸的浓缩热。

$$Q_1=12.57\times36840=463078.80\text{kJ/h}$$

式中，36840 为70℃时的气态 SO_3 冷凝热，kJ/kmol。

$$Q_2=12.57\times96.7\times10^3=1215519.00\text{kJ/h}$$

式中，96.7 为液态 SO_3 与水混合生成100%硫酸时放热，kJ/mol SO_3。

稀释热 Q_3：

100%→98.03%

$n_1=0$　　　$Q_1=0$

$$n_2=\frac{1.97/18}{98.03/98}=0.1094\qquad q_2=\frac{17860\times0.1094}{1.7983+0.1094}\times4.1868=4288.16\text{kJ/kmol}$$

$Q_3=12.57\times4288.16=53902.17$kJ/h

浓缩热 Q_4：

98%→98.03%

$$n_1=\frac{2/18}{98/98}=0.111\qquad q_1=\frac{17860\times0.111}{1.7983+0.111}\times4.1868=4347.22\text{kJ/kmol}$$

$$n_2=\frac{1.97/18}{98.03/98}=0.1094\qquad q_2=\frac{17860\times0.1094}{1.7983+0.1094}\times4.1868=4288.16\text{kJ/kmol}$$

$$Q_4=\frac{400\times1801\times0.98}{98}\times(4288.16-4347.22)=-425468.24\text{kJ/h}$$

以上合计二吸塔总反应热：$Q_1+Q_2+Q_3+Q_4=1307031.73$kJ/h。

④ 二吸塔带入总热以上合计：88735562.93kJ/h。

(2) 二吸塔出塔炉气带出热（出塔气温70℃）

SO_2：0.204×41.95＝8.56kJ/(h·℃)

O_2：146.77×29.48＝4326.39kJ/(h·℃)

N_2：2474.53×28.56＝70672.58kJ/(h·℃)

式中，41.95、29.48、28.56 分别是 0～70℃ SO_2、O_3、N_2 气体的平均热容，kJ/(kmol·K)。

以上合计混合气体平均热容：75007.53kJ/(h·℃)。

入塔炉气带出热：75007.53×70℃＝5250527.10kJ/h。

(3) 二吸塔出塔酸温

二吸塔出塔酸热焓值：(88735562.93－5250527.10)/716193.6＝116.58kJ/kg。

查表得 98.03%酸温约为 77.2℃。

(4) 二吸塔循环槽加水量计算

$$\frac{12.57\times98}{12.57\times80+t_{加}}=98\%$$

式中，$t_{加}$＝251.40kg/h。

(5) 二吸塔循环槽热量计算

① 二吸塔循环槽带入热

a. 二吸塔出塔酸带入热

$$88735562.93-5250527.10=83485035.83\text{kJ/h}$$

b. 二吸塔加水带入热

$$251.40\times4.18\times28=29423.86\text{kJ/h}$$

c. 二吸塔循环槽稀释热即出塔酸 98.03%稀释至 98%放出热

$$n_2=\frac{1.97/18}{98.03/98}=0.1094 \qquad q_2=\frac{17860\times0.1094}{1.7983+0.1094}\times4.1868=4288.16\text{kJ/kmol}$$

$$n_2=\frac{2/18}{98/98}=0.111 \qquad q_2=\frac{17860\times0.111}{1.7983+0.111}\times4.1868=4347.22\text{kJ/kmol}$$

$$Q_{稀}=\frac{716205.60\times0.9803}{98}\times(4347.22-4288.16)=423120.51\text{kJ/h}$$

d. 二吸塔循环槽总热

以上合计：83937580.20kJ/h。

② 二吸塔循环槽混合后酸温

$$循环酸热焓=83937580.20/(716205.6+251.40)=117.16\text{kJ/kg}$$

查表得循环槽 98%酸温为：77.6℃。

(6) 二吸塔循环酸冷却器换热量

冷却温差：77.6℃→70℃。

进入酸冷却器酸量为：716205.6＋251.40＝716457.00kg/h。

$$Q_{二换}=716457.00\times(118.21-105.1)=9392751.27\text{kJ/h}$$

式中，118.21、105.1 分别是 77.6℃、70℃时 98%硫酸的焓值，kJ/kg。

8. 干吸工段设备计算

(1) 干燥塔工艺条件与直径

① 干燥塔设备工艺条件：见表 3-2-25。

表 3-2-25 干燥塔设备工艺条件

项目	指标	项目	指标
进口气量	$72346.17m^3/h$	出口气量	$67294.98m^3/h$
进气温度	40℃	出气温度	50℃
进气压力	−8.1kPa	出气压力	−10.6kPa
上塔酸温	50℃	出塔酸温	63℃
上塔酸量	$400m^3/h$	上塔酸浓	94%

② 干燥塔直径

干燥塔进口工况气量：

$$V_{进}=72346.17m^3/h\times\frac{273+40}{273}\times\frac{101.32}{100-8.1}=91448.57m^3/h=25.40m^3/s$$

干燥塔出口工况气量：

$$V_{进}=67294.98m^3/h\times\frac{273+50}{273}\times\frac{101.32}{100-10.6}=90236.08m^3/h=25.07m^3/s$$

干燥塔平均气量：

$$\frac{\pi}{4}D^2v=25.24m^3/s$$

式中，v 为空塔操作气速，m^3/s，一般取 1.0～1.8m^3/s，现取 1.4m/s；D 为干燥塔内径，$D=4800mm$。

由此核算干燥塔的喷淋密度：22.1$m^3/(m^2\cdot h)$。

(2) 干燥塔酸冷却器换热面积及循环冷却水量

干燥塔酸冷却器换热量 $Q_{换}=19528798.42kJ/h$

Δt： 64℃⟶50℃

40℃⟵32℃

$\Delta t_1=24℃$，$\Delta t_2=18℃$，$\Delta t=21℃$。

$$F=\frac{19528798.42}{800\times3.6\times21}\times1.2\approx388m^2$$

式中，800 为酸冷器传热系数，$W/(m^2\cdot K)$，浓酸冷却器目前一般选用带阳极保护管壳式酸冷器或板式换热器较多，板式换热器传热系数可以达到 2000～2500$W/(m^2\cdot K)$，管壳式酸冷却器可以达到 800$W/(m^2\cdot K)$ 左右。1.2 是富余系数，在上塔酸温控制较低（比如 65℃）时，需要的换热面积会增加。

干燥塔冷却水量 $\omega=\frac{19528798.42}{4.18}/(40-32)=584m^3/h$

(3) 一吸塔工艺条件及直径

① 一吸塔工艺设计条件：见表 3-2-26。

表 3-2-26 一吸塔工艺设计条件

项目	指标	项目	指标
进口气量	$64578.08m^3/h$	出口气量	$59144.06m^3/h$

续表

项目	指标	项目	指标
进气温度	180℃	出气温度	70℃
进气压力	20.2kPa	出气压力	15.7kPa
上塔酸温	70℃	出塔酸温	97.5℃
上塔酸量	$400m^3/h$	上塔酸浓	98%

② 一吸塔直径

一吸塔进口工况气量：

$$V_{进}=64578.08m^3/h\times\frac{273+180}{273}\times\frac{101.32}{100+20.2}=90325.71m^3/h=25.10m^3/s$$

一吸塔出口工况气量：

$$V_{进}=59144.06m^3/h\times\frac{273+70}{273}\times\frac{101.32}{100+15.7}=65111.49m^3/h=18.08m^3/s$$

一吸塔平均气量：

$$\frac{\pi}{4}D^2v=21.59m^3/s$$

式中，v 为空塔操作气速，m^3/s，一般取 $1.0\sim1.8m^3/s$，现取 1.2m/s；D 为一吸塔内径，$D=4800mm$。

由此核算一吸塔的喷淋密度：$22.1m^3/(m^2\cdot h)$。

(4) 一吸塔酸冷却器换热面积及循环冷却水量

一吸塔酸冷却器换热量 $Q_{换}=32666427.00kJ/h$

Δt：　94 ⟶ 70

　　40 ⟵ 32

$\Delta t_1=54℃$，$\Delta t_2=38℃$，$\Delta t=46℃$。

$$F=\frac{32666427.00}{800\times3.6\times46}\times1.2=296m^2$$

式中，800 为酸冷器传热系数，$W/(m^2\cdot K)$。

$$一吸塔冷却水量\ \omega=\frac{32666427.00}{4.18}/(40-32)=977m^3/h$$

(5) 二吸塔工艺条件及直径

① 二吸塔工艺设计条件：见表 3-2-27。

表 3-2-27　二吸塔工艺设计条件

项目	指标	项目	指标
进口气量	$59003.17m^3/h$	出口气量	$58721.60m^3/h$
进气温度	172℃	出气温度	70℃
进气压力	8kPa	出气压力	4kPa
上塔酸温	70℃	出塔酸温	77.2℃
上塔酸量	$400m^3/h$	上塔酸浓	98%

② 二吸塔直径

二吸塔进口工况气量：

$$V_{进}=59003.17m^3/h\times\frac{273+160}{273}\times\frac{101.32}{100+8}=87795.45m^3/h=24.39m^3/s$$

二吸塔出口工况气量：

$$V_{进}=58721.60m^3/h\times\frac{273+70}{273}\times\frac{101.32}{(100+4)}=71889.45m^3/h=19.97m^3/s$$

二吸塔平均气量：22.18m³/s

$$\frac{\pi}{4}D^2v=22.18$$

式中，v 为空塔操作气速，m³/s，一般取 1.0～1.8m³/s，现取 1.25m/s；D 为二吸塔内径，D=4800mm。

由此核算二吸塔的喷淋密度：22.1m³/(m²·h)。

(6) 二吸塔酸冷却器换热面积及循环冷却水量

二吸塔酸冷却器换热量 $Q_{换}$=9392751.27kJ/h

Δt：　77.6 ⟶ 70

　　　40 ⟵ 32

Δt_1=37.6℃，Δt_2=38℃，Δt=37.8℃。

$$F=\frac{9392751.27}{800\times3.6\times37.8}\times1.2=104m^2$$

式中，800 为酸冷器传热系数，W/(m²·K)。

$$二吸塔冷却水量\ \omega=\frac{9392751.27}{4.18}/(40-32)=280m^3/h$$

(7) 干吸塔循环槽和循环泵　干吸塔上酸量均为 400m³/h，循环槽容积一般为占循环酸量的 10%～15%，以酸泵停泵后循环槽不溢流为准。本计算干吸塔采用低位配置，循环槽容积选择占循环酸量的 10%，即 40m³，循环槽容积利用系数 0.85。则循环槽实际容积为 40/0.85≈47m³。选用卧式槽，$\phi_{内}$ 2758mm×8000mm。

(8) 干吸循环泵的确定

干燥循环泵：循环槽温度 64℃，酸浓度 94%，酸密度 1794kg/m³。

干燥泵循环量：上酸量(720400kg/h)+串酸量(99448.80kg/h)=819848.80kg/h=457m³/h。

一吸循环泵：循环槽温度 94℃，酸浓度 98%，酸密度 1766kg/m³。

一吸泵循环量：上酸量(715200kg/h)+串酸量(95389.80kg/h)+产酸量(25510kg/h)=836099.80kg/h=474m³/h。

二吸循环泵：循环槽温度 78.3℃，酸浓度 98%，酸密度 1766kg/m³。

二吸泵循环量：上酸量(715200kg/h)+串酸量(1257kg/h)=716457kg/h=405.7m³/h。

综合考虑，干燥泵和一吸泵选择同一型号：流量为 480m³/h，扬程 28m，3 台（1 台库存备用）。

二吸泵选择 400m³/h，扬程 28m，2 台（1 台库存备用）。

干吸泵应配置变频调速，干吸泵（含二吸泵）也可选择同一型号，便于维修，只库存备用一台，这时可以在二吸泵出口产酸。

六、尾吸工段

一般制酸工艺控制严格，二吸塔尾气排放的SO_2和酸雾指标完全可以达到新国标要求，不需要设置尾气处理工段。但如果考虑系统开停车时可能会造成烟囱排放短期超标，则需要设置尾气卫生塔系统。但依目前建设地的环保要求，一般都要设置尾气处理系统，才能满足环保排放要求。

尾气处理的方法较多，要依据建设地条件等因素，选择合适的尾气处理方法。本计算选用“双氧水吸收＋尾气电除雾”的尾气处理方法。

1. 尾气处理量和成分

尾吸塔进口气量：58721.60m^3/h。

尾气气体成分：SO_2 0.204kmol/h，O_2 146.77kmol/h，N_2 2474.53kmol/h。

另含酸雾约25mg/m^3（二吸塔出口纤维除雾器指标）。

尾气进口温度70℃，出口温度约50℃。

吸收循环液：0.1%～1.0%H_2O_2溶液。

2. 尾吸塔吸收SO_2量

设定进口尾气SO_2平均含量400mg/m^3，出口尾气SO_2平均含量50mg/m^3。

则吸收的SO_2量：350×58721.60＝20.57kg/h

消耗双氧水量计算：

$$SO_2 + H_2O_2 \longrightarrow H_2SO_4$$

理论双氧水消耗量：20.57×34/64≈10.93kg/h(以100%H_2O_2计)≈39.75kg/h(以27.5%H_2O_2计)

生产稀硫酸量：20.57×98/64≈31.50kg/h(以100%H_2SO_4计)＝126kg/h(以25%H_2SO_4计)

由于排出的25%稀硫酸成品中还含有约0.1%～1.0%的H_2O_2，所以实际生产中消耗的双氧水溶液要比上述理论计算值的高一些，实际双氧水消耗量：

10.93kg/h(以100%H_2O_2计)×1.05＝11.48kg/h(以100%H_2O_2计)

折27.5%浓度双氧水消耗为41.75kg/h

3. 尾气吸收塔

因为采用双氧水吸收，不用担心循环液有结晶出现，吸收塔可以采用空塔，也可以使用填料塔，为保证吸收率，一般使用填料塔。

$$进塔气量 = 58/21.60m^3/h \times \frac{273+70}{273} = 73778.42m^3/h = 20.5m^3/s$$

则
$$\frac{\pi}{4}D^2 v = 20.5$$

操作气速选择1.36m/s，则尾气吸收塔直径为4400mm，填料高度为3000mm，循环量360m^3/h。

另外，吸收尾气为干燥后气体，不需要设置冷却设备，吸收过程存在绝热蒸发过程，气体带走水分（也就是尾气吸收塔补充的水分）量：

$$\frac{58721.60\times 18}{22.4}\times\frac{12.33}{100+12.33}=5179.52\text{kg/h}$$

式中，12.33 是 50℃水的蒸气压，kPa。

4. 尾气电除雾

制酸尾气虽经过二吸塔纤维除雾器除雾，仍含有约 25mg/m³ 的酸雾和微量固体颗粒物，目前有一些地方执行的排放标准是酸雾浓度≤5mg/m³，固体颗粒物浓度≤10mg/m³，因此在尾吸塔后部还要设置尾气电除雾，以满足酸雾和固体颗粒物的排放标准。

电除雾管材质采用亲水性导电 PVC，其阳极管直径 250mm，尾气电除雾操作气速选择 1.8m/s（一般为 1.0～2.0m/s），由下面的公式

$$n\times 0.049\times 1.8=20.5$$

计算得电除雾管数 n＝228 管，管长 4000mm。

5. 尾气吸收稀酸储槽和双氧水储槽

生产出的 20%～30%或更高浓度的稀硫酸一般都代替工艺水加入干吸工段，为保证稀硫酸可以分时段加入到干吸工段，稀酸储槽要能容纳至少 3 天的产量。而双氧水储槽要保证一个普通运输车辆的容积量。同时由于双氧水浓度较高，容易挥发分解，双氧水储槽建议放置在地下（兼卸车槽用）。如果双氧水储槽放置在地上，则要采取保冷措施，防止温度过高。但无论放置在地上还是地下双氧水储槽都要采取防爆措施。

6. 尾气烟囱

尾气烟囱材质目前以 FRP 居多，也可使用钢衬 PO、耐酸不锈钢或普通碳钢。根据国标 GB 26132—2010 规定，烟囱高度应比烟囱周围半径 200m 范围内最高建筑物高 3m。一般最低不得低于 45m。

烟气量和操作气速决定烟囱直径，目前国内烟囱操作气速控制在 10～15m/s，还有增高的趋势，达到 12～20m/s。但国外一些国家烟囱排放速度不是很高，一般为 6～12m/s，这样可减少尾气带沫。另外在烟囱顶部还有一个收缩口，气速可提高到 35m/s 左右，目的是减少尾气的“烟羽”现象。

烟囱直径计算如下：

$$v_{进}=(58721.60+5179.52\times 22.4/18)\times\frac{273+50}{273}$$

$$\approx 77102.61\text{m}^3/\text{h}\approx 21.42\text{m}^3/\text{s}(\text{尾气进口压力约 0kPa})$$

烟囱操作气速选 10.66m/s，则烟囱直径 1600mm。

7. 尾吸泵的选择

循环泵：选择使用填料塔，喷淋密度选择 22m³/(m²·K)，循环泵流量 350m³/h，泵压头 24m。

七、系统阻力设定

下面是本书计算选用的系统阻力和设备阻力降。

1. 系统负压（至主风机进口）（见表3-2-28）

表3-2-28 系统负压

位置	沸腾炉出口	锅炉出口	旋风出口	电尘出口	一级洗涤器出口	冷却塔出口	二级洗涤器出口	一电雾出口	二电雾出口	干燥塔出口	管道
压力/kPa	−0.2	−0.7	−1.8	−2.3	−4.3	−5.3	−6.8	−7.3	−7.8	−10.3	−11.3

2. 系统负压设备阻力降（见表3-2-29）

表3-2-29 系统负压设备阻力降

设备	锅炉	旋风	电尘	一级逆喷	冷却塔	泡沫塔	一电雾	二电雾	干燥塔
压力降/kPa	0.5±	1.1±	0.5±	2.0±	1.0±	1.8±	0.5±	0.5±	2.5±

注：±表示左右，下同。

3. 系统正压（主风机出口正压）一般情况设定（见表3-2-30，仅供参考）

表3-2-30 系统正压（主风机出口）

系统位置	Ⅲ换热器炉气进口	Ⅴ/Ⅵ换热器转化器气进口	尾气处理塔尾气进口	烟囱底部尾气进口	转化系统全部管道
压力/kPa	20.0±	10.5±	2.2±	0.5±	2.0±

4. 系统正压设备阻力降设定

（1）转化器各段催化剂层阻力降（见表3-2-31）

表3-2-31 转化器各段阻力降

项目	一段	二段	三段	四段	五段
阻力降/kPa	0.8	1.0	1.2	1.0	1.2

（2）转化换热器阻力降（见表3-2-32）

表3-2-32 转化换热器阻力降

项目	Ⅰ	Ⅱ	Ⅲ	Ⅳ	Ⅴ
管内阻力降/kPa	1.0±	1.0±	1.0±	1.0±	1.0±
管外阻力降/kPa	1.0±	1.0±	1.2±	1.0±	1.2±

（3）干吸塔等设备阻力降（见表3-2-33）

表3-2-33 干吸塔等设备阻力降

项目	一吸塔	二吸塔	尾吸塔	尾气电雾	管道
压降/kPa	1.5～2.5	1.3～2.3	1.0～1.5	0.5±	2.0±

（4）系统阻力直接影响系统运行能耗，主风机压头每增加100mmH_2O（980Pa），则吨酸电耗增加3kW·h左右。设计时事先要设定好系统阻力，按设定的阻力降选择设

备和核算单台设备阻力降。各设备、管道阻力降的计算详见《硫酸工作手册》等资料，此处不再赘述。

选用不同的设备，其阻力降是不同的，而且同一类型的设备，设备工艺尺寸和工艺参数选用不同，其阻力降也不同。在设计中应根据系统电耗控制要求和主风机压头的选用做相应核算调整。

一般来说，主风机进口负压控制在－9～10kPa，不大于－12kPa，主风机全压头30～35kPa，最高不大于40kPa为宜。

一般系统设备阻力降控制范围可参考表3-2-34。

表3-2-34 系统负压参考的阻力降范围

设备	锅炉	旋风	电尘	一级洗涤	冷却塔	二级洗涤	一电雾	二电雾	干燥塔
压力降/kPa	0.4～0.5	1.0～1.5	0.4～0.6	1.0～2.5	1.0～1.5	1.2～1.8	0.4～0.6	0.4～0.6	2.0～2.5

转化器各段阻力降见表3-2-35。（催化剂的阻力降根据经验不能小于0.6kPa，阻力过小，会造成气体分布不均匀，从而影响转化率。催化剂阻力过低时，可在催化剂顶部或底部铺80～100mm厚、ϕ25mm的耐火球）

表3-2-35 转化器各段阻力降

项目	一段	二段	三段	四段	五段
阻力降/kPa	0.6～1.0	0.8～1.2	1.0～1.6	0.8～1.2	0.8～1.2

转化换热器阻力降一般范围见表3-2-36。

表3-2-36 转化换热器阻力降一般范围

项目	Ⅰ	Ⅱ	Ⅲ	Ⅳ	Ⅴ
管内阻力降/kPa	1.0～1.2	1.0～1.2	1.2～1.4	1.0～1.2	1.2～1.4
管外阻力降/kPa	0.8～1.2	0.8～1.2	1.0～1.2	0.8～1.2	1.0～1.2

干吸塔等设备阻力降见表3-2-37。

表3-2-37 干吸塔等设备阻力降一般范围

项目	一吸塔	二吸塔	尾吸塔	尾气电雾	管道
压降/kPa	1.5～2.5	1.3～2.3	0.8～1.2	0.4～0.6	约2.0

八、循环冷却水

（按循环水给水温度32℃、回水温度40℃计算。由净化和干吸（包括成品酸70℃→40℃的冷却水量）工段的计算，总循环水量为：600(净化)＋584(干燥)＋977(一吸)＋280(二吸)＋成品(40)＝2481m^3/h。

设计取2500m^3/h。

凉水塔需要移除热量＝2500×4.18×(40－32)＝83600kJ/h

凉水塔蒸发量＝83600÷2450≈34t/h。

即凉水塔补充水量约34t/h。

第三章

20万吨硫黄制酸工艺、设备设计计算

为避免不必要的重复，硫黄制酸装置只进行原料、熔硫、焚硫三个工段的工艺、设备计算。计算选用的有关参数如下。

产酸量：25000kg/h（以100%硫酸计）。

年作业时间：8000h。

总转化率：99.92%。

总吸收率：99.98%。

建设地大气压：100kPa。

空气相对湿度：85%。

第一节　原料工段工艺、设备计算

一、设计选定的原料硫黄条件

含硫量：≥99.5%（干基）。

灰分含量：≤0.1%（干基）。

酸度：≤0.005%。

有机物含量：≤0.3%。

水分含量：≤2%。

As含量：≤0.01%。

Fe含量：≤0.005%。

原料硫黄质量标准（GB/T 2449—2006）见表3-3-1。

表3-3-1　原料硫黄质量标准

项目			技术指标		
			优等品	一等品	合格品
硫(S)的质量分数/%		≥	99.95	99.50	99.00
水分的质量分数/%	固体硫黄	≤	2.0	2.0	2.0
	液体硫黄	≤	0.10	0.50	1.00
灰分的质量分数/%		≤	0.03	0.10	0.20

续表

项目			技术指标		
			优等品	一等品	合格品
酸度的质量分数/%		≤	0.003	0.005	0.02
有机物的质量分数/%		≤	0.03	0.30	0.80
砷(As)的质量分数/%		≤	0.0001	0.01	0.05
铁(Fe)的质量分数/%		≤	0.003	0.005	—
筛余物的质量分数[①]/%	粒度>150μm	≤	0	0	3.0
	粒度为75～150μm	≤	0.5	1.0	4.0

① 表中的筛余物指标仅适用于粉状硫黄。

二、硫黄制酸原料流程

硫黄制酸原料流程见图 3-3-1。

三、投硫黄量

(1) 小时投实物硫黄量（干基）

$$\frac{25000}{98}\times 32\times \frac{1}{0.995\times 0.9992\times 0.9998}=8212.50\text{kg/h}$$

式中，0.995 为实物硫黄中纯硫黄的质量分数；0.9992 为总转化率；0.9998 为吸收率。

(2) 小时投实物硫黄量（湿基）

$$\frac{8212.50}{1-0.02}=8380.10\text{kg/h}$$

其中纯硫黄量： $8212.50\times 0.995=8171.44\text{kg/h}$

四、原料设备

(1) 硫黄料斗

按每班 8h 计，总投实物硫黄：8383.46kg/h×8＝67t/h

硫黄料斗建议采用地下式，尺寸(长×宽×高)为：3000mm×2600mm×2200mm 方锥体，底部设大倾角上料皮带，材质为碳钢或不锈钢板，2 台，轮流上料使用。

(2) 上料皮带：输送量选 10t/h（预留检修时间），一般采用大倾角皮带，$B=600$mm，30 万吨以上装置建议设置 2 条皮带（2 个熔硫槽）。

(3) 石灰和硅藻土料斗

石灰消耗量：硫黄酸度 0.005%，H_2SO_4 量为 8212.59×0.005%＝0.41kg/h。

则消耗的石灰粉（含 CaO 以 60%计）：$\frac{0.41\times 56}{98}\times \frac{1}{0.60}\times 1.2=0.47\text{kg/h}$。

石灰斗选 ϕ2000mm，$H\approx$1500mm。

此外，如果原料中含有机物量高，还应适当加入硅藻土，防止尾气冒烟。可以在原料工段单独设置硅藻土料斗，也可以将硅藻土直接掺入原硫黄内。硅藻土加入量视尾气不冒烟试定，一般是有机物含量的 2 倍。视尾气冒烟状况不定期加入。

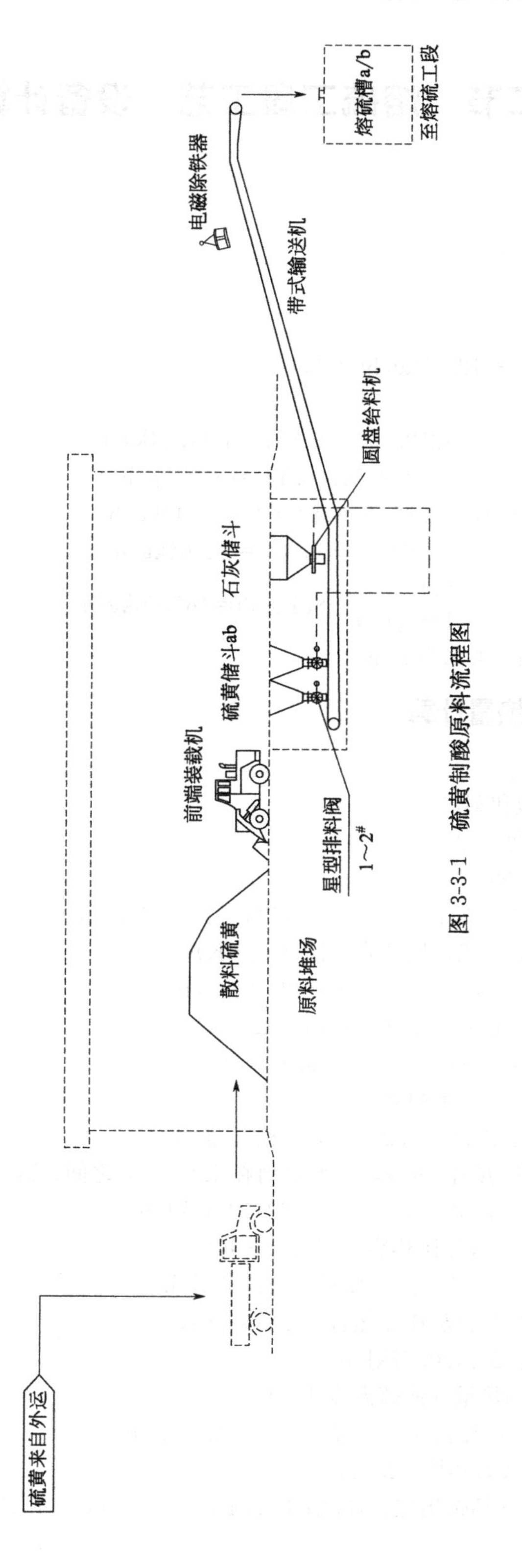

图 3-3-1　硫黄制酸原料流程图

第二节 熔硫工段工艺、设备计算

一、熔硫流程

熔硫流程见图 3-3-2。

二、投料量

小时投实物矿为：8212.50kg/h(干基)

硫黄成分含量：

纯硫黄量： 8212.50×99.5%=8171.44kg/h

灰分量： 8212.50×0.1%=8.21kg/h

酸量（以 H_2SO_4 计）： 8212.50×0.005%=0.41kg/h

有机物量： 8212.50×0.3%=24.64kg/h

水分（2%）： $\frac{8212.50}{(1-0.02)}-8212.50=167.60$kg/h

折 140℃液硫流量：4.575m³/h。

三、熔硫槽的热量计算

液硫温度：140℃。

蒸汽：0.8MPa 饱和蒸汽。

熔硫室内大气温度：32℃。

(1) 带入熔硫槽的热量

① 硫黄料带入热量：8171.44×32×0.711=185916.60kJ/h

式中，0.711 为 32℃硫黄比热容，kJ/(kg·K)。

② 灰分带入热：8.21×32×1.256=329.98kJ/h

式中，1.256 为 32℃灰分比热容，kJ/(kg·K)。

③ 酸性物带入热：0.41×44.94=18.42kJ/h

式中，44.94 为 32℃硫酸热焓，kJ/kg。

④ 有机物带入热：24.64×32×1.0=788.5kJ/h

式中，1.0 为有机物的比热容，一般取值在 1.0～2.0 之间，kJ/(kg·K)。

⑤ 水分带入热：167.60×32×4.18=22418.18kJ/h

式中，4.18 为 32℃水分比热容，kJ/(kg·K)。

⑥ 石灰粉带入热：0.47×32×1.256=18.89kJ/h

式中，1.256 为 32℃石灰粉比热容，kJ/(kg·K)。

以上带入热合计：209490.57kJ/h。

(2) 熔硫槽带出的热量（液硫温度 140℃）

① 液硫带出热：8171.44×175.17=1431391.15kJ/h

式中，175.17 为液硫热焓，kJ/kg。

② 灰分及生成硫酸钙带出热：(8.21+0.41+0.47)×140×1.256=1598.39kJ/h

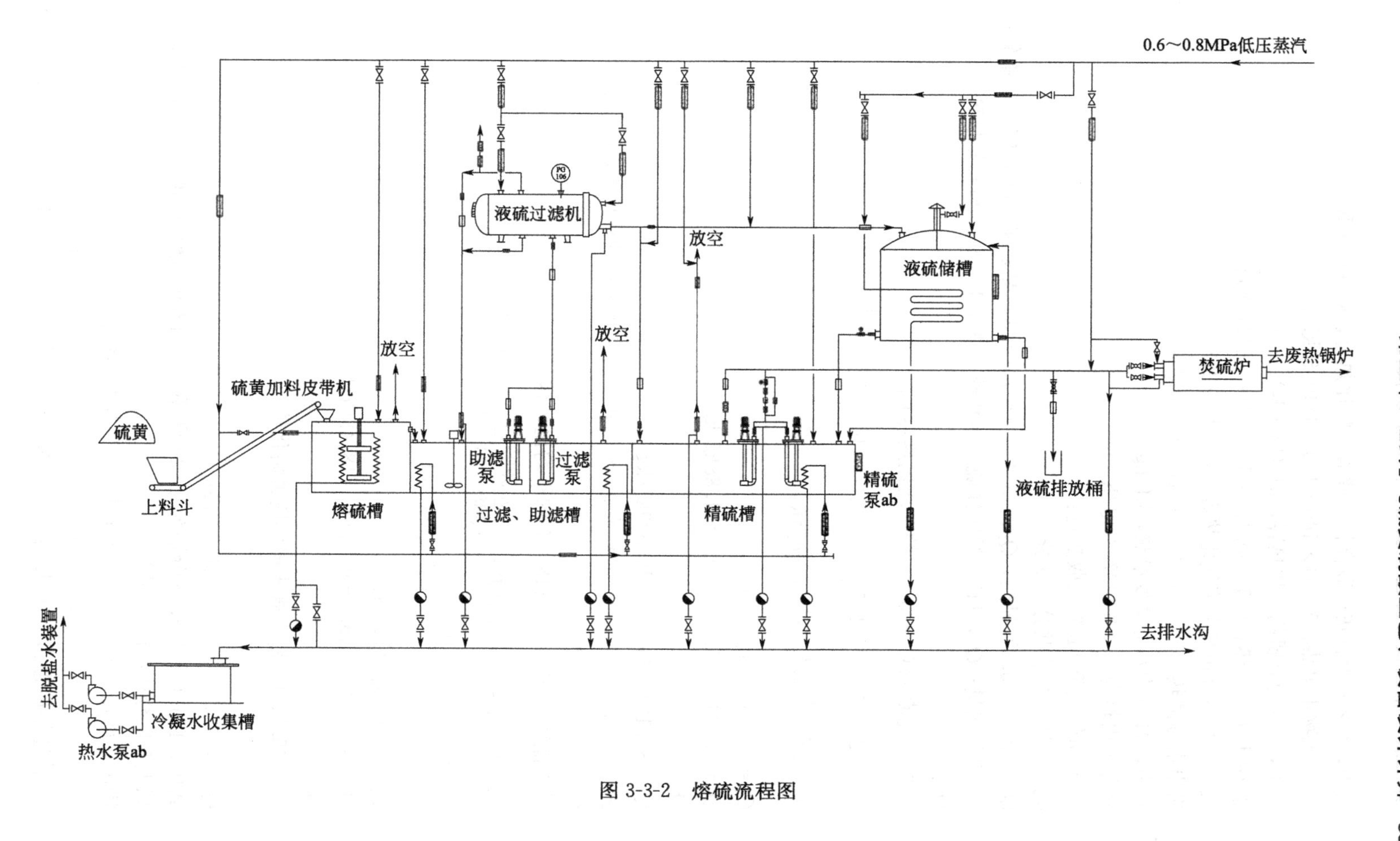
0.6～0.8MPa低压蒸汽
PG
106
液硫过滤机
放空
液硫储槽
放空
放空
焚硫炉
去废热锅炉
硫黄加料皮带机
硫黄
助滤
泵
过滤
泵
精硫
泵ab
液硫排放桶
上料斗
熔硫槽
过滤、助滤槽
精硫槽
去排水沟
去脱盐水装置
冷凝水收集槽
热水泵ab

图 3-3-2　熔硫流程图

式中，1.256 为石灰粉混合物（滤渣）的比热容，kJ/(kg·K)。

③ 有机物带出热：24.64×140×1.0=3449.60kJ/h

式中，1.0 为有机物的比热容，kJ/(kg·K)。

④ 带出水分显热：(167.60/18)×140×33=43017.33kJ/h

式中，33 为 140℃水蒸气比热容，kJ/(kg·K)。

带出水分潜热：167.60×2450=410620.00kJ/h

式中，2450 为水分蒸发潜热，kJ/kg。

水分带出热合计：453637.33kJ/h。

⑤ 硫黄熔化至 140℃吸收热量：

硫黄融解吸收热共分 5 部分：

Q_1，32℃→95.4℃显热；Q_2，95.4℃正交晶→单斜晶热量；Q_3，95.4℃单斜晶→118.9℃吸收热量；Q_4，118.9℃固体硫黄熔化热；Q_5，118.9℃→140℃显热。

Q_1：

正交晶硫黄 32℃→95.4℃的平均比热容 C_p：

$$C_P=(2.9863+0.01058T+0.8160\times10^{-5}T^2)\times\frac{4.1868}{32}$$

$$T=\frac{(32+95.4)}{2}+273=336.7\text{K}$$

$C_P=0.976\text{kJ/(kg}\cdot\text{K)}$

$Q_1=0.976\times(95.4-32)℃=61.88\text{kJ/kg}$

Q_2：

$Q_2=81.124-68.605=12.529\text{kJ/kg}$

式中，81.124、68.605 分别为 95.40℃正交晶和单斜晶的热焓值，kJ/kg。

Q_3：

单斜晶硫黄 95.4℃→118.9℃的平均比热容 C_p：

$$C_P=3.388+0.006854T+\frac{0.080351}{(388.336-T)^2}\times\frac{4.1868}{32}$$

$$T=\frac{(118.9+95.4)}{2}+273=380.15\text{K}$$

$C_P=0.7843\text{kJ/(kg}\cdot\text{K)}$

$Q_3=0.7843\times(118.9-95.4)℃=18.43\text{kJ/kg}$

Q_4：

$Q_4=38.519\text{kJ/kg}$（查表固体硫黄熔化热）

Q_5：

$Q_5=175.17-153.76=21.4\text{kJ/kg}$

式中，175.17、153.76 分别为 0～140℃和 0～118.9℃液体硫黄的热焓，kJ/kg。

以上 5 项合计：152.75kJ/kg。

则硫黄熔化至 140℃液体硫黄时需要吸收的热量：

$$152.75\text{kJ/kg}\times8171.44\text{kg/h}=1248187.46\text{kJ/h}$$

⑥ 快速熔硫槽散热损失热量　设快速熔硫槽尺寸（长×宽×高）为 4500mm×

4500mm×3800mm（熔硫槽容积，以前采用静液沉降时，熔硫槽要有至少2天的用量，沉降时间72h。现在多采用快速熔硫，熔硫槽容积以能合适放置加热蒸汽部件和搅拌器并符合泵流量即可，深度2500～3800mm，可以是方形或圆筒形），顶盖外壁温度60℃，三侧壁温度40℃。顶盖面积$20.25m^2$，三侧壁面积$51.3m^2$。

对流和辐射传热分系数分别为：

$\alpha=9.77+0.07(t_w-t)$

$\alpha_{顶盖}=9.77+0.07(60-32)=11.73W/(m^2\cdot K)$

$\alpha_{侧壁}=9.77+0.07(40-32)=10.33W/(m^2\cdot K)$

则顶盖散热　$Q_{顶盖}=3.6\times20.25\times11.73(60-32)=23943.28kJ/h$

三侧壁散热　$Q_{侧壁}=3.6\times51.3\times10.33(40-32)=15261.96kJ/h$

熔硫槽合计散热量：39205.24kJ/h。

⑦ 以上合计熔硫槽带出的总热量：3177469.17kJ/h。

⑧ 熔硫槽换热面积

熔硫槽需要蒸汽的热量为：

3177469.17－209490.57＝2967978.60kJ/h

需要的0.8MPa饱和蒸汽量：2967978.60/(2769－589)＝1361.46kg/h

式中，2769为0.8MPa饱和蒸汽焓值，kJ/kg；589为140℃冷凝水的焓值，kJ/kg。

熔硫槽换热面积：

$$F=\frac{2967978.60}{3.6\times400\times18}=114.51m^2$$

式中，400为带搅拌器的熔硫槽换热组件传热系数，$W/(m^2\cdot K)$；18为温差,℃，饱和蒸汽温度158℃－液硫温度140℃＝18℃。

四、助滤槽的散热和蒸汽耗量

（1）设助滤槽尺寸（长×宽×高）为4500mm×约3000mm×2500mm（助滤槽容积的确定：以前采用静液沉降时，叫澄清槽，设计液硫停留澄清时间48h以上，现在叫助滤槽，实际就是液硫储槽，只要能留有布置过滤泵和助滤泵及换热组件等的位置并符合泵流量即可），顶盖外壁温度55℃，三侧壁温度40℃，顶盖面积：$13.5m^2$，二侧壁面积$15.0m^2$。

（2）对流和辐射传热分系数分别为：

$\alpha=9.77+0.07(t_w-t)$

$\alpha_{顶盖}=9.77+0.07(55-32)=11.38W/(m^2\cdot K)$

$\alpha_{侧壁}=9.77+0.07(40-32)=10.33W/(m^2\cdot K)$

则顶盖散热　$Q_{顶盖}=3.6\times13.5\times11.38(55-32)=12720.56kJ/h$。

二侧壁散热　$Q_{侧壁}=3.6\times15.0\times10.33(40-32)=4462.56kJ/h$。

助滤槽合计散热量：17183.12kJ/h

（3）助滤槽换热面积

需要蒸汽补热量即损失热量：17183.12kJ/h。

需要的0.8MPa饱和蒸汽量：17183.12/(2769－589)＝7.88kg/h。

式中，2769为0.8MPa饱和蒸汽焓值，kJ/kg；589为140℃冷凝水的焓值，kJ/kg。

助滤槽换热面积：

$$F=\frac{17183.12}{3.6\times400\times18}=0.66\text{m}^2$$

式中，400 为传热系数，$W/(m^2 \cdot K)$；18 为温差，℃，饱和蒸汽温度 158℃－液硫温度 140℃＝18℃。

五、精硫槽的散热和蒸汽耗量

(1) 设精硫槽尺寸（长×宽×高）为 4500mm×约 3000mm×2500mm，顶盖外壁温度 55℃，三侧壁温度 40℃。顶盖面积 $13.5m^2$，三侧壁面积 $26.25m^2$。

(2) 对流和辐射传热分系数分别为：

$\alpha=9.77+0.07(t_w-t)$

$\alpha_{顶盖}=9.77+0.07(55-32)=11.38W/(m^2 \cdot K)$

$\alpha_{侧壁}=9.77+0.07(40-32)=10.33W/(m^2 \cdot K)$

则顶盖散热　$Q_{顶盖}=3.6\times3.5\times11.38(55-32)=12720.56kJ/h$

三侧壁散热　$Q_{侧壁}=3.6\times26.25\times10.33(40-32)=7809.48kJ/h$

精硫槽合计散热量：20530.04kJ/h。

(3) 精硫槽换热面积

需要蒸汽补热量即损失热量：20530.04kJ/h。

需要的 0.8MPa 饱和蒸汽量：20530.04/(2769－589)＝9.42kg/h。

式中，2769 为 0.8MPa 饱和蒸汽焓值，kJ/kg；589 为 140℃冷凝水的焓值，kJ/kg。

精硫槽换热面积：

$$F=\frac{20530.04}{3.6\times400\times18℃}=0.8\text{m}^2$$

式中，400 为传热系数，$W/(m^2 \cdot K)$。

六、液硫储槽的散热量和蒸汽耗量

(1) 设液硫储槽尺寸为 ϕ12000mm×11000mm，外壁温度约 40℃，外表面积约 $640m^2$。

(2) 对流和辐射传热分系数分别为：

$\alpha=9.77+0.07(t_w-t)$

$\alpha_{外壁}=9.77+0.07(40-32)=10.33W/(m^2 \cdot K)$

液硫储槽外壁散热

$$Q_{散}=3.6\times640\times10.33(40-32)=190402.56kJ/h$$

(3) 液硫储槽换热面积

需要蒸汽补热量即损失热量：190402.56kJ/h。

需要的 0.8MPa 饱和蒸汽量：190402.56/(2769－589)＝87.34kg/h。

液硫储槽换热面积：

$$F=\frac{190402.56}{3.6\times400\times18}=7.4\text{m}^2$$

式中，400 为传热系数，$W/(m^2 \cdot K)$。

七、总蒸汽耗量

熔硫总耗蒸汽量：1361.46＋7.88＋9.42＋87.34＝1466.10kg/h。

折吨酸耗蒸汽量（0.8MPa 饱和蒸汽）：58kg/t 标酸。

每吨液硫耗蒸汽量：约 180kg/t 液硫。

计算中知，助滤槽、精硫槽、液硫储罐的蒸汽耗量主要取决于散热损失，由于热损失相对较小，所用蒸汽耗量不多，因此计算出的换热面积也很小，但考虑到液硫受热需要均匀，以保证局部温度不能过低，因此实际的换热组件的换热面积需要相对大于计算值才行。这样做基本不会增加蒸汽耗量。

实践经验告知，熔硫工段的总设备容积和表面积，要能保证把液硫中的水分完全蒸发完，达到“零”。20 世纪采用的液硫停留时间是 72h，自 21 世纪始多改为 120～144h，办法是增加熔硫槽（≤3000mm）和液硫储槽的高度[1]，设备增大了近一倍，耗气量也增大了许多。否则尾气冒烟解决不了，环保过不了关，要增设尾气电雾。

第三节　焚硫工段工艺、设备设计计算

一、焚硫炉物料计算

（1）工艺计算条件

设定焚硫炉温度：950～980℃。

投液硫量：8171.44kg/h，约 4.57m^3/h。

考虑到高温促使少量 SO_2 进一步生成 SO_3，根据一般经验，生成 SO_3 量设定占生成总 SO_2 的约 2%。本计算采用 2%。

同时为获得较高转化率和不增加催化剂装填量，控制出口炉气中 $O_2/SO_2 \approx 1.08$。

（2）入炉空气量

$$S + O_2 = SO_2$$

此反应耗氧量即生成 SO_2 量＝8171.44/32＝255.36kmol/h。

生成 SO_3 的耗氧量：

生成 SO_3 的量：255.36×2%＝5.10kmol/h。

$$SO_2 + 1/2O_2 = SO_3$$

生成 SO_3 的耗氧量：2.55kmol/h。

焚硫反应的总耗氧量：255.36＋2.55＝258.00kmol/h。

出口炉气中剩余的 SO_2 量：255.36－5.1＝250.26kmol/h。

控制出口炉气中 $O_2/SO_2 \approx 1.08$，则出口炉气中预留转化的 O_2 量为：250.26×1.08＝270.28kmol/h。

这样入炉空气中总 O_2 量：258.00＋270.28＝528.28kmol/h。

N_2 量：$528.28 \times \frac{0.79}{0.21} = 1987.34$kmol/h。

---

[1] 刘少武. 消除固体硫黄制酸装置尾气冒烟的实践. 硫酸工业，2008（4）：21-23.

则入炉空气量为：2515.62kmol/h（干燥后的空气，水分忽略）=56349.89m^3/h。

(3) 焚硫炉出口气量及成分

炉出口气量（SO_2 + SO_3 + O_2 + N_2）：250.26 + 5.10 + 270.28 + 1987.34 = 2512.98kmol/h=56305.54m^3/h

焚硫炉出口气体成分见表 3-3-2。

表 3-3-2 焚硫炉出口气体成分

项目	SO_2	SO_3	O_2	N_2	合计
出口气量/(kmol/h)	250.26	5.10	270.28	1987.34	2512.98
出口气量/(m^3/h)	5605.82	114.24	6054.27	44516.42	56290.75
出口气体积分数/%	10	0.20	10.75	79.08	100

二、焚硫炉热量计算

(1) 焚硫炉带入热量

① 液硫带入热：

$$8171.44\times175.17=1431391.15\text{kJ/h}$$

式中，175.17 为 140℃液硫焓值，kJ/kg。

② 入炉干空气带入热（干燥塔出口，温度 70℃）：

$$2515.62\times70\times28.79=5069728.99\text{kJ/h}$$

式中，28.79 为 70℃空气比热容，J/(mol·K)

③ 液硫燃烧热：

$$8171.44\times9282=75847306.08\text{kJ/h}$$

式中，9282 为液硫燃烧热，kJ/kg。

④ SO_3 的生成热：

$$1532\times5.1\times64=500044.80\text{kJ/h}$$

式中，1532 为 SO_2 燃烧热，kJ/kg。

⑤ 以上四项合计带入总热量：82848471.02kJ/h。

(2) 焚硫炉带出热

① 焚硫炉散热量（设定焚硫炉热散失率为 1.5%）：

$$82848471.02\times1.5\%=1242727.07\text{kJ/h}$$

② 炉气带出热（设定炉气出口温度 950℃）：

则 SO_2：250.26×50.16=12553.04kJ/(h·℃)

SO_3：5.1×73.43=374.49kJ/(h·℃)

O_2：270.28×32.79=8862.48kJ/(h·℃)

N_2：1987.34×31.15=61905.64kJ/(h·℃)

式中，50.16、73.43、32.79、31.15 分别为 SO_2、SO_3、O_2、N_2 在 0～950℃的比热容，kJ/(mol·K)。

混合气体的热容量合计为 83695.65kJ/(h·℃)。

③ 焚硫炉出口炉气实际温度：$\dfrac{(82848471.02-1242727.07)}{83695.65}$=975℃。

三、余热锅炉的换热量计算

余热锅炉进出口炉气温度：975℃→422℃。

（1）出余热锅炉炉气带出热：

则　SO_2：250.26×45.8＝11461.91kJ/(h·℃)

SO_3：5.10×63.31＝322.88kJ/(h·℃)

O_2：270.28×30.98＝8373.27kJ/(h·℃)

N_2：1987.34×29.71＝59043.87kJ/(h·℃)

式中，45.8、63.31、30.98、29.71分别为SO_2、SO_3、O_2、N_2在0～422℃的比热容，kJ/(mol·K)。

混合气体的热容量合计为79201.93kJ/(h·℃)。

422℃炉气带出热量：79201.93×422℃＝33423214.46kJ/h。

（2）余热锅炉的换热量：83695.65×975－33423214.46＝48180044.29kJ/h

四、焚硫炉工艺尺寸计算

焚硫炉进口空气量：56349.89m^3/h。

焚硫炉出口炉气量：56290.75m^3/h。

平均气量：$56320.32\times\frac{273+975}{273}\times\frac{101.32}{100+32}=54.90m^3/s$。

投硫量：8171.44kg/h≈8.2t/h。

焚硫炉炉膛容积的计算有以下两种方式。

（1）焚硫炉炉膛容积　传统的计算采用下式：

$$V=\frac{Q}{q}$$

式中，V为焚硫炉炉膛容积，m^3；Q为焚硫炉的有效热量，kJ/h；q为炉膛容积热强度，kJ/(m^3·h)。

一般采用低压硫黄喷嘴，q选取650000～670000kJ/(m^3·h)见《硫酸工艺设计手册》工艺计算篇❶。

一般设计1.15倍的余量，则焚硫炉容积：约133m^3。

（2）还可以根据焚硫炉不同型式，采用容积强度来计算：

一般波浪形方格式焚硫炉容积强度取1.6～2.2t/(d·m^3)，平均值1.8t/(d·m^3)。

则炉膛容积：$\frac{8.2}{1.8}\times24\approx109m^3$。

富余1.15倍，约为：125m^3。

按116m^3容积计，核算炉气停留时间：116/54.90≈2.3s。

留有1.15倍富余量后，炉膛容积选133m^3。

焚硫炉尺寸可选用$\phi_{内}$ 3500mm×13600mm。

---

❶ 南京化学工业（集团）公司设计院．硫酸工艺设计手册：工艺计算篇．硫酸工业科技情报站．南京：1990.

焚硫炉的容积强度与焚硫炉结构，空气含二次风进气方向、喷枪效率等有直接关系，目前国内采用的卧式焚硫炉还是相对保守一些，再考虑到增产需求，20 万吨硫黄制酸焚硫炉选用 $\phi_{内}$ 3880mm×12500mm，焚硫炉容积约 160m^3。核算容积强度约 1.5t/(d·m^3)。在第二室砌满格子砖，能力除大幅提高外，还可防止升华硫产生。

目前更先进的炉型如旋风型焚硫炉型，加上使用雾化效果更好的液硫喷嘴，炉膛容积可以选择为 4～6t/(d·m^3)，炉气停留时间仅约 1s。

实际应用中，40 万吨的硫黄制酸，其焚硫炉容积只要 120m^3。

焚硫炉内衬耐火砖，一般 230mm+114mm 厚。顶部要填实，以防止腐蚀。外壁设外保温，控制外壁温度在 300℃左右，最好同时在焚硫炉顶部设置防雨棚，防止焚硫炉的露点腐蚀。

第四章

工艺、设备设计计算值的整理

根据工艺计算结果和工艺流程，确定装置中各设备的工艺参数，整理出设备表。设备表中应包含设备工艺参数、外形初步尺寸、设备材质、运转设备的功率及数量等参数。

第一节　硫铁矿制酸的设备规格和工艺参数

本次工艺计算整理出的 20 万吨/年硫铁矿制酸装置的设备表见表 3-4-1（仅供参考）。

表 3-4-1　20 万吨/年硫铁矿制酸装置主要工艺设备表

序号	名称	规格	单位	数量	主要材料	备注
一、原料工段						
1	电动抓斗桥式起重机	L_K=22.5m,5t,起吊高度 12m	台	2		一开一备
2	破碎机	LHLP10080,34t/h,11kW	台	1	ZG、45#	
3	振动筛	LHYS4250,34t/h 5.5kW/每台	台	2	Q235　45#	
4	电磁除铁器	CFL-60 1.5kW/每台	台	2		
5	皮带机	B=650,L=12～24m 平均 4kW/每台	台	5	Q235、胶带	
6	料斗(配格栅)	V=20m^3	台	2	Q235、304 不锈钢内衬	
7	大倾角裙边皮带机	B=800 7.5kW	台	1	Q235、胶带	
二、焙烧工段						
1	加料贮斗	V=30m^3	台	2	Q235 内衬 304 不锈钢板	
2	加料皮带机	B=1000mm,L=9000mm 3kW/每台	台	2	Q235	带变频调节
3	沸腾炉	F=46.45m^2 V=682m^3	台	1	Q345R,合金 耐火砖、高铝砖	

续表

序号	名称	规格	单位	数量	主要材料	备注
二、焙烧工段						
4	空气鼓风机	$Q=1000m^3/min$ $H=22kPa$ 带变频调速约500kW	台	1		
5	电动单轨吊车	$Q=5t,H=8m$	台	1		
6	旋风除尘器	2-Φ2200含灰斗	台	1	Q235,Q345R龟甲网、耐热混凝土	
7	电除尘器	$54.8m^2$,4电场 合计:100kW	台	1	Q235， 铸钢,合金	带下灰锁气装置
8	溢流螺旋排灰阀	卸料量8t/h,DN400 2.2kW/每台	台	6	不锈钢	
9	星型排灰阀	DN400 1.5kW/每台	台	3	带冷却水	
10	点火风机	$Q=15000m^3/h,H=8kPa$	台	1	空气风机	
11	油贮罐	$\Phi 2400mm、L=4800mm$	台	1	Q235	
12	开车油泵	$Q=2m^2/h,P=1.42MPa$	台	2		一开一备
13	点火装置	自动点火装置含4给喷嘴	套	1		
14	增湿冷却滚筒	ϕ1020mm×约20m、带增湿器 18.5kW/台	台	2	304， Q235	
15	余热锅炉冷却滚筒	ϕ1020mm×约20000mm、Q235、铸钢等 18.5kW	台	1	316L， Q235	
16	电收尘和旋风冷却滚筒	ϕ1020mm×约20000mm、Q235、铸钢等 18.5kW	台	1	316L Q235	
17	排渣高温皮带机	$B=650,L=20000$ 3kW/台	台	2	密闭式	
18	渣尘仓	4000mm×4000mm×5700mm	台	2	Q235	
19	焙烧冷却水泵	$Q=300m^3/h,H=20m$,立式插入深度1600mm,30kW	台	2		库存备用一台
20	焙烧污水输送泵	$Q=5m^3/h,H=20m$ 立式插入深度1600mm,1.1kW	台	2		库存备用一台
21	焙烧凉水塔	$Q=300m^3/h,\Delta t=10℃$,15kW	台	1		
22	余热锅炉	约30t/h、$38kgf/cm^2$、Q235、20g 450℃过热蒸汽 含锅炉给水泵、循环水泵、连排、定排、锅筒、软水箱、除氧器、振打装置仪表、电气全套 约80kW	套	1		

续表

序号	名称	规格	单位	数量	主要材料	备注
三、净化工段						
1	一级逆喷洗涤器	ϕ1200mm/ϕ3380mm×约12500mm	台	1	钢,FRP,石墨板	塔槽一体
2	填料洗涤塔	$\phi_{内}$ 4800mm 填料总高度4.5m	台	1	耐氟FRP+PP填料	塔槽一体
3	泡沫塔洗涤器	ϕ3500mm/ϕ3900mm×约12000mm	台	1	FRP	塔槽一体
4	一级电除雾器	ϕ250mm硬PVC管,380管 约24kW	台	1	亲水型导电硬PVC	
5	二级电除雾器	ϕ250mm硬PVC管,380管 约24kW	台	1	亲水型导电硬PVC	
6	稀酸冷却器	$F=130m^2$	台	2	SMO-254	一开一备
7	安全水封	ϕ800mm×1600mm	台	1	FRP	
8	斜板沉降器	5000mm×5000mm	台	1	FRP/PVC	
9	一级洗涤器循环泵	$Q=450m^3/h$,$H=28m$ 75kW	台	2	高密度聚乙烯	一开一备
10	冷却塔循环泵	$Q=450m^3/h$,$H=30m$ 75kW	台	2	高密度聚乙烯	一开一备
11	二级洗涤器循环泵	$Q=180m^3/h$,$H=28m$ 22kW	台	2	高密度聚乙烯	一开一备
12	稀酸输送泵	$Q=5m^3/h$,$H=25m$ 2.2kW	台	2	高密度聚乙烯	库备一台
13	脱吸塔+稀酸槽	ϕ500mm/ϕ2500mm×3000mm	台	1	FRP/PVC	塔槽一体
14	安全高位槽	ϕ2500mm×3000mm	台	1	FRP/PVC	
15	净化围堰地坑泵	$Q=20m^3/h$,$H=24m$ 立式泵,插入深度1600mm	台	2	高密度聚乙烯	一台库存备用
16	泵房检修电动葫芦	$T=3t$,$H=12m$	台	1		
17	清液循环槽	ϕ3500mm×3000mm	台	1	FRP/PVC	
18	清液循环泵	$Q=60m^3/h$,$H=30m$ 11kW	台	2	高密度聚乙烯	一开一备
19	板框压滤机	$F=15m^2$,暗流,电动,带卸料斗	台	1		
20	压滤泵	$Q=5m^3/h$,$H=50m$	台	2	高密度聚乙烯	一开一备
21	电雾冲洗槽	ϕ3500mm×3000mm	台	1	FRP/PVC	
22	电雾冲洗泵	$Q=100m^3/h$,$H=30m$ 立式泵插入深度:2200mm	台	1	高密度聚乙烯	

续表

序号	名称	规格	单位	数量	主要材料	备注
四、转化工段						
1	转化器	$\phi_{内}$ 8250mm×约 21800mm，催化剂约 180m³（5段）	台	1	Q345R，Q235 304，耐热铸铁	
2	Ⅰ换热器	$F=920m^2$	台	1	Q345R 壳体，304 缩放管渗铝 Q345R 折流板	
3	Ⅱ换热器	$F=800m^2$	台	1	Q345R 壳体，304 缩放管渗铝 Q345R 折流板	
4	Ⅲ换热器	$F=1400m^2$	台	1	20# 缩放管渗铝 Q345R 壳体和折流板	
5	Ⅳ换热器	$F=140m^2$	台	1	20 钢# 光管渗铝 Q345R 壳体和折流板	
6	Ⅴ换热器	$F=3150m^2$	台	1	20# 缩放管渗铝 Q345R 壳体和折流板	
7	SO_2 鼓风机（含辅机）	$Q=1750m^3/min$，总升压 35kPa（尽量应控制总升压小于或等于 35kPa）约 1200kW	台	1	组合件	
8	一段电加热器	2000kW，Q235，耐火材料	台	1	组合件	
9	四段电加热器	1000kW，Q235，耐火材料	台	1	组合件	
10	热管省煤器	$Q=30t/h$	台	1		
11	电动单梁起重机	$L_k=10.5m$，$T=10t$，$H=12m$	台	1	组合件	
五、干吸工段						
1	干燥塔	Φ4800mm，$H\approx$14500mm 填料高度：3.5m 波纹规整填料 316L 带阳保槽管式分酸器	台	1	钢衬耐酸砖	顶部为金属丝网除雾器
2	第一吸收塔	$\Phi_{内}$ 4800mm，$H\approx$15500mm 料高度：3.5m 波纹规整填料 316L 带阳保槽管式分酸器	台	1	钢衬耐酸砖	纤维除雾器
3	第二吸收塔	$\Phi_{内}$ 4800mm，$H\approx$14950mm 料高度：3.5m 波纹规整填料 316L 带阳保槽管式分酸器	台	1	钢衬耐酸砖	纤维除雾器

续表

序号	名称	规格	单位	数量	主要材料	备注
五、干吸工段						
4	干吸塔酸循环槽	$\Phi_{内}$ 2758mm，L=8000mm	台	3	钢衬耐酸砖	卧式
5	地下槽	$\Phi_{内}$ 4000mm，H=2250mm	台	1	钢衬耐酸砖	立式
6	干燥塔酸冷却器	F=388m^2	台	1	316L/304L	阳极保护
7	一吸塔酸冷却器	F=296m^2	台	1	316L/304L	阳极保护
8	二吸塔酸冷却器	F=104m^2	台	1	316L/304L	阳极保护
9	成品酸冷却器	F=10m^2，板式换热器	台	1	C-276	
10	干燥塔酸循环泵	Q=480m^3/h，H=28m 变频调速 插入深度：2750mm 110kW	台	2	耐酸合金	一台库备
11	一吸塔酸循环泵	Q = 480m^3/h，H = 28m 带变频调速 插入深度：2750mm 110kW	台	1	耐酸合金	立式
12	二吸塔酸循环泵	Q=400m^3/h，H=28m 变频调速 插入深度：2750mm 90kW	台	1	耐酸合金	立式
13	地下槽泵	Q=40m^3/h，H=28m 变频调速，插入深度：2250mm	台	1	耐酸合金	立式
14	地下槽和干吸围堰污水泵	Q=20m^3/h，H=24m 插入深度：1600mm	台	1	高密度聚乙烯	立式
六、尾吸工段：双氧水吸收法+尾气电除雾						
1	尾气卫生塔（填料塔，塔槽一体）+尾气电除雾	ϕ4400mm、$H\approx$12000mm 耐氟 FRP 含钢结构 尾气电除雾 ϕ250mm 塑料电除雾管 228 支 约 20kW	台	1	FRP/PVC	尾气电雾与吸收塔设置一体
2	尾气卫生塔循环泵	Q=360m^3/h，H=24m，衬 F46 带变频调速 37kW	台	2	高密度聚乙烯	一开一备
3	配液槽	ϕ4000mm×2250mm，FRP，设置为地下槽	台	1	304	庆峰
4	配液泵	Q=2.5m^3/h，H=10m，衬 F46 立式泵 L=2200mm 1.5kW	台	2	316L	一开一备
5	稀酸缓冲槽	ϕ3000mm×3000mm，FRP	台	1	FRP/PVC	

续表

序号	名称	规格	单位	数量	主要材料	备注
六、尾吸工段：双氧水吸收法＋尾气电除雾						
6	稀酸缓冲泵	$Q=2.0m^3/h$，$H=24m$，衬 F46 1.5kW	台	2	高密度聚乙烯	一开一备
7	尾气烟囱	DN1600，高 60m，FRP，含钢架，	台	1		
七、制酸循环水系统						
1	组合式凉水塔	$Q=1250m^3/h$，$\Delta t=10$，逆流式 45kW/台	台	2		
2	硫酸循环水泵	$Q=1250m^3/h$，$H=39m$ 160kW/台	台	3		二开一备
3	多功能除垢器	DA-DⅡ	台	1		
4	初效过滤器	$Q=60m^3/h$	台	1		
5	泵房电动葫芦	$CD_1$2—10，$Q=3t$，$H=8m$	台	1		

第二节　硫黄制酸工艺、设备计算数据确定和设备规格

20 万吨/年硫黄制酸装置设备表见表 3-4-2（仅供参考）。

表 3-4-2　硫黄制酸装置设备表

序号	设备名称	规格材料	数量/台(套)	备注
一、熔硫工段				
1	皮带机	$B=500mm$，$L=22m$，Q235，胶带，铸钢等，4kW	1	
2	上料仓	1900mm×2300mm×2000mm，Q235	1	
3	熔硫槽	4500mm×4500mm×3800mm，Q235，20g，F4，搅拌器 37kW	1	
4	助滤、精硫槽	4500mm×约 6000mm×2500mm，Q235，20g，F4，搅拌器 11kW×2	2	
5	液硫过滤机	$F=60m^2$，Q235，合金等	2	
6	液硫贮罐	ϕ12000mm×11000mm，Q235，20g，F4	1	
7	过滤泵	$12m^3/h$×30m，合金 11kW	2	
8	精硫泵	$6m^3/h$×65m，合金等 22kW	2	
二、焚硫转化工段				
1	柴油泵	KCB 18.3-3，$2m^3/h$，14.5kPa	1	
2	柴油桶	ϕ1800mm×2500mm、Q235	1	

续表

序号	设备名称	规格材料	数量/台(套)	备注
二、焚硫转化工段				
3	通风机	$200m^3/min\times2kPa$，Q235	1	
4	鼓风机	$1250m^3/min\times35kPa$，铸铁，合金等，1250kW	1	
5	焚硫炉	$\phi_{内}$ 3800mm×12580mm、碳钢、合金、火砖、保温砖、防雨棚等，其中二室砌满格耐火砖	1	
6	转化器	ϕ7500mm × 19620mm，304 合金，催化剂 $150m^3$	1	
7	第Ⅱ热交换器	$F=737.05m^2$，20g，16MnR	1	
8	第Ⅲ热交换器	$F=1115.00m^2$，20g，16MnR	1	
9	一段电加热器	960kW，Q235，耐火材料	1	
10	四段电加热器	480kW，Q235，耐火材料	1	
11	循环升温风机	$Q=600m^3/min$，$H=10kPa$	1	430℃高温风机
三、干吸、尾气处理工段				
1	干燥塔	ϕ4000mm×约 15485mm，碳钢，耐酸砖，填料，合金，低铬铸铁，合金丝网，球拱	1	
2	一吸塔	ϕ4300mm×约 16300mm，碳钢，耐酸砖，填料，合金，低铬铸铁，球拱，纤维除雾器 16 个	1	
3	二吸塔	ϕ4300mm×约 14300mm，碳钢，耐酸砖，填料，合金，低铬铸铁，球拱，纤维除雾器 6 个	1	
4	干吸塔循环槽	ϕ2758mm×13026mm，Q235，瓷砖，低铬铸铁	1	
5	二吸塔循环槽	ϕ2758mm×7026mm，Q235，瓷砖，低铬铸铁	1	
6	干燥酸冷却器(阳保)	$F=210m^2$，316L，304 等	1	
7	一吸酸冷却器(阳保)	$F=200m^2$，316L，304 等	1	
8	二吸酸冷却器(阳保)	$F=90m^2$，316L，304 等	1	
9	成品酸冷却器	$F=50m^2$，316L 管壳式酸冷器	1	
10	干吸塔循环酸泵	$Q=400m^3/h$，$H=30m$，耐酸合金 90kW	4	一台库存备用
11	地下槽	ϕ4000mm × 2250mm，Q235-A，耐酸砖，铬铸铁等	1	
12	地下槽泵	$Q=50m^3/h$，$H=25m$，耐酸合金 15kW	2	一台库存备用
13	尾气烟囱	ϕ1500mm×65m，Q235，FRP	1	

续表

序号	设备名称	规格材料	数量/台(套)	备注
三、干吸、尾气处理工段				
14	尾气吸收塔	ϕ3800mm×约13500mm，FRP，含配套尾气导电型塑料电除雾管(ϕ250mm)340支，约24kW	1	
15	尾气循环泵	$Q=220m^3/h$，$H=30m$，高密度聚乙烯，30kW×2	3	二开一备
四、废热锅炉系统				
1	火管废热锅炉	汽包工作压力3.82MPa，过热蒸汽温度450℃ 蒸汽量约30t/h 含高温、中温、低温过热器即省煤器，约60kW	1	
五、循环水系统				
1	凉水塔	循环水量$D=1600m^3/h$，55kW	1	
2	循环水泵	$Q=800m^3/h$，$H=30m$ 110kW×2	3	二开一备

第三节 整理确定装置各项指标，确保达到现代化水平要求

一、能耗、环保标准和指标

这些指标首先要符合相关国家法律、法规和标准的规定要求。

现在硫酸工业执行的主要标准如下。

污染物排放标准：硫酸工业污染物排放标准（GB 26132—2010/XG1—2020）。

硫酸产品能耗：工业硫酸单位产品能耗消耗限额（GB 29141—2012）。

清洁生产方面：由国家发改委发布，目前试行的硫酸行业清洁生产评估指标体系（试行）标准。

目前，各省、市、地方在现有国家标准的基础上，还提出了各地方更高的环保标准，因此硫酸装置还要满足建设地更为严格的标准要求。

根据整理出的设备表中运转设备的工艺参数，计算出各个用电设备（主要是风机、泵）的用电功率，统计出装置总用电量，比如硫铁矿制酸设备表中正常运行初步统计总功率约3515.5kW·h/h，乘以0.7再除以25t/h硫酸，则吨酸耗电约98kW·h。硫铁矿制酸，吨酸耗电标准≤100kW·h，但因为新建制酸装置增加了尾气处理装置，总的用电量会略有增加。

硫黄制酸耗电≤65kW·h。设备表中初步统计出的总功率约为2000kW·h，同样乘以0.7再除以25t/h硫酸，则吨酸耗电约56kW·h。如估算中发现装置设计的耗电量超标，要及时调整相关设备参数如流量、压头等设计选定参数，控制用电量。一般吨酸耗电控制在30～60kW·h。

对于24h运转的设备应使用变频器，降低能耗。对于大型风机为节省变频器的费用，可以使用电动导向叶片，也可以达到节省电耗的目的。

二、工艺技术指标

整理出20万吨硫铁矿制酸和硫黄制酸的主要工艺技术指标，见表3-4-3。

表3-4-3　20万吨硫铁矿制酸和硫黄制酸的主要工艺技术指标

工艺	烧出率/%	净化收率/%	吸收率/%	转化率/%	总硫利用率/%
硫铁矿制酸	98.83	98.5	99.98	99.92	97.25
硫黄制酸	—	—	99.98	99.92	99.90

三、消耗定额指标和设备性能

(1) 年产20万吨硫铁矿制酸的消耗指标（见表3-4-4）

表3-4-4　年产20万吨硫铁矿制酸的消耗指标

序号	项目	规格	单位	消耗量 每吨硫酸(100%计)
1	硫铁矿	以干基含硫35%计	t	0.96
2	工艺及生活水	工艺水	t	15
3	循环水	0.3MPa,常温	t	100
4	电	10kV/380V/50Hz	kW·h	100
5	轻柴油	点火用	kg	0.10
6	脱盐水		t	1.4
7	双氧水	27.5%	kg	1.8

(2) 年产20万吨硫黄制酸装置所需的原料、燃料及公用工程消耗（见表3-4-5）。

表3-4-5　年产20万吨硫黄制酸装置的消耗指标

项目	消耗定额(每吨100%硫酸)	消耗量(每小时)	备注	项目	消耗定额(每吨100%硫酸)	消耗量(每小时)	备注
硫黄/t	0.331	8.28		柴油/kg	0.1	20t/a	开车用
直流水/t	2.0	50		电/kW·h	60	1500	
脱盐水/t	1.4	32.5		碱/kg	0.04	8.0t/a	
循环水/t	64	1600		生石灰/kg	0.32	8	
低压蒸汽/t	0.16	4		硅藻土/kg	0.1	20t/a	

(3) 尾气排放指标（见表3-4-6）。

表 3-4-6 尾气排放指标

工艺	尾气量 /(m^3/h)	尾气 SO_2 /(mg/m^3)	尾气酸雾 /(mg/m^3)	尾气固体颗粒物 /(mg/m^3)	净化污水量 /(t/h)
硫铁矿制酸	58721.60	≤50	≤5	≤10	约 3.0
硫黄制酸	47775.17	≤50	≤5	≤10	—

(4) 根据工艺计算整理出硫铁矿制酸主要设备性能表和操作指标，见表 3-4-7 至表 3-4-20。

表 3-4-7 沸腾炉技术性能表

序号	项目	指标
1	炉床面积/m^2	46.45
2	投矿量(干矿 35%S)/(kg/h)	24000
3	焙烧强度(折标矿 35%计)	12.40
4	炉出口气量(湿基)/(m^3/h)	47694.00(湿基,其中含水 168.27kmol) SO_2 11.98%;SO_3 0.13%;O_2 2.68% N_2 77.36%;H_2O 7.86%
5	空气量(湿基)/(m^3/h)	48832.45
6	操作介质	含 SO_2、SO_3 湿炉气、约 12.5%SO_2
7	炉出口温度/℃	900～950
8	焙烧温度/℃	850～880
9	炉容积/m^3	约 682

表 3-4-8 旋风除尘器技术参数（2 台并联）

序号	项目	指标	序号	项目	指标
1	进口气量/(m^3/h)	49460.09(湿基)	5	规格	DN2200×2
2	进口温度/℃	360	6	漏风率/%	3%
3	截面假速度/(m/s)	3.6～4.2	7	阻力降/kPa	11
4	操作介质	含尘、SO_2、SO_3 湿炉气、约 12.4%SO_2	8	除尘效率/%	≥80

表 3-4-9 电除（收）尘技术参数

序号	项目	指标	序号	项目	指标
1	进口气量/(m^3/h)	51029.22(湿基)	5	规格	$F=54.73m^2$,四电场
2	进口温度/℃	340	6	漏风率/%	3%
3	截面假速度/(m/s)	0.6	7	阻力降/kPa	0.5
4	操作介质	含尘、SO_2、SO_3 湿炉气、约 12.3%SO_2	8	除尘效率/%	≥99

表 3-4-10　一级逆喷洗涤器技术性能表

序号	项目	指标	序号	项目	指标
1	进口炉气量(湿基)/(m^3/h)	52620.74	5	气体出塔温度/℃	61
			6	入口压力(表)/kPa	−2.3
2	炉气进口含水量/(kmol/h)	176.16	7	循环酸温度/℃	50～55
			8	上酸喷量/(m^3/h)	350(喷头压力：0.9MPa)
3	操作介质	含 SO_2、SO_3 湿炉气、15%～25%H_2SO_4	9	循环泵/(m^3/h)	450
4	气体进塔温度/℃	约 320	10	直径(内径)/mm	1200/3380

表 3-4-11　填料洗涤塔技术性能表

序号	项目	指标	序号	项目	指标
1	入塔气量/(m^3/h)	62154.40(湿基)	7	入塔酸温/℃	38
2	出塔气量/(m^3/h)	54538.18(湿基) 其中含水 176.16kmol/h	8	出塔酸温/℃	50
			9	酸浓/%	约 1.8
3	炉气入塔温度/℃	61	10	填料	聚丙烯
4	炉气出塔温度/℃	40	11	填料塔直径(内径)/mm	4800
5	入口压力(表)/kPa	−4.3			
6	入塔酸量/(m^3/h)	400	12	平均操作气速/(m/s)	约 1.37

表 3-4-12　泡沫塔技术性能表

序号	项目	指标	序号	项目	指标
1	进口炉气量(湿基)/(m^3/h)	54538.18	6	入口压力(表)/kPa	−5.3
			7	循环酸温度/℃	约 40
2	炉气进口含水量/(kmol/h)	195.18	8	上酸喷量/(m^3/h)	150(喷头压力：0.9MPa)
3	操作介质	含 SO_2 湿炉气	9	循环泵/(m^3/h)	180
4	气体进塔温度/℃	40	10	直径(内径)/mm	3500/4000(二层泡沫，一层淋降筛板)
5	气体出塔温度/℃	40			

表 3-4-13　塑料电除雾器技术性能表（共 2 台，每级 1 台）

序号	项目	指标	序号	项目	指标
1	操作介质	约 10.49%SO_2 炉气(湿基)	6	管内气速/(m/s)	约 1.0
2	操作温度/℃	40	7	沉淀电极有效截面积/m^2	18.60
3	操作气量/(m^3/h)	54538.18			
4	阳极管数	380	8	电除雾器总数/台	2
5	入口压力(表)/kPa	−7.6～−8.1			

表 3-4-14 干吸塔技术性能表

项目	干燥塔	一吸塔	二吸塔
进口气体流量/(m^3/h)	723946.17	64578.08	59003.17
出口气体流量/(m^3/h)	67294.98	59144.06	58721.60
进口气体温度/℃	40	180	160
出口气体温度/℃	50	70	70
进口气体压力(表)/Pa	−8.1	20.2	8.0
空塔气速(平均工况)/(m/s)	约 1.38	约 1.2	约 1.25
进塔酸温度/℃	45～50	70～75	70～75
出塔酸温度/℃	63	97.5	77.8
干吸塔直径(内径)/mm	4800	4800	4800
喷淋酸密度/[m^3/(m^2·h)]	约 22.1	约 22.1	约 22
喷淋酸浓度/%	94	98	98
泵酸量(含循环酸量、串酸、产酸量)/(m^3/h)	480	480	400 或 480

表 3-4-15 转化器技术性能表

序号	项目	一段	二段	三段	四段	五段
1	入口烟气量/(m^3/h)	67294.98 其中 SO_2 8.5%;O_2 9.14%;N_2 82.36%				
2	入口烟气压力/kPa	29.2				
3	入口烟气温度/℃	420	460	445	420	405
4	出口烟气温度/℃	590	511	457	433	406
5	催化剂装填比列/%	16	20	30	16	18
6	转化率分配/%	69	89	96	99.5	99.92
7	转化器直径(内径)/mm	8250				
8	操作气速/(m/s)	约 0.36				
9	催化剂总阻力降/Pa	约 5400(具体需要供货商提供)				
10	ϕ25mm 耐火球装填高度/mm	催化剂上部和底部各 90mm				

表 3-4-16 第Ⅰ换热器技术性能表

项目	管程	壳程	项目	管程	壳程
工作介质	SO_3 烟气	SO_2 烟气	压力降/kPa	0.8～1.2	0.7～1.0
入口温度/℃	588	288	传热量/(kJ/h)	12916291.58	
出口温度/℃	461	421	传热面积/m^2	866	

表 3-4-17　第Ⅱ换热器技术性能表

项目	管程	壳程	项目	管程	壳程
工作介质	SO_3 烟气	SO_2 烟气	压力降/kPa	0.8～1.2	0.7～1.0
入口温度/℃	509	341	传热量/(kJ/h)	6513388.92	
出口温度/℃	445	421	传热面积/m^2	768	

表 3-4-18　第Ⅲ换热器技术性能表

项目	管程	壳程	项目	管程	壳程
工作介质	SO_3 烟气	SO_2 烟气	压力降/kPa	1.0～1.6	0.8～1.25
入口温度/℃	457	80	传热量/(kJ/h)	19533065.03	
出口温度/℃	258	289	传热面积/m^2	1294	

表 3-4-19　第Ⅳ换热器技术性能表

项目	管程	壳程	项目	管程	壳程
工作介质	SO_3 烟气	SO_2 烟气	压力降/kPa	0.7～1.2	约 71.2
入口温度/℃	432	68	传热量/(kJ/h)	2091490.48	
出口温度/℃	406	343	传热面积/m^2	130	

表 3-4-20　第Ⅴ换热器技术性能表

项目	管程	壳程	项目	管程	壳程
工作介质	SO_3 烟气	SO_2 烟气	压力降/kPa	1.2～1.5	0.8～1.5
入口温度/℃	405	68	传热量/(kJ/h)	19588014.20	
出口温度/℃	160	343	传热面积/m^2	2892	

第四节　工艺和设备选定要点探讨

工艺流程和设备的选择要点如下：

(1) 工艺流程和设备的选择首先应符合国家或行业相关规定标准要求；

(2) 应选择先进、可靠、能耗低的技术和工艺流程，确保能满足或优于建设地节能减排标准的要求和装置长周期经济运行。

(3) 不能使用已经淘汰或将要淘汰的、落后的工艺和设备。

(4) 新建项目的设计选择要有一定前瞻性。防止近些年因环保标准提高较快，导致部分新建项目只运行 2～3 年就要进行技术改造，尽量保证新建项目的工艺、设备及环保指标等在 5～10 年内不落后。

一、净化工段

1. 净化流程的选择

净化指标的良好控制，是提高制酸装置长周期经济运行可靠性、稳定尾气 SO_2、酸雾和有害杂质排放量和生产优质硫酸等的保证。

目前国内制酸装置净化工段流程选择过于简化，一般厂通常是“一级逆喷洗涤器＋冷却塔＋二级逆喷洗涤器＋二级电除雾器”流程。实际上，净化流程的选择应依据以下两点来选择：一是净化炉气中有害杂质的种类和含量；二是需要控制的净化工艺指标。而净化工艺指标除满足一般设计规范要求外，还应以业主需要生产出的硫酸产品的品种和质量要求为依据。如果需要生产精制酸和质量更高的工业硫酸，则净化单体设备效能就需要加强，甚至还要多增加一级洗涤。

根据不同杂质需要除去的效率估算，来选择流程和设备。

一般制酸装置净化工段的工艺控制指标要求见表 3-4-21（仅供参考）。

表 3-4-21 净化工段的工艺控制指标要求

项目	净化工段出口烟气控制指标 /(mg/m^3)
主风机出口烟气含 As、F、Fe、Cu、Pb 等总和	≤0.5
主风机出口气体固体颗粒物	≤1.0 或轻痕迹
主风机出口气体含酸雾	≤2.5
主风机出口气体含水分	≤80

具体净化流程和设备选择有多种，以前的书籍多有介绍，可以参考如《硫酸工作手册》《硫酸》《硫酸工业节能测算与技术改造》等书籍，这里不再赘述。

净化工段的设计要有针对性，要根据烟气（炉）气的特点有针对性地配置净化流程和设备选择，不能照搬照抄，一概而论。

2. 净化工段设备、管道选择的要点说明

（1）净化主要设备采用玻璃钢或硬 PVC 制作，炉气中含有氟离子，则应采用耐氟玻璃钢，即防腐层使用聚酯纤维，应尽量不用手糊玻璃钢。

（2）板式稀酸冷却器一般情况可以采用 254SMO 材质，如炉气中含氟离子、氯离子，则应选用 G30 等材质。冷却器应设置酸侧和水侧过滤器。

（3）稀酸管道宜选用钢衬聚烯烃（PO）、钢衬高密度聚乙烯（PE）、PVC＋玻璃钢增强等。

二、转化工段

1. 转化工段预热升温系统的设计

转化预热升温系统的设计预热气量，国内一般是满负荷烟气量的 20%～35%。这是老的设计手册的数据，是利用反应热，不顾环保的办法。现在来看，这个预热空气量偏小，不能完全满足转化无污染开车和转化长期停车时热吹催化剂的要求。转化预热空气量要增加，即达到系统满负荷气量的 60%～70%。大的预热空气量，可以同时对催化剂层各段进行预热升温，在系统通气时催化剂三段或各段进口温度都要达到起燃温度且蓄热充分。通气时，转化才会在一开始转化率达 96%以上和在最短时间达到正常状态，再加上启用尾气卫生塔，这样才可能真正做到全系统无污染开车。

相反，如果按老的预热气量设计，预热空气量小，开车通气时主风机抽气量不能开

大，否则催化剂温度有被冲垮的危险和沸腾炉冒烟，更重要的是转化各段至正常控制反应温度的时间加长，往往造成环境严重污染。

另外，设计同时要考虑短期停车后开车，预热系统的“在线”使用。

主风机来的含 SO_2 气体直接被预热系统预热后进入转化器，再加上短期停车催化剂的原有蓄热量，转化系统会很快达到正常。要做到这一点，预热系统要有能力预热足够大的气体量，这也是预热系统预热能力要增加的另一个原因。

此外，催化剂停车时要用热空气热吹催化剂，吹净催化剂层中残留的 SO_3、SO_2 和酸雾，这也是延长催化剂使用寿命、保持催化剂活性的重要手段，如果热吹催化剂的空气量小和热量不够，时间长，干燥酸浓低等则起不到“热吹”作用，基本只起到象征性作用，有时对催化剂反而有害。

2. 转化工序换热器材质的选用

转化工序换热器是硫酸装置的关键设备，也是目前整个硫酸装置中最容易发生腐蚀和泄漏的设备之一。换热器发生泄漏，直接影响转化率和转化工段的自热平衡，并因此加速转化设备更进一步腐蚀，与装置的节能减排有最直接的关系。

换热器的可靠性除了与换热器的设计、制作、安装和使用中工艺指标的控制有关外，另一个重要因素是换热器的材质选择。目前国内转化换热器材料的选择，普遍是选用 Q235 或 Q345R 做壳体，20g 钢管做换热管，其中热热换热器即Ⅰ、Ⅱ换热器换热管为防止高温腐蚀或做渗铝或喷铝处理。但国内不少硫酸厂普遍仍存在换热器泄漏的情况，只是轻重不同而已。不少厂的换热器使用后半年到一年时间即发生泄漏，而且不光是冷热换热器发生泄漏，热热换热器也同样发生泄漏。最常见的泄漏是在换热器上管板向下和下管板向上 200～300mm 处的换热管和换热器壳程换热管冷气体进口部位。转化换热器是要长期连续使用的设备，在正常生产中，少有可能进行彻底检查和维修的机会，即使发现有泄漏，也要坚持生产，等待大修时处理。因此换热器的设计选材要有可靠保证。除了采取设计和制造等措施外，提高换热器的材料等级是延长设备使用寿命的一个必要的手段。当然，这样做会增加设备投资，但在节能减排的大环境要求下，这样做势在必行。

换热器材质选用或推荐使用的材料（ⅢⅠ-ⅣⅡ换热流程）见表 3-4-22。

表 3-4-22 转化换热器选用推荐材质

换热器名称	T_{max}/℃	传统的材料	选用或推荐使用的材料
Ⅰ	约 600	20g 或渗铝换热管/Q345R 壳体	全 304H 不锈钢
Ⅱ	约 520	20g 或渗铝换热管/Q345R 壳体	全 304H 不锈钢
Ⅲ	约 460	20g 换热管/Q345R 壳体	316L 不锈钢 含管板
Ⅳ	约 440	20g 换热管/Q345R 壳体	316L 不锈钢 含管板
SO_3 冷却器	约 300	20g 换热管/Q345R 壳体	316L 换热管/304 管板 Q345R 壳体
空气预热器	600～800	20g 换热管/Q345R 壳体 （底部带内衬）	321SS （热气体进口处壳体带内衬、管板带保护层）

换热器设计的另外要求是两次转化的第一台换热器（若是3＋2的五段转化，Ⅲ、Ⅰ-Ⅳ/Ⅴ、Ⅱ换热流程即指的是第Ⅲ换热器和第Ⅴ换热器），宜做成2台，即前面应设计有一个小的“牺牲器”（或称“替死鬼”）。“牺牲器”做得尽量小，换热面只占20％以下，方便更换检修，节省更换费用，同时提供“牺牲器”材料等级。

还有的细节要求是换热器要设置必要的冷凝酸排放口，排放口的阀门和管线一定要采用316L不锈钢材质。这样做的好处是，排放口不容易被腐蚀、堵塞，便于长期运行中的检查和放冷凝酸。相反，国内好多装置，在放冷凝酸时，放不出，以为没有，实际上其碳钢管线已经被腐蚀堵塞不通了。

三、工艺管道设计要点

(1) 在干燥塔出口至主鼓风机进口管道的合适部位（如90°弯头处）、二次转化的第一台换热器冷气体进口管道和其它必要的换热器“冷”烟气进口管道处设置除沫室，俗称“牛仔靴”，用于收集冷凝酸（或腐蚀物）。冷凝酸要收集在一个带阀门的容器中（见图3-4-1和图3-4-2），定期检查排放。管道上设置“牛仔靴”，是对干吸塔除雾（沫）器的一种必要补充保护手段。花钱不多，但在实际生产中可对设备和管道起到良好保护作用。

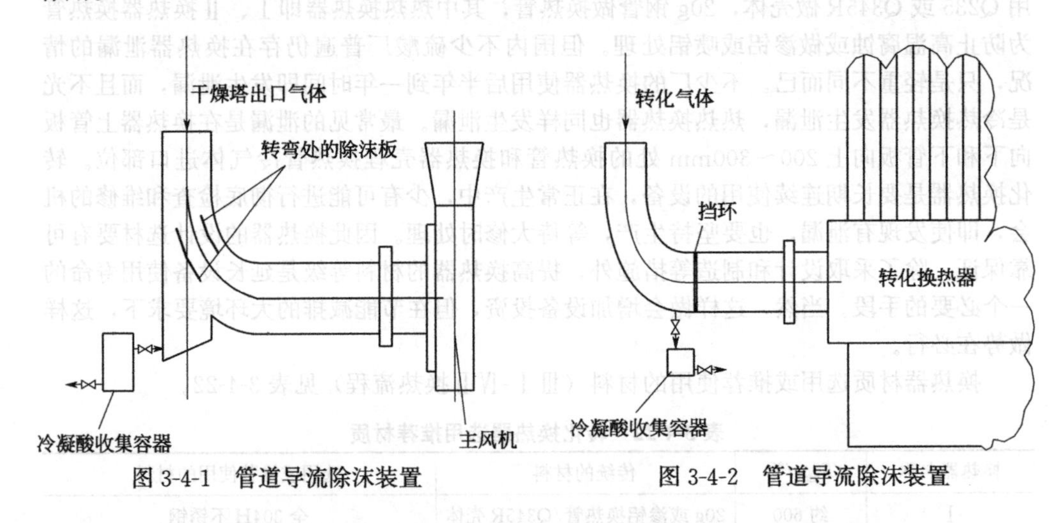

图3-4-1 管道导流除沫装置　　图3-4-2 管道导流除沫装置

(2) 转化工序气体管道存在着高温和腐蚀性气体及冷凝酸等的共同腐蚀，应同换热器材质一样，严格按介质条件和材料使用规范选用，这样才会满足装置长期运行的要求。

管道材料的选用不但要满足气体温度使用条件，还要满足转化工段烟气中腐蚀性气体和可能产生的冷凝酸的腐蚀要求。

此次设计管道选用材料温度条件为：350℃以下，选用Q235-A(B)；气体温度350～475℃，选用Q345或Q345R；气体温度大于475℃，选用304或304H合金。而这只是单就温度条件而言，如果再考虑气体腐蚀的因素，则一些低温管道仍要选用高等级的材料，如干燥塔出口至主风机入口管道、进二次转化气体管道虽然其使用温度不高，但考虑到腐蚀因素，还是需要选用304等不锈钢管道为好。

（3）管道“手杖测试口”设置：现在国内已经较少使用“手杖测试”或称“木棍测试”这种方法来判断烟气夹带酸沫的情况。在干燥塔和一吸塔、二吸塔烟气出口管道设置手杖测试口，这种方法虽然原始但可以简单、迅速地判断干吸塔的运行情况，在生产中非常实用。

四、干吸工段

（1）干吸工段的串酸：干燥塔串至一吸塔的酸应串至一吸塔进酸口管道，否则干燥塔的串酸应另配置脱吸塔，尽量减少串入吸收塔的干燥酸带入二氧化硫的量。对于吸收塔（主要是一吸塔）解吸出的干燥酸中溶解的二氧化硫气体，实际进入了二次转化，在提供催化剂装填方案时应予以说明。

（2）硫铁矿制酸和冶炼烟气制酸应宜使用“三塔、三槽、三器”，不宜共槽。硫黄制酸干吸系统可以共槽，但二吸系统应单独设置循环槽，尽量减少尾气二氧化硫含量。

（3）为减少一吸泵的配置流量，可以使用二吸泵产酸，这时一吸循环槽和二吸循环槽可加装连通管。

（4）生产 93%硫酸时，应在干燥酸冷器之前引出成品酸，用干燥塔回塔酸生产93%硫酸，并加装脱吸塔。

（5）干吸塔分酸器位置向上部位壳体设置带光源的对称视镜。

相信在硫酸现场长期工作过的工艺人员都有过这样的体会，为尾气烟囱突然“冒大烟”查不到原因而着急。如果是操作等方面的原因是很好判断的，但如果是干吸塔内部的原因，特别是容易出问题的干吸塔分酸器发生异常，就不好判断，究竟是干吸塔的哪一个塔出现问题，需要全面停车检查，比较麻烦。如果设计带光源的视镜，在运行中可以观察分酸器工作和气体带雾情况，再结合“手杖测试”的手段，就可以很快做出判断，可以减少一些盲目的环境恶劣的如陶瓷环等检查工作，节省了检查和检修时间。

（6）干吸塔除雾（沫）器的设置：干吸塔的除雾（沫）器，在使用中，不少厂家不同程度地出现被腐蚀和固体物堵塞现象。除雾（沫）器被腐蚀，阻力有所增大，在塔的内部，不容易被发现，即使发现了，也只有选择强行继续生产，要等到大修或合适机会才能维修更换，因此除雾（沫）器的设计和选材要可靠。

设计重点要求是，除雾（沫）器的材料如金属丝网、网垫及纤维除雾器的管板等材质要根据净化气体中所含杂质的不同进行选择，不能一般化、不加以区别地使用诸如316L、304 等材料，特别是冶炼烟气制酸和硫铁矿制酸，气体中杂质复杂，要区别对待。比如净化气体中含有氯离子，长期生产中一样会带到干吸工序中，在塔内酸雾（沫）中富集，腐蚀如 316L 等奥氏体不锈钢。实际上，氯离子对玻璃纤维也是有腐蚀的，只是年限不同而已。

纤维除雾器要改为悬挂式，以单独设置为宜。吸收塔气体出口可设置在吸收塔顶部，尽量不要设置在侧面。

（7）浓酸管道、阀门尽量使用高等级的不锈钢材料，减少法兰连接的数量，提高抗腐蚀性，如 304、316L 带阳极保护及更好的 SX/DS、zecor 合金等。

（8）干吸工段尽量不搞塔槽一体，槽体部位因酸湍动大，酸温和酸浓变化大，很易损坏，又不好修等。如果要采用塔槽一体，最好使用 DS 合金材料等。

第五章 定型设备采购与非标设备设计说明

第一节 定型设备采购

1. 定型设备的订货条件

外购设备的订货条件参见表 3-5-1。

表 3-5-1 外购设备订货技术条件样本

<table>
<tr><td colspan="2">设计项目</td><td colspan="2">××公司项目</td></tr>
<tr><td colspan="2">订货设备名称</td><td colspan="2">转化 SO_2 主风机
(用途:用于输送 SO_2 酸性气体进入转化工段)</td></tr>
<tr><td>工段:转化工段</td><td>专业:工艺</td><td>订货数量</td><td>1台(套)</td></tr>
<tr><td colspan="4">数据表</td></tr>
<tr><td>项目</td><td colspan="2">工艺参数</td><td>备注</td></tr>
<tr><td>风机流量/(m^3/h)</td><td colspan="2">77434</td><td>标况</td></tr>
<tr><td>压头/kPa</td><td colspan="2">总升压:30 或 40</td><td></td></tr>
<tr><td>介质</td><td colspan="2">风机进口工况烟气条件:
<table>
<tr><td></td><td>SO_2</td><td>O_2</td><td>N_2</td><td>Σ</td></tr>
<tr><td>体积分数/%</td><td>8.5</td><td>9.14</td><td>82.36</td><td>100</td></tr>
</table>
烟气中另含有约:
酸雾:0.05g/m^3;
H_2O:0.2g/m^3;
烟气含尘:5mg/m^3</td><td>耐浓酸防腐
风机标况</td></tr>
<tr><td>风量条件</td><td colspan="3">
<table>
<tr><td></td><td>工况一
(最大工况)</td><td>工况二
(正常工况)</td><td>开工预热
最小量</td></tr>
<tr><td>风量/(m^3/h)</td><td>77434</td><td>67334</td><td>(室外空气)~2700</td></tr>
<tr><td>进口温度/℃</td><td>50</td><td>50</td><td>50</td></tr>
<tr><td>进口压力/kPa</td><td>−10</td><td>−9.0</td><td>−4.5</td></tr>
<tr><td>出口正压/kPa</td><td>24</td><td>21</td><td>12.5</td></tr>
<tr><td>全压/kPa</td><td>40</td><td>30</td><td>约 17</td></tr>
</table>
</td></tr>
</table>

续表

项目	工艺参数		备注
润滑形式	全套润滑系统		
电机	高压、风冷、防晕		
安装位置	室内布置		
调节方式	变频调速(供货含配套变频器)		
电机供电	10kV/50Hz		
说明	1. 气象条件：当地大气压 100kPa 气温：−34.9～41℃，平均 8℃ 空气平均相对湿度：55%(极高 70%) 2. 车间环境大气中有微量水蒸气、SO_2、SO_3、H_2SO_4 等腐蚀性介质 3. 室内布置 4. 采用离心风机形式		
要求	1. 请提供鼓风机的型号、参数、外形图(含土建条件图)、配管法兰及主电机及风机附属用电功率等仪表、电气条件 2. 供货范围：风机本体、配套电机、地脚螺栓、底座、调整垫片、避震器、消音器、润滑系统、油管、检修专用工具及风机范围内配套的启动柜(PLC 柜)、配套变频器、界区内仪表、电气设备及必要开车备件和操作说明书、特性曲线、检修手册等技术文件		
	签字	日期	
编制			
审核			

2. 订货条件中还应包括的内容

订货条件中还应包含有如下内容：

(1) 提供给供货商的订货条件

① 气象条件。

② 设备订货名称、数量、用途、设备形式（如离心风机或罗茨风机，立式泵或卧式泵等）和室内布置或室外布置要求、周围空气介质是否有腐蚀性、是否在防爆区域等。

③ 设备工艺参数：如输送介质，流量、压头及电机电源条件，是否使用变频电机等内容。

(2) 对供货商提出订货设备的要求

① 供货范围：主体设备及附属设施的供货范围、备品备件、专用工具，启动设施要求等。

② 提供的技术参数、技术文件要求：含设备型号、工艺参数、性能曲线、设备外形图、设备安装条件（土建条件、电机安装参数）、配管法兰标准和安装、操作说明书等。

③ 设备的其他要求：比如风机噪声要求、设备本身防腐蚀、油漆颜色等。

(3) 对于以上订货条件的说明

① 表 3-5-1 中提供的设备订货条件，提供了风机的 3 个工况条件：a. 提供最大流量

及压头，正常工况时的流量和压头及最小工况流量和压头。提供最大工况条件，可以保证风机或（泵）配置合适的电机功率，防止大马拉小车或小马拉大车现象发生。b.提供正常工况条件，要求供货商将风机（或泵）的工作点设置在性能曲线高效区的最佳点（也可以偏左一点）。c.提供最小工作条件，是要求风机在最小工况工作时不能发生"喘动"现象，即共振现象。

② 平原地区的风机（主要是离心风机）拿到高海拔地区是不能提供在平原地区的流量和压力的。设备在高海拔地区工作，要提供海拔高度（大气压力）的设计条件。电机防护等级也要符合海拔要求，高压风机还应要求使用防晕电机。

第二节 非标设备的设计说明（以干吸塔为例）

提供给设备设计专业绘制设备图的条件主要有以下内容：

(1) 设备名称、用途、形式、使用介质：如干吸塔采用填料形式，分酸器形式要求等；

(2) 设备工艺参数

① 干吸塔的上塔、下塔酸浓、酸量、温度、压力。

② 进、出口气体量及成分、气温和压力。

③ 干吸塔允许的压力降。干吸塔要求的吸收率、干燥效率。

④ 设备工艺尺寸：如干吸塔内径、填料高度等；

(3) 设备主要材质要求等。

(4) 设备接管表：含法兰标准、法兰尺寸、法兰压力以及接管长度等。

(5) 建设地气象条件。

设备图由一组视图、标注尺寸、零部件编号及明细表、管口表、技术特性表及技术要求、标题栏组成。设计的设备图除了满足工艺提出的相关要求外，还要满足设备强度、使用地、耐腐蚀和使用年限等要求。

第三节 电气设计说明

工艺专业应详细提出各个工段用电设备名称、数量（常用台数和备用台数)、工艺设备序号、功率、使用电压等级、电机型号、是否正反转、电机控制要求、使用时间(连续使用、间断使用情况)、是否使用变频器以及是室内布置还是室外布置等条件，以书面形式提供给电气专业，同时提供的还有厂房、设备平台、爬梯相关图纸，包括立面和平面布置图，厂区防爆区域图和防爆等级，做电气、防雷接地、照明的设计。此外，还要提供建设地的气象条件。

这些电气条件应由工艺专业结合装置特点选定：

① 在目前节能减排的大环境下，制酸装置内主要运转设备如二氧化硫主风机、炉底空气风机、干吸循环泵、循环水泵等大型设备应配置变频调速装置，以实现软启动和节能。对于使用中需要调节比较频繁的运转设备也应配置变频调速。除了起到节能作用外，设备流量的调节比较方便，如加料皮带、排渣设备、冷却滚筒排渣机、溢流螺旋输

送机、埋刮板输送机等。凉水塔的风扇也要配置变频调速，根据温度和季节变化调整风扇转速。

② 电机应选择高效节能电机，淘汰老旧型号的电机。

③ 电机功率大于 220kW，应采用高压电机，以降低启动电流和便于电缆敷设方便。

④ 在防爆区域的电机和配电柜，根据防爆等级选用防爆电机和防爆配电柜。高海拔地区使用的电机应根据海拔高度使用不同绝缘等级的电机和设备。

⑤ 对于特殊岗位设备如干吸泵的电机不宜采用 2 级电机（即 2900r/min），宜使用 4 级电机。

⑥ 厂区内照明应全部采用节能灯，照度要满足规定要求。

第四节　仪表自控设计要点说明

工艺专业应以书面形式提供仪表自控的设计条件，主要包括：

① 详细的工艺流程图，该流程图要有自控调节和各个控制点。

② 所有温度、压力、液位、流量测点，包括这些点所在位置的输送介质、管径大小、是否保温及厚度、温度、流量、压力、液位的正常值、最大值和最小值及报警值等条件。

③ 电动阀门的位置、输送介质、流量、压力、管径、调节流量的变化及阀门形式（开关阀或调节阀、截止阀或蝶阀等）。

④ 分析仪表如酸浓表、气体分析仪等要给出介质名称和浓度变化范围。

⑤ 厂区防爆区域图和气象条件等。

仪表自控设计条件要点说明：

① 现在的硫酸系统要求长周期稳定运行，这样才能达到装置的最高效能，才能适应节能减排和防污染的要求，传统的靠人工去调节阀门的操作都是“滞后”操作，满足不了系统平稳运行的要求，而且劳动强度也相对较大。因此，现代的硫酸装置应尽量提高系统自动控制程度，尽量减少人工操作，这是发展趋势。

② 仪表的选型应实用和可靠，防止误操作。

③ 厂区内在重要位置要设置有毒、有害气体检测仪，自动报警。

④ 仪表配备要齐全，满足生产需求，DCS 控制室应设置较大屏幕，更好的监控现场。

⑤ 现场尽量配置电动阀门或气动阀门，少配置手动阀门，特别是大中型的硫酸装置。

第六章

制图设计、操作规程编制

第一节　绘制工艺流程图和物料平衡图

工艺流程图的绘制可以分成两个阶段进行，第一阶段提出一种示意图。根据物料性质、装置指标要求和环保要求等提出第一版的流程图，即方案流程图。主要表示物料由原料转变成硫酸产品的来龙去脉，采用何种工艺过程和设备。用于方案讨论和工艺计算使用。

1. 方案流程图

方案流程图应包括以下内容：

(1) 图形：设备和阀门示意图形和流程线。

(2) 标注：设备位号、名称及物料的来源和去向。

(3) 标题栏：包括图名、图号、设计者。

2. 带控制点的工艺流程图（PID）

第二阶段的工艺流程图则无限接近施工图即带控制点的工艺流程图（简称 PID）或工艺控制流程图、工艺施工流程图等。

这版流程图以方案流程图为依据，内容更为详细和丰富。在流程线和设备上画出配置类型的阀门、管件、自控仪表的有关符号，是设备布置图和工艺配管图设计及管路安装的基础原始资料。

带控制点的工艺流程图（PID）内容：

① 带编号、名称和接管口的各种设备示意图。

② 带管道代号、规格、材质、阀门和控制点（测压点、测温点、分析点、采样点和液位计点）的各种管路流程线。

③ 表示管件、阀门和控制点的图例。

④ 标题栏。

3. 物料流程图（PFD）

物料流程图（PFD）根据工艺流程图，在完成工艺计算（物料衡算和热量衡算）后编制。物料流程图是一种以图形和表格相结合的形式来反映设计计算结果的图样，可作为设计审查、复核的资料，也可作为管道、设备等的设计依据，在今后生产操作中也作为指导生产的技术资料。

(1) 物料流程图（PFD）的内容

① 图形：设备的示意图形和流程线。

② 标准：设备位号、名称及特性数据，流程中的物料组分、流量、热值等。

③ 标题栏：包括图名、图号、设计阶段等。

（2）PFD图样例　本次计算20万硫铁矿制酸转化工段的PFD图样式见图3-6-1（仅供参考）。

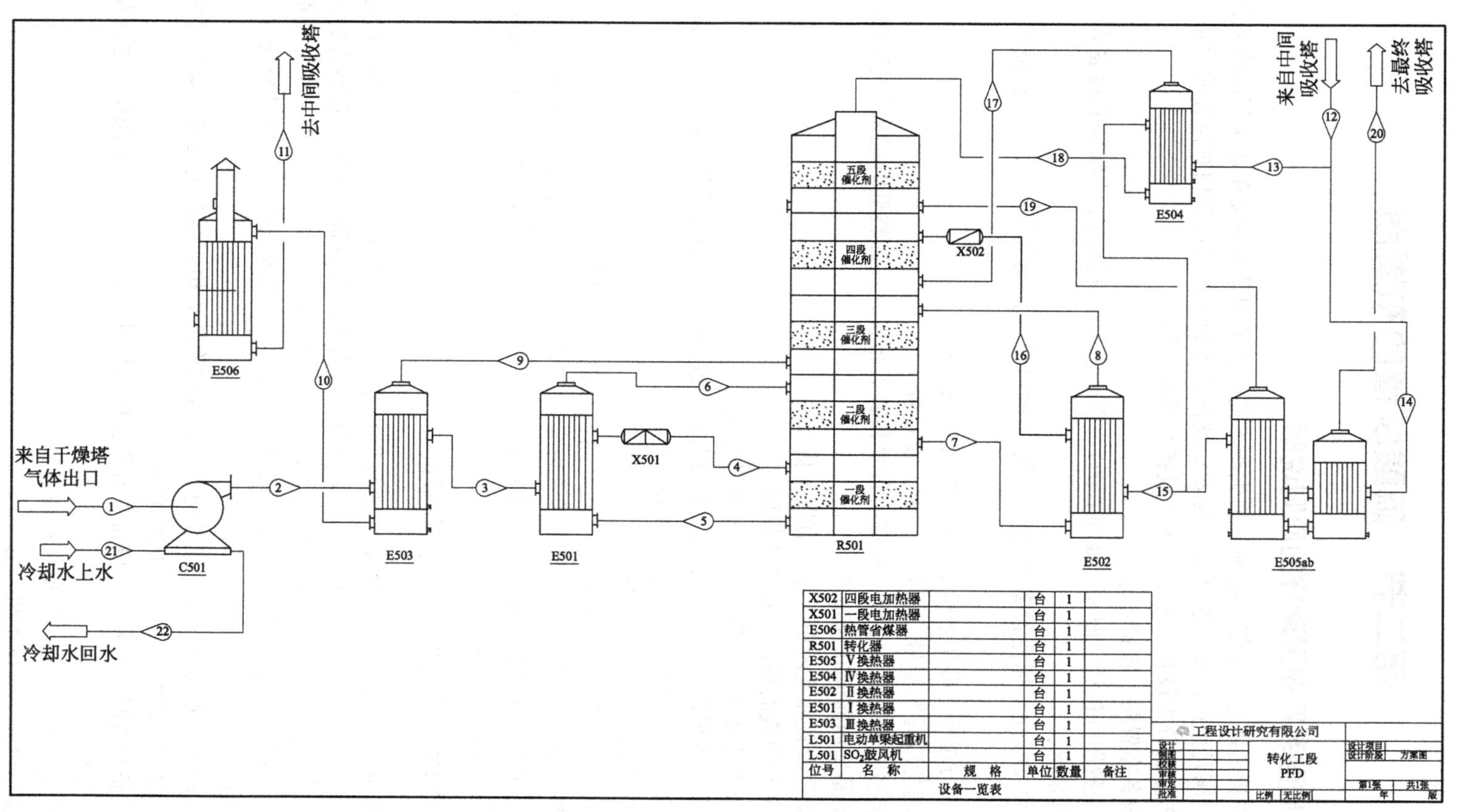

图3-6-1　硫铁矿制酸转化工段的PFD图

第二节 硫酸装置的布置图

一、硫酸装置布置遵守的原则说明

工艺流程所确定的全部，必须根据生产工艺的要求和具体情况在建筑厂房内外做合理布置，以满足生产需要，这样就需要表示设备位置和设备与设备相对位置的设备布置图。设备布置图分为设备平面布置图和设备立面布置图。

(1) 设备布置图 包括：

① 一组视图（包括平面和立面布置图），用来表示建筑物的基本结构和设备在厂房内外的布置情况。

② 尺寸及标注：标注设备布置的有关尺寸和建筑物轴线的编号、设备位号和名称等。

③ 安装方位标，即用来指示安装方位基准的图标。

④ 标题栏应写明图号、图名、比例、设计者。

(2) 硫酸装置的设备布置 有室内布置和露天布置，气温较低时可采用室内布置。采用最多的是室内露天联合布置方法。

设备露天布置和室内布置结合有以下优点：

① 可节约建筑面积，节省基建投资。

② 可节约土建施工工程量，加快基建进度。

③ 有火灾及爆炸危险性的设备，露天布置可以降低厂房耐火等级，降低厂房造价。

④ 有利于化工生产的防火、防爆和防毒。

⑤ 对厂房的扩建改建具有较大的灵活性。

生产中一般不需要经常操作的或可用自动化仪表控制的设备如塔、工业炉、转化器、酸冷器、原料、成品储罐、气柜等都可布置在室外。需要大气调节温湿度的设备如凉水塔、空气冷却器等也都可以露天或半露天布置。各种机械传动设备，高精度仪器、仪表设备等应布置在室内。

二、生产工艺对设备布置的要求

(1) 在布置设备时一定要满足工艺流程顺序，要保证水平方向和垂直方向的连续性。对有压差的设备，应充分利用高位差布置，以节省动力设备及费用。在不影响流程顺序的原则下，将较高设备尽量集中布置，充分利用空间，简化厂房体型。在保证垂直方向连续性的同时，高位布置的塔如干吸塔，在满足操作空间条件下，应尽量低位，以节省动力消耗。

(2) 凡属相同的几套设备或同类型的设备或操作性质相似的有关设备，应尽可能布置在一起，这样可以统一管理，方便操作。

(3) 设备布置时除了要考虑设备本身所占的地位外，必须有足够的操作、通行及检修的空间和场所。

(4) 设备排列要整齐，避免过松或过紧。

(5) 要尽可能缩短设备间管线。

(6) 车间内要留有必要的检修运输通道，且尽可能避免物料的交差运输。

(7) 传动设备要有安装安全防护装置的位置和检修位置及空间。

(8) 要考虑物料特性对防火、防爆、防毒及控制噪声的要求，譬如对噪声大的设备宜采用封闭式隔间等。

(9) 根据生产发展的需要和可能，适当预留改扩建余地。

(10) 设备间距 设备之间和设备与墙之间的净间距大小，设计者应结合上述布置要求及设备大小，设备上连接管线的多少、管径的粗细、检修的频繁程度等因素确定，表 3-6-1 是设备布置的安全距离（仅供参考）。

表 3-6-1 设备布置的安全距离

<table>
<tr><th>序号</th><th colspan="2">项目</th><th>净安全距离/m</th></tr>
<tr><td>1</td><td colspan="2">泵与泵的间距</td><td>不小于 0.7</td></tr>
<tr><td>2</td><td colspan="2">泵与墙的距离</td><td>至少 1.2</td></tr>
<tr><td>3</td><td colspan="2">泵列与泵列间的距离(双排泵间)</td><td>不小于 2.0</td></tr>
<tr><td>4</td><td colspan="2">储槽与储槽间的距离(指车间内小容器如循环槽)</td><td>不小于 2.0</td></tr>
<tr><td>5</td><td colspan="2">塔与塔间距</td><td>不小于 2.0</td></tr>
<tr><td>6</td><td colspan="2">风机周围通道</td><td>不小于 1.5</td></tr>
<tr><td>7</td><td colspan="2">通廊、操作台通行部分的最小净空间</td><td>不小于 2.0～2.5</td></tr>
<tr><td>8</td><td colspan="2">不常通行的地方净高</td><td>不小于 1.9</td></tr>
<tr><td rowspan="2">9</td><td rowspan="2">操作平台梯子的斜度</td><td>一般情况</td><td>不大于 45°</td></tr>
<tr><td>特殊情况</td><td>60°或直爬梯</td></tr>
<tr><td>10</td><td colspan="2">其他安全距离</td><td>遵守建筑设计防火规范(GB 50016—2014)</td></tr>
</table>

三、硫酸装置布置要点

以上是一般通用的设备布置原则，对于硫酸装置来讲，布置要点如下。

1. 净化工段（含焙烧工段）

(1) 净化工段和焙烧工段各炉、塔（器）应按工艺流程顺序布置，宜采用单行排列。

(2) 在符合管道敷设和检修前提下，各塔（器）之间的间距尽量短。净化工序和焙烧工段的电收尘器等也按最短距离布置。

(3) 泵、槽类设备及稀酸板式换热器宜布置在塔的一侧，另一侧设置检修场地或通道。稀酸冷却器一侧布置管路，另一侧留有检修空间。

(4) 塔、炉的安装高度应符合下列规定：

① 利用塔的高度，应满足塔内液体或流体利用自身重力流入槽内。

② 塔、槽一体设备安装高度应满足泵入口压力大于必需的气蚀余量。

③ 塔泵的基础不低于距地面 0.2m。

(5) 循环泵布置应符合下列规定：

① 除寒冷地区外，稀酸循环泵应布置在室外。

② 泵成排布置时，宜按泵进口端、出口中心线或泵端基础边对齐。两台泵之间净间距不宜小于 0.8m。泵采用二台运行，一台备用时，备用泵放置在中间。

③ 寒冷地区，循环泵宜布置在泵房：泵房内应设置防腐排水沟。

④ 室内设置通风装置，采暖温度不低于 5℃。泵电机端或泵侧至墙的距离不小于 1m。泵房内设置检修起吊装置。

(6) 室外布置的设备应整体布置在围堰内，防止有稀酸外溢。

2. 干燥和吸收工段

(1) 干燥塔距电除雾器和风机、吸收塔距转化换热器，以及塔与塔之间的距离，在满足检修要求下，应最短。但塔与塔之间的净间距不应小于 2.5m。

(2) 干燥塔、吸收塔、泵槽、酸冷器应根据工艺流程顺序布置。泵槽、酸冷器应布置在塔的一侧，另一侧布置气体管道。

(3) 干吸塔布置高度要求：利用塔内液体重力可自流到循环槽，要考虑管道、阀门的阻力和塔内气压，特别是干燥塔为负压，应确保塔的安装高度；干吸塔应布置在同一标高并在同一轴线上。干吸塔的两层操作平台净高不小于 2.0m。

(4) 带阳极保护的管壳式酸冷器应留有抽出主阴极的空间。板式酸冷器应留有拆装板片的场地。

(5) 寒冷地区泵槽应布置在室内，设有排水沟并防腐。室内应采暖，不低于 5℃。干吸地下槽应布置在室内。泵房内设置检修起吊装置。

(6) 干吸区域必须布置洗眼器和淋洗器。干吸设备应整体布置在围堰内。

3. 转化和换热工段

(1) 转化工段应尽量靠近干吸工段，最小间距应满足检修、筛分催化剂空间。

(2) 转化器与换热器之间、换热器与换热器之间的距离满足管道补偿要求。

(3) 转化器筛分催化剂操作平台应设置在交通方便的一侧。操作平台应独立不应与转化器连成一体。

(4) 采用辅助燃料的开工预热系统应符合《建筑设计防火规范》。

(5) 二氧化硫风机房的布置

① 应尽量靠近转化装置和配电室，但应距转化器、换热器距离要在 8m 以上，防止长期微震动引起的危害，不可轻视。风机房内应设置起吊装置并在风机房内留有检修场地。检修场地的大小应根据风机、电机最大部件设置。

② 风机基础较高，要设置操作平台。风机房的噪声防护符合 GB 12348—2008《工业企业厂界环境噪声排放标准》的有关规定。

此外，硫酸装置的布置还分平地布置和山坡布置：

① 平地布置宜采用“一条工艺流线＋原料堆场转运＋成品区转运”形式，工艺流线两侧如转化工段和干吸工段留出检修场地，工艺流线的道路宽度和转弯半径应符合消防通道要求，道路两边应设置绿化带，绿化植物应耐酸性气体，如女贞子等。

② 山坡布置一般按流程顺序从高处向下布置，以硫铁矿制酸为例，原料工段布置在最高处，焙烧工段布置在第二层，净化工段可单独设置在一个平面或与转化、干吸工段共同设置在一个平面。成品工段根据现场条件，可以设置在高处，便于利用高度差自流装车。

四、绘制全套装置平面布置图

全套装置平面布置图含设备、操作室、检修间、修理场地、原料库、成品酸库、消防、道路等的布置图。

在设备布置图的基础上，绘制全套硫酸装置平面布置图。即总平面布置图。总平面布置图的布置应合理、适用、美观，因地制宜。

除了设备布置图的所有设备外，总平面布置图还应包括总操作室（含机柜室）、配电室、检修车间含修理场地、办公室、化验室等，还要有更衣室、浴池、洗手间及交接班会议室等。此外，总图还应设置厂区内道路、人行道，标明物流走向。厂区大门应设置2个，主大门供人员出人，次大门是物料出入门。

办公室、分析室、装置控制室等应设置在上风向。

控制室的设计应参考以下原则：

① 控制室的布置应该有很好的视野，应尽量设置在从各个角度都能看到装置的地方；

② 控制室应布置在装置的上风向，且距离生产装置各个部分位置都不远的适宜地方，且与生产装置的间距不应小于15m；

③ 控制室内仪表盘和控制柜都应成排布置，盘后要有安装及维修的通道，通道宽度不小于1米，仪表盘前应有2～3m的空间；

④ 所有进出口管道及电缆最好暗敷，使室内布置整齐美观；

⑤ 控制室内仪表盘应避免阳光直射，以免反射光影响操作；

⑥ 控制室内为减少灰尘，最好设置机械通风，以保持空气清洁。地面要便于清洗。室内还应设置辅助用室，如机柜室和生活用室。

总图内主管廊布置首先要考虑工艺流程，来去管道要做到最短、最省，尽量减少交差重复。管廊一般架空敷设，其高度（距地面净高度）一般需满足下面要求：

① 横穿厂区铁路时，6.7m；

② 横穿厂区内主干道时，6.0m；

③ 横穿厂区内次要道路时，4.5m；

④ 装置内管廊，3.5m；

⑤ 厂房内管廊，2.5m。

第三节　绘制全装置土建条件图

提供土建条件图，供结构、建筑、暖通、电气专业等专业设计土建施工图。

土建条件图应包含以下内容：

① 提供总平面布置图和建筑物、设备的平面布置图和立面布置图；

② 建筑物和附属设备的外形尺寸、设备基础安装尺寸，建筑物和设备基础的动载荷和静载荷；

③ 提供厂区内排水走向；

④ 提供水电气、排水走向、管廊（管架）、仪表电气的桥架路由、道路的基础位置；

⑤ 建筑物防火等级；

⑥ 建筑物含设备基础、围堰防腐要求；
⑦ 暖通条件；
⑧ 防雷接地条件；
⑨ 提供建设地地勘报告、气象、地质、水文条件。

第四节 绘制全套装置化工工艺配置图

化工工艺配置图又称配管图。用来表达管路及其附件在建筑物内外的配置、尺寸、规格以及有关设备的连接关系。

配管图包括工艺流程图（施工图）、设备的平面布置图和立面布置图、管道平面布置图和立面布置图、管道轴测图、管架（管廊）布置图、管架图、设备的管口方位图、设备、管道、阀门的操作平台、爬梯图、保温、油漆表以及相关的材料统计和安装、施工技术要求等。

配管设计应遵守最新版的标准和设计规范。

第五节 编制安全设施设计专篇

装置安全设施设计专篇是项目申报、验收的重要依据。编制危险化学品安全设施设计专篇也是项目设计的一项重要内容。

安全设施设计专篇的编制应遵循《危险化学品建设项目安全设施设计专篇编制导则（试行）》规定的内容进行编制。主要包括项目概况、产品名称数量、危险化学品的数量和性质、危险化学品的危害评价及设计采取的安全措施和消防方面的内容。安全设施设计专篇应与建设单位编制的安全评价报告一起提供给建设地安监部门组织的专家组审核通过。

安全设施设计专篇编制遵守的目录内容如下（仅供参考）：

第一章 建设项目概况
一、项目建设内部情况
（一）建设项目的主要技术、工艺和国内、外同类建设项目水平对比情况
（二）建设项目所在地理位置、用地面积和生产（储存）规模
（三）建设项目涉及的主要原辅材料和品种、名称、数量
（四）建设项目的工艺流程和主要装置（设备）和设施的布局及其上下游生产装置的关系。
（五）建设项目配套和辅助工程名称、能力（负荷）、介质（物料）来源
（六）建设项目的主要装置（设备）和设施名称、型号（规格）、材质、数量和主要特种设备
二、建设项目外部基本情况
（一）建设项目所在地的气象、水文、地质、地震等自然情况
（二）建设项目投入生产或者使用后可能出现的最严重事故波及的范围及在此范围内的24小时生产、经营活动和居民生活的情况

（三）建设项目中危险化学品生产装置和储存数量构成重大危险源的储存设施与相关场所、区域的距离

第二章 建设项目涉及的危险、有害因素和危险、有害程度

一、危险、有害因素

（一）建设项目涉及具有爆炸性、可燃性、毒性、腐蚀性的化学品危险类别及数据来源

（二）危险化学品包装、储存、运输的技术要求

（三）建设项目可能出现爆炸、火灾、中毒、灼烫事故的危险、有害因素

二、危险、有害程度

（一）建设项目涉及具有爆炸性、可燃性、毒性、腐蚀性的化学品的固有危险程度

1. 建设项目工艺流程中涉及具有毒性、腐蚀性化学品数量

2. 定性分析

（二）风险程度

1. 腐蚀性化学品泄漏的可能性

2. 造成腐蚀灼伤事故的条件

3. 腐蚀性化学品造成灼伤事故的范围

第三章 设立安全评价报告中的安全对策和建议采纳情况

一、可研研究报告提出的安全对策与建议

二、补充的安全对策与建议

（一）选址及总平面布置安全对策措施

（二）工艺装置安全对策与建议

（三）配套和辅助工程安全对策与建议

（四）其它安全对策与建议

（五）事故应急救援安全对策与建议

（六）安全管理对策措施与建议

（七）施工过程的对策措施

第四章 采用的安全设施和措施

一、建设项目选址及总图布置的安全设施设计

（一）自然条件和周边环境采取的对策措施

（二）总平面布置及厂区功能分区采取的对策措施

（三）厂区道路、交通运输方面的安全措施

二、工艺技术措施

三、电气安全措施

四、自控及通讯安全措施

五、排水及消防安全措施

六、土建安全措施

七、安全防护设施的设计

八、主要安全设施一览表

第五章 事故预防及应急救援措施

一、应急救援组织或应急救援人员的设置或配备情况

二、消防队伍的依托或者建设情况

三、典型事故状态下的应急措施

第六章 安全管理机构的设置及人员配备

一、对建设项目投入使用后设置安全管理机构及其职责的建议

二、对建设项目投入生产或者使用后配备安全、管理人员的条件和数量的建议

第七章 安全设施投资概算

一、建设项目总投资概算

二、建设项目中安全设施投资概算和分类投资概算

三、建设项目中安全设施投资概算占总投资概算的比例

第八章 结论和建议

一、结论

二、建议

第九章 附件

一、建设项目区域位置图、工艺流程图

二、建设项目总平面布置图，设备平面布置图，防雷防静电接地图，消防设施及消防器材布置图

三、建设项目涉及的特种设备及主要安全附件一览表

四、安全设施设计依据的有关法律、法规和部门规章及标准目录

此外，设计单位还应提供如消防专篇、劳动安全卫生专篇等。

第六节 装置操作规程、化验分析规程技术资料

装置操作规程是指导装置试车、开车、试生产和生产运行的文件，应包含装置中的各岗位任务、岗位管理范围、工艺流程及介绍、设备名称、数量、设备工艺位号、设备工艺参数、装置操作控制技术指标、正常操作要点、装置开、停车操作要点、设备维护保养制度、岗位不正常情况处理、岗位安全操作规程及交接班、循环检查制度等内容。此外还要规定岗位人员编制，明确主操和副操的职责。

硫酸及二氧化硫、三氧化硫等都是危险化学品，硫酸装置的操作岗位，基本都是有毒、有害岗位。根据操作规程等资料，对即将上岗的工人进行技术培训与考核。这些培训应包括操作技术培训、维修培训、分析化验培训、值班长培训、安全教育培训、特殊岗位培训等。对于特殊岗位（如余热锅炉操作工、吊车工）还应组织在相关部门培训、考核，取得特殊岗位上岗操作证书，方可上岗操作。操作规程也是操作法规，应教育岗位操作人员不但遵守劳动纪律，更要遵守工艺操作纪律。

另设计单位还应提供装置的化验分析规程及化验器皿、化验药品清单等。对于装置的分析项目如原料分析、酸浓分析、尾气分析、气浓分析、中控分析等要规定采样方法、单位时间分析次数和分析方法等，化验分析报告的数据是考察装置运行质量的重要标准。目前使用的硫酸化验分析的专业书籍是《硫酸化验分析规程》。

第七章

上下水、消防、硫酸储运的设计

第一节　给水设计

由工艺专业，根据工艺和生产需要，确定装置各供水点。

（1）提供一次工艺水的供水量和供水质量要求

供水质量又包括供水压力、水质成分要求及供水温度等要求。

制酸装置中使用一次工艺水的用水点基本有干吸工段加水、操作室分析用水（气体浓度分析和循环酸浓度人工分析用水等）、操作室生活用水、循环水池补水等。净化工段加水、大风机和电机冷却水为防止使用循环水容易产生结垢，也建议使用一次工艺水。

一次工艺水要符合工业用水标准 GB/T 19923—2005。

对于干吸工段加水，则要根据生产硫酸的质量要求选择。如果要生产精制酸等高品质硫酸，则要使用经过净化处理的超纯水等，而且输送超纯水的管道、阀门不能采用碳钢等金属材质，最好使用内衬 F4 等的塑料管道，防止管道污染水质。

（2）提供循环水的循环量。包括各用水点循环水给水压力和回水压力、循环水给水温度和回水温度以及回水量。

制酸循环冷却水水质应符合工业循环冷却水规范（GB 50050—2017）标准。但由于循环水受建设地条件所限或循环水量较大及节省运行成本等因素，不能使用符合标准的工业给水，也可以选用其它水质，如河水、海水、地下水等。这些水质质量相对“较差”，设计时应根据水质条件，选用合适的设备和材质。

使用海水冷却，换热器材质要耐 Cl 离子腐蚀，不能使用普通的奥氏体不锈钢或哈氏 C-276 等现在常用材料，可以选用如哈氏 C-2000、SX 合金及石墨、氟塑料等非金属材料换热器。管道可以使用内衬非金属材料或喷涂耐 Cl 离子涂料。

有的地下水 F 离子含量较高，可以换用如哈氏 G30 材质等。

未经处理的工业水，如河水，含钙镁离子和藻类、细菌，可以加入阻垢缓蚀剂（如 JL-5030）和杀菌剂（如 JL-7040、JL-7030）或用电子除垢仪等设备对循环水进行净化。设计上要有加药装置，也可采用集中冲击式投放方式加药。

（3）提供装置总布置图和装置建筑物防火等级。由给排水专业根据建筑设计防火规范（GB 50016—2014）设计出消防水用量、压力及消防器材、管道的配置等。在干吸工段等涉及浓硫酸的工作区域，应设置洗眼器和淋洗器。

第二节 污水、漏酸处理系统的设计

制酸装置中重点是湿法净化工段、干吸工段、成品工段、硫铁矿制酸的焙烧工段易产生污水、废酸。在当前环保要求日益严格情况下，设计上应引起足够重视，努力做到“零排放”。

一、净化工段

净化工段的污酸分两部分，一部分是现在湿法净化流程中在系统中正常排出的一部分废酸，此废酸浓度一般控制在5%～20%，有条件的厂，可以将其过滤净化后，就近送入磷肥、电解、硫酸镁等车间生产装置掺配使用，这样处理最为理想；也可以当作补水加入到制酸的净化工段和干吸工段，但前提是废酸含杂质量要少，不能影响产品酸质量，同时还能够维持系统的水平衡。目前多数装置的废酸还是送入污水处理工段处理。

生产过程中，设备、管道泄漏、检修设备、冲洗地面等产生的污酸，这部分污酸不能流入厂区排水沟，应整体设置在围堰内，围堰内设置集酸池，集酸池设立式区域污水泵，通过污水泵将其打入污水处理。围堰体积最少应为围堰内存储硫酸最大设备的体积或酌情况设置，围堰高一般在300～600mm。

二、干吸工段

干吸工段生产浓硫酸，同样应整体设置在围堰内，地下槽内设置地坑泵，地下槽溢流出的浓硫酸可以打回地下槽内，冲洗产生的废酸则打到围堰内集酸池内，送入污水处理。

三、成品工段

成品工段同样应遵守建筑设计防火规范（GB 50016—2014）储罐区设计要求，设置围堰及污酸泵要合理布置设备、围堰间距等。这里需要说明的是装酸装置一般设置在围堰外，还要考虑装酸时槽车溢流废酸产生的处理措施，一般可在装酸区四周设置盖板式防腐地沟，收集溢流的废酸通过地沟收集流入集酸池。

以上设置的围堰内的初期雨水会含有酸性，可以通过污水泵送入污水处理，后期的清洁雨水则可以通过围堰设置的插板连通或通过污水泵引入厂区排水沟网。

为防止装置短期排出的污酸（水）量过大，超过污水处理的处理量或污水处理设备正在应急检修，厂区内还要设置污水缓冲池，缓冲池体积应至少保证24h正常排放污水的量。废酸在生产过程中，可能会有微量的二氧化硫、硫化氢等有害气体产生，废酸的处理工序应布置在厂区的下风向位置。

废酸的处理物如掺杂有砷、氟、重金属等有害杂质，属于危险物料，应按现行国家标准《危险废物贮存污染控制标准》(GB 18597）的相关规定执行，不可与一般废物一起堆放，要特别处置。不含有害杂质的污酸处理物，如尾气处理后的石膏渣等，属有用渣，要尽量回收利用。

第三节 雨水系统设计，实现“雨污分流”

厂区内生活污水应与厂区雨水管沟分开设计，设置单独的生活污水排放管网，流入厂区外的化粪池，实现“雨污分流”。

第四节 硫酸装置储运设计

一、硫酸产品的储运设计

（1）成品硫酸储存和装卸场地不应建在断层、滑坡、泥石流、地下溶洞、采矿塌陷区、重要的供水水源卫生保护区、有开采价值的矿藏区及居民区、河流上游等地段和地区；

（2）成品硫酸库的布置，应符合下列规定：

① 设备布置应符合工艺流程和操作顺序要求。

② 储罐区不应布置与成品酸储存、运输无关的管道。储罐顶部设置独立的操作平台和围栏，不得利用罐顶作为通道和操作平台。

③ 储罐区必须设置围堰，围堰的有效容积应大于或等于最大单台储酸罐有效容积的110%。

④ 储罐区各种间距、储酸罐容积及数量、储酸罐排数、围堰高度等必须符合现行国家标准《建筑设计防火规范》(GB 50016)。

⑤ 围堰内应设计排水措施，坡度不小于3%，在最低处设置污水收集池和排污泵。

⑥ 储罐地下槽必须布置在围堰外。

⑦ 围堰内地面、设备基础及围堰内壁应防腐，横穿围堰堤的管道应做套管并确保密封。

⑧ 储罐区必须设置洗眼器、淋洗器和事故中和池。

⑨ 采用火车或汽车槽车运输成品酸时，应设置相应的火车、汽车装酸鹤管，装酸鹤管的数量应根据硫酸产量和槽车周转周期确定。

⑩ 汽车槽车装酸高位槽单列布置在平台上，装酸区域留有汽车通行、会车、拐弯场地。

⑪ 地下槽兼有将硫酸输送到高位槽或用酸场所的功能，宜布置在室内。

二、制酸原料的储运设计

制酸原料的储运主要指硫铁矿和硫黄的储运。

（1）硫精矿原料分品种堆放在封闭或半封闭的矿仓内，矿仓内应设置照明、采暖、通风装置。特别强调的是对于易自燃的硫精矿粉如一硫化铁等，矿仓边应布置洒水装置，便于降温和降尘。

（2）硫黄的储运

① 硫黄的火灾危险性为乙类，其厂房和仓库设计应满足乙类厂房的规定，建筑构

件和材料应满足隔热、耐火方面的要求。

② 硫黄属易燃固体，易产生易爆粉尘，应储存于阴凉、通风的库房或堆场，应远离火种、热源，以免发生燃烧、爆炸。不能与氧化剂和磷的物品混运、混储。

③ 仓库或堆场内必须配置沙土和消防灭火器材。仓库或堆场内的电器照明、风机等要防爆且开关应设在仓库外。

④ 液体硫黄储存、运输温度在135～145℃之间，应设置有蒸汽伴热或电伴热，并有外保温和防自燃的排气孔。发烟硫酸储运也同此要求。

⑤ 液体硫黄输送设备如熔硫厂房的液硫泵、机柜等应防爆。硫黄建筑物火灾危险性为乙类，与其他建筑物的安全间距符合《建筑设计防火规范》(GB 50016) 要求。

本篇结语

本篇为避免重复，对冶炼烟气制酸和石膏制酸等的工艺、设备未作出介绍。冶炼烟气制酸现在大体上根据 SO_2 浓度范围，选用四种情况制酸：一是高浓度制酸法，通过三段热转化气循环和部分气体预转化，把 SO_2 浓度从18%左右降低到12%制酸；二是中浓度制酸，SO_2 浓度在9%左右（一般为7.0%～12.5%）；三是较低浓度制酸，SO_2 浓度在6.5%左右；四是低浓度制酸，SO_2 浓度在2%左右，采用有机胺法或非稳态等工艺。

石膏制酸等 SO_2 浓度在6%左右，采用“3+1”两次转化。

硫化氢制酸原来都采用湿法工艺或与硫黄掺烧等，自20世纪90年代以来，改用干法制酸为多，即硫化氢燃烧后，与废酸裂解制酸炉气一样先经余热回收后，炉气再经过湿法净化、干燥后制酸。这些工艺制酸都可以达到新国标排放要求，其工艺计算可参考硫黄制酸、硫铁矿制酸的工艺计算方法。

第四篇

精准做好各技术细节“高质量+质量控制”现代化绿色发展

第一章 设备设计制造（选购）安装检查验收技术细节和规格

第一节 工作精神与态度要精准认真负责

(1)“大处着眼，小处着手”，处处做到一丝不苟。尽优尽美，爱国敬业，遵守职业道德，尊重硫酸事业。不知要请教，不懂要访师，决不想当然乱干、不懂装懂甚至欺骗。工作积极性高、缺少技能不能满足工作需求；工作技能高、缺积极性也不行；要做好各技术细节，必须德才兼备。

(2) 当今技术工作重点是做好各技术细节，提高硫酸装置效能、开车率和颜值，实现现代化。硫酸工业发展至今已有400多年历史，钒催化剂接触法诞生也有105年了，从整体大方面看，应该说是较完善或可以说是较成熟的，大到年产100万吨，小到年产

1000吨，只要你接触一段时间后，你就会说“你能干、你会干”。历史事实反复证明，多数人是干不好的，或者说“是不会干的、是不能干的”，只有极少数热爱硫酸事业、认真工作、反复研究琢磨、理论实践融会贯通、经验丰富并善于总结改进的人，才能真正做好。主要原因，就是在技术细节方面的设计和制作安装的差距。特别是硫酸制造工艺长，设备多达300多台，技术细节多如“牛毛”，要真正做好它实在不易。今天许多硫酸装置运行不好或不够好，达不到现代化水平，主要是在技术细节方面未处理到位所致。少数单位，在工艺、设备配置的大方面还出了“笑话性错误”，很不应该。当前，硫酸行业要求全面达新国标、实现现代化和世界领先水平，这些单位如不在宏观方面以及技术细节上加以技术改造，将来就有可能在竞争中被淘汰。

(3) 慎重选择承建单位和实施人才。要选择有5年以上专业的设计、制造、安装资质的承建单位；要选择诚信度高的承建单位；设计人员要选请有5年以上生产实际经验的人来做；施工队伍要选择单位自有80%以上资质合格的在编人员干，决不能用临时拼凑的“杂牌军”和“第三方转包者”。硫酸贮桶（槽、罐）一定要选择有专门资质的单位制造安装，决不能找一般单位制作安装。

(4) 要选用亲眼看到的经过生产实际验证过的质量全面年均达新国标的、经久耐用、高效能的全套装置和设备。否则按工业性试验型装置或设备来处置。全套装置要有质量追溯期1～2年。要十分重视对制造、安装过程中的控制检查，它比最终检查试车重要，更有保障。除施工单位自检外，还应请专业监理人员来检查验收，特别是隐蔽工程和技术细节工程。

(5) 用材要有质保书“对号入座”。材料要选用正规厂生产的定型产品，质保书要有材料型号。各项成分、主要性能、生产单位公章等。“对号入座”即指材料不乱用、不可代用，专用材料要专用。特别是合金材料，近10年来，有用316L偷代DS-1、用316偷代316L、用304偷代316或316L……，这些材料冒用、代用，在行业产生了一些不应有的损失。合金品种很多，耐硫酸腐蚀范围一般较窄，什么情况下的酸用什么材料最合适应做到心中有数，合适的材料往往只有1～2种。在有些情况下，使用耐酸铸铁还比用合金好很多。具体工作中，一定要选用“挂牌试验”和经生产实际应用、长期考验过的材料。

(6) 新建和经老厂技术改造的硫酸装置，技术目标一定是年均全面达新国标，一定是现代化和世界领先水平，一定是长周期经济运行。若投资方因财力等原因，一时无法达到此目标，要留有后期改进的空间；建造方（施工方）无此把握者，要急速进行研究试验，待有充分把握后再行施工，千万不要说假话、冒充、害人害己、害社会。

(7) 招投标书要请有生产经验又有设计经验的专家做。用明确的、科学的工艺、设备和技术细节，保证装置运行年均全面达新国标、现代化和世界领先水平。正式签合同前，乙方要提交基础设计书，带有物料、热量计算的工艺流程图，带有技术要求的主要设备施工参考图。现场施工前，乙方要提供两套施工图，并派出施工代表（技术负责人），修改或变动需用正式联络函由双方技术负责人签字确定。施工期由专职质检员负责检查，关键部位或隐蔽工程需由质检员检查认可后才可进行下一步工作。保证每一道施工质量都符合图纸、合同等文件的要求。甲乙双方要严格履行合同等文件，共同保证工程质量和进度的要求。

(8) 对单体设备或全套装置，按科学程序进行严格的检查验收。一般分为五步：一是，现场查看、询问；二是，单体试运转；三是，化工载体试车；四是，化工联动试车；五是，生产试运行。每步验收都要请真正的“行家里手”到场检查、确认、不得马虎。每步发现的问题，都要立即返工、整改，直至全部达到要求（或合格）。质保期最少一年，超过保质期，也有责任提供积极周到的售后服务。

第二节 硫酸装置的主要技术细节

认真精准以“匠心”精神做好各设备和各接口处的细微作业。

当今常见的影响装置长周期经济运行、节能减排、消除污染、成品酸质量、全面年均达新国标、实现现代化和世界领先水平、实现清洁生产等的，未做好的技术细节，主要表现在设备设计、制造、安装三个方面。生产运行管理操作者们和终身从事硫酸事业的专家们都把这些技术细节问题是否得到妥善解决视为一套装置优劣、设计和施工单位水平高低、责任心强弱的重要标准之一。为引起同行重视，推进尽快解决这方面问题，特举出一些常发生问题的、需要在技术细节上下功夫之处。

(1) 沸腾炉（含焚硫炉、高温锅炉等）内衬火砖，如何保证砖缝间胶泥饱满？如何确保砖与钢壳内衬的石棉板间都填满耐火胶泥，使炉外壳不受局部腐蚀而漏气，卧式焚硫炉顶部老是腐蚀坏，是因胶泥脱空导致。

(2) 炉顶周边如何浇圈？如何不使炉顶漏气、掉砖和塌方？出气管道如何与炉壳、衬砖衔接而不易损坏漏气？

(3) 炉侧下料口、出渣口如何开孔施工，而不变形掉砖？

(4) 炉内冷却管或水箱如何防磨？如何布置较佳？用什么材料较妥？

(5) 炉系统各处下灰（渣）管，与垂线夹角多少度为好？怎样做才不会喷灰（俗称“原子弹”爆炸）灰渣增湿怎样才不会冒灰？

(6) 如何进一步防止锅炉管、法兰垫等的损坏？锅炉部分损坏引起系统停车，是开车率低下的主要原因之一（低温余热回收系统设备当前更严重）。

(7) 旋风分离器如何防止其背面磨损？如何做好其进出口接管热位移问题？如何做才能防止下灰管漏气和堵塞？

(8) 如何进一步防止电除尘器局部漏气腐蚀、积灰、部件损坏？

(9) 炉气与第一级洗涤设备接头处如何改进使之不易泄漏、使用寿命长？

(10) 沉降器酸泥如何放出、如何处理较妥？

(11) 采用什么沉降过滤或物化处理设备，回收稀酸和金属；实现净化工序“零排放”？

(12) 手糊玻璃钢怎么做才能防止渗漏？胶泥配方和成型怎样改进延长其使用寿命？

(13) 铅设备焊接处或搪铅处，用什么焊药？焊接过程作怎样处理才能真正达到铅的长期防腐作用？

(14) 各洗涤设备用什么样的喷头或分液器？用什么材质，才是最好的？效果好、寿命长？

(15) 各设备气体和液体的进出口用什么方法和垫片衔接才经久耐用、不会泄漏？

(16) 酸泵、鼓风机等运转设备，每一台应装何处适宜？如何消震？

(17) 熔硫槽、精硫槽等，槽壁、槽盖防腐怎么做才是有效？加热蒸汽管怎样防腐，

F4 管如何套？怎样防槽盖洞口着火？

(18) 气-气、气-液、液-液热交换器，管与板、管板与外壳、板与板间如何结合才是最佳？如何消除制造安装应力？施焊底角处如何探伤检查？

(19) 转化各换热器间管道应怎么接？每个换热器的进出口部位应怎样制作安装？

(20) 转化各设备底板基底怎么制作、生产时才不易开裂和受腐蚀？

(21) 转化器各段管口应怎样与气道连接才不易损坏漏气？

(22) 转化系统何处该装膨胀节？才能使转化各设备做到“自由热位移”，不拉裂设备和管道？

(23) 转化各支架应怎样制作安装，才不会使被支撑部位损坏和得到有效支撑？

(24) 冷管道与热器接头部位应怎么制作安装，才不易产生“温差腐蚀”？一段出口管道用什么材质和怎样制作安装，才能解决老会漏气问题？

(25) 转化系统各设备、管道采用什么焊接法较妥？焊后如何进行 100%探伤检查，保证转化不因焊接不良而漏气？

(26) 转化系统外保温怎样做才方便修理，修后复原美观？

(27) 转化系统如何进行整体试压检查？怎样进行补焊？

(28) 催化剂填装量、各段比例、用什么品种、应如何确定？各段操作温度控制在什么范围才是适宜的？填装和取出催化剂应怎样进行为佳？耐火球装多高，如何与催化剂隔开？

(29) 转化各热交换器和各条副线、升温预热气量和方式，应怎样设计才能保证转化各段温度在适宜的操作控制范围内？保证开车通 SO_2 气时，转化率就达 95%以上，沸腾炉不向外冒烟？恰到好处的设计如何做到？

(30) 冷热交换器冷气进口处，管外受气流带入酸沫冲击腐蚀，管内受冷凝酸腐蚀，使用寿命短，管外阻力上升快，应采取哪些措施来解决或延长？

(31) 转化各换热器的管板与外壳间如何结合，如何焊接？器底、器顶如何防裂、防腐蚀？

(32) 转化器各段进出气体、各段空间举措哪些才能做好气流分布均匀、提高各段转化率？

(33) 干吸塔选用什么填料、怎么安装、装多高、配喷淋量多少，才能使效率≥99.95%，阻力在 100mmH_2O 左右？

(34) 分酸器采用什么型式、怎样制造安装才能不堵塞、不“串气”、不带酸，使用寿命≥5 年？

(35) 干吸塔各进气口处，硫酸各进出口处，防泄漏、防腐怎么设计，怎么制作安装？

(36) 干吸塔内衬瓷砖如何解决各砖缝不泄酸、壁砖与底砖怎么衔接，如何再加保险层，彻底使塔壳、塔底得到防漏防腐？

(37) 干吸和净化工序各处酸管线用什么材质？各阀门用什么型号和材质？酸管线怎么制造、安装？法兰用什么垫片？如果发现有“吐酸渣”现象应做如何处置？

(38) 成品酸在转运、贮存过程中如何做到防腐保质？酸管线阀门选用什么材质？阀门选什么型式的？贮槽如何防空气带入、如何内衬防腐或专用耐腐蚀合金制造？

(39) 尾气放空烟囱根据当地气象、地理和小时排放量等，应立多高？用什么材质和支撑？与吸收塔怎么衔接为好？如何防出气口酸泥外溢？

(40) 塔、槽坏了应怎样修理为好？塔、槽底漏酸应怎么处置？

(41) 沸腾炉如何根据原料平均粒度和粒径来设计？如何不产生结疤和“沉渣”？产生“沉渣”又如何排出？保证炉子安全运转是当今最关键的技术细节之一。

(42) 各酸管线、蒸汽管线、阀门等接头法兰处的泄漏，是当今引起系统停车次数最多之处。法兰面、法兰“水线”、垫片、紧固、各种弯头和“不对中”的管线法兰怎么接等？做到什么精度，才能达到长久不坏？一旦发现吐酸泥或变异，应采用什么措施在第一时间把它临时处理好，延伸到综合计划停车修理时一并解决，而不造成或减少系统非计划紧急停车？

(43) 焙烧锌、金、铜、镍、磁硫铁矿等，沸腾炉应怎样科学设计？有哪些技术细节必须做好？使其效能高、焙砂质量好、长周期运行、作业环境好？

(44) 怎样设计和操作，才能彻底解决开停车时的污染，特别是矿制酸如何做到“无污染开停车”？

(45) 气-气、气-液、液-液三种换热器，其换热面和阻力等如何设计、制造安装，才能做到准确、质高，长周期使用自如，高效节能？

(46) 干吸塔分酸器、填料安装，如何做到精细和科学，不产生尾气带酸（即“飞酸”“烟羽”等）。

以上所述的46项技术细节，只是常见的影响现代化的、常会发生的一部分或主要问题，实际生产中还有许多。这些技术细节该如何做？怎样做更好？大部分请见本书第五篇老厂技术改造的内容和本篇的介绍，原用的一般设备虽本书未做重述，可参见《硫酸工作手册》有关章节所做的介绍。各技术细节未做到位是当今硫酸装置“三低表象”的根本原因之一，除上述责任心不够、检查不到位、无标准或标准低、具体要求低外，还有重要的一条是技能差所致。

第三节 年产20万吨规模老制酸装置的设备规格

1. 广西某公司（表4-1-1）

表4-1-1 20万吨/年硫黄制酸设备规格

序号	设备名称	规格材料	数量/台(套)	备注
(一)原料工段				
1	皮带机	B=500、L=22m、Q345R、胶带、铸钢等	1	
2	上料仓	ϕ2400mm×2000mm、Q345R	1	
3	熔硫助滤精硫槽	14000mm × 6000mm × 2800/2500mm、Q345R、20g、F4、搅拌器3台	1	
4	液硫过滤机	F=60m^2、Q345R、合金等	1	
5	助滤泵	15m^3/h×30m、合金等、N=22kW、开式叶轮	2	一开一备
6	液硫贮罐	ϕ13000mm×11600mm、Q345R、20g	1	蒸汽保温

续表

序号	设备名称	规格材料	数量/台(套)	备注
(一)原料工段				
7	精硫泵	$6m^3/h\times65m$、合金等,$N=22kW$	2	立式
8	精硫泵槽	$\phi3600mm\times2450mm$、Q345R	1	
(二)焚硫转化工段				
1	天然气燃烧器	$400m^3/h$	1	
2	柴油泵	KCB 18.3-3、$2m^3/h$、14.5kPa	1	二选一
3	柴油桶	$\phi1800mm\times2500mm$、Q345R	1	
4	通风机	$200m^3/min\times2kPa$、Q345R,$N=18.5kW$	1	用于燃烧柴油
		$200m^3/min\times5kPa$、Q345R,$N=22kW$	1	用于燃烧天然气
5	鼓风机	$1250m^3/min\times40kPa$、1250kW、铸铁、合金润滑油站、增速箱、气体过滤器等	1	电机推动
6	推动汽轮机	N1.5-3.43、6500r/min、1500kW	1	透平推动
7	焚硫炉	$\phi_{内}$ 3800mm×13580mm、碳钢、合金、火砖、保温砖、防雨棚等	1	
8	中心筒转化器	$\phi7000mm\times19620mm$、304+催化剂层内衬耐火砖	1	SO_2(10%)
9	第Ⅱ热交换器	$F=900m^2$、碳钢	1	
10	第Ⅲ热交换器	$F=1650m^2$、碳钢	1	
11	一段电加热器	960kW、Q345R、耐火材料	1	
12	四段电加热器	480kW、Q345R、耐火材料	1	
13	循环升温风机	$Q=500m^3/min$、$H=8.4kPa$、$N=132kW$	1	高温风机
14	电动单梁行车	$W=16t$;$H=12m$	1	
15	催化剂	孟山都催化剂,$115m^3$		转化率 99.85%
(三)干吸工段				
1	干燥塔	$\phi4500mm\times15520mm$、碳钢、耐酸砖、填料、合金、低铬铸铁、球拱、碟形底	1	
2	丝网除沫器	材质:316L;$\phi3000mm$	1	
3	一吸塔	$\phi4500mm\times16340mm$、碳钢、耐酸砖、填料、合金、球拱、碟形底、除雾器层以上采用 316L	1	
4	纤维除雾器	网笼材质:316L 外笼;过滤介质:玻璃纤维	15	Mecs 纤维除雾器
5	二吸塔	$\phi4500mm\times14340mm$、碳钢、耐酸砖、填料、合金、低铬铸铁、球拱、碟形底、除雾器层以上采用 316L	1	
6	纤维除雾器	网笼材质:316L 外笼;过滤介质:316L 不锈钢和专用纤维	4	Mecs 纤维除雾器

续表

序号	设备名称	规格材料	数量/台(套)	备注
(三)干吸工段				
7	干吸塔管式分酸器	316L+AP	3	
8	干燥、一吸塔循环槽	ϕ2758mm×13026mm、Q345R、瓷砖、低铬铸铁	1	
9	二吸塔循环槽	ϕ2758mm×7026mm、Q345R、瓷砖、低铬铸铁	1	
10	干燥酸冷器	F=260m^2、316L、304L 等	1	阳极保护
11	一吸酸冷器	F=200m^2、316L、304L 等	1	阳极保护
12	二吸酸冷器	F=120m^2、316L、304L 等	1	阳极保护
13	成品酸冷却器	F=50m^2、316L、304L 等	1	阳极保护
14	干吸塔循环酸立式液下泵	Q=400m^3/h、H=28m、耐酸合金、N=110kW	4	1 台备用
15	地下槽	ϕ4000mm×2250mm、Q345R、耐酸砖、铬铸铁等	1	
16	地下槽泵	Q=50m^3/h、H=25m、耐酸合金	2	
17	成品酸罐(98%)	ϕ18000mm×11600mm、Q345R	2	
18	销售计量高位槽	ϕ4226mm、H=2250m	2	
19	销售槽泵	Q=50m^3/h、H=25m、耐酸合金	2	
20	电动葫芦	W=3t;H=10m	1	吊泵检修
(四)废热锅炉系统				
1	火管废热锅炉	汽包工作压力 4.2MPa,饱和蒸汽温度 253℃,蒸汽量～30t/h	1	
2	高温过热器	过热蒸气压力 3.82MPa,过热蒸汽温度 450℃,过热蒸汽量～30t/h	1	
3	低温过热器	过热蒸气压力～4.1MPa,过热蒸汽温度～300℃,过热蒸汽量～30/h	1	
4	1#省煤器	压力～4.8MPa,温度～200℃,水流量～33t/h	1	
5	2#省煤器	压力～4.8MPa,温度～225℃,水流量～33t/h	1	
6	除盐水泵	Q=40t/h、H=45m、N=11kW	2	
7	除氧器	Q=40t/h	1	
8	锅炉给水泵	Q=40t/h、H=550m、N=132kW	2	
9	减温减压装置	P_1/P_2 = 3.82/0.785 (MPa)、t_1/t_2 = 450/165 (℃)、Q=22.5t/h	1	
10	定期排污膨胀器	容积:3.5m^3;工作压力:0.15MPa	1	
11	连续排污膨胀器	容积:1.5m^3;工作压力:0.6MPa	1	

续表

序号	设备名称	规格材料	数量/台(套)	备注
(四)废热锅炉系统				
12	取样冷却器	冷却面积:0.45m²;ϕ273mm	4	
13	磷酸盐组合加氨	40L/h	1	单箱双泵
(五)余热发电及汽机				
1	背压式汽机	B3-3.43、3000r/min、3000kW	1	辅机配套
2	发电机	QF-3-2、10.5kV、3000kW	1	
(六)循环水系统				
1	制酸凉水塔	循环水量:D=1600m³/h、Δt=10℃	1	
2	制酸循环水泵	Q=800m³/h、H=30m、N=110kW	3	两用一备
3	电子除垢仪	Q=1600m³/h	1	
4	加药装置	配套 80L/h	2	阻垢剂 缓蚀剂
(七)尾气吸收系统(碱吸收)				
1	尾气卫生吸收塔	$\phi_{内}$ 3800mm、H=13500mm、FRP、PP、304	1	
2	尾吸循环泵	Q=300m³/h、H=30m、超高分子聚乙烯、N=55kW	2	
3	碱液槽	ϕ2500mm×2000mm、Q345R	1	
4	碱液泵	Q=20m³/h、H=25m、不锈钢、N=7.5kW	2	
5	烟囱	ϕ3500mm/ϕ1500mm、H=60m、碳钢	1	
(八)脱盐水系统				
1	脱盐水系统	脱盐水=40t/h 二级除盐(反渗透+混床)	1	
2	加氨装置	V=1m³,计量泵 Q=40L/h,2 台	1套	
(九)仪表自控系统				
1	仪表自控系统	仪表自控(T、P、浓度、液位、流量)DCS 系统	1	
(十)装置内供电系统				
1	装置内供电系统	装置内低压配电、电控、装置照明、避雷	1	

2. 云南某公司(表 4-1-2)

表 4-1-2 20 万吨/年硫铁矿制酸设备规格

序号	设备名称	规格材质	数量/台(套)	备注
(一)原料工段				
1	电动抓斗桥式起重机	10t、L_K=22.5m、H≈15m	2	

续表

序号	设备名称	规格材质	数量/台(套)	备注
(一)原料工段				
2	原料料斗	$35m^3$、Q235	1	CZ壁振动器
3	座式圆盘给料机	CK150	1	
4	1#槽型皮带机	$B=650mm$、$L\approx20000mm$	1	
5	电磁除铁器	$\phi825mm\times365mm$、励磁功率1600W,220V	1	
6	2#可逆皮带机	$B=650mm$,$L=2400mm$	1	
7	单层座式振动筛	$\phi1500mm\times3000mm$、丝径3.2mm、网孔5mm×5mm	2	
8	3#槽型皮带机	$B=650mm$、$L=7000mm$(投影长度)	1	
9	4#槽型皮带机	$B=650mm$、$L=17000mm$(投影长度)	1	
10	反击式破碎机	$30\sim40m^3/h$、$\phi1000mm\times700mm$,Q235、锰钢	2	
11	5#槽型皮带机	$B=650mm$、$L=7600mm$(投影长度)	1	
12	6#大倾角皮带机	$B=800mm$、$L=13.500mm$(投影长度)	1	
13	7#平皮带机	$B=650mm$、$L=14500mm$	1	
14	成品料斗	方形,5000mm×7400mm、$V=115m^3$	3	CZ仓壁振动器
15	圆盘给料机	CK150	3	
16	成品皮带机	$B=650mm$、$L\approx40000mm$	1	
17	8#槽型皮带机	$B=650mm$,$L=2400mm$	1	
18	9#槽型上料皮带机	$B=650mm$、$L=69000mm$(投影长度)	1	
19	10#可逆槽型皮带机	$B=650mm$、$L=6300mm$(投影长度)	1	
(二)焙烧工段				
1	沸腾炉料仓	方形,3000mm×3000mm×5000mm,$V=30m^3$	2	
2	定量给料机	$B=650mm$、$L\approx9000mm$、计量、调速电机	2	
3	离心式空气风机	$Q=1500m^3/min$、$H=20kPa$	1	炉前风机
4	沸腾炉	$55m^2$、$1325m^3$、Q235、火砖、合金	1	$\phi9200mm/12500mm$
5	余热锅炉	约40t/h、$38kgf/cm^2$($1kgf/cm^2=98.0665kPa$)、Q235、20g 450℃过热蒸汽 含锅炉给水泵、热水循环水泵、连排、定排、锅筒、软水箱、除氧器、振打装置仪表、电气全套	1	
6	双旋风除尘器	UH15型、2-$\phi2600mm$、Q235、16MnR	1	

续表

序号	设备名称	规格材质	数量/台(套)	备注
(二)焙烧工段				
7	星形排灰机	ϕ400mm、Q235、铸钢等	3	
8	电除尘器	$F=80m^2$,4电场、Q235、铸钢、合金等 $N=213+7.5+66$(kW)	1	
9	旋风排灰溢流螺旋	DN350、$L=3500mm$、$N=4kW$	1	
10	电除尘排灰溢流螺旋	DN350、$L=3500mm$、$N=4kW$	4	
11	埋刮板输送机	$B=400mm$、$L=21000mm$	1	水夹套
12	冷却输送滚筒	ϕ1020mm、$L=17000mm$	1	
13	1#冷却滚筒增湿器	ϕ1020mm、$L=20000mm$	1	
14	2#冷却滚筒增湿器	ϕ1020mm×2500mm、$L=15000mm$	1	
15	1#矿渣皮带机	$B=650mm$、$L=23.8mm$、$N=7.5kW$	1	
16	2#矿渣皮带机	$B=650mm$、$L=13mm$、$N=4kW$	1	
17	3#矿渣皮带机	$B=650mm$、$L=69mm$、$N=11kW$	1	
18	开车点火装置	喷油嘴4台,$Q=300kg/h$、油槽$10m^3$、油泵$2m^3/h$,$P=1.45MPa$等	1	
19	开车点火装置	点火风机$8000m^3/h$;$P=7kPa$		
20	凉水塔	$Q=100m^3/h$、$N=7.5kW$	1	
21	循环水泵	$Q=120m^3/h$、$H=12m$	3	
22	电动单梁起重机	$W=10t$、$H=9m$	1	
(三)净化工段				
1	逆喷洗涤塔	$\phi_{内}$ 1500mm/ϕ4000mm×16000mm、Q235、瓷砖	1	
2	填料洗涤塔	ϕ5000mm×14300mm、PP填料	1	
3	电除雾器	360内切圆,蜂窝管;308管、导电FRP管、合金极线	2	
4	安全水封	ϕ1000mm×1950mm、PVC/FRP	1	
5	稀酸循环槽	ϕ3000mm×3000mm、PVC+FRP	1	
6	逆喷洗涤器循环泵	$Q=500m^3/h$、$H=30m$、超高分子聚乙烯	2	一开一备
7	填料塔稀酸循环泵	$Q=400m^3/h$、$H=28m$、超高分子聚乙烯	2	一开一备
8	稀酸板式冷却器	$F=150m^2$、254SMO	2	
9	清水高位槽	ϕ3000mm×2500mm、PVC+FRP	1	
10	脱吸塔	ϕ600mm、$H=4882mm$、PVC、海尔环	1	

续表

序号	设备名称	规格材质	数量/台(套)	备注
(三)净化工段				
11	精密过滤器	$Q=60m^3/h$	1	
12	稀酸贮槽	ϕ3000mm×3000mm、PVC+FRP	1	
13	泥浆泵	$Q=30m^3/h$、$H=30m$、超高分子聚乙烯，$N=7.5kW$	2	一开一备
14	清液循环酸泵	$Q=80m^3/h$、$H=28m$、超高分子聚乙烯，$N=18.5kW$	2	一开一备
15	污水泵	$Q=120m^3/h$、$H=30m$、超高分子聚乙烯，$N=7.5kW$	2	一开一备
(四)转化工段				
1	SO_2鼓风机(离心式)	$Q=2500m^3/min$、$P=4000mmH_2O$ 柱($1mmH_2O=9.8Pa$)，高压软启动	2	气浓8.5%
2	转化器	$\phi_{内}$ 8600mm、$H=22800mm$、Q235、合金隔板、耐热铸铁	1	
3	Ⅰ换热器	$F=870(m^2$、Q235、20#钢、缩放管	1	
4	Ⅱ换热器	$F=945m^2$、Q235、20#钢、缩放管	1	
5	Ⅲ换热器	$F=1890m^2$、Q235、20#钢、缩放管	1	
6	Ⅳ换热器	$F=175m^2$、Q235、20#钢、喷铝或渗铝	1	
7	Ⅴ换热器	$F=1910m^2$、Q235/20#钢、缩放管、渗铝或喷铝	2	
8	一段电加热器	1200kW	1	
9	四段电加热器	600kW	1	
10	循环升温风机	$Q=600m^3/min$、8kPa	1	耐热风机
11	省煤器	烟气250～182℃	1	
12	电动单梁起重机	$Q=16t$、$H=6m$	1	
(五)干吸、成品工段				
1	干燥塔	$\phi_{内}$ 5500mm、$H=15700mm$、Q235、瓷砖、异鞍环、填料高度4m；316L槽管式分酸器+AP、球拱、丝网	1	
2	一吸塔	$\phi_{内}$ 5300mm、$H=16640mm$、Q235、瓷砖、异鞍环、填料高度4m；316L槽管式分酸器+AP、球拱、纤维除雾器	1	
3	二吸塔	$\phi_{内}$ 5300mm、$H=14640mm$、Q235、瓷砖、异鞍环、填料高度4m；316L槽管式分酸器+AP、球拱、纤维除雾器	1	

续表

序号	设备名称	规格材质	数量/台(套)	备注
(五)干吸、成品工段				
4	浓酸循环槽	$\phi_{内}$ 2758mm、L=8300mm、Q235、瓷砖	3	
5	浓酸循环泵	LSB500-32、Q=500m^3/h、H=28m(大连旅顺长城不锈钢厂)	4	一台备在库房
6	干燥阳极保护酸冷器	F=430m^2、316L合金+AP	1	
7	一吸阳极保护酸冷器	F=290m^2、316L合金+AP	1	
8	二吸阳极保护酸冷器	F=120m^2、316L合金+AP	1	
9	成品阳极保护酸冷器	F=50m^2、316L合金+AP	1	
10	成品大酸库	$\phi_{内}$ 18000mm×13600mm、16MnR	2	
11	地下酸槽	$\phi_{内}$ 4000mm、H=2100mm、Q235、瓷砖	1	
12	地下槽酸泵	LSB40-28、Q=40m^3/h、H=28m	2	一台备在库房
13	成品输送泵	LSB40-28、Q=40m^3/h、H=28m	2	一开一备
14	计量桶	ϕ5000mm×6000mm、Q235	2	
15	卫生塔(带循环槽)	ϕ4000mm×13000mm、FRP	1	
16	卫生塔循环泵	Q=280m^3/h、H=26m 超高分子聚乙烯	2	一开一备
17	尾气烟囱	ϕ1820mm×60m、钢架、FRP、	1	
18	配液槽(带搅拌)	ϕ3200mm×3500mm、FRP	1	
19	配液泵	Q=20m^3/h、H=25m 超高分子聚乙烯	2	一开一备
20	单轨小车/电动葫芦	W=3t、H=12m	1	用于检修循环酸泵
(六)污水处理(矿成分无数据仅作常规处理)				
1	干石灰池	4000mm×8000mm×2000mm,混凝土	1	
2	石灰乳池(带搅拌)	ϕ3000mm×2500mm,混凝土	1	
3	石灰乳液下泵	Q=30m^3/h、H=20m	2	一台备在库房
4	一级污水药剂槽(带搅拌)	ϕ1200mm×2000mm、Q235/PO 搅拌机功率2.2kW	1	
5	一级污水反应槽(带空气)	ϕ3000mm×2500mm、Q235/PO 搅拌机功率5.5kW	1	
6	二级污水药剂槽(带搅拌)	ϕ1200mm×2000mm、Q235/PO 搅拌机功率2.2kW	1	

续表

序号	设备名称	规格材质	数量/台(套)	备注
(六)污水处理(矿成分无数据仅作常规处理)				
7	二级污水反应槽(带空气鼓泡)	ϕ3000mm×2500mm、Q235/PO 搅拌机功率 5.5kW	1	
8	中和罐	ϕ3000mm×2500mm、Q235/PO	1	
9	废硫酸计量槽	ϕ300mm×2000mm、Q235	1	
10	中和碱液槽(带搅拌)	ϕ2500mm×2000mm、Q235/PO 搅拌机功率 4kW	1	
11	板框压滤机	F=50m^2	3	
12	压滤泵	Q=10m^3/h、H=60m、超高分子聚乙烯	4	
13	清水贮罐	ϕ3000mm×300mm、Q235	1	
14	清水泵	Q=20m^3/h、H=16m,铸铁	2	一开一备
15	罗茨鼓风机	Q=20m^3/min、P=22kPa	1	曝气
16	缓冲罐	ϕ1000mm×1500mm	1	
(七)装置冷却水系统				
1	凉水塔	循环水量:D=1000m^3/h	5	含发电
2	循环水泵(含发电)	350S-36、Q=1116m^3/h、H=36m	7	2 台备用
3	加药装置	配套 80L/h	1	
4	无阀过滤器	Q=60t/h	2	
5	制酸电子除垢仪	ZO-SHD3000-28-Ⅱ	1	
6	发电电子除垢仪	ZO-SHD2000-24-Ⅱ	1	
(八)余热锅炉系统(Q=40t/h,3.82MPa、450℃蒸汽,需代表性矿成分 S/Fe 等)				
1	转化三段省煤器	烟气 250～182℃	1	
2	热水循环泵	Q=300～540m^3/h;H=45m	2	
3	锅炉给水泵	Q=46m^3/h;H=550m	2	
4	除氧器	Q=46m^3/h;	1	
5	定期排污膨胀器	V=3.5m^3	1	
6	连续排污膨胀器	V=1.5m^3	1	
7	喷水减温器	DN200	1	
8	集气联箱	DN200	1	
9	消音器	Q=46m^3/h	1	饱和蒸汽
10	消音器	Q=46m^3/h;450℃		过热蒸汽

续表

序号	设备名称	规格材质	数量/台(套)	备注
(九)脱盐水系统(Q=50t/h反渗透+混床1套)				
(十)发电系统抽凝汽式汽轮发电机组(6000kW 1套,含2000t/h冷却水系统)				

3.重庆某公司(表4-1-3)

表4-1-3 15万吨/年石膏烟气制酸设备规格

序号	设备名称	规格材质	数量/台(套)	备注
(一)净化工段				
1	高效逆喷洗涤器	ϕ1250mm/ϕ4600mm、总高H=12m、FRP	1	
2	填料塔	$\phi_{内}$ 4500mm×13930mm、FRP、PP海尔环填料	1	
3	斜管沉降槽	3800mm×3800mm、FRP	2	
4	板式换热器	F=150m^2、254SMO	2	2台并联
5	一级电除雾器	236管(C-FRP)、合金极线、户外	1	
6	二级电除雾器	236管(C-FRP)、合金极线、户外	1	
7	高效逆喷洗涤器泵	Q=440m^3/h、H=28m、超高分子聚乙烯	1	
8	填料塔循环泵	Q=360m^3/h、H=28m、超高分子聚乙烯、一开一备	2	
9	上清液循环泵	Q=60m^3/h、H=28m、一开一备	2	
10	稀酸输送泵	Q=20m^3/h、H=30m、超高分子聚乙烯、5.5kW、一开一备	2	
11	脱气塔	ϕ800mm、H=8268mm、FRP	1	
12	安全水封	ϕ800mm×1620mm、FRP、PVC	1	
13	排污泵	Q=20m^3/h、H=24m、超高分子聚乙烯	2	一开一备
14	高位槽	ϕ3500mm×3000mm、FRP	1	
15	清液循环槽	ϕ2500mm×3000mm、FRP	1	
(二)转化工段				
1	转化器	$\phi_{内}$ 6000mm、H=15620mm、Q235、合金隔板、耐热铸铁、催化剂79m^3	1	SO_2浓度6.5%
2	Ⅰ换热器	F=1000m^2、Q235、20$^\#$钢	1	
3	Ⅱ换热器	F=912m^2、Q235、20$^\#$钢	1	
4	Ⅲab换热器	F=1916m^2、Q235、20$^\#$钢	1	
5	Ⅳab换热器	F=1975m^2、Q235、20$^\#$钢、喷铝	1	

续表

序号	设备名称	规格材质	数量/台(套)	备注
(二)转化工段				
6	一段电加热器	1200kW	1	
7	四段电加热器	400kW	1	
8	循环风机	Q=600m^3/min、8kPa	1	耐热风机
9	SO_2 鼓风机(离心式)	Q=1900m^3/min、P=4000mmH_2O 柱，高压软启动	2	
10	电动单梁起重机	Q=16t、H=6m	1	
(三)干吸、成品工段				
1	干燥塔	$\phi_{内}$ 4800mm、H=15970mm、Q235、瓷砖、瓷填料、低铬合金、316L、球拱、丝网	1	
2	一吸塔	$\phi_{内}$ 4500mm、H=17050mm、Q235、瓷砖、瓷填料、低铬合金、316L、球拱、纤维除雾器	1	
3	二吸塔	$\phi_{内}$ 4500mm、H=15050mm、Q235、瓷砖、瓷填料、低铬合金、316L、球拱、纤维除雾器	1	
4	浓酸循环槽	$\phi_{内}$ 2758mm、L=7026mm、Q235、瓷砖	3	
5	浓酸循环泵	LSB400-32、Q=400m^3/h、H=28m	4	
6	干燥阳极保护酸冷器	F≈330m^2、316L 合金	1	
7	一吸阳极保护酸冷器	F≈300m^2、316L 合金	1	
8	二吸阳极保护酸冷器	F≈120m^2、316L 合金	1	
9	成品阳极保护酸冷器	F≈40m^2、316L 合金	1	
10	成品大酸库	$\phi_{内}$ 18000mm×13600mm、16MnR	2	
11	地下酸槽	$\phi_{内}$ 3200mm、H=2250mm、Q235、瓷砖	1	
12	地下槽酸泵	LSB50-30、Q=30m^3/h、H=24m	2	
13	成品输送泵	LSB50-30、Q=30m^3/h、H=24m	2	
14	计量桶	ϕ4200mm×4500mm、Q235	2	
15	一级卫生塔(带循环槽)	ϕ4500mm×12800mm、FRP	1	
16	二级卫生塔(带循环槽)	ϕ4500mm×12800mm、FRP	1	带除沫器
17	卫生塔循环泵	Q=300m^3/h、H=20m 超高分子聚乙烯	4	
18	尾气烟囱	ϕ2020mm×约 60m、Q235、PVC	1	

续表

序号	设备名称	规格材质	数量/台(套)	备注
(三)干吸、成品工段				
19	配液槽(带搅拌)	ϕ2600mm×4500mm、FRP	1	
20	配液泵	$Q=20m^3/h$、$H=12m$ 超高分子聚乙烯	2	
21	单轨小车/电动葫芦	3t	1	干吸酸泵检修
(四)污水处理(仅作常规处理)				
1	干石灰池	4000mm×8000mm×2000mm,混凝土	1	
2	石灰乳池(带搅拌)	ϕ3000mm×2500mm,混凝土	1	
3	石灰乳液下泵	$Q=30m^3/h$、$H=20m$	2	一台备在库房
4	一级污水药剂槽(带搅拌)	ϕ1200mm×2000mm、Q235/PO 搅拌机功率 2.2kW	1	
5	一级污水反应槽(带空气)	ϕ3000mm×2500mm、Q235/PO 搅拌机功率 5.5kW	1	
6	二级污水药剂槽(带搅拌)	ϕ1200mm×2000mm、Q235/PO 搅拌机功率 2.2kW	1	
7	二级污水反应槽(带空气鼓泡)	ϕ3000mm×2500mm、Q235/PO 搅拌机功率 5.5kW	1	
8	中和罐	ϕ3000mm×2500mm、Q235/PO	1	
9	废硫酸计量槽	ϕ300mm×2000mm、Q235	1	
10	中和碱液槽(带搅拌)	ϕ2500mm×2000mm、Q235/PO 搅拌机功率 4kW	1	
11	板框压滤机	$F=50m^2$	3	
12	压滤泵	$Q=10m^3/h$、$H=60m$、超高分子聚乙烯	4	
13	清水贮罐	ϕ3000mm×300mm、Q235	1	
14	清水泵	$Q=20m^3/h$、$H=16m$ 铸铁	2	一开一备
15	罗茨鼓风机	$Q=20m^3/min$、$P=22kPa$	1	曝气
16	缓冲罐	ϕ1000mm×1500mm	1	
(五)硫酸装置冷却水系统				
1	凉水塔	循环水量:$D=1250m^3/h$	2	
2	循环水泵	350S-26、$Q=1250m^3/h$、$H=32m$	3	
3	加药装置	配套 80L/h	1	
4	无阀过滤器	$Q=120t/h$	1	

第二章 硫酸设备设计、制造、安装工程实施与验收

第一节 通常规范

一、工程一般规定

（1）工程所有材料的质量，应严格按照设计与现行标准的规定。如设计没作具体要求时，其中建筑安装主要材料和承制设备的主要材料的技术条件，应符合本规定的标准。

承制设备材料的技术条件，必须在设备制作的合格证中列明，以备查验。

（2）工程的设备、容器等检验与管理，除必须执行国家颁发的规程外，尚应遵守本章有关的规定。

（3）工程使用的材料与设备、其技术条件应符合设计规定，必要变更或利用旧有设备时，事先应提出详细技术资料，经与设计单位共同协商取得一致意见后方可使用。

（4）材料入库和出库，必须具有出厂合格证或检验资料，并应对外观进行检查。

（5）设备交付或接管与验收时，应包括下述资料：

① 定型设备安装图与装配图，主要非标设备组装图和系统装置的总装图。

② 承造厂设备出厂技术证明文件（包括出厂合格证、说明书、装箱单、技术性能资料、原材料质量保证书以及主要部件透视、探伤、热处理等检验记录）；

③ 旧设备须交付过去使用的历史资料（包括使用年限、负荷情况、主要事故与缺陷等）、检验记录及最后鉴定证书；

④ 随同设备供应的备件、专用工具及其备件制造图。

（6）设备供应部门入库验收、与施工单位交接验收及施工单位与建设单位竣工验收时，均应按本规定第五条规定的内容随同设备一并交清；设备部件数量短缺或技术资料、竣工图纸不全，应待补足后方可验收。

（7）工程所有设备不得留有缺陷或隐患（含管线、接管、电器、仪表等），力求完美。

二、材料与设备的检验

（1）检验材料的技术条件，应按现行标准检验规则进行，必要补充时须经技术检验

部门同意。

(2) 下列情况之一的材料，应事先取样检验，合格后方可使用。

① 对材料有特殊要求，规定在使用前须检查的；

② 合格证内容不全或有疑问的；

③ 利用旧的材料。

(3) 施工单位接管设备时，应会同有关单位开箱检验，合格后方可验收；施工前须经清洗、润滑检验与专业检验，否则不许安装。

检验所用的工具、仪器应先经校正准确；设备拆卸时，必须按原装配部位打字头，不许有损伤现象；每次检验完毕，表面及密封处均须涂油防锈、防污；不能立即安装的设备，应装箱封闭。

(4) 开箱检验应符合下述要求：

① 所有零件、备件、随带工具与技术资料等必须齐全；

② 外观不得有变形、裂纹、凹痕与损伤等缺陷；

③ 接管孔与人孔的封堵，以及设备表面涂漆均应完整无损；

④ 铭牌不得短缺或模糊不清。

(5) 清洗检验时，所有部件与零件的外形尺寸（包括水平度、垂直度、圆锥度、孔口位置等）、原始间隙、规格型号及材质等，必须符合设计要求，并应详细记录。

(6) 清洗检验后，下述各类设备应进行专业检验，其要求：

① 电动机与电气设备，经绝缘耐压试验后应良好；

② 容器、附着管道、阀门经水压与严密性试验，不得有渗漏或泄气现象；

③ 精密设备与部件的精密度，应符合公差要求；

④ 仪表、计器等经校正，且应准确灵敏。

(7) 质量检验不合格的设备，应待缺陷全部消除，并经复查合格后，方许安装；如仍不合格，不准安装和使用。

(8) 质量检验合格的设备，如需加油润滑的部位，应加入适量符合质量要求的润滑剂。

三、材料与设备管理

(1) 材料保管与运输，除应按照现行标准有关规则检查外，应符合下述要求：

① 运入现场或仓库的材料，应按牌号、规格、等级、到货时间、合格证或检验证编号，分别堆放与标志，严禁混淆；

② 易燃、易爆、易破损变质与有毒及腐蚀性的材料，均应有必要的防护或隔离；在保管、装卸、运输中，不得受潮、受腐、受污、碰伤、震坏与包装松散，并明示防护的标记。

(2) 所有设备及附件，应按工号专机专用，不得串用或代用，并严禁拆套挪配零件。未经上级批准，不许拆卸测绘；非检验与安装时不得任意启封开箱。

(3) 必须临时使用的设备，事先应经技术检验部门与建设单位机动部门审查批准，但其中重要的精密设备仍不得动用。

(4) 设备装卸和运输时，应防止振动、侵蚀与损坏，不得有变形、磨迹、碰伤、散封等现象；大型设备拖拉运输，必须由起重工人操作，并先以荷重计算。

(5) 设备应妥善保管，并须遵守下述规定：

① 每件设备与附件，必须及时标记、注明名称、规格、出厂合格证编号等；

② 设备应按工号、类型、规格等配套放置，不得混淆；

③ 除大型非标准的设备，允许按施工顺序放置在有遮盖的露天外，均应储藏于室内，仪器仪表须有密封柜，检验不合格的设备应另行保管；

④ 设备不许堆装，严禁在设备内部与外部放置物品或从事工作；

⑤ 保管场所的照明、通风应良好，并需保持干燥与地面平整，其距易爆、易燃、易蚀品的距离应符合安全规定；

⑥ 设备在保管中，不许有锈蚀、浸湿、损坏与受污等现象。

(6) 不允许受潮、受冻的材料与设备，不得存放在露天遭受雨、雪浸淋与冻损，在运输与保管中，应采取保温与防雨雪的措施；材料表面的冰雪，在使用前必须清除干净。

四、设备基础与安装工程的一般规定

(1) 混凝土设备基础施工验收，除应按照一般建筑工程有关规范规定外，尚须符合下述要求：

① 设备基础的标高、中心线、水平度、垂直度以及埋设件与预留孔部位等，均应符合设计规定，其表面必须平整密实，不得有缺陷；

② 设备安装前，基础表面必须铲毛，毛面均匀分布，垫铁处尚须铲平；

③ 整体式的设备基础强度到 80%；框架、条形等形式的设备基础强度达到 100%，并经隐蔽检验合格后，方可按设计规定铺抹防腐层或安装设备、构件；

④ 混凝土表面已铺抹或铺抹防腐层的，均必须保持干燥，不得受潮与受冻；

⑤ 设备基础施工允许偏差如表 4-2-1 所示。

表 4-2-1 设备基础施工允许偏差

项目	中心线、标高	外形尺寸	水平度	预面孔中心位量
允许偏差/mm ≤	10	30	10	10

(2) 设备基础二次灌浆，必须捣固密实，不得有漏灌或空隙现象；设计无规定时，灌浆所用的混凝土不得低于 150 号，或水泥砂浆比应为 1∶2，其水泥不应低于 375 号。

(3) 安装设备或构件前，应符合下述要求，并经检验合格：

① 所有设备本体、附件、进出口管道、阀门、润滑油槽等，均应经清洗检查，表面不得有铁锈、油污、杂物、碰伤与裂痕，管孔不应有堵塞等现象。

② 所有机件、管道、阀门应按照设计规定的技术与本规定各章有关要求，进行试压试漏及严密性试验，不得有泄漏、外表湿润、强度不足等现象。

③ 安装设备或构件的基础，应按照设计校对复测标高、中心线、平整度与螺栓孔洞、表面处理等，并应划出安装中心线位置。

④ 设备、构件或管道等隐蔽部分吊装前必须按规定进行防腐处理。

(4) 安装设备或构件时，应符合下述规定：

① 安装程序必须按照设计规定与设备安装技术文件的要求进行，如无具体规定时，应编入施工组织设计内。

② 吊装设备或构件，不得磨损、碰伤机件与预埋螺栓。

③ 设备安装中不得受污，否则必须重新清洗或擦拭干净。

(5) 地脚螺栓必须垂直，倾斜度不得大于1‰；安装后螺杆露出螺帽2～3扣，螺帽下垫圈应为一个，丝扣端须涂油保护，地脚螺栓不许有松动或丝扣损坏现象。

(6) 安装设备如采用垫铁时，垫铁必须平整，不得有毛刺或其他缺陷；安装时，地脚螺栓两旁应放垫铁，垫铁每隔300～500mm需有一组，每组数目不多于四块，全高应为30～60mm。

(7) 设备与构件焊接时，应符合下述要求：

① 焊工必须具有考试合格证；

② 焊接所用的焊条，必须与母材技术条件相适应；

③ 焊接时坡口、组对应符合要求；

④ 所有焊缝均须经外观、强度与严密性检验。在气温低于4℃而又无防冻措施时，不准进行水压试验；

(8) 焊接工程，在雨、雪天施工时，必须采取防御措施。在零度以下气温进行焊接时，应遵守以下规定：

① 焊接物件上的冰雪应清除干净；焊接前，所有焊接处与溶剂均须烘烤，焊接时应按表4-2-2、表4-2-3的规定执行；

表4-2-2 管道和金属结构低温焊接时的规定

钢的类别	温度(不低于)/℃	壁厚/mm
含碳量(小于)0.2%	−20	不限
含碳量(小于)0.2%～0.28%	−10	不超过15

表4-2-3 受压容器低温焊接时的规定

钢的类型	壁厚/mm	
	15以下	15以上
含量(小于)0.20%	不低于−20℃	当温度低于−20℃时 应预热到100～200℃
含碳量0.2%～0.28%	不低于−10℃时	当度低于−10℃时 应预热到100～200℃

注：预热区的宽度应为100～200mm。

② 焊接处必须进行保温，焊接后焊缝冷却不得过快及有裂纹现象，且不得在焊接物件上敲打；

③ 在−20℃以下气温中，一般不能进行焊接，必须焊接时，应制订专门的规程。

第二节　焙烧炉工程

一、炉（窑）壳装配

（1）炉（窑）壳焊缝应用煤油与白垩粉试漏。

（2）炉（窑）壳装配允许偏差，如表 4-2-4 所示。

表 4-2-4　炉（窑）壳装配允许偏差

项目		内容	允许偏差/mm<
Ⅰ	支柱	(1)钢支柱垂直度	1/1000
		(2)槽钢圈梁顶面水平度	1/1000
Ⅱ	壳身	(1)椭圆度在任何断面为直径	2/1000
		(2)垂直度为高度	1/1000
		(3)壳身管口位置中心线	10
		(4)纵缝钢板对接错口为钢板厚	10%
		(5)环缝钢板对接错口为钢板厚	15%
Ⅲ	加强箍	中心位置	10
Ⅳ	炉门人孔与进出气管等	中心位置水平方向	5
		中心位置水平方向	10
Ⅴ	热电偶套管	中心位置	5

二、炉部件安装

（1）花板孔眼不得歪斜，拼接的花板不应有翘起或高低不平现象。

（2）冷却水箱（或冷却管组）经 600kPa 水压试验后，表面须不渗漏，并待炉壳全都合格方许安装，水箱突出（或凹入炉壁）炉内部分的尺寸应一致。

（3）炉壳各接管法兰应与管中心轴成垂直，不正时严禁强行连接，所有气密处的衬垫，不得有漏气现象。

（4）风帽气孔应畅通，大小须符合设计要求并分布均匀；风帽气孔的标高应一致，材质应符合设计要求。风帽间隔热填充物需均匀夯实，表面和底层 30～50mm 厚的耐热混凝土层铺抹严实，上表面距风孔 5～10mm。

（5）部件安装允许偏差如表 4-2-5 所示。

表 4-2-5　部件安装允许偏差

项目		指标内容	允许偏差
Ⅰ	花板	(1)椭圆度，为直径的(小于)(mm)	1/1000 —5
		(2)水平度(小于)(mm)	3

续表

项目		指标内容	允许偏差
Ⅰ	花板	(3)板上孔径直径(mm)	+0.2
		(4)孔与孔之间间距(mm)	0.5
		(5)制造不平度(小于)(mm)	3
Ⅱ	风帽	(1)气孔位置高低(小于)(mm)	1
		(2)气孔左右间距(小于)(mm)	0.2
Ⅲ	水箱(管)	安装位置横竖中心线(小于)(mm)	5

三、矿渣熄灭、输送设备安装试车

(1) 熄灭器、滚筒冷却器和输送器安装时，必须保持水平及定向位置，水平偏差只允许倾向出料方向。

(2) 安装滚轮与齿轮的中心应与管或筒中心线相重合（图 4-2-1)，托轮中心线与滚轮中心线应符合设计要求；滚轮及轮端面与中心线必须垂直不得倾斜，滚轮与托轮接触良好，两半齿轮的节圆直径须符合要求。

(3) 滚筒冷却、输送器安装后中心线应成一直线，输送管与受料箱迷宫结构径向、轴向间隙须符合要求，迷宫板与输送管中心线应相互垂直，所有气密衬垫不得有泄漏现象。埋刮板机的链板节头松紧配合适当、机头与机尾应在一中心线上（图 4-2-2)。

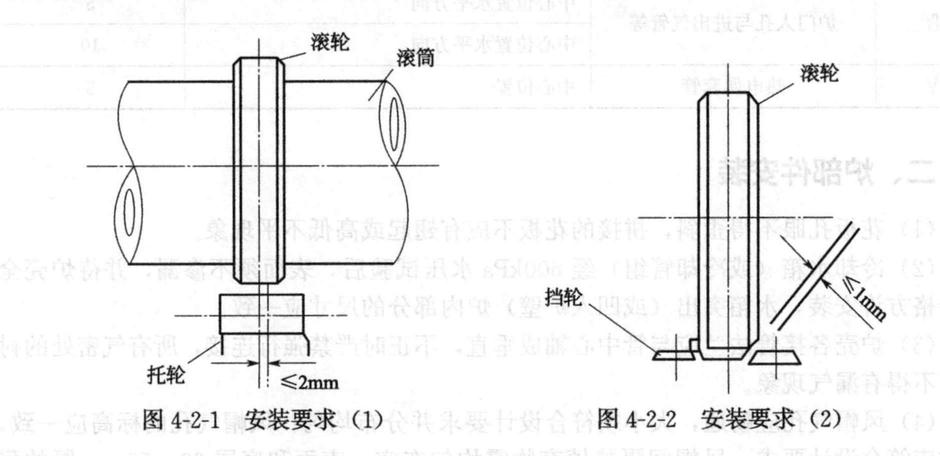

图 4-2-1 安装要求（1） 图 4-2-2 安装要求（2）

(4) 安装允许偏差如表 4-2-6 所示。

表 4-2-6 排渣设备安装允许偏差

项目	指标内容	间隙	允许偏差/mm<
熄灭器滚筒冷却器与输送器	(1)椭圆度:滚筒冷却器		3
	输送器		3
	(2)安装定向位置		5
	(3)水平度倾向出料方向,在全长上		2～3

续表

项目	指标内容	间隙	允许偏差/mm<
熄灭器滚筒冷却器与输送器	(4)管中心线应成一直线,在全长上		3
	(5)螺旋叶片焊于管上,点焊间距		5
滚轮托轮与齿轮	(1)滚轮、大齿轮与滚筒中心线重合		1
	(2)托轮与滚轮中心线重合(见图 4-1-1)		2
	(3)挡轮与滚轮间隙(mm)(见图 4-1-2)	1	
	(4)两半齿轮装配节径相差		1
	(5)齿轮顶间隙(mm) 间隙允许偏差(mm)	0.2 0.03～0.04	
	(6)齿轮咬合接触斑点,为齿轮长度方向(大于) 为齿高(大于)	60% 30%	2
	(7)大小齿轮中心线应重合		

(5) 安装完后，应进行单体无负荷试车不少于 8h；运转中轴承温度不得超过 60℃，齿轮传动正常，回转体无振动、颤抖、跳动及挠曲等现象，即为合格。

第三节　炉气净化设备工程

本节适用于气体净化系统的机械除尘器、热电除尘器、电除雾器与文式管等设备安装工作及部件制作。

一、机械除尘器制造安装

(1) 机械除尘器（包括集尘器、单体与组式旋风除尘器等）本体焊缝应用煤油、白垩粉试漏。

(2) 安装时，应符合下述要求：

① 所有接合面、放灰口必须严密，不得有漏气现象，设计无规定时，下灰管坡度应大于 60°；

② 旋风除尘器内表面圆度必须平整，不得有毛刺、凹凸等缺陷；

③ 旋风除尘器的进气短管应与壳体相切。

(3) 安装允许偏差如表 4-2-7 所示。

表 4-2-7　机械除尘器安装允许偏差

项目			允许偏差
机械除尘器安装	位置/mm	<	10
	标高/mm	<	5
	垂直度为全高的		1/1000
	中心管垂直度		1/1000

续表

项目		允许偏差
集尘器与单体旋风除尘器椭圆度/mm	<	5
组式旋风除尘器单体椭圆度/mm	<	1.5
旋风除尘器圆柱体中心线与中心管中心线偏差/mm	<	1.5

二、热电除尘器制造安装

1. 主件制造质量要求

(1) 阳极板

① 沿长度方向的平面度公差不大于1/1000，且最大不超过3mm。

② 沿宽度方向的平面度公差不大于2mm。

(2) 阴极板

① 沿长度方向的平面度公差不大于3mm。

② 沿长度方向的直线度公差不大于1/1000，且最大不超过3mm。

(3) 立柱、大梁和小梁

① 立柱平面度公差度不大于3mm。

② 大梁平直度公差度不大于3mm，底面不平度应小于3mm。

③ 底梁平面度公差不大于5mm，单根支撑梁平直度公差应小于3mm。

2. 配套电气质量要求

(1) 高压电气

① 电除尘器的每个电场采用一套高压整流电源供电。

② 整流变压器输出电流（mA）等于线电流密度（mA/m）乘以单个电场电晕线总长（mA）。电流密度为0.7～1.0mA/m（空载数），根据总电流值选用靠近系列产品规格的高压整流变压器。

③ 高压硅整流电源装置应符合JB 2174的规定。

④ 电除尘器所用的支承套管，工作温度不低于400℃，瓷轴的工作温度应不低于150℃，工作电压不低于72kV，直流耐压不低于100kV，阴极振打瓷轴的拉伸强度不小于9.8MPa，抗扭强度矩不小于980H/m。

(2) 低压电气

① 阴阳极振打应设计控制装置，振打时间和频率可任意调节。

② 阴极振打瓷轴绝缘箱及支承套管绝缘箱内应配备电加热装置，以防炉气结露。

3. 现场安装质量要求

(1) 电除尘器的安装必须按照制造厂提供的产品安装说明书及有关技术文件进行，安装前必须对工件进行检验。

(2) 电除尘器底面支承轴承的安装位置应准确无误，并留有膨胀间隙，各轴承间的相对高差应小于2mm。

(3) 安装后的主要公差值

① 安装调整后的异极间距偏差不大于±3mm。

② 阳极排平面度公差不大于3mm。

③ 阳极排对角线误差不大于 5mm。

④ 阴极框架平面度公差不大于 3mm。

⑤ 阴极框架对角线误差不大于 5mm。

（4）电除尘器内部所有传动件的螺栓、螺帽在调整定位后应全部焊牢。

（5）电除尘器外保温应致密、美观、牢固，应既不向外漏保温物料又不向内漏雨水。

（6）砂封用的砂子应是干燥的石英砂，粒度为 0.08～0.5mm，高度为 100mm。

（7）电除尘器的电气安装应符合 GB 501255—2014 的规定。

（8）在用户遵守运输、储存、安装、保管、使用规则的条件下，从产品交货日期起，一年内制造厂应对产品的制造质量负责。

4. 空载试验

（1）电除尘器安装完毕后，由制造厂、安装单位和使用厂家联合进行。

（2）各传动装置的试运转时间应不少于 144h，要求转动灵活，无卡碰现象，且转动方向及振打锤落点应符合设计要求。

（3）高低压电气设备空载试验前，应做绝缘水平的测试和升压试验，试验方法按 GB 501255—2014。

（4）检查高低压电气设备工作正常，保护装置灵敏，表计指示准确后，在不通烟气的情况下，做高压电源的冷态空载升压试验，每台电源均需逐点升压，记录相应的表盘二次电压电流值，直至电场闪络，据此做出冷态伏安特性曲线，存入技术档案，以备验收产品质量和检修电除尘器时核对。

（5）当一台电源设备容量不能满足空载升压试验时，允许多台设备并联使用。

（6）空载升压试验按 JB/T 6407—2017 进行。

5. 负载试验

（1）投入所有低压设备，要求其动作符合设计要求，程序反应灵敏，电加热温度符合设计要求。

（2）通入符合工况条件的烟气，逐室升压，进行负载伏安特性试验，连续运行达 72h。

6. 检验规则

（1）制造厂的质检部门应按本设备的标准要求及产品设计的图纸，对零部件的质量，进行逐项检验，合格后方可出厂。

（2）零部件发运到使用现场后，安装单位通知制造厂，双方共同开箱检验。

（3）安装单位应有专检人员按本设备的标准及设计技术文件，对产品安装质量逐项进行检验，并做好记录。

（4）制造厂应派专人到安装现场按本设备的标准以及安装说明书和施工图的要求进行整机试验。

三、电除雾器制造、安装

1. 金属结构制作安装要求

（1）包铅型钢梁应调整平直，其材质、规格必须符合设计规定，并应以 3000Pa 压缩空气进行试漏。

（2）花板外形尺寸应与设计一致，孔边不得有毛刺现象。

（3）允许偏差如表 4-2-8 所示。

表 4-2-8 电除雾器安装允许偏差

钢架		各层型钢架标高（小于）/mm	电极管孔板（小于）/mm		六角形框架内切圆直径/mm
标高（小于）/mm	垂直度		平面安装水平度	制造不平度	
5	1/1000	5	3	3	4

2. 壳体制作安装要求

（1）包铅前，钢壳及构件表面应经清除干净，不得有铁锈与油渍。

（2）铅板表面应无伤痕，夹层、裂缝等缺陷，其材质、规格应符合设计规定。

（3）施焊时，第一道焊后需除锌再焊第二道，铅焊缝必须满焊与烧透，不得有砂眼、咬肉、气孔等现象，表面应整齐光滑。

（4）允许偏差如表 4-2-9 所示。

表 4-2-9 壳体安装允许偏差

钢制外壳				上、下壳体直径（小于）/mm	壳体上人孔、视孔中心线位置（小于）/mm
椭圆度	垂直度	高度（小于）/mm	底板水平度与制作不水平度（小于）/mm		
2/1000	1/1000	20	15	20	10

（5）钢筒体同一断面最大与最小直径之差不大于 0.2%（名义尺寸），且不大于 30mm；塑料与玻璃钢筒体不大于 0.4%，且不大于 15mm，塑料筒节长度不小于 200mm。

（6）外壳不得有凹凸不平、裂缝、毛刺等缺陷。

（7）壳体底部应注水至下人孔，经 24h 不得渗漏。

（8）壳体应以 3000Pa 压缩空气试漏，经 24h，不得有泄漏现象，或在超过角钢圈上口平面 500mm 做充水试验，充水达最高液位后，保持 48h，并观察基础沉降情况，无渗漏为合格。

（9）钢壳衬铅应以氨气、酚酞溶液试漏，不得出现红色。

3. 电极管制作安装要求

（1）电极管必须用整块铅板卷制，不得拼接，塑料、玻璃钢需用导电整体节管。

（2）电极管应边卷制边安装，放置时间不得超过 2h。

（3）铅焊缝不得凸出于电极管内壁。

（4）允许偏差如表 4-2-10 所示。

表 4-2-10 电极管允许偏差

椭圆度（小于）/mm	长度公差（小于）/mm	垂直度（小于）/mm	管间中心距误差不（大于）/mm
2	±2	2	±2

（5）安装中电极管不应有撞击与损伤现象。

4. 电极线安装要求

（1）电极线材质，规格必须符合设计规定，并应为整根且无折痕。

（2）电极线应手感尖刺或刀刃、棱角损坏深度不得大于 2mm，损坏总长不得大于 50mm。

（3）允许安装偏差如表 4-2-11 所示。

表 4-2-11 电极线允许偏差

电极线在管中心偏差(小于)/mm		电极线长度偏差(小于)/mm	重锤重量差(小于)/%
圆形	六角形		
2	3	5	±2

（4）安装后检查电极线框架弯曲度不得大于 2mm，否则应予加强。

（5）除阴、阳极管的间距外，其余所有带电体与非带电体间距不得小于 150mm。

（6）清洗管平面度公差不大于直径的 0.5%，且不大于 15mm。

5. 绝缘箱制作安装要求

（1）壳体焊缝用煤油或白垩粉试漏。

（2）石英管安装应垂直，其垂直偏差不大于 1/1000。

（3）石英管与石英管套管间应用石棉绳塞紧，不得漏气。

（4）石英管应进行直流耐压 90kV 试验，试验时间为 10min。

（5）进线电缆加热管与壳体距离应大于 150mm。

（6）绝缘箱安装后，应以 20kPa 气压试验其严密。

四、整流机组安装

1. 整流机安装前的检查

（1）所有电气设备须经清理及耐压试验。

（2）整流室内防潮、保温及防护等工程，应按设计规定全部施工完毕，其天花板、墙壁、地板均必须光滑清洁。

（3）楼板露出钢筋端头，应符合接地要求。

2. 安装要求

（1）金属屏蔽网，网丝直径不应小于 1.4mm，网孔尺寸不得大于 20mm×20mm，网与端头可用气焊焊接。

（2）与相邻各部位打洞后，应进行防护处理，不得有渗漏与处理不严现象。

（3）升压变压器、整流机组外壳、高压滑动开关支架、电缆头、钢带金属屏蔽网及门窗零件等均应接地。

（4）应安装二次接地装置，以便停车放电之用，其电阻不得大于 4Ω。

3. 整流机组安装

应按设计规定进行通电检查，并符合下述要求：

（1）通电前，进风与排风装置换气量须经检验合格，换气次数应不少于 5 次/h（户外式不考虑此条）。

(2) 变压器运行前，其油面低于变压器枕顶部25mm。

(3) 室内温度应高于室外温度5℃以上，但不得低于16℃。送入空气应先经除尘，冬季时还需加热，其空气相对湿度不得大于70%（户外式不考虑此条，但需在晴天下开机试供电）。

(4) 通电中，高压隔离开关应转动灵活，手轮位置指示与隔离位置必须一致，刀片接触面应良好。

(5) 电除雾器试供电，调节电流、电压达设计指标，维持10min。空载试验，一般为：二次电压50～65kV，二次电流1.5～2.5mA/根管。

五、文式管安装

1. 安装前，应按下列要求检验合格

(1) 收缩管、喉管、扩散管须严格清洗检查，内壁必须光滑平整不得有凹凸不平现象，所有铸件衬里件均不应有缺陷，材质符合要求。

(2) 收缩管、喉管、扩散管加工后，设计未规定时，应进行200kPa水压试验。

2. 安装时要求

(1) 收缩管、喉管、扩散管中心线必须在同一直线。

(2) 喉管所有喷嘴钻孔中心线必须交成一点，钻孔中心线与喉管横断面所成角度应符合设计规定。

(3) 内喷文式管的喷头需按图纸严格制作，并在设备外试喷检查，测定流量，合格后方可装配。装配时注意对中，不得偏离，并试喷检查。

(4) 焊缝内外均须满焊，且不得有任何缺陷，内壁焊缝须锉平与管体齐平光滑一致。

(5) 垫圈必须平整与内圆同心，不得有毛边，其与内壁应齐平光滑，不应有凸出内壁现象，亦不得有过多的凹坑。

3. 安装后做喷嘴喷水试验，并应达到的要求

(1) 各喷嘴喷出水量应均匀。

(2) 各喷嘴喷出水流交于中心点。

(3) 内喷文氏管的喷头喷出水流应从中心均匀向四周辐射开。

(4) 抽气后，喷出水流应能形成水幕状。

第四节 硫酸塔工程

本节适用于硫酸工程的冷却、洗涤、干燥、吸收塔等制作安装工程。

一、壳体制作及安装

(1) 壳体底板安装必须严格与基础面吻合，不得有间隙。

(2) 塔身安装必须垂直。塔体内部的焊缝应磨平，转角处须磨成圆弧，所有壳体上的焊件必须在铺铅或衬砖前焊完。

(3) 壳体制作、安装允许偏差如表4-2-12所示。

表 4-2-12　塔壳体允许偏差

项目		指标内容	允许偏差
Ⅰ	壳体制作	(1)塔壳椭圆度，为直径的	2/1000
		(2)塔壳体底板不平度，为直径的 但不得超过(mm)	2/1000 5
Ⅱ	壳体安装	(1)标高差(小于)(mm)	2
		(2)垂直度为高度的	1/1000
Ⅲ	壳体焊缝	(1)纵缝钢板对接错口，为板厚的 但不得超过(mm)	5% 1.0
		(2)环缝钢板对接错口为钢板厚的 但不得超过(mm)	10% 1.5
Ⅳ	接管与人孔	(1)接管人孔中心线位置(小于)(mm)	10
		(2)接管伸出塔壳体外部长度(小于)(mm) 伸入塔内部长度(mm)	10 2
		(3)接管盘平面在纵横方向上的斜度对接盘外径 100mm 但总的不得超过(mm)	1 3

(4) 塔底角钢圈的组焊，应待底板角缝试漏合格后，方许进行，整体水平度偏差、局部偏差≤5mm。塔壳焊接完毕，应做充水（同电除雾器外壳）、煤油或白垩粉试漏，渗漏处必须铲除重焊。

二、铺铅（或软塑料）内衬工程

(1) 铺铅（或软塑料等）前，塔壳应先清除浮锈、毛刺与油渍；经试漏合格并按设计规定进行防腐。铅板或软塑料板等表面不得有伤痕、夹层、裂缝等缺陷。

(2) 铺焊铅或软塑料板等时，应符合下述要求：

① 塔壳与铅板间石棉板，应与壳体紧密粘贴，上下层缝隙须错开，不得有孔隙现象。

② 铅板或软塑料板应与塔壳紧贴（间隔搪铅钉固牢），口边以搪铅封死。铺软塑料的口边须用耐酸胶泥封死。

③ 铅焊条成分应与铅板一致（或塑料焊条应与塑料板一致），其焊缝不应有啃边现象，且凸出处不得超过 2mm。

(3) 铺铅或软塑料板后，夹层应以氨气、酚酞溶液试漏，不得出现红色。用其他材料衬里，要求以此相近。

(4) 塔壳与瓷砖间喷注 10mm 厚耐酸胶泥层，防腐作用更优。

三、填料及附件安装

(1) 填料填装前，应先洗刷干净并晾干，挑出破碎填料，不应有杂物、污泥等带入塔内。

（2）填料填装应符合下述要求：

① 不得采用上釉瓷环，工作人员不得直接踩踏瓷环。

② 填装高度及方式，必须符合设计规定。

③ 整齐排列应从中间开始逐步展向塔边，第二层从塔边展向塔中，循环至设计高度。空隙处须用破填料环填紧，每行每层排列均应平整，上下层必须错开（见图 4-2-3）。不得有直通式短路现象。根据近期实践效果，应提倡使用规整波浪型环，整齐排列较佳。

④ 乱堆应采用许多老厂习称的“分层导流错位轮回倒推摊平法”。第一层（从下向上计），先沿塔壁倒堆一圈，再从中心倒堆，堆脚相连，均堆数个；每倒一层堆高约 500mm 高后，立即扒平约 300mm 高，再错堆（即下一层堆间）倒第二层和第三层。第四层再先沿塔壁倒一圈，再错堆倒、扒平后再循环填装至设计高度。但最后一层，即顶层不得先沿塔壁倒堆一圈，应从下层的堆间开始倒堆。要注意把碎瓷环捡出。填装时，填料环在填装全过程中不应有破碎或损坏塔防腐层的现象。塔径小时应采用充水填装法。每装约 500mm 高时，用竹竿搅平一次。

⑤ 塔内下部过渡层填料（2～3 层整排 ϕ150mm 左右三旋大瓷环）填装时要尽量少堵塔拱的孔并尽量找平。最上层填料环应填装水平。装填全过程要设专职质检员，跟踪检查督促，决不可图省事随意乱来。

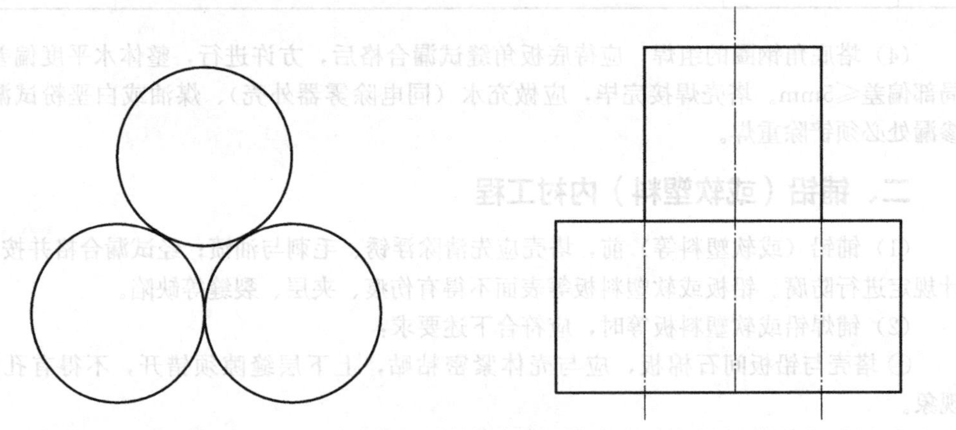

图 4-2-3 排列方式

（3）硫酸塔附件应经下述检验合格后，方许安装：

① 分液装置须经喷水试验，喷射角度和淋洒均匀性须符合要求。

② 分酸槽或分酸管经注水试验，各溢流口或喷孔的流量必须均匀且不泄漏。塔内分酸管均须经 25kgf/m^2 水压试验合格，如各分酸管下装液封套管、液封高度要足够不得串气带液。

③ 分酸槽及分酸导管的装配应水平、竖直、正中，不符要求时，须加工修理，不得强行安装。

④ 高位槽表面和内套不应有裂缝、不平等缺陷，经 2kgf/m^2 水压试验，不得有渗漏现象。

⑤ 管式分酸器装前需做分水均匀性检验，装时需严格找水平，支管间距公差≤

3mm。开酸泵循环4h后，检查喷酸口喷酸高度是否相平和有否堵塞现象，合格后才可覆盖上部填料。

（4）附件安装时，应符合下述要求：

① 塔体上套管与瓷砖间，应用浸透水玻璃（或耐酸树脂）的石棉绳塞紧，并用耐酸胶泥涂实，不得有泄漏现象。

② 分酸器（槽或管）安装必须水平允许偏差不得大于长度的0.3/1000，进酸管必须平直，不得有倾斜现象。

③ 直和斜的分酸导管应符合设计规定，不得任意调换。两头碰壁的斜管可改用直式导管。

第五节　二氧化硫鼓风机及酸泵安装工程

一、鼓风机检验及安装

（1）鼓风机的蜗壳，应经压力为100kPa的水压试验；叶轮应经静平衡、动平衡试验。如无上述试验证明的，必须补试。

（2）开箱及清洗检验，除应按本篇前面章节有关规定内容外，并须符合下述要求：

① 所有部件外观及蜗壳内表面，应无砂眼、气孔、空洞、裂纹、凹凸不平等缺陷；其加工面必须光洁平整，光洁度应符合图纸规定，且不得有机械碰伤及明显加工纹痕。

② 叶轮片铆钉头，不得有铆偏、过小、熔损等缺陷。

③ 叶轮与轴径，轴与靠背轮装配，应紧密无松动现象；支承轴径与止推轴径的中心距应与扩孔中心距相符合。

④ 轴径椭圆度、圆锥度允许在全长上不大于0.02mm。

⑤ 轴瓦的轴衬与巴氏合金，应紧密贴合，滚珠轴承应符合要求。

⑥ 密封圈与密封片、密封圈与壳体搪孔应紧密不得松动。

⑦ 密封片必须完好无损。其材质、削角尺寸及方向，均应符合图纸规定，且削角方向不得倒置与磨钝。如材质无规定时，气封应为不锈钢、聚四氟乙烯制，油封应为铝制。

⑧ 润滑系统的油管、水管、油冷却器、油过滤器等，均须彻底清洗并吹净、擦干。

（3）安装前下述部件必须经试验合格，其要求：

① 轴承油箱，应除去内表面防腐层，经4h煤油试验，不得有渗漏现象。

② 润滑系统的油冷却器水管、油管等以2.5MPa，表压或1.5倍工作压力进行水压试验，不得有渗水现象。

（4）安装鼓风机及附件应符合下述要求：

① 采用预埋钢架式轴承箱基座时，其顶部必须水平。

② 瓦背与瓦座应接触均匀，两侧必须紧密贴合，不得在瓦背与瓦座间加垫片。滚珠动轴承装配后，内套在轴上及外套在轴承匣上均不得转动。

③ 电动机与底座间，应加成组钢或铜制垫片；垫片每块厚为0.10～1.00mm，全高为2～3mm。

④ 采用滚珠轴承的电动机，其中心线应比鼓风机中心线高0.10mm。若鼓风机也

采用滚珠轴承，其中心线应一致。

（5）安装主要指标与允许偏差。

① 下蜗壳与轴承箱装配允许偏差如表 4-2-13 所示。

表 4-2-13 下蜗壳与轴承轴装配允许偏差

指标项目	轴向	横向
与基础中心线/mm	3	3
水平/(mm/m)	0.05	0.10
蜗壳与轴承箱中心线重合差/mm	0.05	

② 轴瓦安装允许偏差如表 4-2-14 所示。

表 4-2-14 轴瓦安装允许偏差

接触面(不少于)/%	接触点(不少于)/(点/cm^2)	瓦背底部局部间隙允许/mm	瓦背与瓦盖预紧力间隙/mm	
			止推轴径 ϕ125mm	支承轴径 ϕ80mm
60	1	0.02～0.03	0.05	0.03

③ 轴瓦研刮要求如表 4-2-15 所示。

表 4-2-15 轴瓦研刮要求

项目			指标
轴瓦与轴瓦接触角/(°)			60
轴与轴瓦接触点/(点/cm^2)		止推	3～4
		支承	2～3
轴与轴瓦接触面(大于)/%			70
轴瓦间隙/mm	顶间隙	止推轴瓦	0.20～0.28
		支承轴瓦	0.15～0.21
	侧间隙	止推轴瓦	0.08～0.10
		支承轴瓦	0.06～0.10
止推轴瓦端部与轴肩串量间隙(靠电动机端)/mm			0.23～0.30

④ 叶轮与轴允许偏差如表 4-2-16 所示。

表 4-2-16 轴、叶轮安装允许偏差

项目			指标
主轴水平平度允许偏差(不大于)/(mm/m)			0.05
叶轮径向中心线与出口中心线重合偏差/(不大于)mm			0.05
叶轮与进气室端面轴向间隙/mm			6～6.2
叶轮末端与蜗壳室两侧间隙/mm	700-13-1 型		9±0.5
	400-12-2 型	外侧	7±0.5
		内侧	8.4±0.5

续表

项目	指标
叶轮内侧与密封圈侧面间隙/mm	4±0.5
叶轮轴向摆串量(不大于)/mm	0.30

⑤ 密封装置允许偏差如表4-2-17所示。

表4-2-17 密封装置安装允许偏差

<table>
<tr><th colspan="3">项目</th><th>指标</th></tr>
<tr><td colspan="3" rowspan="2">密封圈背面与搪孔接触局部间隙允许(不大于)/mm</td><td>0.10</td></tr>
<tr><td>0.10</td></tr>
<tr><td colspan="3">密封圈上下接合面在自由状态下,允许比壳体低/mm</td><td>0.02～0.03</td></tr>
<tr><td colspan="3">叶轮与进气室端面轴向间隙/mm</td><td>0.30</td></tr>
<tr><td rowspan="4">密封片与轴间隙/mm</td><td rowspan="3">气封</td><td>进气密封</td><td>0.40～0.55</td></tr>
<tr><td>背板密封</td><td>0.30～0.40</td></tr>
<tr><td>排气轮密封</td><td>0.30～0.40</td></tr>
<tr><td colspan="2">油封</td><td>0.15～0.22</td></tr>
</table>

⑥ 电动机靠背轮与鼓风机连接，允许偏差如表4-2-18所示。

表4-2-18 靠背轮（联轴器）安装允许偏差

同心度允许偏差	倾斜度允许偏差	两靠背轮间隙
0.04	0.04	5～6

如名牌厂家整机出厂和长期多家使用验证，自己也无能力拆检，加入润滑油后，可直接安装试车。否则，一定要拆检。

二、鼓风机试车

(1) 鼓风机各部件、管线、电器、仪器仪表等全部安装完毕并经检验合格，应按本节规定进行无负荷单体试车。

(2) 电动机无负荷试车，应符合下述要求：

① 经冲击试验，旋转方向正确并无其他异状后，应按照运转20min，连续运转4h程序进行试车。在此试验前，需经左右盘车各15次，无异样才可进行。

② 通电20min，经检查运转中振动、音响、转速、温升、电流、电压变化等情况良好后，始可连续运转4h（在抽送气体情况下）。

③ 连续运转中，轴承温度不超过60℃，铁芯温升不超过50℃，电流无波动，轴承处不漏油，且运转稳定、音响正常及无振动现象即为合格。

(3) 鼓风机试车，应符合下述要求：

① 电动机连续运转合格，鼓风机经冲击试验无摩擦及撞击声音后，应按照运转5min、30min，连续运转48h程序进行单体试车。

② 各次运转中均不得有摩擦、漏油现象，且振动、温升情况正常方可进行下次试运转。

③ 经连续运转48h，电动机与机身振动不超过0.005mm（5μm），轴瓦及电动机温度不大于50℃，且无漏油、漏气等现象即为合格。

三、酸泵安装与试车

(1) 安装前，机座表面防腐层若设计未规定时，应用3mm厚铅板或软塑料板等敷设一层，覆盖至地平面，并须平整。

(2) 酸泵与部件安装，应符合下述要求：

① 酸泵轴承箱滚珠轴承、叶轮等应清洗干净，轴椭圆度、圆锥度与弯曲度均应经检查合格方可安装，其表面不得有缺陷及夹杂物。

② 滚珠轴承装配后，内套在轴上及外套在轴承匣上均不得转动，所有润滑油路必须通畅。

③ 叶轮径向中心线出口中心线必须对准。

④ 轴封填料涵如设计未规定者，可用耐酸、柔和并润滑的黑铅石棉填料或软聚四氟乙烯填料；安装时应松紧适宜，接口处须相互错开90°。机械密封，应检查是否装正、完好。

⑤ 泵壳、分离器与过滤器，应以1.5倍工作压力进行水压试验，经5min，表面不得有渗漏现象。

(3) 安装允许偏差与间隙如表4-2-19所示。老牌、名牌厂家整机出厂，可直接整机安装试车。

表4-2-19 酸泵安装允许偏差

项目	指标内容	间隙/mm	偏差(小于)/mm
酸泵	纵横中心线位置与轴中心线标高		5
	轴水平或垂直		0.05/1000
	轴椭圆度、圆锥度与弯曲度		0.05
叶轮	叶轮与泵壳之间	0.2～0.5	
	叶轮与泵盖之间	1.5	
	叶轮中心与出口中心线		0.3～0.5
靠背轮	泵与电机间靠背轮径向同心度		0.05
	端面倾斜度		0.05

(4) 酸泵各部件安装完毕，泵内管内杂物均应清除干净，电动机单独试旋转方向正确，经检验和盘车合格后，应进行单体负荷试车，试运转中，轴承温度不得超过50℃，酸泵与电动机能力应符合规定，泵壳内不得有杂音与摩擦声，泵身振动≤15μm，正常运转8h，即为合格。

第六节 热交换器、转化器工程

一、热交换器制作安装

(1) 壳体制作应严格控制椭圆度与垂直度，安装时，热交换器中心线位置、标高必须符合设计规定。

（2）花板加工与安装，应符合下述要求：

① 花板必须平整无翘曲现象，如为两块板拼接时，焊缝须经透视检查。

② 两端花板与挡板的钻孔中心线应一致，管孔须光洁，不应有贯通的纵向条痕、裂痕等现象，其孔边缘应锉光，钻孔壁面需用细砂纸砂光。

③ 装配位置与设计相符，两端花板面应相互平行，其与胀管（或焊管）中心线必须成90°角。

④ 上下花板必须叠起来一次钻孔。各块挡板必须叠起来一次钻孔，钻焊旋转不得有摆动现象。

（3）胀管（或焊管）加工与安装应符合下述要求：

① 胀管应采用整根无缝钢管，两端切断面与管中心垂直，每根管须经300kPa水压试验。

② 胀管前管头应经600～650℃退火处理，保持10～15min后并在石棉灰中进行冷却（管头加热长度为200～250mm）。

③ 退火后，在管头不小于管板厚2.5倍长度上，加工呈光洁金属表面。

④ 胀管（或焊管）工作不得在低于－10℃时进行。换热器宜用胀管为佳。

（4）制作与安装允许偏差如表4-2-20所示。

表4-2-20　换热器制作与安装允许偏差

壳体制作		花板		每根管子切断后长度/mm
椭圆度为直径	垂直度为高度	管孔直径/mm	倾斜度/mm	
≤1/1000	≤1/1000	+0.2	≤2	≤±2

（5）安装时膨胀节应按设计规定进行。

（6）壳体焊缝应用煤油白垩粉试漏，管胀接（或焊接）处须经100%探伤后再经2kPa气压试验，站压30min，不得有漏气现象。

（7）焊接的在制造完后，需经热处理或用其他方法消除应力。X形坡口两道焊（管口）。

二、转化器制作安装

（1）底座安装应水平，壳体制作与组立应严控制椭圆度、垂直度、人孔及热电偶套管位置，整体焊缝管位置，整体焊缝应以35kPa压缩空气试压，不得有泄漏现象。

（2）耐酸铸铁箅子板必须在安装前经预装配，并符合下述要求后方可安装：

① 铸铁不得有砂眼、裂纹、咬口与毛刺等缺陷，其尺寸、加工符号不合要求的必须消除。

② 预装配应按设计规定进行，试装后所有间隙均须打上字头做记号。

③ 合格后铸件应于安装前清砂除锈，清砂后不能立即安装的诗件，必须保持干燥。

（3）安装箅子板及附件，应符合下这要求：

① 壳体经试压合格与砌砖完成后，方可安装。

② 拼装应按设计规定与予装配顺序逐层进行，从底向上。

③ 安装时，立柱托板组立应水平，篦子板与丝网必须平整，不得有高低不平现象。

④ 隔板与外壳缝隙，须以石棉绳填紧，石棉绳应与缝口平齐不得露出，上下面并须清洁不得有任何杂物。隔板为薄不锈钢板制作，周边须满焊，每立柱边和板整体须加焊膨胀节。

(4) 制作与安装允许偏差如表 4-2-21 所示。

表 4-2-21 转化器制作与安装允许偏差

壳体制作		篦子板	
椭圆度为直径的	垂直度为高度的	椭圆度为直径的	不平度为直径的
≤1/1000	≤1/1000	≤2/1000	≤2/1000

(5) 转化系统所有焊缝（含管道等），需是 X 形坡口双面焊，100%探伤。

三、催化剂填装

(1) 装填应待气管道安装与试压全部完毕（有砖内衬应经烘烤合格），并须在开工前 2～3 日气候干燥的天气中进行。

(2) 催化剂应于填装前抽样检查过筛后，立即填装、粒与粉各留 0.5L 左右存查。

(3) 铺设石英球或卵石层的石料（粒度 15～25mm）应干燥、清洁，并严格按设计规定区分耐火球与催化剂层高度，铺设后，不得有高低不平现象。整个填装过程人必须站或卧在 300mm×500mm×15mm 左右的木板上工作，两人抬倒。

(4) 填装催化剂应从里面开始展向人孔，用木条刮平，铺设时必须厚薄一致，松紧均匀，其高度允许偏差不得超过 3～5mm，并严禁踩踏，铺设后须记录实际填装量。

(5) 催化剂填装后，不能立即运转时，应于转化器进出口加置干燥剂（如硅胶、浓硫酸、氯化钙等），并封闭所有人孔与阀件，待正式运转前方可取出干燥剂，不得有杂物遗留。焊死各人门。

(6) 各段填装量、品种严格按设计要求或按催化剂生产厂家建议执行。

第七节 管道、酸冷却器工程

一、铅制气体管道

(1) 管道制作应在表面光滑的木胎上进行，铅板与木胎必须全部贴紧后方可焊接，焊接时所有接口应干净，焊缝必须满焊与严密不得有气孔、夹层咬边等缺陷，扁铁箍及其上拉条分布应符合设计规定。制作允许偏差如表 4-2-22 所示。

表 4-2-22 铅气道制作允许偏差

管道外径	扁铁箍外径	扁铁箍间距
5mm	5mm	10mm

(2) 铅管道应待全部管道支架、托架等安装与焊接完毕，其标高、位置经检查合格后方可吊装，安装时必须全部对口，方可焊接，且不得有强拉变形、撞凹、划破管道等

现象。铅管上铁箍与位置不适应时，须另行加强，扁铁箍安装前必须两面防腐。

(3) 铅管制作后焊缝以煤油试漏；安装完毕，管内应先清理干净，并以压缩空气与肥皂水试漏。

二、铅制酸管道

(1) 铅管制作，内径在 200mm 以下的应以钢管作胎，内径在 200mm 以上的应于光滑的木胎上进行，其直径须符合设计规定。

(2) 安装时，直立硬铅管可用环形板承口焊接［图 4-2-4(a)］，直立板制管可用承插式焊接［图 4-2-4(b)］，水平管可用滚焊［图 4-2-4(c)］或开洞式焊接［图 4-2-4(d)］。

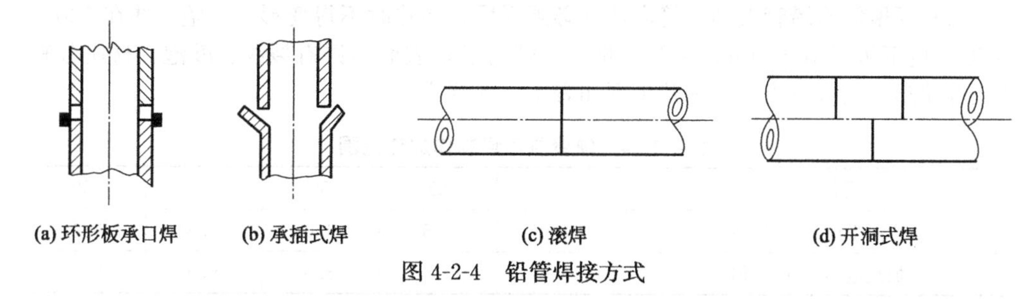

图 4-2-4 铅管焊接方式

(3) 铅管应待支架、托梁安装完后方可吊装，法兰螺栓孔只许跨中，否则必须重新安装或焊接。法兰垫片可采用聚四氟乙烯、橡胶或石棉橡胶板，螺帽下须加钢垫圈。

(4) 安装铅管的坡度应符合设计规定，并不得有积酸死角。

(5) 制作与安装中，铅管表面不得有损伤与缺陷，安装完毕，管内清洗干净后，焊缝应以 1.5 倍工作压力进行水压试验，不得有渗漏现象。

三、钢板管道及管体内衬

(1) 钢板管制作应严格控制椭圆度，所有焊缝均须经煤油、白垩粉试漏合格，分段制作时，钢板边并应铲平打坡口。其制作允许偏差如表 4-2-23 所示。

表 4-2-23 钢板制作允许偏差

钢板管直径/mm	＜400	400～775	800～1100	＞1100
椭圆度小于/mm	3	5	6	7

(2) 安装钢板管道应符合下述要求：

① 焊接法兰盘与管件中心线相垂直，安装时不得强拉对接，法兰垫片可采用 F4、石棉绳、橡胶板或 F4 石棉绳。

② 所有人孔及防护梯位置，必须符合设计规定方便生产。

(3) 安装完毕，管内经清理干净，应以 200kPa 压缩空气与肥皂水试漏。

(4) 管体内衬应符合下述要求：

① 衬铅或衬软塑料、F4、橡胶前，管道焊缝应经煤油、白垩粉试漏合格，所有管内焊口均须磨平，其凸出处不得超过 2mm，且不许有刺破铅板、软塑料、F4、橡胶等现象。

② 铅板以搪铅固定时，被搪处不得有锈迹，其面积与间距均应符合设计规定，固定后，铅板与管体须紧贴，搪铅与铅板周边不得凸出，并须焊实。

③ 铅以螺栓固定时，其钻孔应按设计规定于管道卷完后进行，管体外螺帽并应垫钢垫圆与橡胶垫，须严密不漏气。

④ 衬软塑料、橡皮等，均须严格除锈，按设计要求正确使用黏结剂，紧贴抹平，固化后不得有气泡现象。

⑤ 衬铅夹层用氨气酚酞溶液试漏，不得出现红色。

四、硬聚氯乙烯管及玻璃钢管

(1) 硬聚氯乙烯管煨制，管内填砂必须干燥，加热时不得变形、下坠，并在130～150℃温度下维持10～20min后进行煨弯，煨弯后，表面不许有裂纹、鼓泡、材质分解变质等缺陷，其弯曲半径与加热范围如表4-2-24规定：

表 4-2-24 硬聚氯乙烯制作加热范围

管径/mm	9	25	50	100	150
弯曲半径为管径/倍	3.0	3.5	4.0	4.5	5.0
加热范围为管径/倍	6.5	7.0	8.0	9.0	9.5

(2) 硬聚氯乙烯管焊接，应符合下述要求：

① 焊接坡口应为60°～70°，并不得有钝边，其对缝间隙允许0.5～1mm。

② 焊接的压缩空气不得含有水分与油脂，气压应为70～100kPa，其焊条直径须符合表4-2-25规定。

表 4-2-25 壁厚与使用焊条的直径

管壁厚度/mm	<4	4～16	>16
焊条直径/mm	2	3	4

③ 焊接时焊条与焊口均应受热均匀，焊缝须紧密、焊实，不得有断裂、烧焦等现象。

(3) 安装玻璃钢管，连接管中心应在一条线上，不得强行凑合，玻璃钢管道制作须严格按设计要求进行，其接头处玻璃钢的厚度和宽度应符合设计要求。

(4) 管道支架卡具与管壁间应衬垫橡胶板，管道接头距支架边沿不得小于200mm。

(5) 安装后应以200kPa表压水压试验，不得有泄漏现象。

五、浓酸管道及喷淋冷却器

(1) 耐酸铸铁管与管件符合下述要求后，方可安装（耐酸铸铁、前后均称铸铁)。

① 内外表面应清洁平整，不得有型砂、气孔、夹渣、裂口等缺陷；

② 铸铁管或管件法兰应与管或管件中心线垂直，两端法兰应平行。管体孔须同一直线公差小于±1mm，并应跨中，法兰面加工应不具有凸缘与沟槽，每根管长误差小于2mm，每根管重量误差小于±5%。

③ 150mm及以下铸铁管与管件应以2.5MPa表压水压试验，3min内站压不掉，不

得有泄漏痕迹，不合格的严禁使用。大于 150mm 的管件，采用 0.5～1MPa 的水压试验，站压 3min 为合格（合金管安装要求与此相同）。

（2）安装时，法兰螺栓孔应跨中，管道连接长度不适合时，只许用不同长度的耐酸管材调节，螺栓孔不对应从头把管子松开，进行全长度调节，不得强行凑合。

（3）安装喷淋冷却器，每行应平进，各排高低必须一致与相互平行，其支架位置允许偏差不得大于 10mm。

（4）冷却器水槽或分水管必须安装水平，用水试验时，溢流应均匀。溢流口宽、下沿公差小于 1mm。

（5）铸铁管与管件安装后，应经 0.3MPa 表压与肥皂水作系统气压试验，不得有起泡现象，或进行 0.3MPa 水压试验（合金管安装要求，与此相同）。

六、管壳冷却器、板式冷却器、螺旋冷却器与稀酸冷却器

（1）冷却器与附件安装，中心线位置允许偏差不得超过 10mm，标高允许偏差不超过 5mm。

（2）不锈钢管壳冷却器、钢或铅制螺旋冷却器等必须严格控制圆弧度与间距，其采用钢管、钢板料应为整根整块。

沉浸式稀酸冷器制作安装，椭圆度允许偏差不得超过直径 3/1000，安装时，垂直度允许偏差不得超过高度的 1/1000。

（3）铅盘管直径与间距均必须符合规定，其表面不得有缺陷。

（4）搅拌轴制作后，叶轮应经静平衡试验合格，轴表面焊铅时，不得有弯曲现象。

（5）管壳冷却器、板式冷却器、钢或铅制螺旋冷却器、沉浸式冷却器与铅蛇管冷却器应按设计规定试压或试漏，有阳极保护的设备，投运前应将电仪系统检查调试合格。

（6）本节设备衬铅、衬塑、衬胶等工程及检验应按本规定的有关规定执行。

（7）铅或石墨间冷器：筒体直径公差＜0.15%，垂直筒体公差≤0.01%，上下管板外径允许偏差±1.5mm，上下管板平面公差小于直径的 0.2%、且不大于 3mm，管板管孔径允许偏差＋0.5mm，相邻两孔中心距偏差±0.6mm，任意两孔中心距允许偏差±1.2mm，管板搪铅厚度允许偏差±1.5mm（第一道搪铅后需经稀酸除锌后再焊第二道）。

（8）铅翅片管和石墨冷却管：管外径允许偏差＋0.2mm、－0.4mm，管壁厚允许偏差±0.4mm，管装配长度允许偏差±4mm，管耐压 0.6～0.65MPa，管内外及翅片表面应光滑平整。

（9）间冷器安装前后检查试验：

① 上、下冷却段，管间进行 0.3MPa 水压试验，保持 30min。

② 冷却管装前进行 0.6～0.65MPa 气压试验，保持 15min。

③ 中心撑柱包铅后，通入 2～300Pa 气体，焊缝涂以肥皂水查漏。

④ 进出气段和再分布段衬铅完成后，进行衬铅渗漏试验 2h。

第八节 大型储酸罐工程

（1）本节适用于 500～10000t 大型储酸罐制作与安装工程。

（2）罐体结构焊接如设计未规定时，所有焊缝均应按 NB/T 47003.1、NB/T

47013.1～5或化工石油设备零部件标准焊缝结构TH 3005-59之规定执行。制造、安装均由有特种资质证书的单位进行。

(3) 壳体钢板的圆弧，必须先经样板找圆，并检查合格。安装时，壳体底部立焊缝，应与底板焊缝互相错开不小于500mm，每装配一圈壳体，其椭圆度与垂直度均须校正后方许安装另一圈，焊接加强圈应与壳体紧贴；壳体装配后其最末圈壳体圆周面应成水平，焊接顶盖时，壳体不得有变形现象，顶盖圆锥度或弧度应符合设计要求，所有焊口X形坡口双面焊，在与底板接合以直板45°坡口两道焊接，100%探伤。

(4) 制作安装允许偏差如表4-2-26所示。

表4-2-26 储酸罐制作安装允许偏差

项目	指标内容	允许偏差
底板	焊接变形部分(小于)/mm	20
	底板装配水平度为直径的	1/1000
壳体	椭圆度为直径的	2/1000
	垂直度为直径的	1/1000
	壳体上圈圆周面水平为高度/mm	3
接管、人孔	接管、人孔中心线位置小于/mm	10
	接管、人孔伸入罐内长度/mm	2
	接管法兰平面纵横向斜度/mm 但总的不超过/mm	1 3
进酸管	接管伸入罐内离底500mm高，管口封死侧向开孔	孔面积>=管面积2倍

(5) 储酸罐装配完毕后，应符合下述要求：

① 内部杂物、灰尘应清除干净；

② 罐身及底板焊接100%探伤经煤油白垩粉试渗合格；

③ 注水试验时，其计量浮球应与液面升降灵活一致，并测出容积重量以标牌示之；

④ 罐底板防泄两道阀应严密、耐用、灵活。

第九节 筑炉工程

(1) 本节适用于沸腾焙烧炉、焚硫炉及预热炉等筑炉工程。管道砌衬耐火砖工程也应参照本节有关规定执行。

(2) 耐火砖砌衬，应在基础、炉壳、炉门、下矿口、出渣口、人孔及接管等施工完毕，并经检查合格后方可进行。砌体内金属件，不得在砌筑后埋设。

(3) 耐火砖应经挑选合格，不得用其他规格砖代替设计规定的异型砖，拱锁砖必须加工时，其厚度不得砍去三分之一以上，长侧面亦不得成楔形。耐火材料应防止受潮，已受潮干燥后的耐火砖不得用于拱、碹等重要的部位。

(注：受潮的耐火砖，经外观和耐火度、化学成分和机械性能检验合格，并仔细地干燥后，在一般情况下尚可使用。)

（4）砌筑耐火砖应用掺有水玻璃的黏土火泥稀胶泥；水玻璃掺入量为干料质量的6%～9%，不得在胶泥调制后再添加水玻璃。水玻璃模数须在2.4～2.8、相对密度1.35～2.1。

（5）砌衬耐火砖应符合下述要求：

① 复杂及重要的部位须预砌筑，施工与养护的气温低于5℃时，应采取采暖措施，如在雨、雪天施工，必须采取防冻措施；

② 耐火砖应错缝砌筑、灰缝必须饱满，砌筑时应用木槌找正，严禁在砌体上加工砖块；

③ 炉墙砌砖应从炉门开始，炉门处不得留有接头缝，炉墙内表面应与炉门框里口水平一致；

④ 砌筑时，应严格掌握灰缝厚度、椭圆度、垂直度与表面的平整，其灰缝厚度及砌筑允许偏差不得大于表4-2-27规定。

表4-2-27　筑炉工程允许偏差

灰缝(小于)/mm		允许偏差(小于)/mm			
炉体、烟道 1.5～2.0	炉拱 1～1.5	椭圆度为直径 5/1000	表面部不平 7	炉墙高每米差 5	3m以上全高 垂直度20

（6）拱胎表面应刨光，安装时须平整、牢固。拱顶每环砖应成奇数，并从两端拱脚同时向中心对称砌筑，拱脚砖与炉壳须紧密结合，其表面与拱的半径方向平整一致，不得以加厚砖缝找平，严禁在脚后面砌筑硅藻土砖或轻质黏土砖。焚硫炉上部壳体与砌体不得脱空，要密实。

砌下矿口的拱时，应先从下矿口砌起，炉门（孔）的拱砖端部应伸入墙内20～30mm。拱的砖缝必须符合辐射状与半径同心圆的要求。

（7）打入锁砖必须均匀对称，打入前锁砖预砌入拱顶与拱内的深度应不超过砖长三分之二。

（8）拱顶砌完1～2d或用耐热混凝土、PA-80耐热混凝土、磷酸盐耐热混凝土等分片浇注完炉顶12～15d后方可拆除拱胎，拆除支柱时应从外环开始均匀进行，拆除后沸腾炉拱顶下沉6～8m应从中心向圆周均匀递减，无下沉时须拆除重砌。

（9）砖体与壳体间隔热层应均匀填注10mm厚耐火胶泥和石棉板3mm等填充密实，不得有空隙：耐火砖砌体与隔热层不许受潮。砌筑炉体内外墙应同时砌好连接砖，上下层须错开，其顶缝空隙内并应保持清洁。

（10）检查砌衬耐火砖灰缝质量和浇注耐热混凝土质量时，应符合下述规定：

① 检查灰缝应用标准钢塞尺，不得使用非标准或端头尖锐磨损的塞尺（塞尺宽度应为15mm，厚相等于规定的最大砖缝）。

② 塞尺插入灰浆深度应不超过20mm。

③ 在$5m^2$砌砖表面，挑选10处检查缝厚，比规定砖缝厚度大50%以内的砖缝，底衬和墙面不应超过5处，其余部分不应超过4处。

④ 耐热混凝土表面无裂纹、不起灰、涨缩下沉符合要求，上下面平整完好。

第三章

耐酸防腐工程实施与验收

第一节 一般规定

(1) 本章适用于硫酸工程的建筑、构筑物及设备、管道等防腐工程。

(2) 耐酸防腐工程施工及养护应符合下述要求：

① 应在温度15～30℃的条件下进行，温度低于10℃或雨天时须采取保温、防雨措施。

② 施工、养护及酸化处理前，应保持干燥的操作条件，严禁受水浸湿。其养护（固化）时间见表4-3-1、表4-3-2、表4-3-3所示。

表4-3-1 多层衬里每砌一层后固化时间

胶泥类型	湿度/℃	固化时间/h
水玻璃胶泥	25～30	36
树脂胶泥	45～50	48

表4-3-2 设备衬里热处理曲线（25℃±5℃）

衬里砌完后固化时间

胶泥种类	固化时间/h	胶泥种类	固化时间/h
水玻璃胶泥	10	环氧胶泥	15
酚醛胶泥	20	环氧酚醛胶泥	20
呋喃胶泥	25	环氧呋喃胶泥	30

表4-3-3 衬里热处理曲线 单位：h

胶泥种类	常温～40℃	40℃	40～60℃	60℃	60～80℃	80℃	80～100℃	100℃	100～120℃	120℃
水玻璃胶泥或钾水玻璃(KP-I)	2	4	2	8	2	24				—
酚醛胶泥	2	4	2	16	2	8	2	16	—	—
呋喃胶泥	2	4	2	24	2	2	2	8	2	8
环氧胶泥	2	4	2	8	2	8	—	—	—	—
环氧改性酚醛胶泥	2	4	2	8	2	8	2	10		
环氧改性呋喃胶泥	2	4	2	24	2	8	2	16		—

衬里如需加热处理，则应在常温下固化24h，然后按表4-3-2进行，升温速度≤10℃/h，降温速度≤15℃/h。

③ 养护时，不得有曝晒、冻结、振动、撞击、温度剧变等现象；养护后，表面不应有裂缝、起泡、皱皮、损坏与结合不牢等缺陷。

(3) 调制耐酸的胶泥、砂浆、混凝土、玛碲脂、涂料等，其配合比与原材料的技术条件，应按设计和国家规定来确定。

(4) 防腐蚀工程分层铺抹时，上层施工应待下层工程完成并经检查合格，且不得损坏下层的工程质量。

(5) 所有被覆盖的物件与部位其强度、刚性、试压、试漏均应先经检验合格、焊接与附着物亦须全部完成，并待基层处理符合表 4-3-4 要求后，耐酸防腐工程方许施工。

表 4-3-4　基础处理要求

被覆盖基层	基层表面要求	设计未规定时可按下述方法处理
所有基层	须坚固平整、干燥清洁、凹凸不平深度≤3mm,无杂物、油垢、碎屑等	
土壤	(1)夯实均匀,不得有松散、积水、结冻等现象 (2)加固土壤的碎石及碎石垫层不得用非耐酸性材料	
混凝土砂浆与砌砖体	(1)表面不起砂 (2)混凝土±20mm 深度内,湿度小于 6%	
被覆盖的沥青类基层	(1)压布豆砂须均匀牢固,无成堆或未压实现象 (2)冷底子油与沥青表面不得有厚薄不匀和气泡现象	(1)铺设沥青表面应先涂冷底子油一二遍 (2)沥青隔离层表面均匀分布预热 80～100℃的豆砂一层,厚度 1～3mm (3)卷材隔离层先浇热沥青一层,厚 3mm 压豆砂一层
金属表面	(1)不得有铁锈、焊渣、油脂等 (2)处理后 4h 内铺抹耐腐材料或涂底漆层	

第二节　水玻璃胶结料的耐酸工程

(1) 调制耐酸胶泥、耐酸砂浆、耐酸混凝土，应严格掌握稠度、坍落度，搅拌均匀，粉料混合后尚应过筛，筛孔不大于 1.2mm，如加入钾水玻璃后必须在初凝前用完，且不应超过 30min。已拌合好的严禁再加任何物料，否则不得使用。耐酸胶泥与耐酸砂浆的稠度应符合表 4-3-5 规定。

表 4-3-5　耐酸胶泥、砂浆的主要指标

项目	涂抹层厚/mm		稠度/mm		
	平面	垂直面	涂抹	找平	测定条件
耐酸胶泥	3～4	2～3	35～40	30～35	水泥标准稠度计,重 300g±2g 木杆沉入距表面深度
耐酸砂浆	5～7	3～5	60～80		标准圆锥体沉入深度

(2) 涂抹耐酸胶泥或耐酸砂浆，应先用耐酸稀胶泥打底，每层均应于初凝前压实，并经12～24h常温干燥，表面无起壳、裂缝等缺陷，经检查合格后方许涂抹次层；涂复层的总厚度应符合设计规定，其面层必须平整与抹光。

(3) 耐酸混凝土应连续浇捣，并须在初凝前找平抹光面层；必须分层浇捣时，用插入振动器的浇灌厚度不得大于20mm，用平板振动器的浇灌厚度不得大于10mm，上层浇捣应在下层初凝前完成；超过初凝时间必须按施工缝处理。

留施工缝继续施工时，耐酸混凝土抗压强度应不小于30kgf/cm^{2}，施工缝上层浇灌前，基层表面须打毛清整干净与涂抹稀胶泥底子。

(4) 表面与灰缝酸化处理前，在常温下应经不少于10d养护后方可进行，酸化处理不少于4次，每次间距应不小于8h。

各次均须先清除前次析出的结晶物，每次涂抹应不得少于三遍。酸化处理所用的硫酸浓度应为40%～60%。或用20%～30%浓度的盐酸作表面胶合缝酸化处理。

(5) 酸化处理必须提前进行时，应在20～30℃干燥气温条件下养护不少于7d；并须先进行局部酸化试验，经检查其表面应无脱皮、起壳、裂缝等缺陷，方可正式进行酸化处理。固化与酸化处理期间，严禁污染，严禁与水或蒸汽接触，严禁明火或曝晒。

第三节 沥青胶结料的耐酸工程

(1) 沥青无特殊规定时，应采用石油质的，且各层的品种必须相同，不得与煤沥青混用。石油沥青玛碲酯、石油沥青砂浆、石油沥青混凝土主要技术条件符合表4-3-6要求：

表4-3-6 石油沥青主要技术指标

玛碲酯使用部位温度/℃	软化点(环球法)(不小于)/℃		玛碲酯熬制温度/℃		玛碲酯涂抹温度(不低于)/℃
	沥青	玛碲酯	夏季	冬季	
＜30	65	80	180～200	200～220	160
31～40	75	90	190～210	210～225	170
40～50	90	100	200～220	210～225	180

(2) 石油沥青砂浆、石油沥青混凝土的操作温度如表4-3-7所示。

表4-3-7 沥青砂浆、沥青混凝土的操作温度

施工条件/℃	操作温度/℃		
	拌混	开始碾压	压实中(不低于)
＞+5	140～170	90～100	60
+5～10	160～180	110～130	40

(3) 涂刷冷底子油或热沥青必须均匀无漏，冷底子油应无溶剂挥发变稠现象，热沥青厚度无规定时，应不超过3mm。

(4) 涂抹玛碲酯、热沥青或粘贴卷材，应严格掌握操作温度与厚薄均匀，表面不得有漏抹或凹凸不平现象，涂抹或胶结的每层厚度无规定时：玛碲酯应为2～2.5mm，热

沥青应为1～1.5mm。

(5) 沥青砂浆与沥青混凝土应均匀摊铺并压实，表面必须密实与烫平。留施工缝时错开应压实，续铺接缝处必须压实烫平，不得有起鼓或缝隙间结合不牢现象。

第四节　衬砌耐酸砖、板工程

(1) 衬砌砖、板，其胶结料除水玻璃如前述外，另三种主要的胶结料环氧树脂、酚醛树脂和KPI胶泥的指标必须符合国家的规定。

① 砖板必须清洗挑选，同一部位的尺寸应一致，不得有厚薄大小不均现象。外形尺寸偏差≤±2mm。

② 砌衬时，应严格掌握垂直、水平、坡度及灰浆与结合层厚度，不得有歪斜变形、空隙漏浆或重缝等缺陷。

③ 施工主要技术指标如表4-3-8所示。

表4-3-8　衬砌耐酸砖、板主要指标

项目	上下层压缝宽度/mm	胶泥稠度/mm		结合层厚/mm	灰缝(小于)/mm	砖板勾缝深与宽/mm		
		平面用	立面用			砖缝深	板缝深	缝宽
耐酸胶泥	≥100	17～20	13～15	3～5	2	15～20	8～10	2～2.5
沥青玛碲酯				2～5	3	15～20	8～12	2～2.5
酚醛胶泥		7～10	6～8	3～5	2	15～20	8～12	2～3

(2) 玛碲酯、卷材与石棉板隔离层，铺贴必须紧密无空隙；石棉板粘贴前须清洁干燥，并用稀耐酸胶泥粘贴牢固。

(3) 用耐酸胶泥砌筑砖板时，胶泥与隔离层黏合须紧密，表面砌完干燥后，灰缝应按规定酸化处理。

(4) 用沥青玛碲酯砌筑砖板，应符合下列要求：

① 砖板的黏结面均应刷冷底子油，干燥后方可铺贴。

② 砌平面的底层胶结剂应热灼，砌立面的砖板，玛碲酯必须满实。

③ 采用挤缝法须在玛碲酯凝固前砌好，粘贴法沥青砂浆必须挤压饱满；灌浆法注入玛碲酯温度应不低于180℃。

④ 砖板表面不得留有溢出的玛碲酯，清除时应在冷却后，所有空隙均必须填实。

(5) 在衬砌砖板的胶结剂完全硬固并清除缝隙尘垢后，用10%的盐酸酒精溶液洗擦灰缝，干燥后方可进行酚醛胶泥勾缝，其要求如下：

① 酚醛胶泥粉料混合后应全部通过900孔/cm^2的筛孔，经干燥后待用。

② 调制与储存酚醛胶泥，不得使用金属器具，每次调制不应大于1h的使用量。

③ 调制溶液时，延续搅拌应不少于8h，静置一昼夜，清除表面析出物后方可使用。储存应密封，其温度不得超过20℃或低于－10℃，储存期不超过三个月。

④ 调制酚醛胶泥时，只许溶液倒入粉料中拌匀，不许粉料倒入溶液中，黏度变稠的严禁再调制使用。

⑤ 勾缝后，应干燥固化，表面不得有树脂溶解现象。

(6) 砌衬塔底砖必须平整，塔身砖应与外壳结合紧密，上下缝应错开，每层须找平，拐角处不应用纯胶泥填塞，其施工允许偏差如表 4-3-9 所示。

表 4-3-9 衬砌塔主要指标

塔底平整度(不大于)/mm	灰缝厚度/mm	拐角砍砖凹面(不大于)/mm
5	＜2	2

(7) 砌拱砖必须垂直，相互平行；篦子砖不得用加工砖、砍凿砖砌筑；拱砖砌完后，应在 15℃以上温度经过不少手 3d 养护后方可拆模，其施工允许偏差如表 4-3-10 所示。

表 4-3-10 砌砖拱主要指标

拱脚砖垂直度(不大于)		拱脚平行(不大于)		拱与拱的间距(不大于)/mm	拱砖垂直与水平度(不大于)/mm	篦子板水平度(不大于)/mm
高度	最大值/mm	塔径	最大值/mm			
2/1000	3	1/1000	5	5	5	5

第五节 手糊玻璃钢设备和衬里工程

作为容器、管道、塔体的应尽可能用机制玻璃钢，它的性能均优于手糊玻璃钢。没有条件时，才采用手糊玻璃钢。

一、手糊玻璃钢及强度

(1) 手糊玻璃钢板的机械强度最低保证值应符合表 4-3-11 的要求。

表 4-3-11 手糊玻璃钢板的机械强度最低保证值

板厚/mm	拉伸强度/(N/m^2)	弯曲强度/(N/m^2)	弯曲弹性模量/(N/m^2)
3.0～5.0	≥630	≥1100	≥40000
5.1～6.5	≥840	≥1300	≥56000
6.6～10	≥950	≥1400	≥63000
＞10	≥1100	≥1500	≥70000

注：此板是指有富树脂层、增强结构层的玻璃钢板。试验条件：温度 20℃，湿度 65%。

(2) 根据制品的阻燃要求，可选择相应的自熄性树脂制作自熄性玻璃钢，其试样的氧指数值（O、I）不小于 26，测定方法按 GB/T 2406.2—2008《塑料 用氧指数法测定燃烧行为 第 2 部分：室温实验》进行。设计时应同时考虑制品有足够的机械强度。

(3) 玻璃钢制品结构设计为复合耐蚀结构，一般可分为三层结构（见表 4-3-12）。

表 4-3-12 复合耐蚀结构

层次	名称	厚度/mm	选用树脂	树脂含量/%
Ⅰ	富树脂内层	1.5～2.0	耐腐蚀树脂	65～95
Ⅱ	增强结构层	So	通用树脂	50～55

续表

层次	名称	厚度/mm	选用树脂	树脂含量/%
Ⅲ	耐候外层	0.5～1	胶衣树脂	65～95

注：So为根据强度或刚度设计要求确定的厚度。如选用玻璃纤维毡，树脂含量可大于85%。

(4) 玻璃钢制品的支座有：悬挂式、支承式、鞍形支座，按《纤维增强塑料压力容器通用要求》（GB/T 34329—2017）选取。支座与设备间应衬垫橡胶板或其他轻质垫板。

二、手糊玻璃钢的施工要求

1. 施工前准备

(1) 施工前，应抽样检查各种原材料的质量是否符合要求，检查合格后方可使用。

(2) 施工环境温度以15～25℃为宜，相对湿度应不大于80%。温度低于10℃时（当采取苯磺酰氯作固化剂时，温度低于17℃），应采取加热保温措施，但不得用明火或蒸气直接加热。原材料使用的温度，不应低于上述最低施工环境温度。

(3) 玻璃钢制品在施工及固化期间，严禁明火，并应防水、防曝晒。

(4) 树脂、固化剂、稀释剂等原材料均应密封储存在阴凉干燥处，并注意防火。填料要严防受潮、防油污。玻璃布应储存在室内清洁干燥处。

(5) 衬里设备的钢壳表面处理要求打砂除锈、铲除毛刺。其缺陷处、凹凸处可用环氧腻子抹成过渡圆弧。

(6) 大型密封设备施工时应设置通风装置，并配置相应工具，以便于设备转动及搬运。

2. 胶料的配制

(1) 配料容器应保持清洁、干燥、无油污。

(2) 树脂胶泥、玻璃钢胶料的施工配合比参见本书第二篇第二章第二节非金属材料中的内容。

(3) 根据胶液用量及操作人数，确定每批配制量，一般每次配的量不宜太多，随用随配。

(4) 环氧玻璃钢胶料（如以乙二胺/丙酮溶液作固化剂时）的配制要求如下：在容器中称取定量的环氧树脂，当树脂稠度较大时，宜加热至40℃左右，然后加入稀释剂搅匀，再加入固化剂，充分搅匀，最后掺入填料，搅拌均匀。配好的胶料一般自加入固化剂时起，应迅速用完（不大于1h）。

(5) 酚醛玻璃钢胶料（如以苯磺酰氯作固化剂时）的配制要求如下：在容器中称取定量的酚醛树脂，然后加入稀释剂搅匀后，再加入苯磺酰氯，充分搅匀，最后掺入填料，搅拌均匀。配好的胶料一般自加固化剂时起，在45min以内用完。

(6) 环氧呋喃玻璃钢胶料（如以乙二胺/丙酮溶液作固化剂时）的配制要求如下：按施工配合比将呋喃树脂与预热至40℃左右的环氧树脂加入容器中搅匀，然后加入稀释剂，搅匀后，再加入固化剂，充分搅匀，最后掺入填料，搅拌均匀。配好的胶料一般自加入固化剂时，在60min以内用完。

(7) 不饱和聚酯玻璃钢（或双酚A型不饱和聚酯玻璃钢）胶料的配制要求如下：

在容器中称取定量的不饱和聚酯树脂，先加入引发剂 H（过氧化环己酮糊），搅匀后，再加入促进剂 E（环烷酸钴苯乙烯溶液），充分搅匀，随即使用。可根据胶凝时间的要求调节促进剂 E 的加入量。

根据制品要求可加入少量触变添加剂（如 P17 号触变树脂或固相二氧化硅粉）、颜料糊。面层可采用 33 号或 34 号不饱和胶衣树脂。

胶衣层配制要求如下：把定量的颜料糊加入胶衣树脂，搅匀后，先加入引发剂 H，搅匀后，再加入促进剂 E，充分搅匀，随即使用。

(8) 每种胶料在使用过程中，如有凝固结块等初凝现象，不允许再加入稀释剂，并不得继续使用。

3. 玻璃钢的施工

(1) 手糊玻璃钢施工方法有间断法和连续法两种。酚醛玻璃钢采用间断法施工，不饱和聚酯玻璃钢采用连续法施工。

(2) 间断法施工应按下列要求进行：①打底层：将打底料均匀涂刷于基层表面，进行第一次打底，自然固化一般不少于 12h。打底应薄而均匀，不得有漏涂、流坠等缺陷。②刮腻子：基层凹陷不平处用腻子修补填平，并随即进行第二次打底，自然固化时间一般不少于 24h。③衬布：先在基层上均匀涂刷一层衬布料，随即衬上一层玻璃布，玻璃布必须贴紧压实，其上再均匀涂刷一层衬布料（玻璃布应浸透）。一般需自然固化 24h（即初固化不粘手时），再按上述衬布程序铺衬。如此间断反复铺衬至设计规定的层数或厚度。每间断一次均应仔细检查衬布层质量，如有毛刺、突起或较大气泡等缺陷，应及时清除修整。④面层：用毛刷蘸上面层料均匀涂刷，一般自然固化 24h 后，再涂刷第二层面层料。涂刷时要均匀密实、全到位、成品断面不得分层。

(3) 连续法施工应按下列要求进行：除衬布需连续进行外，打底刮腻子和面层的施工均同间断法施工。衬布时，先在基层上均匀涂刷一层衬布料，随即衬上一层玻璃布，玻璃布贴紧压实后，再涂刷一层衬布料（玻璃布应浸透），随之再铺衬一层玻璃布。如此连续铺衬至设计规定的层数或厚度。最后一层衬布料涂刷后，需自然固化 24h 以上，然后进行面层料的施工。

(4) 打底层、面层、富树脂内层（胶衣层）宜采用薄布（$\delta=0.2$mm）或短切玻璃纤维毡。

(5) 根据制品要求，聚酯玻璃钢面层可采用胶衣层，即把加有颜料糊的胶衣树脂均匀涂在模具表面，胶衣层厚度为 0.25～0.4mm（即 300～450g/m），待其初固化后涂刷一层加有颜料糊的胶液，先贴衬一层薄布或短切玻璃纤维毡。涂刷一层胶液，使其充分浸透，待其初步固化，然后再贴衬相应玻璃布，每一层需涂刷压实。

(6) 玻璃布的贴衬次序，根据形状而定，一般施工先立面后平画，先上后下，先里后外，先壁后底。圆形卧式容器内部贴衬布，先贴下半部分，然后贴两端，再贴衬另外半部分。对于大型设备内部贴衬时，应采用分批分段法施工。

(7) 玻璃布与布间的搭接缝应互相错开，搭缝宽度不应小于 50mm，搭接应顺物料流动方向。衬管的玻璃布与衬内壁的玻璃布应层层错开，设备转角处、法兰处、人孔及其他受力处，均应增加适当玻璃布层数。

4. 玻璃钢制品的脱模

玻璃钢制品的脱模操作，应在模具上常温固化 24h 以上（或巴柯尔硬度值达 20 以上）方可脱模加工。

5. 玻璃钢制品的固化和热处理

玻璃钢制品施工完毕，需经常温自然固化或热处理后方可交付使用。

热处理时应受热均匀，防止局部过热，严控升降温度，对几何形状复杂的制品，应该使用与其几何形状相似的支架固定，防止受热变形。

玻璃钢制品常温自然固化时间如表 4-3-13 的规定。

表 4-3-13 玻璃钢制品常温自然固化时间

玻璃钢名称	常温自然固化时间（昼夜）（不少于）/h	玻璃钢名称	常温自然固化时间（昼夜）（不少于）/h
环氧玻璃钢	15	不饱和聚酯玻璃钢	15
酚醛玻璃钢	20	双酚 A 型不饱和聚酯玻璃钢	20
环氧呋喃玻璃钢	30		

注：酚醛玻璃钢、环氧呋喃玻璃钢、双酚 A 型不饱和聚酯玻璃钢宜进行热处理固化。

玻璃钢制品热处理固化时间的详细规定见表 4-3-14 规定。

表 4-3-14 玻璃钢制品热处理固化时间

玻璃钢名称	常用固化时间（不小于）/h	常温～40℃/h	40℃/h	40～60℃/h	60℃/h	60～80℃/h	80℃/h	80～100℃/h	100℃/h	100～120℃/h	120℃/h	常温
环氧玻璃钢	24	1	4	2	4	2	6	—	—	—		缓慢冷却约15℃/h
酚醛玻璃钢							8	2	8	—	—	
环氧呋喃玻璃钢							4	2	4	2	6	
不饱和聚酯树脂							3	—	—	—		
双酚 A 型不饱和聚酯树脂							8	—	—	—		

玻璃钢制品装配完成后，如需要表面涂刷防腐涂料，应先把表面打毛，腻子嵌平，然后进行涂刷。

三、检查验收

玻璃钢制品施工时，应在施工全过程进行质量检查，合格后才可继续施工，发现缺陷后应立即进行修整。

在室温固化或热处理后，应进行全面质量检查，发现缺陷后，应进行修补。

1. 外观检查

（1）外观检查缺陷：所有部位用目测法检查不允许有下列缺陷：

① 气泡　耐蚀层表面允许最大气泡直径为 5mm，每平方米直径小于 5mm 的气泡少于≤1 个时，可不予修补，否则应将气泡铲破修补。

② 裂纹　耐蚀层表面不允许有深度为 0.5mm 以上的裂纹，增强层表面不允许有深度 2mm 以上的裂纹，裂处都修补填实。

③ 凹凸（或皱纹） 耐蚀层表面应光滑平正，增强层的凹凸部分厚度不大于厚度的 20%。

④ 返白 耐蚀层不允许有返白处，增强层返白区最大直径为 20mm。

⑤ 其他 玻璃钢制品层间黏结、衬里设备与基体的结合应牢固，不允许有分层脱层、纤维裸露、树脂结节、异物夹杂、色泽明显不匀等现象。

(2) 对于制品表面不允许存在的缺陷，应认真进行质量分析并及时修补，同一部位的修补次数不得超过二次。如发现有大面积气泡或分层时，应把面处全部铲除，露出基层，重新进行表面处理后贴衬施工。

2. 固化度检查

(1) 外观检查固化度：用手摸玻璃钢制品表面是否发黏，用棉花蘸丙酮在玻璃钢表面擦拭，或棉花球置于玻璃钢表面上看能否吹掉，如手感粘手、两眼观棉花变色或棉花球吹不动，即制品表面固化不完全，应予返工。

(2) 巴柯尔硬度检查：采用巴柯尔硬度计（HBα-1 型、CYZY934-1 型）现场检验玻璃钢制品。其测定方法按 GB/T 3854—2017《纤维增强塑料巴柯尔硬度试验方法》进行，测点应在不同部位处有 1 点以上，每平方米至少有 3 个测点。巴柯尔硬度值应不低于 40，或符合设计图纸规定值。

(3) 树脂固化度检查：根据需要可采用丙酮萃取法抽样检查玻璃钢中树脂不可溶分含量（即树脂固化度），其测定方法按 GB/T 2576—2005《玻璃纤维增强塑料树脂不可溶分含量试验方法》进行，试样不少于 3 个，树脂固化度不低于 85%，或符合设计规定值。

4. 含胶量检查

可采用灼烧法抽样检查玻璃钢的树脂含量（即含胶量），其测定方法按 GB/T 2577—2005《玻璃纤维增强塑料树脂含量试验方法》进行，试样不少于 3 个，耐蚀层含胶量大于 65%，增强层含量为 50%～55%，或符合设计图纸的规定值。

5. 衬里层微孔检查

玻璃钢衬里设备采用高频电火花检验器抽样检查是否有微孔缺陷，当发现有强点，并移动探头时光点不断，表明其有贯通性微孔。对检查出的缺陷应进行修补。以石墨粉为填料的玻璃钢衬里设备不用此法检查。

6. 制品机械性能检查

根据需要可抽样检查手糊玻璃钢的机械性能，试样应采用与本体相同施工方法的试件，或从本体上直接切割加上多余的落料。试件拉伸强度、弯曲度的测定方法按 GB/T 1447—2005、GB/T 1449—2005 进行。机械性能数据应符合国家规定的要求或设计要求。

7. 制品盛水试验

玻璃钢制品全部制造完毕后，应室温固化不少于 168h，然后在室温下盛水试漏 48h 以上，要求无渗漏、无冒汗、无明显变形等不正常现象。

第六节 软塑料（含聚四氟乙烯等）衬里设备

(1) 施工前的技术要求与橡胶衬里相同（橡胶衬里请见《硫酸工作手册》）。

(2) 软塑料板材质量应符合 GB/T 22789.1—2008《硬聚氯乙烯板材 分类、尺寸和性能 第 1 部分：厚度 1mm 以上板材》的规定。表面如有小孔、刀痕等现象应修补好。

(3) 在设备壳体底部的对称部位打 2～3 个 10mm 孔作为检验泄漏孔。

(4) 衬里施工一般采用搭接，搭接面宽一般为 100mm。搭接面用 30mm×4mm 扁钢加固，扁钢加固点距 500～600mm，通过塑料预开孔 ϕ50mm～ϕ70mm 的洞孔直接与壳体焊牢。

(5) 软聚氯乙烯板叠接缝采用塑料焊枪热风熔融本体加压焊接工艺。焊道挤浆应均匀，不得有烧焦、未透现象。

(6) 设备衬里完成后，做 24h 盛水试验，检验孔应无水渗出。

注：聚丙烯和聚四氟乙烯衬里，施工前的技术要求与衬橡胶相同。具体衬法多用热熔和热压法。施工工艺、质量要求检验方法同衬胶和衬软塑料。

第七节 基础与地坪、酸水沟池防腐工程

(1) 基础与地坪、酸水沟池防腐工程，除隔离层、面层应按照本书有关规定执行外，并须符合下述要求：

① 基层必须干燥，不得有冻结现象。

② 浇灌非耐酸混凝土的水灰比应比一般较小，搅拌与养护时间须延长 0.5～1 倍。

③ 地面砖板凝固硬化前禁止受荷，在常温养护下，沥青胶结的应经 3～4h，耐酸胶泥胶结的应经 3d 后方可行人走动。

(2) 灌注沥青碎石垫层，必须密实深透，表面不得有未浇透的碎石，每次浇灌厚度不得大于 50mm：使用的沥青无规定时，可采用相当于Ⅲ、Ⅳ号石油沥青的标准。

(3) 铺设铅板或软塑料板等覆盖层，必须与底层贴紧及表面平整；使用的铅板、软塑料等不得有砂眼、裂纹、裂缝、厚薄不匀等缺陷，焊接的焊条成分亦应与母材相同。铅皮、软塑料等表面应加一层瓷砖（板）保护层（耐酸地槽应砌瓷砖）。

(4) 基础黏土保护层，应与被保护体黏结牢固、厚度均匀，覆盖密实后必须立即回填，其操作温度应不低于 5℃。使用的黏土无规定时，塑性指数不应小于 17，并不得含有有机杂质。

(5) 地面工程施工质量允许偏差如表 4-3-15 所示。

表 4-3-15 地面施工质量允许偏差

项目	指标内容	允许偏差
厚度	(1)厚度 20mm 及 20mm 以上 但不大于	±10% 3mm
	(2)厚度 20mm 以下 但不大于	±15% 2mm
坡度	不大于设计坡度的	10%
	如宽度大于 15m 时，不得大于	30mm
各层平整度	用 2m 直尺检查，坑凹不应超过	3 处
	坑凹每处不大于： 地坪整层 沥青玛碲脂找平层 耐酸砂浆找平层 面层	 10mm 3mm 5mm 4mm

(6) 所有基层、垫层、隔离层、找平层以及耐酸混凝土中钢筋及预埋件等，均须进行隐蔽工程检查与记录。

耐酸胶泥、耐酸砂浆、耐酸混凝土未经酸化处理，沥青冷底子与涂料未经干燥及酚醛胶泥未固化前，均不得进行该工程验收。

第八节 耐酸涂料和喷、镀铝工程

(1) 涂料层数应符合设计规定，涂刷前必须除锈干净，必须均匀平滑，无锈蚀痕迹，不得有漏痕现象：分层涂刷应待下层干燥不粘手时，方可涂复次层。

(2) 涂刷过氯乙烯或红丹底漆后，所有焊缝气孔、凹凸与粗糙处均须用过氧乙烯腻子找平，经干燥硬化与打毛后方可涂刷磁漆与清漆；各层全部涂完，应在常温下干燥不少于6～7d。

涂刷红丹或沥青底漆，可用稀释的红丹沥青漆或冷底子油；各层全部涂完，在常温下应干燥24～48h。

涂刷生漆，其黏度必须适宜，各层全部涂完，应在气温20～30℃、相对湿度80%～100%时，干燥1～2昼夜；必须加速干燥，应加入5%的乙酸铵溶液或加温。

(3) 喷铝点火应符合下述要求：

① 点火前喷枪应经气密性检验，所有附件与压缩空气压力、乙炔气压力均须调整正常，并应清除空气、氧气及乙烯气混合物。

② 点火时铝丝应伸出喷出嘴空气风帽10mm以上，且铝丝必须不断输送。

③ 点火后铝丝输送速度与乙炔气、氧气、压缩空气压力，应复查校正。

(4) 喷镀铝时应符合下述要求：

① 壳体及管件经检验合格后，在喷铝前金属表面必须进行喷砂处理，除净金属表面的油脂、氧化皮等一切杂物，并有一定粗糙度，金属表面预处理质量应达到Sa3级。喷砂处理不合格不得喷铝。

② 喷镀物体的表面温度低于0℃时，应进行加热。

③ 喷枪移动速度　不得影响喷镀物体表面局部加热或引起厚薄不均现象。

④ 喷镀铝层与物体面结合强度　用刀刮削不应有脱落现象；其黏着抗拉强度不应小于2.0～2.5MPa。

⑤ 喷镀铝层的孔隙率　每平方厘米的气孔不得多于一个，超过时应重新喷补。

⑥ 表面色泽、厚薄与颗粒必须均匀一致，不许有固体杂质、气混、孔洞及裂缝等现象。

⑦ 镀铝又称渗铝，事先要配制好合格的镀液、不镀的地方要做好防护措施。

第四章

工程检查、试车验收、安全技术和生产许可证

第一节　一般规定和单体设备试车

（1）硫酸工程试车，除应执行原化工部颁发的化基规 001-61“化学工业基本建设工程验收规程”外尚须符合本章的有关规定与要求。

（2）设备安装工程，应先经单体试车，合格方可联动试车与烘炉；联动试车与烘炉合格方可进行化工试车。

单体试车应遵守有关规定外，其试车条件尚须符合本章的要求。

（3）试车前，应制定试车操作规程与必要的试车控制图。单体试车及联动试车操作规程，由施工单位编制并经建设单位同意。烘炉及化工试车操作规程由建设单位编制与审批。

（4）单体试车前，必须具备下述条件，并须经检查合格：

① 安装工程质量与二次浆强度，应符合设计与本规定要求；

② 管道、电气、仪表计器、阀体以及绝缘接地装置、防腐、保温等均已施工完毕，其质量并应全部符合质量要求；

③ 所有传动装置、润滑系统、进出管口、炉体内部等符合试车与烘炉要求；

④ 电动机经冲击起动，其运动方向与起动电流均应符合规定；

⑤ 与试车有关的容器、管道与连接件应经试压试漏检验合格，所有仪表仪器校准灵敏，其安全阀并须调整为规定的压力；

⑥ 安全设施须符合规定，加负荷的水、气介质与辅助材料均准备充足后即可进行单体设备试车。

（5）联动试车与烘炉及化工试车前完成，除应符合前述规定外，尚须符合下述要求：

① 催化剂填装应于化工试车前完成，品种、质量与数量必须经检验合格；

② 试车用的压缩空气、水、蒸气、电、烘炉燃料、硫铁矿以及工业硫酸（包括换酸量）等，质量与数量均须满足要求。其中硫酸应按不同浓度分别储存；

③ 化工试车尚应准备为试生产不合格硫酸的储存设备与处理措施；

④ 备品配件和劳动保护用品均应准备齐全。

（6）试车前，操作人员应经现场 3 个月以上理论和操作培训，并经试车操作规程、岗位操作法、安全技术规程考试合格后，方可参与操作。

(7) 试车发生故障，应立即停车检修。因故障停车或试车不合格的，均应待处理完善后，按规定重新运转至合格为止。

第二节 联动试车与烘炉

(1) 原料工段应按下述规定，进行联动无负荷试车：

① 无负荷试车应连续运转 4h，所有设备均运转正常并符合要求。

② 负荷试车须按工艺流程要求进行满负荷连续运转 8h，运转中各传动部分温度、电流应符合铭牌要求，供料须正常无阻，成品粒级和平均粒度应符合规定指标。

(2) 焙烧工段，应按表 4-4-1 规定，进行联动负荷试车；

表 4-4-1 焙烧联动负荷试车内容、指标

设备名称	沸腾焙烧炉	
连续运转时间	≥2h	2～4h
物料名称	空气	空气及矿渣
运转工艺	启动鼓风机以空气吹入炉膛内，从炉顶烟囱排出	铺高低不平的矿渣 800mm 高，并以空气翻动
质量要求	(1)所有传动设备、润滑系统电气设备、仪表计器必须良好 (2)各风帽必须畅通，记录流量与压力的变动状况 (3)风量、冷却水量调节自如 (4)冷却水供应正常 (5)所有阀门、连接件接口不得有泄漏现象	(1)翻动及出气情况均须良好，做流量与压力记录 (2)停风后，矿渣层表面应平整，冷沸腾合格

(3) 净化工段应按表 4-4-2 规定进行联动负荷试车，其中高压电气设备应在电业系统人员参加下进行试车。

表 4-4-2 净化联动负荷试车内容、指标

设备名称	热电除尘器	冷却洗涤塔	文氏管	电除雾器
连续运转时间	48h	24h	2～3h	48h
物料名称	电	稀酸或水	水、气	电
运转工艺	在静止状态下送电压至 60000V；电流 0.2～0.3mA/m①	循环槽内注入适量液体按操作法进行循环	压力 80～150kPa 水注入喉管内进行喷水	在静止状态下送电压至 60000V，电流 0.2～0.3mA/m
质量要求	①整流机组与振打装置必须运转正常； ②电场无放电现象，单根线电流≥1mA	①循环泵扬量符合设计规定并循环正常； ②所有接口处不得有泄漏现象	①中继泵扬程、扬量符合设计规定； ②脱气塔内水淋洒均匀； ③喉管喷水情况应均匀，正常，畅通无阻； ④所有接口处不得有泄漏现象	①整流机组保温、加热与绝缘装置等应符合设计要求； ②电场无放电现象，单根线电流≥1mA

① 指每米电晕线产生的电离电流。

（4）干燥吸收工段，联动负荷试车应符合下述要求：

① 注入循环槽的浓酸质量≥98.0%，数量应符合要求；

② 启动酸泵按工艺要求进行酸循环，酸泵扬程扬量应符合设计要求，循环须畅通无阻，其管线接口处不得有泄漏现象；

③ 循环后酸浓度不得低于90%，若低，要换酸，经连续运转48h，正常后即为合格。

（5）各工段炉体工程，应按下述规定，进行烘炉：

① 烘炉前，炉膛内必须清扫干净，不得留有任何杂物，所有仪表应校正灵敏，人孔与炉门、顶盖均须封闭严密；

② 烘炉时，应按照烘炉操作法与升温曲线，严格控制温度逐渐上升不得超过最高温度指标的规定；待排出气体的水分含量保持稳定后，方可进行降温；其烘炉时间、升温、降温操作，如无规定时，应符合表4-4-3要求；

③ 烘炉中或烘炉后，炉壁不应有裂缝现象；烘炉出现裂缝时，必须立即停止升温，待处理妥善后，方可再行烘烤。

表 4-4-3　烘炉操作控制指标

设备名称	沸腾焙烧炉、焚硫炉	热电除尘器	预热炉	转化器
烘炉时间	8～10h	7～8h	6～7h	8～9h
物料名称	(1)矿渣 (2)木材、煤气、柴油或焦炭等	焦炭或液化气、煤气等	木材、煤气或焦炭等	预热干空气
烘炉工艺	于风帽上铺矿渣30～50mm厚，以木材或焦炭烘烤，焚硫炉可用柴油等烘炉	以火炉与热电除尘器放灰口连接，启开顶盖强制通风升温（亦可用煤气等直接烘烤）	以木材、煤气等或焦炭烘烤	以预热空气进行，废气由转化器最后一段人孔排出
升温控制温度	①先以每小时5℃速度升至120℃，保持36h； ②以每小时10℃速度升至240℃，保持24h； ③再以每小时8～10℃升至390℃，恒温24h； ④最后以每小时10～20℃升至850℃，恒温12h	①以每小时10℃速度升至150℃，恒温36h； ②以每小时10℃速度升至250℃，恒温48h； ③最后以每小时10～20℃升至350℃，恒温24h	①以每小时10℃速度升至150℃，恒温36h； ②以每小时10℃速度升至250℃，恒温24h； ③最后以每小时10℃升至550℃，恒温24h	①以每小时5～10℃速度升至120℃，保持36h； ②以每小时5～10℃速度升至210℃，保持36h； ③最后以每小时10℃速度升至600℃，恒温48h
降温控制温度	以每小时30℃速度降至常温或自然降温	关闭排灰口与顶盖进行自然降温	以每小时10℃速度下降至200℃，关闭炉门，进行自然降温	以每小时20～30℃速度缓慢降温到60℃

第三节 化工投料试车

硫酸工程化工试车，应按照联动试车与本节的要求，从原料工段至储酸岗位，按设计规定的指标和操作条件连续正常运转，达到72h后即为合格。有污水处理的，亦应同时进行处理并进行效果检验。化工试车中各岗位操作无规定时，应遵守本节下列的要求。

1. 干燥吸收岗位

(1) 按工艺要求分别以发烟硫酸与浓硫酸，送入干吸岗位硫酸循环槽，至设计规定的液位，同时启动酸泵按生产流程进行循环，所有设备必须运转正常，且不得有漏酸现象。

(2) 发烟硫酸吸收塔运转正常后停止酸循环，待转化器升温正常后再启动循环泵，进行三氧化硫吸收，其硫酸浓度、温度应符合指标要求；

(3) 干燥塔正常后，在转化器升温时，于干燥塔入口加入空气进行空气干燥，并经常调节硫酸浓度，不得低于90%，否则要换酸，泵扬量应符合要求。

2. 转化器催化剂（已饱和的）升温

(1) 催化剂升温前，净化与干吸工段应处于正常运转中，电除雾器送电须在40000V以上；催化剂升温应以经过干燥预热的空气及低浓度二氧化硫进行。

(2) 转化器一段入口温度，应先以每小时10℃速度升至120～150℃保持4～5h；再以每小时10～15℃速度升至400～415℃保持稳定。

(3) 转化器一、二段及最后一段和最后一段出口温度达到400℃时，即通入浓度为4.0%以下的二氧化硫进行催化剂升温，待温度稳定后，方可将二氧化硫浓度升至正常生产的要求；

(4) 催化剂一段出口最高温度不得超过630℃，升温中，二氧化硫浓度每15min应至少分析一次。

(5) 升温时由于催化剂未完全饱和而引起各段出口温度有剧烈上升的趋势时，应严格控制气量或临时停止通气。

(6) 催化剂升温结束，应即调整各层催化剂温度符合设计规定，二氧化硫气体进入正常生产后，预热炉方可降温，每小时降温速度不得超过30℃，降至120～150℃，方可进行自然降温。

3. 气体净化工段

(1) 通炉气前2h，冷却、洗涤塔应开始循环，采用文式管时、须通水进行喷射。

(2) 热电除尘器通气前，须升温至275℃以上，电加热器亦已启用方可送电。二次电压升至40000V以上时，可通入炉气并启动振打装置。或通气后，待出口温度达275℃才可送电和启动振打装置。通气后如温度低于275℃或入口温度超过450℃应停止送电。通气后温度符合要求，电压、电流须逐步升高至正常指标。

(3) 电除雾器通气前4h，绝缘箱应升温至120℃以上方可送电，二次电压升至40000V以上时可通入炉气，其电压、电流应逐步调至正常指标。

4. 沸腾炉工段

(1) 沸腾炉开车方法较多，应采用“硫酸系统无污染开车法”即采用不铺硫黄和硫铁矿料升温法。

① 在风帽上均匀堆放好250～350mm高的、粒度为0.05～2.0mm的矿渣或黄砂。

② 在矿渣上均匀堆放1000mm高的、块度为100mm×1000mm的木柴。注意在炉膛数点上均放一些浸过柴油的木柴。或用轻柴油、液化气直接升温。

③ 盖好炉门，打开放空烟囱，矿斗内打进硫含量在20%左右的开车用矿，并准备好点火用物等。

(2) 锅炉进水，开泵循环，有条件的厂应用蒸气返冲提压。保持正常水位。

(3) 当转化一、二段和末段催化剂层出口温度达到415℃左右时，沸腾炉开始点火，炉温升温速度用炉底进风量来调节。

(4) 约0.5h，当炉温达到900℃以上并有下降趋势时，即通知转化岗位抽气，开始抽气量约正常生产气量的60%。

(5) 在炉子料口形成负压时立即关闭放空烟囱，增大炉底风量逐步至正常量和投料量，使沸腾炉转入正常运转。

(6) 随炉温的上升注意调节锅炉压力和进水量，适当排污和排汽。当蒸汽质量合格后并入汽网或送发电岗位。

5. 原料工段

(1) 自工艺的最后一台设备开起，逐步开到最前的设备，停车反之。

(2) 用吊车或皮带将块度＜200mm原料矿送入矿斗，调节好加料板，使原料经条筛进入一级破碎设备，顺序经电振筛、二级破碎设备。

(3) 若用浮选砂作原料，先进干燥机，顺序经过筛粉碎设备等。

(4) 试车中注意检测小时产成品矿量、矿的平均粒度、粒级分布、矿的含水、矿含硫的均匀性等指标是否符合设计要求。

第四节 工程验收

(1) 硫酸工程峻工交接验收，除应执行原国家建设委员会颁发的“建设工程验收规程”及原化学工业部颁发的“化学工业基本建设工程验收规程”与“基本建设程序”外，尚须符合本章的有关规定。

(2) 硫酸工程应待建筑与安装工程施工及试车全面完毕后方许进行竣工交接与验收。

(3) 必须提前动用的项目，仅限于办公室、仓库、供排水与泵房、供电线路与变电所、铁路专用线等工程，允许单位工程或系统工程完工后，进行中间技术交接与验收并签证，但全面竣工验收时间尚须检查运行情况后。

(4) 工程竣工交接前应符合下述要求：

① 建筑安装工程已完成设计规定的项目与数量经检验符合质量标准。

② 建筑工程（包括照明、生活用水、采暖、通风等）已具备使用条件。

③ 静止设备与传动设备均按规定经单体试车合格，且具备联动试运转条件。

④ 管道、供电工程完成接点，具备系统试压、试电条件。

⑤ 建筑物内外清理干净（包括距离建筑物2m以内的障碍物和2m以外因施工所造成的土坑、土堆、水沟废料等障碍物）所有设备管道及附件应经清洗、涂油与密封，并

保持良好状况。

⑥ 按规定具备全部技术资料

(5) 硫酸建筑工程竣工验收程序与要求，应按下述要求进行，合格后签订建筑工程技术交工证书，该工程交工与验收手续即告结束。

① 一般建筑工程，根据设计与验收规范的要求，按单位工程分别进行技术检查。

② 焙烧炉、预热炉与烟道内筑工程，根据设计烘炉指标与本规范要求分别进行烘烤干燥，检查并记录。

③ 室外单独的卫生管道（包括排洪水、生活间、卫生间、采暖等）根据设计与验收规范的要求，按系统进行试压及技术检查。

④ 铁路专用线及附属设备应在铁路系统人员参加下，全线进行试通车检查。

注：设备与管道基础，支架及防腐保温工程，应随主体工程一并验收。

(6) 硫酸安装工程竣工验收程序与要求，应按下述要求进行，合格后签订安装工程技术检查及试车合格证书，该工程交工验收手续即告结束，并作为进行化工试车的依据。

① 鼓风机、酸泵、吊车、地中衡、储酸罐与其他独立工作的容器，根据设计指标与本规定要求，按单体进行无负荷、负荷试车、试压检查。

② 高压输电线、变压器与整流机组应在电业系统人员参加下，进行负荷试车、试电检查。

③ 焙烧炉工段，根据本规定要求，进行系统联动试车与烘炉检查。

④ 酸管、工艺水气管、酸冷却器，根据设计及现行化工管道试验规程及本规定要求，按生产流程进行试压与系统循环检查。

⑤ 原料、气体净化、转化、干燥吸收、尾气回收与污水处理工段，根据设计与本规定要求按系统进行联动无负荷、负荷试车，并须经建设单位有关领导审批签署。

(7) 硫酸各系统设备与管道安装工程，竣工交工经全部验收合格并具备化工试车条件，应按照设计规定的化学介质、操作条件与本规定化工试车要求，进行硫酸工程化工试车检查及验收，在规定 72h 内经过投料，各系统连续运行正常，证明工程质量合乎规定，各项生产指标达到设计和国家各项标准后，应签订化工试车合格证书，硫酸工程峻工交工与验收最终手续即告结束。

(8) 化工试车合格验收后，验收部门应根据工程质量进行鉴定。

在建设单位有关领导主持下签订验收鉴定书、经上级批准后，作为试生产的依据。

(9) 竣工交接时，应具备下列技术资料:

① 符合竣工情况的全套完整的竣工图两套及有关设计变更，材料与设备代用，合理化建议，质量事故处理，施工偏差记录等签证文件。

② 主要材料、半成品、预制品等出厂合格证与试验检查记录。

③ 设备装置有出厂技术证明及开箱检验、清洗检验、缺陷修整等记录。

④ 施工规范规定的隐蔽工程检查，焊接检查，建筑物沉陷观察，测量记录、安装质量记录等签证文件。

⑤ 施工中隐蔽装置，地下管道与电缆的竣工图。

⑥ 主要施工日志（包括混凝土、耐酸防腐、焊接、工艺管道等工程）。

⑦ 中间交接验收签证文件。

⑧ 备品、配件、操作工具、起重机械与不需要安装的设备等清册。

上述资料应按生产系统、单位工程分别编制并装订成册，列出清单移交建设单位资料管理部门。

(10) 建筑安装工程竣工交工验收或化工试车验收时，如施工质量低劣、工程不符设计要求、不全面达国家标准，设计、设备存在缺陷等，均应停止验收待全部修改消除后，再重新检查验收，只至达到全部工程合格为止。若只达设计标准，而不全面达国家标准，此工程不能验收，一定要由设计部门牵头进行技术改造。若全面达国家标准，不达设计标准，可以验收，但设计部门需作出书面说明并加以改造，一年内对仍达不到者应给予一定数额的经济惩戒。

第五节 安全技术和生产许可证

一、一般规定

(1) 建设期中，除必须严格遵守国务院颁发的“建筑安装工程安全技术规程、工厂安全卫生规程、工人职员伤亡事故报告规程”与本章有关规定外，并应制定安全操作与防火等实施制度，认真执行。

(2) 开工前应按本工程的具体要求编制安全技术措施，经上级管生产单位审查同意后，方可开工。

(3) 施工现场严禁吸烟，进入现场必须戴安全帽，三米以上高空作业应系安全带。

(4) 从事高空、密闭容器内及接触有毒物质等工作的人员，应事先进行安全教育、安全考试及体格检查，不合格者严禁操作。

(5) 施工现场总平面布置，除应符合安全、卫生及交通标准规定外，应有专用消防设施；对易燃、易爆与有毒物品，须在场外设有隔离仓库，其安全距离不得小于50m。

(6) 在施工现场动火时，必须事先办理动火证，在生产区域内动火时，应进行气体分析。但易燃、易爆气体周围5m以内和气柜、油库周围10m以内严禁动火。

(7) 施工机械与临时用电，均应按机电安装工程操作规程的要求进行装设，经试车、试电检查合格后方许使用，所有机电设备应用专人负责管理，重要的尚须有围栏保护与警示标志。

(8) 器材运输与保管，应遵守下述规定：

① 危险品必须密闭隔离与保存密封良好，严禁混淆，并应有警示标志，储存仓库内部通风须畅通，屋顶且能隔绝太阳辐射热。

② 器材必须防止碰伤与受腐蚀。

③ 搬运大型设备，事先应经荷载计算，装载时须平衡。

(9) 施工前应对本工程特点与安全要求，逐级详细交底，从事大型设备安装、高空作业及密封性容器内等危险工作，尚应检查安全交底情况。

二、施工安全

(1) 起吊设备及工具严禁超载使用，吊装时，被吊起的设备、构件的上下不得站人。

(2) 六级以上的大风、暴雨、打雷、大雾停止高空作业。三级以上的风力，高空施焊与动火应有防风措施。

(3) 焊接作业应符合下述规定：

① 焊工必须经考试合格并持有上岗证。

② 施焊时气焊管或导线不得靠近压力管道或容器，并距易燃、易爆物5m以上。

③ 不得在有压力、带电设备及涂料未干的构件上施焊。

④ 乙炔发生器必须有防火回火的安全装置，并且要距离明火10m以上。

⑤ 各种气瓶在存放和使用时，要距离明火10m以上，并应避免在阳光下曝晒，搬运的时候不得碰撞。

⑥ 五级以上的风力或下雨、下雪等不得进行室外焊接工作。

(4) 在密闭容器或管道内操作，事先须将内部气体、液体排除干净，并应经常保持通风良好，必要时尚须安装强制通风。设备、管道外，应有作业辅助人员，所用行灯不得大于12V，连续工作时间不得超过2h。

(5) 铺铅工程应遵守本章有关规定外，尚须符合下述要求：

① 严禁女工操作，通风良好。

② 不得使熔融铅与水或潮湿物接触，以防爆炸。

③ 在容器中焊接，应轮换休息，歇工时须清洗手、脸和外露部分，并涂保护油脂。

(6) 防腐蚀工程除应遵守一般防火、防毒、防尘与防酸等规定外，尚应符合下述要求：

① 施工现场应有良好的通风条件，通风不良的地方严禁单人操作。

② 生漆、沥青、酚醛胶泥等的配制与施工的人员，应涂防护油膏。

③ 配酸时，只许将硫酸在水均匀搅拌下徐徐注入，严禁将水倒入酸中，操作人员穿戴防酸护具，酸液滴泄皮肤时，可用大量清水洗净。

(7) 氟硅酸钠应由专人保管，严禁乱堆乱放，并应防止误入水源引起中毒。

三、烘炉与试车安全

(1) 试运转前，设备、管道、仪表与消防器材均检查符合安全要求；试车设备及管道中无异物，并清除现场障碍物及配备检修人员。对参加试车人员，应经岗位操作安全须知考试，合格后方可操作，严防爆炸（含油、煤气、液化气、煤、硫黄等）。

不符合上述任何一项安全者，严禁试运转。

(2) 试车时，应符合下述规定：

① 试车现场应警戒，非试车人员严禁入内。

② 各岗位根据指挥人员的指示，坚守岗位，并要求进行正确操作。

③ 介质合乎规定。

④ 操作应遵守试车程序，升温、升压必须徐徐调整，温度、压力等各项指标应符合要求。

(3) 烘炉时应符合下述规定：

① 烘炉前，设备安装与试运转经检验合格，并制定出升温曲线。

② 升温必须按照升温曲线进行，不许急剧加热或冷却。

③ 使用助燃物品，必须符合烘炉操作规程的要求。

④ 炉体发生故障影响正常升温时，应进行保温或降温，消除故障后方许继续升温。

(4) 设备、管道发生故障、仪表与安全装置失灵或试车安全措施不当，均必须停车，待处理合格后，方可继续运转。

(5) 设备、管道检修除必须按有关安全规程与本章规定的事项操作外；尚应将其内部易燃、易爆与有害物质全部清除，电源切断、压力温度解除，并经检查或分析合格后，方可进行检修工作。

(6) 发生火警时，应按下述方法急救：

① 立即通知消防及有关部门。

② 电气设备着火，立即切断电源，用四氯化碳灭火器或 CO_2 灭火器、氮气扑灭，严禁使用水或泡沫灭火器。

③ 油料着火，可用砂子扑灭或用氮气、蒸气将火焰与空气隔绝。

④ 其他物质着火，可用水、砂子、泡沫灭火器扑灭。

⑤ 酸烧伤，立即用干棉纱擦净或用大量水冲净，并立即送医院治疗。

(7) 生产试运行一个月，按有关安全规范和设计的各项指标逐项检查，合格后办理生产许可证。

第五章

近期所用部分新设备及改进大的设备

（一）逆喷洗涤器

1. 逆喷洗涤器

逆喷洗涤器作用原理（见图 4-5-1）。

逆喷洗涤器是由动力波演变而来，它与动力波的最大区别，在于气液接触面能不能形成约 200mm 高的泡沫层而区分，无泡沫层就是逆喷洗涤器。

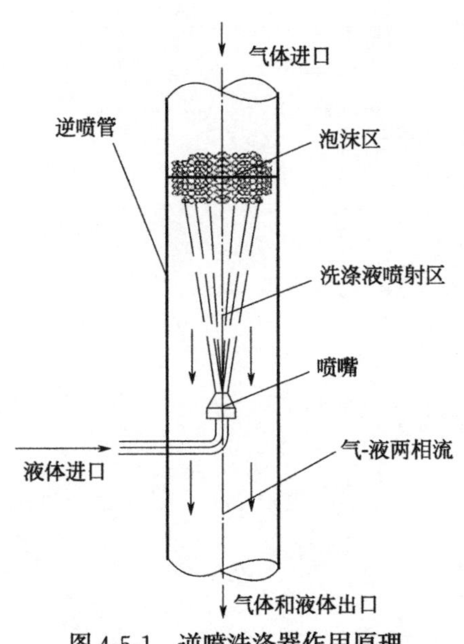

图 4-5-1　逆喷洗涤器作用原理

逆喷洗涤器有多种类型，其结构也不完全相同，主要由逆喷管、逆喷嘴和惯性分离集液槽 3 部分组成。

逆喷管有 FRP（纤维玻璃钢）制作。逆喷洗涤器上部为溢流槽，有循环液引入其中。通过溢流在逆喷管内壁上形成一层液膜，以保护高温下的 FRP 设备，同时还能消除可能出现的灰尘在内壁上的粘连附集。

逆喷洗涤器一般为两段，每段 3 个喷头。喷头结构如图 4-5-2 所示。喷头由 SX 高硅合金制作，液体经 4 个带同向倾角的进液口旋流喷出后，再从一个大的出液口汇合喷出，在喷嘴到溢流堰之间形成泡沫柱，其目的在于使气液接触更加充分。经弯管进入重力分离器，由于直径变大，气速降低，方向改变，从而有效进行气液分离。喷头位置有设底部向上的大喷头，也有从管壁四周布置多个向上的小喷头等。效果都差不多，除尘效率一般在 93％左右。

上部烟气入口设有内衬耐酸砖和聚四氟乙烯的套管，以适应该处的恶劣环境条件。

集液槽由 FRP 制作，其底部的坡面有利于固体物的富集和排出，有的洗涤器集液槽材质采用聚丙烯，上部有除沫层进行较彻底的气液分离。

另外洗涤器设有应急水系统，在供液量不足时会自动打开应急水阀门，一方面向应急槽供水，另一方面通过一个事故喷嘴继续喷水，在仍有部分高温烟气进入系统期间使设备得到保护。

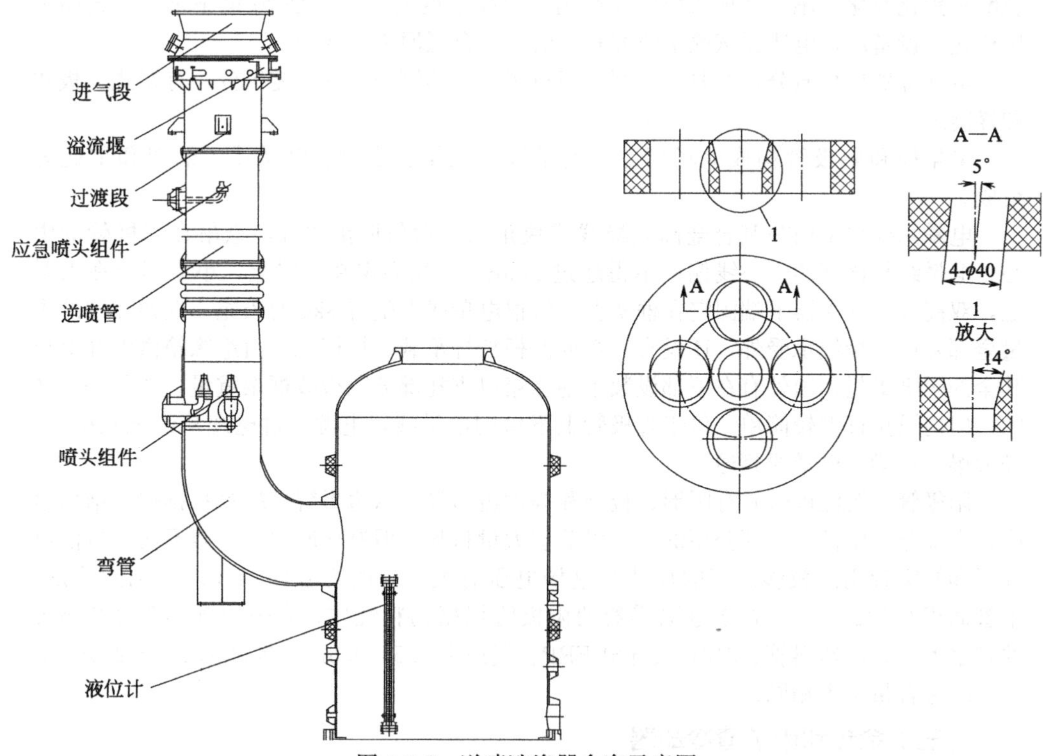

图 4-5-2　逆喷洗涤器全套示意图

该逆喷洗涤器有以下突出优点：①净化效率高于空塔，尤其对脱除亚微小粒子更加有效，②设备结构简单、可靠性高、不易损坏、不会堵塞，操作维护简单，运转周期长；③设备外形小巧，节省投资和占地；④配置灵活，虽不是高效设备，但适用范围广，可以用于任何气体净化过程。逆喷洗涤器允许气量的变化范围 50%～100%，基本上满足绝大多数工艺过程的需要。

逆喷洗涤器不仅用于硫酸工业烟气净化，而且还是一种能够用于 1250℃的高温气体、造价低的急冷器，有过无故障运行的良好记录。

2. 动力波洗涤器

动力波洗涤器一般有两种类型：一是泡沫型，二是带混合元件型。在《硫酸生产技术》有所介绍，基本与逆喷洗涤器相同，主要是设计和运行参数不同［气液比 1000：(8～9)，阻力 600mm 水柱左右，二级动力波阻力也有 300mm 水柱左右等］，虽然动力波洗涤器的阻力降较大，但可以适应气量波动大的工况条件，波动范围可在 50%～100%，目前在气量波动较大的冶炼厂等在使用，大型的硫铁矿制酸的净化设备和尾气处理设备也在使用。

动力波逆喷管在弯管段，由于气体流向改变，形成的惯性力将雾滴分离沿弯管外侧流入积液区，未分离的小雾滴进入喷淋塔，被再次捕捉回到积液区。

（二）双高效电除雾器

我国现在使用的电除雾器有普通型、高效型、高速型、高速高效“双高效型”。在硫酸和焦化及化工尾气处理领域广泛运用。双高效型电除雾器是20世纪末，由扬州市庆松化工设备厂，电滤器试验室研究开发的，一台抵原来的两台。

电除雾器按材质分，主要有铅制、塑料制、玻璃钢制。按沉淀极分，有管式、板式和蜂窝式。

电晕极和阳极管构成电场回路，电晕极由大梁、小梁、电晕线、框架和重砣等组成。

电晕阴极线采用芒刺合金高效极线或块角状、六角形铅线等，悬吊在阳极管的中心。电晕线与该管的中心线偏差不得超过2mm，上端固定在小梁上，小梁固定在大梁上，双高效电除雾器下端固定在框架上。每根电晕线下坠着8kg的铅砣。框架和砣的重量全部除由电晕线承受外，还设有三根或四根拉杆承载。拉杆统一由绝缘箱供电并上拉其全部阴极重量。国外有在下部设数个绝缘箱以支托部分阴极线框架重量。效果是一样的，但内设拉杆型较简单。位于阳极管上下口的电晕线，电源通过电缆从绝缘箱引入，经大梁、小梁和电晕线相通。

阳极管（沉淀极管）有圆形、板型和等六边形等。六边形管呈蜂窝状排列，结构紧凑，大部分管壁都是相邻公用的，可以节省大量材料，但制作麻烦、检修不便。目前以圆形和蜂窝管用的较多。管的尺寸和电场电压有关，一般为 ϕ360mm 内切圆六边形，单管面积0.112m^2。双高效电除雾器的阳极管根据物料性质，有采用圆形管 ϕ250mm 的亲水型或导电塑料管、316L或导电FRP。气速由0.5～0.8m/s提高到1.8～2.0m/s，出口酸雾含量基本相同。

（三）余热利用矿渣冷却器

矿渣、灰排出温度一般在350～700℃，以往均采用直接或间接水冷却，将大量的热能浪费掉。现在湖北荆门硫酸装置，采用自己创造的转动多管式排渣机，加热脱盐水。脱盐水在管间从20℃被加热到80℃左右，送到除氧器，每吨酸能回收热能折0.8MPa蒸汽80kg左右。

（四）保质型硫酸贮桶

贮酸大桶（酸库）要做成防腐保质型。贮酸大桶是出厂硫酸变质快慢、轻重的关键设备，在夏季或酸温较高时最显著。酸变质主因是空气中水。空气来源，一是酸带入的空气和气泡，二是顶部“呼吸孔”进入的空气。腐蚀严重部位，是酸面经常波动区域，使用一段时间后，内壁就会变得凹凸不平或形成沟槽。腐蚀物和水进入酸中，使酸浓下降、酸变色、酸质降低。贮存时间越长、酸质越差，最后变成“酱油色酸”。为避免这种问题的发生，江苏庆峰工程集团研制出“保质型硫酸大贮桶”（专利号：201724198093），具体如图4-5-3所示。

“保质型硫酸大贮桶”主要特点有五个。

一是，将进酸管从入桶处改为伸进底部，距底300mm左右。

二是，将进酸管底部封死，从侧向桶中心线方向开2～4个长方形出酸口，总面积略比管截面大1.5～2.0倍。这两点可有效防止酸带入空气和分散气泡，防止搅动桶底酸泥，节省酸泵电耗等。

三是，将“呼吸孔”改为“呼吸管”，如图4-5-3，在“呼吸管”上安装一个小型的、用93%或98%硫酸的干燥装置。酸从送酸泵出口管、通过“孔板”接来；2000t左右的大贮桶，直径一般为400mm左右（由输出酸速度定），总高度1200mm左右，填料用1″小瓷环高500mm左右；酸喷淋密度18m³/(h·m²)左右，干燥器出酸管伸入桶内100mm左右；空气是自然进出，出酸时进入空气得到干燥，停止出酸时它起防止大自然串气起封闭作用。干燥器可供连通的大桶、同一个品种硫酸共同轮换使用。酸的进出如图4-5-3中所示。大桶酸出口接管下沿距桶底50mm左右。

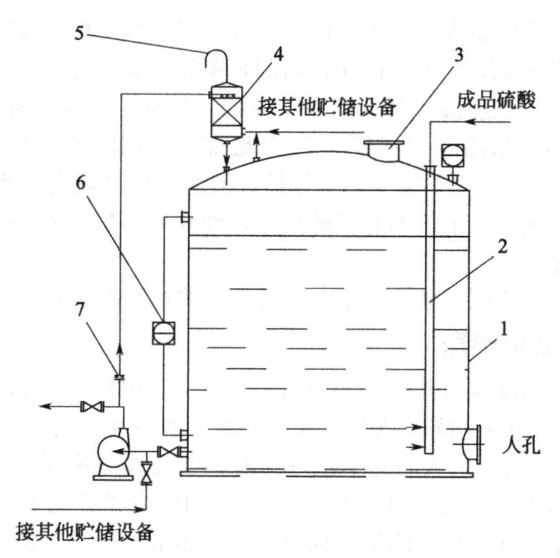

图4-5-3　保质型硫酸大贮桶

1—筒体；2—进酸管；3—取样门；4—干燥器；5—气封式“呼吸管”；6—液位计；7—孔板流量计

四是，将干燥器顶上“呼吸管”做成气封式。气封式“呼吸管”与干燥器中小瓷环的阻力，一并构成两道“气封屏障”。将干燥器顶上直管做成600mm高，与同直径向下180度弯头相接，弯头下口另一端再接200mm长的平口直管，形成气封式“呼吸管”。

五是，干燥器及其进酸管、进出空气管要用不锈钢或防腐材料制作，顶盖内壁做防腐蚀处理。如用于“特质酸”贮存（尤其是贮存电子酸和试剂酸），内壁和底部一定要用KP-1胶泥和瓷砖、或瓷砖钢板间内衬1～2mm厚的一层聚异丁烯或聚苯乙烯等、或用DX-1不锈钢（0.5～1.0mm）内衬，酸泵、管线、阀门、人孔盖等都要用不锈钢或内衬F4，顶盖当然也要做防腐处理或用不锈钢制作。或整个桶都用DX-1不锈钢制造(大连旅顺化工设备配件厂有多套塔、桶制造经验)。

但不管是用内衬瓷砖或全用不锈钢制作的硫酸大贮桶等，都属“雪中送炭”，只能减缓硫酸变质速度，不能从根本上给予消除。因此，仍应将内衬或不锈钢的各大桶的进出酸和空气进出方式等，改成图4-5-3所示的装配，它是从源头上切断了硫酸变质的科学方法。如不装干燥器，其保质效果，在同样时间内也比原来的硫酸储罐好了许多，效果较明显。

（五）上喷型管式分酸器

上喷型管式分酸器是由加拿大转让的下喷式分酸器改进而来，主要是解决喷孔堵塞带酸和分酸不匀。喷孔酸速1.3～1.8m/s，常用为1.5m/s，即可达到分酸均匀，每平方米有 27 个分酸孔，以每个孔喷酸高度一样（约 500～600mm 高）确定塔喷淋密度。材料用耐酸 N-1 即 LSB 型酸泵用耐酸腐蚀、耐磨铸铁合金，或耐酸铸铁，使用寿命 5 年以上。上面盖 400～500mm 高的小瓷环。上喷型管式分酸器由于制作简单，效果较好，检修方便，价格低，不带酸，被大量采用，是本书作者和句容硫酸厂的专利产品。

（六）槽管式分酸器

槽管式分酸器在槽中插入合金管并根据要求确定分酸点数，为保证分酸均匀，制作安装要求较高，检修麻烦，价格高。因需保证槽内酸液面平稳一致，平面公差要＜3mm。常规分酸点是 42 点/m^2，流出管基本在同一平面，溢流管伸入瓷环 200mm，酸温小于 50℃时，分酸器采用 316L 制作，高于此温度需带阳极保护。

若采用 DS 高硅合金，则不需要阳极保护，但造价相对较高，使用寿命长。此种分酸器因多数分酸管不满流、串气面有带酸现象，现在有多家厂将各分酸管做成液封式，使带酸现象得到消除。

这两种分酸器，在相同喷酸密度下，都可使塔的填料高度降低，最低可降到 2.5m。

（七）并流板式换热器

电除尘后的炉气温度相对较高，一般约 320℃，相距露点较远，此热量可以加以利用。采用 A3 钢制作板式换热器，为防止灰尘堵塞，炉底来的冷空气与炉气并流从上部进入，冷却到 150℃左右，进入净化工段洗涤器。空气被加热到 100℃左右后送入炉底空气室，热量得到利用。每吨酸可以产 0.5～1.0MPa 饱和蒸汽 150kg 左右。不用空气换热也可以用脱盐水，加热后送除氧器回收此部分热量。操作上要防止炉气降到露点和灰尘堵塞。

（八）热管省煤器

1. 设计原理

热管省煤器（又名热管热水发生器）是利用热炉气、转化气或热液体等，通过管内的低沸点液体蒸发冷凝循环的传热方式，实际是气-液或液-液换热器，用来加热锅炉给水或生产、生活热水、蒸汽等，简称“热管技术”。

2. 结构形式

热管省煤器的导热元件采用高频电阻焊螺旋翅片重力热管，主要由支撑框架、热管联箱、外包装板组成。软水走联箱上部的热管与套管的夹套，烟气走联箱下部带翅片的热管侧，利用热管内介质的蒸发吸热和冷凝放热完成热量交换。热水发生器采用全自动控制，无需专人操作。

3. 经济效益

热管省煤器配套锅炉使用，可使排烟温度不需降到烟气酸露点的极限温度，彻底解决锅炉尾部低温腐蚀、积灰、堵灰难题，回收更多的烟气余热资源。配套转化代替 SO_3 冷却器，可提高硫酸余热利用率 10%以上。各种型号的热管省煤器，可供客户直接选购，同时也可根据客户提供的参数，按客户的需要专门设计与制造。

4. 设备性能

（1）安装方便。作为代替 SO_3 冷却器或锅炉或生活用水加热的烟气余热回收装置的安装不需要对原系统设备进行改动。

（2）安全可靠、清理方便。热管烟气余热回收装置可以通过换热器的中隔板使冷热流体完全分开，在运行过程中单根热管损坏不影响热管换热器运行及整体换热效果。用在易燃、易爆、腐蚀性强的流体换热场合具有更高的可靠性。

热管省煤器使用于电除尘后（有自动振管除灰器）的炉气热能回收，及转化工段的吸收塔前的炉气热能回收，经长期使用证明，性能良好。

（九）自由热位移和气流分布均匀转化器及高浓度 SO_2 制酸

随着硫酸装置的大型化，转化器的直径越来越大，转化器的膨胀量增加，针对转化器冷热过度时的膨胀采取如下设计。

(1)“积木式”转化器底部采用多点弹簧滚轮或滑块支撑，当设备产生膨胀位移时，由于滚轮或滑块与底板接触部分移动，摩擦阻力大大减小，从而保护转化器及相连的设备和管道，能够顺利位移。

(2) 能有效吸收换热器带来的热膨胀产生的推力。

(3) 不锈钢中心筒式的转化器，隔板采用弧形隔板，支撑点在转化器外壳和中心筒上，当外壳体与隔板的膨胀不一致时，弧形板能有效吸收之间的膨胀差。

(4) 不锈钢中心筒式转化器更便于底部内外保温，在外壳体的底部基础设置预埋钢板，由于钢板之间的摩擦阻力较小，对转化器也有较好的保护作用。

(5) 不锈钢中心筒转化器耐高温，可以将一段布置在最下面，管道布置可以更加流畅和方便检修。而碳钢则不宜，因为碳钢在高温状态易产生蠕变。

(6) 转化器进气流分布，由于转化器的直径较大，进气口只是一点，为使气体在催化剂层分布相对均匀，进气口设计时用大喇叭形，伸进转化器喇叭体内设计成多片导流板，减少气体盲区，使气体能较均匀地流过催化剂床层。

(7) 中心筒式转化器的中心筒正对进气口方向，开孔让气体从中流过，减小中心筒对气体的流动的影响。

(8) 中心筒转化器的弧形隔板与外壳连接采用翻边圆弧过度，从而减小应力集中的矛盾。其详细结构情况请见《硫酸工作手册》所示。缺点是检修不方便等。

20 世纪末和 21 世纪初，法国研创出“热气体循环法”、德国研创出“部分炉气预转化法”。我国山东谷铜业公司引进了 80 万吨/年法国技术。两技术都采用“3+2”式五段转化器，SO_2 浓度 16%～18%。最终转化率都＞99.9%，效益巨大，是高浓制酸技术新发明，永载硫酸工业史册[1]。

（十）增强防腐型塔、槽、器设备

在原来贴壁砌筑的基础上，改为留缝隙砌筑。一般留有 10mm 左右的缝隙，再将缝隙用砌筑料浆灌实，弥补在砌筑时产生砖缝的不实，增加一层防护屏障。杜绝隐患，延长设备使用寿命。特别是卧式焚硫炉顶部一定要填实。

（十一）高硅不锈钢合金塔、槽、器、管线、阀门等

高温浓硫酸需要用不锈钢即高硅不锈钢。高硅不锈钢主要用于硫酸生产的干吸工段制造干燥塔、吸收塔、循环槽、过滤器和塔内设备分酸器、填料支撑篦子板等。

高硅不锈钢的研究早期主要针对强氧化性的硝酸和硝酸盐。根据有关资料报道，最

---

[1] 周松林，张化刚，崔立安. 高浓度SO_2转化技术在祥光的应用//全国磷肥、硫酸行业第十四届年会资料汇编. 贵阳：2006.

早推出高温浓硫酸用高硅不锈钢的是加拿大的 Chemetiecs 公司，牌号是 Saramet，并开始用于制造硫酸设备。20 世纪 80 年代，瑞典 Sandvk 公司研究开发了 SX 高硅不锈钢并在硫酸工业中大力推广应用，制造干吸塔、酸冷器、循环槽和管线等硫酸生产设备，十分成功。SX 高硅不锈钢也被誉为划时代的不锈钢；20 世纪 90 年代中期德国的 Krupp 公司报道了高硅不锈钢 700Si，并研究了在高温浓硫酸中的耐腐蚀性能。推荐用来制造高温浓硫酸板式换热器和其它设备。2000 年美国 Monsanto 公司在中国硫酸工业技术交流年会上的报告显示高硅不锈钢 ZeCor 在硫酸工业中应用良好。

(1) 我国高温浓硫酸用高硅不锈钢的研究开始于 20 世纪 80 年代末和 90 年代初。随着科学技术进步和市场需求的发展，以及高硅不锈钢化学成分的调整和改进，20 世纪末我国大连旅顺长城化工设备配件厂（现大连金威特钢有限公司）首先研究并陆续开发出的 DS-1 和 DS-2 高硅不锈钢铸件、板、带、棒、丝、焊条和管材❶，综合性能指标达到国际先进水平，已经成功用于制造硫酸生产用的干燥塔、吸收塔、管式分酸器、槽管式分酸器、塔内填料支撑篦子板、循环酸槽、储酸罐和阀门等硫酸生产设备。21 世纪初，该厂先后为金川、太原等公司，分别新建了近 88 台（套）合金干吸塔和槽器等，至今未发生任何问题，成功解决了硫酸工业有史以来干吸塔衬里设备老会漏酸而又不好检修的“老大难”问题，成功地打破了上述国家的垄断，为国家做出了突出贡献。

(2) 我国新改进出的 XDS-1 高硅不锈钢具有良好的综合性能。厚度 3.0mm 的热轧板材的力学性能可与国外知名品牌的高硅不锈钢比较，耐腐蚀能力如表 4-5-1 所示，综合性能更为优秀。

表 4-5-1 XDS-1 高硅不锈钢板材（$\delta=3.0$mm）腐蚀速度

试验温度/℃	试验时间/h	腐蚀速度/(mm/a)	
		93%H_2SO_4	98%H_2SO_4
60	168	0.00083	0.00035
80	240	0.00105	0.00052
100	72	0.00450	0.00200
120	73	0.00873	0.00228
150	74	0.02600	0.00250
200	100	0.63600	0.06300

（十二）三偏心耐磨防腐型蝶阀❷

三偏心蝶阀自问世以来，为满足严酷的工况要求，其本身也经历着自我完善和不断发展的过程。理论上三偏心蝶阀都可以做到零泄漏，但实际上还是有赖于周密的设计和制造安装方面的保证。

三偏心密封原理：三偏心密封又称斜锥面密封，它是在双偏心的基础上将中心线斜置，形成一个偏心角，密封面由斜置的圆锥体形成，密封处是一对相应的几何形状配合

❶ 邱德良，刘焕安，赵成永．DS-1 高硅奥氏体不锈钢在硫酸工业中的应用［J］．硫磷设计与粉体工程，2005 (1)：18.

❷ 邱德良．一种高温浓硫酸专用阀门［J］．硫磷设计与粉体工程，2009 (5)：20.

而实现密封的。蝶板在开关的转动过程中，两密封面之间无任何摩擦现象存在，阀门关闭后，由外加于阀轴上的扭矩力使两密封面之间产生一个合适的密封比压而保证了阀门的严密关闭。

三偏心蝶阀性能特点如下。

① 密封性能好　三偏心蝶阀的密封是通过阀门密封面间挤压来实现的，关闭扭矩越大，密封级越高，可实现“零泄漏”。

② 零摩擦　减少了阀门在开关过程中的摩擦，使阀门的使用寿命大大增加。

③ 使用范围广　三偏心金属密封蝶阀有宽广的温度和压力适应范围，温度可从－196～650℃，压力从 PN1.0MPa～PN16MPa。

④ 使用寿命长　三偏心金属密封蝶阀是金属对金属密封的阀门，耐磨性能好，长时间工作不变形。另外，在开启瞬间，阀座与密封圈即脱离，无摩擦，故该阀门有极长的使用寿命。

（十三）八高型沸腾炉（带下气室排沉渣）

自 20 世纪 80 年代中期以来，沸腾炉技术有了较大发展，主要概括为“八高技术”。江苏庆峰工程集团自 20 世纪 90 年代开始，为国内设计、制造的 100 多台沸腾炉，均采用了“八高技术”，效果很好。其具体内容详见第五篇第三章第二节所述，本处只介绍排沉渣设置。

近期，因多厂采用掺贫块矿或返渣焙砂以及设计缺陷等，一些厂沸腾炉产生沉渣现象较严重，处理不好，常会引起“死炉”。江苏庆峰工程集团设计研究公司工艺室作了针对性改革设计，在下气室设置排沉渣管（见图 4-5-4），根据沸腾炉层面积大小，在风帽花板层布置 2 个或以上的放沉渣管，使沸腾炉不用停车，快速解决沉渣现象。

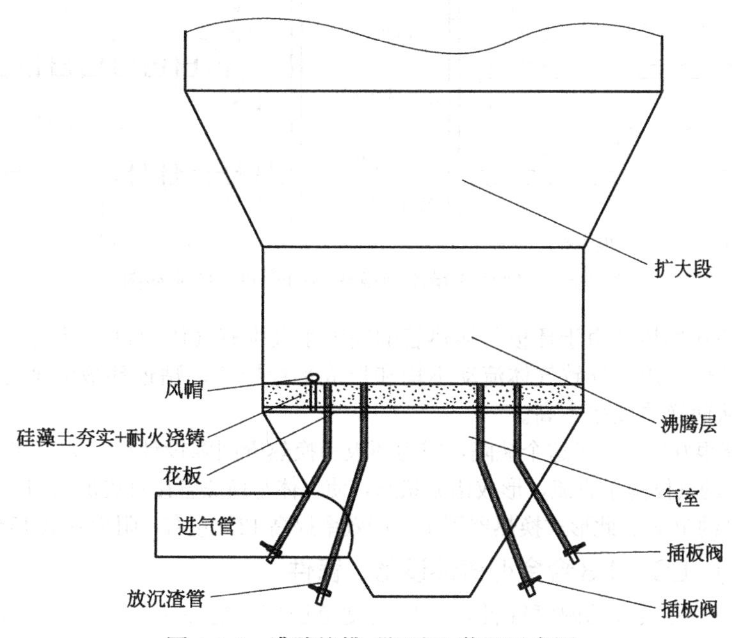

图 4-5-4　沸腾炉排“沉渣”装置示意图

（十四）花格形卧式焚硫炉

(1) 解决卧式焚硫炉停车时间长，温度下降快。

因设备故障或其他原因系统需要较长时间停车时，往往停车时间越长，炉内温度下降幅度越大，当炉温达不到硫黄起燃温度时，即不能直接喷磺投入生产，就需要再次给焚硫炉升温，既浪费时间也增加能源消耗。所以在增加焚硫炉内保温的基础上，在炉内用耐火砖砌成花格形，增加热容量从而延长焚硫炉停车时间。

(2) 更好燃烧硫黄，防止产生升华硫，提高生产能力。

用耐火砖砌成花格形，虽然减小点炉内容积，但由于花格中流过的气体会加速和改变方向，进一步混合更有利硫黄充分燃烧。除提高 0.5～1.0 倍能力外，更是有效地防止了升华硫的产生。

（十五）防腐型搪铅器、槽

在搪铅时需要采用药剂，而药剂中含有锌，夹杂在焊铅中的锌因其活泼性，极易被酸性液体腐蚀，形成多孔状，从而导致铅层容易被腐蚀穿透，使外刚壳体被腐蚀。因此需要用稀酸将搪铅中的锌先洗掉后，再次搪焊第二层，就能杜绝被腐蚀穿透，极大提高搪铅的效能，使设备寿命比原搪铅设备提高 5 倍以上。

（十六）错流式（水平流 80%，垂直流 20%）碟环式换热器

错流式是在碟环式换热器的基础上改进而成的，以往其间的气体流向如图 4-5-5(a) 所示；改进后如图 4-5-5(b) 所示。这与传统隔板换热器有天壤之别，是理论概念创新。

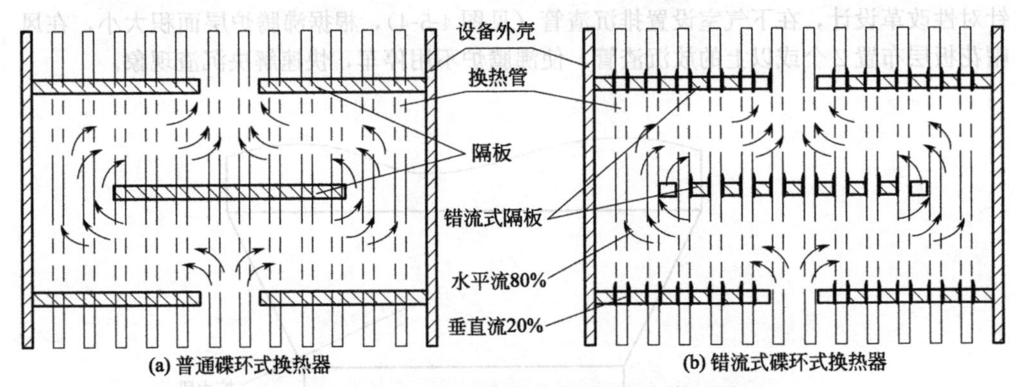

图 4-5-5 碟环式错流型换热器的管间气体流动图

普通碟环式换热器由于环板与换热管的间隙小极少有气体通过，且气体流动时呈 S 流动，由于惯性作用，导致气体流动不均和形成平稳层流，贴近环板的地方流动较差，近似死角，从而换热效率不高。

错流式能很好地弥补了这个缺陷，因为环板和换热管间隙设计得较大，使 80%的气体呈平流，20%的气体呈垂直流，形成错流状态，使气体与换热管接触更加均匀，从而使换热效率大幅提高约 10%。此形式换热器用于生产效率提高 12%左右，阻力降低 15%左右。

（十七） LSB-1-3 合金钢铸件设备、管件

LSB 合金钢有良好的耐腐蚀性，适应温度范围广，能在 100～120℃下长期稳定运行，使用寿命是耐酸铸铁的 8 倍以上。

该合金钢是20世纪80年代末，由大连旅顺长城不锈钢厂研制并成功制造出LSB型液下泵、管线等。后被多厂仿制，现被行业广泛采用，并用于其它行业❶。

（十八）DCS控制系统

DCS控制系统于20世纪80年代后期引入硫酸行业，对硫酸装置的生产监视、过程自调控制、系统运行数据的存储等，对于系统安全生产长周期经济运行等起到了重要作用。现被广泛应用，运行良好。

DCS系统由四部分组成：I/O板、控制器、操作站、通信网络。I/O板和控制器国际上各DCS厂家的技术水平都相差不远，如果说有些差别的话是控制器内的算法有多有少，算法的组合有些不一样，I/O板的差别在于有的有智能，有些没有，但是控制器读取所有I/O数据必须在一秒钟内完成一个循环；操作站差别比较大，主要差别是选用PC机还是选用小型机、采用UNIX还是采用NT操作系统、采用专用的还是通用的监视软件，操作系统和监视软件配合比较好时可以减少死机现象；差别最大的是通信网络，最差的是轮询方式，最好的是例外报告方式，根据我们的实验，其速度要相差七八倍。

DCS在选型中要注意五个问题：

① 被控制对象确定以后，选用什么样的控制系统就成为重要问题。

② 经济性。应该从DCS本身价格和预计所创效益角度考虑。DCS有国产的和进口的，对相同档次而言，进口的控制功能强一些，有一些先进的控制算法，如Smith预估、三维矩阵运算等，国产DCS价格要比进口的价格低很多，也能满足技术要求。

③ 承包方的技术力量。也就是承包方对哪一工艺过程和DCS本身比较熟悉。如经常做化工控制系统的承包商来做轧制的控制系统，他对活套的控制、卷曲的控制和张力的控制等就不太熟悉，做的工程就不会太好。如果承包方对DCS本身不熟悉，控制器做得太大时会产生死机。不少工厂都购买了不同厂家的DCS系统，我们称之为“八国联军”状态，此时要选择技术力量比较强的单位作主导，而不宜选择某一个国外厂商作为承包商。

④ 售后服务。国外厂商通常情况下配品、备件供应价格高，且不能及时提供。DCS用户应选择实力雄厚的、技术力量强的、国内技术支持好的厂家。

⑤ DCS的技术先进性。指系统采用了经过验证的最新技术，有发展前途和生命力，包括DCS系统的开放和互联、现场总线的应用、第三方软件的支持等。

（十九）旋流式焚硫炉

旋流式焚硫炉的空气进口段设计成圆锥形，进气流经过旋流装置，使得气体产生高速旋转，这样空气沿着焚硫炉内壁呈螺旋状行进，气流行程加长，炉内停留时间相对延长，更有利于和硫黄接触燃烧。

硫黄枪采用高压旋流雾化喷嘴，喷射角大雾化效果好，雾化的颗粒表面积变大，在焚硫炉内被炉内的高温迅速变成硫蒸气，与燃烧空气中的氧气产生氧化反应，变成二氧化硫气体。

旋流式焚硫炉空间利用率高，比普通焚硫炉效率高两倍以上，且外形小、占地少、一次性投资省，但操作波动大、易产生升华硫等，故现在应用厂家较少。此型炉是20世纪初自加拿大引入。

---

❶ 马樟源，王维业，等.吸收酸泵铸铁件腐蚀破坏的原因分析[J].硫酸工业，1997（4）：15.

第五篇

用先进可靠技术改造老厂
全面达新国标
实现全行业现代化

第一章 当今老厂技术改造的迫切性

第一节 老厂技术改造重大的发展历程

一、老厂技术改造的必要性

老厂技术改造是永恒命题，是客观规律，多是新技术发明地。老厂、新厂的区分，习惯上多以投运5年后称老厂，反之称新厂。

现代化是动态的人文概念，随着时光前进，技术发展，现代化会有新的内涵。一套硫酸装置，一般都要运行六七十年以上，在此期间如不能及时改进提高，就不能屹立在现代化或世界领先水平的行列中，就会落后，就会提前被市场淘汰。自觉地不断进行技术改造的，就会引领现代化潮流；不够自觉的，就会被现代化潮流推着走；整天整年不思技术改造，“睡大觉者”，就会逐步被时代淘汰。实践反复证明这个规律是无情的。引领现代化潮流者，就会很自然地不断创造出或发明出新的工艺、新的设备，就是对硫酸工业，对人类不断地作出新贡献（如机械炉改成沸腾炉、一次转化改成两次转化……）。硫酸发展史充分证明新技术多为老厂技术改造而发明。

人类要求逐步提高，生态环境逐步优化，行业标准就会随之提高和完善，这是人类进化、认知改变、生存质量提高的必然。硫酸工业标准重大的改变，从 20 世纪 1950 年起，到 2010 年，就有 4 次。个别小的控制指标的改进，多得不计其数。要想跟得上，较快地全面达标或优于标准，就得不断地对装置进行小改小革和进行大的技术改进（统称技术改造或技改）。

老厂工艺、设备老化，需及时改造更新。多达 300 多台设备组成的硫酸装置，避免不了会发生问题和时代的缺陷。为了安全生产、优化生产，就得要适时地进行技术改造或技术更新，是“逼上梁山”之事。技术改造小到一个垫片，大到一台大型设备或数台设备等。

二、我国硫酸工业技术改造的五个阶段

(1) 1936～1948 年，铅室法制酸改为接触法制酸、改为塔式法制酸；块矿炉改为机械炉；炉气净化由干法改为干、湿法结合式；一层催化剂转化器改为两层或三层；76%H_2SO_4 改为 93%和 98%浓硫酸等，吸收率和干燥率提高到 99.5%以上。

(2) 1949～1957 年，“小土群”硫酸装置改为“小洋群”；“小洋群”转化鼓风机增加同型号鼓风机并联或串联；塔式法制酸改为接触法制酸；炉气净化改成“三文一器”水洗；转化改为一次三段或四段转化器，后又改为炉气冷激或空气冷激转化器。转化率提高到 95%～97%；机械炉由 8 层改为 12 层，烧出率提高到 92%～94%等。

(3) 1958～1966 年，机械炉改烧尾砂直筒沸腾炉（“南化炉”）后改烧混合矿扩大式沸腾炉（“开封炉”）；炉气增设管式冷却器，炉气净化改为干法除尘和“塔-电”水洗；高含硫尾砂掺低贫矿焙烧；高含硫尾砂或精砂单独悬浮化焙烧，干燥塔后增设纤维除尘器或金属丝网、流旋棒；浓酸铸铁排管改为耐酸铸铁排管；转化器推广炉气冷激或空气冷激式，稀酸盘管冷却器改为硬铅间冷器或石墨间冷器；挂钩分酸器改垫碗式封密型分酸器；填料改用三螺旋环、马鞍环、包尔环、阶梯环或矩鞍环等。

(4) 1967～2010 年，一转一吸改为两转两吸（3＋1 式）；转化器后改为“3＋2”式；沸腾炉改“八高式”沸腾炉；炉气冷却改用 4MPa 废热锅炉；炉气净化改用电除尘-稀酸洗；熔硫槽加搅拌器；沉清槽等加热蒸汽管液面上下 200mm 处加套 F4 管，内壁和底加衬耐酸瓷砖；大部分沉清槽改用过滤机；酸泵改立式液下合金泵；SO_2 鼓风机改为离心式风机；沸腾炉鼓风机改为 2000mmH_2O 以下低压鼓风机；空塔改立喷洗涤器；填充洗气塔改泡沫塔；高温“气-气”换热管外喷铝或镀铝；直管改缩放管；电雾器改高效和“双高效”电除雾器；电雾阴极线 6 角形铅包钢线改芒刺形、块角形等；干吸塔分酸器改为每平方米 27～42 点的管式或管槽式分酸器；填料高由 6m 左右降到 3m 左右；浓酸冷却排管改用阳极保护管壳式冷却器或板式冷却器；稀酸冷却改用板式冷却器；转化换热器改用多型低阻力高效换热器等。

(5) 2010～2018 年，炉气净化改为酸洗“零排放”；净化工艺配置改“3 洗 2 电”；转化催化剂改填装比例和填装量解决转化率后移，使一次转化率达 96%左右，最终转

化率达99.92%以上；采用开封微波干燥中频煅烧、相对密度0.48的KS-ZW高效新型催化剂、使最终转化率达99.93%左右；SO_3空气冷却器改用热管省煤器；一吸改高温吸收进行低温余热回收；推广新式"无污染开停车法"和"预见性综合计划维护检修法"；塔填料改用波浪环或规整环；硫黄中掺拌硅藻土去除液硫中有机物；矿渣改用余热回收排渣机；冷热换热器改用部分合金管或前加小预热器；尾气改用有机胺（离子液）或双氧水等新法回收SO_2；增设尾气电除雾器；全套运转设备配置变频器；"雨污分流"，增设污水（或污酸）处理装置等。

以上可清楚看出，前四阶段技术改造，基本都是以"挖潜增产"为中心，第五阶段基本都是以提高效能、节能减排为技术改造的中心，即硫酸工业进入了转型升级、高质量发展阶段，由"扩产型"转变为"效能型"、全面达新国标、实现现代化和世界领先水平的新阶段。

第二节 当今加力老厂技术改造的历史性推力

（一）新国标限期全面达标的要求

1.当前硫酸企业达标概况

据2011年10月的一次随机抽样调查，对照两部新国标，我国多数硫酸企业的硫酸单位产品综合能耗能够达到标准限额值，许多企业已达先进值。硫铁矿、硫黄单位产品综合能耗160～180kgce/t，吨酸电耗40～110kW·h/t。但污染物排放限额指标，只有少数硫黄制酸企业全面达标，多数是部分指标达标或全部不达标。如尾气中SO_2含量，硫黄制酸年产20万吨以上规模的装置一般在500mg/m³左右；矿制酸、冶炼烟气制酸，一般在850mg/m³左右，高者达1000mg/m³以上；其中年产10万吨及以下的小硫酸厂，许多都在1000mg/m³以上，基本不达标。尾气排放酸雾含量一般在40～60mg/m³，烟囱都冒有白烟。污水污酸排放达标者甚少，大厂多设有污水处理场，小厂多无设置，雨污分流基本没有等。系统经常开停车，多处"跑冒滴漏"，造成非组织排放（无固定点和时间）次数多而严重，多厂不能实现清洁生产；曾有多家厂发生重大污染事故，烧死树木，庄稼，呛伤人，赔款、停产整顿等。

2.硫酸企业普遍不达标的主要原因

(1) 新国标中的各项指标，多数是现代化和世界领先水平的高标准，多数企业事先无技术和装备基础，指标提高幅度之大，超出一般人想象。

(2) 科学发展观弱，新厂建设和老厂改造无标准或标准要求低，六十多年来，一直在"挖潜增产"和"基建扩能"，单纯以经济效益为主，违背客观发展规律，"乱来"现象在行业内时有发生，数度时期表现为"潮流"尤为突出，损失惨重。

(3) 技术装备落后。主要表现在系统设备配置不到位、效能低、材质差三个方面。矿料无干燥设备入炉水分高，往往超过6%；炉气净化设备少且效能低；催化剂性能差、易粉化结块；转化一段出口用A_3钢；管线阀门用普通铸铁；电除雾器、洗涤器、气道用手糊玻璃钢；鼓风机酸泵效能低事故多寿命短；高温和低温余热系统事故多开车率低；开车升温系统热容量小，造成系统"通气"时严重污染，等等。

(4) 技术细节未做好，生产装置开停车次数太多，污染重。这主要是设计、制造安装、生产运行三个环节的工作不够精细、技能差、质量低所致。生产管理不到位是主要因素。系统阻力大并上涨快；工艺、设备问题多；大修间隔期短至一年左右，生产装置一般达不到3～5年的长周期经济运行；某些厂家一年开停车30次左右；全国平均生产天数达不到300天，更达不到历史较好水平362天了，开车率低于80%，生产管理多处于“抢修救火”状态；多厂开展不了“预见性综合计划维护检修法”(计划检修)；技术创新、优化技术经济指标、节能减排等摆不到应有的位置等。“先天不足，后天失调”严重，需及起速追。污染物排放，习惯分两种，一种是按固定程序的污物排放，称有组织排放；另一种是设备临时损坏、操作不当或出事故、“跑冒滴漏”等导致的污物排放，习称无组织排放。有组织排放受社会、国家所约束，有控制指标，被迫性强；无组织排放多为企业内部和企业附近环境所约束，被迫性直接更强。企业在对待两者的重视程度上是有差别的，这是错的，要提高认识，强化社会责任感，应同等重视，有计划地积极地消除污染物，实现高质量发展（绿色发展)。

3. 硫酸装置普遍不达标的主要问题

(1) 新建装置甲方为节约成本过分压价，竞争激烈的乙方为能接到项目，就不恰当地简化或过分简化工艺、设备，如净化工序不用电除尘器，只用“文-填-电”或“立喷-填-电”等，不管指标，不计后果。有些“乱来”，缺少社会责任感。

(2) 不少新建装置不做科学设计、抓图配，设备大小不配套、技术陈旧、不平衡、催化剂随意装填、设计不规范。净化指标差、一次转化率达不到96%……

(3) 设计图纸不规范，图示不全或无制造、安装、操作的技术要求，“乱设计”。具体表现为：单线条，无校对审核，无批准人，无竣工图，设计人员无生产经验等。技术细节设计更差或不做。

(4) 制造、安装企业多数较小，设备简陋，骨干内行队伍少，临时工多，有些“乱干”。具体表现为：换热器和翻砂件不作应力处理、该双面焊而单面焊、该做气密性试验不做、塔分酸器不清理干净乱装、催化剂和塔填料乱装乱倒（有数厂新塔阻力到500～600mmH_2O或更高导致无法开车)、阀门管线及防腐件乱配、干吸加水管乱插等，大大增加了生产中的停车次数。

(5) 技术改造多以“挖潜增产”为唯一目的，无或少有优化指标的措施。

(6) 技术改造无设计或没有“像样”的技术改造基础设计（或技改方案)，不做系统测算、不作平衡计算，就简单模仿套用，改错了而达不到目的的单位不少。如对沸腾炉、换热器、酸洗净化、催化剂填装、分酸器的改造等。

(7) 技术改造采用的“新技术”，有些是不对号或将被淘汰的技术设备。如手糊玻璃钢电除雾器、缩放管换热器、无泡沫层“动力波”、板式稀酸冷却器代替间冷器等。

(8) 对于原料，有些厂采用的做法是有什么原料就用什么原料，不分好坏，哪里的矿便宜就买哪的矿，原料的杂质含量超标，与系统不匹配。有些厂单纯追求硫酸产量，造成污水超标排放，尾气污染物含量超过设计标准及烧出的焙砂不合格。

(9) 原料不作全分析，进厂的各种原料乱堆乱放。矿含水量多超过6%，硫黄含水量>1%等，缺管理。我国多厂实际入炉料含水量>8%，不松散、团料多，是经常造成下料区矿堆集的主因。国外都把入炉料含水量控制在4%～6%之间，未见一家厂入炉料含水量是大于8%的。

(10) 各种原料不作科学掺配和干燥，入炉料无严格、科学的技术控制要求。造成系统波动大、炉工苦，不能实现长周期经济运行，沸腾炉至今还经常会产生“沉渣”下料区堆集矿料、结疤等。

(11) 生产过程控制分析很不全或无。一般厂只作成品酸和循环酸的检验分析，换热器漏气多年不知道，转化温度和转化率不匹配，无数据可寻等。

(12) 设备无维护保养检修制度，多数厂家无计划检修。一般是等坏了再修，是抢修“救火”，停车次数多，开车率低至70%左右，污染多，多数厂家一年开不到333天的设计指标。

(13) 生产管理普遍不到位，企业间严格“保密”。原始记录设计不科学不周全，每天无专人审查签字，更谈不上发现问题和超前解决问题。企业间不准参观、不真心交流，新上马厂找不到合适的培训单位或培训费畸高。

(14) 催化剂厂家多，但质量一般不如孟莫克和托普索。不少厂的催化剂性能差、寿命短、品种少，只有少数厂家（如开封三丰催化剂厂等）生产的催化剂能与国外催化剂媲美。这在一定程度上影响了转化率和转化率的提高。

(15) 传动设备、阀门、仪器仪表、电器等质量差，易坏、寿命短，还有些名不符实，常会造成系统临时停车。

(16) 不少企业的内在和外表“形象”不佳、“颜值”低。尾气SO_2含量不合格、烟囱冒烟、转化漏气、保温层破损、油漆脱落锈斑“满身”。净化干吸岗位呛人、排灰口冒灰等，距离清洁工厂甚远。

(17) 工艺、设备各处技术细节普遍不重视或不作处置，“跑冒滴漏”严重，停车次数多。

硫酸装置一般是由300多台（套）大小设备所组成的联动整体，全国有大小装置800多套，从影响当前达标的主因来看，硫酸行业全面达新国标的工作无疑是一项艰巨的系统工程。特别是降低污染物排放工作，更是一项繁重的任务。老厂技术改造比新建装置工作量虽小很多，但制约因素多，工作难度反而更大，要做好比较难，所以一定要认真科学地面对。

（二）国家高质量发展2035年全面实现现代化战略目标的驱动

(1) 俗称“工业之母”的硫酸工业，应走在时代前沿，过去是、现代是、将来也是，历史责任责无旁贷。

(2) 全面迅速地达新国标，实现现代化和世界领先水平有客观可能性。

① 有雄厚的物质基础。我国有单套能力100万吨到4万吨的硫酸企业800多家，有硫酸产能一亿三千万吨左右，是产酸大国，产能和产量均世界第一。国外有的工艺、设备技术，我们也有，有一些他们没有的我们也有等。

② 有较高素质的人才队伍。我国硫酸行业有工程师以上专业人才4000人左右，有经过硫酸工业协会进行专门培训过的技术骨干3000多人，有信心、有知识、有能力使硫酸工业迅速实现现代化和世界领先水平。

③ 全行业各企业有高昂的积极性，为早日全面达新国标、实现硫酸全行业现代化和世界领先水平在努力奋斗着。

（三）六十多年高速扩能发展，“欠账”多，急需“补课”的客观需要

(1) 工艺、设备配置要“补课”。不少厂没有设置原料干燥机，需增加，确保入炉

矿料含水量≤6%；炉气未设置废热锅炉的，要增设，每吨酸可回收1.1t左右的4.0MPa蒸汽；炉气除尘未采用高效电除尘器的，要采用，否则进入净化工序的炉气含尘量会高达50g/m^{3}左右，实现不了酸洗净化，更实现不了"零排放"；净化两次洗涤的，要增加一次，否则一级电除雾器就变成了湿式电除尘器；没有二级电除雾器的，要增设二级电除雾器，否则尾气排放烟囱会冒白烟，酸雾超标，成品酸质量达不到优等品；转化器要改成"3+2"式五段转化，确保转化率≥99.92%，尾气排放SO_2含量<400mg/m^3；硫黄制酸"3+1"式四段转化、三段催化剂量要增加，比例要达35%左右，确保一次转化率达96%左右，使尾气达标；SO_3空气冷却器要改为省煤器；干燥塔后和一吸塔后，未采用纤维除沫器或其他除沫器的，要加上，否则易导致鼓风机和冷热换热器损坏、转化器催化剂层阻力上升快并结疤，等等。

(2) 生态环境要"补课"。重点在各厂要完善污水处理装置，没有的要新加，确保无污水、污酸排放；增设或完善通风除尘、除毒气（SO_2、酸雾等）设置，确保车间内外环境干净；增设工作间降温取暖和降低车间内噪声；尾气排放不合格的厂和无开停车卫生塔的厂，要增设尾气回收装置并要没有二次污染；成品酸要增设脱除SO_2和回收装置，认真开展"计划检修"，消除或减少非计划开停车导致的污染等。

（四）采用错误或欠妥的技术要尽快纠正

在设计或在老厂改造方面，若采用了一些错误或欠妥的技术，如不及时纠正，虽有设置也难于全面达新国标、实现现代化和世界领先水平的。如"无泡沫层的动力波"，实质效能差很多，充其量是一个三喷头逆向的洗涤管；用板式冷却器代替铅间冷器，是解决了冷却问题，但却降低了净化系统40%～50%的除尘效率和除雾效率，对炉气净化影响极大，要采取弥补措施；"塔槽一体化"，槽体部位如果未做特别的防腐，虽节省了基建投资，但两三年后就产生泄漏，又无法彻底修理，实在害人不浅；手糊玻璃钢电除雾器寿命只有8年左右，4年后电流、电压就无法达到指标值，效率就大大下降，而塑料导电式（亲水型和导电塑材）电除雾器可使用40年以上，效率高而不减退，又便于检修；干吸设置"三塔一个循环槽"，不但酸浓不均、极易漏酸，还会明显地增高尾气排放中的SO_2含量，影响达标，增高成品酸中SO_2含量降低了成品酸质量；换热器制造时，只在管口单次堆焊，又不做热处理，做好就安装使用，有多厂两年左右就漏气，转化换热器用冷压缩放管受压处5～8年就腐蚀、漏气，使用寿命太短，转化率低下。填料和催化剂安装不遵章法，乱倒乱放，曾有多厂单塔阻力达400～600mmH_2O，个别厂达1000mmH_2O以上，导致无法开车，现在各厂运行的单塔阻力，在同条件下要比正常值高出15%左右，损失巨大；低品位材质的阀门、管件、垫片、电器，常会损坏，迫使系统常停车，停车开车不但影响经济效益、成品酸质量，更重要的会造成环境污染。

第二章

老厂技术改造的科学方法

第一节　老厂技术改造正确的理念、目的、技术方向

（一）树立“一套装置生产多个产品”的理念

当今，硫黄制酸装置不仅要生产出符合要求的不同规格的硫酸产品，同时要生产出蒸汽或电力产品，应该把硫酸厂看成是次能源工厂。硫铁矿制酸装置应同时生产出硫酸、蒸汽或电和金属焙砂（铁焙砂、锌焙砂、金焙砂等）三个产品，应把硫铁矿制酸厂不仅看成是次能源工厂，还要把它看成是金属焙砂厂。这种理念，在今天不只是对工厂看法的改变，是硫酸厂真正内涵结构的变革，是工厂效益的大提升。在设计新厂、老厂改造上，都要把它们放在同等重要的位置上，改变过去对热能利用和“矿渣”排放只对付一下的思想和做法。

（二）老厂技术改造要有完整的目的性和精准的改造内容

硫酸厂的设计或技术改造，长期经历了“硫酸设计＝规模产量”或“技术改造＝挖潜增产”的阶段，如今看很不完整，完整的目的性应包括五个方面：

(1) 找准技术改造内容，消除生产装置存在的工艺、设备缺陷，解决各处技术细节问题，提高安全生产的保证程度，减少停车次数，提高开车率，消除或减少污染。

(2) 优化设计或生产装置的技术指标、环保指标、经济指标，达到长周期运行，实现高效能、低消耗的高质量发展。有组织排放和无组织排放在战略上都要大力减少，达零排放最好。

(3) 提高生产装置的节能减排水平。

(4) 优化车间环境，提高装置“颜值”，解决无组织排放，实现清洁生产。

(5) 提高老的硫酸装置的生产能力，增加单位产能。

（三）老厂技术改造一般的技术方向

由硫酸装置的工艺和设备特性决定，硫酸厂技术改造应从下面四个方面着手。

(1) 采用新工艺、新设备、新材料、新填料，消除工艺、设备缺陷，改进硫酸装置的工艺和设备，提高效能，长周期经济运行，即不断提高节能减排或节能降耗的水平，直至“零排放”。

(2) 改进技术，适当提高进转化器的 SO_2 浓度，降低投资，提高单位设备能力。

(3) 改进技术，降阻力提气速，适当增大硫酸装置的通气量，强化装置产出率、高产低耗。

(4) 更新扩大设备，对硫酸装置进行新的平衡。

第二节 老厂实施技术改造必要的、科学的计算和考量

硫酸行业的新厂设计或老厂改造如果不经计算，简单套用、模仿，往往达不到预期效果，甚至适得其反，此类教训有很多。改造或设计的套用是个高效、可靠的方法，但关键是要模仿套用得对，应套用经过实践证明是高效能、经久耐用并有所改进的工艺和设备，不能盲目套用，导致达不到预期效果。下面介绍作者们在新厂设计、老厂改造和生产管理上摸索出来的套用经验，简称“同效能速算法”。老厂进行技术改造或设计一套新硫酸装置时，一定要以自己或他人设计和管理、实践验证优秀的装置或自己设计的标准装置（即经实际运行验证是全面达新国标和世界先进水平的）为特定范本，采用“同效能速算法”，应用下列5个经验公式，做出必要的计算后，再确定装置的改造内容或另一套新设计的设备大小，即设计的设备清单。必要的计算是查清问题、准确决定改造内容和采用技术的主要手段。

（一）改什么设备或管道？

由下式算得：

$$\Delta P_2=\Delta P_1\times\left(\frac{G_2}{G_1}\right)^2 \tag{5-2-1}$$

式中 ΔP_2——技术改造拟达产能下的设备阻力（压降），mmH_2O（$1mmH_2O=9.80665Pa$，下同）；

G_2——技术改造拟达产能或流体速度，万吨/年或t/h、m/s、m^3/s等；

ΔP_1——技术改造前实际产能下实测的设备阻力（压降），mmH_2O；

G_1——技术改造前实际产能或流体速度，万吨/年或t/h、m/s、m^3/s等。

【例1】 用同样的原料，拟将原装置100kt/a能力，改成120kt/a，改造前全系统（全装置）压降2700mmH_2O（负压1000mmH_2O、正压1700mmH_2O），拟改成120kt/a后全系统压降是多少？

解：

$$\Delta P_2=2700\times\left(\frac{12}{10}\right)^2=2700\times1.44=3888mmH_2O$$

即装置能力要提高1.2倍，其装置全系统阻力要增高1.44倍，绝对值要增加1188mmH_2O。对装置中每台设备、每根气管道压力降同样也要增高1.44倍。面对这种情况，有两种改造选择：一是换成流量为原来的1.2倍、压头4100mmH_2O的鼓风机；二是改动某些塔器或管道，把装置全系统压力降仍保持在2700mmH_2O（即等压改造或设计）、选用大鼓风机或改大鼓风机叶轮或并联风机使其打气量增大1.2倍。选择哪种改造方案要由改造的工程量、投资多少、改造拟达指标、改造的经济效益等因素来考量，最后做出决定。

新装置设计，也可采用此两法中的一种，一般宜采用后一种，并有5%～10%的富余量。即把10万吨装置用“同设备速算法”放大到12万吨规模，保持全系统压降仍在2700mmH_2O。这个系统压降国内外多数厂家认为较合适，技术经济指标较佳，鼓风机压头选3200mmH_2O左右即可。若是老厂改造，往往选第一种方法，即把鼓风机换成

压头 4000mmH_2O 左右、风量 1.25～1.30 的风机，工程量小，节约成本。这种方法在相同海拔下可直接使用，如海拔升高超过 500 米及以上者，就要进行气压、气体质量、O_2 含量的修正。把用于低海拔的风机迁到高海拔区，是达不到低海拔风机的铭牌参数的。

【例 2】 此公式用于生产操作调节，也非常简便、准确。可以用系统全压、负压、正压或某台设备的进、出压力，作为计算调节的基准，经计算即可求知装置负荷变动后的控制压力是多少。如：某装置鼓风机出口压力为 1700mmH_2O，日产硫酸 300t/d，因原料供应紧缺，需降低日产量 50t 来维持生产，问鼓风机出口压力应关小到多少？

解：

$$\Delta P_2 = 1700 \times \left(\frac{300-50}{300}\right)^2 \approx 1700 \times 0.69 = 1180.6\text{mmH}_2\text{O}$$

即把鼓风机出压关小到 1180.6mmH_2O，日产硫酸水平就会降到 250t/d。此时的系统全压为 1870.6mmH_2O、负压为 690mmH_2O。反之，系统提高产量的操作也一样，只要把原负荷下的产量、压降和拟调高产量的数字代入公式（5-5-1）即可算出装置负荷提高后全系统压力控制的数据。生产上，掌握这个公式的应用后，就可取消十分麻烦的“试差调节法”。

此经验公式（5-5-1）经实践反复验证，都是非常准确的。并经两位做理论研究的教授审查认可：这是在一切同型设备下可应用的测算公式，简便、准确，是阻力计算和生产调节的进步。它是由流体阻力计算的经典公式推出，其经典公式为：

$$\Delta P = \sum P_{mp} + \sum P_{me} = \lambda \frac{L}{d}\frac{V^2}{2g}\gamma + \sum \xi \frac{V^2}{2g}\gamma \tag{5-2-2}$$

式中 ΔP——设备总压降，mmH_2O；

P_{mp}——摩擦阻力压降，mmH_2O；

P_{me}——局部阻力压降，mmH_2O；

λ——摩擦系数，与流动状况、器壁粗糙度、材料、污垢程度等有关；

L——流道长度，m；

d——流道直径，m；

V——流体速度，m/s；

γ——流体密度，kg/m^3；

g——重力加速度，m/s^2；

ξ——局部阻力系数之和，由扩大、收缩、拐弯等局部系数相加而得。

由式（5-2-2）可见，用此经典公式，要算出设备阻力的压降是相当麻烦的，故推导出公式（5-5-1）。未使用过的设备应按式（5-5-2）计算。

硫酸老厂技术改造或新硫酸装置的设计，首先碰到的就是系统阻力或系统压力降应选在什么范围较合适的问题，即能符合长期节能降耗的经济运行的问题。20 世纪 50～70 年代，我国硫酸生产装置全压多控制在 1600～1800mmH_2O（转化鼓风机进口负压在 700mmH_2O 左右，出口正压在 1000mmH_2O 左右），各设备工况空速一般在 0.5～0.7m/s，吨酸电耗多在 60～90kW·h；80 年代中期至现在，硫酸生产设备有了明显的强化，设备工况空速一般达 0.8～1.2m/s，全系统压降增至 2400～3000mmH_2O（转化鼓风机进口负压为 900～1100mmH_2O，出口正压为 1300～2000mmH_2O），吨酸电耗一般在 90～120kW·h。据测算统计，系统压力降每升降 100mmH_2O、吨酸电耗要增降 3～4kW·h。硫黄制酸系统全压，目前一般在 2000～3000mmH_2O，吨酸电耗一般在 30～60kW·h。

一套硫酸装置一般要运行 60 年左右，经济运行特别重要。2011 年 12 月作者曾见一家年产 16 万吨规模的硫酸厂，全系统运行压降 4600mmH_2O，吨酸电耗 175kW·h 左右，比一般硫酸厂高 60kW·h 左右，吨酸成本高 30 多元，这样运行 10 年左右多付出的成本就够新建一个硫酸厂，虽在建厂时省下 13%左右的投资，但运行 1.2 年左右时这笔节省的投资就被多付出的成本抵消了，在经济上非常不划算。现在看硫酸生产，规模在 20 万吨以下的，宜控制全系统压降在 3000mmH_2O 以下、吨酸电耗在 120kW·h 以下；硫黄制酸全系统压降在 2400mmH_2O 以下、吨酸电耗 60kW·h 以下，是属长期经济运行的范围，符合节能的要求。大型制酸装置，如年产 80 万吨左右规模的，全系统压降可适当提高到 4000～4600mmH_2O，因规模效应，吨酸电耗不但不增大、反而会降低的。当前我国 80 万～100 万吨的硫黄制酸厂吨酸电耗多为 30kW·h 左右，矿制酸厂吨酸电耗一般在 65kW·h 左右，烟气制酸厂吨酸电耗一般在 50kW·h 左右。

由上可知，无论是老厂技术改造或新设计的硫酸装置，都必须要对全系统压降、对各台设备的空速、填料和喷淋密度等，进行充分的考量和技术经济论证，对每台设备的阻力都要认真酌定。

（二）拟改造或新设计的设备或管道，直径改到多大?

由下式算得：

$$D=\sqrt{\frac{xF}{0.785}} \tag{5-2-3}$$

式中　D——拟技术改造后的设备或管道直径，m；

x——技术改造后，拟达产能或效果增减的倍数，倍（或称倍率）；

F——技术改造前，原设备或管道的截面积，m^2；

0.785——$\pi/4=3.14/4=0.785$，常数。

此经验公式（5-2-3）是在技术改造前后保持设备或管道内的流体速度不变的状况下，拟改造后流体增减的倍数 x、与设备或管道的截面积 F 一次方成正比的关系式。

（三）拟改造或新设计的设备高度要增减多少?

由下式算得：

$$h_2=xh_1 \tag{5-2-4}$$

式中　h_2——技术改造拟达设备高度，m；

h_1——技术改造前原设备高度，m；

x——技术改造拟达产能或效果增减的倍数，倍。

由式（5-2-3）和式（5-2-4）算出的结果，要放在一起作统一平衡考量，需根据原生产情况酌定。例如沸腾炉，怎么进行技术改造，这里就有三种改法：一是，如沸腾炉出口原来烟尘率较高，烟尘含硫较低，技术改造只需把炉子直径扩大到 D 的计算值即可，高度不变；若是在原来老炉上进行扩大改造，其扩大段的高度，则由技术改造后炉气停留时间的增数来定。二是，如沸腾炉原烟尘率较低、烟尘含硫较高，技术改造可只根据 h_2 的计算值，把炉子加高即可。三是，如原沸腾炉，出口烟尘率和烟尘含硫都在合适范围，技术改造就要同时适当地扩大炉子直径和把炉子加高，以保证炉气在炉内的速度和停留时间与技术改造前相当。

（四）拟技术改造或新设计的鼓风机、酸泵、换热器、冷却器、电器等，怎么作相应改变？

流量、换热面或冷却面，一般按拟改造后的效能增减倍数，正比例的作相应调整，可由下式算得：

$$Q_2 = xfQ_1 \tag{5-2-5}$$

式中 Q_2——技术改造后需要的风量或酸量，m^3/min 或 m^3/h；

f——富余系数，一般取 5%；

x——技术改造后效能增减的倍数，倍；

Q_1——原装置设备的鼓风量或酸量，m^3/min 或 m^3/h；

或：

$$F_2 = xf\,F_1 \tag{5-2-6}$$

式中 F_2——技术改造后需要的换热面积（或冷却面、蒸发面等），m^2；

F_1——原装置设备的换热面（或冷却面、蒸发面等），m^2。

鼓风机、酸泵等的压头，要视技术改造后实际需要的压头和流量进行配置。

从上述 5 个经验公式看出，老厂技术改造的计算不需要从基本的物料衡算、热量衡算、设备能量计算、阻力计算、设备强度及部件强度计算等入手，而是直接用以上 5 个经验公式就可把拟改造的设备大小，简单、快捷、相对准确地计算出来（这一套测算方法是在工作中逐步研究总结出来的，仅供读者参考）。当然，对个别新设备，还是要从基本的计算做起。这个基础的计算方法，可仿照《硫酸工作手册》中、以 4 万吨/年硫酸为例的各工序的计算实例，把产能规模及某些参数做相应调换即可。

第三节 老厂技术改造实施的科学程序或方法

老厂技术改造实施的科学程序或方法如下：

(1) 进行设备能效查定。选择原料供应稳定、生产正常的周期，对装置各设备进行效能查定。数据一定要真实，要进行专门检测，根据各设备的进、出口温度、物料成分，计算出各台设备的效能。对新装置则是收集设计条件：原料规格、水文气象、地形地貌 1/500 红线图、地质资料、供电、供水、下水、产品（酸、汽、金属焙砂）规格及流向、运输方式和工具等。经计算做出设备清单。

(2) 测定各设备、管道的压降（阻力）。准确测定沸腾炉至二吸塔出口之间的各设备、管道等阻力值，计算出全装置和各设备、各管道的压降。

(3) 对设备效能进行分类。即根据装置各台设备的效能和压降，对照标准或要求把设备划分为三类：第一类，还有潜力可挖的设备和管道；第二类，当前负荷下比较适宜的设备和管道；第三类，当前负荷下已显效率差、压降偏高的设备。在这基础上，评估出这三类设备在全套硫酸装置上，分别所占比例、主次、资产分量、施工难易程度、对当年生产的影响程度等。编制出技术改造的初步意见。

(4) 研究讨论选出技术改造的初步方案。结合需要和此套装置的实际情况，请有关领导和专家在小范围内进行集体研讨，对技术改造议论出一到三个方案来，或只根据需要确定一个技术改造方案。

(5) 对各方案进行计算和考量。即根据会议初步定下的方案，应用公式（5-2-1）～公式（5-2-6），对拟改造规模下的各台设备（含新设备）、管道进行计算，确定出设备清单。进而估算出各方案的投资额、施工期、经济效益、环保效益、节能减排的水平及勾画出现场平面布置等。

(6) 正式编制硫酸装置技术改造基础设计书（或方案）。新装置则要编制初步设计书（含设计说明书、主要设备图、技术经济财务分析三大部分），老厂技术改造基础设计或方案、内容一般应包括有：

① 概述　重点是反映现硫酸装置问题或缺陷，讲清进行技术改造的必要性、迫切性、可能性，讲清技术改造方案的要点，讲清技术改造拟达到的目标值。

② 工艺流程选择　重点表述技术改造前后的工艺流程变化，选择的依据，改造后的技术特点和效能的提高状况。工艺流程以方块图示之。

③ 设备特性　明确全套装置的设备，哪些是新制、哪些是原有，它的结构和技术特性怎样，采用的新设备以组合图示之。

④ 生产检测、自调与工艺管线　分工序示明流程图、凸显工艺管线，标明控制点，写清显示、记录和自调系统的所用主要仪器、仪表及执行机构，工艺管线特性（长度、直径、材质等）。

⑤ 工程项目与内容　分工序示明工程项目、工程内容与要求（附必要草图说明）。

⑥ 总图　分工序示明设备、工艺管线变动后的平面位置、空间位置；供水、下水位置；供电、配电及线路位置；且加必要的文字说明。

⑦ 需购置的定型设备和主要材料　需购置的定型设备要写清名称、规格、材质、台套数、价格等；主要材料，要汇总出普通钢材、合金、填料、催化剂、耐火砖、耐酸砖、水泥、保温材料等的数量、规格和价格。

⑧ 技术改造费用概算　按方案中明示的工程项目进行逐项估算，分方案进行估算汇总。工程内容变动、价格调整等，统列为不可预计费用，一般按总价的10%计入预算价格。

⑨ 技术改造预测目标　技术改造后一般要预测算出以下6项目标：a. 产品规模，即硫酸装置产酸规模、产汽或产电规模、产金属精焙砂规模；b. 年运行天数，各项消耗定额；c. 污染物排放指标，即节能减排、环境保护的主要指标，年均达到的标准数，年均小时排放量（重点是尾气中 SO_2 含量、硫酸雾含量、尾气量及全装置排出的废水量、废渣量等）；d. 各设备操作技术指标，如电除尘、电除雾的电流电压，转化各段进出口温度、塔器的进出口温度、压力等；e. 各主要设备的效能指标，如金属焙砂中残硫量、烟尘残硫量、电除尘出口含尘量、电除雾进口含尘量、电除雾出口含雾量、干燥塔出口含水量、干吸塔出口含酸沫量、吸收率、各段转化率等；f. 经济效益，即投资、年收益、回收期（一般不超过两年、新厂投资回收期一般≤7年）等。

(7) 基础设计书批准后，或技术改造方案正式批准后，即就着手编制技术改造方案的实施计划。确定停车施工期，明确设计画图、订货、设备制造的具体进度；明确技术改造工程的组织领导和后勤保障；明确硫酸装置全系统停车前后的施工项目、年度大修项目的进度计划和衔接计划；明确各工程项目的竣工期、试车期、验收期和硫酸装置全系统开车期、竣工投产期等。新建装置的合同生效后则要制定设计、采购、制造、土建、安装、调试、开车等进度计划，并提供环评、安全生产等相关资料。

(8) 待技术改造工程和年度大修工程全部工作准备就绪，硫酸装置正式按计划停车交出改造与大修。除改造、大修项目外，同时要趁机对全装置各工艺、设备、管线、电器、仪表、控制系统等，要进行全面综合检修、清理一次。一般停车期要控制小于或等于 30 天（每天分三班倒、换人不停工）；每天开调度会，及时协调施工中的各种问题，确保安全的按期、按质、按量完成或提前完成技术改造与年度大修的各项任务。新建矿制酸、烟气制酸、石膏制酸，10 万吨/年以上规模的，一般是：设计 4～5 个月、土建 4～5 个月、制造安装 6～8 个月，调试 1 个月，总共约需 1.5 年；硫黄制酸一般约需 1.2 年；比 30 年前快了约 70%。

(9) 开车调整、测试总结。探寻各设备操作控制的适宜范围、合理指标，达到全装置稳产高产、低消耗、尾气排放合格、污水污酸污渣零排放，长周期运行。组织全系统测试，分析总结，提出对全装置运行的指导意见，明确操作控制的注意事项和下一步研究改进的方向等。新建装置经调试及试车后，要经 72h 连续运行和进行各项检测，办理竣工验收手续，然后进入一年质保期的考核。

第三章

老厂技术改造当前宜采用的先进、可靠的工艺、设备和材料

第一节　原料工序

硫酸生产用的原料，应给予足够的重视，行业工人把它称为硫酸生产的“龙头”，实践中却往往被忽视，教训深刻。今天我们要以科学精神，十分重视原料工序设备的配置，对原料进行科学管理。

一、硫化矿（块矿、精砂、尾砂）

当前要特别注意做到“四要”，即：

(1) 原料工段配备要齐全。即要根据原料特性，分别配置堆场、矿库、粉碎、筛分、干燥、转运、通风、除尘等设备，保证成品矿料的含硫、含水、粒度及杂质含量等，稳定在一定范围，不能凑合，要符合客观的科学要求。这在老厂改造和新厂设计上，都要特别注意、下大功夫，现在这方面做得并不到位。含硫、含水、平均粒度和粒级，操作班之间波动幅度应≤1.0%（含水＜6%），杂质含量（如氟、砷、铅、汞等）：As＜0.15%、F＜0.1%、C＜0.5%、Pb＜0.5%、Hg＜0.5%。否则沸腾炉容易产生“沉渣”、结疤等。

(2) 要稳定原料供应基地，一个厂尽可能使用一个矿山的矿，保证入炉矿料高度平稳。一般硫酸装置不能使用高砷、高氟的矿，只有在专门工厂才可使用。

(3) 要把到厂的原料分批分堆存放，分别采样分析。使用时，根据分析结果进行配料，混拌时最好要用行车进行“一掺三拌”。成品矿料，要采样分析其含硫、含水量，并书面报知沸腾炉岗位。入炉料一定要符合生产要求。

(4) 要控制三个操作班统一使用一个批次的成品矿，各班不得自己配矿自己单独使用，以保证系统操作的平稳性。

二、硫黄

我国硫酸厂多用固体硫黄，少数厂使用液体硫黄。当前硫黄在技术管理和使用方面需关注以下三点：

(1) 硫黄转运、堆放贮存、仓库、熔硫厂房和设备，要按安全规范严格执行，做好防火、防爆等消防措施。严格防止硫黄暴晒和雨淋，而使含酸、含水量增高。

(2) 每个厂要尽可能稳定一个硫黄供应地，按照硫黄的不同成分、配置熔硫

和精制设备。硫黄成分一般要求为：S≥99.9%、灰分≤0.04、酸度（以 H_2SO_4 计）≤0.005%、As≤0.001%、Fe≤0.003%、有机物≤0.05%、水分≤0.5%。

（3）现实生产中，硫黄中的含水量、有机物含量、酸度往往会有不同程度的超标，使尾气冒烟。硫黄含水量，国际上和我国在20世纪90年代前，多数工厂是依据含水量≤0.5%来设计的，熔硫、精制和贮存的时间，是按照72h（3天）考量的。我国现在使用的硫黄，含水量许多厂高达1%以上，个别厂堆放的硫黄可见水淋下来。所以，固体硫黄制酸厂的尾气，普遍有不同程度的冒烟现象。解决办法：一是，要在管理上严格控制；二是，要增大熔硫、精制和贮硫的时间和蒸发表面，国外和国内一些工厂的经验告知，含水量在1%左右，其时间要增大一倍左右，即要6天（144h）时间。因此，要在液硫设备总体积、蒸发表面和过滤机设备及操作等方面给予保证，使入炉液硫含水量达标。

硫黄含烃类有机物，其含量高低是不一样的，如进口硫黄中俄罗斯的硫黄，其含量普遍较高，一般在0.5%左右，只要一使用，尾气就会冒大烟。其它各地硫黄，也均含有一定量的烃类有机物，故在使用前要在批量硫黄中，根据烃类有机物的含量和经验，采用“批量拌混法”掺入一定量的硅藻土，以使在熔硫、精制过程中去除掉液硫中的烃类有机物，彻底解决硫黄制酸的尾气会冒烟的现象（在20世纪90年代前认为硫黄制酸因有机物存在“冒烟是命中注定”，书中作者曾是这么写的，现在看是错了）。

硫黄中所含的酸，也是致尾气冒烟的一个重要因素，酸是所有硫黄中不会缺的成分，只是含量有高低之分。我国许多工厂常用的去除酸度的方法是在精制槽上面不定期地撒入一定量的碱粉或石灰粉，多次就会形成一层“黑壳”，中和作用低下且增加“捞渣”的工作量。应改为像加入硅藻土一样，采用“批量拌混法”或机械“连续加入法”把一定量的碱或石灰（根据酸度含量算得）加入到液硫中去。生产中尽可能做到入炉液硫中不含或尽量少含水、有机物和硫酸，消除尾气排放烟囱冒烟现象，酸雾＜$30mg/m^3$。

熔硫槽宜做成锥底，每个投料口每小时投硫量不宜超过5t。20万吨及以上装置设两个或两个以上加料口为妥。其它沉清槽、助滤槽、精硫槽等可以是平底，每槽有效高度不宜超过1800mm（液态储槽高度可做成≥3000mm）。液面上下200mm处，加热管要加F4保护套管，槽壁要衬瓷砖，槽顶排气口周围200mm处要喷铝防着火并要设蒸汽灭火装置。整个熔硫区除十分注意自然通风外，还要有防腐型的抽气排风装置等。为了确保转化率能长期稳定在99.9%以上，并使硫酸装置能长周期运行5年或5年以上大修一次，近期国外和国内一些厂家为使液流进一步净化增设了二级过滤等措施。

21世纪初期，我们为国外设计的三套硫黄制酸装置，国内设计的两套硫黄制酸装置和为解决山东三家使用俄罗斯硫黄制酸尾气冒大烟问题的改造实践，多次证明只要按以上三种办法对硫黄进行处理，硫黄制酸的尾气一般是不会冒烟的，在清洁度上优于硫铁矿制酸。如果有时还有冒烟现象，或对酸雾排放有更高要求的，应在二吸收塔后增设电除雾器或纤维除雾器。

第二节 焙烧工序

一、沸腾炉

自20世纪80年代开始，我国的沸腾炉，特别是用于焙烧有色金属矿的沸腾炉的设计和操作，均有较大改进，概括起来称“八高技术”。这“八高技术”对稳定操作、提高烧出率、增大焙烧强度、提高余热利用率、延长设备使用寿命、改善沸腾炉工序的工作环境等，都起到了明显作用，应推广采用。具体为：

(1) 高密度布设风帽。每平方米炉床面积上，设置风帽数由30～40个，提高到50～70个，布气点提高了1.5倍以上。

(2) 高孔速风帽。风帽孔眼速度由30～40m/s提高到50～70m/s，强化了布气的均匀性。

(3) 高铬合金铸铁风帽。成分为：Cr 27%～30%，C 0.3%～0.6%，Si 1.0%～2.5%，Mn≤1.0，S≤0.03，P≤0.045。可以焊接、可以钻孔，使用寿命一般在8年以上，彻底解决了我国原来普遍采用的铸铁风帽使用寿命只有一年或不到一年的“短命”问题，提高了炉子的运转周期。

(4) 高床速流化物料。为提高沸腾床物料的流化质量，尤其是有色系统的沸腾炉，在这段时期床层气速提高较大，均达一倍以上。焙烧精砂（含尾砂）炉，流化床风速由0.3～0.5m/s提高到0.5～1.0m/s，对应的流化床强度由3～10m^2/年产10kt酸提高到2～6m^2/年产10kt酸。破碎矿（块矿）焙烧沸腾炉，流化床风速由1.0～1.5m/s提高到1.5～3.0m/s，对应的流化床强度由2～3m^2/年产10kt酸提高到0.8～1.8m^2/年产10kt酸（若粒级不均匀则要注意风速的适当性）。

炉子上部气速也有一定程度的提高，但受烟尘率限制，提高不大，现在仍维持在0.3～0.6m/s，一些厂家强化生产后实际达0.8m/s左右。整个沸腾炉的有效空间体积变化不大，用炉气停留时间来表示，焙烧硫化矿的一般在10～13s（焙烧磁硫铁矿16～18s），焙烧有色金属精砂一般在22～24s。

为调节炉子各部位的操作风速在适宜范围，炉子上部一般设置二次风和三次风（占总风量约30%），以保证各种焙烧方法的良好实现（如酸化焙烧、低温酸化焙烧、磁化焙烧、中温氧化焙烧、高温氧化焙烧、低含硫原料焙烧、高含硫原料焙烧和高含硫原料返渣尘焙烧等），尽一切可能降低渣和尘中的含硫量，提高渣尘中的金属含量，消除炉气中的升华硫（个别厂升华硫问题很严重，经常使电除尘器出口温度高于进口温度）。采用返料或悬浮焙烧法、焙烧含硫在50%左右的矿料，即可焙烧出含铁量60%以上的铁精砂，或将残硫低的（≈0.5%）矿渣，经过重力选或磁选等，选出含铁量≥60%的铁精砂作钢铁工业原料，可大大降低硫酸生产成本。

随着矿山工业和有色工业的发展，高含硫和高细度（<350目）的矿会逐渐增多，这是个发展趋势，对高含硫矿的焙烧，应提倡直接焙烧为宜。据南化氮肥厂、湛江化工公司、句容亚中公司等单位的经验，用原沸腾炉直接焙烧高含硫（50%左右）的矿，在操作、技术、经济、环保等方面都优于返料（渣）焙烧。改烧高含硫矿时，操作上把投

矿量先减40%左右，注意保持沸腾炉供风量恒定和转化进气SO_2浓度恒定就行。在炉底压力下降过程中，供风量会自行增大，要跟着关小阀门保持风量平稳，直至炉底压力稳定在某一个范围为止；同时要注意调节投矿量，保持进转化SO_2浓度的平稳。沸腾炉下部炉温下降，上部炉温升高，一般炉底温度会下降至100℃左右，炉气出口温度会升至950℃左右。炉子沸腾层排渣口无渣可排（排渣机停运），锅炉、旋风、烟道、电尘等处排灰量增加，尤其是锅炉排灰量大增。焙烧高含硫矿的开车与烧普通矿类似，按原方法在风帽上铺400～500mm高的矿渣或黄沙或只铺50mm高的载热层，把炉温升到800～900℃，即可通气投料开车。运行效果显著：炉气中SO_3含量极低，一般在0.03%左右，净化无稀酸排放、酸浓平稳；炉气中灰尘含硫量较低，一般在0.3%左右，含铁量在64%左右，锅炉发气量增加约12%；系统硫酸产量增加5%左右；操作简单、平稳、环境和安全有了改善。沸腾炉实际上改变成了悬浮炉（闪速炉），为今后设计高含硫矿焙烧炉（即悬浮炉，要小很多）提供了充分的技术基础，这是一大操作技术进步。但焙烧磁硫铁矿尚无实践经验。

现在用的、"返渣"焙烧高含硫高细度矿砂的沸腾炉，所依据的理论和沸腾层等的操控指标，均与掺烧贫矿粉一样，生产上只需增设一些返渣的运输和掺拌设备即可。其最大的优点是不会降低矿渣中的含铁量，返渣量多少对含铁量没有影响。其次，返渣可降低入炉矿料水分，使矿渣余热得到了部分利用。含硫≥48%的矿砂，可稳定产出含铁量≥60%的"铁精砂"，这对我国铁矿资源严重不足是个补充，其售价是标准铁矿砂的70%左右，企业可大幅度降低成本。多家实践证明，"返渣"和掺烧贫矿焙烧，两者都可，都属沸腾法焙烧，即流态化焙烧，要因地制宜。一般而言，"返渣"焙烧在效益上要比掺贫矿明显占优，且沸腾层更易控制。

"返渣"或"掺块矿"沸腾焙烧，不时会产生"沉渣"，能否不产生"沉渣"和及时排出"沉渣"是沸腾炉长期安全运转的关键。

高含硫硫铁矿砂，采用"返渣"或"掺贫矿"进行沸腾焙烧，因粒级差别大、又很不均匀，焙烧中产生"沉渣"或称"冷渣"是必然的，只是快慢、多少和部位的区别而已。只有掺量适当时，在少数低床速或高床速的沸腾炉，因风速适当和较多排渣量（间断或连续）而不形成"沉渣"。对"沉渣"如操作处理不当，很快就会使物料"堆积""死炉"。操作得当可使风帽上形成一层高度均匀的"沉渣"层，不但无害反而起到了使空气分布更均匀和保护风帽的作用，但这是一个较难的操作过程，待达到一定高度后放渣将保持平稳。如何能将"沉渣"顺利排出，而不使它影响炉子的正常运行？一般工厂遇到较大量"沉渣"从炉子出渣口排不出来时，首先就会开大炉底风量，想把它吹出或冲散一下，实际不然，一般床速的沸腾炉"沉渣"往往会更严重，此法只对高床速的沸腾炉有效。对一般床速的沸腾炉，此时应减小炉底风量，增大二次风量，对解决沉渣反而有效。其次，在调节操作无效后，就会从炉子投料口附近的例面、距风帽约50mm高的炉身上开一个约ϕ100mm的孔，外接带插板的短管，想放出"沉渣"，放不出就用人工捅捣，在人工连续作业下，排出的渣也甚少，赶不上"沉渣"的产生量，炉内"沉渣"越积越高，数天后只好停炉从炉门处扒出"沉渣"或"死炉"后重新开炉。如山东一个厂，前两年每开7～8天就要停炉清理"沉渣"一次，往复循环，费时费力。这样开孔放"沉渣"，实际上是未掌握沸腾炉内"沉渣"的运动特性，实践证明只要改变成第四篇第五章所示的位置和方法，即可很容易地放出炉内"沉渣"。炉膛面积≤10m²

的，只需在加料口下方拔除一个风帽、将花板扩开一个 ϕ100mm 左右的放渣孔，接一根带插板控制的 ϕ100mm 左右的放渣管，下管口离地面高度以运渣小车或运渣设备定，根据炉内“沉渣”量多少，间断操作。炉膛面积大者，可考虑在易产生“沉渣”的部位设 2～3 个放渣管即可。经验证明，防止产生“沉渣”的根本之法，是要控制掺入的贫矿或矿渣的粒度，平均粒度要细些（≤0.8mm），颗粒要均匀些，或减少掺入渣量（贫矿量）。

（5）高床层（高物料层）操作。溢流渣口下沿离风帽顶高度，由原来的 800～1000mm 提高到 1200～1400mm。对应的炉底操作压力由原来的 900～1100mmH_2O 提高到 1300～1500mmH_2O。炉底风机压头现在一般选用 2000mmH_2O。虽然电耗增大了，但炉子的 SO_2 浓度、温度、炉底压力等指标却达到了高度平稳的状况，焙砂质量也提高了。

（6）高加料口。加料口下沿距风帽顶高度，由原来的 1500～1800mm 提高到 2500～3000mm。使矿料完全从炉子的负压区加入，加料口变成了一个空气的补入口，较好地消除了炉子加料口的冒烟现象。为彻底消除加料口冒烟带出矿料的损失，在 20 世纪 90 年代初期，国内外不少焙烧黄金矿的厂，先后改为“湿法加料”（即将矿料配成含水 30%左右的浆料，用泥浆泵把矿料送入炉内），实现全封闭加料。但此工艺不太合理，降低了热能利用率。

炉子直径在 ϕ6000mm 或以上，或产酸能力在 20 万吨/年或以上的炉子（含焙烧贫矿、小时投矿≥25t 者），加料口要设两个或以上，两加料口之间的夹角以 60°为宜。加料皮带机宜改用抛料机。

（7）高位布设汽化冷却设备。为减少炉内汽化冷却管束（或水箱）和锅炉 1# 烟道蒸发管的损坏，延长其使用寿命，除采取了许多防磨措施外，最重要的是调整了它们的布设位置。炉内汽化冷却管束或水箱，底部距风帽顶的距离由 30mm 左右提高到 300mm 左右；锅炉 1# 烟道改成空室，四周墙壁做成水冷壁，使用间隔期延伸了三倍以上。

焙烧黏性大的物料，除将出气口设置在炉顶侧面外，在炉子上部或顶部还要设 1～2 个喷水头（雾化水头）。降低炉气出口温度，消除烟尘在炉顶、炉壁和炉后烟道、设备的黏结现象。炉型宜采用“直筒型”炉。

余热回收系统，过去我国多采用 3.82MPa、过热 450℃的锅炉装置，每产 1t 酸可产 1.1t 左右的蒸汽。今后宜采用 5.3MPa、过热 485℃或 6.4MPa、过热 492℃的高压锅炉，提高热效率，可多产蒸汽 6%左右。

电除尘器出口，炉气温度一般在 300～350℃，远高于炉气露点温度约 150℃，可装一台并流板式空气换热器（空气由炉底风机接来，换热后送回沸腾炉使用）或热管省煤器，也可使沸腾炉多产蒸汽 5%左右。排渣机可采用旋转式多管热量回收型的，一般经验可使脱盐水从 20℃加热到 80℃，送入除氧器，每产 1t 酸可增产 80kg 左右蒸汽。三项合计比原来多产蒸汽 15%，则每产 1t 硫酸可发 1.25t 蒸汽。

（8）抬高沸腾炉的建筑标高。为使排渣系统的设备都能设置在地平线 500mm 之上，方便操作、检修，适当抬高沸腾炉的建筑标高非常必要。这方面，在一些经过技术改造的厂和新建的厂，都取得了显著效果。排渣设备布置合理了，除尘通风好，检修环境改善，减轻了喷灰冒烟现象，大大提高了车间内部的环保水平和矿渣热能利用的可能性。各下灰管与垂直线夹角不得>35°，并设封闭装置。

二、焚硫炉

我国现有波浪型与旋风型两种焚硫炉，以波浪型焚硫炉居多。附锅炉有火管式与水管式两种，以火管式居多。波浪型焚硫炉容积强度一般在 1.2～2.2t/(d·m^3)，旋风型焚硫炉容积强度一般在 2～4t/(d·m^3)，两者相差两倍左右。旋风炉为什么少？其原因：一是，它是后发展起来的，是在 20 世纪末才从加拿大引入我国；二是，操作波动大，易产生升华硫，操作稳定性不如波浪型焚硫炉。所以，近期所建硫黄制酸厂仍以改进后的波浪型焚硫炉为主。

波浪型焚硫炉的进风口宜设在炉头侧面，以切线方向进入为佳；炉子有效空间长度最短不得少于 8m，宜≥9m；炉内设 3～4 道折火墙，以 3 道折火墙为多，第 1 道折火墙以“下空”有利于气流混合（如图 5-3-1 所示）。江苏庆峰工程公司设计研究公司设备室结合老的竖式格栅焚硫炉的优点，在第三燃烧室满放方格耐火砖，促使气流进一步混合。采取以上措施后，不但彻底解决了升华硫问题，并可使波浪型焚硫炉的强度提高 50%～100%。

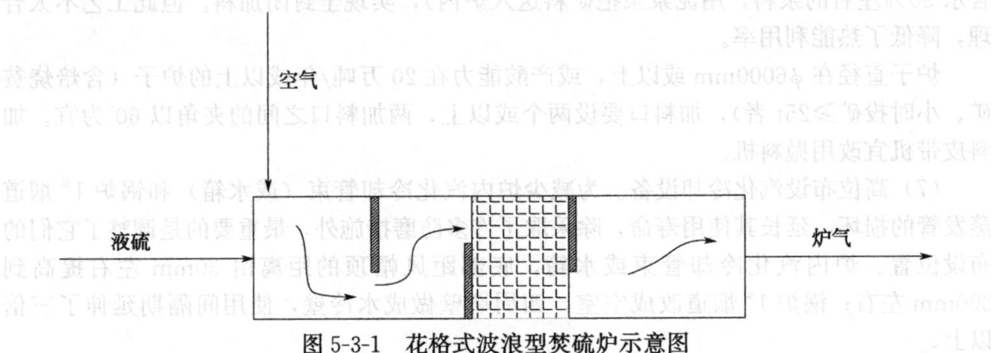

图 5-3-1 花格式波浪型焚硫炉示意图

液硫雾化我国多采取机械雾化，喷嘴压力 3～6kgf/cm^2。过去的喷嘴易烧坏或结焦，主因是选材不当，后改用 20 号耐热合金钢，此问题逐步得到解决。经验告知，仍需在焚硫炉岗位备用一支硫黄喷枪为宜。

第三节 净化工序

炉气净化的优劣是保证硫酸装置长周期运行（2～3 年或 4～5 年一次大修，年运转率≥95%），尾气排放 SO_2 含量年均达标和清澈透明、产品质量优质和稳定的关键，也是前提条件。这是硫酸生产的客观规律，这在思想认识上和工艺设备的设置上必须坚定不移。总体看，我国硫酸生产的净化工序，现在急需加强，而不能再有所削弱。

近 20 年来，有些设计部门存在设计不当的乱象，如在有些厂应用一级“动力波”洗涤器（无≥200mm 高的泡沫层，实为低效的逆喷洗涤器），后设一填料塔或泡沫塔（多为淋降塔），用板式稀酸冷却器代替间接冷凝器；为节省投资在设备配置上只采用“文-填-电”器等。这样的设计配置过于简化、太缺科学依据，使气体净化效果太差，造成干燥塔酸透明度低且经常大变色，干燥塔除沫层或除沫器阻力上涨快，鼓风机震动大且抢修冲洗频繁，外热交换器管外和转化器一段催化剂层阻力快速增加，半年或1～2年就要筛换一次催化剂。2012年有一个铜冶炼烟气制酸厂，曾请本书作者做技术指导，现场看到该厂才开车三年就筛了五次催化剂，坏了两台冷热换热器，吨酸电耗高达360℃左右（多交的电费，两年就可再建一个16万吨的厂），转化率低下，排放不达标，尾气烟囱冒烟等。可该厂技术负责人还坚持说这个厂他设计和运行得还不错……。最终该厂还是进行了彻底的改造。2016年笔者又到该厂做技术交流，其已全面达新国标，实现了清洁生产。

一、气体净化工艺设备配置

实践证明，动力波洗涤器特别适用于气量波动一倍左右的铜烟气系统等的气体净化洗涤用，除尘效率一般在90%左右，是效率一般的或效率较低的化工设备。用它代替原空冷塔，在除尘上是可行的，但阻力是空冷塔、文氏管、泡沫塔的2～4倍，一般为500mmH_2O左右。板式稀酸冷却器，在冷却作用上代替间冷器无可厚非，但起不到间冷器在除尘、除雾上的作用（长期使用证明，间冷器对炉气有40%以上的除雾效率和除尘效率），若采用，应考虑在气体净化的除尘、除雾方面给予补偿措施。故在炉气净化工艺流程配置方面，建议采用经多家企业实践经验证明了的以下五种流程为妥（简称“三洗两电”工艺）。

1.“逆喷—填—泡—电—电”流程

即采用逆喷洗涤器和填充冷却塔，除尘效率达98%左右，填充冷却塔出塔炉气中含尘约在0.02g/m^3左右，含尘浓度偏高，会影响一级电除雾器的除雾作用。故在填充塔后配一台高效洗尘设备泡沫塔（塔上第一、二块板，要有150～250mm高的泡沫层），这样一级电除雾器流出的稀酸较清，电除雾器只需一个月（或更长时间）停车自动冲洗一次即可，酸雾指标≤0.005g/m^3。冷却设备采用板式合金稀酸冷却器，尽可能布置在泡沫塔和填充塔的循环系统中，逆喷洗涤器绝热蒸发循环。加水和电除雾器流入的稀酸，进入泡沫塔循环槽，再逐级串入逆喷洗涤器循环槽，增浓后将余量酸和沉降槽放出的酸泥一并引出（酸浓一般为3%～20%），经压滤和过滤等处理后加以回收利用，滤饼（酸泥）掺入焙砂中（矿渣）售出。其流程示意图如图5-3-2所示。

2.“空—填—间—电—电”流程

此流程是最老的配置，投资费用较高。实践证明，炉气净化质量很高，硫酸装置一般可连续运行三年才需大修一次，长者达四年。其流程配置如图5-3-3所示。

3.“文—泡—间—电—电”流程

此流程配置投资费用较低，是高效设备的组合，多用于年产能力12万吨或以下的系统，炉气净化质量与“空—填—间—电—电”流程相同，大修间隔期一般也为三年左右。其流程配置如图5-3-4所示。

4.“动—填—动—电—电”流程

此流程配置投资费用较高，生产运行阻力较大（约是其它流程的一倍多），且效率不高，但适用于气量波动特大的（0.5～1.0倍）铜冶炼烟气等的净化。动力波泡沫塔层约200mm高，气速34m/s左右，水量与气量比9∶1000左右。其流程配置如图5-3-5所示。

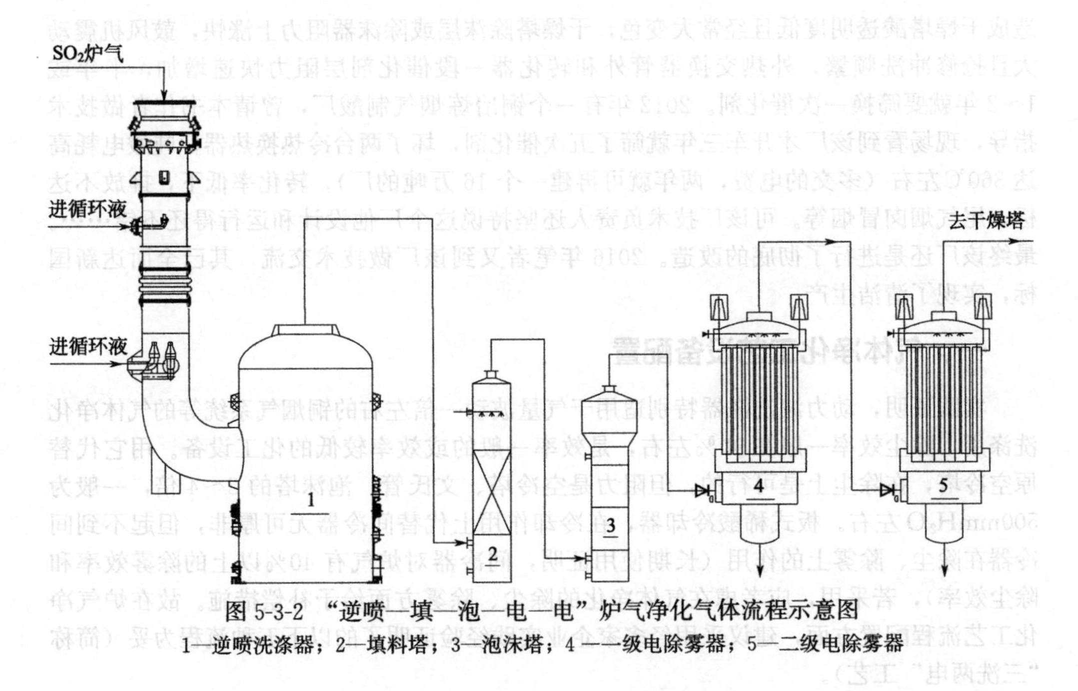

图 5-3-2 “逆喷—填—泡—电—电”炉气净化气体流程示意图

1—逆喷洗涤器；2—填料塔；3—泡沫塔；4—一级电除雾器；5—二级电除雾器

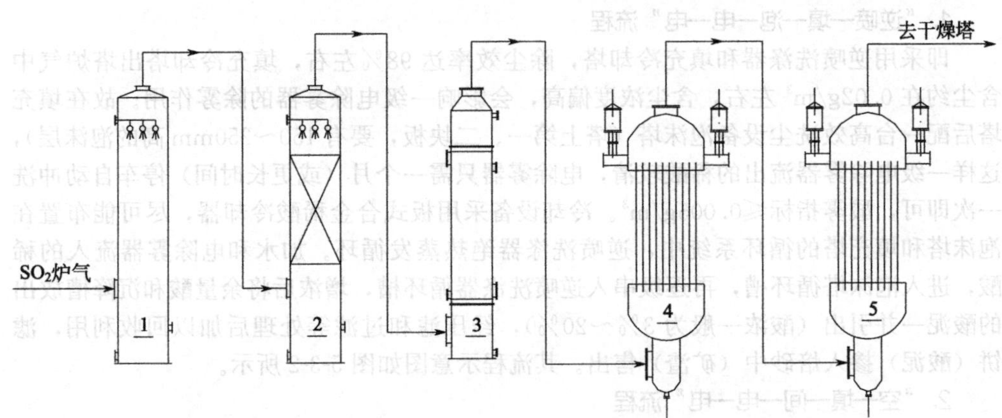

图 5-3-3 “空—填—间—电—电”炉气净化气体流程示意图

1—空冷塔；2—填料塔；3—间冷器；4—一级电除雾器；5—二级电除雾器

5.“文—泡—间—间—电”流程

此流程全是高效设备所配置，两间冷器都用稀酸喷淋，与以上四种流程相比，其投资费用最小，间冷器是喷水循环的，除降温外，每级还有40%的除尘、除雾效率。酸雾指标在0.004～0.006g/m^3之间，尾气无雾，硫酸装置大修间隔期3年左右，其流程配置如图5-3-6所示。

二、采用耐腐、耐用的高效设备

净化工序是硫酸装置中腐蚀最严重的部位，稀酸浓度一般在0.1%～30.0%之间。

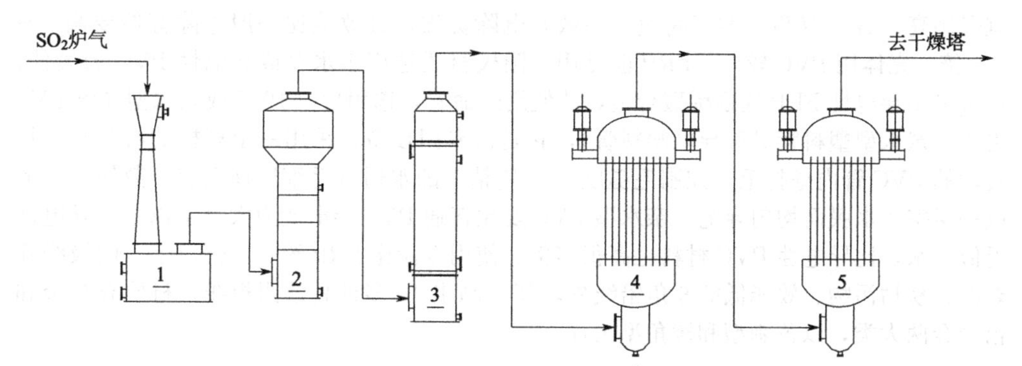

图 5-3-4 "文—泡—间—电—电"炉气净化气体流程示意图

1—文丘里；2—泡沫塔；3—间冷器；4—一级电除雾器；5—二级电除雾器

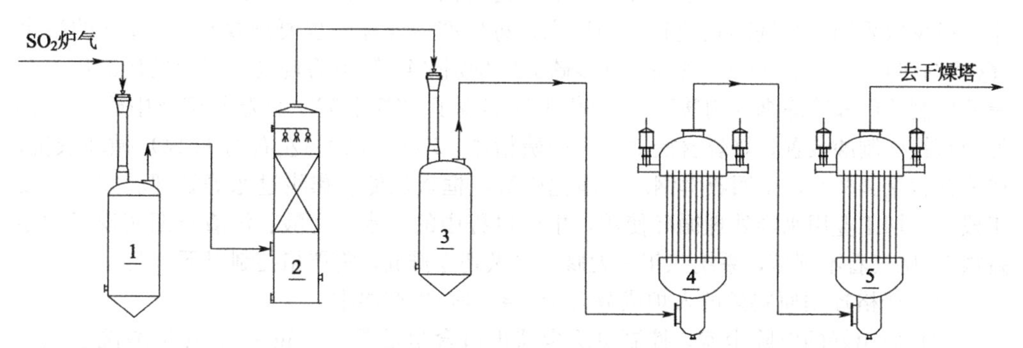

图 5-3-5 "动—填—动—电—电"炉气净化气体流程示意图

1—一级动力波；2—填料塔；3—二级动力波；4—一级电除雾器；5—二级电除雾器

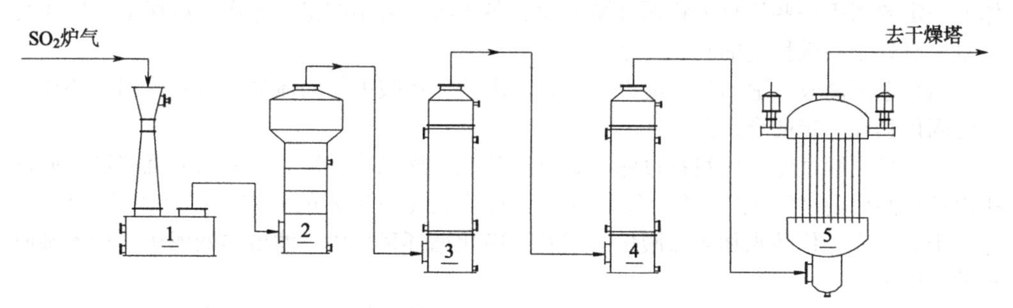

图 5-3-6 "文—泡—间—间—电"炉气净化气体流程示意图

1—文丘里；2—泡沫塔；3—一级间冷器；4—二级间冷器；5—电除雾器

当今，我国材料工业已很发达，有多种材料能适应此硫酸浓度范围的应用。

酸泵、阀门宜采用耐稀酸的合金或非金属材料氟塑料等，板式冷却器、文氏管和动力波喷头宜采用耐稀酸合金或高硅合金，间冷器宜采用铅合金和防腐工艺制造法，各塔、器、管线等宜采用玻璃钢（FRP）或 PVC 制作等。

近 20 多年来，净化工序设备变化最大的是立喷洗涤器和电除雾器，立喷洗涤器的除尘和降温效果与原中空冷却塔差不多，但造价低，故现在采用较多。电除雾器，现在宜采用高效或“双高”型（高速、高效）电除雾器，其效能比一般电除雾器要高 2～2.5 倍。壳体用 PVC 较好，FRP 也可用。阳极材质选用亲水型或导电性 PVC 为最佳，也可采用导电性 FRP 或耐稀酸合金，从使用寿命看，选用导电 PVC 或亲水型导电 PVC 更优。亲水型塑料管又称导电塑料管），它是由专门设备、采用一定规格的石英砂，将转动的 PVC 管内壁打毛，控制毛糙度 24，使粘上的水通过毛细原理迅速扩散均布，形成一层整体水膜而均匀导电。亲水型 PVC 要比普通 PVC 导电能力大百倍以上，导电性近似于水，比导电性 PVC 材料也高很多倍。使用寿命比 FRP 约长三倍以上。阴极线除老的、易粘污物、效能低的 6 角铅线外，新研制出 10 多种高效阴板线，材质有合金和铅合金两大类，以芒刺型和棱角型为佳。

三、净化工序洗涤用稀酸实现“零排放”

30 年前，我国硫酸厂大多采用“水洗净化流程”，每生产 1t 硫酸要排放 8～10t 的污水，极少数采用“酸洗净化流程”的厂家，每生产一吨硫酸也要排放 0.2～0.5t 的酸水(酸浓约在 0.1%～2.0%)。现在，许多硫酸厂特别是年产 10 万吨规模以上的硫酸厂（含硫铁矿制酸厂和冶炼烟气制酸厂），净化工序实现了“零排放”。江苏句容亚中硫酸厂 10 万吨硫铁矿制酸装置，焙烧含硫≥45%的硫精砂，净化用 20%左右的 H_2SO_4 循环酸洗，矿渣铁含量≥60%，全回收卖钢厂。净化稀酸经框板压滤、焦炭过滤等处理后加入干吸工段。一切工业用水经处理循环使用，生产过程中的污水、污酸、污渣长期实现了“零排放”。尾气看不到烟，系统三年一大修。要做到零排放，需严格控制以下 6 点。

(1) 严格控制原料矿的入炉成分含量，要符合生产要求。

(2) 使用好的电除尘器，控制电除尘器出口含尘量要≤0.5g/m³，保证酸洗净化得以实现，使净化工序的稀酸浓度能维持在 5%～20%之间，或更高些。

(3) 净化工序设置足够用的冷却设备和脱吸设备，防止夏季改用“部分水洗”。操作上一定要消灭一些厂夏天将循环泵开大、冬天将泵关小的错误操作，以保证气体净化质量一直处于高效稳定的状态下运行。

(4) 选用高效、适用的沉淀设备，分离出循环稀酸中的固体物，有效控制循环稀酸中的固体物在一定的合适范围。

(5) 采用膜过滤、焦炭粒过滤、砂过滤和框板压滤等手段，分离出从沉淀设备底部排出的稀酸中的“酸泥”，并使稀酸得到净化达到无色透明的要求。符合要求的稀酸，送入干吸工序，代替水加入浓酸中，或补入净化循环稀酸中，滤出的酸泥饼，掺入沸腾炉的焙砂中。

(6) 净化工序排出的稀酸，除含有铁、锌、铜等固体物外，还含有毒害物砷、氟和重金属等，需要经硫化碱、石灰等进行处理，经处理达标后的水再回净化工序循环使用，沉淀物进一步处理后深埋或送给有关提炼厂。

第四节 转化工序

要实现硫酸生产尾气排放中 SO_2 含量从 960mg/m³ 降至 400mg/m³ 或以下，并能年均达标，除要原料、焙烧、净化等工序充分优化保证外，转化工序的设置和操作也是十分重要的一环，当前宜采用以下技术或措施。

(1) 尽可能推广采用“3＋2式”两次转化工艺，有效提高最终转化率，确保尾气排放SO_2含量长期<400mg/m^{3}的标准。如用“3＋1式”两次转化或一次转化工艺的，吸收塔出来的尾气应接尾气SO_2回收塔。硫黄制酸装置采用“3＋1式”两次转化工艺，且进行科学管理的，尾气是达标的可不加SO_2回收设备；若进转化器SO_2浓度>10.0%的，生产初期是达标的，一年后一般是不达标的，仍应加尾气回收设备为妥。硫黄制酸，不管用哪家的催化剂，从生产实际来看都应改用“3＋2”式五段两次转化工艺为佳。“3＋1”式改“3＋2”式，怎么改？一是在转化顶加一段；二是在转化器侧面加一段。有人误认为，五段的温升数太小，甚至是零或负数，没必要。需知转化率每提高1%，温升只有2～3℃，再考虑设备散热，如能测出有温升，说明其作用很大。若进口控制400℃，出口一般应<405℃，否则是不正常的，总转化率后移了，最终转化率达不到99.95%。但各硫酸装置都需考虑开车用的卫生塔，以防开车时污染环境。

尾气SO_2回收的方法较多，应选用无二次污染的为宜，如氨法、柠檬酸法、新型催化剂法、双氧水法、再生胺法、有机胺法（或称离子液法）等。实践告知，我们应树立这样的理念，即硫酸厂的SO_2气体，应千方百计地在转化工序获得99.9%左右的转化率，使排放尾气中SO_2含量能长期稳达400mg/m^{3}以下，不要依赖加尾气回收装置为上。湿法转化的尾气，或排放尾气中含雾量>30mg/m^{3}或要求更低者还需采用尾气电除雾器或纤维除雾器等。

有色冶炼高浓度SO_2烟气或有工业氧焚硫的高浓度SO_2炉气的厂家，可采用两种高浓度SO_2转化技术。一是山东阳谷祥光铜业公司的转化技术（法国转让），即部分热转化气循环技术。该技术采用五段转化器，在三段出口把经过换热后约280℃的转化气，用热风机循环到一段进口的方式，控制一段进口温度在420℃左右，一段出口温度在630℃左右，直接将含SO_2浓度约16%的铜烟气用于制酸。该技术自2007年8月投产运行以来，生产正常，转化率>99.9%，电耗<70kW·h/t酸，平均日产100% H_2SO_4 2200t。二是拜耳技术服务公司2006年开发出的高浓度SO_2转化技术（BAYQIK，即部分炉气预转化吸收技术）。即把SO_2含量18%～21%的部分炉气，经气-气换热器，加热到反应温度，进入管式转化器的管内催化剂层，管外用空气循环冷却和发汽，转化率90%～95%的转化气，经换热器降温后，进入中间吸收塔，然后经接力风机和换热器加热后并入“3＋2”式五段主转化系统，使其主转化器进口SO_2浓度控制在9%～11%的范围。最终总转化率可达99.92%。世界第一套BAYQIK装置于2009年投产，转化气量17000m^3/h，建在德国Stolberg的铅冶炼厂内，到2011年8月，已运行了19000h。实践证明，这两种高浓度转化工艺具有投资省、运行成本低，尾气排放量小，是一种高效、环保、节能的装置，是硫酸工业发展的重要方向之一。

(2) 改进催化剂的填装和适当增加用量。当前，不少硫酸厂对催化剂填装不够科学和填装量不够，对转化率造成明显的不利影响，如三段反应很少、多厂不达4%，一次转化率达不到95%～97%、一般只达90%左右，反应后移较严重等。

① 催化剂填装比例不能各段平均分配。经验和理论计算告诉我们，三段催化剂用量要占总催化剂的35%左右，一段只需18%左右即可、多者无益。若催化剂用量较多[≥350L/(d·t)]时，一段催化剂只需装总量的15%～16%就够了；二段装18%～

20%，四段和五段各15%～18%，余者全部安装在三段。无论国产和进口催化剂都要保证一次转化三段出口转化率达到96%左右，严防SO_2反应后移，而使最终转化率达不到99.9%或以上。

② 催化剂填装高度宜800～1000mm高，每层下部和上部都要均匀地铺一层80～100mm厚的耐火球或鹅卵石（直径ϕ25mm左右），以多孔耐火球为佳。

③ 一段催化剂层上部即三分之一左右装低温催化剂，两种催化剂间用6mm方孔合金网隔垫，最后一段全装低温催化剂，其他各段装S101或S102即可，填装环状催化剂或大梅花型催化剂，其填装体积要相应增大10%～30%。有条件的厂，低温段和一段上部装200mm左右的铯催化剂。我国催化剂厂较多，要注意选用高性能、耐用、不粉化、不结块等的优质催化剂，如开封催化剂厂生产的三丰牌KS-ZW型催化剂等。

历史和现实，都一直证明采用"3+2"式两次转化工艺，只要一次转化率不后移，达到96%左右（这数字是几十年证明了的），再经二次两段转化，最终转化率≥99.92%是没有问题的，尾气排放SO_2含量优于新国标，达300mg/m^{3}左右是不困难的，还可超低排放。

江苏庆峰集团射阳硫能试验厂12万吨/年硫黄制酸装置的"3+2式"两次五段转化器，全部采用开封催化剂，一段上部和五段装的低温S108型催化剂，其他各段装的S101和S102型催化剂，操作上一段进口控制在405℃±2℃，五段进口控制在392℃±2℃，尾气中SO_2含量长期在250mg/m^{3}左右，经专家多次抽查，证明自动连续分析的数字是准确的。广西桂南化工公司20万吨/年硫黄制酸装置的"3+2"式转化器，由江苏庆峰集团承建，采用某家催化剂，投产尾气SO_2含量较高。2012年他们经多方调研，11月全改换成开封KS-ZW型催化剂（微波干燥、中频煅烧的）开车后转化率一直≥99.95%，尾气排放SO_2≤170mg/m^3，比进口催化剂好了不少。句容亚中公司10万吨/年矿制酸装置的"3+2"式五段两次转化器，2012年进行了大修改造，买了23吨开封三丰牌KS-ZW型催化剂，与原有过筛的老催化剂，重新调整各段的填装比例和型号，改变安装方法等，开车后转化率比原来提高了2%左右，排放尾气SO_2含量在280mg/m^{3}左右，优于新国家标准400mg/m^{3}的要求。实践反复证明国产的优质催化剂是完全可以保证达到新国标要求的。

④ 适当增加催化剂用量，尾气排放SO_2含量从960mg/m^{3}降到400mg/m^3，从5个新建厂和对4个老厂改造的经验看，需增加催化剂20%左右比较适当，可使总转化率≥99.92%，尾气SO_2含量≤320mg/m^3（"3+2"式五段）。降低尾气中SO含量，相应增加催化剂用量，延伸反应时间是必然的，用动力学方程式可算出的实践验证是正确的。

⑤ 催化剂填装和上下盖垫层耐火球等都要十分小心，从里向外装，工作人员决不可脚踏催化剂，双脚要站在铺垫的木板上工作，最后近人门口处，工作人员要站在洞口外向里装催化剂和平整催化剂，装填催化剂过程中一定要注意轻运、轻倒和用木板条刮平。

⑥ 催化剂填装经过验收合格后，更换较大块木垫板（厚度≤15mm、长度1000～1500mm、宽度400mm左右）数块，从里向外，工作人员半卧状躺在木板上，通过接力传递，最后完成催化剂层面上的耐火球铺装。

实践证明，不按科学方法填装催化剂，就会造成同一水平层温差偏大、阻力上升快、催化剂“吹堆”或“漏洞”阻力突降、转化率低下等。

(3) 改进转化器结构和制造质量。重点是改善气体分布、各部位热位移充分自由，方便检修和合理用材、提高制造质量。

① 各段气体进口，要加可调节的气体分布器，使催化剂层同一截面温差≤3℃。

② 转化系统各设备部位设计要科学，技术细节要做到位，制造安装要高质量。各段气体进出口管道，要通过膨胀节再与转化器焊接；转化器各层隔板和催化剂各层托箅要分别做膨胀节；转化器底（含各换热器底）要坐落在数块可滑动的“滑块”上，并需内衬保温砖或耐火砖；转化工序的管道，都要按计算要求设置膨胀节（管道弯头不代替膨胀节）等，保证转化器和转化工序的设备都处于热位移充分自由的状态。管道支架下部要加弹簧坐垫。

③ 转化器各段空间，要适当增高，使人的工作空间能有1.2m以上高，气体进口管道的下沿离催化剂层顶面要有300～400mm高，气体出口管道的上沿离催化剂层托箅要有200～300mm高，三段催化剂层高度要比其他段高500mm左右（要改变老的一样高的设计），换热器（带有花板或管壳式的）尽可能不放在转化器内部，方便检修，提高布气的均匀性。

④ 转化器和转化工序的设备（ϕ400mm以上管线）都实施X形坡口双面焊接。转化器顶盖和一段、二段出口的管道应采用304号不锈钢制作，转化器器身采用A_3钢板制作内衬耐火砖为宜[不提倡用不锈钢，若用也要内衬耐火砖，否则焊缝会开裂（漏气），制作安装好后，需做全工序的气密性试验]。

(4) 采用低阻力、高效、防腐耐用型换热器。转化用换热器一般需4～6台，新老换热器差别很大，要选择管内外阻力之和≤140mmH_2O、总传热系数在30～35W/(m^2·K)、高温SO_2接触区进行渗铝或喷铝处理的、低温SO_3接触区用耐酸合金的、制造后经热处理的、使用寿命≥30年的换热器。尽量不用冷压型的缩放管（因寿命太短，一般只有八年左右）。换热管与花板结合，最好采用高精密度胀接，采用焊接法要先胀后焊，焊接要求采用交叉两道焊，不得单道堆焊。

每台换热器设置的副线，副线流速以5～8m/s设计为宜，调节用气量占换热器总通气量的25%左右，阀门采用“三偏心”式合金蝶阀为佳。各换热器结构、换热面及副线大小的设计要科学合理，要确保各催化剂层的进口温度升降调节自如。要改变目前有一些厂转化温度不能调节控制的问题。

(5) 转化器一、四段进口或一、三段进口分别设置开工电炉，升温气量改大达60%左右。保证硫酸系统开车一通气（通SO_2）沸腾炉不冒烟、至少有三层催化剂起反应，转化率就达到95%左右，改变老的开车污染状况。开车正常后，即可把两台电炉停下，转化工序靠“自热”维持各点的温度，并有余热可用。约每生产1t硫酸可发0.3～0.6t的蒸汽，当前宜采用热管省煤器和过热器回收此部分热量（一段出口一般装过热器，五换或四换、三换出口装省煤器）。

(6) 转化SO_2鼓风机，一般宜选用耐酸合金制的叶轮、全压头3000～3500mmH_2O的离心式鼓风机，少数厂家或海拔高度在2000m以上地区的工厂，可选用压头在4000mmH_2O左右的罗茨式风机或离心风机。转化鼓风机安装位置要距转化器和换热器8m以上较宜。老厂技术改造和新建厂，都要十分注意降低全装置设备的阻力。据统计测算，硫酸全系统阻力每降低100mmH_2O，每生产1t硫酸可节电3～4kW·h。鼓风机进、出口管道要做好消音和防共振的设计。硫黄制酸的鼓风机宜装在干燥塔后，便于提高热能利用率和车间的清洁生产。鼓风机和酸泵都要装上变频器，经验告知，全车间各运转设备都装上变频器一般可省电20%左右。鼓风机安装地距转化器、换热器要>8m，防止转化阻力长期微震造成上升过快和换热器断管。

(7) 转化系统保温采用绝热性能高、与器面弧度一致的瓦块型、错缝2~4层、分区域、外包可拆装不锈钢、厚度0.05~0.3mm的型板。不要用纤维状和铝皮的保温层，方便检修和外观美。外保温坏了或开裂要即时修补好，否则除不美观外，更重要的遇寒风或下大雨时焊缝易开裂漏气。

第五节 干吸工序

近40年来，干吸工段技术进步大的有：多点分酸器，耐用液下浓硫酸泵和浓硫酸冷却设备，合金阀门和管线，塔结构和填料，合金塔槽，余热回收利用等。

(1) 采用上向管式分酸器和带酸封的槽管式分酸器，解决尾气烟囱冒烟和带酸问题。20世纪80年代前，行业常用“溢流槽挂钩式分酸器”，每平方米上只有11个分酸点，塔的填料高度5.5~6.0m，想尽办法仍解决不了尾气烟囱冒烟问题。后改用“下喷管式分酸器”，用2~3个月后，因孔眼堵塞，虽每平方米有27个分酸点，但仍发生冒烟和带酸现象。20世纪90年代初期，将管式分酸器改成上喷，即为“上向管式分酸器”，布酸点仍为每平方米27个，彻底解决了尾气冒烟和带酸问题，塔的填料高度降低到4m左右。管式分酸器材质，初始用普通灰铸铁，后改用耐酸铸铁（含Cr0.8%），现今多用LSB-1或LSB-2的铸铁合金，使用寿命一般在5年以上。

20世纪90年代中期，采用耐酸合金制造的每平方米有40个布酸点的槽管式分酸器，塔的填料（异鞍环或矩鞍环）高度降低到2.5m左右。解决了烟囱冒白烟问题，但有带酸现象，后改为液封槽管分酸器。为延长其使用寿命，现今有用DS-1高硅合金制造，或用316L合金制造再加以阳极保护。酸温≤55℃槽管式分酸器就可以用316L合金制造，不需加以阳极保护。

尾气带酸另一个主因是填料装填的方式、方法不当。根据硫酸在塔内会向周边塔壁集聚和气体会走酸量少的填料空间穿过的两大规律和尾气带酸机理，装瓷环一定要采用本书第四篇第二章第四节第三条“填料及附件安装”中所述的科学方法，绝不可随意乱倒和踩踏等。这样填装填料的塔和优秀分酸设备（硫酸均匀溢至填料）的组合，实践反复证明，塔运行的阻力低（一般<130mmH_2O），尾气也不会带酸和冒烟，吸收率≥99.99%。

(2) 需用低压蒸汽（或有出路）的厂，应采用低温余热回收（DWRHS）技术。回收干吸工序的低温位热（SO_3吸收热、硫酸稀释热），每生产1t硫酸可同时产0.5~1.0MPa饱和蒸汽0.45~0.5t。根据条件，回收此部分热，可分以下两步走。

① 利用现有管壳式或板式浓酸冷却器，改用或部分改用脱盐水来循环，使脱盐水加热后送入锅炉系统。若只改一吸浓酸冷却器为脱盐水加热器，每生产1t硫酸可多产低压蒸汽0.2t左右。或在一吸塔前增设省煤器等，每吨酸也可多发低压汽0.2t左右。

② 在现有一吸塔前增设一套高温吸收发汽系统。20世纪末，我国大连旅顺化工设备配件厂已成功研制出SD-1~3耐高温浓硫酸腐蚀的合金材料和耐高温浓硫酸腐蚀的

液下泵，经实际生产考验，在温度 180～220℃、H_2SO_4 浓度在 98.5%～99.9%时，使用效果非常满意（年腐蚀速度约 0.063mm/a）。故，当今已具备回收干吸工序低温位热的条件，一年左右可回收全部投资。具体做法是在原一吸塔的旁边，加一套高温吸收发汽系统，在进一吸塔的气体管道上接出一根旁路，把转化气引入高温吸收塔，经吸收后再回到原一吸塔，操作控制通过三个切换蝶阀来完成。其具体工艺流程如图 5-3-7 所示。新建硫酸厂，为节省投资可把高温吸收塔、一吸塔建为一体，但从减少对生产影响因素和方便维修来看，两塔分开设置也有其突出优点。在设计上主要注意混酸器设计，水宜用压缩空气将其雾化后加入，防止不均匀、震动或爆炸，操作上要尽量少停车（孟莫克要求开车率 100%），酸温、酸浓、酸量、水量控制仪表要安全可靠并自调。

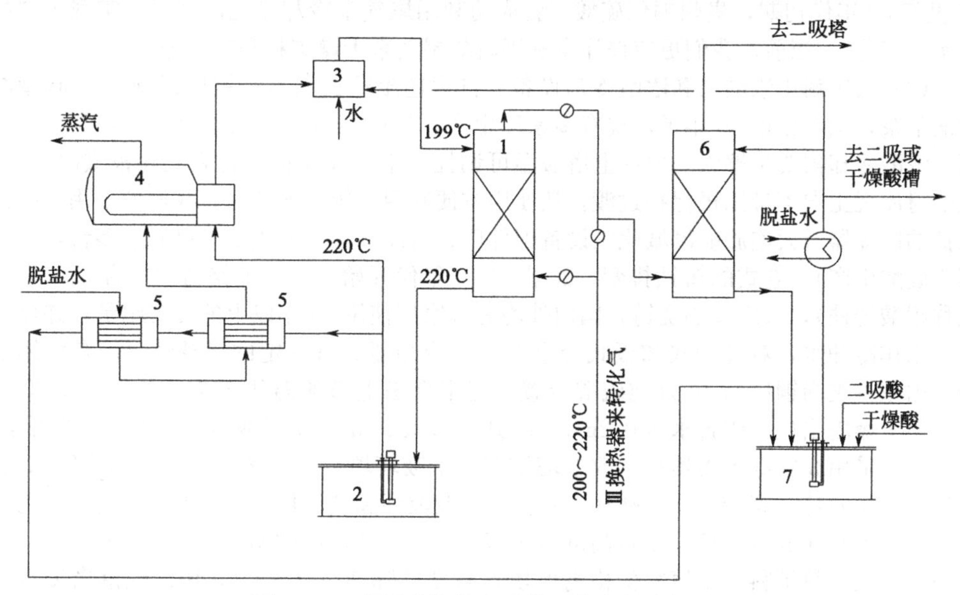

图 5-3-7　高温吸收发汽系统工艺流程示意图

1—高温吸收塔；2—高温酸循环槽；3—混酸器；4—低压锅炉；5—脱盐水加热器；6—原一吸塔；7—原一吸循环槽

干吸低温热回收技术简称 HRS，自 1987 年韩国南海化工公司世界首套 HRS 装置正式生产运行以来，已有 30 多年历史，至今世界上有约 200 套装置在生产，吨酸产 500～1000kPa 蒸汽 0.5t 左右。我国自 20 世纪 90 年代中期开始到目前已建有 100 套左右，多数运行较好；少数（约 30%）不能正常运行，还明显影响生产，个别厂开车不到两个月即坏，被一些人视为“祸害”“洪水猛兽”。查究原因主要有以下六个方面：

a. 设计不精当。尤其是混酸器最为突出，酸水混合不好，酸浓不匀。现多改为用压缩空气雾化水或机械雾化加入等。

b. 投机。以次充好，用非适用合金代替 SX 或 SD-1 高价合金来制造设备，导致设备性能不佳。

c. 酸水混合自控系统未过关，手工操作失误，违背酸水混合的基本常识。

d. 制造质量低劣。某些厂家为降低成本，选择外行厂来制造安装，从而造成开车就坏。

e. 硫酸系统运行不平稳，开停车次数频繁。引起酸浓变化大、误操作概率大。发明该项技术的孟山都公司要求开车率100%或接近此范围。

f. 为多赚钱垄断技术。设计单位不提供图纸资料、不提供操作规程、不介绍培训单位和授课，派出开车人员也不传全部操作技术，再加上企业间严格保密等，造成了许多不应有的损失。更重要的是影响了该技术迅速完善和发展。

以上情况，目前已有较大改进，实践证明需用低压蒸汽的厂和生产稳定的厂，应积极上此装置，既回收了能源又有较好的收益。反之，决不可上或投入运行。

作为一切能量应得到充分利用和可能性来考虑，二吸塔烟囱每生产一吨硫酸要排出约 2300m^3（或 2800m^3、4300m^3）、温度 50℃左右的干燥尾气，其可用能量是可观的。20 世纪 80 年代初期，贵州铜仁硫酸厂就成功利用尾气来冷却净化洗涤水，实现了“封闭水洗工艺”。当前，我们更应该注意利用硫酸尾气来干燥矿料和冷却等。

（3）采用耐用浓酸泵和浓酸冷却设备。自大连旅顺长城不锈钢厂试制出 LSB 型浓酸液下泵，至今已近 30 年了，现有多家厂生产，使用寿命一般在 5 年左右，应推广使用。浓酸冷却器要足够大，保证上塔酸温可调控。带阳极保护的管壳式和板式冷却器，改变材质现正向不带阳极保护过渡，从使用方便和耐用等方面考虑，我们应采用无阳极保护的冷却器（大连旅顺滨城化工设备配件厂、浙江宣达实业集团等已制造多台，成功用于硫酸生产）。老式的铸铁排管，20 世纪 70 年代开始，改用低铬铸铁（含 Cr0.8%，又称耐酸铸铁），采用离心浇铸，国内外均有多家厂使用 35 年以上的历史纪录，并可使用海水作冷却水，对管壳式和板式合金的浓酸冷却器具有一定的优越性，仍有使用价值。内蒙古飞尚铜厂的 40 万吨硫酸装置，把干燥塔上塔酸温从 50℃左右降到 35℃左右，使干燥塔出口气体含水从 0.2g/m^3 降到了 0.03g/m^3，尾气烟囱消除了冒白烟现象。

（4）采用高效低阻力填料、改进塔结构。干吸塔填料，自 20 世纪 70 年代后期始，经历了由拉西环→螺旋环→矩鞍环、异鞍环→波浪环和波浪规整填料的发展阶段。老厂改造，把填料换成波浪环，填料高度可下降 5%～10%，塔的阻力可降低 10%～20%。若换成波浪规整填料，虽填料价格高但填料高度可降 20%～30%，塔的喷淋密度可从 22～24m^3/(m^2·h) 降低到 16～18m^3/(m^2·h)，塔的阻力可降低 30%～40%，效果巨大。但近 20 年来，有一些单位在填料装填时不按科学要求实施，使塔阻力比常规高出 2～4 倍，达 300～600mmH_2O 或更高，甚至导致系统无法开车。生产中不时产生“吊酸”或“酸封”现象，有时还有气体从循环槽顶盖喷出并伴有震动声，干燥塔小瓷环抽入鼓风机等，教训深刻。在实施填料安装时，一定要将填料清洗干净，捡出破碎填料，用专用“漏铲”和硬质定形的容器装吊，轻放拖倒，按层堆放摊平（每隔两层要从塔壁边倒一层）或排列，且将碎填料带出塔外。施工中工作人员要站在木板上，切勿直接踩踏填料，全程工作要有专职质检员负责督促检查，做到尽量减少或消除因施工不当造成填料塔阻力偏大的现象。现在运行的厂，不按科学要求填装填料的比科学填装的，其阻力普遍偏高 15%左右，损失巨大。

填料包装一定用坚固容器（禁止用编织袋），轻取轻放；装入小塔人内不好工作时，要将塔先灌满水、再缓慢倒入，估计高度达 500mm 左右时，用竹杆或木杆伸入塔内搅平。2001 年内蒙古曾有一座 12 万吨/年的硫酸厂，填料高 5m，喷淋密度 20m^3/(m^2·h)，开车后阻力达 500mmH_2O，产量上不去，返工。由生产副厂长入塔带队重新安装填料，塔阻力降低到 135mmH_2O，产量达标，吨酸电耗降低 40kW·h 左右，年节省 240 多万元，节约的费用7年不到就可再建一个新厂。

干吸塔原本高大，易漏酸，又无法妥善检修。20年前，有了高硅奥式体不锈钢DS-1（含镍16%～20%，硅5.5%～6.5%等），大连旅顺滨城化工设备配件厂（或永新耐酸泵厂）应用自己研制出来的DS-1～3材料，为甘肃金川、山西太原等硫酸厂制造了88台干吸塔，填料支撑采用DS-1栅条（开孔率>80%），塔下部设循环槽和泵槽，使塔体积变小并易于检修。近年他们为大连博尔公司又设计了全新的三台干吸塔（见2010年第十八届磷肥硫酸行业年会资料汇编之二《低碳干吸系统探讨—永新耐酸泵厂邱德良》），结构更加合理，根治了原钢板衬瓷砖的干吸塔和循环槽会漏酸又无法根治的老毛病。

（5）改进浓酸系统管线、阀门、垫片的材质，减少硫酸生产的停车事故，保证产品酸质量。干吸工序的酸管线和阀门多由低铬铸铁和普通铸铁制造，不时出现爆裂和砂孔，阀门还经常出现内漏（称“关不死”），使用寿命短，导致增加全装置停车的次数。有的厂改用阳极保护不锈钢管，虽能安全运转，但管理不方便。现在，应在塔出口等处，酸温≥80℃的高温部位，采用DS-1卷制的不锈钢管，或采用LSB-2的合金铸管；酸温≤80℃的低温部位，采用LSB-2合金铸管或用1Cr18Ni9Ti（普通合金）的卷制管。1Cr18Ni9Ti合金用于发烟硫酸生产和贮存运输，是一种较佳的材料，比其它合金耐腐蚀，而且价格相对较低。

干吸工序用的阀门，现在多为耐酸铸铁制造的直角阀、截止阀、闸板阀、蝶阀等，少数用合金制造或衬氟塑料阀门。易产生“跑、冒、滴、漏”，使用寿命短，现在应采用“三偏心硬密封”蝶阀，优点为：无摩擦转动，有扭矩产生、强性密封，楔形确保密封面接触均匀。主要用DS-2和合金球墨铸铁来制造，阀杆密封采用氟橡胶O形密封圈，填料采用氟塑料绳，不易坏，不容易产生内漏，操作、修理方便。

生产特质酸（电子酸、试剂酸、医药酸、食品酸、电池酸等）一般采用直接吸收和蒸发冷凝法，以吸收法较多。吸收法，一是要使用高净化度SO_3气体（可用发烟硫酸蒸发，SO_2气净化要干净等）；二是所使用的管线、阀门、泵等需用“对号”的合金；三是加水要用脱盐水或超纯水；四是槽、桶均需内衬瓷砖或DX-1不锈钢；五是要脱除SO_2；六是储存、包装、转运要做到保质，采用最佳的防腐容器。工业硫酸也要用保质型大储桶等保证出厂酸质量与系统产出的酸一样，改变当今一些厂硫酸出厂质量有明显下降现象。若发生此现象，可加些双氧水和用6～15mm小块冶金焦炭过滤器加以去除，使之达到优等品标准。硫酸不宜久存，要对口速用较好。

（6）有内衬的塔、槽、桶的进出口酸管或气-液塔接头，都需加短节耐腐蚀内套管。套管与壳间，内衬物间，用F4耐酸胶泥绳缠绕严实，必要时在套管处外壳短节上开口灌满耐酸胶泥，干后再封盖焊死。严防经一阶段后被腐蚀漏酸、漏气。

（7）尾气烟囱改用耐腐材料制作。从二吸塔顶排放尾气的烟囱，过去和现在多用A_3钢制作，腐蚀的酸泥落在除沫层上，使其阻力增大，且难清理；烟囱口腐蚀破损，有的厂甚至连避雷针都腐蚀损坏；烟囱外壁常挂灰白色酸泥，看上去很不美观。现今，应改用1Cr18Ni9Ti合金或玻璃钢来制作为宜，多家硫酸厂实践证明，同高度同直径烟囱，因本体轻，又不需要钢架，其造价不比A3钢烟囱高多少，使用寿命可延长一倍以上。

（8）循环酸槽分开设置并内衬DS-1或用DS-1制作为宜。或用A3钢衬瓷砖间喷注一层10mm厚的耐酸胶泥的槽、塔为妥。硫黄制酸宜从干燥酸槽或二吸酸槽产成品酸，硫铁矿和冶炼烟气制酸宜从二吸酸槽产酸，否则成品酸产出需加吹出 SO_2 和回收装置。从塔出口产酸也是一种办法。加水，宜从一吸酸槽或二吸酸槽加入。串酸，硫黄制酸宜：一吸塔和干燥塔对串、干燥塔和二吸塔对串。硫铁矿制酸等宜：干燥塔和一吸塔对串等。主要原则：一是，尽量减少排放尾气中的 SO_2 含量；二是，尽量减少产出成品酸中的 SO_2 含量；三是，尽量减小各循环酸槽之间的串酸量。若内衬 DS-1，干吸塔又是用 DS-1 制作或内衬，各循环槽可以设置在塔的下部（即塔槽连体），否则一定要单独设置，但近期国内外均有做普通衬瓷砖的塔槽连体的，这种做法存在很多问题，应尽量不用。

(9) 从源头做好各技术细节消除尾气带酸。尾气带酸，自 20 世纪 70 年代中期后，许多厂相继发生，现今已成为企业棘手问题之一。在这之前，尾气烟囱一般只会冒白烟，但很少有带酸现象。带酸严重的厂，似“下毛毛雨”“飞雪花”、烟囱口有灰白酸泥下流，工作服有无数孔眼或斑点、房顶设备顶腐蚀变色等。带酸轻的厂，站在烟囱周边 100m 左右的范围内，脸会发痒或发烫，这现象人们有习惯称“飞酸”“烟羽”等。尾气带酸一旦形成，是很难用辅助措施彻底解决的。

① 尾气带酸机理与具体原因

a. 尾气带酸机理。简述之，是硫酸层膜被气流或固体物所撕破，小酸粒进入气相中，随气流“飞走”所致。运动过程中酸粒数和粒径都在不停地变化，有的酸粒凝并变大重新进入硫酸液中，有的酸粒变得更细小，达微米级、纳米级，在烟囱出口前仍不能进入液相硫酸中，随气流冲出烟囱外，即形成尾气带酸。因硫酸膜被撕破程度、部位和气流运动状况等不尽相同，故许多厂尾气带酸情况就有轻重之分和不同表象。

b. 产生尾气带酸的具体原因

(a) 分酸器下酸管口处未液封或失效，“串气”带酸。上向型管式分酸器，出酸口处的硫酸是直接溢入瓷环中，没有硫酸直接冲撞瓷环溅酸现象，故无“串气”带酸。

(b) 分酸器分酸口或分酸管堵塞，布酸不均匀尾气带酸。

(c) 填料安装不科学，违背塔内气体和硫酸，两大流体的运动规律，塔内气、液分布不均匀，形成塔内多个局部液泛区引起尾气带酸并使塔阻力增高。

(d) 进塔酸管、法兰、分酸器等泄漏，分酸设备制造安装质量差等也会使尾气带酸。

(e) 塔内平均气速 $\geqslant 1.5m/s$，喷淋密度 $\geqslant 30m^3/(m^2 \cdot h)$ 或 $< 12m^3/(m^2 \cdot h)$，也易引起尾气带酸等。

② 消除尾气带酸的科学方法和辅助措施

a. 究其原因，采取针对性措施，就可收到奇效。如安装填料要按照第四篇第二章第四节所介绍的科学方法等等。根据笔者多年、多次帮助过许多厂解决尾气带酸问题的实践经验，和很多厂的经验，只要把各技术细节做到位，坚信尾气带酸是不会发生的。

b. 为适应环保高要求、工作不到位和临时出事故等情况，在干吸塔后分别增设素瓷过滤器、焦炭过滤器、金属丝网、纤维除雾器、电除雾器等还是必要的。但不是解决尾气带酸的主攻方向。

第六节 电器、节能计算

一、电器

1. 硫酸生产节电降耗的主要方面

硫酸生产的消耗一般主要分三个方面：一是物耗，即硫化矿、硫黄、冶炼烟气、石膏等及辅助原材料；二是电、水、汽（气）；三是用人，即直接操作人员、维修人员、技术人员和后勤经营管理人员。第一、二方面，实质是属能耗。硫酸技术改造，就是要在尽量减少用人的情况下，科学地提高各设备的做功效率，即提高能量利用率（含能量回收率），变废为宝、实现循环经济。达到节能降耗的新国家标准的各项要求，或做得更优。

2. 硫酸生产用电器设备耗损的主要点

硫酸工作者皆知，电耗是构成硫酸成本的主要因素之一，是生产主要控制指标。当前，硫酸电器设备主要耗损有三点：一是，普遍存在的“大马拉小车”，能源浪费严重；二是，电器设备普遍的“老、陈、旧”，能效比不高，自身耗电大；三是，负荷变动普遍采用调节阀门改变管路特性来达到的，对节能而言是非常不经济的。

3. 运转设备加配变频器

硫酸生产要想迅速改变上述状况，除在有计划的技术改造中或在新的设计中，采用匹配的新型高效能电器（含照明、开关、变压器、整流器、电动机、发电机等）外，当前易行、可靠、有效的办法，是在各运转设备上加配变频器。多次实践证明加配变频器节电效果很明显，一般达20%左右；加配变频器的投资，一年内即可从节约的电费中回收；并可提高设备运转的安全性和自动性等。

(1) 变频器工作原理

变频器调速技术是20世纪90年代发展起来的，现已很成熟。它是集电力、电子、微电子、通信、自动控制等技术于一体的高科技技术，以其节电、节能、可靠、易行、高效的特性，广泛应用到控制行业的各个领域中。在电机带动机械设备运行中，机械设备的负荷往往变化较大，而动力源电动机的转速却不变，也就是输出功率的变化不能随负荷的变化而变化，这实际上就出现了人们常说的一种隐形的“大马拉小车”现象（一般指的是电机配的大、机械设备配的小，或电机、机械设备都配的大而用于生产能力小的系统中的现象），严重浪费能源。

常用于工业中的变频器，有低、中、高压工控变频之分（<1000V和1～10kV）。把工频电源（50Hz）交流电变成任意频率、任意电压的逆变装置称为变频器（电子技术将交流变成直流称顺变或称整流，通称整流器，将直流变为频率可调的交流电流称逆变）。从电路结构上分为“交—直—交”和“交—交”变频器。从交流电机电源电压的控制方法上分为“电流型”和“电压型”两种变频器。改变变频器的输出电压或电流，一般采用PAM脉冲幅值调制控制和PWM脉冲宽度调制控制，工业上多采用后者。

(2) 变频器调速的主要优点和注意事项

变频器的主要优点有：

① 加配变频器简单易行，不要改动原有电机和机械设备，所有传动设备都可配装。

② 实现无级变速运行，减少机械设备和电动机的机械冲击，延长设备的使用寿命，减少设备维修量，减少劳动量。

③ 变频器使设备做到软启动、软停的状态，有效避免了启动时电流突增对电网的不良冲击，减小了大容量电动机启动对电源容量的过大要求，减少了线路耗损。

④ 变频器使设备免受电源频率、电压、电流波动的影响，可以开环、闭环手动/自动控制。出率稳定，生产系统波动小，白天和黑夜产酸量一致。

⑤ 低速时，定转矩输出、低速过载能力平稳；电动机的功率因素随转速增高、功率增大而提高，使用效果好。

（3）变频器虽好，但在设计、安装和使用上仍需注意如下三点：

① 要选购有5年以上设计、研究、制造、安装经验的厂家生产的质优价廉的名牌工控变频器，并要签订一年以上的质保期。

② 一定要按安装、使用、维护说明书办理，不得任意改动，防止波型脉冲、电磁辐射、高次谐波、电噪声及传导干扰等，保护设备。

③ 注意设置设备的最低转速，不要频繁地对变频器进行操作，以防烧坏电机和变频器。

二、硫酸生产节能计算

1. 硫酸单位产品综合能耗

硫酸单位产品能耗新国标的规定如下：

$$e=\frac{E}{M} \tag{5-3-1}$$

式中 e——硫酸单位产品综合能耗，kgce/t；

E——硫酸综合能耗，kgce，等于各种输入能量减去各种输出能量；

M——报告期内硫酸产量，t；

其中：

$$E=\sum_{i=1}^{n}(E_i\times k_i)-\sum_{j=1}^{m}(E_j\times k_j) \tag{5-3-2}$$

式中 E_i——硫酸生产过程中输入的第 i 种能源实物量；

k_i——输入的第 i 种能源的折标准煤系数；

n——输入的能源种类数量；

m——输出的能源种类数量；

E_j——硫酸生产过程中输出的第 j 种能源实物量；

k_j——输出的第 j 种能源的折标准煤系数；

$$M=\sum_{r=1}^{n}N_i r_i \tag{5-3-3}$$

式中 M——报告期内硫酸产量，t；

N_i——报告期内生产的第 i 批硫酸的合格实物量，t；

r_i——报告期内生产的第 i 批硫酸的浓度，%；

n——报告期内生产硫酸批次的数量。

2. 硫酸单位产品耗电（电耗）

系指报告期内硫酸产品生产的耗电总量（不包括硫酸企业自己的发电量）与同期内

硫酸产量之比。

即：
$$D_H=\frac{D_Z}{M} \tag{5-3-4}$$

式中　D_H——报告期内吨酸耗电量，kW·h/t；

D_Z——报告期内硫酸生产耗电总量，kW·h。

硫酸耗电总量包括硫酸生产系统和辅助、附属生产系统、贮运系统的消耗和损失的电量，也包括生产系统中的事故检修、计划中小修和年度大修耗电，不包括基建、技改项目用电和生活用电（生活用能是指企业系统内的宿舍、学校、文化娱乐、医疗保健、商业服务和托儿幼教等方面用能）。以电表计量为准。具体的就是在报告期内硫酸生产中，鼓风机、泵、电尘、电雾等所消耗的电量。

3. 蒸汽的热力计算

（1）饱和蒸汽焓值

① 压力 1～1.25kgf/cm^2，温度 127℃以下，每千克蒸汽的热焓按 620kcal 或 2593kJ 计算。

② 压力 3～7kgf/cm^2，温度 135～165℃，每千克蒸汽的热焓按 630kcal 或 2634kJ 计算。

③ 压力 8kgf/cm^2，温度 170℃以上，每千克蒸汽的热焓按 640kcal 或 2676kJ 计算。

（2）过热蒸汽焓值　压力 150kgf/cm^2。

① 200℃以下，每千克蒸汽的热焓按 650kcal 或 2718kJ 计算。

② 220～260℃，每千克蒸汽的热焓按 680kcal 或 2843kJ 计算。

③ 280～320℃，每千克蒸汽的热焓按 700kcal 或 2927kJ 计算。

④ 350～500℃，每千克蒸汽的热焓按 750kcal 或 3136kJ 计算。

根据确定的热焓，乘以蒸汽的产量，所得值即为蒸汽热力的量。用该热力量除以标煤的发热量 7000kcal/kJ，即得到蒸汽的折标煤量。

硫酸装置生产蒸汽折算标准煤采用等价值而不是当量值，对于硫酸装置产生的中压蒸汽，折算系数为 0.1339。即用中压蒸汽的热焓 3136kJ（750kcal）/kg 除以标煤的发热量 29270kJ（7000kcal）/kg，再除以产蒸汽锅炉的效率（效率按 0.8 计），即得到中压蒸汽的折标系数。

4. 硫酸生产常用能源折算成标煤的折标系数（表 5-3-1）

表 5-3-1　能源折成标煤的折标系数

能源名称	平均低位发热量	折标准煤系数
焦炭	28435kJ/kg(6800kcal/kg)	0.9714kgce/kg
重油	41816kJ/kg(10000kcal/kg)	1.4586kgce/kg
燃料油	41816kJ/kg(10000kcal/kg)	1.4286kgce/kg
汽油	43070kJ/kg(10300kcal/kg)	1.4714kgce/kg
煤油	43070kJ/kg(10300kcal/kg)	1.4714kgce/kg
柴油	42652kJ/kg(10200kcal/kg)	1.1451kgce/kg
油田天然气	38931kJ/m^3(9130kcal/m^3)	1.3300kgce/m^3

续表

能源名称	平均低位发热量	折标准煤系数
气田天然气	35544kJ/m^3(8500kcal/m^3)	1.2143kgce/m^3
电力(当量值)	3600kJ(kW·h)[860kcal/(kW·h)]	0.1229kgce/(kW·h)

注：ce表示标准煤，kgce表示千克标准煤。

5. 硫酸生产技术经济指标核算

硫酸生产各项技术经济指标的核算办法和实例，请见《硫酸工作手册》第717～724页所示，或请见《硫酸生产技术》第759～767页所示，在作具体计算时，需将有关的动态参数更换。此核算办法，是当时化工部为求全国同行业有一个统一的可比基础，化工部以（81）化计统字第51号、（81）化肥司字第26号文下达的，《硫酸技术经济指标核算办法》现在各硫酸厂仍在执行中。

关于大气和水的硫酸工业污染物浓度测定和计算方法，请见GB 26132—2010《硫酸工业污染物排放标准》中的统一规定执行。

第七节 尾气回收或处理

一、硫酸尾气处理的思路

尾气处理方法较多，特别是近25年来，在世界范围内都需对电厂烟气进行治理等，故出现了许多新的方法。硫酸行业对尾气进行处理，始于20世纪50年代中期，当时转化工艺全是“一转一吸”，出于经济方面的考虑，南化、铜冶等厂先后增设了尾气回收装置（一段氨法、二段氨法等），折成转化率一般在99.8%以上，尾气SO_2含量多在380mg/m^3以下。

到20世纪60年代中期后，德国巴斯夫公司发明的“3+1”式两转两吸新工艺兴起，转化率一般达99.0%左右，尾气回收自此被淡化，南化等一些厂先后拆掉了尾气回收装置，将转化改成两转两吸新工艺。到20世纪90年代初期，“3+2”式两转两吸工艺由扬州庆松化工设备厂在洛阳符家屯硫酸厂开发成功，转化率进一步提高，一般达99.9%左右，排放尾气SO_2含量降到了400mg/m^3以下。随着环保水平要求的提高，自20世纪90年代中期后，“3+2”式两转两吸新工艺得到了迅速的推广。

因此，硫酸行业对尾气中SO_2的净化消除，长期以来形成了要尽可能地放在转化工序给予解决、并使达标排放，避免再进行尾气处理的思路。现在看，这个思路，从各方面来衡量，还是正确的，应该坚持下去。但现实中，有许多采用“3+1”式工艺的硫酸装置，特别是大型的硫黄制酸厂，尾气排放SO_2含量一般在500mg/m^3左右，是不达新国标的。当前最容易解决的办法有两个：一是将一次转化率从目前的88%～90%提高到96%左右，办法是增加三段催化剂装填比例达35%左右，这样“3+1”式转化的总转化率也能达99.9%左右，尾气排放SO_2含量也会小于400mg/m^3而达新国标。二是将转化“3+1”式工艺改为“3+2”式为好，既节省投资又操作很简单。不过有些厂因种种原因无法做到这两点，只能被迫进行尾气处理而使之达标。行业上的习惯区分，一般把只消除其危害性的称作“尾气处理”，把既能消除其危害、又有收益的称作

"尾气回收"。一般而言，应当争取做成"尾气回收"这样的工程。

二、选用尾气处理方法必须把握的原则

(1) 绝对不能留下或造成二次污染。如石灰石法、石灰乳法、空气稀释法等，都会形成二次污染或将污染物移至他地。

(2) 采用的方法可操作性要强。即要操作简单、又要连续，才可做到持续性运行，否则会形成摆式。如活性碳法、分子筛法等，要间断再生、操作麻烦等，难以长期坚持使用。

(3) 投资要小、运行和维护费用要低，不但要有社会效益，而且还要有经济效益，使企业有长期使用的积极性。

(4) 方法本身效率要高、适用范围要宽。企业在生产中往往因原料改变、设备损坏、操作失误及开停车等，造成尾气中 SO_2 含量短时间内会有很大变化，如果方法不能适应，就会使企业在短时间内多次赔损和受到惩罚。

(5) 坚持因地制宜，选择适合的尾气处理方法。如有的地方、有的单位可用"两段氨法"或"氨酸法"，而有的地方、有的单位就不能用；有的地方、有的单位可用"有机胺法"，而有的地方、有的单位就不适用，等等。一定不能简单地套用。

三、当前宜选用的尾气处理方法简介

从多种因素和面上考虑，当前把五种尾气处理方法作些简介，如表 5-3-2 所示。

表 5-3-2　常用尾气处理方法简介

方法名称	二次污染	排放 SO_2 $/\times10^{-6}$	副产品	投资	经济效益	适应范围	宜用厂型
两段氨法	无	<50	硫酸铵、亚硫酸铵、SO_2、硫酸等	较小	有	宽	大型厂、小型厂
有机胺法	无	<30	硫酸、液 SO_2	较大	有	宽	大型厂、低 SO_2 浓度冶炼气、高硫煤电厂气
双氧水法	无	<30	稀硫酸	较小	有	窄	大型厂、低 SO_2 浓度
柠檬酸法	无	<80	硫酸、液 SO_2	较小	有	宽	大型厂、小型厂
石灰法	有	～200	石膏	较小	无	宽	各厂开停车用于卫生塔

其中有机胺法（又称离子液法），是由加拿大首先研究开发成功的一种高效、经济性强的新方法，特别适用于规模大的高含硫煤炭发电企业的尾气和锡、铅等冶炼低浓度 SO_2 烟气的治理，提浓后的约 100%的 SO_2 气体，能生产出高标准的各种硫酸产品（如电子酸、医药酸、分析纯酸、电池酸等）和液体 SO_2，治理后排放尾气 SO_2 含量可达到 10×10^{-6} 左右，并且排出的尾气看上去很清爽，是很有发展前途的一种尾气处理方法

和制酸新工艺。可以配置一转一吸。目前国内有江苏庆峰集团国际环保公司等两家单位已研究开发出其全套设计、设备制造安装和开车操作调节的技术，可不再需要向加拿大购买转让技术和全套设备了。准确地说，这种方法，是一种高效的低浓 SO_2 气体制酸的新工艺方法，很有推广价值。

双氧水法是简单的老工艺。吸收 SO_2 反应为：

$$H_2O_2 + SO_2 \longrightarrow H_2SO_4 \tag{5-3-5}$$

吸收率 92%左右，硫酸浓度 20%～30%，吸收率随酸浓变化而成反比。稀硫酸一般用于干吸岗位作补充水，无二次污染。但尾气中增加了酸雾其后要增加电除雾器或纤维除雾器。

石灰法目前被煤发电厂广泛采用，也为大部分硫酸厂用作开停车时的卫生塔。处理后的尾气多不达标，又因生成的石膏会造成二次污染，再加上无经济效益可言等，故实际上人们往往把它当作摆设，开开停停。作为长期的尾气处理方法，此法不宜推荐，应改用它法。但作为短期的、用于开停车时解决尾气临时污染问题，这还是值得采用的，所以，就是年均达新国标的厂，不论是其大型厂还是小型厂，都应设置卫生塔为宜。

四、有机胺法工艺、设备、操作控制

(1) 有机胺法又称离子液法，是以胺基团对 SO_2 进行吸收和解吸，是一可逆过程。其主要反应如下：

$$R^1R^2NH^+—R^3—NR^4R^5 + SO_2 + H_2O \underset{95℃}{\overset{45℃}{\rightleftharpoons}} R^1R^2NH^+—R^3—NH^+R^4R^5 + HSO_3^- \tag{5-3-6}$$

气体中强酸根离子 SO_4^{2-}、SO_3^- 等也被吸收，即酸化以 χ 代表。用于电厂尾气处理，就要加入一定量硫酸，使其酸化，用于硫酸尾气处理，可免。

$$R^1R^2NH^-—R^3—NR^4R^5 + H\chi \longrightarrow R^1R^2NH^-—R^3—NH^+R^4R^5 + \chi \tag{5-3-7}$$

使用时间长了，气体中带入的 Fe^{2+}、Ca^{2+} 等阳离子，在胺液中富集，影响吸收率，为维持高的吸收率，需用离子交换树脂去除胺液中的阳离子，经过滤除去固体盐类（硫酸盐回收利用）。

$$R^1R^2NH^+—R^3—NHR^4R^5 + \chi^- \longrightarrow R^1R^2NH^+—R^3—NR^4R^5 + H\chi \tag{5-3-8}$$

吸收 SO_2 与解吸（蒸汽加热或称汽提，在 95℃左右），总效率较高，一般达到 99%左右，尾气 SO_2 含量在 10×10^{-6} 左右。

(2) 有机胺法和原生产装置配置及其 SO_2 吸收、解吸工艺流程、设备配置工艺请见图 5-3-8、图 5-3-9。

(3) 有机胺法生产运行情况　云南锡业公司用于锡烟气和铅烟气两套装置，已正常运行 10 年多。贵州瓮福集团电厂，2×600MW 机组一套装置，也已正常运行 10 年多。实质上，这是一种低浓 SO_2 气体制造硫酸的新方法，对高含硫煤的利用开辟了一条新的途径，对有低压蒸汽的“一转一吸”的硫酸厂解决尾气 SO_2 达标问题，无疑也是一剂良方。

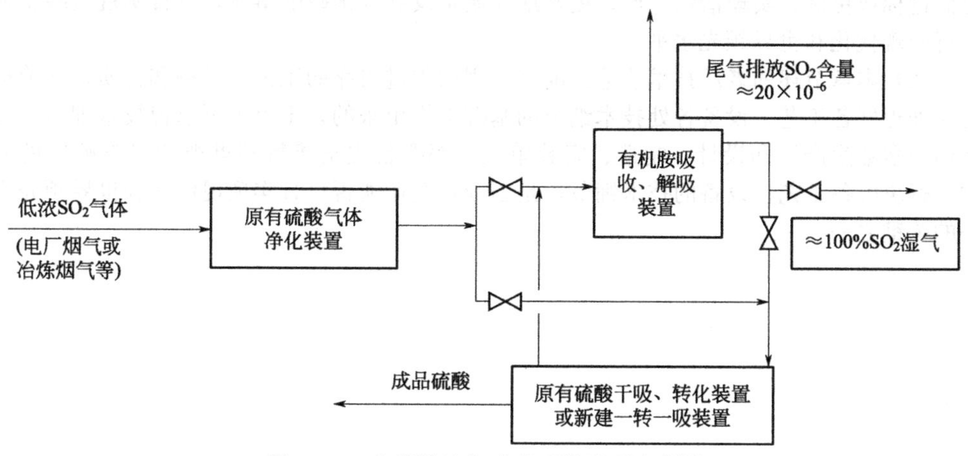

图 5-3-8 有机胺法与硫酸系统配置流程图

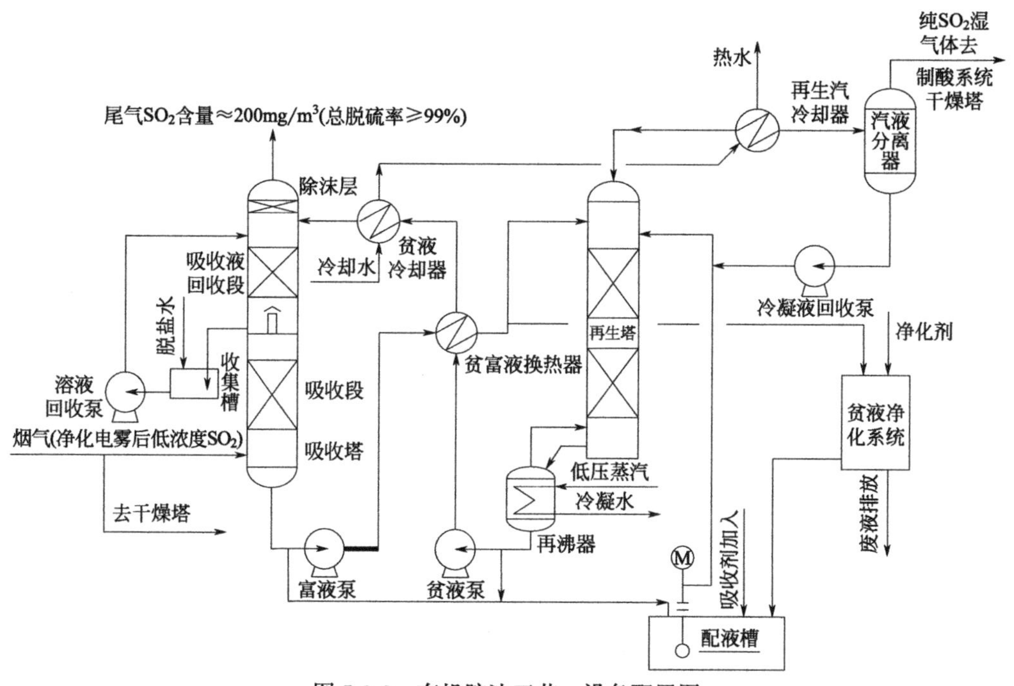

图 5-3-9 有机胺法工艺、设备配置图

本章结语

(1) 以上所述经验和可靠先进技术是全国各硫酸厂、各设计研究单位、各制造单位共同创造的，存在的问题或错误也不少、不小，这些对我们硫酸行业来说，都是宝贵财富。本书只是起个汇总、介绍、抛砖引玉的作用，目的是想在新国标颁布之后，加力科学技术改造，加速推进全行业的技术进步，提高节能减排、节能降耗和环保水平，争取

全面达标或更优，实现清洁生产，更好地高质量发展我国硫酸事业，早日实现硫酸工业全行业现代化和世界领先水平。

（2）本章节述的老厂技术改造当前宜采用的先进可靠的工艺、设备和材质，其前提是在处理好各工艺、设备各处技术细节的基础上提出来的，千万不可忽视技术细节。这是当今多数生产厂和设计、制造、安装单位，都要首先给予特别重视和妥善解决的问题。解决好各工艺、设备的技术细节，是当今各企业能否早日实现现代化和世界领先水平的关键之一。

第四章

生产运行操作和设备维护检修的科学管理

新建设的或老厂技术改造的硫酸装置，质量再高，技术再先进，设置再完善，如生产运行管理不科学、不到位，也不会全面达新国标，不能实现现代化和世界领先水平，甚至造成破坏，使工艺设备等早日报废。只有在“先天基础过硬，后天管理科学”等状况下才能达到或实现，两者缺一不可。

第一节　当今生产运行管理存在的主要问题和原因

一、工艺操作缺乏科学性，全面达新国标难

当前工艺操作管理方面，一般表现为不认真、不到位、不严格执行章法，即戏称的“三不一乱”现象，具体表现如：

(1) 至今还有些厂，沸腾炉升温物料仍用含硫15%左右的矿，铺料量又往往超过正常生产时固定层的高度。一般年产10万吨的装置，一次开车升温就需用纯硫多达3t左右，这么多的硫都要在7～8h内的升温过程中变成SO_2气体随升温烟气从放空烟囱排出，对环境危害极为严重。应坚决停用含硫物料来升温开车，宜改用矿渣中拌无烟煤或焦炭屑等物料，或只用矿渣，再用液化气、煤气或轻柴油等点火升温较妥。最好采用“三无升温法”或采用空炉点火升温等方法较妥。

(2) 转化系统升温，多采用“小风量升温法”，一般厂还会采用过急操作。当一段催化剂层进口温度才达410℃左右，还未等到一段出口温度达到此范围，就开转化鼓风机改通炉气SO_2升温，此时转化率极低，开始时一般只有10%左右，2～3h后，逐步上升至60%左右，7～8h后转化率才能达到95%左右，10～12h左右转化器各段温度基本达到正常，转化率达99%以上。从通炉气SO_2开始到转化器各段温度正常和系统通气量达到控制值，一般厂约需12h。在这么长的时间内，不但尾气SO_2含量大大超标，同时沸腾炉在这期间的初期、中期也会因转化抽气量小而有不同程度的向外冒烟。所以，一般工厂的操作人员，在胆战心惊下都不约而同地把此阶段称为“最难熬时刻”或戏称“两头冒烟期”。故一般厂在充分了解气象、特别是风向的基础上，把此阶段都尽可能地安排在夜间进行，但还是会造成开车通气阶段的污染事故。

(3) 有一些厂沸腾炉停车降温，事先未做预处理或预处理不到位。开始降温操作的前10min左右，为了防止炉子结疤，降温的风量多控制在正常生产时的风量范围或略大些，即采用大风量降温法。此时放空烟囱会排出高浓度的SO_2和大量矿尘，虽然多数

厂家会把这降温操作也安排在夜间，但在炉子周围 200m 左右的地方，总是会遭到不同程度的污染，满地矿尘。

(4) 不少厂转化系统停车降温不进行热风吹净。转化系统停车后，滞存在催化剂层和换热器内的 SO_2 气体，本可在小风量和催化剂层温度正常或略高的情况下，可继续转化成 SO_3 而被吸收，尾气排出的 SO_2 含量相对减少许多。不进行热风吹净，起始就开较大冷风量降温，转化器各段催化剂层温度迅速下降，一般在 10min 左右就会降到反应温度之下，使滞存的 SO_2 失去了转化成 SO_3 的机会，尾气排放出的 SO_2 含量自然会增加，必然增大环境污染。这样不但对催化剂不利，还会污染筛换催化剂的工作环境。

(5) 一些厂停车后在进行检修前，对塔、器、炉、槽、桶、管线等设备内的存留物，未进行妥当的处理，导致检修时大量物料外泄或抛出。这多因厂家无“酸液收集系统”和“雨污分流”设置，又因事先未采取措施或采取措施不到位，往往造成多片区、深度的地面和水系统的污染等。

(6) 有尾气处理装置的厂一般会因种种原因设备效能低下，时开时停，开车率低，一般不到 60%。还有一些厂对尾气处理的二次污染物乱堆乱放。这三种情况，都有悖于增设尾气处理的本来宗旨，未完全达到减少污染的预期目标。

(7) 许多厂催化剂层反应温度没有控制在适宜范围，转化率低下。除设计缺陷外，在操作上根本原因有两点：一是，有的厂过多考虑反应平衡问题，考虑反应速率不够，把催化剂层进口温度控制在偏低范围，尤其明显的是把二、三段进口温度控制得较低、分别为 440℃左右和 435℃左右，此阶段距离反应平衡还较远，设计和操作应将此两段温度提高至 475℃左右和 445℃左右，加快其反应速度，提高 SO_2 转化率才为上策。二是，有的厂过多考虑反应速率问题，而轻视了反应平衡问题，把催化剂层进口温度控制在较高范围。尤其突出的是把最后一段进口温度控制得偏高，“3＋1”式的四段进口温度控制在 430℃左右；“3＋2”式的五段进口温度控制在 420℃左右，造成五段催化剂发挥不了作用。此阶段采用的都是低温催化剂，应多考虑两者兼顾，需把进口温度适当降低，才是设计和操作的方向，即应把“3＋1”式的四段进口温度降低至 420℃左右，“3＋2”式的五段进口温度降至 400℃左右，这样就会获得较高的最终转化率，减少对大气的污染。为使问题容易看清楚，SO_2 转化反应的反应速率与反应平衡关系，我们用下式表示。

$$SO_2+\frac{1}{2}O_2 \xrightleftharpoons{\text{钒催化剂}} SO_3+Q$$

由上式看出，SO_2 转化反应速率和反应平衡问题，反应速度快需温度高些，反应平衡需温度低些，在理论上和实际上是两个既矛盾又需统一的要素，在设计和操作上都需十分重视，要努力使各段反应温度控制在最适宜范围，使各段转化率和最终转化率都能得到最佳结果。在操作上要尽可能提高前段转化率，减轻最后段的负荷。

(8) 不少厂对干吸岗位三塔串酸方式不考虑或较少考虑对尾气 SO_2 含量和成品酸中 SO_2 含量的影响。他们进行干吸岗位的串酸操作，只根据各循环槽的酸浓和液位高度来调节彼此间的串酸量，不经意间增高了尾气中的 SO_2 含量和成品酸中的 SO_2 含量。硫铁矿制酸和冶炼烟气制酸等系统，循环酸中 SO_2 含量排序：干燥塔高、一吸塔次之、二吸塔最低。硫黄制酸系统，循环酸中 SO_2 含量排序：一吸塔最高、二吸塔次之、干燥塔最低或无。根据这个规律，在设计和生产操作上我们该如何优化串酸方式、该设几个循环槽、该从哪个塔产出成品酸、该从什么部位产酸、该不该设置成品酸吹出装置、干燥塔应采用什么酸浓度来循环等问题均须加以考虑，并采取必要的措施，否则，会明显加重 SO_2 对环境的污染。产发烟酸的厂，还需对发烟酸循环槽、贮桶、装酸口、槽车等，采取妥当的抽吸处理、密封等措施，防止 SO_3 溢出污染环境。

(9) 有一些厂净化岗位洗涤液开度夏天开大、冬天关小，对炉气净化度的负面影响缺少考虑。由于历史原因，对净化工序各洗涤设备洗涤液喷淋密度的设计，一般偏小，多为 $16m^3/(m^2 \cdot h)$ 左右，故冬夏气温变化，对净化的炉气温度影响较明显，尤其对水洗净化影响更大。以干燥塔进口炉气温度计，在夏天有些地区的厂，把循环泵和冷却设备全都开到最大的位置，温度还超过 42℃，不但系统产不了 98%硫酸，甚至连 93%循环酸浓度都维持不了；在冬季有些地区的厂，因需把干燥塔进口气温维持在 35℃左右，以提高洗涤液的脱气率和减少成品酸中的 SO_2 含量，就关小各洗涤设备的循环量，尤其是水洗净化的厂更为突出。这样操作，必然严重影响了净化岗位的除尘和除雾效率，尤其是除尘效率会大幅度下降，后患无穷。系统不但产不出高质量硫酸，而且尾气 SO_2 含量增高，有的厂因系统阻力上涨快、阻力过大导致无法继续开车，一年需停车筛换催化剂 2～3 次（筛下粉末多为氧化铁、硫化物等矿尘物质，尤其是转化器一段最多)，其对环境的污染程度当然就较大。还有一些厂，在冬夏天对干吸泵关小或开大，这也是不科学的操作，它对干吸效率和二次转化率的提高都会造成不利影响，排放尾气中的 SO_2 和 SO_3 会有不同程度的增高。故冬天和夏天都应该把循环泵开到位，确保获得稳定的高的干吸效率及高的最终转化率。

(10) 沸腾炉自 1957 年投产已有 60 多年历史，但有些厂沸腾炉至今还常产生“高温结疤”、料口堆积、升华硫和大颗粒“沉渣”等问题。这些问题有设计不当的因素，但主要是由生产管理、原料管理和操作不科学所引起。炉子“高温结疤”和产生升华硫，主因是负荷重、炉床物料含硫量过高。一旦发生操作较大波动、断料等，炉温猛升，就会产生“高温结疤”或“死炉”；其操作状态一般是：加矿炉温降，减矿炉温涨，断料和加风炉温暴涨，矿渣残硫高、多为黑色或深紫色，炉气常含有升华硫，短时间内还会出现电除尘器出口温度高于进口温度等。

炉子的大颗粒“沉渣”又称“冷渣”，现今不少厂还有此现象，主要是入炉原料“粒级”差别过大导致，多发生在采用“返渣”焙烧、多矿种掺烧的炉子，操作处理得当，一般可继续维持系统生产，反之，则会“死炉”。2014 年山东有一家厂，用细度通过 200 目筛 70%的高含硫精矿砂，掺 20%左右低含硫、通过 6mm×6mm 振动筛的破碎矿，在一段时间内，连续操作平均不到 8 天就发生“沉渣”“死炉”一次。“死炉”就需降温、清理、重新开车等，这些都是高污染过程。

炉子下料区“黑矿堆集”，多为矿含水量超过 8%和投料量大所造成。含水量超过 8%的矿料，多呈大小团状，入炉散不开。一旦物料增多，就会在下料区堆集，随着时间增加而逐渐扩大，最后只好停炉“打疤”或“死炉”。为解决或改善此现象，历史上曾设计制作前室，单独设通风管加大风量，仍未解决湿矿堆积问题，后弃之。有的厂将湿矿（含水量≥10%）制成含水 30%左右的料浆，用泥浆泵从炉子上部喷入炉内，此工艺因较麻烦、工艺不合理等，多厂弃之，只有焙烧黄金矿的几个厂，为防止从下料口吹出物料，为提高黄金收率而坚持至今。除以上问题外，还有许多其他问题。

二、设备维护检修缺乏计划性，事故多、抢修救火多、开车率低、解决污染难

当前，在设备管理方面，一般表现为“一低两多三不知”现象。即：

（1）当代硫酸装置年开车率低。2014年我国硫酸生产量虽已达一亿多吨，遥遥领先于世界其他国家。2015年前的30多年来，每年都以7%以上的幅度在增长，但全行业装置年运行率（即开车率）却在缓慢下降。据中国硫酸工业协会对全国420家大、中型重点硫酸企业的统计，近期年开车率平均在80%左右。据笔者了解，全国434家中、小型硫酸装置（2014年统计全国共有硫酸厂854家，不含台湾省）年开车率一般在82%左右（近期有所提高），比大、中型厂高出2%（而在20世纪70年代前，是大型厂比小型厂高3%）。但都比20世纪70年代前，全国平均95%左右的开车率低13%～15%，比设计指标91.3%（8000h），也低9.3%～11.3%。其中，不少厂的开车率不到70%。

（2）系统停车次数多。设备突发损坏或停车修理再开车，是造成硫酸生产中发生严重污染的极其重要的污染源之一，是短期严重污染或一般性污染之首。人们一般认为，硫黄制酸工艺短、设备少、设备新，停车修理次数不会多。但在2013年，笔者受邀到一家急需硫酸和蒸汽的20万吨硫黄制酸厂，看到的情况正相反。该厂在2012年，全年系统停车34次（其中外因引起4次），年开车率只有74%。近期，全国硫酸厂全年系统停车次数，一般都在25次左右（不含产能过剩停车）。

（3）“救火式抢修”多。平时，笔者与一些硫酸厂领导交流时，常听他们说“硫酸设备实在不好管”、“真不知用什么办法才能把设备管好”、“从没听说过有什么‘预见性综合计划维护检修法’”（简称‘计划检修法’，后同）、“现在一天到晚都忙得够呛，还谈什么计划检修法呢”，等等。

（4）一般厂对“计划检修”知之甚少。一些厂根本不懂或不知“非计划‘救火式抢修’是靠‘计划检修’来消除或大大减少”的道理和实践经验，他们没听说过，更没有想过。一问“三不知”，即不知其含义，不知其内容，不知如何建立健全“计划检修法”。实际上，硫酸行业年开车率达96%左右，全年连续运转达360天左右，3～5年才进行一次大修的厂，基本都在认真执行“计划检修法”！钢铁、飞机、火车、轮船等许多行业，他们对“计划检修法”执行得更加严格、细致。“计划检修法”很完善，着眼于把设备问题或事故消灭在萌芽状态，或降到突发之前；力求用计划检修来消灭或减少非计划抢修。历史和现今的实践经验，都充分证明“计划检修法”是管理好硫酸设备、提高开车率的“法宝”，是管理好各主要行业（特别是长工艺连续运转行业）设备的毋庸置疑的科学方法。

三、生产运行发生问题的主要原因

（1）新时期历史性目标，还未被从事硫酸事业的人们普遍认知。60多年来养成的以扩产能为中心的传统思想，还未扭转成以节能减排、提高效能为中心的高质量发展思想。行动上无目标或目标性不强。

（2）对历史性任务缺乏责任心。历史性重任，还未真正压到其肩上，不少人存有“事不关己，高高挂起”的不负责任的思想和行为，敬业爱国、只争朝夕的精神未被激

发出来。

(3) 坏习惯根深蒂固，习以为荣，不思优化进取。

(4) 缺乏高质量发展科学管理的认识和技能，不会管。

第二节 强化工艺操作的科学管理方法

当前关键是建立健全和严格执行 7 项规章制度，提高装置运行效能，消除污染。

(1) 建立健全各岗位操作法。根据设计单位给出的全系统操作规程，分别制订出各岗位操作法，当前要特别注重完善“无污染开停车法”，统一三班操作。随着操作水平提高、工艺设备的改进，要及时修订完善，确保装置在最佳状态下高效低耗、长周期经济运行。任何人不得私自改变操作法，需改变要通过组织进行。

(2) 建立健全生产运行原始记录制度。不管有无自动检测、记录、显示、仪表，都要建立必要的、项目齐全的、定时检查记录的生产运行和操作调节异常情况等的纸质原始记录报表，除供三班操作人员和设备维修人员查看外，每天在 8∶30 左右报送车间，由专门技术人员负责查阅、分析研究，若有问题及时纠偏或安排计划尽快解决。使生产运行时刻不失控。原始记录报表，无论是手抄的还是自动记录的，都要建立一套保存、借阅等管理办法。

(3) 建立健全中控分析测定制度。要定时、定点、专人进行检测分析，记录、报送、阅审及时发现单体设备存在的问题，作出正确处理。不要发生像一些厂那样，换热器漏了使转化率下降，而去更换催化剂的事情。

(4) 建立健全巡回检查制度。定时、定点、定路线，对现场设备、记录计器及控制室内的设备，进行“摸、看、听、闻”检查，发现异象除及时作出处理外，还要报送有关管理人员。

(5) 建立健全交接班制度。接班人员，每天要提前 20 分钟左右到岗，先检查现场设备和上班的原始记录，然后听取上一班人员的交待和疑点询问，在一切弄清楚后签字交接班。否则上一班人员不得下班，不允许在他处交接班。

(6) 建立健全四班联系会议制度。定期和不定期地由“岗长”或车间领导负责召集，车间有关负责人参加。中心是研究改进三班统一操作、工艺控制、设备改进等，作出决议经车间批准后具有规章效力。

(7) 建立健全技术创新，小改小奖励制度。不断推进生产技术的提高。

(8) 建立健全用人体制机制，认真做好思想工作。关爱职工，身教重于言教，稳住一批爱企业如家的职工队伍，使企业做到不断创新、高质量发展。

第三节 强化设备维护检修的科学方法

当今，在设备管理方面其关键是建立健全“预见性综合计划维护检修法”（简称计划检修法），并严格执行。提高开车率，消除或减少污染，提高装置整洁程度等。

(1) 提高对“预见性综合计划维护检修法”含义的认知度。即要深刻认识到该法对做好设备管理的客观规律性。

顾名思义，该法有四层含义：

① 对硫酸各台设备是实施检修，而不是单纯的修理，它是由维护、检查和修理三个主要部分组成。

② 对硫酸各台设备和关键部位进行巡回检查，对设备效能进行中控测定分析，使设备运行情况不失控。做到心中有数，体现“检修”的“检”字是其首位。

③ 对硫酸各台设备和关键部件进行维护小修。使发生异态或未发生异态的设备和关键部件得到定时的维护和及时妥善的处理，或应对性地在不停车状况下进行抢修，使之被维护到计划检修时再集中进行彻底修理。这是执行“预见性综合计划维护检修法”的关键一步。

④ 对硫酸各台设备和部件（包括经维护小修后的设备或新发生问题的设备等）按预定的修理间隔期，组织进行综合性停车计划检修。而不是单纯地对某台发生突发问题的设备进行“应对性救火式的抢修”。把突发性事故概率、停车抢修概率降到最低程度。

(2)“预见性综合计划维护检修法”的内容或方法。主要由以下 9 个制度或 9 个部分所组成：

① 设备巡回检查制度。所有硫酸设备和关键部件都以签约形式，明确到有关检修人员和操作人员，进行“定设备、定时、定点、定路线”，以“眼看、手摸、耳听、鼻嗅”等四种基本方法，或采用智能仪等专用器具，做到“一丝不苟”的检查。检查情况记入专门记录本，发现的异常情况除详细记录外，要及时地填写专项报告单，提出处理意见，报送上级领导。检修班长和操作班长每次上班后半小时内要分别查阅一次巡回检查记录本。

② 设备维护小修制度。根据巡回检查发现的设备异态、迹象等，及时、针对性地进行维护小修，如定期活动、加油、换油、清理、防冻、更换部分盘根、加卡子、补焊、封堵、疏通、浇铸、倒换备用设备等，把突发事故消灭在萌芽状态，或维护到下次计划停车检修时再彻底修理，力争大大减少突发事故的概率。

③ 设备运行间隔期检修制度。这是“预见性综合计划维护检修法”的核心组成，其关键是精准无误，切合实际地确定出各台设备和部件的大、中、小修理间隔期。间隔期的来源，一是靠借鉴兄弟厂的经验，二是靠自己统计、总结、研究订出，三是靠产品使用说明书。每变动一家产品或批次，每改变一次材质，每调整一次工艺操作条件等，都要重新修订其间隔期，一定要做到实事求是地、不断地使其使用间隔期达到精准可靠。检修间隔期一旦确立，到时就要严格执行。每次综合计划停车检修时间，一般要控制在 3h 内完工，4h 内恢复正常生产，最多不得超出 5h。

④ 设备抢修制度。硫酸产品是在强腐蚀、高温、工艺多而变，由 300 多台套设备组合、连动下生产出来的。突发事故和抢修，实属难免。但通过人们努力，可把突发事故概率和抢修时间降到最低程度。设备抢修制度，就是要根据一些已遇到过的或已知的、或设想到的事故，分别制定出各种抢修方案，习称“应对性救火式抢修法”。平时要做好抢修器材、抢修防护、抢修前的工艺处理、抢修人员的准备和训练（习称“抢修演习”或“抢修练兵”）等。做到一出突发事故，应对迅速、方法正确、忙而不乱、稳妥有效，并要趁机多解决些在开车中不能修理的项目或隐患。要做到在最短的时间内完成抢修内容和不造成扩大性污染等，平时应抓好设备抢修制度的完善和执行的准备。设备抢修是做好“计划检修法”不可避免、不可忽视的重要一环，其功能类似消防队。

⑤ 备品配件整修和购置制度。鼓风机、酸泵、热水循环泵等，一停下就要立即修理好待用；阀门、变速箱等，要利用可用的部件，进行修配，整归如新；制作各种垫片、盘根、专用器具等；购置各种耐酸材料、耐火材料、防护器材、检修器具、修理用到的各种金属和非金属板材、管材和型材等。各类部件、器材等，仓库内要有合理的贮备数量。购置新品种的备品、配件、材料等，都要经过车间专业工匠或技术人员和有关领导同意、批准，管理人员不得私自采购。库房要建立健全一套完善的预备数量和管理制度。

⑥ 设备运行效能检测制度。明确对设备效能检测内容、采样部位、检测间隔期、检测人、审阅人，建立检测登记台账等。不少厂把此项制度称“中控分析制”。此项制度的建立健全，对硫酸装置中大量的静止设备（塔、器、炉等）尤为重要，它可及时发现设备内损情况，以适时、准确地安排系统停车检修计划。它是确定年度大修计划的主要依据。

⑦ 设备检修人员分工包干和协作制度。根据设备复杂程度、修理精确度要求、人员素质、人的技术特长等，将每台设备和部件分到工作组和具体人员，实施“专人负责包干检修制”。一定要消除“对设备人人负责、人人管理、人人都可检修，实际是无人负责、无人能精准检修好”的现象。

⑧ 周、月、年的检修工作制度。周、月、年都要安排书面的检修计划和组织推动。周检修工作，一般要在周末下午，召开一次班长会议，汇报本周工作、研究设备运行问题；根据设备修理间隔期和发现的问题，安排下周的检修项目、内容、进度和人力配备。周计划是有力、有效、持久推动“计划检修法”的执行和完善，是整体“计划检修法”的基础保障。系统停车综合计划检修一般是月度、年度的计划检修，因检修项目多、工作面大、内容细、多有交叉作业、时效要求高等，准备工作一定要做到充分、全面、细致、到位；施工中，要做好设备安全交接验收工作，要做好质量检查工作，要做好安全防护工作，要做好指挥调度工作，要严格执行有关规程，做好系统的停车和开车工作，要消除或减少“气、酸、渣”的污染。

⑨ 设备大、中、小检修记录、报告制度。除上述提到的记录外，对主要设备或需进行大修、中修的设备和部件，要将其检修时间、内容、检修人、存在的问题和改进意见等，作出详细记录并妥善保存，以便对主要设备和易损部件进行跟踪管理，消除缺陷，不断创新，使其延长使用寿命和提高效能。

（3）如何建立健全“预见性综合计划维护检修法”

综上所述，可知“预见性综合计划维护检修法”是硫酸设备管理方面的一套很科学的方式方法，有一套完整的体制机制。历史和现实都充分证明，它是硫酸装置实现节能减排、实现优质高产、实现新国标、实现清洁生产、实现高开车率、实现长周期经济运行、实现现代化和世界领先水平等，非常重要的群众性的日常性的基础工作之一。故必须要做好以下四方面工作。

① 要在管理思想上树立牢固的科学理念、坚定必胜信心。当前大量没有开展或没有做好“预见性综合计划维护检修法”的单位，不等于其一点计划性都没有，但从实际效果上、本质上、系统上来看，其施行的不是“计划检修法”，或差之甚大。根据以往多厂经验，要从“应对性救火式抢修法”过渡到“计划检修法”，一般需要连续努力奋斗 1～2 年的时间，否则，见不到全面的、巩固的、持续的、系统性的效果。过去和当

今许多事实都说明，缺乏正确的科学发展观、缺乏坚定必胜的信心、缺乏持之以恒的耐力、缺乏认真细致的工作作风、缺乏一支为之奋斗的人才队伍等，是不能真正建立健全和不断完善“计划检修法”的。如果不能坚持执行“计划检修法”，仍采用“应对性救火式抢修法”，结果必然会陷入突发事故多、开车率低下、污染大的境地。突发事故往往是造成重污染、经济损失的主要因素。

② 要领导带头，组织推动。同社会各项事业一样，开展和持久执行此法，在执行中不断完善此法，需要车间和厂的有关领导言传身教，进行周密组织，建立长效工作机制不断推动，使广大职工在长期奋斗中，提高自觉性，养成工作习惯，才能使“计划检修法”不断建立健全、有效执行、有所改进、有所创新、更加完善、更加科学化。

③ 要有防微杜渐的超前意识，做好“计划检修法”的各项工作。除认真执行“计划检修法”外，工作中还要着眼对5个方面不断改进创新：改进设备、改进检修器具、改进材质、改进检修技术、改进管理方式方法（含各项制度等）。及时发现设备异象，迅速解决设备问题；准确发现“计划检修法”中的问题，研究改进不合理、低效、繁琐的内容和做法，使硫酸设备、设备管理和“计划检修法”在执行中，不断提高科学化水平。

④ 要做到每次系统停车计划检修、系统年度大修和每年底都进行一次书面总结和报告。广泛听取意见，集中研究一次问题，用工作进步、效果、成绩等，表彰先进、奖励先进、鼓舞士气；找出不足和问题，明确再前进、再改进、再创新、再提高的具体目标和内容；安排好下阶段或下年度的工作计划，使设备管理的主要工作“计划检修法”日新月异，越干越好、越干劲头越足，使钻研技术、改进设备、改进工器具、改进制度、提高硫酸装置开车率等成为工作集体和个人工作的新风尚。争取在5～10年内，把全行业年度平均开车率提高到91.3%以上，达95%左右，使硫酸工业高的历史水平再现，并成为新常态。